BOTANISCHE ABHANDLUNGEN

AUS DEM GEBIET

DER MORPHOLOGIE UND PHYSIOLOGIE.

HERAUSGEGEBEN

VON

Dr. JOHANNES HANSTEIN,

PROFESSOR DER BOTANIK AN DER UNIVERSITÄT BONN.

ERSTER BAND.

Mit Beiträgen von J. Hanstein, E. Pfitzer, J. Reinke und W. Pfeffer.

MIT 32 TAFELN.

BONN,

BEI ADOLPH MARCUS.

1871.

BOTANISCHE ABHANDLUNGEN

AUS DEM GEBIET

DER MORPHOLOGIE UND PHYSIOLOGIE.

HERAUSGEGEBEN

VON

DR. JOHANNES HANSTEIN,

PROFESSOR DER BOTANIK AN DER UNIVERSITÄT BONN.

ERSTES HEFT.

Die Entwicklung des Keimes der Monokotylen und Dikotylen, vom Herausgeber.

BONN,

BEI ADOLPH MARCUS.

1870.

Vorbemerkung.

In vorliegender Form beabsichtigen die Unterzeichneten zur Veröffentlichung von Arbeiten aus dem angegebenen wissenschaftlichen Gebiet eine neue Gelegenheit zu geben. Dieselbe wird, besonders für die dem Zeitbedürfniss gemäss jetzt zahlreichen Arbeiten auf dem Felde der mikroskopischen Morphologie, auch neben den schon bestehenden ähnlichen Organen nicht überflüssig sein.

Wie die hier als erstes Heft mitgetheilte, so werden auch ferner grössere Abhandlungen eigene Hefte ausmachen, nur kleinere sollen zu mehreren in ein solches vereinigt werden. Jedes Heft wird als unabhängige Publication ausgegeben.

Eine Periodicität wird nicht eingehalten, vielmehr werden die Hefte nach Bedürfniss erscheinen. Es sollen jedoch die nöthigen Einrichtungen getroffen werden, mehrere Hefte später in einen Band zusammenfassen zu können.

Bonn, im Mai 1870.

Dr. Johannes Hanstein, Herausgeber.
Adolph Marcus, Verleger.

DIE

ENTWICKLUNG DES KEIMES

DER

MONOKOTYLEN UND DIKOTYLEN.

VON

JOHANNES HANSTEIN.

MIT 18 LITHOGRAPHIRTEN TAFELN.

BONN,
BEI ADOLPH MARCUS.
1870.

Inhalt.

Die Entwicklung des Keimes der Monokotylen und Dikotylen.

Die Entwicklung des Keimes

der Monokotylen und Dikotylen.

Vor einiger Zeit hat der Verfasser des Vorliegenden die Ergebnisse einer Reihe von Beobachtungen mitgetheilt[1]), welche die Entwicklung der Zellgewebe im Gipfel eines wachsenden Sprosses zu verfolgen bestimmt waren. Es war dabei nachzuweisen gelungen, dass bei allen hierauf untersuchten Phanerogamen die Fortbildung im Scheitel durch Gewebeschichten bewirkt wird, die stets gesondert bleiben, und dass also nicht eine einzelne Scheitelzelle, wie im Vegetationspunct der Kryptogamen, allen verschiedenen Geweben die Entstehung giebt. Die Zahl und Verschiedenheit der beobachteten Familien machte dabei wahrscheinlich, dass diese Fortbildungsweise allen Dikotylen und Monokotylen gemeinsam sei.

Eine grosse Zahl seitdem angestellter neuer Untersuchungen giebt lediglich eine Bestätigung dafür. Kein einziger widersprechender Fall hat sich bisher in den genannten Pflanzenklassen auffinden lassen, und kann, wenn überhaupt noch findbar, höchstens noch unter den ganz abnormen Typen erwartet werden.

Immerhin erstreckten sich diese Beobachtungen nur auf die Fortbildung sich verlängernder Sprosse und der Auszweigungen derselben, und wurden nur für ein Paar einzelne Fälle bis auf den reifen Keim im Samen zurückgeführt. Es blieben also die Fragen noch offen, in welchem Entwicklungs-Stadium des Keimlings die Sonderung der verschiedenen Meristem-Schichten zuerst vor sich gehe, und ob derselbe vielleicht vor dem Eintritt dieser Scheidung doch, wie bisher angenom-

1) Die Scheitelzellgruppe im Vegetationspunct der Phanerogamen, in der Festschrift der Niederrhein. Ges. f. Natur- u. Heilkunde zum Jubiläum der Universität Bonn, 1868, S. 109. T. 3.

men wird, mittelst einer Scheitelzelle wachse, und daher das Wiederauftreten einer solchen auch zu anderer Zeit noch möglich bliebe. Und es musste endlich ermittelt werden, durch welche Zellgestaltungen überhaupt die ersten Differenzen zwischen Wurzel, Stamm und Blättern zu Stande kommen, und welches Licht etwa hieraus auf allgemeinere morphologische Fragen falle.

Die Beantwortung dieser Fragen hat sich seitdem an einer ausreichenden Anzahl von Beispielen ermitteln lassen, und glaubt Verfasser mit der Mittheilung derselben um so weniger zögern zu sollen, als zu wünschen ist, dass über manche abweichende Phanerogamen-Form sich noch mehr Beobachter finden möchten.

Die bisher ausgeführten embryologischen Arbeiten haben fast ausschliesslich die erste Herstellung der Keimanlage aus der Eizelle durch den Befruchtungs-Act im Auge gehabt, und geben über die weitere Ausbildung derselben nur vereinzelte Andeutungen. Und auch in diesen wenigen Fällen bleibt noch für Zweifel Raum, denn in keinem ist die Sonderung der Grundorgane in Verbindung mit der der histologischen Fundamental-Differenzen mit ausreichender Genauigkeit erkundet.

Es handelte sich also darum, den vollständigen Zellaufbau zunächst für die dikotylen und monokotylen Keimlinge von der Theilung der eigentlichen Keim-Mutterzelle am Ende des Vorkeims an Schritt für Schritt bis zur Fertigstellung ihrer Gliederung zu verfolgen.

Insofern nun diese Aufgabe die Ergänzung jener frühern ausmacht, wolle der Leser dem Verfasser gestatten, zu beiderseitiger Bequemlichkeit kurz an die dort gewonnenen Ergebnisse anzuknüpfen.

Der Sprossscheitel setzt sich der Regel nach aus drei Meristem-Lagen zusammen, deren äusserste der Epidermis, die zweite der primären (parenchymatischen) Rinde und den Anlagen der Blätter und Zweige, die dritte dem Fibrovasal-Cylinder nebst dem Marke die Entstehung giebt. Keine dieser Schichten wächst mit einer einzelnen Scheitelzelle. Eine kleine Genossenschaft mehrerer meist gleicher Zellen nimmt die Mitte des Scheitelgewölbes jeder Schicht ein und befindet sich vorzugsweise in eiliger uud allseitiger Vermehrung[1].

---

1) Inzwischen ist meiner Darstellung von Pringsheim in den Monatsberichten der Berliner Akademie, Februar 1869, auf Grund einer Beobachtung an

Es wurden für die drei Sonderschichten des Meristems die Benennungen »Dermatogen« (Hautbildungsgewebe) »Periblem« (Hüllgewebe) und »Plerom« (Füllgewebe) und für die in der Vermehrung voranschreitenden Zellen jeder Schicht die Bezeichnung »Initialen« vorgeschlagen.

Es wurde nachgewiesen, dass besonders das Dermatogen vom Entstehen eines Sprosses an in bestimmter Sonderung verharrt und sich nur durch Flächentheilung seiner Zellen ausweitet, um dem Bedürfniss der Sprossungen nachzukommen, die sich aus den tieferen Schichten hervorarbeiten, während es selbst die trichomatischen Auswüchse erzeugt.

Es ergab sich, dass die Anlage der massigeren Auszweigungen, die zur Ausrüstung des Sprosses gehören, wie die Phyllome und Seitensprosse, im Periblem geschieht, und erst später das Plerom zur völligen Ausstattung derselben in Mitthätigkeit gezogen wird.

Dagegen wurde das Plerom als Muttergewebe aller inneren, »secundären«, auf längere Dauer angelegten Gewebeschichten unterschieden.

Vor allem aber trat ins Licht, dass für den Aufbau aller inneren und äusseren Theile eines Sprosses weder geometrisch bestimmte Scheidewand-Richtungen in den Mutterzellen, noch bestimmte Zahlen von Zell-Generationen maassgebend sind. Vielmehr bewirken allein die schichtweis getrennten »Zellgenossenschaften«[1]) die Anlage der

---

Utricularia widersprochen worden. Die Widerlegung dieses Einspruches wolle man in den Sitzungsberichten der Niederrhein. Ges. f. Natur- u. Heilkunde, 5. Juli 1869, oder in der Bot. Zeit. 1870 S. 24 vergleichen, wo zugleich über die hier ausführlich vorliegenden Beobachtungen ein vorläufiger Bericht mitgetheilt ist.

Andrerseits habe ich nachträglich auf eine gute Darstellung des Vegetationskegels von *Aldrovanda*, die Caspary in der Bot. Zeit. 1859, S. 133, T. 4 und 5 F. 26 und 34 gegeben hat, hinzuweisen. Derselbe hat die Continuität der äussern Zellschichten richtig abgebildet und geschildert.

Ferner finden sich in einer Abhandlung Naudin's, sur le développement des axes et des appendices dans les végétaux, Annales d. sciences nat. S. III, T. I, 1844 p. 162, T. 12 F. 6 u. T. 13 F. 7 Abbildungen des Sprossgipfels von *Cotyledon orbicularis* mit richtiger Differenzirung des Dermatogens, die er im Ganzen erkannt hat, ohne indessen die übrigen Verhältnisse der Entwicklung richtig verstanden zu haben.

1) Als »Zellgenossenschaft« werde ich eine Gruppe von Zellen bezeichnen, die in gleicher Thätigkeit auf ein gleiches Ziel hinarbeiten, und zwar

Sprossgliederung. Die Neubildungen im Sprossscheitel entstehen also, indem aus gleichartiger Zellenmasse, ohne Beeinflüssung vom Scheitel her, nach räumlichem Nützlichkeits-Verhältniss, direct unter Einwirkung des Eigen-Gestaltungstriebes, der den ganzen Pflanzenstock beherrscht, einzelne Zellgruppen in differente Thätigkeit treten.[1])

Wie stellt sich also nun hierzu die Zellbildung und Zellenfolge in der Keim-Anlage?

Es erscheint am zweckmässigsten, zunächst ein Beispiel ausführlich zu besprechen, und zwar eines, das einem hochentwickelten Typus angehörig, die morphologischen Vorgänge möglichst klar und ebenmässig ausführt.

1. Dikotylen.

Die Begründer der neueren Embryologie haben nachgewiesen, dass bei den Phanerogamen aus der befruchteten Eizelle keineswegs sofort ein Keimling, sondern vielmehr erst ein zelliger Körper von kryptogamischer Physiognomie entsteht, als ob das neu gestiftete junge Eigenwesen sich erst durch Gestaltungs-Vorübungen auf seine eigentliche Aufgabe vorbereiten müsste. Bei der Mehrzahl der Dikotylen besteht er aus einer Zellreihe, bei einigen jedoch aus einem zusammengesetzten Zellkörper von verschiedener Gestalt. Dass aus seiner Endzelle, — und zwar dem Anschein nach aus dieser allein, — zunächst eine Zellkugel entsteht, ist aus mancherlei Darstellungen bekannt. Die Zellkugel, nimmt man dann an, strecke sich zur »Primär-Axe« und diese bilde aus ihrem Scheitel den Vegetationspunct und lasse seitlich davon secundär die Keimblätter hervorsprossen. Auch die Wurzel wird neuerdings von einigen Morphologen als Secundär-Erzeugniss angesprochen. Zunächst zu untersuchen ist also, in welcher Art die Kugel sich aus der einen Zelle herstellt.

Wegen der Leichtigkeit der Behandlung empfehlen sich zu dieser Ermittelung die *Cruciferen*, aus denen desshalb das erste Beispiel zur Erläuterung dieses Zelltheilungs-Ganges gewählt werde.

---

mit Absehung von ihrer Abstammung; als »Zellfamilie« dagegen die Zellgruppe, deren Mitglieder nachweislich von einer Mutterzelle abstammen, mit Absehung von ihrer Thätigkeit.

1) Das Genauere wolle man in der angeführten Schrift nachsehen.

Capsella bursa pastoris.

(Taf. 1—3.)

Die Samenknöspchen dieser Pflanze sind hufeisenförmig gekrümmt; sie entwickeln bekanntlich kein dauerndes Endosperm. Der Keimling erlangt in der Mikropyle-Hälfte seine wesentliche Ausgestaltung. Erst später, während er nur noch seine Grösse bis zur Keimreife vermehrt, schieben sich die Keimblätter in die andere Hälfte hinüber, wobei das eine sich rückwärts, das andere einwärts umschlägt. Das Wurzelende kommt auf die Rückenseite von jenem zu liegen.

Man kann daher drei Entwicklungs-Perioden des Keimlings unterscheiden. In der ersten bildet er sich zur Kugelform um, ohne äussere Gliederung, während indessen innen schon die wichtigsten Gewebe-Sonderungen eingeleitet werden. In der zweiten gliedert er sich in Wurzel, Stammtheil und Keimblätter, indem zugleich sich die inneren Differenzirungen vollenden. In der dritten wächst der Keimling in allen Theilen bis zur Keimreife heran.

Zur genauen Beobachtung ist nun ein Freilegen des Keimlings in verschiedenen Stadien unerlässlich. Am besten gelingt dies, wenn man die Samen-Anlagen unter verdünnter Kalilösung am Mikropyle-Ende öffnet. Oft lässt dann schon ein geringer Druck, dem das Aufquellen des Zellgewebes zu Hülfe kommt, den Keimling ohne Weiteres hervortreten.[1])

---

1) Auch bei diesen Untersuchungen ist mit feinen Schnitten eben so wenig zu leisten, wie bei Vegetationspunct-Präparationen. Nur ein völliges Durchsichtigmachen des freigelegten und somit beweglichen Keimes führt zum Ziel. Ich habe das Verfahren in der betreffenden Schrift schon angegeben. Sehr junge Keime brauchen oft nur wenige Augenblicke mit verdünnter Kalilösung behandelt zu werden, um dann in Glycerin aufbewahrt vollkommen durchsichtig zu bleiben. Das Glycerin ist nicht concentrirt, sondern durch Wasser und Alkohol verdünnt aufzugeben. Aeltere Keime bedürfen längerer Behandlung mit Kalilösung und nachherigen Auswaschens in Chlorwasserstoff- oder Essigsäure und Ammoniak. Der Verdünnungsgrad der Reagentien ist für jeden Einzelfall auszuprobiren. Es kommt dabei leicht vor, dass das Präparat zu durchsichtig wird, so dass die Zellwände nicht mehr erkennbar bleiben. Durch verdünnte Alaunlösung werden dieselben dann wieder deutlich, und man erhält auf diese Weise die besten Präparate.

Wenn der Vorkeim (vk) ungefähr aus sechs Zellen besteht, beginnt die Anlegung des Keimes bei dieser Pflanze durch eine senkrechte, d. h. in der Längs-Ausdehnung des Vorkeims gebildete Theilungswand in der etwas angeschwollenen Endzelle desselben, der »Keimmutterzelle« (in allen Figuren km). Diese stellt sich zugleich senkrecht gegen die Krümmungsebene des Samenknöspchens, so dass die zwei entstandenen Tochterzellen so zu einander zu stehen kommen wie später die Keimblätter, und ihre Scheidewand so wie deren Berührungsfläche. Fig. 1 auf Taf. 1 zeigt diesen ersten Entwicklungsschritt eines Keimlings, dessen Lage im Samenknöspchen in F. 1, B angedeutet ist, dessgl. F. 2 u. 3 in etwas verschiedenen Lagen.

Der zweite Schritt ist, dass die durch diese »Meridian-Theilung« erzeugten hemisphärischen Tochterzellen durch eine relativ wagerechte also gleichsam »äquatoriale« Theilung in je zwei übereinanderliegende »Quadranten-Zellen« zerlegt werden (F. 4, 5, q). Dass diese Horizontal-Wände später aufgetreten sind, verräth sich noch lange dadurch, dass sie nicht durchaus genau an der Vertical-Wand zusammentreffen.

Jetzt folgt in allen vier Zellen zunächst eine peripherische Theilung. Ein flaches Mantelstück, den ganzen Umfang des Kugelviertels ausmachend, grenzt sich durch ein der äusseren concentrisches Stück einer inneren Kugelfläche von jeder Quadranten-Zelle ab (6—8). Dieselbe schält sich also und theilt sich in eine verjüngte innere Quadranten-Zelle zweiten Grades (q^2) und eine Schalzelle. Die Theilung findet nicht immer in allen vier Quadranten-Zellen gleichzeitig statt, doch führen sie alle wenigstens schnell nach einander aus. Fig. 6 zeigt eine, Fig. 7 zwei Schalzellen von den oberen Quadranten abgetrennt, in Fig. 8 und 15 sind alle vier vollendet. Die Fig. 9 und 11 stellen die gleichen Zustände um 90° gegen die vorige Ansicht gedreht dar, so also, dass man die Keimlage nicht von der breiten Seite [1]) des Samenknöspchens aus sieht, sondern von der schmalen. Es zeigt sich, dass in dieser Richtung eine weitere Längstheilung der Quadranten noch nicht, wohl aber die Schältheilung vollzogen ist.

1) Der Bequemlichkeit halber werde ich diese Ansicht des Keimes, welche später beide Keimblätter symmetrisch nebeneinander und zwischen ihnen die Stammknospen-Anlage erblicken lässt, kurz die »Hauptansicht«, dagegen die um 90° abweichende gegen die Rückseite einer Keimblattanlage gerichtete die »Seitenansicht« nennen.

Durch diese Theilungen sind schon wichtige künftige Differenzen angelegt. Abgesehen davon, dass die Meridian-Spaltung auf die bilateral-symmetrische Stellung der Kotyledonen abzielt, so theilt die Horizontalwand den Keimling in einen »oberen« oder »Stammtheil« oder »kotylischen« Theil (in allen Fig. b) und in einen »unteren« oder »Wurzel-Antheil« oder »hypokotylischen« Theil. Die Schalzellen dagegen erweisen sich als Mutterzellen des Dermatogens, das die gesammte Epidermis anlegt und also ein für alle Mal das Haut-Gewebe als ein von dem Binnengewebe gesondertes System herstellt.

Durch die axile Theilwand wird zugleich das Auftreten einer etwa in der Mittellinie stehenden, und durch die Dermatogen-Bildung das einer den Scheitel einnehmenden bevorzugten Zelle ausgeschlossen. Einer eigentlichen Scheitelzelle sind damit in diesem Fall einfach die Existenz-Bedingungen entzogen.

Die jetzt als Anfang des Hautgewebes constituirten vier Hüllzellen beginnen sich oft schon durch Flächentheilung[1]) zu vermehren, bevor noch die Binnenzellen zu fernerer Theilung schreiten. Fig. 11 und 14 A lassen im Profil schon alle vier Dermatogen-Zellen in Theilung sehen, wovon sich in Fig. 10 der Anfang zeigt. Die Fig. 14 B, 18 B und 24 lassen die fernere Vervielfältigung dieser Zellen in Oberflächen-Ansicht überschauen, und thuen dar, wie die Anordnung ihrer Tochterzellen von der der Binnenzellen mehr und mehr unabhängig wird (Fig. 22, 23 u. s. w.).

Unter den letzteren sind es die Zellen des hypokotylischen Theiles, die zuerst zu fernerer Spaltung schreiten, und zwar wiederum parallel der künftigen Längsrichtung des Keimes, doch winkelrecht gegen die Meridian-Theilungswand sowohl als gegen die äquatoriale. Fig. 10, 12,

1) Wie schon in der oben citirten Schrift, so werde ich auch bei den folgenden Schilderungen der Kürze wegen die nach allen Richtungen gleich wechselnde Theilung als »Allwärtstheilung«, die wiederholt ungefähr senkrecht gegen die Oberfläche sich vollziehende (auf Flächen-Erweiterung abzielende) als »Flächentheilung«, diejenige, bei der sich lediglich parallele Theilwände wiederholen, als »Reihentheilung«, die in dickeren Zellschichten mit den drei auf einander senkrechten Richtungen im Raume wechselnde als »Würfeltheilung« und ausserdem die Theilungen, die der Richtung der Längsstreckung eines Körpers folgen, oder auch seiner Oberfläche parallel gehen als »Spaltung« und die Kreuzung hiermit als »Quertheilung« bezeichnen.

13 und 14 A zeigen dies, im Vergleich mit Fig. 9 und 11 betrachtet. Diese Figuren ausser 12 stellen optische Mittelschnitte des Keimlings dar, die in der Seitenansicht gezeichnet, also gegen die Fig. 1—8, welche die Hauptansicht bieten, um einen rechten Winkel gedreht erscheinen. Nun wird die untere Hälfte der Binnenzellen von vier Individuen ausgemacht, die durch Kreuzwände getrennt sind.

Doch auch diese spalten sich alsbald noch einmal in je eine äussere und eine innere Tochterzelle, wie man in Fig. 17, 18 A und 19 im Vergleich mit Fig. 15 und den ersten Figuren wahrnimmt, welche wieder in der Hauptansicht dargestellt sind. Hierauf folgen Theilungen der äussern dieser Zellen durch radiale Wände.

Hiermit zugleich haben die Binnen-Zellen der obern Hälfte (b) Theilungen begonnen, und zwar anders wie jene unteren, nach ziemlich verschiedenen Richtungen wechselnd, so dass nur die ersten Wände ungefähr von oben nach unten, doch immer mehr oder weniger schräg, verlaufen. Keine Richtung muss bestimmt die erste sein und keine genaue Folge hat sich finden lassen. Es entsteht eine nicht regelmässig geordnete Zellgruppe, wie der Vergleich der Fig. 17—23 auf Taf. **1** und 25 und 26, Taf. **2**, ergiebt.

Es ist daher im obern Keimlings-Stockwerk eine Sonderung von Dauer noch nicht gewonnen, wie dies wohl im unteren geschehen ist. Denn die Spaltzellen, die aus der hypokotylischen Binnenzellgruppe hervorgegangen sind, bilden eine gesonderte innere Gruppe, aus der nun das Plerom (pl) dieses Theiles, und eine äussere, welche diese umgiebt und an das Dermatogen grenzt, aus der das Periblem (pe) desselben hervorgeht. Dies letzte bekundet seine Besonderheit zunächst durch eine in seinen Zellen zuerst auftretende Quertheilung (Fig. 22). Später erst folgt dieselbe auch in den Plerom-Mutterzellen (**1**, 23, **2**, 25, 26).

Während diese Theilungen in der Keimlings-Anlage, so weit sie aus der Endzelle des Vorkeimes abstammt, vor sich gehen, und diese auch äusserlich an Grösse um das Mehrfache gewachsen ist (man vergl. Fig. 1—23), hat sich der Vorkeim selbst noch weiter entwickelt. Der Vergleich derjenigen vorgelegten Figuren, welche auch den Vorkeim wiedergeben, zeigt, dass in allen seinen Zellen nachträglich noch Scheidewände gebildet sind, durch die seine ursprüngliche Zellenzahl erheblich vermehrt ist. Ausserdem ist die ganze Reihe der Vorkeimzellen und besonders die von Anbeginn blasenförmig aufgetriebene Basalzelle desselben ebenfalls noch bis mindestens zur doppelten Ausdehnung herangewachsen (Fig. 1—4, 8—11, 15, 16, 20, 24 etc.). Die Zahl der Vorkeimzellen erreicht keine gesetzlich bestimmte Grenze.

Besonders aber ist die vorletzte, gleichsam den Hals zu dem kopfförmigen Keimling bildende Vorkeimzelle zu einer nächst der Endzelle bevorzugten Rolle bestimmt. (In allen Figuren c.) Schon von den ersten Zuständen der Keimentwicklung an tritt diese Halszelle mehr und mehr mit gewölbter oberer Endfläche in den untern Theil der Keimkugel hinein. Endlich, indem bei schwellender Kugel der dadurch veranlasste Basal-Ausschnitt derselben immer auffallender wird, erlangt die hereingedrängte Zelle vollkommen das Ansehen und die Bedeutung einer unentbehrlichen Vervollständigung der Kugel selbst. Aber nicht die ganze ursprüngliche Halszelle, wie sie die Zustände 1—6 und auch 9 und 15 noch darstellen, tritt in die Lücke ein. Vielmehr hat jene sich, wie der Vergleich der genannten Zustände mit den Fig. 8, 10, 11, 14, 16—18 u. s. w. lehrt, inzwischen ebenso wie die übrigen Vorkeim-Zellen noch einmal getheilt. Dadurch kommt die untere Scheidewand der jetzt in Rede stehenden Halszelle jüngeren Grades meist in geringem Abstand unter die eigentliche Kugel-Peripherie zu liegen, und schliesst, wenn ein triviales Bild gestattet ist, die unvollständige Kugel ab wie der Deckel ein offenes Gefäss. Die zuletzt abgeschiedene Schwesterzelle von jener schliesst sich ihrerseits wieder den übrigen Vorkeim-Zellen an, um ihre Verrichtung und ihr endliches Schicksal zu theilen.

Die Abschnürung und innigere Anfügung dieser Halszelle fällt etwa mit der ferneren Theilung der vier ersten Dermatogen-Mutterzellen zusammen. Während aber darauf sich die Binnenzellen des Keimlings selbst weiter zerlegen, theilt sich auch die Halszelle (c) wiederum horizontal in zwei flache übereinanderliegende Abschnittszellen (s) und zwar so, dass die neue Scheidewand nunmehr innerhalb (oder doch in) der gedachten Fortsetzung der Keimlingskugel-Peripherie zu liegen kommt. Zugleich wird die neu entstandene obere Abschnittszelle (s^1) noch höher zwischen die Binnenzellen des Keimlings hinaufgetrieben, die untere dagegen (s^2) ragt unten vor (1, 19, 2, 25 u. s. w.).

Diese eigenthümliche Zugabe, die nachträglich noch vom Vorkeim zur Vervollständigung der Keimlingskugel angefügt wird, und die sich nunmehr zu einem unentbehrlichen Theil derselben ausbildet, will ich der Kürze wegen, — nebst ihrer Zellnachkommenschaft, — »Hypophyse« des Keimlings oder »Keim-Anschluss« nennen.

Bald langsamer, bald schneller schreiten die beiden Hypophysen-Zellen zu weiterer Fortbildung. Gleichzeitig aber vollziehen sich im Innern des Keimlings neue Theilungen, die erst wieder ins Auge zu fassen sind.

Die bisher erreichte Gliederung desselben stellt sich in Fig. 26 besonders deutlich vor Augen: Die vier Dermatogen-Zellen, je zweitheilig und im Begriff sich weiter zu theilen, die Binnenzellen des kotylischen Keimtheiles schief zertheilt, die des hypokotylischen, sowohl Periblem- als Plerom-Mutterzellen fertig quergetheilt.

In dem Zustand, den Fig. 27 wiedergiebt, ist noch ein, wie die Folge lehrt, nicht unerheblicher Schritt weiter gethan. Die Plerom-Zellen haben sich noch einmal gespalten und die unteren Periblem-Zellen eine neue Quertheilung erlitten. Aus den äusseren Spaltzellen des Plerom's gehen später die Procambium-Zellen hervor (pr).

Man wolle dabei beachten, wie diese letzten, sowohl Plerom- als Periblem-Zellen ihrer Längsrichtung nach gerade auf die gewölbte obere Fläche der oberen Schlusszelle (s^1) aufgesetzt sind, während die Dermatogenzellen mit ihrem untern Ende ausser der oberen (s^1) auch noch die Seitenwand der untern Hypophysen-Zelle (s^2) erreichen. Alle diese Zellreihen der unteren Keimhälfte zielen also, sich zusammenneigend auf die Hypophyse als ihren nothwendigen Abschluss schon jetzt hin.

Mit diesem Zustand innerer Sonderung, durch welche nun die wichtigeren Gegensätze der künftigen Gewebeschichten schon vorgezeichnet sind, ohne dass die Kugelform durch eine Spur von äusserer Gliederung verändert wäre, ist dann das erste Stadium der Keimentwicklung erreicht und die zweite Periode beginnt.

In dieser tritt zunächst die Eigenart der Gewebe schon deutlicher hervor. So z. B. zeigen die Fig. 27 und 28 den Gegensatz zwischen den acht paarweis übereinander gestellten Plerom-Zellen und den Periblem-Zellen, die beiderseits zu dreien eine Reihe bilden, deren oberste Zellen erst später auch gespalten werden (28). Ebenso fahren die Dermatogen-Zellen in ihrer constanten Flächentheilung so gleichmässig fort, dass ihrer ferner in der Beschreibung nicht weiter gedacht zu werden braucht. Alle ihre Theilwände stehen eben senkrecht gegen die Oberfläche und sie treten mit den darunter liegenden Zellen auf keiner Stelle des Keim-Umfangs mehr in Beziehung.

Jetzt erblickt man dann die ersten Zeichen einer äusseren Ausgestaltung. Die Zellen der oberen Keimhälfte, die meist noch einschichtig und an Masse hinter der unteren zurückgeblieben ist, beginnen lebhafter zu arbeiten. Zumal nach beiden Seiten hin weiten und theilen sie sich mit den anstossenden Periblem-Zellen des hypokotylen Theiles gemeinschaftlich schneller. Die Keimlingskugel flacht sich oben ab, der flache Scheitel bleibt hinter dem Wachsthum der Seiten zurück und die Gestalt wird nach und nach dreieckig und herzförmig (2, 28—35). In dem ganzen obern Theil bleibt nichts desto weniger das Zellgewebe in gleichartiger Theilung. Während es im Ganzen an Masse zunimmt und auch mehrschichtig wird, bedingt auch diese Umbildung keine bestimmte Theilungsrichtung. Die ganze obere Zellmasse wird fast gleichmässig dabei betheiligt, nur dass die Zellen der Seiten sich ausgiebiger theilen und die Mitte überholen. Dabei zieht sich die ganze Keimfigur zugleich mehr in die Breite, und zwanglos folgt die Entstehung der Scheidewände dieser allmählichen Verwandlung der Keimgestalt. Die eintretende äussere Gliederung des oberen Keimtheiles wird hierdurch sichtbar und gestaltet sich heraus, während eine Gewebs-Sonderung in seinem Inneren nicht vor sich geht.

Auch in der hypokotylen Hälfte legt sich zunächst nichts Neues an, obgleich die erlangten Sonderungen der Gewebe sich fortbilden und schärfer ausprägen, und der Wurzelscheitel sich abwärts keilförmig vorschiebt. Die Periblem-Zellen erleiden dabei wiederholte Quertheilungen, indessen die Plerom-Zellen sich öfter zu spalten fortfahren. Bei seltnerer Quertheilung stellen sie ein immer zahlreicheres Bündel engerer Prismen-Zellen dar. Schon wo dasselbe im Profil-Schnitt aus nur sechs der Länge nach nebeneinander geordneten Zellen oder Zellreihen besteht (Fig. 32, 33, 36), kann man jetzt die beiderseits äusserste derselben (pr), d. h. die, welche dem Periblem (pe) anliegt, durch Vergleich mit späteren Zuständen mit wachsender Sicherheit als die Mutterzellreihe des nachmaligen Procambiums ansprechen. Was zwischen ihnen liegt giebt dem Mark oder dem axilen Wurzel-Gewebe seinen Ursprung (pl).

Dagegen sieht man mehr und mehr die Grenze des kotylischen und hypokotylischen Keimlingstheiles sich verwischen. Besonders seitlich geht das Periblem in das Gewebe der sich formenden Keimblatt-Hügel unmerklich über. Aber auch die Reihen der Plerom-Zellen verlieren sich zwischen den fast regellos liegenden Zellen des obern Theiles. Schon von dem in Fig. 33 abgebildeten Zustand an wird es schwieriger und fast unmöglich die früher so scharfe Grenze (g) zwischen den beiden durch die erste Horizontalwand getrennten Hälften wiederzufinden. Im Allgemeinen bleibt nichts desto weniger leicht zu erkennen, dass das Wurzelende zusammt dem hypokotylen Stengelglied den Descendenzen der untern Keimlingszelle entstammt. Doch geht dieses selbst, je älter desto unmerklicher, in die Keimblätter und die epikotyle Axe über. Ebenso verschwindet die Spur der ersten Vertical-Scheidewand (m), die in den Nachkommenschaften jener ersten Theilzellen noch etwa bis zum Zustand von Fig. 36 hin ziemlich erkennbar bleibt. So werden überflüssig gewordene Scheidungen aufgegeben indem Zellen verschiedener Abstammung zu gemeinschaftlichen Bildungen zwischen einander gerathen, während neue nothwendig werdende Differenzen unter Zellen gleicher Herkunft hervortreten.

Die Fortbildung des Keimlings-Körpers erhält aber ausserdem in dieser Entwicklungs-Periode wesentlich durch die weitere Ausgestaltung der Hypophyse eine wichtige Vervollständigung, denn es zeigt sich jetzt, dass diese dazu bestimmt ist, der Haut- und Hüllschicht des Keimlings ihren unteren organischen Abschluss, d. h. ihre untere Scheitel-Zellgruppe herzustellen.

Zu diesem Zweck werden die beiden in der Hypophyse bisher in ihrer Entstehung verfolgten Tochterzellen (s^1 und s^2), wie sie sich z. B. recht deutlich noch in Fig. 28 darstellen, senkrecht gespalten, und zwar die oberste in schneller Folge in mehrere (auf dem Profil-Bild drei bis vier), die untere in zwei Zellen. Die beiden Tochterzellen der unteren werden darauf sehr schnell wieder der Quere nach in je zwei noch flachere Tochterzellen zerlegt, so dass an dieser Stelle jetzt ein Doppelpaar von Zellen erblickt wird (s^2 und s^3). Bald wird die eine, bald die andere dieser Theilungen früher vollzogen. So z. B. hat in Fig. 26 die untere der beiden in Rede stehenden Zellen sich senkrecht getheilt, auf welche Spaltung in Fig. 29, 32 und 33 auch schon die Quertheilung der Tochterzellen gefolgt ist, während die oberste Zelle noch ungetheilt verharrt. In den Zuständen Fig. 23 und 30 dagegen ist nur die obere zerlegt, wogegen in Fig. 27 die obere wie die untere in

Theilung erblickt werden. In Fig. 36 sind beide Theilungen gleichmässig vollzogen, in Fig. 35 erscheint die obere etwas im Rückstand. Alle diese Fälle lassen sich wiederholt beobachten und sie lehren, ebenso wie die schon in den Abbildungen der früheren Zustände hier und dort auftretenden Unbeständigkeiten in der Folge der Theilungen, dass auch bei ungleichen Entwicklungsschritten im Einzelnen das Ganze doch übereinstimmend und überall gleich zu Stande kommt.

Aus der Hypophyse sind mithin nunmehr drei Zellen-Schichten entstanden, und es ist schon soviel deutlich, dass die oberste Schicht (s^1) eine Verbindungs-Zellenreihe zwischen den beiden an sie seitlich grenzenden Reihen der Periblem-Mutterzellen des untern Keimlingstheiles herstellt, die zweite und dritte (s^2, s^3) dagegen ebenso die zwischen den Dermatogen-Zellen gebliebene Lücke ausfüllen. Dabei ragt das Zellpaar der dritten Schicht meist etwas an der Unterseite des Keimkörpers heraus. Wie sich darauf die aus der unteren Hypophysen-Zelle hervorgegangenen Tochterzell-Paare noch ferner in verschiedene Aufgaben theilen und als wirkliche »Schlusszellen« die entsprechenden Gewebe vervollständigen, wird in den nächsten Zuständen erkennbar.

Wir sehen nämlich hier in den der Hypophyse beiderseits angrenzenden Dermatogen-Zellen eine Theilung auftreten, welche der diesem Gewebe sonst ausschliesslich eigenen Theilungsart widerspricht, indem sie sich parallel der Aussenfläche vollzieht (Fig. 36, 37 u. s. w.). Damit entstehen in diesen Dermatogen-Zellen Töchterpaare (d^2 u. h), welche seitlich die zweite und dritte Zellschicht der Hypophyse (s^2, s^3) unmittelbar fortsetzen, und es kommen dadurch zwei gekrümmte Reihen zu Stande, die nun miteinander wie eine Doppel-Kappe die Keimlings-Basis von unten her bedecken. Wie sich später zeigt, sind die unteren vier Zellen die Mutterzellen der Wurzelhaube, die vier der oberen Curve jedoch vermitteln fernerhin den Zusammenschluss des Dermatogens, indem die zwei mittelsten aus der Hypophyse kommenden »Schlusszellen« die Rolle der Dermatogen-Initialen des Wurzelendes selbst übernehmen.

Damit ist denn auch der kleinen aus der obersten Hypophysen-Zelle (s^1) abstammenden Zellfamilie ihre Rolle um so zweifelloser als Periblem-Schlusszellen zugewiesen. Sie allein sind im Stande, wie sie die Verbindung zwischen den ringsum neben dem Plerom-Bündel herablaufenden Periblem-Zellen unterhalb des Pleroms **räumlich** ausmachen, so auch ihren wirklichen Fortbildungsheerd herzustellen. In der That arbeiten sie in dieser Eigenschaft nunmehr in der wachsenden Wurzelspitze fort.

Nicht wenig lehrreich ist für diese Verhältnisse auch ein Blick von unten auf die Keimbasis und die über ihr liegenden Zellschichten, wie Fig. 40 darbietet. Fig. 40 A zeigt die äussere Ansicht des Keimlings-Wurzelendes gerade von unten, und man erblickt die vier (im Profil zwei) Zellen der dritten Hypophysenschicht, d. h. der ersten den Keim abschliessenden Wurzelhaubeschicht. Fig. B zeigt den optischen Querschnitt der nächst tieferen Lage dieser Ansicht, d. h. der Dermatogen-Schlusszellen wiederum in der Vierzahl, darauf folgen in Fig. C die Periblem-Schlusszellen in grösserer Zahl, und in D in noch grösserer die Plerom-Initialen. Von einer Scheitelzelle ist in keiner Schicht etwas zu sehen.

Um dies noch ferner bestätigt zu sehen, genügt ein Blick auf die übrigen auf Tafel 2 abgebildeten Zustände, in welchen zugleich die Keimgestalt sich immer ausdrucksvoller heranbildet, während eine wesentlich neue Sonderung ihrer Theile nun nicht weiter einzutreten hat.

Was das Plerom betrifft, so erhellt, dass es von den Hypophysen-Abkömmlingen seinerseits nichts abbekommt. Aus der ganzen in den Abbildungen vorliegenden Entwicklungsreihe geht deutlich hervor, wie nur die Haut- und Hüllschicht mittelst dieser Zuthat fertig gestellt und mit Schlusszellen versehen wurde, das Plerom dagegen auf Fortbildung durch sich selbst angewiesen bleibt. Sämmtliche Plerom-Zellreihen vermehren sich daher nicht nur nach ihrer ganzen Länge noch durch Quertheilungen, sondern besonders in den untersten Zellen jeder Reihe (pl, i), die also selbst die Function der Initialen dieses Gewebes übernehmen.

Hiermit ist das zweite Entwicklungs-Stadium des Keimlings als vollendet anzusehen. Die äussere Gliederung desselben ist angelegt und die Gewebe-Sonderung durch regelrechte Einreihung der Hypophysen-Abkömmlinge zum Abschluss gebracht. Der Keimling tritt in seine dritte Periode, in der es sich nur darum handelt, alles, was nun angelegt ist, weiter durch die angefangenen Zell-Theilungs-Stufen auszubilden und zu vergrössern, bis der Keim zum Zustande der Reife herangewachsen ist. Wesentlich Neues ereignet sich dabei kaum, nur dass mancher einzelne Fortschritt kurz zu kennzeichnen und die Ausbildung der Wurzelhaube noch etwas genauer zu beachten ist.

Während der zunehmenden Hebung der Keimblattanlagen wird über ihnen wie über dem ganzen Keimling das Hautgewebe immer gleichmässig wie getriebene Arbeit gereckt und ausgebauscht. Es folgt der Dehnung durch seine auf die Aussenfläche senkrechte Zelltheilung und behauptet seine strenge Sonderung, die es schon den ersten Quadranten-Zellen abgewonnen hat (**2**, 26—39, **3**, 43).

Zwischen sich lassen die sich erhebenden Kotyledonen nur ein schmales von eben so streng gesondertem Dermatogen überzogenes Thal (v), in welchem der geringe Raum abwärts bis zu den schon deutlich unterschiedenen Sonder-Geweben durch eine kleine Gesellschaft noch indifferenter Meristem-Zellen erfüllt wird. Dieselben sind unter sich gleichartig, keine ist als bevorzugte erkennbar.

Dasselbe fast gleichmässige Urgewebe füllt die ganze Masse der Kotyledonen aus, erst in Allwärtstheilung begriffen, später mehr in die Reihentheilungsform, die der Streckung der Keimblätter entspricht, übergehend (**2**, 36—39, **3**, 43).

Plerom und Periblem treten in der unteren Keimgegend immer mehr in ihrer Besonderheit auseinander. Das Plerom läuft mit einer grösseren Anzahl schmaler Zellreihen bis zur Hypophyse hinab. Dieselben neigen sich abwärts zwar auch etwas zusammen, behalten aber ihre Zahl bis unten hin fast unvermindert bei und enden in der erwähnten Gruppe gleichwerthiger Plerom-Initialen (Fig. 36–48, pl, pl-i). Das Periblem dagegen besteht bis zum Zustand Fig. 38 noch aus jederseits nur zwei fast parallelen doch nach unten zusammenlaufenden Reihen prismatischer Zellen. Die Reihen jeder Seite gehen schliesslich in eine Zelle aus. Diese wird, wenn sie selbst beim Wachsen der Wurzelspitze seitwärts rückt, in ihrem Querdurchmesser zunimmt und dann der Längsspaltung unterliegt, durch eine neue Zelle aus der Schlusszellen-Gruppe ersetzt, welche ihrerseits ihre Zellen durch wiederholte Spaltung ergänzt (Fig. 39—47).

Bei fernerem Wachsthum des Keimlings spaltet sich die jederseits innere Periblem-Zellenlage noch einmal durch Längswände, die von dem kotylischen Theile her beginnend wurzelwärts fortschreiten, und so bildet sich eine dritte Schicht (**2**, 39, **3**, 41—47), auf welche endlich in derselben Weise auch noch eine vierte folgen kann (42).

Durch diese Ausprägung der Besonderheit dieser Zellreihen ist denn auch eine deutliche Scheidung der ursprünglich einheitlichen Meristem-Kugel in einen unteren und oberen Bildungsheerd als vollzogen zu betrachten, nachdem sie sich schon in der zweiten Periode sichtbar gemacht hat.

Die Hautgewebe nehmen in umgekehrter Richtung, von der Wurzel-Spitze beginnend, an Dicke zu und besonders tritt, wie erwähnt, die Entwicklung der Wurzelhaube ausdrucksvoller hervor. Zunächst sind es die aus der untersten Schlusszelle stammenden zwei (d. h. auf dem Profilschnitt, also körperlich vier) Wurzelhauben-Mutterzellen, welche sich durch schiefe, fast diagonale Theilwände in doppelt soviel verwandeln (Fig. 35, 37—41). An diese hatten sich schon seitlich die aus den nächsten Dermatogen-Zellen erzeugten Hauben-Zellen angereiht. Indem nun noch weiter aufwärts die an diese grenzenden Dermatogen-Zellen sich ebenfalls demselben Theilungs-Verfahren anschliessen, so ergiebt sich eine beiderseits wachsende Reihe von Wurzelhauben-Zellen, welche endlich die ganze untere Scheitelwölbung des Keimes einhüllt.

Bis zum Zustand Fig. 41 hin sieht man demnach eine einreihige Wurzelhaube schon von ziemlicher Ausdehnung und in ihrer Concavität die aus ihren Schwesterzellen bestehende verjüngte Dermatogen-Curve. Beiderlei Zellen unterliegen indessen alsbald einer weiteren Flächentheilung, und zwar von einander unabhängig, und ihre Zellen verlieren dadurch das Gepräge gemeinsamer Abkunft (d^2 u. h). Im Zustand Fig. 41 sieht man noch sehr deutlich links zwei und rechts drei gespaltene Dermatogen-Zellen sich der Theilung im Hypophysen-Gewebe anlehnen, deren Tochterzellen, je eine für das Dermatogen und eine für die Wurzelhaube bestimmt, noch für ihre Zwillings-Herkunft zeugen. Aber die folgenden Figuren bis 47 zeigen in beiden Zell-Curven von einander abweichende Theilungen.

Während so in den letzten Figuren der Taf. 3 die zuerst gebildete Wurzelhauben-Schicht schon, wie erwähnt, in weiter Erstreckung die Wurzelspitze umgiebt, schreitet jetzt das darunter liegende Dermatogen zur Absonderung einer zweiten durch Wiederholung des gleichen Verfahrens. Schon Fig. 42 lässt die vier mittelsten der neuen Dermatogen-Zellen abermals quergespalten erscheinen (d^3 u. h^2), ebenso Fig. 43. In Fig. 44—47 setzt sich die Spaltung in der Dermatogen-Schicht wiederum beiderseits weiter fort, gleichsam der ersten äusseren Reihe von Spaltungen nachstrebend. Und von den so erzeugten zwei neuen Tochterzell-Curven wird abermals die unterste zur zweiten Wurzelhauben-Schicht (h^2), die oberste bleibt wieder fortbildendes, neu verjüngtes Dermatogen (d^3). Beide unterliegen sofort weiterschreitender Flächentheilung.

In gleicher Weise erzeugt sich nach und nach eine dickere Wurzelhaube, vergrössert sich durch Dehnung und auch noch weitere Theilung ihrer Zellen, und verstärkt sich durch immer neue Zellreihen, welche das Dermatogen durch Spaltung seiner Schlusszellengruppe und ihrer Nachbarschaft erzeugt, und den früher erzeugten zufügt. In Fig. 47 sind auch die Dermatogen-Schlusszellen dritter Verjüngungsstufe schon wieder quergespalten und haben damit einer dritten Hauben-Schicht (h^3) und einer Dermatogen-Schlussgruppe vierter Ordnung (d^4) den Ursprung gegeben. Viel weiter scheint diese Entwicklung innerhalb des Samens bis zur Keimreife kaum zu gehen [1]).

Die besprochene Anlage der Wurzelhaube geht wesentlich mit einer bedeutenderen Streckung des ganzen hypokotylen Keimlings-Körpers Hand in Hand, bei welcher sich die vorher in ihrer Anlage geschilderten Zellreihen wenig oder gar nicht vermehren, sondern ausschliesslich durch Quertheilung verlängern. Dabei tritt denn auch diejenige Zellschicht endlich vollkommen erkennbar heraus, welche schon oben als die der Procambium-Mutterzellen bezeichnet ist (pr), und als äusserste der Plerom-Zellreihen an die des Periblems grenzt. Besonders in den Fig. 33, 37—39 und 43 ist ihre Sonderung zu bemerken (überall pr zwischen pe u. pl). Es drängt sich hierbei dem Beobachter die völlige Einheit der Wurzelanlage und des sogenannten hypokotylen Stengelgliedes unabweislich auf. Beide sind, wo sie später unterscheidbar, nur die Sekundär-Differenzirung eines und desselben Gliedes. Das hypokotyle Glied, obwohl später mehr dem Stengel und den Keimblattstielen ähnlich, ist derselben Abstammung wie die Wurzelanlage, ja

1) Die genauere und weitere Schilderung der Entwicklung der Wurzelhaube sowie überhaupt der Haupt- und Nebenwurzeln der Phanerogamen gehört nicht hierher und wird demnächst in einer besonderen Arbeit von J. Reinke (vgl. Monatsberichte der Niederrhein. Ges. für Natur- u. Heilkunde, 2. Aug. 1869, und Bot. Zeit. 1870, S. 55) behandelt werden.

nur ihr ältester Theil. Dagegen stammt der den Stengelknoten vorstellende Theil mit der Stammknospe zusammen aus der oberen Keimlingshälfte.

Die besprochenen Einzel-Entwicklungen gewähren beim Ueberblick des optischen Median-Durchschnitts eines durchsichtig gemachten Keimes nun ein so ausdrucksvolles Gesammtbild, dass es erlaubt sein möge, dasselbe in wenigen Worten noch einmal zu skizziren.

Die erst kugelförmige, dann dreiseitige, darauf herzförmige, endlich zweischenklige Form des Keimlings ist schliesslich in eine tief zweispaltige Gestalt übergegangen (43). Ihr Grund ist noch immer von dem kräftig fortvegetirenden Vorkeim getragen. Von diesem aus scheinen auf den ersten Blick die Gewebeschichten fächerförmig auseinander zu strahlen und sich gegen die Kotyledonen hin zu verbreitern. Doch zeigt sich, dass dieser Anschein wesentlich durch die Entwicklungsweise des Periblems veranlasst wird. Denn die dreierlei verschiedenen Zellenschichten verhalten sich gerade in diesem Punct typisch verschieden.

Die über den ganzen Keimling bis weit hinab als einfache Lage fortziehende Dermatogen-Schicht nämlich spaltet sich gegen die Wurzelspitze wiederholt und verbreitert sich bei wachsender Reihenzahl zu immer stärkerer, den Scheitelpunct selbst in Halbmondgestalt überlagernder Masse. Das Periblem im Gegentheil lässt seine Zellenreihen vom Scheitelpunct aus zunehmen und aufwärts spreizen, und bewirkt dadurch vorzugsweise die Verbreiterung der Wurzelbasis und des hypokotylen Stengeltheiles in der Richtung zu den Kotyledonen hin. Seine Zellreihen nehmen an Zahl also umgekehrt in der Richtung ab, in welcher die Hauben-Zellreihen zunehmen. Kurz umbiegend laufen in der Scheitelwölbung selbst von beiden Seiten her die zu einer sich vereinigenden Periblem-Schichten in die einfache Schlussreihe aus, die quer in der Concavität des Dermatogen-Bogens liegend, auch jetzt noch aus drei oder vier Zellen besteht, die als Initialen fungiren. Die Mitte nimmt das feinzellige nach oben sich wenig verbreiternde Plerom-Bündel ein, das aus eben soviel Initialen hervorgeht, als es Zellreihen besitzt. Dass diese dauernd mit den unteren Periblem-Schlusszellen nichts zu thun haben, welche, an sich grösser, in scharf getrennter Querlage liegen, zeigen die Fig. 38—44 deutlich genug. Die Procambium-Mutterzellen endlich divergiren nach oben. und laufen, wo die Plerom-Sonderung sich verliert, etwas divergirend in die Mittellinie der Keimblatt-Anlagen hinein. Die Grenzen der Hypophyse sind allmählich seitwärts ganz unkenntlich geworden und nur nach oben durch die Periblem-Schlusszellen noch kenntlich.

Somit ist der absteigende die Wurzel fortbildende Vegetations-Scheitel des Keimlings durchaus fertig hergestellt. Und indem zugleich der untere Keimlingstheil fast cylindrisch gestreckt ist, hat sich dieser untere Vegetationspunct mit seinen Initial-Gruppen allmählich ganz und gar von der oberen Meristem-Gruppe entfernt, aus welcher später die Stammknospe sich auszugestalten hat. Aus einer kugeligen Meristem-Gruppe erzeugt, haben sich beide nun durch Zellreihen aus einander gedrängt, die sie selbst aus sich hervorgebracht haben, und die nun in ihrer Eigenartigkeit deutlich genug als Sondergewebe auftreten. Die Stammknospe selbst gewinnt innerhalb des Samens dieser Pflanze keine deutlichere Ausbildung. Wohl aber setzen sich die Periblemreihen des hypokotylen Keimkörpers mit wachsender Ausbildung der Keimblatt-Anlagen immer deutlicher in diese hinein fort. Endlich umzieht wenigstens die äusserste derselben, zugleich mit dem Dermatogen, die oberen Ränder der Keimblätter, läuft an ihrer inneren Fläche abwärts und auch über den Entstehungsort der Stammknospe von einem zum andern Blatt ziemlich scharf gesondert hinüber (pe-i).

Besonders regelmässig erscheint dieser Zellgewebs-Aufbau in demjenigen optischen Längsschnitt des Keimes, der beide Keimblätter genau halbirt. So lassen ihn ausser der Mehrzahl der früher erörterten Abbildungen von den letzten die Fig. 43 und 44 sehen. Dass aber auch Axenschnitte, welche die Median-Ebene des Keimes unter schiefem Winkel kreuzen, ein gar nicht oder kaum abweichendes Bild geben, beweisen die in solcher Weise entworfenen Figuren 41, 42, 45—47. Die den Figuren beigefügten Skizzen der ganzen Keimlinge zeigen die Richtung, in der die mikroskopische Ansicht genommen ist. Mithin ist der hypokotyle Keimkörper nach allseitiger Symmetrie angelegt, die selbst durch die Keimblatt-Anlage, in welche sich seine Zell-Masse nach oben zu theilt, noch nicht merklich beeinflusst wird.

Am auffallendsten bleibt auf allen diesen Ansichten das Zurückbleiben der Stammknospe, die zwar örtlich vorgezeichnet, aber durch keine scharfe Sondernng von ihrer Umgebung abgegrenzt, nur in einer sehr kleinen Menge der dreierlei Meristem-Zellen zu suchen ist, deren innere Schichtung noch wenig ausgeprägt ist.

Wie beantworten sich demnach für die Entwicklungs-Vorgänge des Capsella-Keimes die oben gestellten Fragen?

Wenn der Keimkörper erst aus acht Zellen besteht, ist schon das Dermatogen ein für allemal ringsum abgeschieden. Auch die übrigen Sonderungen der Grundgewebe vollziehen sich schon in der ersten Entwicklungsperiode des Keimlings. Eine Scheitelzelle wird durch die Differenzirung des Hautgewebes sowohl wie schon durch die allererste Meridian-Theilung der Keimzelle unmöglich gemacht, und ist daher in keinem Stadium aufzufinden. Die äussere und die innere Gliederung der Keimlingstheile gehen Hand in Hand miteinander, ohne dass jene von dieser sich unmittelbar abhängig erwiese. Aus der Kugelform wird die fertige Gestalt des Keimes durch allmähliche Umgestaltung hergestellt, ähnlich wie die Gliederung im Vegetationspunkt eines älteren Sprosses, ohne dass geometrisch geordnete Zell-Descendenzen dabei maassgebend wären. Dennoch arbeiten die Zelltheilung und die Gewebe-Sonderung ohne Verzug mit sicherem Schritt von Anbeginn auf das los, was schliesslich werden soll.

Eine weitere Verfolgung der Entwicklung des Cruciferen-Keims zur Keimungszeit fällt ausserhalb des Zweckes dieser Arbeit. Vielmehr kommt es darauf an, andere dikotyle Typen mit diesem zu vergleichen.

Es schien zur Klarlegung des Vorgetragenen unerlässlich, dies erste Beispiel mit aller Umständlichkeit in allen Einzelnheiten zu erörtern, selbst auf die Gefahr hin, dem Kundigen zu Ausführliches zu bieten. Selbstverständlich wird die Geduld des Lesers nicht bei jedem ferneren Beispiel auf die gleiche Probe gestellt werden. Vielmehr kann es sich ferner nur darum handeln, kurz im Vergleich mit dem Besprochenen auseinander zu setzen, ob und in welcher Weise die folgenden Keim-Entwicklungen mit der ersten übereinstimmen, von ihr abweichen oder ihr widersprechen. Ohne auf systematische Verwandtschaft zu achten sei es gestattet, die Typen aus Gründen der Zweckmässigkeit und Bequemlichkeit der Darstellung auf einander folgen zu lassen.

Oenothera nocturna.

(Taf. 4 u. 5, Fig. 1—37.)

Nächst den *Cruciferen* haben sich die Verhältnisse der Untersuchung bei den *Onagraceen* günstig gefunden, und zwar in sehr verschiedenen Gattungen derselben. Als Beispiel mag eine Nachtkerzen-Art dienen[1]).

Das umgewendete Samenknöspchen dieser Pflanze enthält in seiner Mitte einen grossen Keimsack (ks), bis zu welchem hin der leicht wahrnehmbare kräftige Pollenschlauch (po) sich Bahn bricht (Taf. 4, Fig. 4). Im Keimsack-Scheitel findet man neben dem schon in Fortbildung begriffenen Keimling (km) fast stets noch die Reste der unbefruchteten Schwester-Keimanlage (in allen Fig.: r). Der Vorkeim bleibt nur kurz, meist nur zwei- bis dreizellig einschliesslich der Keimzelle, nur einmal habe ich einen sechs Zellen langen bemerkt. Sei es, dass er desswegen in dem weiten Keimsack zu viel Freiheit für die Richtung seines Wachsthums behält, sei es, dass er durch jenes Rudiment der anderen Anlage beeinträchtigt wird, er zeigt in seiner Form und Lagerung beachtenswerthe Abweichungen. Es war daher nöthig, eine grössere Zahl von Einzelfällen abzubilden.

Es scheint zunächst, dass die zur Keimbildung bestimmte Zelle gleich aus der ersten Quer-Theilung der befruchteten zum Vorkeim ausgewachsenen Eizelle hervorgeht. Es besteht alsdann das ganze neue Individuum aus einer grossen aufgeschwollenen Vorkeimzelle (vk) und der kopfförmig auf ihrem Ende sitzenden Keim-Mutterzelle (km, Taf. 4 Fig. 1—3). Letztere theilt sich darauf durch eine Meridian-Theilung (m) in zwei symmetrische Hälften. Fig. 6—9 zeugen dafür, dass diese Theilung schon eintreten kann, bevor auch nur noch eine Anschlusszelle vom Vorkeim abgetheilt ist. Dagegen zeigen die Fig. 4 und 5 diese Hypophysenzelle (c) früher hergestellt, als die Theilung in der Kopfzelle eintritt. In den Abbildungen Fig. 10—13 sind beide Theilungen gleichmässig vollzogen. Eine Schwankung in Bezug auf die Priorität dieses Vorganges ist also bei dieser Pflanze unzweifelhaft. Ja, es kann sogar bei Betrachtung der Fig. 4 und 5 und 10—13 die Frage entstehen, ob die Halszelle (c) nicht vielmehr von der Keim-Zelle (km) selbst, als von der Vorkeimzelle (vk) abgeschnitten werde, da besonders in Fig. 5 und 13 die Halszelle der Form nach mehr zu der kugelförmigen Endzelle als zu der grossen Vorkeimzelle zu ge-

1) Pflanzen wie diese, die in langer Blüthenstandsfolge alle Entwicklungs-Zustände gleichzeitig in bestimmter Reihe darbieten, sind immer für diese Untersuchungen besonders zu empfehlen.

hören scheint. Und damit würde ja hier also die Einheit der Keim-Abstammung aus einer typisch individualisirten Mutterzelle gewahrt bleiben. Allein, genau betrachtet, sind doch unter diesen Abbildungen nur wenige so zu deuten. Die Fig. 2 zeigt dagegen einen Zustand, in welchem sich offenbar die Abschneidung einer Halszelle von der Vorkeim-Körperzelle und nicht von der schon fertigen Kopfzelle vorbereitet. Auch sind die Zustände in Fig. 4, 10, 11, 12 wenn auch zweideutig, so doch ohne Zwang mit dem Vorangehen der Spaltung in der Kopfzelle und dem Folgen der Abscheidung einer Halszelle aus dem Vorkeim vereinbar, die Zustände 6—9 dagegen mit der entgegengesetzten Annahme durchaus unvereinbar. Somit scheint es geboten, auch die scheinbar widersprechenden Bilder Fig. 5 und 13 auf ein nachträgliches Anschmiegen der später erzeugten Anschlusszelle an die präexistirende Keimzelle zurückzuführen. Anderen Falls müsste man eine Verschiedenheit der Theilungsfolgen schon in einem so fundamentalen Vorgange bei ein und derselben Pflanze annehmen, was nicht sehr wahrscheinlich ist. Dasselbe für unmöglich zu halten, sehe ich freilich meinerseits keinen Grund, denn einzelne Ausnahmen finden in der Morphologie überall statt, ohne die Bedeutsamkeit der im Allgemeinen geltenden Regeln zu schwächen. Doch gehören zur Feststellung von solchen sichrere Beweise. Als allgemeinere Regel gilt unzweifelhaft auch hier, dass die Keimzelle sich zuerst senkrecht theilt. Darauf tritt dann sofort auch die äquatoriale Theilung (g) des Tochterzellenpaars ein (Fig. 14—16, zwischen a und b).

Schon bei diesen ersten Theilungen wolle man auf die auffallend verschiedene Richtung, in der die Keimanlage nun dem Vorkeim aufsitzt, achten. Am häufigsten freilich ziemlich grad aufgesetzt (Fig. 2, 3, 4, 5, 6, 11, 12, 13, 15), ist sie doch nicht selten erheblich schief angelegt, wie ein Vergleich der in Fig. 1, 7—10, 14 und 16 abgebildeten Keimlinge, vor allen aber Fig. 7, zeigt. So wenig indessen in diesen Fällen der Keimling die Richtung der Vorkeim-Längsaxe festhält, so ist doch die erste Theilwand stets etwa senkrecht gegen den Vorkeimzellen-Umfang gerichtet, und wird von nun an für die Theilungs-Vorgänge im Keimling zur Median-Fläche, gegen die er sich symmetrisch aufbaut. Eine weiter greifende Bedeutung dieses Umstandes für die Symmetrie und den morphologischen Werth der Richtung in der Keimanlage überhaupt wird später ins Licht treten.

Nach Vollendung der Keim-Viertheilung tritt die Schäl-Theilung und Herstellung der Haut-Schicht sofort in aller Regelmässigkeit ein, wie Fig. 17, 21, 22, 23 in der Hauptansicht, 18, 19, 20 in der Seitenansicht zeigen. Hierauf folgt die Längs-Spaltung in den Binnenzellen der unteren Hemisphäre und fast zugleich die weitere Flächentheilung der Dermatogen-Zellen in je zwei, und alsbald auch die Schrägtheilung in den obern Quadranten-Zellen, was die Zustände Fig. 19—25 ausreichend zur Anschauung bringen.

Während dessen hat auch die Hypophysen-Entwicklung begonnen, und zwar schneidet die obere Wand derselben schon früh ein erheblich grosses Stück aus der Kugelform des Keimlings heraus, so dass der aus der Hypophyse (c) erzeugte Ergänzungs-Körper im Verhältniss zur Keimkugel grösser als bei Capsella ist, zuweilen sogar an Masse dem Keimling selbst nicht viel nachgiebt (Fig. 12, 17, 18, 20, 21). Desshalb nimmt die nun sich bildende Quer-Scheidewand der Hypophyse, indem sie ihre Ränder nach oben krümmt und an die obere Grenzwand anlegt, eine uhrglasförmige Gestalt an (Fig. 19, 20, s^1). Die Berührungs-Stelle derselben trifft etwa dahin, wo die Innenwände der Dermatogen-Zellen diese von den Binnenzellen trennen. Da nun die untere grössere Tochterzelle der Hypophyse dem Dermatogen-System zur Vervollständigung dient, so ist die ganze Umhüllung des Keimes hier noch anschaulicher vorgezeichnet als im gleichen Entwicklungs-Stadium des Capsella-Keimlings. Und eben so schliessen die Binnenzellen durch die aus der Hypophyse erhaltene Zuthat für sich zur vollkommneren Kugel ab.

Ohne Verzug wird danach die untere grössere Hypophysen-Zelle durch eine mittlere Theilung, die von der Convexität der besprochenen uhrglasförmigen Wand herabsteigt, gespalten (Fig. 22—27, s^2).

Dass auch durch die Betrachtung des Keimlings in der Seiten-Ansicht, die Uebereinstimmung in der Entwicklung mit dem gleichen Stadium des Capsella-Keimes bestätigt wird, lehren die Fig. 18—20. Die mit der ersten Meridianwand sich später kreuzende Spaltwand fehlt noch, die äquatoriale Theilung ist deutlich (zwischen a und b), die Schältheilung hat in Fig. 18 begonnen und ist in 19 und 20 vollendet. Spätere Zustände zeigen dann auch die zweite Spaltung der unteren Quadrantenzellen. Dabei kann es vorkommen, dass, wenn zufällig auch eine der Theilwände einer obern Quadrantenzelle so ziemlich in dieselbe Meridianebene des Keimlings fällt, in welcher die unteren Quadranten sich gespalten haben, alsdann die Seiten-Ansicht der Haupt-Ansicht des Keimlings so ähnlich wird, dass man in Fällen wie Fig. 21 und 25 zweifelhaft bleiben kann, welche von beiden man vor sich hat.

Die Zustände 23 bis 26 lassen sehen, wie die Sonderung der Periblem- (pe) und Plerom-Mutterzellen (pl) durch Spaltwände eintritt. In Fig. 27 und 28 vollzieht sich die erste Quertheilung der Periblem-Zellen, in Fig. 29 folgt die gleiche Theilung im Plerom. Zugleich ist die Schrägtheilung im oberen Keimstockwerk und die Flächentheilung des Dermatogens vorwärts gegangen. Der ganze Keimling ist damit zu einem kugeligen Zellgebäude von so hoher Regelmässigkeit und Klarheit der Gliederung herangebildet, dass dadurch die gleiche Ansicht des Capsella-Keimes an Anschaulichkeit fast noch übertroffen wird (Fig. 25 u. 28, vgl. **2**, 25, 26).

Inzwischen hat sich auch die grosse Vorkeimzelle noch hin und wieder zu einer oder der anderen weiteren Theilung bequemt, die bald den mittleren oder unteren Theil derselben trifft (Fig. 8, 9, 17, 25, 26, 29), bald noch eine flachere Zelle vom oberen Theile abschneidet, die sich der Hypophyse zugesellt, ohne jedoch gleich ihr eine Bedeutung zu gewinnen (Fig. 23, 24, 25, 27, 29).

In der ferneren Umgestaltung geht die Form des Keimlings früher und auffallender in die Breite, als bei *Capsella*, so dass Periblem und Plerom noch bevor derselbe die Keimblätter anlegt, häufigere Längstheilungen ausführen und dadurch zuweilen ihre Grenze schwerer erkennen lassen. Dabei bleibt das obere Keimstockwerk verhältnissmässig sehr niedrig. Im Zusammenhang damit treten dann die Keimblattanlagen selbst mehr wie seitliche Auftreibungen der ganzen Keimlingsmasse auf, als wie aus der oberen Hälfte aufwärts strebende Hügel. Wo das Periblem des hypokotylen Keimtheiles in die allwärts getheilten Zellen des oberen übergeht, erleiden diese eine massige Vervielfältigung besonders in die Breite und geben so dem heranwachsenden Keimling die ihn kennzeichnende gespreizte gleichsam breitgeflügelte Form, die erst später sich wieder mehr in die Länge streckt (33—37).

Mit dem überwiegenden Breitenwachsthum und mit dem schiefen Ansatz, den der Keimling häufig am Vorkeim nimmt, hängen mancherlei untergeordnete Asymmetrien in der Entwicklungsfolge zusammen, wie sie z. B. die Zustände Fig. 30 und 31 darbieten, in denen die breiten

Seiten des unteren Theiles und der Hypophyse ungleich entwickelt sind. Wie dies bei Fig. 30 aus dem schiefen Ansatz des Keimes am Ende des Vorkeims folgt, liegt vor Augen.

Hieraus folgen dann zugleich für die Anlage der Wurzelhaube und der Schlusszellen (s) des Dermatogen's und Periblem's untergeordnete Abänderungen, die um so mehr in die Augen fallen, als das Wurzelende des Keimes erst sehr spät verlängert wird. Im Wesentlichen indessen stimmen auch alle diese Vorgänge ganz mit den oben beschriebenen bei *Capsella* überein. Doch schreitet die untere Hypophysen-Zelle (s^2) oft früher zu einer dem Dermatogen ähnlichen Theilung, als sie eine Quertheilung vornimmt. Sieht man von den etwas asymmetrischen Formen in Fig. 30 und 31 ab, so erweist sich in Fig. 32 die obere Hypophysen-Zelle senkrecht in zwei Periblem-Schlusszellen (s^1) getheilt, die untere zweimal etwas geneigt getheilt (s^2). Fig. 34 indessen hat beide Hypophysen-Zellen senkrecht getheilt, die obere die Schlusszellen zum Periblem, die untere zum Dermatogen liefernd. In 33, 35 und 36 ist die Reihe der entstandenen Hüllzellen schon doppelt, ohne dass mit Sicherheit erhellte, ob die senkrechten oder die wagerechten Wände die früher entstandenen sind. Doch spricht wieder Fig. 33 mehr für die letzte, die beiden andern mehr für die erste Annahme. Sicher machen indessen die Zellen der oberen von diesen Reihen, welche der unteren Hypophysen-Zelle ihren Ursprung verdanken, nun die Dermatogen-Schlusszellen im engeren Sinne (s^2), die unteren die Hauben-Initialen (s^3) aus, was in Fig. 35—37 ausser Zweifel tritt. Hier werden diese beiden Reihen in oben geschildeter Weise durch die Spaltung der sie seitlich fortsetzenden Dermatogen-Zellen beiderseits fortgesetzt und dadurch um so kenntlicher gemacht. Auch liegt die Reihe der Periblem-Schlusszellen deutlich gesondert darüber und ist ihrerseits von den charakteristischen senkrechten Plerom-Reihen gesondert. In Fig. 37 liegt unter einer geschlossenen Reihe von Hauben-Initialen noch ein grosses Zellpaar, und es muss dieses wohl auf eine spätere Theilung im Vorkeim, wie solche oben erwähnt, zurückgeführt werden.

Die Ausbildung der Hypophyse ist immerhin im Ganzen dürftiger als bei *Capsella* nnd es hängt dies naturgemäss mit der zögernden Entwicklung des hypokotylen Keimkörpers überhaupt zusammen.

Alles übrige für den *Oenothera*-Keim Eigenartige geht ausreichend aus den Abbildungen hervor. Soweit meine Beobachtungen reichen, stimmen die anderen zur Familie gehörigen Gattungen mit den von dieser dargelegten Besonderheiten überein.

Sei es daher gestattet, wiederum aus ganz anderem Verwandtschafts-Kreise als drittes Beispiel eine *Solanacee* zu wählen, nämlich:

Nicotiana Tabacum.

(Taf. **5** Fig. 1—14; Taf. **6** Fig. 15—28.)

Man wolle zunächst gleich einmal Fig. 24 (Taf. **6**) ins Auge fassen, um sich von der auffallenden Aehnlichkeit des *Nicotiana*-Keimlings mit dem von der *Capsella* zu überzeugen. Man könnte beide füglich mit einander verwechseln. Und zwar ist die Aehnlichkeit keine äusserliche, sondern Zug um Zug finden sich dieselben Gewebe-Sonderungen im Inneren in gleicher Weise ausgeführt, wie sie die entsprechende Entwicklungsstufe jener anderen Pflanze erkennen lässt. Das Dermatogen ist gesondert. Die unterste Basis bilden zwei Paar Hypophysen-Tochterzellen, die Schlusszellen des Dermatogens und den Anfang der Wurzelhaube vorstellend. Links hat sich schon eine Dermatogen-Zelle ihnen durch Spaltungstheilung zugesellt. Darüber liegen drei Periblem-Schlusszellen, an welche sich rechts und links aufwärts je eine in zwei Reihen gespaltene Periblem-Schicht anschliesst. Die Mitte füllt im unteren Theil das Plerom, das nach oben in die ziemlich regelmässig horizontal gelagerten Meristem-Zellen für den Stammtheil übergeht. Dieselben lassen auch ihrerseits eine obere Periblem- und eine untere Pleromschicht gut unterscheiden. Seitwärts von dem abgeflachten noch nicht differenzirten Keimscheitel bereitet sich augenscheinlich durch darauf abzielende Theilungen die deutlichere Erhebung der Keimblätter vor, auch dies in diesem Fall in besonders anschaulicher Weise (kb).

Alles Einzelne also passt, und um so bemerkenswerther ist demnach, dass in der Folge der Zelltheilungen, die den Keimling soweit aufgebaut haben, nicht ganz unwichtige Abweichungen, — nicht sowohl von dem Bau-Plan, der bei *Capsella* und *Oenothera* befolgt ist, — als vielmehr von der technischen Ausführung desselben bis hierher nachweisbar sind.

Die Abbildungen 1—4 (Taf. 5) bezeugen zwar, dass zunächst auch hier eine Endzelle des Vorkeims zum Behuf der Keimbildung anschwillt. Aber obschon sich in Fig. 2 und 4 eine Längsspaltung derselben vorzubereiten scheint, so habe ich bisher keinen Fall zu sehen bekommen, wo dieselbe thatsächlich allein vollzogen wäre. Dagegen kann man sich Angesichts der Bilder 5 und 6 der Wahrnehmung nicht entziehen, dass nicht allein sich der kopfförmigen Keim-Mutter-Zelle sofort eine Hypophysen-Zelle zugesellt, sondern dass auch diese selbst sich zuerst durch eine Querwand in zwei übereinander liegende Zellen zerlegt. Nun erst erfolgt eine Spaltung in der Längsrichtung, und zwar scheint dieselbe in der unteren der beiden Schwesterzellen früher als in der oberen einzutreten, wie Fig. 8 im Vergleich mit Fig. 7 erweist. Die nicht zugleich entstandenen Längs-Scheidewände treffen daher weder genau dieselbe Stelle der Querwand, noch liegen sie überhaupt nur in einer Ebene oder einander parallel. Vielmehr bilden sie in der gedachten Axe des Keimlings zuweilen einen erheblichen Winkel miteinander.

Dies bezeugen ausser den citirten Figuren auch die folgenden Zustände bis Fig. 20 theils durch die Lage der Zellkerne, theils der sichtbaren Theilwände selbst. Dann aber wird diese Thatsache durch Fig. 21 A—C völlig ausser Zweifel gesetzt. Diese Bilder geben einen von oben her auf den Scheitel gesehenen Keimling in etwas späterem Stadium wieder. Und zwar stellt A die perspectivische Ober-Ansicht desselben, B den unmittelbar darunter liegenden optischen Querschnitt durch das obere Keimlings-Stockwerk, und C den entsprechenden Durchschnitt des unteren dar. Alle drei sind genau in derselben Lage neben einander abgebildet. Man sieht nun, dass im unteren Keimtheil die erste meridianische Theilung in die Richtung m n, die zweite darauf in die Richtung o p fällt. Ueberträgt man das dadurch hergestellte Kreuz auf den obern Durchschnitt (wie es in der Zeichnung B durch dieselben Buchstaben angedeutet ist) und auf die Scheitelansicht A, so entspricht dasselbe keineswegs der ersten Kreuztheilung. Vielmehr fällt diese hier augenscheinlich in die Richtungen q r und s t, mithin um einen bedeutenden Winkel gegen die erste Theilung in der unteren Keimhälfte gedreht.

Abgesehen hiervon ist, wenn wir wieder zu den Längsschnitten zurückkehren, der Zustand Fig. 8 den früheren auf Taf. 1 in Fig. 4 und 5 von *Capsella* und auf Taf. 4 in Fig. 14—16 von *Oenothera* dargestellten ähnlich.

Und bald verwischt sich jener erste Unterschied durch die ferneren Theilungen mehr und mehr. Man nimmt nun die Abschneidung der Dermatogen-Mutterzellen wahr, und zwar zuerst in der hypokotylen Hälfte (Fig. 9, 10 u. s. w.), sonst so wie in den früher beschriebenen Fällen. Hierauf aber tritt alsbald eine neue Quertheilung dieses unteren Keimtheiles ein (Fig. 10, 12). Und dies ist als eine zweite analoge Abweichung von der Theilungsfolge des *Capsella*- und *Oenothera*-Keimes anzusehen, in welchem die unteren Quadrantenzellen zweiten Grades zuerst vielmehr zu abermaliger Längstheilung schritten (vgl. Taf. **1** Fig. 17—21 und Taf. **4** Fig. 24, 25 etc.). Doch auch dieser Unterschied wird bei *Nicotiana* schnell durch die darauf ebenfalls erfolgende Längstheilung ausgeglichen (Taf. **5** u. **6** Fig. 14—19 vgl. Taf. **2** Fig. 25, 26 und Taf. **5** Fig. 29 etc.), durch welche jetzt jede der unteren Binnenzellen auf dem Längsschnitt in zwei Zellpaare zerlegt erscheint. Dadurch sind Plerom und Periblem constituirt. Und mit welcher Regelmässigkeit dieselben als concentrische Kreisstellungen hergestellt und vom Dermatogen als von der dritten regelmässig sie umkreisenden Sonderschicht umgeben sind, zeigt der schon oben erwähnte optische Querschnitt des hypokotylen Keimlingstheiles in Fig. 21 C ganz deutlich (pl, pe, d).

Inzwischen ist auch die Hypophyse in zwei übereinander liegende Zellpaare zerlegt, deren unteres dem Dermatogen, deren oberes dem Periblem die Schlussgruppe einfügt (Fig. 18—20, 22, c s^1 u. s^2). Das obere Paar erscheint bisweilen so zwischen die seitlichen Dermatogen-Zellen emporgeschoben (z. B. Fig. 19), dass man sie aus den Binnen-Zellen ebensowohl könnte abgeschnitten denken, als aus der Hypophyse. Da aber die Ansichten Fig. 13, 15 17 diese Auffassung gradezu abweisen, und die als zweifelhaft ansehbaren Zustände wie Fig. 19 doch ohne grosse Schwierigkeit die fraglichen Zellen aus der Hypophyse ableiten lassen, so ist an der mit *Capsella* und *Oenothera* übereinstimmenden Theilungs-Weise festzuhalten.

Dass die Zelltheilung in der oberen Keimhälfte ganz wie in den früheren Fällen erfolgt, lassen alle betreffenden Abbildungen überblicken. Fig. 21 B kommt der Anschauung übereinstimmend zu Hülfe. Der Vergleich dieser Figur mit Fig. 21a lässt dabei wieder die unabhängige Theilungsweise des Dermatogens und die Nichtexistenz irgend einer Scheitelzelle ins Licht treten.

Es erübrigt nur noch, auf die Ausgestaltung der Wurzelhaube auch hier den vergleichenden Blick zu werfen. Dass ein Zellenpaar (körperlich gedacht eine Vierzahl), aus der Hypophyse abgetheilt, sich als Ergänzung in die Dermatogen-Lücke an der Keimlingsbasis einfügt, ist schon aus den Zuständen bis Fig. 22 ersichtlich geworden. In Fig. 23 erscheint die eine davon parallel der Basis gespalten, in 24, 25 und 26 sind es beide. Die entstandenen Wände zielen in Fig. 23, 24, 25 auf die letzte der Hypophyse anhängende Vorkeimzelle, und ein Blick auf Fig. 28 lässt möglich erscheinen, dass dieselbe zuweilen in dem Wurzelhaubenzipfel Aufnahme findet. In Fig. 27 sieht man die Dermatogen-Spaltung beiderseits regelmässig fortgeschritten, wozu schon Zustand 24 den Anfang erblicken lässt (d^2, h). Aber auch in der Dermatogen-Lage zweiten Grades (d^2) ist in Fig. 27 oberhalb der ersten eine zweite Spaltung eingetreten (d^3, h^2). Die dadurch getrennten Zellreihen verfolgen die Flächentheilung unabhängig von einander. In Fig. 28 ist dasselbe zu erblicken, doch ausserdem noch eine im Wurzelhauben-Zipfel beginnende fernere Theilung als Beginn der Wucherung, der dieser Theil später zu unterliegen pflegt. Fig. 29 ist noch etwas weiter vorgeschritten, dabei aber einigermassen unsymmetrisch entwickelt, wie das bei der Constituirung der Wurzelhaube, veranlasst durch unsymmetrischen Ansatz am Vorkeim, sich öfter ereignet.

Alles Uebrige ist in den Zeichnungen wohl selbstverständlich, und die fernere Keim-Entwicklung dieser Pflanze zeigt nichts wesentlich Abweichendes, was ihre genauere Darstellung erheischte.

Andere Dikotylen.

(Taf. 7.)

Nach genauerer Erörterung vorliegender drei Entwicklungsreihen dürfte es zur Bestätigung der daraus gewonnenen Anschauung erforderlich erscheinen, auch die anderen Dikotylen-Typen in einzelnen Beispielen zum Vergleich zu ziehen.

Es liegen nun zwar dem Verf. Präparate aus zum Theil sehr von einander abweichenden dikotylischen Verwandtschaftskreisen vor; ausser den geschilderten Fällen, welche die *Cruciferen, Onagraceen* und *Solanaceen* vertreten, noch Beispiele aus den *Asperifolien, Polemoniaceen, Scrophulariaceen, Valerianaceen, Compositen, Papaveraceen, Resedaceen,*

Caryophyllaceen, Rosaceen, und *Papilionaceen.* Immerhin aber ist diese Zahl im Verhältniss zur Gesammtzahl der bekannten Familien noch gering. Allein es umspannt die Wahl dieser Beispiele das ganze Gebiet der Dikotylen. Die Zeit hat nicht ausgereicht, mehr zu vergleichen und vorzulegen, und der Raum nicht, die verglichenen alle abzubilden und in vollständigem Entwicklungsgange darzulegen. Wohl aber ist das festgestellt, dass die beobachteten Typen und Zustände wesentlich denselben Gang der Keim-Gestaltung für alle verschiedenen Fälle beweisen. Desshalb glaubt Verf. sich einstweilen mit der Vorlegung noch einiger weniger Einzelfälle begnügen zu sollen.

Einige derartige Einzelheiten finden sich auf Taf. **7** noch dargestellt. So zeigt die Ausbildung des Keimlings von *Viola Altaica* (Fig. 1, 2) in dessen schon vorgeschrittenen Zuständen wesentlich dieselben Theilungen, wie sie vorher beschrieben sind. Nur erscheint die Längs-Entwicklung mehr gefördert und zumal der obere Theil des Keimes schon früher mehrzellig. Dies wird besonders durch Fig. 1 bewiesen. Auch zeigt sich, dass hier, wie bei *Nicotiana* die Quertheilung der Keim-Anfangszelle der Längstheilung vorangeht.

Je älter, desto ähnlicher wird der Keimling den oben besprochenen, was vollkommen ausreichend durch das in Fig. 3 A abgebildete untere Ende eines Keimlings von der Gestalt 3, B ins Licht tritt. Die Spaltung der Hypophyse in Periblem-, Dermatogen- und Wurzelhauben-Initialen ist vollzogen, und die Sonderung der beiden letzten setzt sich auf einer Seite schon deutlich im Dermatogen aufwärts fort. Das Innere verhält sich ebenfalls den vorhergehenden Fällen gleich.

Die übrigen Figuren stellen Keime von *Roemeria refracta* und *Geum urbanum* vor, deren schon vorgerückte Zustände mit einem Blick die vollkommene Uebereinstimmung mit dem besprochenen Schematismus überschauen lassen. Die Sonderung sämmtlicher Gewebe-Schichten tritt im *Roemeria*-Keim (**7**, 6—8) mit tadelloser Genauigkeit auf. Besonders gliedert sich der Wurzelhauben-Anfang mit Schärfe ab. Die Fig. 6 und 8 lassen die auf älteren Wurzeln so charakteristische Abschrägung des seitlich auslaufenden Wurzelhauben-Randes schon deutlich wahrnehmen und zeigen, dass diese durch schiefes Abspalten von den Dermatogen-Zellen angelegt wird. Nachmaliges Verschieben der beiden ursprünglich schwesterlich erzeugten Zellreihen macht die Erscheinung auffälliger. Man kann schon in Fig. 8 kaum noch die aus Dermatogen und Haubenzellen zusammengehörigen d. h. aus einer Mutter hervorgegangenen Zellenpaare oder Zellenfamilien herausfinden. Noch weniger ist die genaue Abgrenzung des Hypophysen-Antheiles darin ohne Weiteres erkennbar geblieben.

Bemerkenswerth ist hier ferner die zeitigere Förderung des Stamm-Knospentheiles. Dem Scheine nach ist er sogar schon zwischen den jungen Keimblattanfängen emporgewölbt, doch ist dies freilich nur scheinbar, da die Wölbung lediglich durch vier ins Quadrat gestellte sehr grosse Dermatogen-Initialen ausgemacht wird, die hügelartig hervorragen. Scheitelansichten von Keimlingen lassen dies ebenso wahrnehmen. Immerhin ist in diesem Fall das Meristem in mehrere unterscheidbare Schichten gesondert und in der Richtung der Axe stärker entwickelt. Die Möglichkeit des Auftretens eines Scheitelzelle wird indessen wieder mit beachtenswerther Schärfe durch die Vierzahl jener oberflächlichen Zellen abgewiesen.

Auch die dargestellten Keimlingszustände von *Geum urbanum* (7, 9—11) bestätigen lediglich das Frühere und schliessen sich in der breiter ausgelegten Form-Entwicklung wieder dem *Oenothera*-Keim an.

Als Beispiel eines Keimes aus der Verwandtschaft der *Caryophylleen* (deren Beobachtung als auch besonders instructiv empfohlen sein möge) findet sich noch der Keimling eines *Cerastium* (7, 5) abgebildet. Alle wiederholt namhaft gemachten Sonderungen der Gewebe-Anlagen sind hier in besonderem Ebenmaass entwickelt und drängen sich dem Auge so leicht auf, dass eine Besprechung überflüssig ist.

Noch mancherlei Gestaltungs-Verschiedenheiten, die sich in den oben angeführten Familien leicht darbieten, lasse ich als vorläufig unwichtig unerwähnt. Jede Abweichung in der physiognomischen Ausbildung des Keimes bedingt auch innere Abweichungen untergeordneten Werthes. Doch bleiben die allgemeinen Regeln in Geltung.

Es stimmen mithin die der Untersuchung unterworfenen Dikotylen darin überein, dass ihr Keimling, welcher der Hauptmasse nach aus der letzten Vorkeimzelle hervorgeht und durch Herzutreten der vorletzten zum Abschluss gebracht, zunächst durch Quadranten-Theilung zur Kugelgestalt gelangt, dann zur Anlage eines gesonderten Haut-Gewebes schreitet, sich zugleich in eine differente Ober- und Unterhälfte und in zwei symmetrische Längshälften theilt, darauf die innere Differenzirung des zukünftigen Hüll- und Füllgewebes einleitet, nun erst seinen oberen Theil in zwei sich hervorhebende Phyllome und eine neutral dazwischen bleibende Fortbildungsstätte sondert, auch hierin die Gewebe-Sonderung vorbereitet, und zugleich aus einer hinzugetretenen zweiten Zelle seiner Basis durch die Schlusszellengruppen der hypokotylen Gewebeschichten und durch Constituirung der Wurzelhauben-Anlage zum organischen Abschluss bringt.

Alles dies vollzieht sich durch solche Zelltheilungen, die auf kürzestem Wege zum Ziele führen, ohne dass sie dabei eine überall genau gleiche Theilungsfolge festhielten. Eine Einzelzelle, die ausgezeichnet durch Grösse, Gestalt oder Stellung die anderen alle in bestimmter Descendenz-Folge aus sich hervorbrächte, kommt dabei nirgend vor. Die Urzelle theilt sich von Anbeginn in gleichberechtigte, gemeinsam sich weiter vervielfältigende Zellen.

Es handelt sich nun zunächst um den Vergleich des einen grossen Phanerogamen-Gebietes mit dem anderen, d. h. um die Darlegung der gleichwerthigen Vorgänge im Gebiet der

2. Monokotylen.

Mit Recht hat die Systematik auf den Gegensatz in der Gestaltung des monokotylischen und dikotylischen Keimes Gewicht gelegt, da dieser nicht allein fast immer mit Unterschieden im gesammten Bau der Pflanze verbunden ist, sondern bei erster Anlage derselben schon begründet wird. Dennoch zeigt sich der principielle Unterschied in der Keimentwicklung beider Abtheilungen bei mikroskopischer Betrachtung geringer, als er bei makroskopischer erscheint, und es bieten sich neben den Gegensätzen grosse Analogien dar.

Freilich trägt der Keim der Monokotylen statt zweier symmetrischer Phyllome nur ein einseitiges, und es ist dies Gebilde selbst oft einem Blatt kaum ähnlich, sondern zu einem walzigen Körper ausgewachsen, der an Ausdehnung die junge Stamm-Anlage überragt und die Knospe zur Seite drängt und fast völlig umhüllt. Und auch unter einander sehen sich die monokotylen Keime ziemlich unähnlich, und werden in den Diagnosen mit noch mehr Unähnlichkeit ausgestattet, als die Natur geschaffen hat. Allein der Entwicklungsgang lehrt, dass Mono- und Dikotylen-Gestaltung nur analoge Variationen auf dasselbe Thema sind.

Es sei gestattet, als erstes Erläuterungsbeispiel eine Keimbildung zu wählen, die den Vergleich mit den Dikotylen erleichtert, nämlich die von

Alisma Plantago.

(Taf. 8 u. 9.)

Die Samenknospe dieser Pflanze ist gekrümmt, ihr Keimsack kann gradezu zusammengeklappt genannt werden. Wie bei den *Cruciferen* vollzieht sich die wesentliche Ausbildung des Keimes in der Mikropyle-Hälfte desselben (8, 16), während erst später die Keimblattspitze sich in die andere Keimsackhälfte hinein und dabei rückwärts krümmt. Die Anfangszelle des Vorkeims wird so unverhältnissmässig gross, dass später der Keimling wie ein gestielter darauf sitzender Schmarotzer aussieht (Fig. 3).[1])

Der Keimling ist keulenförmig. Die in Fig. 1—5 abgebildeten Zustände zeigen einen zweizelligen Stiel und einen aus fünf Horizontal-Schichten gebildeten Kopf, dessen unterste Schicht entweder auch noch eine ungetheilte Zelle oder ein Zellpaar ist, während die übrigen entweder Zellpaare oder Doppelpaare sind. Die senkrechten Wände, welche die Zellen aller Horizontal-Schichten scheiden, verlaufen nicht in durchgehenden Meridian-Ebenen, sondern stehen gekreuzt über einander.

Und zwar alterniren sie fast regelmässig in den über einander liegenden Paaren mit einander, wie die Fig. 1—5 annähernd in Durchschnitts-Ansicht, Fig. 6 in perspectivischer Skizze erkennen lassen. Diese Schichten stammen zunächst aus drei Zellen her, die die Spitze der Vorkeim-Zellreihe ausgemacht haben und deren beide oberen (a u. b) sich erst noch einmal wagerecht und dann senkrecht getheilt haben (a^1, a^2, b^1, b^2). Die dritte unterste Zelle (c^1) entspricht der Hypophyse

1) Wenn irgend wo, so wird es hier wahrscheinlich, dass der Vorkeim und zumal seine Basal-Zelle durch Turgescenz-Druck und Ueberlieferung reichlichen Metaplasmas die Keim-Entwicklung zu fördern hat.

der Dikotylen und erscheint zunächst ungetheilt, dann in Senkrecht-Spaltung begriffen. Jene entsprechen der oberen (b) und unteren (a) Keimlings-Hemisphäre der genannten Pflanzen. In allen vier oberen Zellen vollendet sich die Spaltung über Kreuz, nachdem sie zuerst in der dritten Schicht, von oben gezählt, (a^1) sichtbar geworden ist, nach oben (b^2, b^1) und unten (a^2) zu fortschreitend (Fig. 1—5). Alsdann sind vier Zell-Tetraden auf ein Zellpaar und dies auf zwei Einzelzellen gestellt (Fig. 6). Die Hypophyse bleibt noch wesentlich zurück. Die Gestalt ist dabei stärker keulenförmig geworden, gliedert sich aber nicht scharf vom Vorkeim ab, ob sie gleich in sich ein sehr regelmässig angelegtes Zellgebäude darstellt.

Erst jetzt, wenn also jeder der beiden Hauptkeimtheile aus zwei über einander gelagerten Zell-Tetraden besteht, mithin die eigentliche Keule mit Ausnahme der meist zwei- bis vierzelligen Hypophyse etwa sechszehnzellig ist, wird das Dermatogen abgesondert. Dies geschieht durch dasselbe Verfahren wie bei den Dikotylen, d. h. durch eine ringsum gleichmässige Abtrennung schalenförmiger Zellen. Die mittleren Schichten scheinen dabei wieder den Anfang zu machen, die oberen alsdann zu folgen und die unteren sich erst zuletzt anzuschliessen (Fig. 6—10d). Hierdurch gewinnt dann der Keimling einen gesteigerten Ausdruck von Symmetrie, wie ihn die Zustände 8—10 zur Anschauung bringen, ja er gleicht in dem Entwicklungs-Stadium von Fig. 9 fast vollständig den etwas langgestreckten Dikotylen-Keimen, wie z. B. die von *Viola* (**7**, 1, 2) oder selbst *Nicotiana* (**5**, 12—14) sind. Dennoch ist der Zellaufbau anders zu Stande gekommen und wird noch abweichender sich weiter gestalten.

Zunächst folgt in sämmtlichen Schichten noch eine Zell-Spaltung. Wir erblicken im günstigen Fall viermal vier Zellen im Keim-Inneren der Länge und Quere nach auf dem Längsdurchschnitt (Fig. 11 a, b), nur dass im obersten Stockwerk (b^1) die Theilung in verschieden geneigter Richtung vor sich geht. Die erste Hypophysenzelle (c^1) erscheint noch einfach gespalten und eine zweite (c^2) hat sich ihr unten hinzugefügt, um sich nun an ihrer Ausgestaltung zu betheiligen.

Dadurch ist ausser dem Dermatogen (d) die Sonderung von Periblem (pe) und Plerom (pl) und der untere Abschluss aller Schichten (c) zur Anlage gelangt, wenn auch bis jetzt nicht so scharf wie bei den Dikotylen, so doch im Ganzen ähnlich genug.

Doch muss die Keulengestalt noch massiger werden, ehe sie zur Anlage äusserer Gliederungen gelangt. In sämmtlichen Zellschichten bilden sich neue Quer- und Längswände, und es entsteht durch wiederholte Theilung alsbald ein sehr vielzelliger Körper, dessen ganzes Inneres aus gleichartigen Zellindividuen aufgebaut ist. Dieselben lassen die in der Anlage freilich schon begründete künftige Sonderung noch nicht unterscheiden. Selbst die aus der Hypophyse erzeugte Basal-Gruppe ist den anderen Zellen noch sehr ähnlich. Um so deutlicher aber ist jetzt die scharf gesonderte Dermatogen-Hülle gekennzeichnet (Fig. 12).

Damit ist alsdann die erste Entwicklungsperiode beendet, und der Keim enthüllt beim Beginn der zweiten alsbald seine ganze monokotylische Eigenthümlichkeit.

Schon der Zustand 12 lässt, genau angesehen, in dem sonst symmetrischen Umfang des Keimlings einerseits einen, — freilich noch kaum merklichen — Eindruck (v) wahrnehmen, der zufällig erscheint. Fig. 13 und noch mehr 14 thun denselben als neue Differenzirungs-Grenze kund. Achtet man genau auf den Ort, an welchem dieser Eindruck sich zuerst bemerklich macht, so ist es nicht schwer, durch Vergleich mit den vorhergehenden Zuständen sich davon zu überzeugen, dass es grade die Grenze zwischen den Nachkommenschaften der oberen (b) und unteren Keimzelle (a) ist (Fig. 11—14). Der Eindruck selber wird dadurch hervorgerufen, dass die über und unter seinem Entstehungsort befindlichen Zellschichten nach der einen Keimseite sich etwas ausgiebiger weiten oder auch spalten als nach der anderen, unmittelbar an der Stelle des Eindrucks selbst aber kaum zunehmen. So schwillt seitwärts sowohl die obere als die untere Keimhälfte über diese Grenze, die als Einschnürung zurückbleibt, hervor, und treibt das im Zusammenhang verharrende Dermatogen heraus.

Hierdurch ist die äussere Gliederung des Keimlings eingeleitet; die obere Hälfte (b) ist der Anfang des Keimblattes, der kotylische Keimtheil, der untere der hypokotyle. Aus der Wölbung hart unter der Grenzeinschnürung hat der Vegetationshügel (v) desselben zu entstehen (Fig. 18).

Von jetzt ab bis zur Keimreife übertrifft das Keimblatt im Längenwachsthum den unteren Stammtheil. Die häufigere Reihen-Theilung der Zellen lässt diese bald in Längsrichtung geordnet erscheinen.

Wesentliche Sonderungen sieht man unter ihnen noch nicht. Das Vorschwellen in der Richtung der Abschnürungsgrenze nimmt aber oberhalb und und unterhalb derselben stetig zu. Dabei wird der Eindruck selber nicht zu einer Furche, die den Keimling etwa in einem äquatorialen Bogen umzöge, sondern zu einer kesselartigen Vertiefung. Denn auch die Längsseiten neben der Einbuchtung überwachsen dieselbe nach und nach. Doch hebt sich die hypokotyle Böschung derselben bald wieder zu einer neuen Convexität, indem sie durch die lebhaftere Meristem-Theilung und Dehnung aufgetrieben wird. Rings um die Vertiefung, aber besonders auch auf dieser Hebung, wird die Flächentheilung im Hautgewebe lebhafter. Die optischen Median-Schnitte Fig. 12—14 und 18 lassen die ganze Einfachheit des Vorganges überblicken. Je mehr der Keim durch Vermehrung seiner Zellen-Längsreihen — besonders nach der betreffenden Seite hin — an Dicke zunimmt, desto tiefer senkt sich die werdende Stammknospe in ihre Bucht hinab, auch seitlich von den flankirenden Gewebelagen verdeckt. In den Zuständen Fig. 18—20 ist die innere Fläche und der Rand dieser Flanken (ksch) hinter dem Vegetationspunct mit dargestellt und durch Abschattirung unterschieden.

Hiermit ist dann die Keimblattscheide angelegt. Verborgen in derselben gewinnt die Stammknospe vor der Keimreife endlich noch eine fernere Differenzirung dadurch, dass der erst einfache Vegetationshügel zwei Kuppen erhält, deren äussere, — und bald auch höhere, — das zweite Phyllom (das erste eigentliche Stengelblatt) der jungen Pflanze bildet (Fig. 19 u. 20 b^2). Beide entstehen durch die einfache Theilungs-Plastik im Keim-Grundgewebe unter dem sich weitenden Dermatogen ohne dominirende Einzelzelle.

Indessen hat sich der Keimlingskörper dauernd verdickt. Man möchte zu meinen versucht sein, die Knospenhöhlung schneide dabei tiefer und tiefer in das erst zusammenhängende Keimlingsgewebe hinein. Allein eine Zählung der senkrechten Zellenreihen in den Zuständen 12—20 lehrt, dass vielmehr die Knospenseite des Keimes im Dicken-Wachsthum vorzugsweise zugenommen hat. Die Krümmung der axilen Zellenreihen dient, das Verhältniss ins Licht zu stellen. Desshalb kommt denn auch die Durchführung einer inneren Gewebe-Symmetrie im hypokotylen Theil des Keimes erst viel später zu Stande als bei den Dikotylen.

Wohl aber ist diese Symmetrie im Zell-Aufbau der Keimlings-Basis inzwischen mit Genauigkeit ausgeführt, so dass hierin der Alisma-Keim zum maassgebenden Ausdruck dieser Bildung bei den Monokotylen überhaupt wird. Ausser den einzeln anzugebenden Figuren, legen die Zeichnungen 15 A—H den ganzen Vorgang schrittweis vor Augen. Geht man auf Fig. 1 und 2 zurück, so findet man beide Hypophysen-Zellen noch ungetheilt (c^1, c^2). In Fig. 3—7, 9, 10 ist die obere (c^1) gespalten, die untere (c^2) noch ganz. Der Zustand 11 zeigt im Profil-Schnitt bei c^1 zwar auch nur ein Zellpaar, doch ist dies, körperlich betrachtet, schon ein Doppelpaar, eine vierzellige Rosette; c^2 ist immer noch ungetheilt. Selbst Fig. 12 zeigt noch c^2 ungetheilt, lässt indessen sehen, dass die Zell-Rosette c^1 aussen Zellen abgeschieden hat, die den Dermatogen-Zellen gleichen und ihre Reihen abwärts fortsetzen. Endlich im Zustand 13 ist auch c^2 gespalten und die Zellen der Familie c^1 sind sichtlich erweitert, um neue Theilungen vorzubereiten. Von diesen wird zunächst eine in dem mittleren Paar derselben sichtbar, durch welche dieses in Fig. 14 mittelst fast wagerechter nach aussen ein wenig aufwärts geneigter Wände nun quergetheilt erscheint. Die beiden oberen Tochterzellen entsprechen nun den Schlusszellen s^1 bei den Dikotylen, die unteren den Zellen s^2. Dadurch nun erscheinen in Fig. 14 die aus der c^1-Familie stammenden dermatogenartigen Aussenzellen den beiden c^2-Zellen zugesellt, mit denen sie jetzt gemeinschaftlich eine Basal-Curve bilden. Diese Curve wird nun bis zum Zustand 17 durch Theilung mehrzellig und dabei breiter und flacher. Und durch diese Formänderung werden auch die Gestalten der Zellpaare s^1 und s^2 in gleichem Sinne etwas abgeändert. Dabei folgen auch die Zellen s^2 dem Beispiel der untersten Curve, indem sie sich wiederholt etwa senkrecht gegen diese theilen.

Dagegen entsteht in denjenigen Dermatogen-Zellen, die unmittelbar an diese beiden jetzt hergestellten Basal-Curven grenzen, je eine Wand, die gegen die schmale Seitenwand der benachbarten Zelle der untersten dieser Curven (c^1) stark geneigt ist. Diese Wand (17x) vermittelt den Uebergang des bisherigen Dermatogens in die mittlere Zellenreihe, die aus der Zelle s^2 hervorgegangen ist. Und so kommen zwei über einander concentrisch liegende Zellschichten zu Stande, die gemeinsam die Keimbasis umgeben. Die untere (äussere) eine Krümmung von kleinerem Radius oder stärkerer Convexität darstellend (h), in den genannten Zuständen 12—18 von drei Zellen (der unteren Hypophysen-Zelle und den beiden Dermatogen-Zellen der oberen) bis auf sechs heranwachsend; dies ist der Anfang der Wurzelhaube (h). Die obere aus dem seitlichen Dermatogen beginnende, einwärts in den mittleren Hypophysen-Tochterzellen (s^2) zusammenschliessende Curve von grösserem Krümmungsradius (d): die Dermatogen-Schlussgruppe.

Aber noch eine dritte continuirliche Reihe ist nun über diesen ausgebildet. In Fig. 12 und 14 erblickt man unmittelbar über der Schlusszellengruppe eine — abgesehen von den beiderseitigen Dermatogen-Zellen — vierzellige nach oben etwas convexe Lage (14 pe), welche durch nochmalige Spaltung ihrer äusseren Zellen (pe) in den Zuständen 17 und 18 sechszellig, einschliesslich des Dermatogens achtzellig wird. Die in dieser Schicht hart an dies letzte anliegenden beiderseitigen Periblem-Zellen (pe) bilden von Zustand 17 an immer deutlicher eine Curve mit dem obersten Hypophysen-Zellpaar, welche der Dermatogen-Curve parallel läuft. Es ist also die Schlussgruppe des Periblems. Mithin sind die obersten Hypophysen-Tochterzellen (s^1) nun zu Periblem-Schlusszellen, die mittleren (s^2) zu Dermatogen- und die untersten (s^3) zu Hauben-Schlusszellen constituirt.

Die Folge lehrt ferner, dass ausser den beiden dem Hautgewebe anliegenden Zellen der letztbesprochenen achtzelligen Schicht (a) auch noch die nächsten beiden zu Periblem-Mutterzellen werden, mithin dem Plerom (pl) hier (wie auch bei anderen Monokotylen) nur ein verhältnissmässig schmaler Mittel-Cylinder des unteren Vegetationskegels und überhaupt des hypokotylen Keimtheiles verbleibt. Nur zwei Zellen (auf dem Profil-Schnitt, körperlich vier) sind seine ersten Initialen (17—19 pl).

Der spätere in Fig. 19 dargestellte Zustand der Keimbasis trägt noch mehr zur Erläuterung des zuletzt Gesagten bei, obgleich sein Zustandekommen an ihm allein nicht mehr zu erkennen wäre (vgl. 15 H). Jedoch man sieht, dass die noch schärfer gesonderte und durch Flächentheilung auf 12 Zellen (im Profil) erweiterte erste Haubenschicht (h) die inzwischen ebenfalls vermehrte Reihe der Dermatogen-Zellen (d) beiderseits überfasst. Man erkennt noch sicherer, dass die Periblem-Schlusszellen ihren Ort zwischen den convergirenden Periblem-Lagen einnehmen. Diese, beiderseits am cylindrischen Theil des hypokotylen

Keimkörpers schon vier, sind stellenweis noch in fernerer Theilung begriffen. Ebenso die beiden Plerom-Reihen. Und endlich sind auch die nunmehrigen zwei mittleren Dermatogen-Schlusszellen (d^2) schon wieder ihrer Fläche nach gespalten und haben dadurch einer zweiten Haubenschicht (h^2) die Entstehung gegeben.

Um die ganze Entstehungsweise der nun so weit ausgebauten Hauptwurzel-Spitze um so besser überblicken zu können, ist in den Figuren 15 A—H die Theilungsfolge der Hypophysen-Zellen und der ihnen oberhalb angrenzenden Gewebeschicht in acht Entwicklungsschritten dargestellt. Es ist mit dem Zustand begonnen, in dem die Zelle a^2 auf dem Profilschnitt gespalten, die Hypophysen-Zellen c^1 und c^2 dagegen noch ungetheilt erscheinen. Die aus derselben Mutterzelle stammenden Familien sind mit derselben Ziffer bezeichnet, doch ist dabei der Zellen-Aufbau von Zustand C als Ausgangspunct genommen. Ungleichwerthige Tochterzellen sind durch beigesetzte Striche unterschieden. So wird die ganze Symmetrie und Genealogie dieses Theiles durchsichtig. Und wie dabei sich allmählich gleichartige Schichtungen oder Genossenschaften aus Mitgliedern verschiedener Zellfamilien, also von ungleicher Abkunft, zusammenfügen, ist durch einheitliche Schattirung der Schichten anschaulich gemacht. Plerom und Dermatogen sind schattirt, Periblem und Wurzelhaube nicht.

Man überzeugt sich also, dass die ganze untere Keimgegend der der Dikotylen durchaus ähnlich ausgebildet wird. Dieselben Differenzirungen treten ein und die Schlussgruppe spielt dieselbe Rolle in Vervollständigung der Sonderschichten. Nur tritt die sichere Scheidung der Gewebeschichten des Inneren, wie schon die Fertigstellung des Hautgewebes erst später ein, wenn der Keimling aus einer grösseren Zellenzahl besteht.

Um so stärker ist daneben der Gegensatz in der Ausgestaltung des Stamm-Endes. Die obere Keimlings-Hemisphäre, der kotylische Theil, b, geht hier ganz in das Keimblatt allein auf, und aus dem unteren bildet sich ausser dem hypkotylen Theil auch noch die Stammknospe selbst mit heraus. Doch dies ist noch von geringerer Bedeutsamkeit als die einseitige Anlegung dieses Fortbildungsheerdes, welcher bestimmt ist, den ganzen Aufwuchs der Pflanze aufzubauen. Seit Schleiden die Aussage gethan, dass das monokotyle Keimblatt neben dem präexistenten Keim-Scheitel entstehe und über ihn auf- und zusammenwachse und dies lediglich durch einige leichte Skizzen erläutert hat, hat Niemand an dieser Auffassung ernstliche Zweifel zugelassen. Aus vorliegender Darstellung ergiebt sich, dass kein Keim-Scheitel vor dem Keimblatt existirt, sondern dass entweder die Präexistenz des Keimblattes zuzugeben ist, oder, was genauer, dass beide sich zugleich mit der hypokotylen Axe und der Wurzelanlage aus dem bis dahin einheitlichen und indifferenten Keimlingskörper herausformen. Eine Scheitelzelle in wahrer Bedeutung ist unfindbar, will man nicht irgend eine früher von ihren Genossinnen nicht unterscheidbare beliebige Oberhautzelle dazu ernennen, und ihr gewissermaassen die Ahnentafel, die sie nicht nachweisen kann, bis zur Keim-Mutterzelle hinauf nachträglich verleihen.

Im dritten Keimbildungs-Stadium tritt nichts derartig Wichtiges ein, dass besondere Besprechung darauf zu wenden wäre. Die Knospe rückt nicht sehr viel vor, auch die Wurzelanlage nicht. Die inneren Gewebe führen sich nach dem vollzogenen Bauriss etwas weiter aus. Bemerkenswerth ist etwa noch die schon durch seitliche Auftreibung der Basis des hypokotylen Keimtheiles vorbereitete und auch in inneren Zellspaltungen sich voraus ankündende Anlage der Seiten-Wurzeln (19x).

Im *Alisma*-Keim ist nun ein zweckmässiger Maassstab für die übrigen Monokotylen gewonnen, da er klarer in seinem Bau als die übrigen, zum Verständniss derselben überall leicht den Schlüssel bietet.

Liliaceen.

(Taf. 10, 11, 12 und 14 Fig. 1—8.)

Von besonderem Interesse musste die Frage sein, wie sich die *Liliaceen*, gewissermaassen die Hauptmasse der normalen Monokotylen, zu der bei *Alisma* beobachteten Entwicklungsregel verhalten.

Eine schon wiederholt in Bezug auf Embryologie zur Rechenschaft gezogene Gattung ist *Funkia* (10, 12, 14). Die ersten Keimanfänge gestalten sich, wie die Abbildungen 10, 1—3 zeigen aus einigen an dem Vorkeim-Ende nach einander abgegliederten Zellen. Es hat nirgends den Anschein, als ob erst eine einzelne Endzelle gebildet und darauf horizontal halbirt würde, vielmehr ist die oberste als die ältere abgeschiedene Tochterzelle anzusehen. Ebenso folgt auf die zweite eine dritte als Anschlusszelle, von der dem Verfasser noch nicht genügend zu ermitteln gelungen ist, ob sie aus sich allein die gesammte Schlussgruppe ausbildet oder sich noch durch eine zweite Anschluss-Zelle, — also eine vierte im Ganzen, — vervollständigt.

Bei Abscheidung der obersten Keim-Mutterzelle ist der Vorkeim selbst noch klein, und wächst zur Erzeugung der übrigen später erst allmählich nach. Doch bleibt trotz dessen zunächst nur eine kleinere Zelle als nicht zur Keimbildung verwendeter Vorkeimrest übrig, die sich erst später vergrössert, bevor sie sich noch einigemal theilt. So bildet das Ganze eine kurzgestielte Keule, deren oberster Theil während der ersten Entwicklungsstadien durch die in der Ausbildung vorangehende Endzelle am stärksten bleibt.

Es entstehen aus den drei Zellen (a, b, c) grade so wie bei *Alisma* drei über einander stehende Familien von Tochterzellen, deren Theilung sich indessen bei Weitem nicht mit der einfachen Regelmässigkeit vollzieht wie bei jener Pflanze. Verfolgt man die Zustände, welche in den Fig. 1—12 dargestellt sind, so wird man ohne Schwierigkeit die allmählich sich vermehrenden Nachkommenschaften der drei Mutterzellen unterscheiden. Dennoch ist eine genau übereinstimmende Theilungs-Regel nicht ersichtlich. Wohl aber ist die in jedem Stockwerk vorherrschende Art und Richtung der Theilungen verschieden, und auch die verschiedene Ergiebigkeit derselben bedingt einen charakteristischen Unterschied.

Der oberste, kotylische Keimtheil, zuerst meist durch Senkrechttheilung gespalten (Fig. 2, 3, 7, 8, 9, 11b), neigt in seiner Zellvermehrung mehr zur Allwärtstheilung, während der zweite, das hypokotylische Glied ausbildende Theil (a) durch vorherrschende Längs- und Quer-Theilwände mehr geschichtete Zellen liefert, und zwar besonders in seiner unteren Gegend. Auch bei diesem herrschen zuerst oft Längsspaltungen vor (Fig. 3, 4,5, 7, 8, 9, 11 a). Dadurch bildet sich bald ein verhältnissmässig grosser sehr vielzelliger und doch in seinem Inneren noch so gut wie gar nicht differenzirter Körper aus. Endlich beginnen schalige Zellen an der Oberfläche nach und nach ein Dermatogen zusammenzusetzen, das bald hier bald dort beginnend nicht eher ringsherum als scharf begrenzte Sonderschicht zusammenschliesst, als bis die Keimlingsmasse wohl hundert und mehr Zellen zählt. Auch beim *Alisma*-Keim trat dies Gebilde viel später auf als bei den Dikotylen, aber doch mit viel grösserer Regelmässigkeit und Einfachheit. Allein bei *Funkia* sind noch spät einzelne anders gestaltete Zellen hin und wieder den schaligen eingemengt, welche noch einer Spaltung bedürfen, um endgültig zu Dermatogen zu werden. Oder selbst schon schalförmige Zellen, die dem Anschein nach ganz fertige Dermatogen-Mitglieder sind, spalten noch eine Binnenzelle von sich ab. Dennoch aber ist das Hautgewebe vor dem Beginn jeder äusseren Gliederung des Keimes als ringsum gleichmässige Zellschicht gegen das Binnengewebe glatt abgeschlossen. Dies ist ungefähr zu der Zeit der Fall, in welcher der erst keulenförmige Keim zu einer nahezu kugelförmigen Gestalt angeschwollen ist.

Wenn schon die Hautschicht, man möchte sagen, mit einer gewissen Mühsamkeit herausgestaltet wird, so gelangen die inneren zukünftigen Hüll- und Füllgewebe noch schwerer zu einer klaren Sonderung, und schlagen keineswegs, um zu derselben zu kommen, einen so directen Weg ein, wie beim *Alisma*-Keim. Scheinbar regellos wechseln dort, wo dieselben zu entstehen haben, noch lange beliebig Längs- und Quertheilungen (Fig. 7—11). Dabei verwischen sich die Grenzen des kotylischen und hypokotylischen Keimtheiles wie auch die der Hypophysengruppe mehr und mehr, und nur die Gesammtmassen der aus ihnen abstammenden Zellen lassen sich verfolgen (a, b, c). Besonders dieser letztgenannte Keimtheil, dessen Ausgestaltung bei *Alisma* in hervorragender Klarheit von Statten ging, lässt diese nur in undeutlicheren Zügen erkennen. In ähnlicher Weise wie der hypokotyle Theil quer und längs getheilt schliesst die Hypophyse sich diesem an, um erst später die verschiedenen Abschlussgruppen nach und nach zu differenziren.

Vergleicht man die bei *Funkia* sich aufdrängenden Bemerkungen mit den aus den Gattungen *Allium* und *Asphodeline* gegebenen Abbildungen (**11.** 1—4. **12**, 12 u. 13), so wird man sie im Allgemeinen bestätigt finden, nur dass doch eine etwas regelmässigere Zelltheilungsart, theils im Ganzen (Fig. 1, 2), theils in der unteren Keimgegend (1—4, 12 u. 13) sich finden lässt. Der Keim wird schneller kugelförmig, bei *Asphodeline* sogar sphäroidisch.

Die äussere Gliederung beginnt bei diesen *Liliaceen* wie bei *Alisma* mit dem Sichtbarwerden eines seitlichen Eindruckes in der Gegend, wo die Zellfamilien a und b an einander grenzen, d. h. etwa in der Aequatorialzone der Keimkugel (**10**, 12). Alles was oberhalb desselben liegt wird nun zum Keimblatt, welchem wiederum von Anbeginn eine überwiegende Förderung zu Theil wird. In allen betreffenden Abbildungen, besonders den Fig. 5, 7, 8, 9 auf Taf. **10** und 1 und 2 auf Taf. **11** ist die vorwiegende Entwicklung des kotylischen Keimtheiles, der Nachkommenschaft der Zelle b, in die Augen fallend. Die Zustände, welche in den neben den mikroskopischen Bildern der Tafeln **10—12** skizzirten Keimlingen ihren Ausdruck finden, zeigen, wie das Keimblatt an Länge und Masse den Stamm- und Wurzeltheil des Keimlings immer mehr übertrifft.

Die Anlegung der Stammknospe in Gestalt eines Vegetationspunctes (v), das seitliche Einschliessen desselben, sowie die Ueberdachung durch die Verdickung und Erweiterung der zukünftigen Kotyledonar-Scheide geschieht genau wie bei *Alisma.* Dies wird durch die Figuren **10**, 13—15 und **12**, 9—11 ausreichend erläutert. Die erst genannten Figuren geben Profil-Ansichten der betreffenden Keimgegend, die drei letzten zeigen dieselben an schon weit vorgeschrittenen Keimen und zwar Fig. 9 im Profil, Fig. 11 etwas schief und Fig. 10 ganz grade von der Fläche gesehen. Der untere Keimblatt-Theil umund überwölbt den Vegetationspunct fast vollkommen. Die Anschauung einer Präexistenz des letzteren indessen und eines secundären Herüberwachsens des ersteren ist auch hier unzutreffend. Das Keimblatt ist längst massenhaft angelegt und zwar als continuirliche Verlängerung des hypokotylen Keimtheiles, bevor von der Spur eines Vegetationspunctes die Rede sein kann. Mit dem Sichtbarwerden des letzteren wird auch der Theil unter ihm, dem er seitlich aufsitzt, erst zum Stammtheil gestempelt. Es erscheinen also wiederum Stammanfang und Keimblatt gleichzeitig in ganzer Anlage differenzirt. Soll eines das prius sein, so ist es wieder das Keimblatt. Genau genommen aber auch dies nicht. Weder dies noch die Stammknospe entstehen aus einer Scheitelzelle noch gelangen sie später in den Besitz einer solchen.

Die Fig. 1—4 auf Taf. **14** zeigen die vollkommen übereinstimmende Stammknospen-Anlage von *Ruscus*, die ebenso zu Stande kommt. Auch durch das weitere Gebiet der Monokotylen ist dem Verfasser bisher eine erhebliche Verschiedenheit in diesem Vorgang nicht auffindbar gewesen, bis auf die unten zu besprechende Abweichung bei den Gräsern. Ueberall wird die zuerst seitlich und oberflächlich angelegte Knospe zuletzt tief in die Kotylodonar-Scheide eingesenkt, deren Gestalt nur unwesentlich verschieden erscheint. Zuletzt oft sehr verengt, ist diese Höhlung doch schwerlich jemals, wie die systematischen Diagnosen der Lehrbücher angeben, wirklich verwachsen.

Erst spätere Zustände gewähren bei den *Liliaceen* Einsicht in den hier üblichen Ausbau des Hypophysen-Antheils. Dieser im Vergleich mit *Alisma* so wenig regelrecht erscheinende Vorgang ist grade durch sein schwierigeres Zustandekommen besonders lehrhaft. Man wolle zunächst die Fig. 14 auf Taf. **12** betrachten, die die Wurzelanlage eines Keimzustandes, wie ihn etwa Fig. 16 auf Taf. **10** wiedergiebt, vor Augen stellt. Es ist eine starke Wurzelhauben-Anlage (h) sichtbar, die durch eine von einer Seite der Figur zur anderen in flacher Krümmung herüberstreichende Dermatogen-Lage (d, in der Zeichnung schattirt) von der eigentlichen Keimlingsbasis abgeschnitten wird. Diese lässt, wenn auch in ihren Grenzen noch nicht scharf umschrieben, doch eine mittlere Plerom-Masse (pl) und eine sehr dicke Periblem-Hülle (pe) erkennen, welche letzte ihrerseits in der Richtung von aussen nach innen zu ihre Schichten schnell zusammen laufen lässt, bis sie endlich in einer mittleren Reihe von Periblem-Schlusszellen (s^1) endigen, auf welche oberhalb, wie sonst, die Plerom-Initialen (pl) aufstossen.

Statt einer zum Zweck dieser Sonderungen klar geregelten Theilung der Hypophysen-Zelle (c, oder des Zellenpaars c^1 und c^2) zeigen die Figuren der Taf. 10 nur ein schwankendes Längs- und Querspalten, wie oben schon bemerkt, durch welches die Hypophysen-Nachkommenschaft endlich von der der Zelle a nicht mehr scharf unterscheidbar bleibt. Dennoch sprechen die Bilder **10**, 8, 9, 10, **11**, 1—6 und **12**, 12, 13 deutlich genug dafür, dass auch hier wie in den oben besprochenen Fällen drei bis vier Zellpaare oder Schichten (c, s^1—s^3) über einander erzeugt werden. Und wenn dieselben auch nicht in jedem Stadium ihre endliche Bestimmung erkennen lassen, besonders zuerst öfters zweifelhaft erscheinen, so zeigt sich doch schliesslich, dass ihre oberste Gruppe den Schluss des Periblems, die nächste den des Dermatogens und die dritte, und, wo sie bemerkbar war, vierte, den mittleren Theil der Wurzelhaube bilden. Man vergleiche hierauf besonders die Bilder **10**, 8—11, **11**, 4—6 und **12**, 12 mit den Figuren 8, 15.

Bemerkenswerth ist nun aber vor Allen die Art, wie die Differenzirungen vom seitlichen Keimumfang her sich endlich mit der der Schlussgruppen zusammenordnen, so dass die erste Hauben-Schicht abgegliedert wird. Die Zellen des ganzen Hypophysentheiles treffen, — wenn dieser Ausdruck erlaubt ist, — gleichsam nach mancherlei misslungenen Versuchen erst allmählich die angemessenen Theilungsrichtungen. In einer Curve, die ein Segment von der Keimbasis abschneidet, ordnen sich die Scheidewände nach und nach zu continuirlichen Reihen. So nur findet sich jene Zellenlage zusammen, welche die Basal-Zellgruppe zur ersten Hauben-Schicht (h) absondert. Dieser Vorgang beginnt bald früher bald später, gelangt aber oft erst zu seinem Abschluss, wenn der Keim weit vorgeschritten ist (**11**, 5—7, **12**, 14). Die Zellen-Curve, die die erste segmentförmige Hauben-Anlage abgrenzt, ist nun die Schlussgruppe des Dermatogens, dem sie sich seitlich anfügt (d, d^2). Wie langsam die Dermatogen-Zellen den Ausdruck der Zusammengehörigkeit gewinnen, zeigen die Figuren. Während diese sich anbahnt, fahren die Hauben-Initialen sich zu spalten fort, so dass die Haube zur erwähnten dicken Masse heranwächst (**11**, 7, **12**, 14). Und damit treten dann auch erst die Lagen des Periblems und Pleroms deutlicher heraus.

Keiner von den bisher geschilderten Vorgängen ist mehr als dieser geeignet, ins Licht zu stellen, wie die Ausgestaltung der Keimgliederung von keinem geometrischen Theilungs-Gesetz abhängig ist, vielmehr das, was lokal erforderlich, sich ohne Weiteres aus einem erst scheinbar wirren Zellhaufen hervorarbeitet. Keine Einzelzelle dominirt, viele gleichberechtigte ordnen sich zusammen.

Des Erwähnens werth mag noch sein, dass die äussere Vergrösserung in Gestaltung des Keimes auch nicht mit seiner inneren Sonderung stets gleichen Schritt hält, ja überhaupt bei der gleichen Art nicht durchaus ähnlich ist. Die Skizzen ganzer Keime auf den vorliegenden Tafeln setzen dies ohne Weiteres ins Licht.

Dass bei diesen Gattungen, wie bei *Alisma*, das Keimblatt statt einer Spreite ein langes cylindrisches Saug-Organ entwickelt, dessen Spitze im Eiweisskörper des Samens stecken bleibend den hypokotylen Theil mit der Wurzelanlage in die Erde senkt, ist bekannt genug.

Was ich von anderen dieser Verwandtschaft im weiteren Sinne angehörigen einzelnen Keimzuständen bisher beobachtet habe, hat mich überzeugt, dass die Keim-Entwicklung auch in diesem ganzen Gebiet sich den gegebenen Beispielen anschliesst. Mit geringerer Regelmässigkeit im Einzelnen stellen sich doch nur Variationen auf das *Alisma*-

Schema heraus. Wenn indessen schon die *Allium*-Keimanlagen in ihrem Zellausbau regelmässiger verfahren, wie die von *Funkia* und anderen, so ist zu erwarten, dass nach ferneren Vergleichen verschiedener Gattungen noch mancher scheinbar willkührliche Theilungs-Schritt sich in eine Regel wird fassen lassen. Einstweilen ist sicher, dass der von der ersten Theilung in Quadranten-Zellen an festen Schrittes verfolgte Operations-Plan der Dikotylen-Keime denen der Monokotylen abgeht.

Atherurus ternatus.

(Taf. 13.)

Für die ersten Entwicklungsschritte des Keimes sind dem Verfasser nächst den eben besprochenen *Liliaceen* auch noch die *Aroideen* nicht uninteressant erschienen. Taf. 13 legt eine Reihe Keimlings-Anfänge des *Atherurus ternatus* Bl. (*Pinelia ternata* Ten.) vor.

Auch hier wird schon die erste vom Vorkeim abgetheilte Zelle zum unmittelbaren Keimanfang (Fig. 1), und die Bilder Fig. 2—12 gestatten nur anzunehmen, dass dieselbe nach Ausführung einer Quadranten-Theilung (8, 11, 12), wie die Dikotylen, die beiden Haupt-Keimtheile (a u. b) zunächst als Tochterzellpaare in sich anlegt. Dagegen tritt die dritte Zelle (c) auch hier wieder unzweifelhaft als Anschluss-Zelle auf, die erst in viel späteren Stadien aus dem Vorkeim-Halse erzeugt wird (10, 12).

Die Fig. 2, 3, 4, 6, 7, 8, 11 u. 12 gestatten ferner keinen Zweifel, dass, wiederum wie bei den Dikotylen, die Meridian-Theilung der äquatorialen vorangeht, ja oft schon eintritt, während die noch breite und flache Gestalt der Keim-Mutterzelle einer Quertheilung noch gar nicht günstig ist (2—4). Die Bilder 5, 6, 7 und 9 sind demnach als nicht genau in der Hauptansicht aufgefasst zu deuten. Sehr deutlich wird das Verhältniss durch den Vergleich der Zustände 2, 8, 11 und 12, in denen die Spaltwand einheitlich durchgeht und stärker erscheint als die ihr angesetzten Querwände. Fernere Theilungen in sehr verschiedener Richtung folgen alsdann. Fig. 3 macht bemerklich, dass auch noch eine schräge Theilung in den Längshälften der Mutterzelle der äquatorialen vorangehen kann. Und auch sonst tragen die mannigfach unsymmetrischen Formen und Stellungen der zusammen abgebildeten Keimanlagen wieder sehr die monokotylischen Schwankungen in der Ausführung des Bauplanes zur Schau. Selbst der Vorkeim ist mannigfach verschieden geformt, so dass oft die Verschiedenheit der Plasma-Structur in Keimling und Vorkeim, wie sie in den Abbildungen angedeutet ist, beide Theile unterscheiden helfen muss. Im Ganzen indessen tritt eine Entwicklungsregel, die monokotyle und dikotyle Züge vereinigt, deutlich genug heraus, und gewährt das interessante Bild eines Anschmiegens an dikotylische Gestaltung auf anderem Wege, als es bei *Alisma* in die Erscheinung tritt.

Bald indessen verschwindet die dikotylische Aehnlichkeit ganz, und nachdem schon Zustand 12 den Gegensatz der weiteren Theilung der kotylischen und hypokotylischen Hemisphäre unter sich, und den der letzten gegen den gleichen Theil des dikotylischen Keimlings klar vor Augen gestellt hat, erlangt nun der Keimling zunächst die Kugelform, die der Mehrzahl der Monokotylen am Ende der ersten Keimentwicklungs-Periode zukommt (Fig. 13, 14). Besonders Fig. 14 beweist, wie wiederum im hypokotylischen und hypophysischen Theil geschichtete Zellen vorherrschen, während die obere Zellmasse durch Allwärtstheilung zur Keimblatt-Anlage aufgeschwellt wird.

Auch die ferneren Entwicklungs-Perioden des Keimlings sind mir bisher von denen der *Liliaceen* nicht wesentlich abweichend erschienen, und der Zustand, den die Skizze 15 andeutet, gleicht einem älteren Keimling jener Abtheilung vollkommen.

Somit entwickelt sich die Hauptmenge aller *Monokotylen* zusammt den abweichenden *Fluvialen* und *Spadicifloren* dennoch nach ebenso übereinstimmendem Grund-Schema wie die *Dikotylen.* Gewichtigere Verschiedenheiten aber treten bei den Gräsern auf und verlangen daher noch eine eingehende Betrachtung dieser Abtheilung.

Gramineen.

(Taf. **14** Fig. 11—21; Taf. **15**—**18**.)

Als Beispiel für die Entwicklungsweise des Graskeimes mag eine Art der Gattung *Brachypodium* dienen. Dieselbe zunächst an einer Pflanze möglichst genau zu verfolgen, war schon wegen der mancherlei Deutungen, denen die Theile des reifen Keimes dieser Gewächse unterworfen sind, geboten. Das Studium dieses Vorganges wirft nicht allein auf die entschiedene Besonderheit dieser Familie, und auf den

Monokotylen-Typus überhaupt, sondern auch auf die gegenseitige Stellung der höheren Phanerogamen unter sich und zu den Kryptogamen manches Licht.

Viel mehr noch als bei den anderen Monokotylen tritt anfangs bei den Gräsern die ganze Vorkeimmasse in die Keimgestaltung ein. Freilich geschieht dies nur scheinbar, und um grösstentheils wieder abgeschieden zu werden. Wenn zuerst eine kleine, nicht einmal immer erkennbare Zelle als Vorkeimrest übrig zu bleiben scheint, so schliesst sich auch diese bald der Ausbildung der Keimlingsbasis vorläufig an.

Vom befruchteten Keimkörper theilen sich demnach nacheinander drei Zellen ab (1, a, b, c), zuweilen die kleine Zelle vk (Fig. 2) übrig lassend. Die Scheidewände dieser drei Zellen gehen nicht horizontal, sondern neigen sich gegen die eine Seitenfläche des Keimlings einander zu, so dass zugleich die Axe desselben nach dieser Seite zu etwas gekrümmt erscheint. Fig. 1 zeigt die Krümmung und die convergirenden Wände in Haupt-Ansicht[1]), Fig. 2 in der Seiten-Ansicht des Keimes, gegen die Concavität, wie die in dreifach verschiedener Einstellung desselben Keimlings gezeichneten Bilder erkennen lassen, in welchen die Querscheidewände der Zellen von der Ansicht 2 A nach der von 2 C zu auseinander rücken. Die Folge lehrt, dass die convexe Seite des Keimlings später die Knospe erzeugt.

Die nächsten Zelltheilungen stimmen mit denen der übrigen Monokotylen überein. In der Zelle a herrschen Schicht-Theilungen, in der Zelle b Allwärtstheilungen, aber selbst die Anschlusszelle, und mit ihr, wo er unterscheidbar bleibt, der letzte Vorkeimrest betheiligen sich nun schon durch ausgiebige Längs- und Quertheilung an der Massebildung des Keimlings-Körpers. Daher geschieht es, dass dieser weniger kugelähnlich wird, vielmehr in eine gleichmässigere Keulenform übergeht, die sich nach unten in eine immer länger auswachsende kegelförmige Basis verjüngt.

Die jungen Keimlinge gleiten leicht aus ihrer ursprünglichen Lage im Keimsack, so dass man sie beim Präpariren in allen möglichen Lagen und desshalb von scheinbar sehr unterschiedlichem Zellgefüge zu Gesicht bekommt. Aber auch abgesehen hiervon ergeben die Fig. 3—13

1) In demselben Sinne wie oben gebraucht, in welchem bei den Monokotylen also Keimblatt und Stammknospe neben einander sichtbar werden.

dass eine bestimmte ins Einzelne gehende Zelltheilungsregel nicht statt hat, wohl aber die ersten und Haupttheilungen sich einfach den räumlichen Verhältnissen anpassen und daher überall einander ähnlich ausfallen. So erkennt man besonders in den Fig. 4 und 8—11 leicht, wie auf die ersten Quertheilungen zunächst in beiden Hauptzellen (a u. b) fast in der Axe laufende Spaltwände und dann wieder quer- und schief verlaufende eintreten. Hierbei nimmt zuweilen eine oder die andere Zelle die Physiognomie einer Scheitelzelle an, und man wird an kryptogamische Formen erinnert. So verhalten sich z. B. die in den Fig. 4, 9, 10, 11 bei v gelegenen oberflächlichen grossen Zellen. Dieselben haben noch das für sich, dass sie in der That unzweifelhafte Urahnen der Zellfamilie sind, die später die Stammknospe anlegt, und sie mögen daher bei denen, die an der Scheitelzelltheorie für die Phanerogamen noch ferner festhalten; leicht Beachtung finden. Allein genau geprüft vermögen diese Zellen weder functionell noch formal ihren Anspruch darauf nachzuweisen, sondern sie unterliegen einer beliebigen principlosen Massentheilung wie ihre Nachbarinnen.

Bis zum Zustand 14 bildet sich daher wie bei den übrigen Monokotylen ein sehr vielzelliger Körper ohne deutliche innere noch äussere Differenzirung aus. Nur die Hypophyse charakterisirt sich vor Allem durch einige sehr grosse Zellen, die der untersten Zelle derselben, d. h. dem äussersten Vorkeimrest, entstammt sind.

Jetzt beginnt die Ausbildung des Dermatogens, welches im Zustand Fig. 15 rings um den ganzen oberen Theil des Keimlings fertig ist. Zugleich aber haben sich endlich auch andere Gewebe-Sonderungen angebahnt, die sich bis zum Zustand 16 noch mehr hervorthun. Sie betreffen wesentlich die untere Keimhälfte. Zunächst nehmen an der starken Erweiterung der untersten Hypophysen-Zellen noch andere dicht darüber liegende Zellen in allmählich wachsender Anzahl Theil. Sie vermehren sich nach allen Richtungen, ihre Zellwände quellen beim Präpariren stark auf, und die oberflächlich gelegenen treten schon in natürlicher Wölbung nach aussen hervor. Je älter der Keim, desto massenhafter wird ihre Gruppe, und bemerkenswerth ist, dass sie niemals ein Dermatogen abgliedern (Fig. 15—20 u. s. w.). Dieser hier so eigenartig ausgebildete Theil findet sich in den früher besprochenen Fällen, Dikotylen wie Monokotylen, nur hin und wieder angedeutet, indem zuweilen einzelne nach unten herauswachsende Zellen der Wurzelhaube, allein oder mit einigen Vorkeim-Zellen, einen zipfelartigen Anhängsel an dieser bilden (vgl. 3, 47, 5, 37, 6, 28). Hier bei den Gräsern wächst derselbe selbständig aus.

Der dem Keimkörper näher stehende Theil der Hypophyse vermehrt sich ganz anders. Seine Zellen unterliegen einer wiederholten Würfeltheilung, die endlich in senkrechte Reihentheilung übergeht, und diese Gruppe zu einem sich steil kegelförmig verschmälernden Körper umgestaltet. In Fig. 15 sind hiervon bei c[1] nur die ersten Querlagen angelegt, während in dem Fig. 16 dargestellten Zustand dieser Theil schon ein gutes Drittheil der ganzen Keimlingsmasse ausmacht. Auch hat sich derselbe hier schon mit einem ziemlich regelrechten Dermatogen umkleidet, dessen Zellen, zwar verhältnissmässig noch grösser, sich doch denen des oberen Keimkörpers anschliessen.

Die bei weitem wichtigste und bemerkenswertheste Differenzirung erfolgt indessen oberhalb dieser letztbeschriebenen Abtheilung. Beschaut man den optischen Medianschnitt Fig. 15, so bemerkt man, dass, wenn man sich den durch den Keimlingsscheitel gebildeten Halbkreis durch das Innere des Keimlings selbst zum ganzen Kreise abgeschlossen denkt, die ungefähre Richtung dieses inwendig construirten Halbkreises durch eine gekrümmte Doppellage von Zellen bezeichnet wird, die in die Breite gedehnt sind (g). Dieselben grenzen unmittelbar an die letztbesprochenen Hypophysen-Zellen (c[1]), und erweisen sich nur dadurch von diesen verschieden, dass zwar die mittelsten von ihnen wagerecht liegen, die seitlichen indessen nach dem Keimumfang zu schief ansteigen, und dadurch eben eine Curve herstellen. Im Zustand 16, in welchem sich die Menge der Binnenzellen vervielfacht hat, sind auch diese Zellen (s) vermehrt, doch in ihrer Sonderstellung kaum deutlicher geworden, ebenso in 17 und 18. Indessen formen sich die Zellen der unteren Reihe dieser Doppellage mehr zu Würfelzellen (18—20), die nunmehr deutlicher die obere Grenze des unteren Keimtheiles ausmachen, während die obere Reihe (d) sich in der Richtung der Curve hier und da weiter spaltet. Fig. 20 A und C endlich zeigen diese zweite Spaltung vollendet, und die Curve (g) vollkommen scharf ausgeprägt. Dieselbe bildet von nun ab die untere Abgrenzung des eigentlichen Keimkörpers gegen den aus einem Theil der Hypophyse (einschliesslich des Vorkeimrestes) herangewachsenen Keimanhanges. In überraschender Weise hat sich mithin aus völlig neutralem Zellgewebe eine vollkommen regelmässige Stellung herausgearbeitet, die zu den bisher existirenden Theilen der Keimform, weder inneren noch äusseren, in irgend einer geometrischen Abhängigkeit steht. Wo die Curve aus später erst erhellenden Gründen zu entstehen hat, da setzt sie sich aus lauter nach und nach in entsprechender Richtung sich bildende Theilungswänden zusammen, als ob sie hineingezeichnet würde. Die über dieser so construirten Sonderschicht liegende Zellenmasse wird ungefähr von den Descendenzen der Zelle a, und die darunter liegende von denen der Hypophysen-Zelle (c) ausgemacht. Genau kann die Grenze wegen der Gestalt der gekrümmten Grenzfläche schwerlich stimmen, da ja vorher jene Zellen-Nachkommenschaften fast in einer Ebene gegen einander stiessen. Ebensowenig ist nachzuweisen, dass die mittlere Wölbung dieser Zellreihen mit Nothwendigkeit als Schlussgruppe für die künftigen Axengewebe aus der Hypophyse stammen müsse. Ungebunden durch Erbschaftszwang vielmehr hat sich eine neu gebildete Genossenschaft selbständig in Reih und Glied geordnet.

Im Zustand 16 verräth das Meristem oberhalb der Grenz-Curve noch keine weitere Sonderung. Wohl aber tritt eine solche bis zum Zustand 20 genügend deutlich heraus. Es zeigt sich eine ganz neu entstandene innere Schlussgruppe mit Dermatogen- (d), Periblem- (pe) und Plerom-Mutterzellen (pl) wie es nach Vergleich der ferneren Zustände schon hier erkannt werden kann.

Durch Constituirung dieses Abschlusses gelangt dann erst jetzt der Graskeimling zur organischen Abgrenzung seiner Individualität. Das ausgewucherte Vorkeim-Gewebe, das sich bisher benahm, als ob es ganz und gar in die eigentliche Körpermasse der neu zu bildenden Pflanze mit eingehen würde, wird wiederum scharf abgeschieden. Der Keimling beschränkt seine eigentliche Zellmasse wesentlich, wie die früher erörterten, auf die Descendenzen zweier Zellen, und entnimmt höchstens die Schlusszellen seiner äusseren Sonderschichten (Dermatogen und Periblem), wenn man nach Analogie schliessen darf, aus der Hypophyse. Alles übrige wird von nun an als »Keim-Anhang« aus der Integrität des Keimlings und der Gemeinsamkeit mit seinen Eigengeweben wieder zurückgewiesen.

Doch ist zunächst nöthig, einen Blick auf die inzwischen nun auch hervorgetretene äussere Keimgliederung zu werfen, durch welche der Eintritt der zweiten Entwicklungsperiode angezeigt wird.

Die erste Spur davon zeigt Zustand 16 in dem Median-Schnitt der Haupt-Ansicht des Keimlings. Ein noch flacher Eindruck grenzt das erste Phyllom von seinem nunmehr hypokotylen Kaulom ab, und der Ort v ist so zum Anfang der künftigen Stamm-Knospe designirt.

Das Grössenverhältniss zwischen dem ersten Phyllom- und Kaulom-Theil ist wie bei den anderen Monokotylen. Abgesehen von dem mehr als die Hälfte der ganzen Keimlingsmasse ausmachenden Keim-Anhang theilen sich jene den Rest zu gleichen Antheilen. Von einer ursprünglichen Gipfellage des Vegetationspunctes ist daher auch hier wieder nicht die Rede, und ebensowenig von einer Scheitelzelle.

Die nun folgende Ausgestaltung des Keimlings ist indessen complicirter als bei den vorhergehenden Fällen. Den ersten Anfang zeigt Fig. 16 und zwar A im optischen Median-Schnitt der Haupt-Ansicht und B in der Oberflächen-Ansicht der Knospenseite, also um einen Viertelkreis gedreht. (In der Ansicht B könnte man wieder eine Scheitelzelle zu sehen meinen (v), wenn nicht A lehrte, dass es sich nur um Dermatogen-Initialen handelt.) Der seichte Differenzirungs-Eindruck von Zustand 16 wird durch lebhaftere Weitung und Vervielfältigung der Zellen oberhalb und unterhalb desselben allmählich tiefer (17, 18), bis im Zustand 20 die obere Schwellung über die nun scharf eingeschnittene Bucht sich abwärts zu neigen beginnt. Wie sich zugleich die flankirenden Zellgruppen mit dem herabwachsenden Vorsprung vereinigen und genau wie in den früher geschilderten Fällen, eine Art halbkreisförmigen Schirm über dem jungen Vegetationspunct bilden, lehrt die Ansicht 20 B. Die grossen Zellen am Rande dieses Schirmes setzen sich gegen das darunter liegende kleinzellige Meristem scharf genug ab.

Schnell indessen erfolgen neue Gliederungen, die sich in Fig. 21 schon geltend machen. Der vom oberen Keimtheil über die allmählich zunehmende Knospe herabragende Vorsprung zeigt abermals an seiner Vorderfläche einen Eindruck, zunächst dem ähnlich, der die erste Sonderung zwischen ihm und dem unteren Theil einleitete. Dadurch unterscheidet sich von nun an eine obere Scheitelwölbung des kotylischen Theiles von dem unteren die Knospe bedeckenden Schirmrand. In Zustand 22 ist durch Vorwachsen des letzteren der Eindruck schon zu tiefer aber noch abgerundeter, in 23 endlich ist er zu scharf eingeschnittener Bucht umgestaltet (f).

Gleichzeitig hat von Zustand 21 an auch unter dem Knospenhügel ein neuer Vorstoss durch Theilung oberflächlicher Zellen sich zu bilden begonnen, der bis Zustand 23 deutlich zu einem den von oben (ksch) herabgewachsenen Schirmrand vervollständigenden unteren kragenförmigen Schutzwall (ksch') hervorgetreten ist. In der Ansicht Fig. 23 A stehen beide Vorsprünge einander wie Lippen gegenüber, in 23 D zeigt sich, dass der untere Rand sich mit den Seiten des Schirmes nunmehr zu einem Kreisrand zusammengeschlossen hat, aus dem der Knospentheil noch eben hervorblickt.

Der Knospenscheitel selbst endlich hat sich seinerseits in zwei Wölbungen getheilt, deren eine die Anlage des ersten eigentlichen Stengelblattes, des zweiten Phylloms überhaupt, vorstellt (22, 23, v, b^2), das ungefähr dem Keimblatt gegenüber auftritt.

Die erste Entstehung des oberen kreisförmigen Schirmrandes lediglich aus einem vor- und abwärts gerichteten Vorsprung des schon differenzirten ersten Phylloms kennzeichnet denselben unfehlbar zu einem Scheidentheil desselben. Sein nachmaliges Herumwachsen um den unteren und vorderen Knospenrand bestätigt diese Deutung. Für ein eigenes phyllomatisches Individuum kann er also nicht gehalten werden, da sein hinteres Hauptstück dem plastischen Vorgang seiner Bildung nach nicht aus einem Kaulom, sondern aus einem älteren Phyllom stammt, und sein vorderer Theil eigentlich nur trichomatischen Werthes ist.

Diese Kotyledonar-Scheide umwächst von jetzt ab immer mehr die auch ihrerseits sich weiter entwickelnde Knospe, und zwar dadurch, dass die Zellen des offenen Zirkelrandes sich ungefähr in der Richtung des Radius der noch vorhandenen Kreisöffnung (23) einwärts verlängern und zu Reihen abtheilen. Die Wachsthumsrichtung geht erst auf den Mittelpunct des Kreises, dann aber, da das ganze Organ sich schneller in die Höhe zu recken beginnt, auf eine senkrechte Mittellinie zu. Endlich treffen in dieser die Zellenreihen sämmtlich zusammen und stossen mit ihren etwas convexen Enden an einander, ohne indessen zu verwachsen. Hierdurch ist die Knospe des Keimlings vorläufig gänzlich in die Kotyledonar-Scheide eingeschlossen. Dieser Vorgang wird durch die Figuren 23—26 (Taf. **17**) zur Anschauung gebracht, welche die nächste Umgebung der sich bildenden Keimblattscheiden-Spalte von der Fläche aus gesehen darstellen. Die Fig. 12—16 auf

Taf. **14** mögen die Gesammt-Veränderung des Keimlings bis zu diesem Stadium skizziren.

Während dieser Entwicklungsperiode hat nämlich die Keimlingsform im Ganzen noch manche Eigenthümlichkeit erlangt. Schon von Zustand 18 an hat die Scheitelfläche des Keim-Phyllomes sich nach hinten, d. h. an der der Knospe entgegengesetzten Seite mehr abgeschrägt und sich dabei seitlich verbreitert. Sie wird nach und nach flacher, von der Knospenseite gesehen zunächst etwa eirund, zuletzt fast kreisrund (Taf. **14** Fig. 15—20, Taf. **17** Fig. 24). Dabei zeigen die Profil-Ansichten **14**, 14—16, 19, **18**, 29, wie der erst stirnförmig gewölbte obere und vordere Rand dieses Theiles sich abgeflacht hat, und bis zu Zustand **14**, 19 aus der Abflachung eine Vertiefung geworden, und der erst einfache Umfangsrand zu einem Aussen- und einem Innenrand verdoppelt worden ist, welche durch eine ringsum laufende Furche getrennt werden. Der Aussenrand erweitert sich noch bedeutender und giebt dem Keimblatt endlich die Form, die ihm den Namen des Schildchens verschafft hat. Der Innenrand bildet dagegen mehr und mehr eine Art von Schutzwall um die Keimblattscheide, die ihrerseits wieder die Keimknospe einschliesst, und sich in die mittlere beckenförmige Vertiefung des Schildchens einschmiegt (Taf. **14** Fig. 18—20, Taf. **18** Fig. 29 A u. B).

Auch nach unten zu hat sich inzwischen der Schildrand kreisähnlich abgeschlossen, und sein unterer Bogen bildet hinter dem hypokotylen Keimtheil nun einen wulstförmigen doppelten Vorsprung (**14**, 18—20, u). Ehe indessen die äussere Ausgestaltung des Keimes soweit gelangt, ist auch im unteren Theil noch wesentlich Neues in die Erscheinung getreten. Bis zum Zustand Fig. 23 (Taf. **17**) war die innere Differenzirung hier so weit gelangt, dass ein unteres Scheitelgruppen-System, dem der übrigen Monokotylen entsprechend, zur Anlage gekommen war. Dasselbe stand noch in unmittelbarer Berührung mit den darunter folgenden Reihen kubischer Zellen, die den oberen Theil des Keimanhanges ausmachten. Noch trugen diese Zellen mit den Zellreihen des künftigen Hauptwurzelscheitels, wo sie einander begrenzen, den Stempel des gemeinsamen Ursprunges. Je mehr nun der Keimkörper in die Breite geht, desto mehr vervielfältigen sich die Zellreihen im Inneren des hypokotylen Keimtheiles, und desto schärfer tritt die Grenze zwischen diesem und dem Keimanhang ins Licht (24).

Endlich beginnt in der von der Dermatogen-Lage abgespaltenen Zellreihe (h) eine Wiederholung der Spaltung, die sich indessen auf die mittlere Gruppe derselben beschränkt. Schnell hintereinander theilen sich ihre Zellen und bilden Längsreihen, die, indem die älteren Zellen derselben weiter werden, fächerförmig in die Masse des Keimanhangs hineinlaufen (Taf. **17** Fig. 24, Taf. **18** Fig. 27, 28). So entsteht eine besondere Gruppe von Zellen, die der mittleren Wucherung in der Wurzelhaube anderer Keime (vgl. **6**, 28, 29, **11**, 7, **12**, 14) entspricht. Die unmittelbar diese Gruppe umgebenden Zellmassen des Keimanhanges werden dadurch zur Allwärtstheilung genöthigt und verlieren ihre Reihenstellung hier so weit, dass sie im Vergleich mit den Hauben-Zellreihen unregelmässig erscheinen. Wie also das Keimblatt an seinem ganzen Umfang in lebhafte Wucherung und Schwellung seiner Masse getreten ist, so ergreift den Keimanhang, der rings an seiner Oberfläche mit jenem im Zusammenhang bleibt, ein ähnliches Wachsthum, und zwar vorzugsweise in die Dicke. Das hypokotyle Keimglied beginnt dagegen (Fig. 24) seine Zellenreihen stärker in der Längsrichtung zu vermehren. Dadurch tritt dann mehr und mehr ein Missverhältniss zwischen diesem und dem Keimanhang hervor, eine gegenseitige Spannung, die endlich bewirkt, dass der ganze Keimanhang sich rings von der Oberfläche des hypokotylen Keimtheils ablöst. Alsbald fährt jeder von beiden Theilen in seiner eigenen Weise sich zu vergrössern fort. Es entsteht ein mehr und mehr klaffender Spalt im ganzen unteren Umfang der Keimlingsmasse. Nur der Scheitelpunct der Wurzelanlage selbst bleibt mit der in Fortwucherung verharrenden Wurzelhaube im Zusammenhang, da beide durch ihre Streckung in der Axenrichtung gegen einander gedrückt werden. Somit ist dann die Scheidung zwischen Keim- und Vorkeim-Gewebe auch plastisch fast ganz wieder vollzogen, und der letzte hat die Bildung angenommen, die ihm den Namen der »Wurzelscheide« oder »Coleorhiza« verschafft hat.

Noch zwei Auswüchse treten ausserdem aus dem Keimanhang hervor. Der eine bildet sich dadurch, dass unterhalb der vorderen unteren Keimblattscheiden-Lippe (**14**, 19, 20, **18**, 27, 29 B, ksch) ein zweiter ähnlicher, dem oberflächlichen Zellgewebe entstammender, mithin trichomatischer Vorstoss herauswächst, der die Vorderhälfte des hypokotylischen Keimtheiles, auf welcher die Knospe aufsitzt, umgiebt, und sich beiderseits an die innere oder vordere Fläche des Schildchens anschliesst, mithin eine Art von Gürtel um die Knospenbasis herstellt. Derselbe erscheint am entwickelten Keim seiner Stellung nach als unmittelbare Fortsetzung der Wurzelscheide nach oben, dort, wo dieselbe einwärts in das hypokotyle Stengelglied übergeht (ksch'').

Das zweite noch zu erwähnende Gebilde ist eine auffallende Wucherung der untersten Abtheilung des Keimanhanges, deren Zellen, nachdem sie schon immer stark quellbar und aufgetrieben erschienen, jetzt zu einem langen Schweif auswachsen, papillenförmig an der Oberfläche auseinanderweichen und nun genau das Bild einer jener aussondernden Zotten wiedergeben, wie sie in den Laub-Knospen vieler Pflauzen vorkommen[1]) (**18**, 30 kaz). Diese gewaltig grosse Zotte tritt aus der unteren Oberhaut-Oeffnung des Keimanhanges (ka) heraus, sofort seitlich über sie vorquellend. Diese Oberhaut selbst (da) hat indessen rings um den ganzen Keimanhang bis gegen seine Basis hinauf, ebenso wie auch die den ganzen Rücken und die Seitenränder des Schildchens einhüllende Hautlage, ihre sämmtlichen Zellen ebenfalls nach Art von secernirenden Zellen, in der Richtung senkrecht gegen die Aussenfläche aufgetrieben. Freilich hat nun diese Papillen-Bildung der Haut-(Epithel-)Zellen hier nicht den Zweck der Aussonderung, sondern vielmehr, wie Sachs nachgewiesen hat, den der Einsaugung von flüssigen Reserve-Nährstoffen, von welchem Geschäft die grosse Anhangszotte wahrscheinlich auch ihrerseits einen Theil zu übernehmen hat (vgl. **14**, 17—20, **17**, 24).

Der untere Keimtheil nähert sich damit seinem Reifezustand. Doch auch der mittlere verharrt unterdessen nicht ohne Fortschritt. In der immer mehr aufgetriebenen Keimblatt-Scheide ist auch das erste Stammblatt immer mehr herangewachsen, (**17**, 24, **18**, 28, 29, b^2) und in dessen Umhüllung ein zweites, den Vegetationspunct wiederum von der anderen Seite her umfassendes, angelegt (Fig. 28 b^3). Dadurch gewinnt die ganze Knospe erheblich an Volumen und nimmt ihre Stellung immer mehr oberhalb des hypokotylen Theiles, von dem sie nur durch das quer gedehnte fast keilförmige Zellgewebepolster getrennt wird, das den Anfang des ersten (hypokotylen) Stammknotens ausmacht. Je mehr sich die inneren Gewebe sondern und entwickeln, desto mehr zeigen die Knospe, das Keimblatt und das hypokotyle Glied ihre un-

---

1) Vgl. z. B. die von *Coffea* in des Verf. Abhandlung über diese Organe in der Bot. Zeit. 1868 Taf. **11** Fig. 36, 37.

mittelbare Zusammengehörigkeit, und desto mehr wird der Keimanhang abgesondert, bis er sich später ganz löst.

Sei es gestattet noch einen Gesammtblick auf den nunmehr gewonnenen Zustand des ganz in sich ausgestalteten Keimes zu werfen, wie denselben die letzten Figuren von Taf. 14 unterstützt durch die Theildarstellungen auf Taf. 18 zur Anschauung bringen. Der Keim gleicht einem umgekehrten Schild, von dessen Innenseite (der Lage im Samen nach Vorderseite) eine hoch gewölbte Knospe schief nach oben und eine kegelförmig vorstrebende Wurzelspitze schief nach unten hervorragen. Oberhalb und seitwärts überragt und umgiebt die Knospe der Doppelrand des Schildes, von vorn umfasst sie der Gürtel-Vorstoss der die Verbindung zwischen dem unteren und oberen Theil überkleidet. Die Knospe selbst ist rings von der Keimblatt-Scheide umschlossen, die hinten stärker als vorn, sich grade über der Knospenmitte zu einer soliden Scheitelmasse erhebt, vor deren Gipfel in einer seichten Vertiefung des vorderen Abhanges die Scheiden-Mündung gelegen ist. Die innerlich erweiterte Scheidenhöhle wird vom zweiten Phyllom, und dessen Höhlung vom dritten und dem Vegetationspunct, der in weiterer Entwicklung ist, ausgefüllt. Den kegelförmigen Körper, der nach unten und vorn hervorragt, macht seiner Hauptmasse nach das hypokotyle Keimglied aus, locker umgeben von dem Scheidentheil des Wurzel-Anhangs (der Wurzelscheide) und überragt von seiner soliden Spitze, die in der weit vorragenden Anhangszotte endigt. Rings um die obere Gegend des hypokotylen Gliedes, wo dies in den Knotentheil übergeht, ist die Scheide theils mit diesem, theils mit dem Rücken und den Flanken des Schildes, theils mit dem Gürtelvorstoss verschmolzen. Mit der Hinterfläche, den seitlichen Rändern und dem unteren Anhang ist der Keim genau in die Höhlung des Eiweisskörpers eingebettet.

So erscheint der Ausbau des Keimes von *Brachypodium* mannigfaltiger als der der übrigen Monokotylen, schliesst sich denselben aber doch so an, dass eine Gleichheit des befolgten Planes vor Augen liegt. Der erheblichste Unterschied ist die lange dauernde und massenhafte Betheiligung der Vorkeim-Descendenzen an der Keimlings-Entwicklung. Demnächst ist die Form des Keimblattes und der enge Zusammenschluss seiner besonders entwickelten Scheide um die Keimknospe wichtig. Doch sind dies nur Unterschiede dem Grade, nicht der Sache nach.

Genau wie bei den übrigen Monokotylen bilden erst alle betheiligten Zellen eine plastische Gesammtmasse aus, deren Zellgruppen sich dann wieder so sondern, dass jede den ersten Zellen entstammte Familie ziemlich genau ihr eigenes Stück des ganzen Gebäudes aufführt. Das Verhältniss zwischen den Nachkommenschaften der Zellen a und b ist genau wie bei den anderen Monokotylen, nur werden ihre Erzeugnisse verhältnissmässig breiter und strecken sich weniger. Die Dermatogen-Grenze und der Heerd der Wurzelhauben-, überhaupt der Wurzelspitzenbildung liegt ebenso in der Grenze der hypokotylischen und hypophysischen Zell-Abkömmlinge, wahrscheinlich den letzteren entstammend, nur dass dieser Ort vom massigen Anhang überwuchert wird.

Ist also das als Keimblatt bezeichnete Stück des *Liliaceen-* und *Alismaceen*-Keimes ein Phyllom, so ist es auch das sogenannte Schildchen der Gräser [1]), das sich von jenen nur dadurch unterscheidet, dass es mit kreisähnlicher Rückenfläche am Eiweisskörper haften bleibt, während die Keimblätter der anderen meist lang cylindrisch werden und nur mit der Spitze das Eiweiss aussaugen. Die Entwicklung beider ist so vollkommen die gleiche, dass ihre Aequivalenz nicht wohl bezweifelt werden kann. Wollte man nun beide Formen des Keimblattes der Monokotylen nicht für Phyllome gelten lassen, sondern sie für die Spitze des Stammtheiles des Keimlings selbst ansprechen, so wäre dies darum unstatthaft, weil sie niemals einen Fortbildungsheerd (Vegetationspunct), mithin keine Selbständigkeit besitzen, weil sie zweitens in späterer Entwicklung die wesentliche Natur von Phyllomen annehmen und weil endlich zur Zeit, wo sie von der Keimlings-Masse abgegliedert werden, ein Kaulom oder eine sogenannte »Axe« noch nicht existirt, deren Fortsetzung sie sein könnten. Vorher ist nur ein ungegliedertes Thallom vorhanden, dessen oberste Spitze in der That das ist, was nun zum Keimblatt abgesondert wird. Mit dem Act der Trennung erst tritt ein Kaulom, das nun die Fortentwicklungs-Fähigkeit in seiner Knospenanlage bewahrt, und ein derselben entbehrender Theil ins Dasein, der mithin von nun an zum gesonderten Phyllom, d. h. hörigen Organ gestempelt ist. Die stielförmige spreitenlose Form

---

1) Wie Schleiden und Braun es stets gedeutet haben.

vieler dieser Keimblätter und die noch seltsamere des Gras-Schildchens ist nicht maassgebend, denn es giebt Phyllome von allen Formen. Ebenso wenig ist die Stellung und Richtung irgendwie entscheidend.

Die hypokotyle Keimmasse wird also nach der Abgliederung eines Phylloms ebenso erst durch diese zum Kaulom ausgeprägt und ist, weil sie das erste thatsächliche Kaulom-Glied ist, auch die thatsächliche sogenannte »Hauptaxe«.

Die besonders bei den Gräsern starke Neigung der ersten Knospe gegen die Längsaxe des noch ungegliederten Keimlingskörpers und ihre seitliche Entstehungsweise hat freilich die Frage aufwerfen lassen, ob sie nicht als Nebenaxe aufzufassen sei, und v o r dieser eine rudimentäre (imaginäre) Hauptaxe angenommen werden müsse, die in der Richtung des Vorkeims zu denken sei.

Als Kaulom kann Verfasser aber eben nur das anerkennen, was durch seinen inneren Bau selbständige Abgeschlossenheit und Fortbildungsfähigkeit verräth. Die indifferenten Meristem-Zellreihen, die vorher den ganzen Keimling zusammensetzen und besonders in der Richtung laufen, in der die lebhafteste Theilung stattgefunden hat, zeigen davon nichts. Das erste histologische System, das aus geschlossenen vollständigen Sonderschichten gebildet in die Existenz tritt, geht aus dem hypokotylen Glied direct in die Knospenanlage über, und tritt erst zu einer Zeit auf, wo das obere Keimstockwerk schon scharf abgeliedert keineswegs mehr die symmetrische Fortsetzung der hypokotylen Gewebe zu bilden vermag. Desshalb ist die geneigte und bei den Gräsern sogar stark gekrümmte Stellung der Knospe zu ihrem Kaulom kein Grund gegen ihre Zusammengehörigkeit. Denn erstens giebt es keine Nothwendigkeit, die da anzunehmen zwänge, das erste Kaulom müsste eine mathematische grade Richtung haben und zweitens kein Naturgesetz, das da besagte, es müsse in der graden Fortsetzung des Vorkeims liegen. Dergleichen Annahmen sind speculativ in den Natur-Thatbestand, der davon nichts aufzeigt, hineingetragen. Es giebt zahllose krumme und winklige Stamm-Gebilde in der Entwicklung der höheren Pflanzen. Dagegen streckt sich die ausgekeimte monokotyle »Keimaxe« meist später grade und schiebt das Keim-Phyllom, wie ihm zukommt, zur Seite. Können Spross-Einheiten erst grade sein und dann krumm werden, so können sie auch krumm angelegt werden. Hätte die Morphologie von Anfang an das geometrische

Wort Axe vermieden, so würden solche Ansichten weniger auf Schwierigkeiten stossen. Man werfe aber auch noch einen Blick auf die Sprossknospen der meisten Monokotylen, um zu sehen, dass fast überall die Phyllome den Stengelgliedern, denen sie zugehören, nicht allein in der Entwicklung weit voran sind, und sie an Masse und Längsstreckung übertreffen, sondern auch die denselben aufsitzende, der ferneren Fortbildung dienende Knospe genau so zur Seite schieben, wie dies das Keimblatt mit der Keimknospe des Raumes wegen thun muss. In der späteren Knospe folgt alternirend oder ringsum angelegt Blatt auf Blatt und so stellt sich die Symmetrie schnell her. Im monokotylen Keime wird sie nach mehreren Blattförderungen ebenfalls hergestellt. Die Asymmetrie fällt hier nur auf, weil sie einen Ruhezustand überdauert. Die zwei Keimblätter der Dikotylen verhalten sich nach Masse und Stellung einzeln genommen genau zu ihrem Kaulom und dessen Stammknospe, wie das eine der Monokotylen. Dass jene zu zweien und dies nur einzeln angelegt wird, ist für die Natur der Organe nur Nebensache. Die Hauptsache, der entscheidende Grund, ist eben der, dass vor der Differenzirung der thatsächlich fortvegetirenden Kaulom-Anlage und ihrer Knospe keine Spur von einer anderen zu finden ist, folglich eine solche nicht existirt. Die erste Stammanlage entsteht in geneigter oder gekrümmter Lage gegen die für sie nicht maassgebende Längsstreckung des Vorkeimes. Auch die Stammanlage im Keim der Gefässkryptogamen macht einen Winkel mit der Mittellinie des Prothalliums und die Knospe des Moosstämmchens mit ihrem Protonema. Beides sind Neubildungen, die nach eigenem Gesetz entstehen und unabhängig ihre Richtung nehmen.

Die Wurzel der Gräser und anderer Monokotylen ist mithin eben so wie die der Dikotylen ein Primärorgan, gleichbürtig dem ersten Kaulom und ersten Phyllom. Der Meinung, dass die Wurzeln besonders der Monokotylen endogen entstünden, kann Verfasser nicht einmal für die Gräser zustimmen. Denn auch hier entsteht die Hauptwurzel-Anlage durchaus an der Grenze des eigentlichen Keimlings, der nur von einer mächtigeren Vorkeimwucherung überdeckt ist, als solche bei anderen Keimen vorkommt. Bei den Dikotylen aber kann der schwache Zellfaden des Vorkeims, welcher bald von der in sich geschlossenen Individualität des Keimlingskörpers wie etwas Fremdes organisch abgegliedert wird, der Ansicht, dass die Wurzel endogen entstehe, sicher keinen Vorwand geben. Hier bei den Monokotylen ist die Sache nicht, und selbst bei den Gräsern nur quantitativ anders. Aus dem oberen Theile des hypokotylischen Gliedes entsteht die Stammknospe, aus dem unteren die Wurzelanlage. Die auf gewisse Zeit mit dem unteren Theil verwachsene von Anbeginn histologisch differente, selbst des Hautgewebes entbehrende Anhangsmasse ist ein dem Keimling selbst Fremdes. Dass diese noch später durch einige oberflächliche Zellenlagen mit dem Keim verwachsen bleibt, ist eine Seltsamkeit, welche mit der erst so zögernd vorschreitenden Differenzirung der Graskeim-Gewebe überhaupt sehr wohl stimmt.

Somit ist auch der obere Keimtheil der Gräser, das Scutellum, sein Keimblatt oder erstes Phyllom, der zweite seine sogenannte Primäraxe und die scheinbar innen erzeugte Wurzelanlage seine Hauptwurzel.

Wenn für viele phanerogamische Keimformen noch eine grössere Reihe vergleichender Untersuchungen zu wünschen bleibt, so ist dies besonders für die Gräser nöthig. Die Hauptzüge der Keimentwicklung werden sicher überall die gleichen sein, doch ist an dem Hervortreten noch vieler interessanter Modificationen nicht zu zweifeln.

3. Uebersicht der thatsächlichen Ergebnisse.

Für die vorstehend näher erörterten Monokotylen und Dikotylen lassen sich nunmehr folgende morphologische Entwicklungsregeln aussprechen:

1. Der Keim dieser Phanerogamen entwickelt sich aus den zwei bis drei endständigen Zellen des Vorkeims. Er ensteht weder unmittelbar aus der ganzen befruchteten Eizelle, noch aus einer einzelnen Zelle des Vorkeims.

2. Bei den Dikotylen pflegt die äusserste dieser Vorkeim-Zellen zuerst in eine Neubildung einzutreten, und die Hauptmasse des Keimlings herzustellen, während etwas später die ihr zunächst stehende Zelle sich ihr zur Vervollständigung anschliesst.

3. Bei den Monokotylen pflegen sich nach einander vom Ende des Vorkeims drei Zellen abzutheilen, deren zwei äusserste die Hauptmasse des Keimlings ausbilden, während die dritte, jüngste die Vervollständigung bewirkt.

4. Die eigentliche Keim-Mutterzelle der Dikotylen erstrebt zunächst eine Theilung in vier »Quadranten-Zellen«, die durch eine Meridian- und eine Aequatorial-Scheidewand ausgeführt wird. Es scheint, dass in der Mehrzahl der Fälle jene, in der Minderzahl diese die erste ist.

5. Darauf entsprechen die beiden oberen Quadranten-Zellen der Dikotylen der äussersten (ältesten) Keim-Mutterzelle der Monokotylen, die beiden unteren der zweiten. Die der Vervollständigung dienenden »Anschluss-Zellen« verhalten sich ebenfalls in beiden Fällen, bei Mono- und Dikotylen, gleich.

6. Die beiden oberen Quadranten-Zellen des Dikotylen-Keimlings geben den Keimblättern, der Stammknospe und dem ersten dazu gehörigen Stengelknoten die Entstehung, die beiden unteren bilden die einheitliche Anlage des sogenannten hypokotylen Stengelgliedes und der ersten Wurzel aus.

7. Aus der obersten Keim-Mutterzelle der Monokotylen entsteht das Keimblatt, aus der zweiten die Stammknospe nebst Knoten, hypokotylem Stengelglied und Haupt-Wurzelanlage.

8. In beiden Pflanzenklassen bildet die Anschlusszelle nicht allein die Anlage zur Wurzelhaube, sondern auch die Schlusszellen der äusseren Zellgewebschichten des abwärts wachsenden »hypokotylischen Keimtheils« aus.

9. In beiden Pflanzenklassen ist der Keimling eine morphologisch unabhängige Neubildung und steht mithin in seiner Entwicklungsrichtung in keiner nothwendigen Beziehung zu der des Vorkeims. Er folgt frei seinem eigenen Bildungsplane. Selbst der Vorkeim hat weder immer eine gradläufige Axe, noch hängt er in seiner Wachsthumsrichtung nothwendig von der Form des Samenknospe ab.

10. Die erste Meridian-Spaltung theilt den dikotylischen Keimling in zwei Hälften, die die spätere Lage der Keimblätter vorzeichnen.

11. Unmittelbar nach der Quadrantentheilung trennt sich von jeder der vier Zellen eine schalenförmige Dermatogen-Mutterzelle ab, wodurch ein für alle Mal für die Lebensdauer der neuen Pflanze das Hautgewebe gesondert ist. Vier Quadranten-Zellen zweiter Ordnung, ringsum durch jene eingeschlossen, haben als »Binnen-Zellen« ferner die inneren Gewebe auszubilden.

12. An der Basis werden die unteren Quadranten-Zellen vom neugebildeten Dermatogen nur bis zu der Anschluss-Zelle hinab einge-

schlossen. Mit dieser, welche zur Zeit vom Vorkeim noch nicht gesondert erscheint, bleiben sie in unmittelbarer Verbindung.

13. Die untere, hypokotylische Keimlings-Hälfte spaltet ihre beiden Binnenzellen noch einmal durch eine mit der ersten sich kreuzende Meridiantheilung und geht dann zu ferneren regelmässig wiederholten Spalt- und Quertheilungen über. Die Spaltwände convergiren gegen die Anschlusszelle. Der erste Kreis von Spalt-Theilungen, welche der Dermatogen-Fläche concentrisch laufen, sondern die Binnenzellen in eine axile und eine peripherische (intermediäre) Gruppe. Letzte ist nunmehr die Anlage zum Periblem, erste die zum Plerom des unteren Keimtheiles.

14. Die innere Gruppe, die Plerom-Mutterzellen, erleiden alsbald in demselben Sinne noch eine Theilung, und aus der nun entstehenden relativ äusseren Schicht entwickelt sich später das Procambium.

15. Das nach der neuen Sonderung bleibende Plerom unterliegt einer wiederholten Spaltung und einer damit wechselnden aber spärlicheren Quertheilung. Es bildet sich zu einer cylindrischen Gruppe schmaler prismatischer Zellen aus. Die Eigenartigkeit des Procambiums bleibt zunächst noch unentwickelt; es ist eben die Grenzlage zwischen Plerom und Periblem. Im Periblem selbst dagegen überwiegen die Quertheilungen zuvörderst über die Spaltungen. Letztere schreiten indessen allmählich von der oberen Grenze des hypokotylen Keimtheiles beginnend abwärts in die Wurzelanlage hinein vor.

16. Im kotylischen Keimtheil tritt einstweilen eine innere Differenzirung noch nicht ein. Auch ist die ganze Zelltheilung träger und ohne bestimmten Richtungswechsel. Meist bleibt es lange Zeit bei einer Doppellage von Binnenzellen unterhalb des Dermatogens.

17. Das Dermatogen vermehrt sich aus seinen vier Mutterzellen in schnell fortschreitender Flächentheilung nach allen Seiten des Umfangs. Auch später folgt es in derselben Weise den Anforderungen der aus dem Binnengewebe stammenden Neubildungen.

18. Die zweite Keimmutterzelle oder Anschlusszelle sondert sich während dessen vom Vorkeim, indem sie durch wiederholte Quertheilung sich zunächst in drei übereinanderliegende Tochterzellen zerlegt. Die oberste derselben kommt zwischen die unteren convergirenden Enden der Periblem-Mutterzellen zu stehen, die mittlere verschliesst

ebenso die untere Lücke des Dermatogen's, und die untere ist die Anfangszelle der Wurzelhaube.

19. Die beiden oberen dieser »Schlusszellen« verwandeln sich durch Spaltung in zwei und mehrere Zellen, die nun beziehungsweise für das untere Ende des Periblems und Dermatogens den ferneren Fortbildungsheerd ausmachen, mithin den Initialen wachsender Stammknospen gleichwerthig sind. Die seitlich aus diesen quer liegenden Gruppen abgegliederten Zellen schliessen sich den convergirenden Reihen ihrer Gewebe an und bauen sie weiter auf, während der Keimling sich streckt. Die Fortbildungsfähigkeit der Hauben-Anfangszelle erlischt nach wenigen, oft schiefen Theilungen. Die entstandene Gruppe bleibt bis zur Keimreife am Vorkeim haften, und bildet beim Keimen und später oft noch lange den Zipfel an der Wurzelhaube.

20. Nur durch die Nachkommenschaft der Anschlusszelle, die in ihrer Gesammtheit als »Hypophyse« bezeichnet ist, erlangt daher der dikotyle Keim seinen organischen Abschluss gegen den Vorkeim. Derselbe vervollständigt die Hüllgewebe, während die Plerom-Zellreihen sich an ihren unteren Enden selbständig fortbilden, d. h. eine eigene untere Initialen-Gruppe herstellen.

21. Bis zur Zeit, wo im hypkotylen Keimtheil alle Gewebe durch einfache Schichten angelegt und die Schlusszellen eingefügt, im oberen Theil aber noch keine Sonderungen, mit Ausnahme der Hautschicht, vorgenommmen sind, ist der Keimling zu immer grösserer Kugel herangewachsen. Die zweite Entwicklungsperiode beginnt mit äusseren Veränderungen, während die Binnengewebe nach dem vorgeschriebenen Plan sich fortbilden.

22. Alle Zellen der Kugel sind gleichmässig fortbildungsfähig, wenn auch unter sich schon differenzirt. Sie arbeiten symmetrisch auf beiden Seiten fort. Eine eigentliche Scheitelzelle fehlt am oberen wie am unteren Ende, und ist ebenso wie eine centrale Zellreihe überdies durch die erste symmetrische Theilung des Zellenbaues und durch die zuerst gesonderte Hautschicht ausgeschlossen.

23. Symmetrisch gegen die Lage der ersten Meridianspaltung beginnt die Anlage der Kotyledonen durch ergiebigere Theilung und Erweiterung der Binnenzellen beiderseits der Mittellinie. Der Keimling wird dadurch erst dreieckig, dann herzförmig, endlich tief gespalten. Im Grunde des Thales zwischen den Keimblatthügeln bleibt eine Meristem-

Gruppe für die Stammknospe aufbehalten, die oft bis zur Keimreife unentwickelt verharrt.

24. Mit der Längsstreckung der Keimblätter geht ihr Binnengewebe aus der Allwärtstheilung in die Reihentheilung über. Zugleich gestaltet sich unter dem Dermatogen ringsum eine einfache oder doppelte Periblem Schicht heraus, die seitlich unmittelbar in das hypokotyle Periblem übergeht. Auch das Plerom- und Procambium-Muttergewebe des unteren Theiles schliesst sich dem der Kotyledonen an.

25. Auch zwischen den Kotyledonen sondern sich die Initial-Gruppen des Dermatogens und Periblems kenntlicher heraus. Nur das Plerom bleibt lange auf wenige Zellen beschränkt, die das obere Ende des hypokotylen Pleroms, das schon in Reihen geordnet ist, ausmachen. Sie scheiden sich meist erst beim Keimen in das Gewebe des Kotyledonar-Knotens und das fortbildende Binnen-Meristem.

26. Zugleich vollzieht sich die Anlegung der bisher nur angedeuteten Wurzelhaube durch Flächenspaltung der benachbarten Dermatogen-Zellen, in eine äussere Haubenschicht und eine innere Dermatogen-Schicht zweiten Grades. Der Vorgang wiederholt sich in den Schlusszellen des Dermatogens und ihrer Nachbarschaft periodisch. Von den immer wieder verjüngten Dermatogen-Reihen gliedern sich immer neue Haubenschichten ab.

27. Somit sind nun sämmtliche innere und äussere Sonderungen des dikotylen Keimlings angelegt, und zugleich sind aus der gleichmässig arbeitenden Zellkugel durch Theilung und Streckung der im mittleren Theil entstandenen Sonderschichten zwei Bildungsheerde auseinander getreten, deren einer nun das junge Individuum nach unten, der andere nach oben fortbildet. Die genetischen Grenzen zwischen oberer und unterer, rechter und linker Keimhälfte sind damit verwischt und durch die Grenzen der Gewebeformen ersetzt, welche dieselben gleichmässig, nach anderer Weise trennend und vereinigend, durchziehen.

28. In der letzten Keimentwicklungs-Periode findet lediglich ein Ausbau der angelegten Theile statt, der in verschiedenen Pflanzen eine verschiedene Vollkommenheit erreicht.

29. Die drei Keimmutterzellen der Monokotylen theilen sich in dem regelmässigen Vorgang, wie ihn *Alisma* zeigt, in die Quere und dann parallel der Längsrichtung des Keimkörpers über Kreuz und

zwar so, dass die Spaltrichtungen in den übereinander liegenden Schichten abwechseln. Die oberen Zellen theilen sich schneller, die Anschlusszellen später und langsamer. Bei anderen Monokotylen kann die Spaltung der Mutterzellen der Quertheilung vorangehen und verschieden mit ihr abwechseln.

Im Uebrigen ist das Verhältniss zwischen Stamm- und Blatt-Anlagen dasselbe wie bei den Dikotylen. Die Verbindungslinie zwischen Stamm- und Wurzel-Vegetationspunct kann beim Dikotylen-Keim mit der geometrischen Axe[1]) der Keimlings-Masse zusammenfallen. Bei den Monokotylen geht die Verbindungslinie geneigt oder krumm, während eine gedachte geometrische Mittellinie der Keimmasse vom Wurzel-Ende durch das Keimblatt läuft, mithin jeder organischen Bedeutung entbehrt.

30. Zunächst pflegt das Wachsthum des kotylischen Keimtheiles gefördert zu werden, welcher durch Allwärtstheilung schnell in einen halbkugligen massigen Körper übergeht, der etwa die obere Hälfte des Keimlings ausmacht, und in seiner Totalität zum Keimblatt wird.

31. Langsamer vergrössert sich die Zellmasse des hypokotylen Keimtheiles. Dabei herrscht die Form der Schicht- und Reihen-Theilung der Zellen mehr vor. Die Grenze beider Theile bleibt nur ungefähr durch Verfolgen der Zelltheilungen, nicht durch scharfe Gewebesonderung erkennbar.

32. Die erste Gewebe-Differenzirung ist auch hier die des Dermatogens. Doch tritt sie erst ein, wenn der Keim schon vielzellig (im günstigsten Fall mindestens über zwanzigzellig ist) und vollzieht sich zögernd und unregelmässig. Erst viel später ist das Hautgewebe dauernd constituirt.

33. Darauf erfolgt ebenfalls allmählich und in vielfach abweichender Theilungsfolge im hypokotylen Theil die Sonderung und An-

1) Verf. hat sich des Ausdrucks Axe für diese Keim-Entwicklungsgeschichte fast ganz enthalten, weil derselbe bald organisch, bald geometrisch gebraucht, nur zu Missverständnissen Anlass giebt. Will man sich einer solchen Hülfslinie bei Betrachtung der gegenseitigen Stellung der Glieder eines Sprosses bedienen, so muss man warten, bis der Spross selbst fertig angelegt ist und seine Fortbildung begonnen hat. Aprioristische Axen-Bestimmungen halte ich für unbegründet und mithin die daraus gezogenen Abstractionen bei der Keimanlage für unzutreffende Speculationen.

ordnung der Zellen zu Periblem- und Plerom-Lagen, bald genauer, bald weniger genau, endlich im Ganzen ähnlich wie bei den Dikotylen.

34. Auch die Anschlusszelle fügt sich wie dort als Vervollständigung an, und liefert die Schlusszellen des Periblems und Dermatogens und den Anfang der Wurzelhaube, während das Plerom seine Initialen aus dem Binnengewebe erhält.

35. Der monokotylische Keim ist schon stark kugelig oder keulenförmig entwickelt, bevor die Differenzirung von Stamm-Anlage und Keimblatt beginnt. Dieselbe fängt an der Seite des Keimes in einem Punct derjenigen Zone an, in der die Descendenzen der beiden Haupt-Mutterzellen aneinander grenzen. Durch seitliches Vorschwellen der sich mehrenden Zellmassen gestaltet sich eine Bucht, deren untere Seite die Anlage der Stammknospe, deren obere die innere Fläche der Keimblattscheide wird. Ein secundäres seitliches Hervorschieben des Keimblattes aus einem präexistenten Stammscheitel und ein nachmaliges Ueberwachsen jenes Scheitels findet nicht statt. Beide Keimtheile sind congenerische und gleichalterige Primärorgane. Vor ihrer Sonderung existirt weder Stamm noch Blatt, noch ist die maassgebende Entwicklungsrichtung des ersten vorher bestimmt.

36. Auch die Wurzel-Anlage der Monokotylen ist gleich der der Dikotylen aus demselben Mutterzellgewebe wie Stammknospe und Blattanlage herausgebildet, mithin gleich ihnen congenerisches Primärorgan.

37. Mit der Längenrichtung des Keimblattes macht die erste Entwicklungsrichtung des Hauptsprosses bei den verschiedenen Monokotylen verschiedene Winkel. Später pflegt sie sich grade zu strecken und das Keimblatt zur Seite zu drängen.

38. Die Ausbildung der Stammknospe bringt es in der dritten Entwicklungs-Periode bei den Monokotylen oft weiter als bei den Dikotylen, bis zur Anlage des ersten oder auch noch zweiten Stammblattes. Der ganze hypokotyle Stengeltheil bleibt meist um so unentwickelter. Derselbe besteht oft aus nur wenigen Zellschichten. Die Wurzelhaube bildet sich wie bei den Dikotylen durch wiederholte Spaltung der jüngsten Dermatogenkappe aus, erreicht aber meist nicht viele Schichten. Doch wächst ihre Mitte durch unregelmässige Wucherung oft zu einem grösseren Zipfel aus.

39. Der auffallendste Unterschied zwischen dem dikotylen und monokotylen Keim ist mithin der, dass jener durch Differenzirung

zweier Keimblätter, welche die zur Fortbildung des oberen Keimtheiles bestimmte Zellgruppe zwischen sich lassen, symmetrisch, dieser aber durch Anlage eines einzelnen Keimblattes unsymmetrisch wird.

40. Bei Mono- und Dikotylen erlischt das Wachsthum des Vorkeims mit der Entfaltung der Keimanlage nicht. Vielmehr treten noch verschiedene Zelltheilungen, selbst grössere Wucherungen auf, und stets nimmt seine Masse so bis zur Keimreife zu, dass an seiner functionellen Unentbehrlichkeit bis dahin nicht zu zweifeln ist.

41. Die Entwicklung des Graskeimes ist von der der anderen Monokotylen zunächst darin abweichend, dass der ganze Vorkeim in der ersten Entwicklungs-Periode sich an der Herstellung der Keimlingsmasse betheiligt. Die Hauptmasse des Vorkeimes geht von Anbeginn in die drei Keimzellen ein und der etwaige Rest schliesst sich der dritten an.

42. Zuerst entwickelt sich eine keulenförmige Zellmasse, deren obere Hälfte aus den beiden Haupt-Zellen des Keim-Anfanges, deren untere aus dem Vorkeim-Anschluss entstanden ist. Die obere Hälfte differenzirt sich in Keimblatt und Stammtheil, wie bei allen Monokotylen. Das Keimblatt wächst jedoch zu einem breiten, schildförmigen, endlich doppelrandigen Körper, dem Scutellum, aus, an dessen innerer (vorderer) Seite eine scheidenartige Hülle hervorwächst, welche die in Anlage begriffene Stammknospe fast vollkommen einschliesst. Dieselbe ist ihrer Entstehung nach kein selbständiges Phyllom.

43. Auf der Grenze des hypokotylen Keimtheiles und der Hypophyse bildet sich durch Zelltheilungen nach bestimmtem Plan ein bogenförmig geschichtetes Zellensystem heraus, dessen unterste äusserste Lage zum Dermatogen wird, während die inneren sich in Plerom und Periblem sondern. Vom Dermatogen scheidet sich in gewohnter Weise die Anlage zur Wurzelhaube.

44. Wie weit sich die Nachkommenschaft der Anschlusszelle an der Bildung der Schlussgruppe dieser Gewebelagen betheiligt, ist noch nicht genau genug ermittelt. Doch bildet sie sicher den Hauben-Anfang und die Dermatogen-Schlusszellen. Sie geht in eine lebhafte Reihentheilung über, und entwickelt als Fortsetzung der regelmässigen Wurzelhaube unterhalb derselben in Gemeinschaft mit dem Vorkeim-Rest den besonderen grossen kegelförmigen Keim-Anhang. Das Gewebe desselben besteht zunächst an dem normalen Theil der Wurzel-

haube aus ähnlichen Würfelzell-Reihen, am unteren Ende aus unregelmässig aufquellenden Papillenzellen, und läuft endlich in eine lange Zotte aus.

45. Das Dermatogen überzieht nur den eigentlichen Keimkörper und läuft an den Seiten der Hypophyse aus, ohne die Anhangs-Spitze zu erreichen. Die Wucherung der Kappe sprengt endlich die Hypophyse von den Seiten des hypokotylen Keimkörpers soweit ab, dass beide nur in einer gürtelförmigen Zone ringsum in Verbindung bleiben. Hierdurch wird die auffallende Bildung hergestellt, die man Wurzelscheide oder »Coleorhize« nennt, und welche hiernach eine Vereinigung der normalen Wurzelhaube und des Keimanhanges ist. An der vorderen Seite dieses Gebildes pflegt noch ein häutiger trichomatischer Vorstoss herauszuwachsen und die Stammknospe zu umgürten.

46. Auch die Hauptwurzel-Anlage des Graskeimes wird mithin nur scheinbar im Inneren der Keimlingsmasse, thatsächlich dagegen auf der Grenze dieser und des mitwuchernden Vorkeim-Restes erzeugt, welcher letzte durch ihre Ausbildung wieder abgestossen wird.

47. Demnach sind auch die drei ersten Sonderungen des Graskeimes, Stammtheil, Keimblatt und Wurzelanlage, äquivalente und congenerische Primär-Organe. Diese ist eine echte Hauptwurzel, jenes das wirkliche Keimblatt und die Stammanlage das thatsächliche erste Stengelgebilde.

48. Der Keimling sämmtlicher erörterten Phanerogamen entsteht mithin aus einer oder zwei Haupt- und einer Anschlusszelle. Diese bilden zunächst eine Zellkugel, scheiden zuerst ein geschlossenes Hautgewebe aus, und theilen darauf in ihrem Inneren die erforderlichen Sonder-Gewebe ab. Dabei differenzirt sich die Kugel in den kotylischen (Thallom) und den hypokotylischen Theil (Wurzelanlage und Zubehör) und darauf jener wieder in Kaulom und Phyllome.

49. Alles dies wird bei den Dikotylen durch planmässig aufeinander folgende Zelltheilungen ausgeführt, welche ohne jeden Umweg Zug für Zug scharf auf die innere und äussere Ausgestaltung loszielen. Bei den Monokotylen dagegen finden sich die Sonderschichten erst nach und nach aus grösserem nicht planmässig angelegtem Zellhaufen durch wiederholte Theilungen zusammen, welche unregelmässig und allmählich aus indifferenten Richtungen in solche übergehen, die zum Ziele führen.

50. Keiner von allen beschriebenen Entwicklungs-Vorgängen indessen ist an eine Folge von Theilungen nach geometrisch genauen Winkel-Verhältnissen gebunden. Alle vollziehen sich nach einem gewissen organischen Gleichmaass, doch finden bemerkenswerthe Abwechslungen und Abweichungen in der Folge der Theilungen und Formbildung der Zellen, sowohl den Arten als den Individuen nach, statt. Diese werden indessen wieder ausgeglichen. Keine Einzelzelle leitet die Anlage durch ihre Descendenz-Ordnung ein. Lange Zeit arbeiten alle gleichmässig, jede gemäss der Stelle, an der sie steht, anders, aber alle nach gemeinsamem Ziele hin. Planmässiges Zusammenfügen vieler Individuen ist das wesentliche Gestaltungsprincip.

Vorstehende Sätze sind aus obigen Beispielen gefolgert. Wie weit sich ausserdem ihre Geltung durch das Gebiet der Phanerogamen erstreckt, bleibt zu ermitteln. Dass sich noch viele interessante Abänderungen finden werden, ist selbstverständlich. Dass aber die Mehrzahl der hierhergehörigen Gewächse wesentlich die gleiche Entwicklungs-Art zeigen werden, ist dem Verfasser wenigstens nicht zweifelhaft.

4. Bezügliches aus der Litteratur.

Vor der Zeit, in welcher durch Hervortreten der Horkel-Schleiden'schen Befruchtungs-Lehre der Gegenstand derselben zu einer brennenden Frage wurde, war die mikroskopische Morphologie noch nicht in der Lage, derartige entwicklungsgeschichtliche Aufgaben überhaupt bis auf die Ermittelung des Zellaufbaues im Einzelnen durchführen zu können.

Die Erforscher der Befruchtungs-Erscheinungen selbst waren alsdann viele Jahre lang zu ausschliesslich mit Feststellung der betreffenden Fundamental-Vorgänge beschäftigt, als dass sie es zunächst für ihre Aufgabe gehalten hätten, die Keimlings-Bildung bis über die ersten Zellenanlagen hinaus zu verfolgen. Daher finden wir, wie schon oben bemerkt, in den betreffenden Arbeiten im Ganzen nicht sehr viel, was auf die hier besprochene Entwicklungs-Periode ein Licht wirft.

Wo von der weiteren Ausbildung des Keimes die Rede ist, bezieht sich die Schilderung nur auf die Gestalt-Entwicklung im

Ganzen[1]). So finden wir unter Anderem schon bei Brongniart[2]) die Keimbildung der *Cruciferen*, *Alismaceen* und *Gramineen* besprochen, ohne dass natürlich damals auf die innere Zellentwicklung genauer hat eingegangen werden können.

Treviranus[3]) schildert die Ausbildung der Gestalt des dikotylischen Embryons sehr treffend und weist die irrige Ansicht Dutrochet's zurück; auf die Zellbildung geht er indessen ebensowenig ein.

Meyen[4]) ergeht sich sehr ausführlich über die Keim-Entwicklung und wählt zur Erläuterung durch Abbildungen auch besonders den *Capsella*-Keim. Einige seiner Figuren zeigen den Zustand der Quadranten-Theilung an dieser Pflanze, bei *Alsine* und *Helianthemum*[5]) ganz gut. Die anderen besonders höher entwickelten Keimkugeln geben nur die Gesammtansicht wieder, sind aber im Einzelnen nicht maassgebend, zum Theil schematisch mit Zellen ausgefüllt. Trotz dessen verdient die ganze Darstellung nicht vergessen zu werden, ob gleich der Verfasser theoretisch über die Zellbildung noch im Unklaren ist. Im Zustand der ausgewachsenen Kugel erkennt er mit treffendem Tact den Abschnitt der ersten Periode, und giebt auch sonst manche richtige Bemerkung, so weit es damals möglich war. Ich unterlasse indessen, näher darauf einzugehen, da für die vorliegenden Beobachtungen davon nichts weiter von Wichtigkeit ist.

Schleiden giebt schon in seiner vorläufigen Abhandlung über die Keim-Entwicklungsgeschichte[6]) einige Abbildungen junger Keimlinge

1) Das Werk von Tittmann, Die Keimung der Pflanzen, Dresden 1821, welches zwar nicht die Bildung des Keimes selbst sondern vielmehr den Keimungs-Vorgang an sehr vielen verschiedenen Beispielen durch gute Abbildungen erläutert und seine Mannigfaltigkeit ins Licht setzt, sei bei dieser Gelegenheit erneuter Beachtung empfohlen.

2) Ad. Brongniart, Mém. sur la génération et le développement de l'embryo etc. Ann. sc. nat. XII. 1827.

3) Treviranus, Physiologie der Gewächse II. (1838) 521 u. f.

4) Meyen, Neues System der Pflanzen-Physiologie III (1839) 320 u. f. Taf. **13**—**15**.

5) A. a. O. Taf. **13**, Fig. 16, 43, 45.

6) Schleiden, Einige Blicke auf die Entwicklungsgeschichte des vegetabilischen Organismus bei den Phanerogamen, Wichmanns Archiv 1837 I. S. 289, Taf. **8**, oder: Beiträge zur Botanik (1844) S. 86.

von *Potamogeton, Phormium, Echium* und *Oenothera* (Taf. 5, Fig. 44—55). Doch sind die Zellen nur schematisch eingezeichnet; allein die Figuren 52 und 53 geben den ersten Anfang vom *Oenothera*-Keimling vollkommen richtig.

In seiner grösseren [1]) mit reichlichen Abbildungen versehenen Monographie finden sich eine Anzahl Keim-Figuren, die mit planlos gezeichneten Zell-Ausfüllungen versehen, also für den vorliegenden Zweck bedeutungslos sind. Die wenigen Zeichnungen, die sehr junge wenigzellige Keimanlagen vorstellen, sind unter der Herrschaft irriger Anschauung entworfen und desshalb ebenfalls unzuverlässig (z. B. Fig. 82, 109, 129).

In seinen »Grundzügen« wendet er sich zunächst [2]) scharf gegen die unrichtige Vorstellung, dass die Axe aus verschmolzenen Blatt-Organen entstehe, und verfällt in den entgegengesetzten Fehler, den aufwärts wachsenden Theil des Embryons als präexistirendes Stengel-Organ aufzufassen, aus dem nachher die Keimblätter hervorwüchsen. Die irrige Theorie wird durch hierzu entworfene schematische Zeichnungen erläutert. Ueber den Zellenaufbau ist nichts ermittelt. Eine grössere Anzahl schematischer Umrisszeichnungen dienen ihm, um die übereinstimmende Entwicklungsgeschichte der Monokotylen zu erweisen, und man muss seinen wesentlichen Folgerungen beistimmen. Zumal hat er die Aequivalenz des Kotyledons der Monokotylen und Dikotylen als Phyllome richtig erkannt, und besonders die Theile des Graskeimes durchaus richtig gedeutet. Dagegen besteht er auf dem seitlichen Hervorwachsen des Keimblattes n e b e n dem präexistenten Axenscheitel. Bei den Graskeimen ist er hierin wohl einigermaassen dadurch bestärkt, dass er die Vorkeim-Wucherung vom eigentlichen Keimling nicht unterschieden und dessen wirkliche Gestaltung mithin nicht erkannt hat. Immerhin verdient manche seiner Bemerkungen, besonders der Hinweis auf die sehr eigenartigen *Aroideen*-Keime noch eingehende Nachuntersuchung.

---

1) Schleiden, über die Bildung des Eichens und die Entstehung des Embryos bei den Phanerogamen, Nov. acta nat. cur. etc. XIX. I. 29 u. f. (1837) 1839.

2) Schleiden, Grundzüge der wiss. Botanik 1850 II. S. 116 u. f. und S. 374 u. f.

Schacht[1]) ist so vollständig der Entscheidung der Streitfrage über die Herkunft der Eizelle hingegeben gewesen, dass er auf den Zellausbau des Keimlings ebenfalls keinen Werth gelegt, und viele Keim-Anlagen auch nur mehr oder weniger schematisch mit Zellgeweben ausgestattet hat. Aus seiner Preisschrift mögen indessen folgende Keimlings-Abbildungen zur Betrachtung empfohlen werden: Von *Ornithogalum* Taf. **2**, Fig. 9, *Orchis* **3**, 20—27, **5**, 18; *Epipactis* **6**, 17; *Canna* **7**, 14; *Sparganium* **8**, 9; *Pedicularis* **14**, 16—18, **15**, 4, 5; *Lathraea* **18**, 14—18; *Mesembryanthemum* **21**, 11; *Hippuris* **25**, 11, **26**, 14. Aus seinen späteren Schriften[2]) seien hinzugefügt die Bilder von *Pedicularis*, Flora 1855, **2**, 5, **15**, 21—26; *Lathraea* ebend. 1855, **2**, 8; *Viola*, Jahrb. I, **11**, 9—14; *Cheiranthus* ebend. **15**, 7; *Gladiolus segetum*, Berliner Berichte 1856, **2**, 21—28; *Watsonia* Jahrb. I, **11**, 4—7; *Phormium tenax* ebendas. 1857, Fig. 15—22, und *Canna*, Jahrb. I, **12**, 5, 9, 10.

Alle diese Figuren glaube ich dem Vergleich des Beschauers einfach überlassen zu sollen, da viele ohne Weiteres die Uebereinstimmung mit den hier vorgelegten zur Schau tragen, andere nur desshalb abweichend erscheinen, weil sie wohl in schräger oder, — bei nicht ganz durchsichtigen Präparaten, — in oberflächlicher Ansicht gezeichnet sind. Bei den meisten dikotylischen erhellt die Priorität der Meridiantheilung. Bei denen, wo die Aequatorialtheilung die erste zu sein scheint, ist zu erwägen, dass eine Seitenansicht zuweilen diese Ansicht veranlassen muss. Die Anschlusszelle ist in vielen Fällen deutlich. Die Monokotylen fügen sich ebenfalls der hier entwickelten Darstellung zwanglos ein. Wo entschiedene Abweichungen auftreten, ist zu erwägen, dass Schacht, der ja mit Absehung von jeder theoretischen Ansicht über eine Zelltheilungsregel bei diesen Zeichnungen ganz andere Dinge im Auge gehabt hat, keine Veranlassung hatte, auf scharfe Wiedergabe des wirklichen Zell-Gefüges besonders zu achten.

---

1) Schacht, Entwicklungsgeschichte des Pflanzen-Embryons, Verhandl. d. K. Ned. Inst. v. Wetensch. etc. II. (1847) 1850.

2) Schacht, über Entstehung des Pflanzenkeims, in d. Flora 1855 N. 10. Ueber *Pedicularis silvatica* ebendas. N. 29. Ueber die Befruchtung von *Gladiolus segetum*, in d. Monatsberichten der Berliner Akademie 1856, Mai. Ueber *Phormium* ebendas. 1857, December. Ueber Pflanzenbefruchtung, Pringsheim's Jahrbücher f. wiss. Bot. I. 193. Lehrbuch der Anatomie und Physiologie der Pflanzen II. (1859) 395 u. f., 426 u. f.

In seinem Lehrbuch geht Schacht in der Darstellung der Entwicklung des Keimlings über den Schleiden'schen Standpunct nicht eigentlich hinaus, nur spricht er noch entschiedener die nicht zutreffende Ansicht aus, dass der untere Keimtheil der Monokotylen nicht zur Haupt-Wurzelanlage werde, sondern zu einem Zellgewebe auswachse, aus dem sich später mehrere Wurzeln erzeugten, und dass mithin diese Pflanzen niemals mit einer Hauptwurzel keimten.

Hofmeister[1]) beginnt in seinen embryologischen Arbeiten die Darstellung der Keimlings-Bildung mit dem *Orchideen*-Embryon (Taf. **2**, Fig. 7—16), an dem er ziemlich eingehend die Entwicklung durch geneigte Scheidewände einer sich wiederholt verjüngenden Scheitelzelle auseinandersetzt. Diese Beobachtung erheischt eine sorgfältige Wiederholung, da sie mit den hier an anderen Monokotylen gewonnenen Resultaten im Widerspruch steht.

Von anderen, und zwar zunächst auch monokotylischen Keimlingen, die Hofmeister abgebildet hat, sind die Zeichnungen von *Hyacinthus* **6**, 5; *Hemerocallis* **6**, 17^b; *Leucojum* 19^b, 20; *Funkia* **7**, 19 30; *Gagea* **9**, 13—22; *Narcissus* **9**, 40; *Iris* **10**, 15—18; *Agapanthus* **10**, 30, 31 und die *Gramineen Zea* und *Sorghum* 8—20, 26—35 hervorzuheben. Hierzu kommt eine ausführliche Darstellung der Keimbildung von *Zostera* und *Ruppia* in besonderer Abhandlung[2]) mit den betreffenden Abbildungen Taf. **3**, Fig. 24—28 und 43—45 und demnächst sind aus seinen »neuen Beiträgen«[3]) zu bezeichnen die Keimlinge von *Triglochin* Th. II, Taf. **1**, Fig. 26 (denen von *Alisma* oben vollkommen ähnlich); *Ruppia* **2**, 3^b, 5; *Zannichellia* **2**, 10—13; *Pothos* **10**, 8, 9; von verschiedenen *Gramineen* Taf. **11** und **12**; *Hippeastrum* **13**, 10; *Habranthus* **13**, 11, 12; *Allium* **19**, 10; *Puschkinia* **20**, 12 und *Pontederia* **24**, 16. Hofmeister hält nun für alle diese im Allgemeinen an derselben Vorstellung der Entwicklung mittelst einer Scheitelzelle fest, und nimmt als Keim-Anlage nur die Endzelle des Vorkeims, die sich zunächst in zwei neben einander liegende Zellen theile, in An-

1) Hofmeister, Die Entstehung des Embryo der Phanerogamen. 1849.

2) Hofmeister, Zur Entwicklungsgeschichte der *Zostera*, Bot. Zeit. 1852, 121.

3) Hofmeister, Neue Beiträge zur Kenntniss der Embryobildung der Phanerogamen 1859 u. 1861.

spruch. Man wolle indessen selbst die besonders betonten Beispiele von *Funkia*, *Gagea*, *Fritillaria* vergleichen, um zu prüfen, ob sie nicht auf die hier vorstehend gegebene Darstellung zwanglos passen, ja sogar zum Theil dieselbe vortrefflich ergänzen und bestätigen. Hofmeister giebt als gewöhnlich auch für diese Monokotylen ein Auftreten von zuerst vier quadrantenartigen Zellen an, glaubt jedoch, dass alsdann eine davon die Rolle einer sich gleichsam an die Spitze stellenden Scheitelzelle übernehme. Für *Zostera* dagegen giebt er eine Theilung der Keim-Mutterzelle in vier seitlich neben einanderliegende Spaltzellen an, deren eine nun eine Scheitelzelle in einer Weise hervorbringe, die speculativ als möglich dargethan, aber nicht durch thatsächliche Beobachtungen und Zeichnungen erwiesen wird. Dass indessen weder aus vier horizontalen noch aus vier verticalen Quadrantenzellen ein Scheitelwachsthum hier resultirt, und wie vielmehr einzelne täuschende Ansichten zu solcher Annahme veranlassen können, ist oben erörtert.

Seitlich von dem aus dieser hypothetischen Scheitelzelle hervorgegangenen Axengipfel sprosst dann ferner nach Hofmeister stets auch das Keimblatt hervor, und umwächst ihn. Auch diese Ansicht wird nicht durch die Abbildung eines Zellaufbaues, sondern nur durch Umriss-Skizzen gestützt.

Für die Gräser endlich hat Hofmeister die massige Wucherung der Vorkeimzellen sehr wohl vom Zellgewebe des eigentlichen Keimlings unterschieden, wie auch seine Figuren zeigen. Doch hat er den Differenzirungsprozess nur als spät erst eintretend erwähnt, aber nicht näher verfolgt. Er hält dabei das Keimblatt dieser Pflanzen als »Scutellum« für eine Wucherung der »primären hypokotylen Axe« derselben, wie ebenso das entsprechende Gebilde der *Najadeen*, obgleich er annimmt, dass dieses seitlich unterhalb des Scheitels herauswächst und erklärt desshalb die Keimblattscheide der Gräser für das Keimblatt selbst. Dass diese Anschauung sich mit der obigen Darstellung des Zellaufbaues nicht in Einklang bringen lässt, glaube ich erwiesen zu haben. Ueber die *Najadeen*, aus deren Keimgestaltung er besonders die Anschauung gewinnt, dass die beblätterte Axe die secundäre des Keimes sei, fehlt es mir noch an Beobachtungen, doch ist diese Deutung selbst nach Hofmeister's Darstellung nicht genug begründet, und dürfte durch die für die Gräser geltende ebenfalls zu ersetzen sein.

Uebrigens giebt Hofmeister vielfache interessante Einzelnheiten über die Ausbildung der Vorkeime und die allgemeine Gestaltung der Keimlinge selbst an, und hat die bevorzugte Theilung in der Anschlusszelle ebenfalls bemerkt.

Von Dikotylen-Keimlingen sind aus der ersten Schrift Hofmeister's hervorzuheben *Erodium* 3, 18—21, an welchem derselbe wiederum das Wachsthum mit Scheitelzelle erkannt zu haben glaubt; *Tropaeolum* 5, 22—29 mit höchst merkwürdig ausgezweigter Vorkeimwucherung; *Sutherlandia* 5, 31, 33, mit sehr bemerkenswerthem Keimanhang, der an den der Gräser erinnert; *Monotropa* 12, 16, deren Keim bis zur Samenreife nur zweizellig wird; *Polygonum* 12, 22, 23, dessen Keimling sehr monokotylisch aussieht, und *Linum* 14. 6—8.

Der erste von Dikotylen handelnde Band der »neuen Beiträge« bringt wesentlich Parasiten zur Besprechung und zwar von der Keimbildung nur die frühesten Zustände. Ausserdem ist auf Taf. 10 Fig. 14 ein dem Anscheine nach normal gebildeter Keimling von *Asarum* gegeben, und auf den Taf. 18, 19, 21, 24 sind einzelne sehr junge Keimlinge von *Rhinanthaceen* und *Labiaten* genau abgebildet, die meist nichts Abweichendes zeigen. Dennoch führt Hofmeister den Keimling der *Pedicularis* auch noch als Beleg des Scheitelzellwachsthums an, und wiederholt, dass dies in einer grossen Anzahl anderer Phanerogamen ebenso vorkomme wie in dem oben schon von *Zostera* erwähnten Fall. Die Endzellen des Vorkeimes spalten sich über Kreuz in vier seitlich neben einander stehende Quadranten, von denen eine die Hegemonie erringend als Scheitelzelle weiter arbeitet, und die anderen nebst ihrer Nachkommenschaft durch die ihrige zur Seite drängt. Er findet nunmehr hierin eine Analogie mit den vier Reihen der Vorkeimzellen der *Coniferen*, welche indessen zum Unterschiede alle vier entwicklungsfähig bleiben. Warum Hofmeister nicht die weitere Analogie, dass auch beim dikotylen Keim alle Zellreihen fortbildungsfähig bleiben, anerkennt, und welche Thatsachen jene Anschauung überhaupt ausreichend stützen, ist mir nicht ersichtlich geworden.

In seinen »neueren Beobachtungen«[1]) treten keine wesentlichen Thatsachen weiter herzu.

---

1) Hofmeister, neuere Beobachtungen über Embryobildung der Phanerogamen, Pringsheim's Jahrbücher I, 82 (1858).

In den neueren Lehrbüchern sind wesentlich die aus dem Vorerwähnten resultirenden Anschauungen reproducirt, ohne dass erheblich neue Beobachtungen hinzukämen. Nur Sachs giebt in der ersten Auflage seines Lehrbuches[1]) einige Abbildungen sehr früher Zustände von *Funkia* und *Viola*, die eine den meinigen ähnliche Deutung gestatten. In der im Erscheinen begriffenen zweiten Auflage dieses Werkes schliesst er sich nach Kenntnissnahme von meinen Beobachtungen der hier entwickelten Auffassung fast durchweg an. Er hebt ausserdem die nicht so seltene Entwicklung der Hauptwurzel des Keimes der Monokotylen, selbst der Gräser, und ihre Identität mit der der Dikotylen treffend hervor.

Aus den kleineren Monographien mag noch eine sehr gute Abbildung Deecke's[2]) von einem Keimling der *Stachys silvatica* nach der Quadrantenbildung erwähnt sein (Fig. 24). Die späteren Zustände sind ungenau dargestellt.

In den übrigen zerstreuten Abhandlungen habe ich nichts von Bedeutung für die hier vorliegende Frage gefunden. Die meisten Autoren geben eben die Entwicklungszustände der Keime in vorgerückterem Zustande nur als schematisch ausgezeichnete oder als von der Oberfläche betrachtete Zellkugeln, wie z. B. Tulasne[3]) in seinen zwei grossen Abhandlungen eine Anzahl derartiger Darstellungen vorgelegt hat.

Dagegen ist noch die Frage zu stellen, ob die bisherigen Darstellungen der Wurzelentwicklung, die freilich später erst zu etwas genauerer Kenntniss gelangt ist, hierher gehörige Vergleichspuncte bieten.

So weit mir bekannt, hat Karsten[4]) zuerst darauf aufmerksam gemacht, dass alle wahren Wurzeln eine Wurzelhaube besitzen, und da ohne die Kenntnissnahme von dieser Thatsache ein richtiges Verständniss der Sache unmöglich ist, so kann dasselbe auch früher nicht gesucht werden. Karsten hat ferner von den allgemeinen Verhältnissen

1) Sachs, Lehrbuch der Botanik. 1868. 439 u. f. 474 u. f.

2) Deecke, Embryo-Entwicklung der *Stachys silvatica*, Bot. Zeit. 1856. p. 121. 4.

3) Tulasne, Observations d'embryogénie végétale, und Nouvelles études d'embryogénie végétale, Annales d. sciences nat. S. III t. XII (1849) p. 321 und S. IV t. IV (1855) p. 65.

4) Karsten, Die Vegetationsorgane der Palmen, 1847. S. 54 u. f. S. 113.

des Wachsthums der Wurzelspitze soviel erkannt, dass ein cambiales Gipfelgewebe nach rückwärts sämmtliche Gewebeschichten des Wurzelkörpers aus sich erzeugt, nach vorwärts aber stets neue Schichten zur Wurzelhaube hinzufügt, deren äusserste Zellenlagen dagegen nach und nach absterben (a. a. O. **3**, 4; **4**, 6, 7; **9**, 16).

Schacht[1]) fördert den Standpunct der Kenntniss in keinem wesentlichen Punct, denn die Entdeckung der Allgemeinheit der Wurzelhaube, die er erst gemacht zu haben glaubte, gebührt, wie gesagt, Karsten, mit dessen entwicklungsgeschichtlichen Angaben die seinigen auch sonst übereinstimmen. Nur giebt er manche interessante Einzelnheiten, zumal über Wurzelverzweigungen an, die indessen hier nicht hergehören.

Auch andere Forscher[2]) haben diesen Standpunct für phanerogamische Wurzeln nicht wesentlich verändert. In der Kenntniss der kryptogamischen Wurzelentwicklung war man jedoch in demselben Maasse einen Schritt weiter[3]) als in der der phanerogamischen gekommen, wie in der Erforschung des kryptogamischen Vegetationspunctes. Endlich haben sich indessen Nägeli und Leitgeb[4]) der vernachlässigten Sache wieder angenommen, doch erstrecken sich auch ihre genauen Untersuchungen wesentlich nur auf die Entwicklung der Wurzeln der Gefässkryptogamen, deren Aufbau vermittelst einer Scheitelzelle, — dem Vegetationspunct dieser Pflanzen entsprechend — sie ganz nach eigenen Beobachtungen ausführlich darstellen, von den Vorarbeiten nur Hofmeister's und Pringsheim's Ansichten eingehender vergleichend.

---

1) Schacht, Beitrag zur Entwicklunggeschichte der Wurzel. in d. Flora 1853 N. 17 und in den Beiträgen zur Anatomie und Physiologie der Gewächse. 1854, S. 154. Taf **11**. – Lehrbuch etc. II. S. 142 u. f., 166 u. f.

2) Einige interessante Einzelnheiten über die Wurzelspitze der *Hydrilleen* giebt Caspary in Pringsheim's Jahrbücher **1**, 395 u. s. w.

3) Vgl. bes. Hofmeister, Vergleichende Untersuchungen über höhere Kryptogamen etc. und neue Beiträge zur Kenntniss der Gefässkryptogamen I u. II; Pringheim, zur Morphologie von *Salvinia natans*, Jahrbücher f. wiss. Bot. III, 491; Hanstein, Befruchtung u. Entwicklung der Gattung *Marsilia*, ebend. IV, 197; Cramer, über Equisetum etc. in d. »pflanzen-physiologischen Untersuchungen« III, 22.

4) Nägeli und Leitgeb, Entstehung und Wachsthum der Wurzeln, in Nägeli's Beiträgen zur wiss. Bot. IV, 73 u. f.

Ihre Untersuchungen über die Entwicklung phanerogamischer Wurzeln[1]) beschränken sich lediglich auf die Anlage der Seitenwurzeln bei *Pontederia* (**20**, 1—5) und *Oryza* (**20**, 6—14) und einige zerstreute Beobachtungen an Dikotylen, z. B. *Limnanthemum* (**21**, 1—7), und die Verfasser halten diese selbst noch nicht für abschliessend, da dazu vor Allem die Entwicklung der Hauptwurzel klar zu machen sei, was ihnen noch nicht möglich geworden ist.

Somit entfällt denn aus allen bisher veröffentlichten Beobachtungen über Wurzelwachsthum für die Keimwurzel ins Besondere nichts, was genaueren Vergleich erheischte.

Aber auch was Nägeli und Leitgeb von der Entstehung und Ausbreitung phanerogamischer Nebenwurzeln[2]) erkannt zu haben glauben, vermag Verfasser nicht zu bestätigen, nachdem hierselbst neuerdings von J. Reinke auf die Entwicklung der Wurzeln der Dikotylen und Monokotylen ausführlichere Beobachtungen gerichtet sind und zum Ziel geführt haben. Die genannten Autoren glauben auch bei diesen Wurzeln ein Scheitelzellwachsthum erkannt zu haben, indem sich nach und nach aus der unterhalb der Rinde erzeugten Wurzelanlage eine leitende Zelle herausarbeite. Sachs giebt schon hiervon abweichend in seinem Lehrbuch[3]) ein vortreffliches Uebersichtsbild der Gewebe-Differenzirung in der Spitze der *Mays*-Wurzel, bezweifelt die Einzel-Scheitelzellen und vermuthet sehr richtig die dreifache Initial-Gruppe des Dermatogens, Periblems und Pleroms. J. Reinke[4]) weist dagegen nach, dass die Nebenwurzeln in ihrer Entwicklung ganz mit den Hauptwurzeln übereinstimmen, also keine Scheitelzellen haben, und dass zumal die Fortbildung der Wurzelhaube ganz die gleiche ist. Da aber demnächst hierüber ein ausführlicher Bericht erscheinen wird, so glaube ich mich um so mehr fernerer Vergleiche enthalten zu sollen, als in den hier mitgetheilten Beobachtungen nur von der Bildung der Keimwurzel die Rede ist, auf welche Nägeli und Leitgeb nicht eingegangen sind.

---

1) Bei welchen die Verf. gar keine Vorarbeiten erwähnen, während ausser obigen Citaten auch z. B. v. Sachs, »über die gesetzmässige Stellung der Nebenwurzeln«, Sitzungsber. d. Wien. Ac. 1857, XXVI 331, wichtige Beobachtungen vorliegen.

2) A. a. O. S. 138.

3) Erste Aufl. S. 137.

4) A. a. O. — Vgl. oben S. 17.

Wenn aber hieraus einstweilen folgt, dass alle bisher untersuchten Wurzelgebilde älterer Pflanzen in der Fortbildung ihrer Vegetationspuncte unter sich und auch mit den vorstehend besprochenen Keimlingswurzeln übereinstimmen, so wird zugleich um so wahrscheinlicher, dass die hier gefundene Entwicklungsregel auch im Gebiet der Keimlinge eben die für die Wurzelanlage allgemein herrschende sein wird.

5. Allgemeinere morphologische Folgerungen.

Das Studium der Keimlings-Entwicklung hat die vom Verfasser früher aus den Beobachtungen von Vegetationspuncten gewonnenen Ansichten vollkommen bestätigt. Aber es ergeben sich daraus noch Folgerungen von grösserer Tragweite, und es sei daher gestattet, der vorstehenden Darstellung der Thatsachen noch die Erörterung einiger solcher allgemeinerer phytomorphologischer Sätze anzuknüpfen und dieselben damit zur Discussion zu stellen.

Verschiedenheiten im Zellaufbau.

1. Als Entwicklungsregel für den Aufbau des phanerogamischen (d. h. monokotylischen und dikotylischen [1])) Pflanzenstockes ist oben aufgestellt, dass die Keim-Mutterzelle sich in eine Anzahl gleichartiger Zellen theilt, die sich zunächst in unterschiedliche Zell-Genossenschaften zur Ausbildung verschiedener Gewebeschichten sondern, und daraus gemeinschaftlich den Pflanzenkörper nach eigenartigem Plan aufbauen.

2. Für die höheren Kryptogamen (Farne und Moose im weiteren Sinne und einen Theil der Algen) gilt dagegen eine andere Regel. Die Mutterzelle eines Keimes oder Sprosses zerlegt sich nicht in mehrere gleichartige Zellen, sondern theilt sich wiederholt in eine ihr selbst gleichwerthige Verjüngungszelle (Mutterzelle zweiten, dritten u. s. w. Grades) und in entsprechende Abschnitts-Tochterzellen, welche durch fernere differente Theilung die Gewebe und Gliederungen ausbilden.

---

1) Ueber die Entwicklung der *Gymnospermen* aus dem Keim und im Sprossscheitel liegen noch keine ausreichenden Beobachtungen vor. Sie bleiben also von den folgenden vergleichenden Bemerkungen einstweilen ausgeschlossen.

Der Vorgang wiederholt sich rhythmisch und die Verjüngungs-Theilungen geben die Reihe der mit Recht so genannten Scheitelzellen.

Die Ergebnisse beider Verfahrungsweisen sind zuletzt einander ähnlich, diese selbst aber sind in der Mehrzahl der Fälle leicht unterscheidbar.

3. Beide Entwicklungsweisen des Pflanzenstockes gehen aus den unvollkommenen Anfängen der Pflanzengestaltung allmählich hervor.

Es sei vorausgeschickt, dass Verfasser als »Pflanzenstock« dasjenige pflanzliche Einzelwesen betrachtet, welches aus differenten Theilen besteht, die, nach einheitlichem Plan zusammengesetzt, gemeinsam eine ebenso einheitliche Ernährungs- und Fortentwicklungs-Arbeit ausführen. Es ist dabei gleich, ob dasselbe aus einem oder mehreren Zell-Individuen aufgebaut ist.

Die einfachsten Algenformen mit planloser gegen die Richtung gleichgültiger Zelltheilung bilden mithin keine Stöcke.

Den ersten Anfang zur Bildung von solchen kann man erst dort finden, wo die Zelltheilung bestimmte Richtungen bevorzugt und als erster Gegensatz vegetative und generative Zellen unterscheidbar werden.

Findet dabei die Zelltheilung gleichmässig in der ganzen Genossenschaft statt, so bleibt die Gliederung des Stockes unvollkommener. Je entschiedener die Theilung in einer Endzelle bei fadenförmigem Stock überwiegt, desto mehr gewinnt dieselbe an Ebenmaass.

Erst mit dem Auftreten einer entschiedenen Scheitelzelle gelingt es dem Pflanzenstock, alle Glieder, innere wie äussere, nach einheitlichem Plan zu ordnen.

Dieser Fortschritt vollzieht sich schon innerhalb des Gebietes der *Confervaceen.* Er erreicht durch die massigere, auch innen differenzirte Gestalt der *Fucaceen* und *Florideen* bis zu den *Characeen* hin seine Ausbildung in möglichst einfacher Form, und alsdann im Gebiete der höheren Kryptogamen seine höchste Vollendung und seinen Abschluss.

4. Dagegen wird für die Stockbildung auch das Genossenschaftswesen schon früh angebahnt und gefördert:

Zunächst bei Entwicklung laubförmiger Algenstöcke, bei welchen ein regelmässiger Wechsel weniger Theilungsrichtungen obwaltet, der sich allmählich auf eine randständige Zellenreihe beschränkt, deren Mitglieder zur Flächenvergrösserung gemeinschaftlich fortarbeiten (z. B. *Coleochaeteen, Ulvaceen*).

Alsdann durch Häufung der Aeste bei der Ausbildung einzelliger Algenstöcke, die gemeinschaftlich einen massigen Körper herstellen (z. B. *Caulerpa*, *Udotea*, *Codium*).

Endlich durch Zusammentreten vieler fadenförmiger Zell-Individuen (Hyphen), die in einen Vegetationsscheitel vereint gemeinsam den Stock verlängern und seine inneren Differenzen und äusseren Glieder anlegen (Pilze, Flechten).

Obwohl aber dieser auf so tiefer Stufe schon eingeleiteten Aufbau-Weise mittelst genossenschaftlicher Zelltheilungsarbeit die Entwicklung der vollkommensten Pflanzenform vorbehalten ist, so tritt sie doch auf der mittleren Stufe vegetativer Vollkommenheit ausser Anwendung, und es wird auf dieser dem Scheitelzellverfahren allein das Feld gelassen.

5. Bei den Scheitelzell-Pflanzen hat es den Anschein, als ob die Scheitelzelle von der Mutterzelle (wie eine Art Majorats-Erbin) für sich allein die Fähigkeit erhielte, die gesammte Gliederung des Stockes vorzuzeichnen, und ihrerseits dann an ihre Tochter-(Abschnitts-)Zellen nach bestimmter Regel die einzelnen Aufgaben für dieselbe austheilte, d. h. also, es will scheinen, als ob der Eigengestaltungstrieb die bevorzugte Zelle zum Haupt-Angriffspunct hätte.

Bei den mit Zellgenossenschaften wachsenden Pflanzen erweisen sich indessen alle Zellen gleichmässig dem Gestaltungstriebe unterworfen und jede arbeitet an ihrer Stelle auf Ausgestaltung des Gesammt-Planes hin.

Daraus folgt also allgemein, dass ein bevorzugter einzelner Angriffspunct für die Gestalt-Entwicklung nicht nöthig ist. Und dass er nicht einmal vorzugsweise nützlich ist, folgt daraus, dass die höchstentwickelten Pflanzen denselben vermeiden.

6. Ferner war, wie schon erwähnt, aus den Beobachtungen von Scheitelzellen die Ansicht entstanden, dass bei dem Wachsthum mittelst derselben die Gesetzmässigkeit in der Gliederung des Stockes durch eine geometrisch genaue Folge der Scheidewandwinkel in der Scheitelzelle selbst bewirkt werde. Da jedoch grade die regelmässigste und mannigfaltigste Ausgliederung bei Monokotylen und Dikotylen ohne jene Vermittlung zu Stande kommt, so ist dieselbe überhaupt überflüssig, und jene Hypothese verliert ihren Stützpunct.

Aber auch bei keiner Scheitelzell-Kryptogame hat man bisher wirklich constante Theilungswinkel zu erweisen vermocht.

Vielmehr hält Verfasser für erwiesen, dass solche unmöglich sind, da mit der nothwendig quellungsfähigen organischen Zellhaut sowohl wie mit dem in steter Umlagerung begriffenen Inhalt ihres Protoplasma-Leibes jede constante mathematische Proportion von Seiten und Winkeln unvereinbar ist. Sogar sind untergeordnete Form-Abweichungen darin unvermeidlich. Mithin bleibt wiederum nur übrig zu constatiren, dass die regelmässige Ausbildung lediglich dem in allen Theilen zugleich zum Angriff kommenden Gestaltungstrieb folgt. Durch denselben sind alle Theile befähigt, nicht allein allseitig am Zustandekommen der specifischen Gesammtform mitzuwirken, sondern sogar die entstandenen Abweichungen vom Bau-Plan wieder auszugleichen.

7. Im Keimling der Dikotylen vollzieht sich die Zellgenossenschafts-Arbeit mit bemerkenswerther Pünktlichkeit. Zwei Zellen des Vorkeims, der eine auffallend kryptogamische Physiognomie behält, unternehmen die Anlage des neuen Phytoms. Alles, was erforderlich ist, wird aus ihnen auf dem kürzesten Wege angelegt. So grade und so sicher als möglich arbeiten die Zelltheilungen auf Vorzeichnung und Ausführung des Bauplans zum Zellgebäude hin. Kein Schritt, der nicht auf dieses Ziel wiese. Und doch wird jede Einzel-Zellherrschaft nicht allein mit der ersten Theilwand aufgegeben und durch symmetrisch sich ausbildende Gruppen ersetzt, sondern sie ist von Anbeginn gar nicht vorhanden.

Die im Keimling durch schnelle Züge gesonderten Gewebeschichten spielen ihre Rolle durch den ganzen vegetativen Entwicklungsgang fort. Sie bleiben zu gegenseitiger Ergänzung auf einander angewiesen, aber arbeiten ausserdem unabhängig von einander.

8. Nachdem mit den Kryptogamen dieses Scheitelzell-Verfahren zum Spross-Aufbau endgültig aufgegeben ist[1]), gelangen die Monokotylen nicht alsbald, sondern erst allmählich zu dem einfachen und klaren Differenzirungsgange, den die dikotylen Keime befolgen. Der monokotyle Vorkeim erzeugt aus seinen Endzellen (zuweilen aus allen) zunächst einen indifferenten oft fast amorphen Zellenhaufen. Die Mitglieder desselben treten keineswegs schnellen Schrittes zu den verschiedenen Gewebe-Mutterzellgruppen auseinander, sondern vermehren sich

1) Vorbehaltlich des noch festzustellenden Entwicklungsganges der Gymnospermen.

scheinbar planlos, bis sie sich erst nach und nach zu deutlichen Sonderschichten zusammenfinden. Selbst in den schon constituirten Gewebelagen finden noch Rückschläge und Abirrungen statt. Es erscheint so, als ob das neue, so zu sagen phanerogamische Verfahren erst aufgefunden werden müsste.

Bei den Gräsern wird die Vorkeimmasse am ungestaltetsten. Erst spät wird von der gesammten mitwuchernden Nachkommenschaft der Vorkeimzellen der Keim differenzirt und der Rest vom weiteren Mitwachsen ausgeschlossen, so dass die Ausbildung zu einem planmässigen Fortschritt gelangen kann.

Und wie es dem Keim nur langsam gelingt, seine Unabhängigkeit vom Vorkeim als Phytom höheren Ranges geltend zu machen, so theilt sich auch wiederum später die Keimlingsmasse in die ersten Anlagen der organischen Grund-Gegensätze, Wurzelkörper und Thallom, Kaulom und Phyllom.

Sicherer schon geht das Verfahren bei den *Liliaceen* vor sich, noch sicherer bei den *Alismaceen.* Zwar wird auch bei diesen letztgenannten der Keimling noch vielzellig, bevor nur das Dermatogen abgeschieden wird, doch finden die Theilungen regelmässig statt, und diese wie die späteren Sonderungen vollziehen sich schnell hintereinander und bleiben alsbald constant. Zumal gestaltet sich die Wurzelanlage schon mit vollkommener Ebenmässigkeit aus.

9. In den verschiedenen Haupt-Abtheilungen des Pflanzenreichs wird also der Aufbau des Stockes nach deutlich verschiedenen Typen ausgeführt. Selbst äusserlich höchst ähnliche Pflanzengestalten, wie sie z. B. unter den beblätterten Sprossen der Moose, Farne und Phanerogamen häufig sind, kommen mittelst dieses verschiedenen Verfahrens zu Stande. Dennoch bleiben in der Differenzirung der inneren Gewebe und zumal in der Fortbildungsfähigkeit ihrer einzelnen Sprosse alle Scheitelzellpflanzen weit hinter denen, die durch Genossenschaften wachsen, zurück. Es muss also scheinen, als sei die letztere Entwicklungsweise für die Erreichung vollkommenster Gliederung und Arbeitstheilung die vortheilhafteste.

Allerdings müssen auch die Scheitelzell-Pflanzen bei jedem ferneren Wachsthumsschritt für den neu zu bildenden Theil mit der ganzen Gewebe-Differenzirung von vorn anfangen, während in den Pflanzen, welche sich mittelst verschiedener vom Keim her gesonderter

Zellgenossenschaften fortentwickeln, die getrennten Gewebeschichten sich stets ohne Weiteres ihren Sonder-Aufgaben unterziehen können.

Symmetrie der Sprossgliederung.

Die Art, wie aus dem Keimlingskörper die Gliederungen hervortreten, ohne in ihrer specifichen Anordnung an lokale Ursachen gebunden zu sein, wirft ferner ein Licht auf die Hypothesen, die vorzugsweise zur Erklärung der Spross-Symmetrie gemacht worden sind.

10. Dass auf die Zelltheilungen im Keim- oder Spross-Scheitel keine geometrischen Stellungsgesetze der Sprossglieder begründet werden können, ist so eben nachgewiesen. Es fragt sich ob andere greifbare mechanisch-geometrische Gründe angesichts vorstehend gewonnener Resultate für die Spross- und Phyllom-Symmetrie haltbar bleiben.

Was zunächst die anderweitige innere Anordnung der Zellen an sich betrifft, so ist in dieser weder im Keimling noch im Vegetationskegel ein Grund zu der Ordnung, in der die Blätter aus denselben angelegt werden, zu finden, da in beiden Fällen die Anordnung der Zellgewebe vor der Gliederung eine ringsum symmetrische ist, und eben erst beim Austreten von Phyllomen und bei der Anlegung der histologischen Ausrüstung derselben eine Sonderung in Gruppen, die diesen entsprechen, veranlasst wird.

11. Es ist indessen versucht, die Entstehung jeder neuen Blattanlage auf dem Spross-Scheitel auf die Stellung der jüngst vorhergehenden Phyllome zurückzuführen, d. h. dieselbe als durch die geometrischen Verhältnisse des zwischen den Ansatzstellen von diesen bleibenden Raumes bedingt aufzufassen[1]).

Allein abgesehen davon, dass erstlich die Zahl der aufgeführten thatsächlichen Beispiele nicht ausreicht, um den Beweis zu erbringen, dass zwischen den Erhebungsflächen der jüngsten Phyllome in der

1) Hofmeister, allgemeine Morphologie (Handbuch der phys. Bot. I. 2.), S. 482 u. f. Es wäre nöthig alle die einzelnen Fälle, die hier zur Begründung dieser Theorie angeführt sind, nebst des Verfassers einnehmenden Erläuterungen durchzugehen, doch würde dies den Raum dieser Besprechungen übersteigen. Was dagegen die von N. J. C. Müller, Bot. Zeit. 1869 S. 569, 617 u. s. w. aufgestellten Ansichten betrifft, so fallen sie ausserhalb des Anschauungskreises, den Verf. d. für morphologisch förderlich hält, und bleiben hier desshalb unerörtert.

That stets oder auch nur oft Figuren von geometrisch genauer Aehnlichkeit sich wiederholen, oder dass die supponirte Umgestaltung des Sprossgipfels wirklich die entwickelten Folgen haben müsse, glaubt Verfasser in Vorstehendem ganz allgemein erwiesen zu haben, dass dergleichen mathematische Genauigkeit mit der Molekularstructur der Pflanzengewebe an sich in Widerspruch, mithin in der Pflanze unmöglich ist.

Zweitens aber erklärt auch diese Hypothese nicht, aus welchem Grunde an demselben Spross dennoch die Blattstellungen sich ändern können. Eine Hülfs-Hypothese muss die Aenderung der Gestalt des Anlage-Raumes ableiten lassen.

Drittens müsste jeder noch so kleine — im organischen Körper unvermeidliche — Fehler eine irreparabele Störung in der Blattstellung veranlassen (will man nicht annehmen, dass jedem Fehler der entgegengesetzte folgen müsste). Dagegen findet man sogar, dass Blätter sehr verschiedener Ausbildung, für deren Anlage-Räume geometrisch congruente Figuren nicht annehmbar, noch weniger wirklich nachgewiesen sind, in gleicher Blattstellung stehen. Ja es kommt häufig vor, dass durch Missbildung in Unordnung gerathene Blattfolgen zur specifischen Ordnung zurückkehren.

Viertens bleibt unerklärlich, wie aus dem durch das eine Keimblatt schief zur Seite gedrängten Vegetationspunct im monokotylen Keim eine gleiche Blattstellung resültiren könnte, wie solche bei vielen Dikotylen aus ihrer von zwei Phyllomen symmetrisch begrenzten Knospe hervorgeht. Und ebenso wäre nicht erklärlich, wie aus der gleichmässig symmetrischen Knospe der Dikotylen-Keime hier opponirte, dort verschieden spiralige Stellungen mit gleicher Nothwendigkeit abgeleitet werden möchten.

Fünftens endlich bleibt die verschiedene Stellung der Keimblätter selbst, die in der einen Abtheilung als Paar, in der andern als Einzelnes erzeugt werden, vollkommen unerklärt.

Und selbst die Zuhülfe-Nahme eines Einflusses, den die relative Dicke der Cuticula[1]) in den verschiedenen Regionen des Spross-Scheitels auf die Blatterzeugung ausüben könnte, entbehrt zu sehr der thatsächlichen wie der theoretischen Begründung, um annehmbar zu sein.

1) A. a. O. S. 508.

Ist mithin diese ganze Hypothese selbst in einzelnen Fällen scheinbar zutreffend, so muss doch die grosse Zahl derjenigen, in denen sie nicht anwendbar wird, ihre Unhaltbarkeit darthun. Und auch in jenen schiebt sie das Räthsel nur einen Schritt zurück.

Schon im jüngsten Zustande und im engsten Raume ist die Neubildung in Richtung und Ausgliederung von ihrer unmittelbaren Umgebung fast unabhängig, denn es ist selbst in der Lage des Keimlings zum Vorkeim und zum Keimsack oder der Samenknospe überhaupt kein zwingender Grund für jene Vorgänge nachweisbar geworden. Vielmehr kann die Richtung des Keimlings bei gleicher Phyllom-Stellung gegen jenen Theil eine verschiedene sein.

12. Es sind ferner noch andere mechanische Gründe zur Erklärung gewisser Fälle der Phyllom-Anordnung herangezogen, und so besonders die Schwerkraft, welche bei geneigter Wachsthumsrichtung des Sprosses die Knospe zu anderer Stellung ihrer Auszweigungen zu zwingen scheint, als bei senkrechter [1]). Da aber auch dieser Umstand in vielen Fällen gar keine, in anderen entgegengesetzte Erfolge hat, der unmittelbare Einfluss der Schwerkraft mithin von anderen formbestimmenden Ursachen aufgehoben werden kann, so ist schon desshalb auch hierin kein fundamentaler oder allgemeiner Grund für die Symmetrie der Sprossgliederungen zu suchen [2]).

Erwägt man hierzu wieder, in wie viel verschiedenen Richtungen gegen den Horizont die Samenknöspchen und Keimlinge innerhalb mancher Früchte zur Ausbildung kommen, ohne dass in diesem so

---

1) Hofmeister a. a. O. S. 579 u. f.

2) Dass dagegen, wenn dieser Kraft eine unmittelbar zwingende Einwirkung in Bezug auf die Anordnung der organischen Molekeln zur Gestaltbildung nicht zugestanden werden kann, sie eine mittelbare, so zu sagen »normative«, auf den gesammten Gestaltungstrieb des Pflanzen-Individuums ausübt, wird nicht allein durch zahlreiche Züge der Phytomorphologie illustrirt, sondern ist an sich selbstverständlich. Das beste Beweis-Object gegen den unmittelbar zwingenden Einfluss der Schwerkraft auf die vegetative Plastik ist grade der von Hofmeister angezogene Gestaltungs-Process der Plasmodien, welche trotz ihrer Geschmeidigkeit selbständig der Schwere grade entgegengesetzt nach oben wachsen können. Hieraus ist zugleich abzunehmen, dass Hofmeister selbst sich den Einfluss der Schwerkraft nicht überall als einen einfach unmittelbaren vorstellt.

plastischen Zustand ihres Zellgewebes irgend ein Einfluss der Schwerkraft auf die ursprüngliche Anordnung ihrer Gliederung wahrnehmbar wäre, so wird die Unzulänglichkeit auch dieser Hypothese zuzugeben sein.

13. Dagegen ist wiederholt nachgewiesen, dass nach der Mehrzahl aller phyllotactischen Regeln die Phyllome am Spross nicht allein die für ihre Function zweckmässigste Vertheilung erhalten, sondern auch bei ihrer Anlage im Spross-Scheitel danach die vollkommenste und einfachste Raumausnutzung in Verbindung mit dem regelmässigsten Entwicklungsgange ermöglicht wird [1]).

Die Glieder treten also in dieser oder jener Ordnung nicht auf, weil sie aus mechanischen oder histologischen Gründen irgend welcher Art so zu erscheinen gezwungen würden, sondern weil sie durch diese befolgte Anlage-Ordnung später für ihre Function so am besten situirt sind, und zugleich so am bequemsten entwickelt werden können.

Es bleibt also nur übrig, auch die morphologischen Regeln, nach denen die Phyllome am Spross geordnet auftreten, als Wirkung jenes die Pflanzengestaltung in allen Theilen zugleich beherrschenden Eigengestaltungstriebes zu setzen, welcher hier wie überall unter dem unleugbaren Einfluss des physiologischen Nützlichkeits-Principes arbeitet. Auch dies ist eine Hypothese, aber es ist nur eine.

14. Die Formenentwicklung der Pflanzen zeigt sich also von den von aussen her einwirkenden Molekular-Kräften nur wenig abhängig, und folgt wesentlich dem eigenen erblichen Bildungsgesetz. Selbstverständlich wirken jene Kräfte im Inneren des Organismus eben so unerbittlich wie in den anorganischen Körpern, allein sie kommen in anderen Combinationen zur Wirkung und erzeugen complicirte Molecular-Bewegungen unter der Einwirkung eben jener einheitlich erscheinenden Kraft oder Bewegungsursache (oder eines Kräfte-Complexes?), welche nachweislich keiner einzelnen der bisher bekannten Molekularkräfte einfach gleichgesetzt werden kann. Diese Grundursache der organischen Formbildung, vom Verfasser hier kurz als Eigengestaltungstrieb [2]) bezeichnet,

---

1) Vgl. des Verf. betr. Ausführung in Pringsheim's Jahrb. I, S. 275 u. f. und Sachs, Lehrbuch S. 174 u. f.

2) Eine specielle Erscheinungsform der jetzt vielfach ins Reich des Nichts verwiesenen Lebenskraft, deren Existenz und Natur dennoch trotz der ungeduldigen gegentheiligen Betrachtungen bisher eben so wenig aus wissenschaft-

veranlasst in noch unbekannter Weise mittelst der bekannten atomistischen Kräfte den organischen Stoff zu steter Umlagerung nach bestimmtem erblichem Plan, und zum Durchlaufen von bestimmten Formenkreisen, wie dergleichen den anorganischen Körpern, in denen die Molekularkräfte in einfachen Richtungen wirken, gänzlich fremd sind.

15. Dieser Eigengestaltungstrieb scheint nun, wenn wir obige Erscheinungen zusammenfassen und mit anderen bekannten vergleichen, jeder Zelle eines Pflanzenstockes als mütterliches Erbtheil zuzukommen.

Man erwäge in dieser Hinsicht die oft noch in erwachsenen Pflanzentheilen auftretenden Neubildungen andersartiger Organe (Knospen und Wurzeln an Blättern, oder Knospen an Wurzeln etc.), und die ähnlichen noch späten Umänderungen innerhalb fertiger Dauergewebe (z. B. Parenchym in Korkgewebe).

Man vergleiche damit die Vervollständigungs-Fähigkeit künstlich getrennter oft sehr beschränkter Pflanzentheile (Stecklinge, Ableger).

Man beachte, dass in der sich vollziehenden und auch schon vollzogenen Sonderung der Zellgenossenschaften Anomalien und Rückschläge zu anderen Bildungen vorkommen (Taf. **5**, 30, 31; 33 x; **13**, 13) [1]).

Man nehme endlich die so auffallende Erscheinung hinzu, dass aus ganz verbildeten Sprossen (z. B. Fasciationen) plötzlich wieder Neubildungen erzeugt werden, die die ganze normale Symmetrie der Art wieder herstellen.

Fasst man dann diese Erscheinungen mit der freien Erzeugungsweise der Neubildungen in den verschiedenen normalen Bildungsheerden zusammen, so wird man zugeben müssen, dass die Zellen bei ihrem Auseinandertreten in Sonder- und Dauergewebe nicht eine bloss partielle Gestaltungsfähigkeit als Mitgift erhalten, sondern dass jede nach Umständen den ganzen der Art eigenen Gestaltungstrieb wieder entfalten kann. (Dass diese Fähigkeit mit dem Greisenalter des Zell-Individuums erlischt, ist selbstverständlich.)

Hieraus erhellt schliesslich, dass jedes Organ Verjüngungszellen (resp. Brutknospen etc.) liefern kann.

---

lichen Gründen hat widerlegt als erklärt werden können. Vgl. hierüber J. B. Meyer's (»Philosophische Zeitfragen«, Bonn 1870, S. 15 u. f. bes. S. 28 u. 29) sehr treffende Betrachtung.

1) Vgl. Hofmeister, allg. Morphologie S. 422, 428.

16. Trotz dessen bezeugen viele Erfahrungen, dass je schärfer die Gewebe-Sonderung hervortritt, desto mehr die Entfaltung des Eigen-Gestaltungstriebes beschränkt wird.

Und hieraus erklärt sich dann einfach, wie durch den Zeugungs-Act, dessen Wesen im Zusammentreffen und Verschmelzen zweier Verjüngungs-Zellen aus verschiedenen Organen, wenn möglich aus verschiedenen Pflanzen-Individuen, besteht[1]), das neu constituirte Einzelwesen wieder mit der umfassenderen Gestaltungs-Fähigkeit, die der Species eigen ist, ausgestattet wird, welche einzelne vegetative Verjüngungszellen (oder Sprosse) nicht mehr zu besitzen pflegen.

So gestaltet sich der Pflanzenstock durch Tausende von Theilungs- und Differenzirungs-Schritten aus den Keim-Mutterzellen heraus, um nach Durchlaufung seines Entwicklungskreises seine Gesammt-Begabung wieder einer neuen Anfangszelle als Mitgift zu übergeben.

Werth morphologischer Organ-Differenzen und morphologischer Gesetze überhaupt.

Für die Wechselbeziehungen und Charakteristik der Haupt-Organe des Pflanzenstockes selbst ergeben sich endlich noch Folgerungen von weiter gehender Tragweite, welche genügendes Licht darauf werfen, was in der Morphologie wirklich als Natur-Gesetz angesehen werden könne.

17. Es ist im Voraus bemerkenswerth dass die allgemeinsten inneren Gewebesonderungen im Keime jeder äusseren Gliederung vorangehen. Von Anbeginn werden mithin die für möglichst vollkommene physiologische Leistung nützlichsten Einrichtungen angelegt und zur Ausbildung vorbereitet.

---

1) Man würde nicht so lange daran gezweifelt haben, dass die Copulation bei gewissen niederen Kryptogamen der einfachste Fall der geshlechtlichen Zeugung ist (wie neuerdings von Pringsheim in seiner Abhandlung über *Pandorina*, Monatsberichte der Berl. Acad. 1869, October, sehr richtig betont worden ist), wenn man nicht immer irriger Weise nach morphologischen statt nach physiologischen Begriffsbestimmungen dieses Vorganges gesucht hätte. Der physiologische Inhalt des Zeugungsbegriffs wird wesentlich durch obige Bemerkung erschöpft, dass ein neu und unabhängig zu begründendes Einzelwesen aus Zellen differenten Ursprunges erzeugt werde. Der Gegensatz einer männlichen und weiblichen Contribuente ist erst wieder eine höhere Differenzirungsform.

Und zwar wird zu allererst durch Bildung der Hautschicht auf Abschluss des Einzelwesens gegen alles Aeussere Bedacht genommen [1]). Dann folgen die ferneren Binnen-Theilungen in allmählich fortschreitender Differenzirung.

18. Es ist ferner bemerkenswerth, wie die dreierlei Grund-Organe in ihren primitiven Formen durchaus aus demselben Grundgewebe gleichmässig herausgearbeitet werden, mithin einander ebenbürtige Primär-Organe sind.

Eine gleichsam plastische Masse gestaltet sich unterhalb zum Wurzelkörper, oberhalb zum Thallom. Erst langsam treten die Zellen der einen Binnenzellgruppe, die alle gleichmässig zeugungsfähig sind, nach zwei Seiten zu getrennten Initial-Gruppen auseinander. Noch sind die zwei neuen Zellbildungsheerde nur durch wenige Sondergeweb-Zellen geschieden. Aber auch später noch bilden alle Zellenlagen des einen Theiles die vollkommene Fortsetzung aller derer des anderen. In diesen beiden Umständen schon liegt ein ausreichender Grund der Ebenbürtigkeit dieser Organe.

Ob dabei das Auseinanderwachsen in grader Linie (wie bei vielen Dikotylen) oder in krummer (wie bei den Monokotylen) geschieht, ist wie oben dargethan, vollkommen unerheblich.

Das Thallom zerlegt sich ferner ebenso in Kaulom und Phyllome und nicht wächst eins sekundär aus dem präexistenten anderen, als dem primären, heraus. Erst sind sie zusammen eine Halbkugel, nun ist dieselbe Masse ein zweilappiger Körper. Keins war vor dem anderen.

Ob dabei zwei Phyllome symmetrisch ein Kaulom mit seiner Knospen-Anlage einschliessen oder eines dasselbe unsymmetrisch seitwärts drängt, ist wiederum gleichgültig.

Erst also indifferentes Phytom, dann dasselbe umgeformt in die Differenzirung von Wurzelkörper, Kaulom und Phyllom. Wie die drei Erzeugnisse einer Grundmasse, die vorher weder das eine, noch das andere, noch das dritte allein war, so sind sie auch durch alle Modi-

---

1) Diese eigenthümliche Aehnlichkeit mit der im Embryon der höheren Thiere ebenfalls zuerst eintretenden Anlage der Hautschichten verdient, wie noch manche andere Analogie in der Keim-Plastik beider organischen Reiche, zumal in der symmetrischen Zerlegung der Eizelle in eine Vielzahl von Zell-Individuen, in der vergleichenden Morphologie beachtet zu werden.

ficationen hindurch nur die aus Nützlichkeitsgründen auseinandergelegte Dreitheilung eines Apparates und mithin (wie schon Sachs[1]) treffend bemerkt) auch begrifflich nur als relativ, nicht als absolut verschieden zu betrachten.

19. Man wird demnach stets vergeblich nach constanten Unterscheidungs-Merkmalen (Diagnosen) zwischen diesen drei Grund-Organen suchen. Denn auch im Gipfel des wachsenden Sprosses vollzieht sich die Sonderung zwischen Kaulom und Phyllom aus dem Scheitelgewebe ebenso. Blätter giebt es nur, insofern es Stengel giebt, d. h. insofern sich ein Thallom in Kaulom und Phyllome differenzirt.

Verfasser nennt Phyllom einfach jede Ausgliederung eines Sprosses, welche, ohne eigene Fortbildungsfähigkeit, eine Erweiterung seiner inneren Gewebe ausmacht, und sich wie ein unselbständiger höriger Theil in die Symmetrie des Spross-Ganzen einfügt.

Kaulom dagegen ist der die Ausgliederungen tragende, zu einem symmetrischen Ganzen vereinigende und ihren Geweben nach verbindende Rumpf des Thalloms. Andere morphologische Merkmale vermag ich diesen Begriffen nicht zuzugestehen.

20. Wie wir aber dem Herkommen nach die wichtigeren Pflanzen-Organe zu unterscheiden pflegen, so hat die Begriffsbestimmung eines jeden einen doppelten Inhalt, einen morphologischen und einen physiologischen.

So ist z. B. der Inhalt des Begriffs Blatt im engeren Sinne, d. h. Laubblatt, 1) dass es ein Phyllom sei, 2) dass es ein Apparat zur Kohlensäure-Zerlegung resp. Assimilation sei. Beide Theile des Begriffs-Inhaltes sind von einander ganz unabhängig. Die Pflanze kann assimiliren ohne Phyllom, und Phyllome besitzen, die nicht assimiliren.

Die morphologischen und physiologischen Begriffsbestimmungen der Pflanzen-Organe sind daher getrennt zu halten, will man nicht die Möglichkeit, überhaupt Begriffe abzugrenzen, ganz verlieren.

21. Es ergiebt sich, dass fast jedes morphologische Glied jeder physiologischen Function dienen kann.

Das gewöhnlich den Wurzeln obliegende Geschäft des Einsaugens flüssiger Stoffe kann z. B. von Kaulomen und Phyllomen ausgeführt werden.

---

1) Sachs, Lehrbuch d. Bot. S. 116, 117.

Die Assimilationsthätigkeit, die wesentlich den Phyllomen zusteht, kann von Kaulomen mit ausgeübt werden. (Es giebt sogar stellenweis ergrünende Wurzeln.)

Die meist den Kaulomen überlassene Thätigkeit des Aufspeicherns und Umbildens metaplasmatischer Stoffe können ebenso wohl Blätter und Wurzeln übernehmen.

Folglich liegt auf der Hand, dass Functionen, in deren Ausübung sogar morphologisch gesonderte Glieder einander vertreten können, von den noch indifferenzirten Gebilden um so leichter vereinigt ausgeübt werden können. Das erweisen nicht allein die Gewächse niederer Stufen, auf denen die morphologischen Sonderungen noch nicht eintreten, sondern auch die vollkommensten Pflanzen in ihren unentwickelten oder abweichenden Typen.

Ebenso folgt, dass untergeordnete morphologische Unterschiede, wie z. B. die der Blattarten unter sich, functionelle Grenzen nicht einhalten, wozu Beispiele anzuführen überflüssig ist.

22. Hierzu tritt die Erfahrung, dass die eintretende morphologische Ausgliederung eines Phytoms, Thalloms, Phylloms etc. keineswegs immer einen bestimmten Grad der Ausbildung erlangen muss, bevor sie als Dauergebilde beständig wird. Vielmehr kann jedes Glied in jeglichem Entwicklungs-Zustand zur Dauerform werden.

Da nun die meisten morphologischen Glieder nicht als genetisch verschieden erzeugt, sondern aus einem indifferenten Gewebe mit ihren Gegen-Gebilden zugleich herausgestaltet werden, so können auch die noch nicht oder erst annähernd differenzirten Zustände (die Zustände des Werdens) als Dauerformen erhalten bleiben.

Da ausserdem die schon zur Differenzirung schreitenden Gegensätze noch lange ihrer Zell-Anlage nach vollkommen äquivalente Sprossungen sind, so können sie auch noch im Entwicklungsgange in abweichende oder entgegengesetzte Sondergebilde umschlagen.

Aus diesen beiden Sätzen muss Verfasser folgern, dass es irrig ist, jedes ausgestaltete Glied nach einzelnen Kennzeichen der Stellung oder des Baues einer morphologischen Organ-Klasse unterordnen, und aus Missbildungen für solche Klassificirung sichere Schlüsse machen zu wollen.

23. Morphologisch kann jeder Gegensatz von Ausgliederungen auf jeder Stufe stehen bleiben, also auch ganz unterbleiben.

Dann müssen die der Regel nach an die beiderlei Glieder vertheilten Verrichtungen in der relativen Grundform vereint bleiben.

Bei niederen Pflanzen trifft dies ebenso wie die äusseren Gliederungen auch die Gewebe-Sonderung, und die allereinfachsten Individuen führen ihre ganze Vegetations-Arbeit in einer Zelle oder in einer indifferenten Zellfamilie aus. Die complicirtere Leistung der höheren Pflanzen lässt dies nicht mehr zu.

Wo daher im Gebiet der höheren Pflanzen, zumal der Phanerogamen, zur Vertheilung einer functionellen Differenzirung die äusseren Gliederungen fehlen, müssen sie durch innere Gewebe-Differenzirungen ersetzt werden.

Es ist daher a priori zu vermuthen, dass jeder physiologischen Verrichtung einer höheren Pflanze entweder durch eine äussere dazu bestimmte Ausgliederung, oder durch eine innere Gewebe-Differenzirung Genüge gethan werde. Die Erfahrung bestätigt dies vollkommen.

24. Wie die mit vegetativer Function betrauten Glieder einander vertreten ist oben erwähnt. Viel mannigfaltiger sind die Vertretungen auf dem Gebiet der generativen Verrichtungen.

Jedes männliche oder weibliche Befruchtungs-Organ kann nicht allein als indifferentes Thallom-Gebilde, oder als differenzirtes Kaulom oder Phyllom oder Trichom speciell ausgestaltet werden, sondern es kann auch einfach durch innere Gewebesonderung ersetzt werden[1]). Morphologische Ausgliederung und Binnensonderung können einander in Bezug auf alle physiologischen Erfordernisse des Pflanzenlebens vertreten.

---

1) Nach Hofmeister's Abbildungen kommen bei den *Loranthaceen* die Samen-Anlagen durch Binnensonderung innerhalb der Sprossspitze zu Stande. Dass der Gipfel eines Sprosses dieselben ohne vorgängige Phyllom-Bildung, also als nicht differenzirtes Thallom aus sich gestaltet, kommt nach Eichler bei den *Helosideen* (Flora Brasil. fasc. 47), nach F. Schmitz bei *Piperaceen* und *Polygonaceen* (Sitzungsberichte der Niederrhein. Ges. f. Natur- u. Heilkunde 1869, 2. Aug., Bot. Zeit. 1870 S. 40), nach Magnus bei *Najadeen* und *Salvadoraceen* (Bot. Zeit. 1870 S. 771, 772) vor und dass sogar Antheren aus Thallom-Spitzen entstehen, findet auch bei *Najadeen* (a. a. O.) und nach Kauffmann bei *Casuarinen* (Bull. Mosc. 1868, 374) u. s. w. statt. Eine typische Binnensonderung ist endlich die Archegonien-Bildung bei *Anthoceros*. Unzweifelhaft werden diese Beispiele bald noch so vermehrt werden, dass die Erscheinung nicht mehr als Ausnahme anzusehen ist.

25. Es kann daher nach Vorstehendem für keine Klasse physiologischer Verrichtungen eine morphologische Gleichwerthigkeit der dazu verwendeten Gebilde vorausgesetzt oder gar in accidentellen Form-Kennzeichen ein Symptom einer functionellen Aequivalenz gesucht werden. Verfasser muss daher seinerseits jeden derartigen Versuch, einen physiologischen Organ-Begriff für den Pflanzenkörper mit Sicherheit an einen morphologischen Typus zu knüpfen, und daraus morphologische Fundamental-Gesetze abzuleiten, als principiell irrig betrachten[1]). Die

1) Verf. vermag daher auch in der von Pringsheim bei Gelegenheit seiner sehr wichtigen und interessanten Beobachtung an *Pandorina* (a. a. O.) gemachten, und neuerdings in der Bot. Zeit. (1870, S. 265) wiederum vertheidigten Ansicht, dass alle phanerogamischen Eizellen ihrer Natur nach Schwärmsporen seien, eine treffende und unsere morphologische Erkenntniss mehrende Ansicht nicht zu erblicken. Ja, er muss sich nicht allein gegen die Anschauung des speciellen Falles aussprechen, sondern gegen diese neuerdings öfter verfolgte irrige Richtung morphologischer Speculation. Dass ein Organ, welches einer Function dient, sich in eine doppelte Erscheinungsform differenzirt, kommt überall vor. Es zerlegt sich dann also, können wir sagen, der Inhalt eines Gattungsbegriffes A in die zwei Theilbegriffe a und a'. In beiden stecken die gemeinsamen Merkmale von A und man kann daher freilich stets sagen, a' ist eigentlich ein a, obgleich es die und die Unterscheidungsmerkmale besitzt oder ebenso gut, a ist ein a' u. s. w. Damit giebt man aber nichts als einen möglicher Weise erläuternden und in manchen Fällen das Verständniss des Anfängers erleichternden Seitenblick, aber keineswegs eine genetische Begriffsbestimmung von a oder a'. Dieselbe ist vielmehr im Gegentheil richtig nur so zu gewinnen, dass unter Voraussetzung der für a und a' gemeinsamen Kennzeichen von A besonders ihre charakteristischen Unterschiede betont werden.

Ebenso wie man also nach dieser Urtheilsform sagen kann, ein Apfelbaum ist ein Birnbaum mit runden Früchten u. s. w., oder ein Blumenblatt ist ein Laubblatt ohne Chlorophyll-Entwicklung und umgekehrt, kann man auch sagen eine Zoospore ist eine phanerogamische Keimzelle mit Locomotion u. s. w., oder eine phanerogamische Keimzelle ist eine ruhende Zoospore, oder auch ein Pollenkorn ist eine Mikrospore, ein Corpusculum der *Coniferen* oder ein phanerogamischer Keimsack ist ein Archegonium u.s.w. Allein dergleichen Aussprüche, so geistreich sie sein können, sind eben nur speculative Vergleichsspiele. Correct kann man die Begriffe von Apfel- und Birnbaum nur als Arten-Bestimmungen des allgemeineren Begriffs *Pirus*, fassen, die sich so und so unterscheiden, Laubblatt und Blumenblatt nur als Phyllome, die durch die und die Merkmale einander ausschliessen. Wie wenig sich die neuere Morphologie durch

Pflanzen-Organe lassen sich nicht einfach in eine gewisse Anzahl an sich verschiedenwerthiger Typen eintheilen. Man kann sie danach in Reihen-Verwandtschaften ordnen, aber nicht ihre Bedeutung für die Gestalt und Verrichtung der Pflanze dadurch gesetzlich feststellen.

---

solche Vergleiche bisher befriedigt gesehen hat, beweist grade bei diesem letzten Beispiel am besten das lebhafte Bedürfniss, in dem allgemeinen Begriff von »Phyllom« einen inhaltsärmeren und desshalb umfangreicheren Gattungsbegriff zu gewinnen, in welchem alle zugehörigen Arten trotz ihrer einander ausschliessenden Special-Merkmale Platz finden möchten. Ebenso schliessen grade die maassgebenden Merkmale der Begriffe von Zoospore und phanerogamischer Keimzelle einander aus, da jene ihrer Beweglichkeit ihre ganze Eigenartigkeit verdankt. Beide sind einfach wie a und a' Theilbegriffe des weiteren Begriffes »Eizelle«, innerhalb dessen sie als specifisch inäquivalent neben einander stehen.

Genau genommen enthält der Ausspruch, dass die phanerogamische Eizelle eine Schwärmspore ohne Bewegung sei, dieselbe contradictio in adjecto, als wenn man sagte, irgend eine ruhende Dampfmaschine sei eine Locomotive ohne Bewegung. Denn dass sie *selbstbeweglich* seien, ist der Hauptinhalt vom Begriff der Locomotive wie der Zoospore.

Endlich liegt aber besonders kein ausreichender thatsächlicher Grund vor, in dem farblosen Fleck der Zoospore und einer ähnlichen Differenzirungs-Stelle bei Eizellen ein maassgebendes Kennzeichen zu erblicken, und noch weniger darf mit diesem sogenannten Keimfleck die Richtung der phanerogamischen Keimlingswurzel in Zusammenhang gebracht werden, die ja nach vorstehenden Beobachtungen vollkommen unabhängig entsteht. — Nimmt Verf. hiezu zum Theil noch diejenigen sachlichen Bedenken, die schon von *de Bary* richtig hervorgehoben sind, so kann er nicht anders, als, wie gesagt, nicht nur in der Gleichsetzung von Schwärmspore und Keimzelle nichts die Morphologie Förderliches erblicken, sondern vielmehr der Ansicht sein, dass die wissenschaftliche Begriffsbestimmung grade das Gegentheil zu betonen erheischt, dass nämlich die Natur der phanerogamischen Keimzelle darin liegt, *keine* Zoospore zu sein, und die der Zoospore, *keine* ruhende Keimzelle zu sein. Ihre *vergleichbaren* Merkmale aber bestehen lediglich darin, dass sie beide pflanzliche Fortpflanzungszellen sind, und diese sind aus dem functionellen und morphologischen Inhalt dieses *weiteren* Gattungsbegriffs einfach ableitbar.

Derartiges Streben nach Vergleichen hat auch wiederholt schon zu der ganz verfehlten Behauptung einer Analogie zwischen Pflanzenzelle und Krystall geführt, obgleich doch alle *wesentlichen* Eigenschaften dieser zwei Dinge einander gradezu ausschliessen, und dieselben daher, — abgesehen von dem einzigen gemeinsamen Merkmal der gesetzmässigen Gestaltung, — die entschiedensten Gegensätze sind.

Die Gesammtarbeit des Pflanzenlebens zerlegt sich in eine Anzahl specieller Aufgaben, und zur gesonderten Lösung derselben durch einzelne Organe differenzirt sich theils der Pflanzenkörper im Inneren, theils gliedert er sich nach aussen.

Die Untersuchung, wie diese Aufgaben von der einfachsten morphologischen Einrichtung an immer mehr vertheilt und durch immer feiner differenzirte Apparate ausgeführt werden, und wie grade dabei zu verschiedenen Verrichtungen gleiche Gliederungen und zu denselben verschiedene verwendet werden können, und aus Nützlichkeitsgründen verwendet werden müssen, ist der rationelle Weg der pflanzlichen Gestaltungslehre. Also nicht das Bestimmen nebengeordneter Aequivalenzen durch Seitenvergleiche, sondern das Ableiten der vorliegenden Differenzirungen aus der ursprünglich zu Grunde liegenden Einheit in Form und Function hält Verfasser für die entsprechende Methode.

26. Die physiologischen Aufgaben der gesammten vegetativen Arbeit lassen sich begrifflich trennen. Ihrer sind viele. Dagegen sind die morphologisch unterscheidbaren Grundformen der Organe nur wenige. Dienen nun die wenigen Haupt-Organe in verschiedenem Grade ihrer Vollkommenheit sehr verschiedenen Verrichtungen, so ist schon desshalb über die Natur keines derselben ein constanter Satz auszusprechen. Was sich daher über die Entstehung, Gestalt und Zusammenordnung der inneren und äusseren Theile des Pflanzenkörpers sagen lässt, verhält sich wie Regeln, zu denen entweder schon Ausnahmen bekannt sind, oder doch jederzeit gefunden werden können. Regeln dulden der Bedeutung des Wortes nach Ausnahmen. Ein Natur-Gesetz kann indessen nur der Satz genannt werden, der ausnahmslos gelten muss, weil sein Inhalt als nothwendig nachweisbar ist.

Zur Prüfung des Gesagten wolle man die sogenannten morphologischen Gesetze vergleichen, und besonders diejenigen, welche die Anlegung, Ausbildung und Bedeutung der Haupt-Organklassen betreffen. Es wäre rathsam, den Missbrauch des Wortes Natur-Gesetz hierfür aufzugeben.

27. Nur wenigen Sätzen glaubt Verfasser den Werth phytomorphologischer Natur-Gesetze zugestehen zu sollen[1]), und zwar

---

1) Als solche liessen sich z. B. anführen:

1. Dass jede Pflanze aus einer oder mehreren organischen Individualitäten (Zellen) bestehen muss, weil es die Natur des Organismus überhaupt

solchen von zugleich wesentlich physiologischem Inhalt. Derartige Sätze allein lassen sich unmittelbar aus der Natur des Pflanzenlebens selbst mit Nothwendigkeit folgern.

Alle jene anderen Aussprüche, die der Erfahrung nach bald weitere bald engere thatsächliche Geltung haben, ohne als nothwendig nachweisbar zu sein, können dagegen füglich als »morphologische Regeln« aufgestellt werden.

Diese zuletzt discutirten, die neuere Morphologie vielfach bewegenden Anschauungen schienen dem Verfasser den Ergebnissen vorstehender Beobachtungen zu nahe zu stehen, als dass sie ganz übergangen werden konnten. Eine speciellere Erörterung derselben würde indessen hier nicht am Orte sein, da das Maass der Mittheilung thatsächlicher Beobachtungen schon weit genug überschritten ist.

---

ist, sich als einfaches oder zusammengesetztes Einzelwesen gegen die Aussenwelt abzuschliessen.

2. Dass jede Zelle aus indifferenten und zwar festen und flüssigen Theilen bestehen muss, weil sie anders zusammengesetzte Stoffe aufzunehmen und im Inneren umzubilden und eine Gestalt zu entwickeln hat u. s. w.

3. Dass jede Zelle desshalb zuvörderst eine vom Inhalt unterschiedliche Hüllschicht besitzen muss.

4. Dass sowohl der Pflanzenstock wie seine Zellen — so lange die Lebensthätigkeit dauert — in steter Veränderung in Stoff und Form begriffen sind, und dass mithin jede auf Homogeneität des Inhaltes beruhende Starrheit und mathematische Genauigkeit der Form ausgeschlossen ist u. s. w.

Dagegen haben wie gesagt, die allgemeinen Sätze, welche aussagen, was in vielen Fällen gilt, weil es functionell nützlich ist, aber doch nicht überall gelten muss, weil es nicht nothwendig ist, keinen Anspruch auf den Titel von Natur-Gesetzen.

In welcher Weise und Ordnung also die verschiedenen Ausgliederungen eines Sprosses entstehen; ob die Befruchtungs-Organe durch Kaulom, Phyllom, Trichom oder andere, selbst innere, Differenzirungen hergestellt werden; ob die Befruchtungs-Zellen einander gleich- oder ungleichwerthig sind; ob der Befruchtungs-Act an diesem oder jenem Punct in den Kreis der specifischen Formentwicklung eingeschoben ist; ob Generationswechsel, Vorkeimbildungen u. s. w. eintreten oder nicht: darüber lassen sich, wie über alle ähnlichen Specialitäten, nur Sätze aufstellen, denen der Verfasser die erweisbare Nothwendigkeit absprechen muss, und die er desshalb nur morphologische Regeln nennt.

Erklärung der Abbildungen.

Alle in Zellen ausgeführten Abbildungen sind bei etwa 300-maliger Vergrösserung dargestellt, nur mit Ausnahme von **18**, 29, 30, die nur 150-mal vergrössert sind. Die zur Erläuterung der Grössen- und Stellungsverhältnisse beigefügten Skizzen sind dagegen bei ungefähr 30-maliger Vergrösserung gezeichnet, nur **12**, 9—11, B und **14**, 1—4, B bei etwa 15-maliger. Wo nichts Anderes angegeben ist, sind die Keimlinge im optischen Median-Schnitt und in der Haupt-Ansicht (vgl. S. 6 u. 48, Anm.) abgebildet.

Die Bedeutung der Buchstaben ist für alle Figuren übereinstimmend die folgende:

vk: Vorkeim oder dessen Rest, vk' die erste oder Basalzelle desselben, d. h. die im Keimsackscheitel haftende.

km: Keim-Mutterzelle.

a: Untere Tochterzelle oder unteres Tochterzellenpaar derselben nebst deren Nachkommenschaft, also Zellen des hypokotylen Keimtheiles.

b: Obere dergleichen Zelle, d. h. die des kotylischen Keimtheiles. In späteren Zuständen bedeutet b^1, b^2, b^3 die Reihe der Phyllome vom Keimblatt an.

c: Anschluss- oder Hypophysen-Zelle und ihre Nachkommenschaft.

1, 2, als Zusätze zu diesen drei Buchstaben, bedeuten ihre aus horizontalen Theilungen erzeugten, also über einander liegenden Tochterzellen in der Richtung von oben nach unten (d. h. vom Keimblatt zum Wurzelende).

s: Die aus der Hypophyse hervorgegangenen Schlusszellen und Schlusszellengruppen und zwar s^1 die des Periblems, s^2 die des Dermatogens und s^3 die Anfangszellen der Wurzelhaube. Im Gras-Keimling bezeichnet s zunächst den Zellgewebstheil, aus welchem sich die Schlussgruppen heraus differenziren.

h: Wurzelhauben-Zellen.

v: Anlage der Stammknospe, oder Ort, wo diese sich zu bilden hat; künftiger oder schon thätiger Vegetationspunct.

q: Quadranten-Zellen, q', die zweiten Grades.

m: Erste Meridian-Theilung der Keim-Mutterzelle.

g: Erste Aequatorial-Theilung derselben.

d: Dermatogen und seine Mutterzellen.

pe: Periblem und seine Mutterzellen.

pl: Plerom, ebenso.

i: Initialen dieser Gewebe (zu den vorstehenden Buchstaben gesetzt).

pr: Procambium-Mutterzellen.

kb: Keimblatt oder Anlage dazu.

ksch: Keimblattscheide. Bei den Gräsern bes. deren oberer und ksch' deren unterer Theil; ksch'', trichomatischer häutiger Fortsatz des Keimanhangs, der scheidenartig den reifen Keimling dieser Pflanzen umgiebt.

ksm: Mundartige Keimblattscheiden-Oeffnung bei den Gräsern.

ka: Keimanhang der Gräser.

kaz: Zottenfortsatz an demselben.

ks: Keimsack oder Theil davon.

end: Endosperm.

po: Theil des Pollenschlauches.

r: Rest unbefruchteter Keimkörper.

f: Die Furche, die das schildförmige Keimblatt der Gräser von seinem Scheidentheil trennt; f' diejenige, welche den Rand desselben zu einem Doppelrand spaltet.

x: Siehe die einzelnen Figuren-Erklärungen.

1, 2, 3, 4: Alters- (oder Grad- u. s. w.)Folge der Theile, zu deren Buchstaben diese Ziffern als Exponenten gesetzt sind.

Tafel I.

Capsella bursa pastoris.

(Seite 5.)

Fig. 1—3. Keimlinge auf ihren Vorkeimen, mit deren stark vergrösserter Basal-Zelle. Die Keimmutterzelle ist durch die erste Theilung längsgespalten. 2 und 3 in schiefer Ansicht, so dass die beiden Spalt-Zellen einander etwas decken. 1, B zeigt den Keimling 1 in seinem Samenknöspchen.

Fig. 4, 5. Keimlinge, die Quadranten-Theilung zeigend, 4 und 5 ohne Anfangszelle des Vorkeims, im optischen Durchschnitt der Haupt-Ansicht.

Fig. 6—8. Dergleichen, nach Abscheidung von bez. ein, zwei, vier Dermatogen-Mutterzellen. Die Anschlusszelle ist in 8 vom Vorkeim unterscheidbar zum Keimling getreten. Ansicht dieselbe.

Fig. 9—11. Aehnliche Keimlinge im Längsschnitt der Seiten-Ansicht. Die Theilung der Dermatogen-Zellen schreitet fort. In 10 ist eine untere Quadranten-Zelle in Spaltung begriffen. Anschluss-Zellen in 10 und 11 deutlich.

Fig. 12. Keimling derselben Entwicklungsstufe in der Aussenansicht der Seitenfläche.

Fig. 13. Aehnliches Exemplar im optischen Durchschnitt. Die Spaltung der unteren Quadranten-Zellen ist vollzogen.

Fig. 14. Dessgleichen, etwas weiter entwickelt, A bei medianer, B bei fast oberflächlicher Einstellung.

Fig. 15. Keimling wie Fig. 8, doch grösser entwickelt, zum Theil noch vom Keimsack umgeben, in Haupt-Ansicht.

Fig. 16. Aehnliches Präparat. Die Spaltung der unteren Quadranten-Zellen in der Richtung der Haupt-Ansicht beginnt.

Fig. 17—21. Folgende Zustände in derselben Ansicht. Die Quadranten-Spaltung vollzieht sich gleichmässig, und die oberen Quadranten-Zellen werden in verschieden geneigter Richtung getheilt. Die Dermatogen-Theilung wird ebenfalls gleichmässig durchgeführt. In 19 ist die Anschluss-Zelle quergetheilt. 18 B, die Oberflächen-Ansicht von 18 A.

Fig. 22—23. Keimlinge in ähnlicher Ansicht. Die Quertheilung der Periblem-Mutterzellen beginnt; in 22 auch die der Plerom-Zellen. In dieser Figur ist auch die Spaltung der oberen (Periblem-)Schlusszelle in drei Zellen schon sichtbar. Die untere Schlusszelle ist ungetheilt.

Fig. 24. Aehnliches Präparat von der Oberfläche gesehen mit reichlicher Dermatogen-Theilung.

Tafel 2.

Capsella.

(Fortsetzung.)

Fig. 25, 26. Folgende Zustände des Keimlings. Die Quertheilung hat in allen Zellen des hypokotylen Keimtheiles begonnen, und im kotylischen ist die Schieftheilung etwas fortgeschritten. Anschlusszelle in 25 nur quergetheilt. In 26 dagegen ist die untere (Dermatogen-) Schlusszelle gespalten.

Fig. 27. Im unteren Keimtheil ist eine neue Spaltung der Plerom-Zellen eingetreten, und dadurch der Anfang zum Procambium angelegt. Anschlusszellen beide zu Zellpaaren gespalten. Der Keimling ist noch ganz kugelförmig.

Fig. 28. Keimling mit den ersten Spuren der Verbreiterung des oberen Theiles, die sich auch in geförderter Theilung der seitlichen Zellen desselben zeigt; mithin Anfang der zweiten Entwicklungs-Periode. Die obersten Periblemzellen, pe', sind gespalten.

Fig. 29—31. Aehnliche Präparate mit fortschreitender Verbreiterung nach aussen und Zelltheilung im Inneren. Dabei ist in 30 nur die obere Schlusszelle in drei Tochterzellen gespalten, in 31 gar keine, in 29 dagegen ist die untere in zwei Zellpaare zerlegt, deren unterstes den Anfang der Wurzelhaube ausmacht.

Fig. 32—35. Allmähliches Heben der Keimblattanfänge und Zurückbleiben des Entstehungsortes der Stammknospe. Zelltheilung in allen Theilen fortschreitend. Allwärtstheilung im oberen Theile. Regelmässige Fortbildung des Dermatogens. Die Hypophyse überall in drei Schlusszellen zerlegt, die meist wieder gespalten sind.

Fig. 36—39. Keimlinge von immer mehr herzförmiger Gestalt. Oberer und unterer Bildungsheerd deutlich getrennt, doch die Gewebe in allen Theilen in lebhafter Zellbildung. Periblem, Plerom und Procambium im hypokotylen Keimtheil deutlich gesondert, im kotylischen noch nicht. Die Hypophyse überall deutlich ausgestaltet. In 36 treten die nächsten Dermatogen-Zellen zur Abspaltung von Wurzelhauben-Zellen hinzu. Bis 39 sämmtliche Initial-Gruppen reichlich entwickelt.

Fig. 40. Aehnlicher Keimling (ohne Vorkeim) genau von unten gesehen, und zwar in vier verschiedenen Einstellungen, so dass man in A die gekrümmte Basalfläche oberflächlich erblickt, in deren Mitte die Hauben-Schlusszellen, in B die Schlusszellengruppe des Dermatogens, in C die des Periblems und in D die dem Plerom eigenen Initialen; die letzten drei im optischen Querschnitt.

Tafel 3.

Capsella.

(Fortsetzung.)

Fig. 43. Keimling im weiter entwickelten Zustande. Periblem jederseits dreizellig, auch zwischen den Keimblättern in Differenzirung. Zellgewebe in diesen in Reihentheilung. Die zweite Schicht der Wurzelhaube in Anlage. (Vgl. übrigens S. 18.)

Fig. 41—47. Allmähliche Ausgestaltung des (unteren) Scheitels des hypokotylen Keimtheiles. Zunahme der Längs-Zellreihen der Sonderschichten. Stufenweis fortschreitende Anlegung neuer Wurzelhauben-Schichten durch wiederholte Spaltung der Dermatogen-Schlusszellen. In 47 die dritte Haubenschicht in Anlage unter Abscheidung vom Dermatogen vierten Grades. Zur Verdeutlichung dieses Vorganges ist in 42 und 47 das Dermatogen und das Plerom schattirt, Wurzelhaube und Periblem nicht. In 42 sind die Procambium-Zellreihen anders gestrichelt als die des Pleroms, in 44 jene nicht sondern nur diese gestrichelt. Beigefügte Skizzen zeigen die Stellung der Keimlinge, in der die optischen Durchschnitte gezeichnet sind.

Tafel 4.

Oenothera nocturna.

(Seite 20.)

Fig. 1—3. Vorkeim im Scheitel des Keimsackes mit abgeschnürter Keim-Mutterzelle. In 3 eine Anschlusszelle in Bildung. (Bei diesen und den folgenden Figuren ist der Anschaulichkeit halber das Rudiment der unbefruchteten Keimzelle, die Spitze des Pollenschlauches u. s. w. öfter mitgezeichnet.)

Fig. 4. Vorkeim mit Keimmutter- und Anschlusszelle in der oberen Hälfte des Knospenkernes im optischen Median-Schnitt.

Fig. 5. Einzelliger Vorkeim mit Keim-Mutterzelle und Anschlusszelle.

Fig. 6—9. Keim-Mutterzelle mit Spalt-Theilung, ohne Anschlusszelle, auf ein- bis mehrzelligem Vorkeim. Fig. 7, sehr schief angesetzt.

Fig. 10—13. Aehnliche Keimlinge die zugleich eine Anschlusszelle entwickelt haben.

Fig. 14 - 16. Nächste Stufe, die Quadranten-Theilung ausführend.

Fig. 17. Wiederum fortgeschrittener Keimling mit beginnender Dermatogen-Sonderung, Quertheilung der Hypophyse und Spaltung ihrer unteren Zelle.

Fig. 18—20. Aehnliche Präparate in der Seiten-Ansicht. In 18 hat erst die untere Quadranten-Zelle die Dermatogen-Sonderung begonnen, in 19 und 20 auch die obere, und die Anschlusszelle erscheint quergetheilt.

Fig. 21—23. Keimlinge in Haupt-Ansicht mit Quadranten- und Dermatogen-Abtheilung. Letzte in 21 und 22 schon weiter gehend, während in 21 und 23 die Spaltung der unteren Quadranten-Zellen beginnt. Hypophyse in 22 und 23 quergetheilt, und die untere Zelle derselben gespalten. In 23 hat sich dieser eine fernere Vorkeimzelle näher angeschlossen.

Fig. 24—25. Regelmässige Vollendung der Theilung in den unteren und oberen Quadranten und in der Hypophyse. Fortbildung des Dermatogens.

Tafel 5.

Oenothera.

(Fortsetzung.)

Fig. 26—29. Keimlinge wie die vorigen mit allmählich eintretender und fortschreitender Quertheilung der unteren Spaltzellen.

Fig. 30, 31. Dergleichen mit etwas unsymmetrischer Zelltheilung und besonders schief entwickelter Hypophyse, bei 30 wegen schiefen Ansatzes am Vorkeim.

Fig. 32. Aehnlich wie 28 und 29, nur etwas grösser entwickelt.

Fig. 33, 34. Vollendung der ersten Keimentwicklungs-Periode durch fortgesetzte Zelltheilung aller Sonderschichten. In 33 ist die Hypophyse etwas unregelmässig getheilt und durch die Nachkommenschaft noch einer Vorkeimzelle scheinbar verstärkt. In 34 besteht sie aus zwei normalen Zellpaaren. Bei 33 x sind zwei Dermatogen-Zellen noch einmal abnorm gespalten.

Fig. 36. Basis eines älteren Keimlings. Hypophyse in drei Schlusszell-Gruppen ausgestaltet, deren unterste die Anlage der Wurzelhaube.

Fig. 35, 37. Aehnlicher und älterer Keimling bei und nach Sonderung der Keimblätter und vollendeter Anlage aller inneren Gewebeschichten. Am Grunde von 37 der Vorkeimrest.

Nicotiana Tabacum.

(Seite 26.)

Fig. 1—4. Ein- bis zweizellige Vorkeime mit abgeschiedener Keim-Mutterzelle, deren Theilung sich in 4 vorbereitet.

Fig. 5. 6. Keimlinge aus äquatorial getheilter Keim-Mutterzelle und Anschlusszelle, mithin aus drei übereinanderliegenden Zellen bestehend.

Fig. 7, 8. Auf die Aequatorial-Theilung folgende Meridian-Theilung der Keimlinge.

Fig. 9. Beginnende Dermatogen-Bildung. Obere Keim-Hemisphäre noch ungetheilt (etwas abnorm).

Fig. 10—12. Dermatogen-Sonderung vollendet. Quertheilung der unteren Quadranten zweiten Grades. In 10 und 11 liegt die obere Meridian-Theilung auffallend anders als die untere.

Fig. 13. Aehnlicher Keimling mit gespaltener Hypophyse.

Fig. 14. Dessgleichen mit fernerer Spaltung in den unteren Binnenzellen und Schieftheilung der oberen. Dermatogen weiter getheilt.

Tafel 6.

Nicotiana.

(Fortsetzung.)

Fig. 15—17. Keimlinge, in denen sich die Spaltung der Binnenzellen in Plerom und Periblem regelmässig vollzogen hat und die Hypophyse einfach gespalten ist.

Fig. 18, 19. Aehnliche Keimlinge mit einer in zwei Schlusszellenpaare, also längs und quer getheilten Hypophyse.

Fig. 20. Dessgleichen mit etwas fortgeschrittener innerer Zellspaltung.

Fig. 21. Ein wenig weiter entwickelter Keimling in drei Einstellungen von oben gesehen, so dass A die gewölbte Oberfläche des kotylischen Theiles von aussen, B den optischen Querschnitt dieses und C den des hypokotylischen Keimtheiles zeigt. Alle drei sind genau in derselben Stellung des Präparates abgebildet, und lassen die Verschiedenheit der Meridian-Theilungen im oberen (q r, s t) und unteren (m n, o p) Theil wahrnehmen. Fig. C zeigt zugleich die grosse Regelmässigkeit der Zelltheilungen in der hypokotylen Keimhälfte, B die geringere Symmetrie der kotylischen.

Fig. 22. Wenig weiter entwickelt als 19 und 20.

Fig. 23. Keimling vom Beginn der zweiten Periode. Die inneren Sonder-Schichten sind mehrreihig geworden und der Kugelscheitel hat sich durch die nach den Seiten geförderte Zelltheilung abgeflacht.

Fig. 24—26. Fernere Zustände mit fortschreitender Hebung der Blattanlagen und Zelltheilung in ihnen. Die Hypophyse ist dreischichtig geworden und wird durch die oberste Vorkeimzelle noch verstärkt. In 24 setzt sich die Dermatogen-Spaltung schon links von der Anschluss-Gruppe fort (d^2).

Fig. 27—29. Basal-Theile dreier grösserer Keimlinge mit Vorkeim-Resten, die weitere Ausbildung der Schlusszellen-Gruppe und besonders der Wurzelhaube zeigend. In 28 beginnt die Wucherung ihrer älteren Zellen. In 29 ist die Anlage unsymmetrisch. B, Keimskizze dazu.

Tafel 7.

Viola Altaica.

(Seite 30.)

Fig. 1, 2. Keimlinge, in denen ausser der Quadranten-Theilung eine Quer-Spaltung jeder Quadranten-Zelle zweiten Grades stattgefunden hat. Dermatogen und Hypophyse mehrzellig.

Fig. 3. Basis eines viel weiter entwickelten Keimes mit vollzogener Sonderung aller Schichten. Wurzelhaubenbildung nach links fortgeschritten. B, Skizze des Ganzen.

Veronica latifolia.

Fig. 4. Junger Keimling mit zweizelligem Vorkeim und erster Spalt-Theilung.

Cerastium.

(Seite 31.)

Fig. 5. Keimling am Ende der ersten Entwicklungs-Periode von sehr regelmässigem Zellenbau. Alle Sonderungen sind normal vollzogen.

Roemeria refracta.

(Seite 30.)

Fig. 6. Keimling beim Beginn der Keimblattbildung von sehr regelmässigem Ausbau.

Fig. 7. Basis eines ähnlichen.

Fig. 8. Ein weiter entwickelter. Alle Binnen-Sonderungen vollzogen. Ausser dem Dermatogen ist auch das Periblem schon ringsum differenzirt, im hypokotylen Glied dreireihig. Ort der Knospen-Anlage etwas mehr gefördert. Wurzelhaube sehr symmetrisch.

Geum urbanum.

(Seite 31.)

Fig. 9, 10. Keimlinge am Ende der ersten Periode von normalem Bau. In 10 sind die oberen Vorkeimzellen gespalten.

Fig. 11. Aelterer Keimling mit Blattanlagen. Die Gewebesonderung wie bei *Roemeria*, nur der Form entsprechend mehr gespreizt.

Tafel 8.

Alisma Plantago.

(Seite 33.)

Fig. 1, 2. Keimanlage von sechsschichtigem Zellbau, d. h. die beiden Keim-Mutterzellen und die Anschlusszelle sind quergetheilt, und die Theilzellen jener beiden längsgespalten, die Zelle a^1 am meisten. Vorkeim zweizellig.

Fig. 3. Aehnlicher Keimling auf seiner übergrossen ersten Vorkeimzelle im Keimsackscheitel. Obere Hypophysen-Zelle gespalten.

Fig. 4, 5. Aehnliche ohne die untere Vorkeimzelle. Obere Vorkeimzelle in Quertheilung. — Fig. 1—5 sind optische Längsschnitte.

Fig. 6. Perspectivische Zeichnung eines ähnlichen Keimlings zur Darstellung der in den übereinanderliegenden Querschichten verschiedenen Spalt-Theilung. Beginn der Dermatogen-Sonderung. (Keim ohne die erste Dermatogen-Zelle neunzehnzellig.)

Fig. 7—10. Allmähliche Vollendung der Dermatogen-Sonderung. In 8 ist auch die zweite Hypophysenzelle (c^2) schon gespalten.

Fig. 11. Nächster Entwicklungs-Zustand. Zerlegung aller Binnenzellen durch Spaltung.

Fig. 12. Fernere Vervielfältigung fast aller Zellen nach zwei Richtungen. Ein Eindruck (v) in der Aequatorialzone zwischen den beiden Keimhälften deutet auf den Beginn der zweiten Entwicklungsperiode.

Fig. 13, 14. Die Sonderung von Keimblatt und hypokotylem Theil wird bei Massenzunahme des Keimlings deutlicher. Die Hypophyse beginnt ihre Ausgestaltung.

Fig. 15. Fortlaufende Zustände der Zelltheilung in der Keimlings-Basis (nicht schematisch sondern nach der Natur gezeichnet). Die Buchstaben c^1 und c^2 bezeichnen die Hypophysen-Nachkommenschaft, a^n die aus der unteren Gegend der a^2-Familie stammenden Zellen. Die einer Theilfamilie angehörigen Tochterzellen sind durch gleiche Ziffern bezeichnet. Die zu einer Sonderschicht zusammentretenden Zellen werden dadurch kenntlich, dass Plerom und Dermatogen schattirt, Periblem und Wurzelhaube nicht schattirt sind. Vgl. S. 37—39. Mit x ist in G die abweichend geneigte Wand innerhalb der Dermatogen-Zellfamilien 4 und 7 bezeichnet.

Tafel 9.

Alisma.

(Fortsetzung.)

Fig. 16. Skizze eines Samenknöspchens, den umgebogenen Keimsack und den Keim auf der grossen Vorkeimzelle zeigend.

Fig. 17. Wurzelende eines weiter entwickelten Keimlings, den Fortschritt in der Fortbildung aller Schichten durch die Schluss- und Initial-Gruppen zeigend. Periblem jederseits vierreihig, Plerom nur zweireihig. Bei x eine eigenthümlich geneigte Theilungswand wie in Fig. 15 G.

Fig. 18. Median-Ansicht eines ganzen Keimlings in ähnlichem Zustande, mit fortgeschrittener Differenzirung von Keimblatt und Stammknospen-Anlage. Erstes stark gefördert durch stärkere Reihentheilung der Zellen.

Fig. 19 A, 20. Fernere Ausbildung der Stammknospe und der Keimblattscheide. Zweites Phyllom in Differenzirung. Die hintere Flanke der Keimblattscheide (wie in 18 u. 20) abschattirt hinter der optischen Median-Fläche mit dargestellt. 19 B, Wurzelende des gleichen Präparates, den Ausbau der Schlussgruppen zeigend. C, Skizze des ganzen Keimlings. Bei x bereitet sich durch lokale Spaltung des Periblems die Anlage der Nebenwurzeln vor.

Tafel 10.

Funkia Sieboldi.

(Seite 40. Vgl. Taf. 12.)

Fig. 1—5. Keimlinge, von Anlage der Mutterzellen a und b und deren Spaltung zur Hypophysen-Bildung (c) und zur ferneren Zelltheilung fortschreitend. Descendenz der Zelle b gefördert, Vorkeimrest klein.

Fig. 6—11. Keimlinge in weiterer nicht regelmässiger Zellvervielfältigung begriffen. Von 9 an bereitet sich die Dermatogen-Sonderung vor.

Fig. 12 A. Eine Seite eines älteren Keimlings mit der ersten Spur der Differenzirung beider Keimtheile. B, Skizze des ganzen.

Fig. 13 A. Die Differenzirungs-Stelle eines noch älteren Exemplars allein im Profil so dargestellt, dass die beiden Flanken der Keimblattscheide als über und unter der Einbuchtung liegend zugleich in Abschattirung mit gezeichnet sind. B, Skizze des ganzen Keimlings.

Fig. 14 A. Dieselbe Stelle des noch grösseren Keimlings, B, im Profilschnitt ohne Angabe der Keimblattscheide.

Fig. 15 A. Dessgleichen aus dem viel älteren Keimling 15 B, wie 13 im Profil mit den Seitentheilen der Keimblattscheide abgebildet.

Fig. 16. Skizze eines dem Reifezustand nahen Keimes. — Forts. Taf. 12, 14.

Tafel 11.

Allium rubrum.

(Seite 42.)

Fig. 1, 2. Jüngerer und älterer Keimling, beide in regelmässigem Zelltheilungsgang begriffen, mit Vorkeim.

Allium Porrum.

(Seite 42.)

Fig. 3—4. Aehnliche Keimlinge, mehr kugelig ausgebildet mit weniger regelmässiger Zelltheilung. Dermatogen noch nicht fertig gesondert. Bei d^1 spaltet sich das Dermatogen noch einmal.

Fig. 5—7 A. Darstellung des unteren Theiles älterer Exemplare, die allmähliche Gestaltung der inneren Gewebe-Differenzen, der Hypophyse und besonders die Ausbildung der Dermatogen-Schluss-Curve und die Anlage und Wucherung der Wurzelhaube darstellend. Das Dermatogen ist in 5 und 7 schattirt. Fig. 5—7, B, Skizzen der ganzen Keimlinge.

Fig. 8. Skizze eines fast reifen Keimes.

Tafel 12.

Allium Porrum.

(Fortsetzung.)

Fig. 9 A. Profilansicht der Differenzirungs-Vertiefung eines Keimes von der Gestalt 9 B mit Darstellung der vorderen und hinteren Keimblattscheiden-Seite.

Fig. 10 u. 11 A. Darstellung derselben Stelle bez. von der Fläche und in schiefer halbseitlicher Stellung aufgenommen von den älteren Keimen 10 und 11, B. Die Anlagestelle der Stammknospe verschwindet hinter den oberen und seitlichen Rändern der Keimblattscheide. Vergr. der drei Skizzen (9—11, B) = 15.

Asphodeline lutea.

(Seite 42.)

Fig. 12, 13. Keimlinge in verschiedenen Entwicklungs-Zuständen. Dermatogen angelegt und Hypophysen-Gegend in normaler Entwicklung.

Funkia Sieboldi.

(Fortsetzung. — Seite 44, 45. — Vgl. Taf. 10.)

Fig. 14. Darstellung der Basis eines viel älteren Keimes, die Zusammen-Ordnung der differenzirten Gewebeschichten mit ihren Schlussgruppen, besonders die Sonderung des Dermatogens von denselben und die Abscheidung der Wurzelhaube von diesem so wie deren Wucherung zeigend. Das Dermatogen ist schattirt.

Tafel 13.

Atherurus ternatus.

(Seite 46.)

Fig. 1. Anfang der Keimbildung durch Differenzirung der ersten Keim-Mutterzelle vom Vorkeim, von Zellen des Endosperms umgeben.

Fig. 2—4. Folgende Zustände mit fortschreitender Spaltung der ersten Mutterzellen.

Fig. 5—7. Fernere dergleichen mit angelegter und in Theilung begriffener zweiter Zelle.

Fig. 8, 9. Dergleichen Keimlinge mit fast regelmässig quadrantenartigen Theilzellen.

Fig. 10. Etwas abweichend gestaltetes Exemplar.

Fig. 11, 12. Regelmässige Fortbildung, Anlage der Hypophysen-Zelle in 12, die an Inhalt dem Vorkeimrest noch ähnelt, von Endosperm umgeben.

Fig. 13, 14. Kugelähnlich entwickelte ältere Keimlinge in Dermatogen Bildung begriffen, etwa am Ende der ersten Periode. Grenze zwischen a und b noch kenntlich.

Tafel 14.

Ruscus racemosus.

(Seite 43.)

Fig. 1, 2, A. Stammknospen-Anlage von der Keimblattscheide überwachsen und umgeben, 1 von der Fläche (Seitenansicht), 2 von der Seite etwas schief gesehen, von den Keimen 1 und 2, B.

Fig. 3, 4. Shizzen ähnlicher Keimlinge. Diese wie 1 und 2 B etwa 15-mal vergrössert.

Tradescantia Virginica.

Fig. 5. Junger wenigzelliger Keim-Anfang, fast den ganzen Vorkeim aufnehmend.

Fig. 6. Etwas älterer, kugelförmig entwickelt, A im Median-Schnitt, B von der Seitenfläche gesehen.

Fig. 7—11. Aeltere Zustände, die letzten fast reif, von sehr kurz gedrungener Form, mit breit und massig entwickelter Basis, fast schildförmiger Keimblatt-Anlage und geförderter Knospe; dem Graskeime nicht unähnlich.

Brachypodium distachyum.

(Seite 47.)

Fig. 12—20. Keimlings-Skizzen der aufeinander folgenden Zustände bis zur vollendeten Ausgestaltung; 14, 16, im Profil (Hauptansicht) 12, 13 im Halb-Profil, 15, 17, 18, 20 von der Breitseite (Seitenansicht) gesehen, halb durchsichtig; 19 im optischen Median-Schnitt der Hauptansicht dargestellt. In 19, 20 ist u der untere Keimblattrand.

Tafel 15.

Brachypodium.

(Fortsetzung.)

Fig. 1. Junge Keimlingsanlage durch Dreitheilung des Vorkeims gebildet in der Hauptansicht, das Convergiren der Scheidewände nach einer Seite zeigend.

Fig. 2. Eine ähnliche in der Seitenansicht in drei verschiedenen Einstellungen aufgenommen, so dass A eine dem Beschauer nähere, B die mittlere und C eine fernere Längsschnitts-Ebene darstellt. Der zunehmende Abstand der Scheidewandlinien in dieser Folge erweist das Divergiren der Querwände in der Richtung vom Beschauer weg. In B und C erscheint ein Vorkeimrest in Gestalt einer kleinen Basal-Zelle.

Fig. 3—6. Keimlinge in den folgenden Entwicklungs-Zuständen mit fortschreitender Zelltheilung in der Hauptansicht. Bei v eine scheinbare Scheitelzelle.

Fig. 7. Aehnliche Keimlinge ungefähr in der Nebenansicht.

Fig. 8, 9. Keimlinge im Samenknöspchen, etwas dislocirt. Bei end Endosperm-Zellen in Theilung.

Fig. 10, 11. In der Zelltheilung weiter geförderte Keimlinge, ziemlich genau in der Hauptansicht.

Fig. 12, 13. Dergleichen in verschieden schiefer Ansicht.

Fig. 14. Fernerer Zustand, in der Hauptansicht, mit beginnender charakteristischer Ausbildung der Keimanhang-Zellen. Die Zellfamilien a, b und c noch ziemlich gut begrenzt.

Fig. 15. Weiter entwickelter Keimling, ziemlich am Ende der ersten Periode, die ersten Spuren der Demarcations-Curve zwischen Keimling und Vorkeim (s), so wie die zunehmende Streckung des Keim-Anhangs zeigend. Dermatogen um den Keimling vollendet.

Fig. 16. Keimling nach Beginn der zweiten Periode, A als optischer Median-Schnitt der Hauptansicht, B als oberflächliche Seiten-Ansicht und C als Median-Schnitt dieser aufgenommen. A und B zeigen den sich bildenden Eindruck zwischen kotylischem und hypokotylischem Keimtheil, A und C immer noch schwache Spuren der Binnensonderung gegen den Keim-Anhang, die sich auch in den Oberflächen-Zellen von B erkennen lassen. Dermatogen über den oberen Theil des Keim-Anhangs ausgedehnt. D, Skizze im Grössenverhältniss der Darstellungen auf Tafel 14, wie solche auch in demselben Maassstabe allen folgenden Figuren beigefügt sind.

Fig. 17. Aehnlicher Keimling, A im Median-Schnitt, B als Oberfläche der Seitenansicht abgebildet.

Fig. 18. Aelteres Exemplar. Aeussere Differenzirung deutlicher, Keimblatt-Anlage gefördert, innere Gewebesonderung kaum fortgeschritten.

Tafel 16.

Brachypodium.

(Fortsetzung.)

Fig. 19. Keimling von ein wenig weiterer Ausbildung, welche die deutlicher werdende Sonderung der Demarcations-Curve gegen den Keimanhang zeigt. Seitenansicht.

Fig. 20. Etwas älteres Exemplar in den drei Ansichten wie Fig. 16. Keimblatt, Knospenbucht und Anhang fortgeschritten, innere Differenzirungs-Curve vollkommen angelegt.

Fig. 21. Zustand erheblich fortgeschrittener Entwicklung. Stammknospe schon zur Anlage eines zweiten Phylloms geneigt. Scheidentheil des Keim-Phyllomes durch einen Eindruck von diesem gesondert und auch als unterer Rand schon hervortretend.

Fig. 22. Oberer Theil eines älteren Exemplars, in allen Theilen deutlicher ausgeformt; besonders ist die Schildform des Keimblattes schon erkennbar, und die Binnensonderung in der Hypophysen-Gegend weit fortgeschritten. Zweites Phyllom deutlich.

Tafel 17.

Brachypodium.

(Fortsetzung.)

Fig. 23 A. Stammknospe von der Keimblattscheide oben und unten bedeckt und Hypophysen-Gegend aus einem wiederum weiter entwickelten Keimling in der Haupt-Ansicht. D, Mittlere Gegend der sich verengenden Keimblattscheiden-Höhle desselben Präparates in der Seiten-Ansicht. B, C, Skizzen für beide Ansichten.

Fig. 24. Aelterer Keimling mit schon kreisähnlichem Keimblatt in einer optischen Ebene dargestellt, die der Vorderfläche des Keimes parallel, die Knospe und die Keimblattscheiden-Höhle durchschneidet und die Furche zwischen dem Keimblatt und seiner Scheide berührt. Binnensonderung ziemlich vollendet, Wurzelhaube angelegt, Vegetationshügel auch seitlich von dem Differenzirungs-Wall des zweiten Phylloms umgeben, Keimanhang mit seiner Zotte in Fortbildung. C, mittlerer Theil der Oberfläche dieses Präparates in derselben Lage gezeichnet, den wieder mehr über der Knospenhöhle geschlossenen Rand der Keimblattseheide zur Anschauung bringend.

Fig. 25, 26. Fast und ganz geschlossener Keimblattscheidenrand in derselben Darstellung ungefähr den Entwicklungszuständen **14**, 17 und 18 entsprechend.

Tafel 18.

Brachypodium.

(Fortsetzung.)

Fig. 27. Theil eines viel älteren Keimes (ungefähr wie **14**, 18), die Ausbildung der Basis desselben und der benachbarten Gegend des Anhangs zeigend. Alle Sonderschichten sind deutlich entwickelt, die Wurzelhaube in fortschreitender Wucherung, der Anhang von der Keimbasis abgesprengt, der trichomatische obere Fortsatz desselben (ksch'') entwickelt.

Fig. 28 A. Aehnliche Darstellung eines noch älteren fast fertig entwickelten Keimes (wie etwa **14**, 19 u. 20). B, Knospe desselben Exemplars im Median-Schnitt.

Fig. 29. Theil des Median-Schnittes eines ähnlichen Keimes, den durch eine Kreisfurche (f') gespaltenen Rand des Keimblattes und die Knospe in der Höhle der geschlossenen Keimblattscheide zeigend. (Vergr. 150.)

Fig. 30. Unteres Ende des Keimanhanges mit dem zottenförmigen Anhängsel von demselben Keimling (in verkehrter Stellung. Vergr. 150).

Druck von Carl Georgi in Bonn.

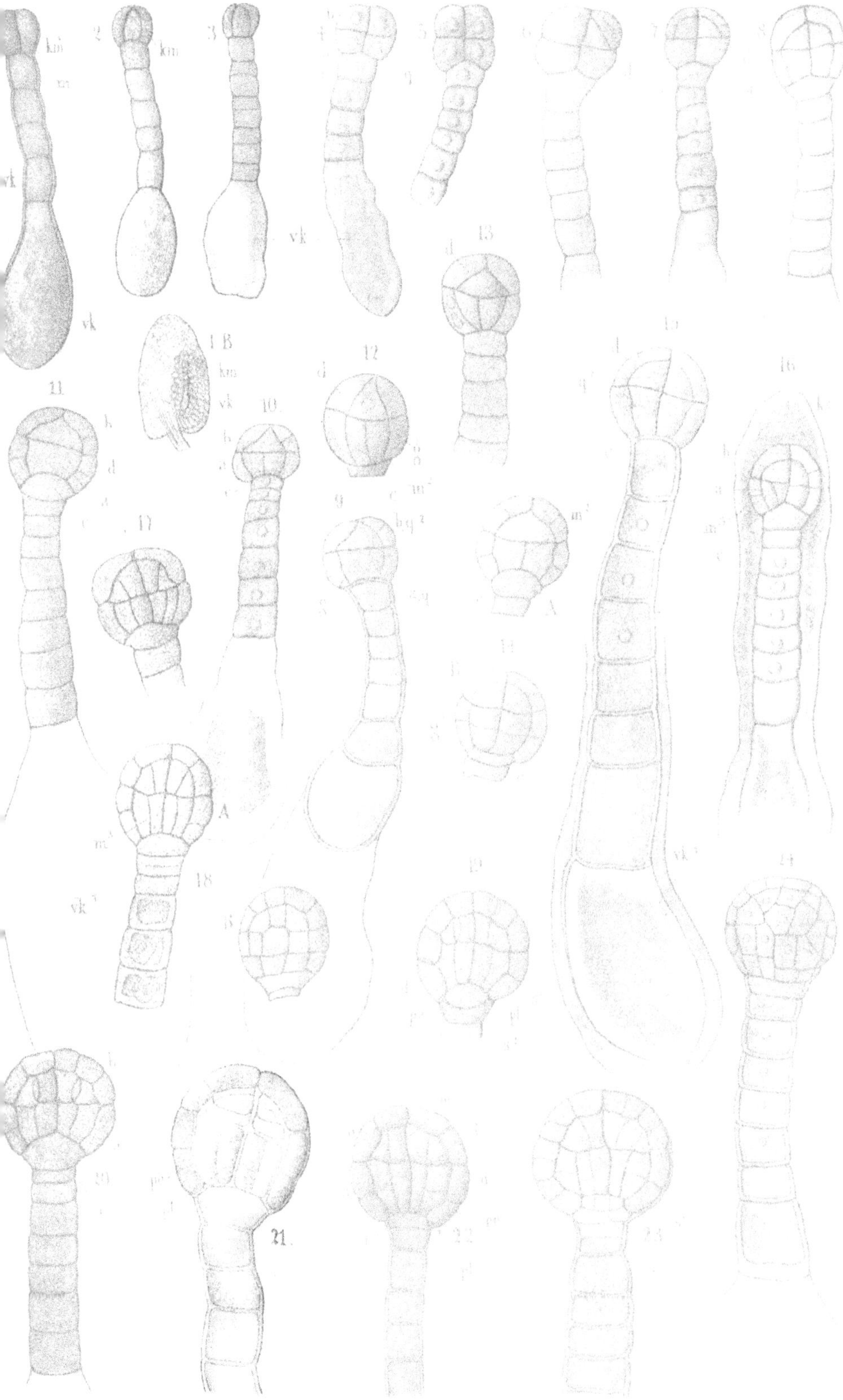

Ant. gez.

Capsella.

Capsella

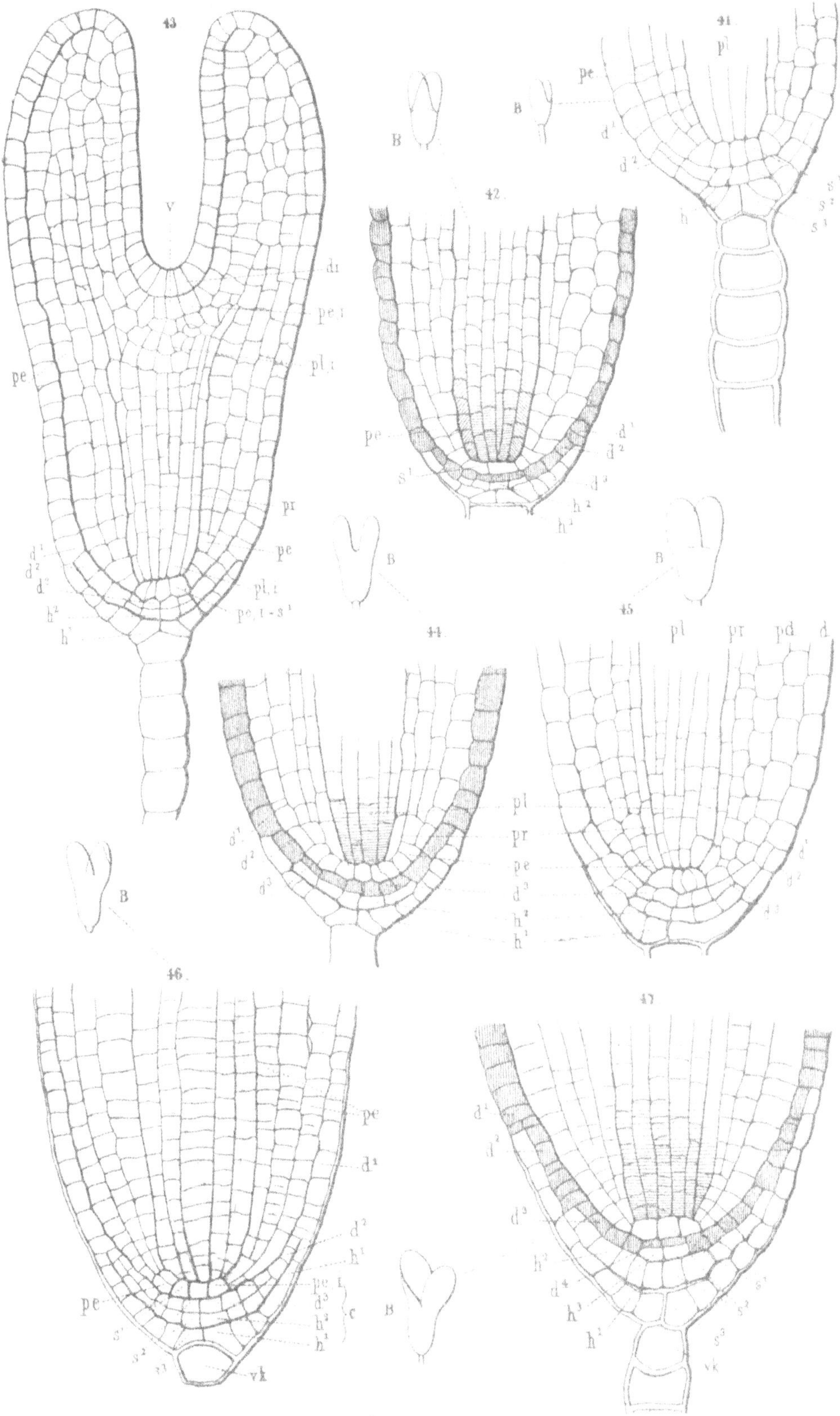

Capsella.

Aut. gez.

Lith. Inst. v. A. Henry in Bonn

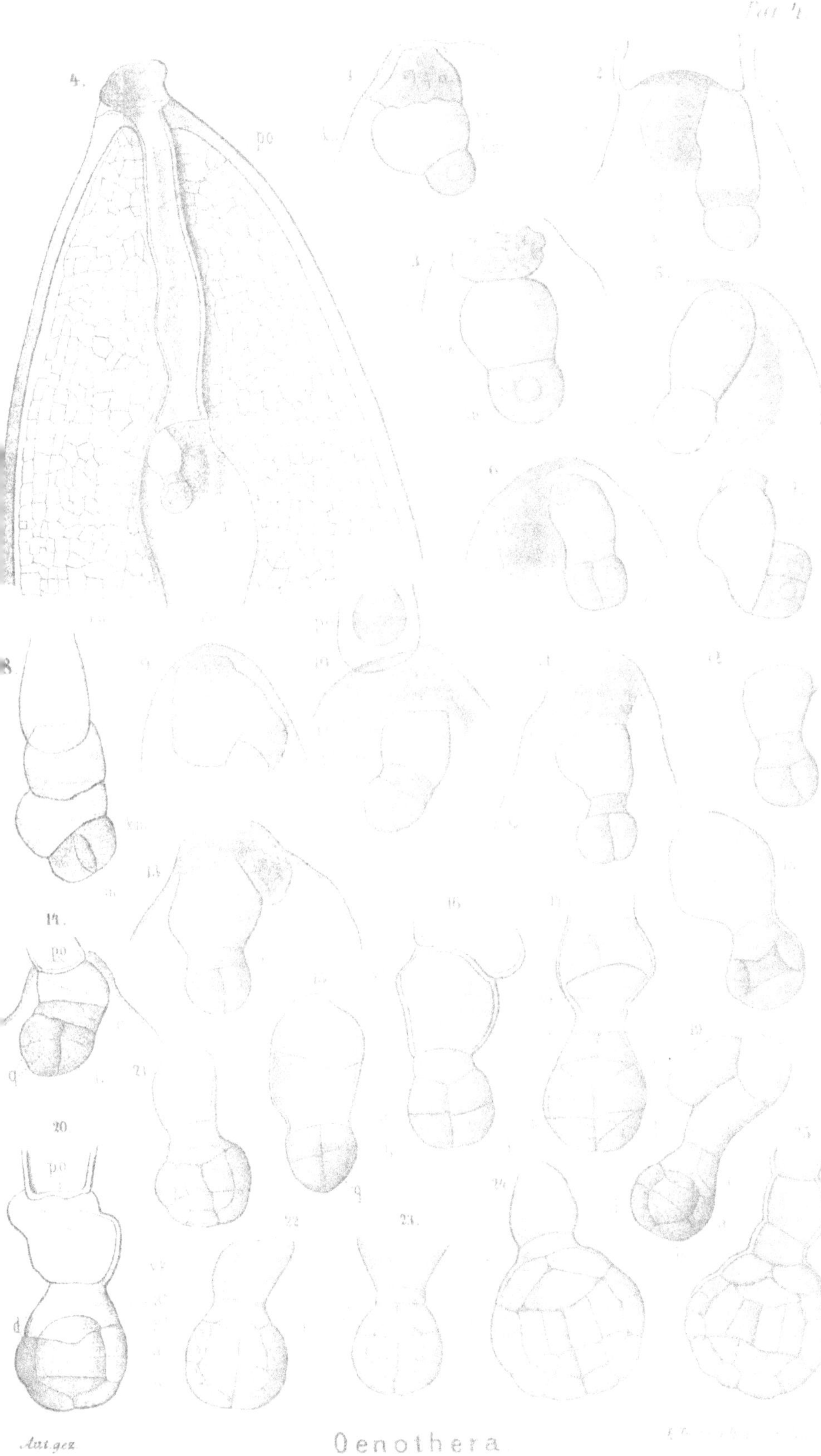

Aut. gez.

Oenothera

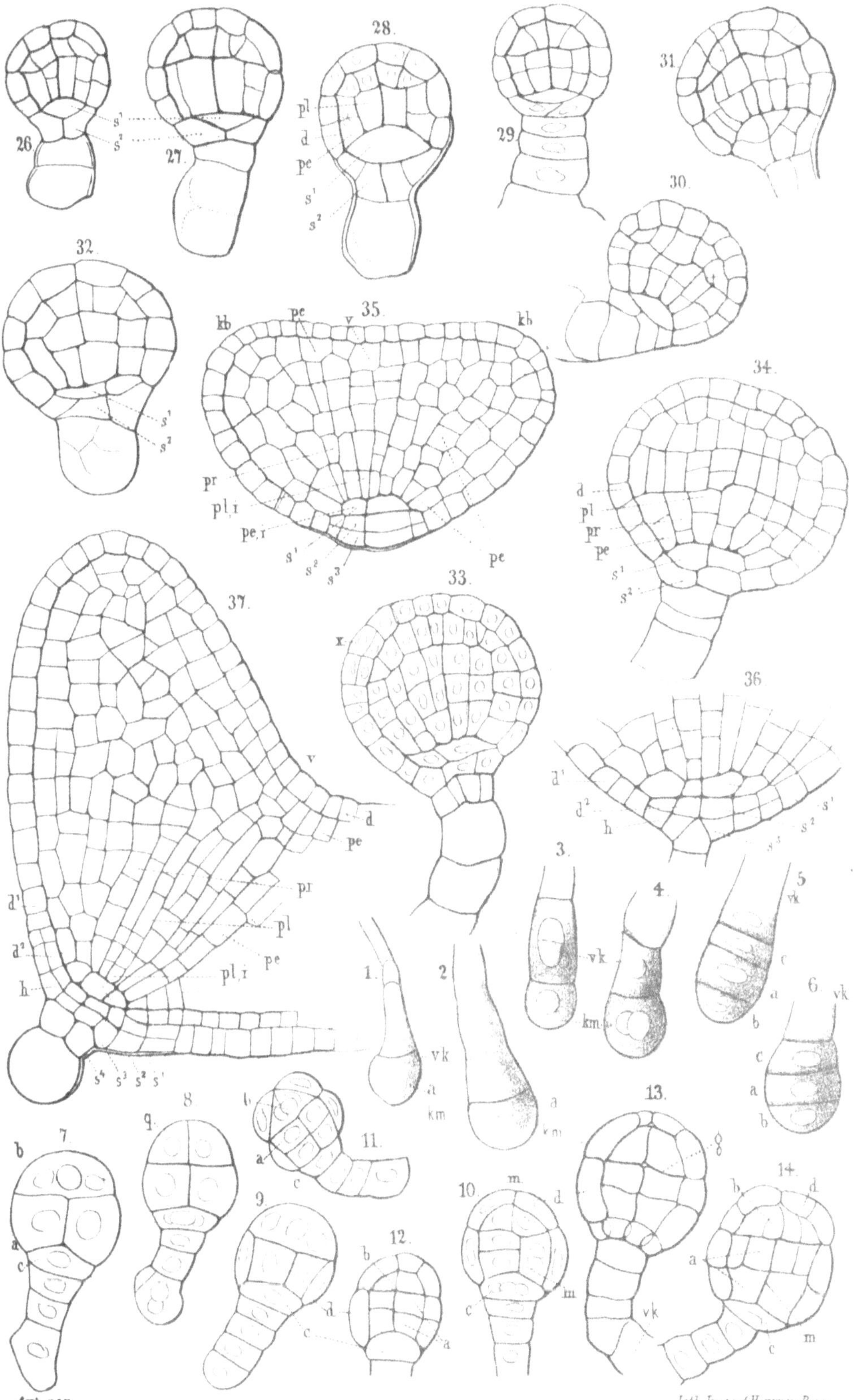

Aut. gez.

26-37 Oenothera. 1-14 Nicotiana.

Lith. Inst. v. A. Henry, in Bonn.

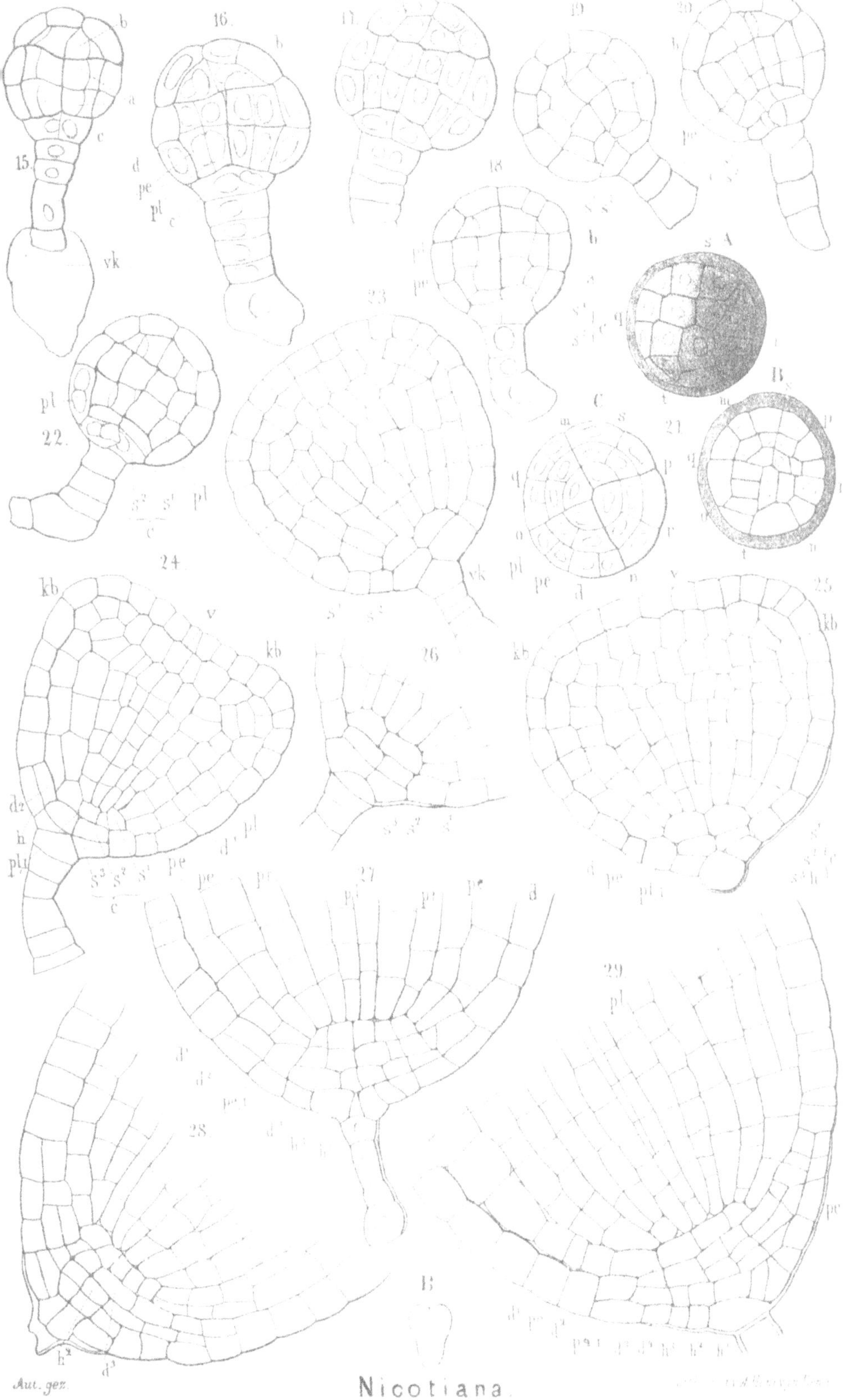

Aut. gez.

Nicotiana.

Taf. 7.

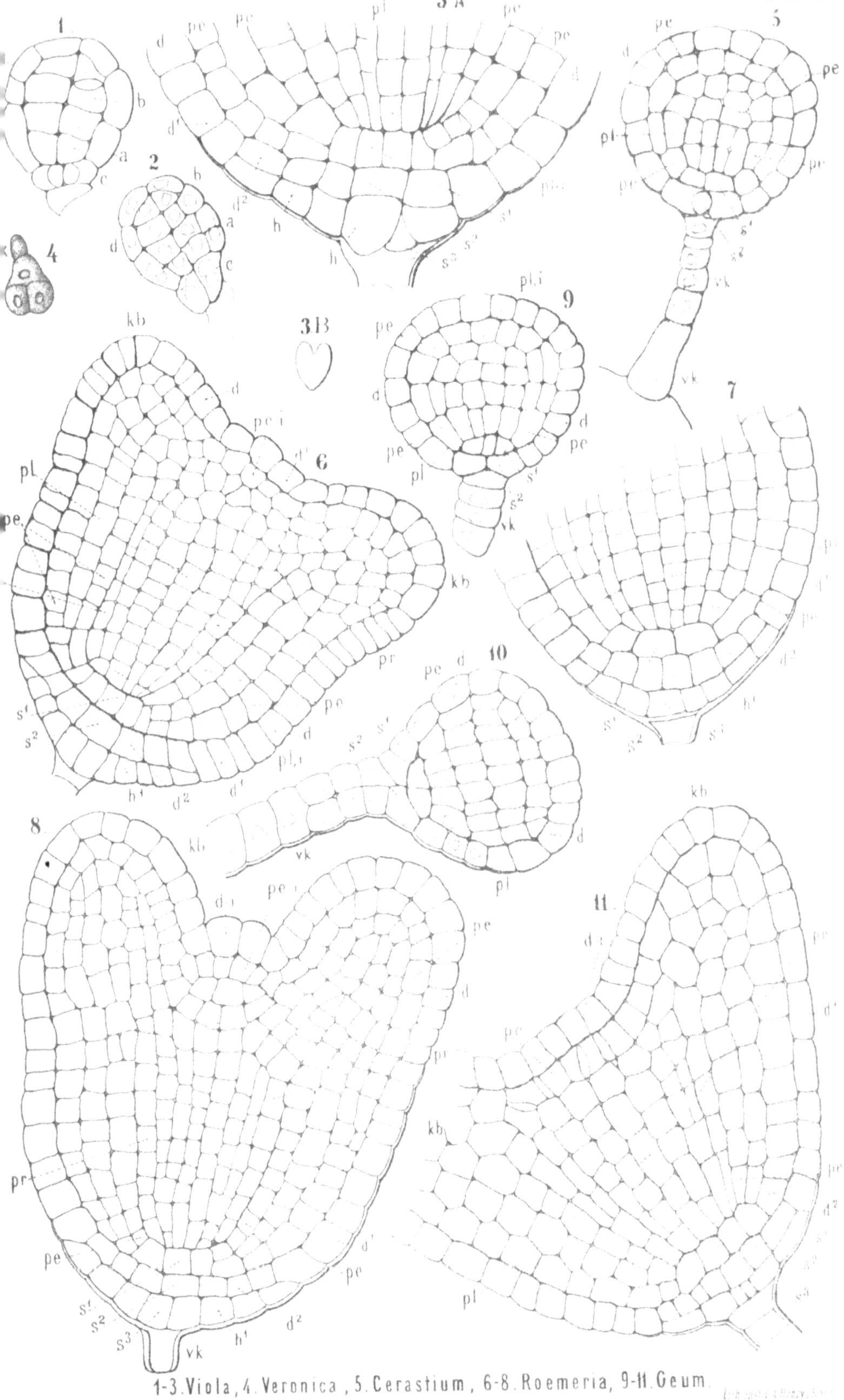

1-3. Viola, 4. Veronica, 5. Cerastium, 6-8. Roemeria, 9-11. Geum.

Aut. gez.

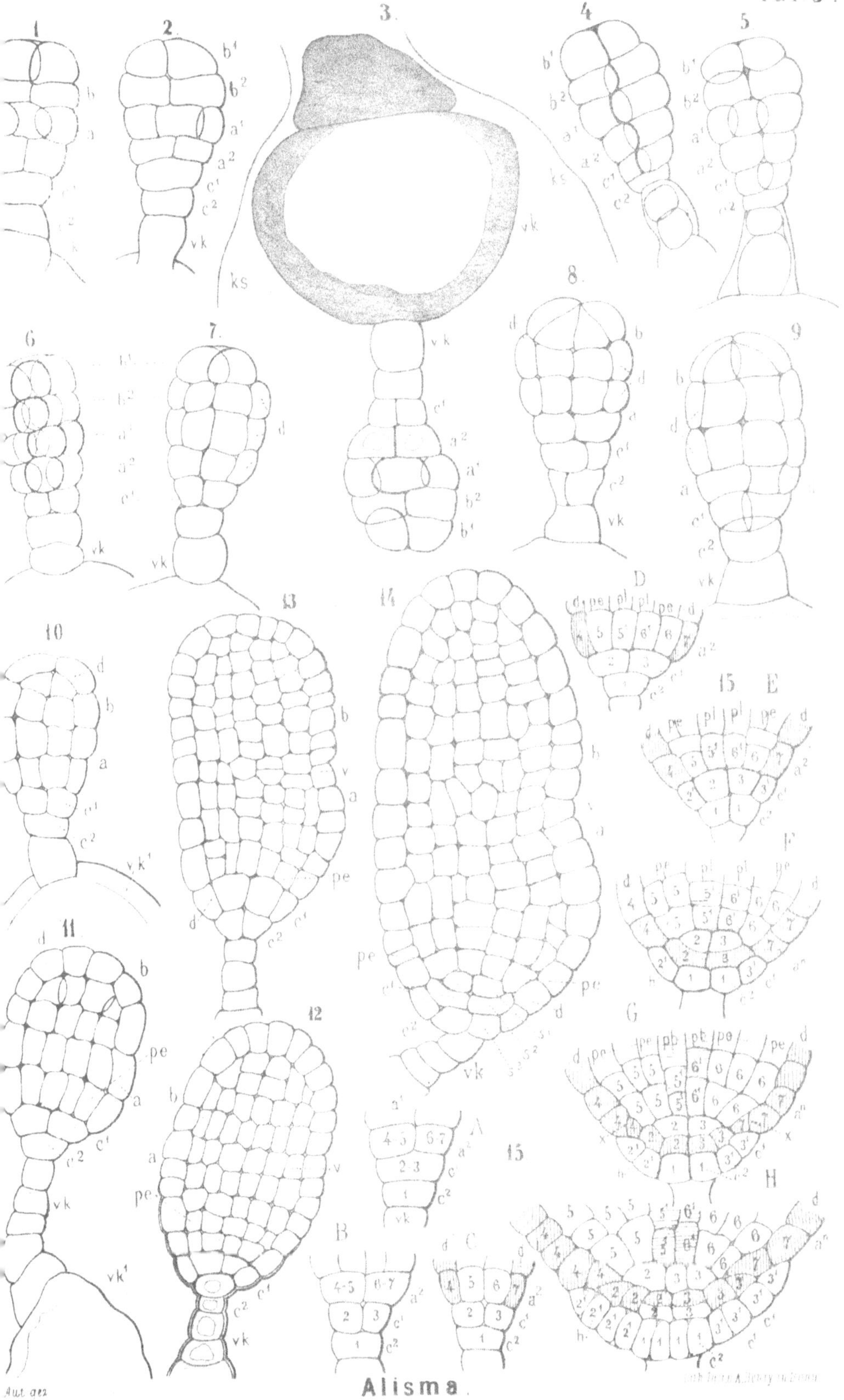

Aut. gez.

Alisma.

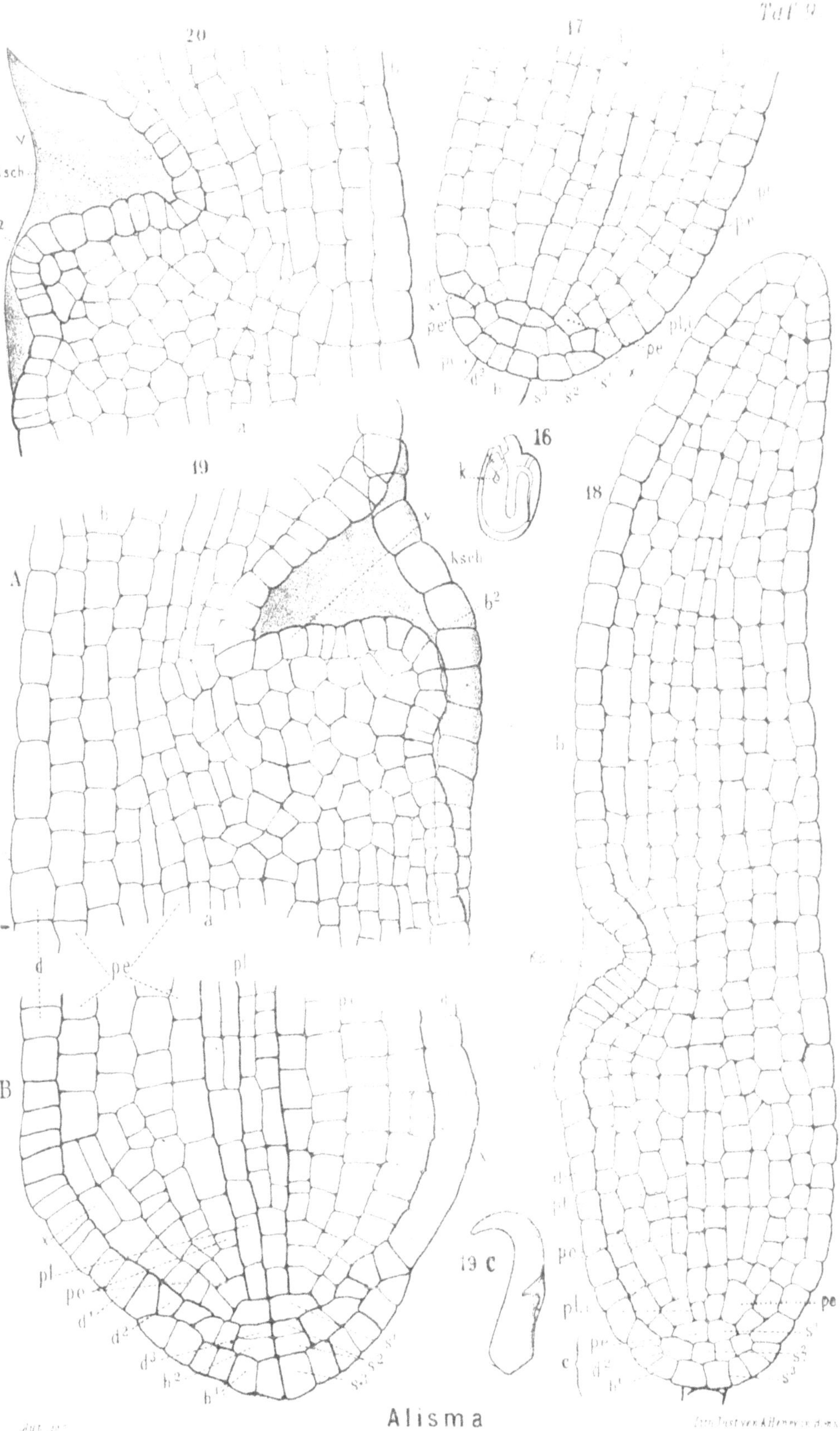

Alisma

Taf 10

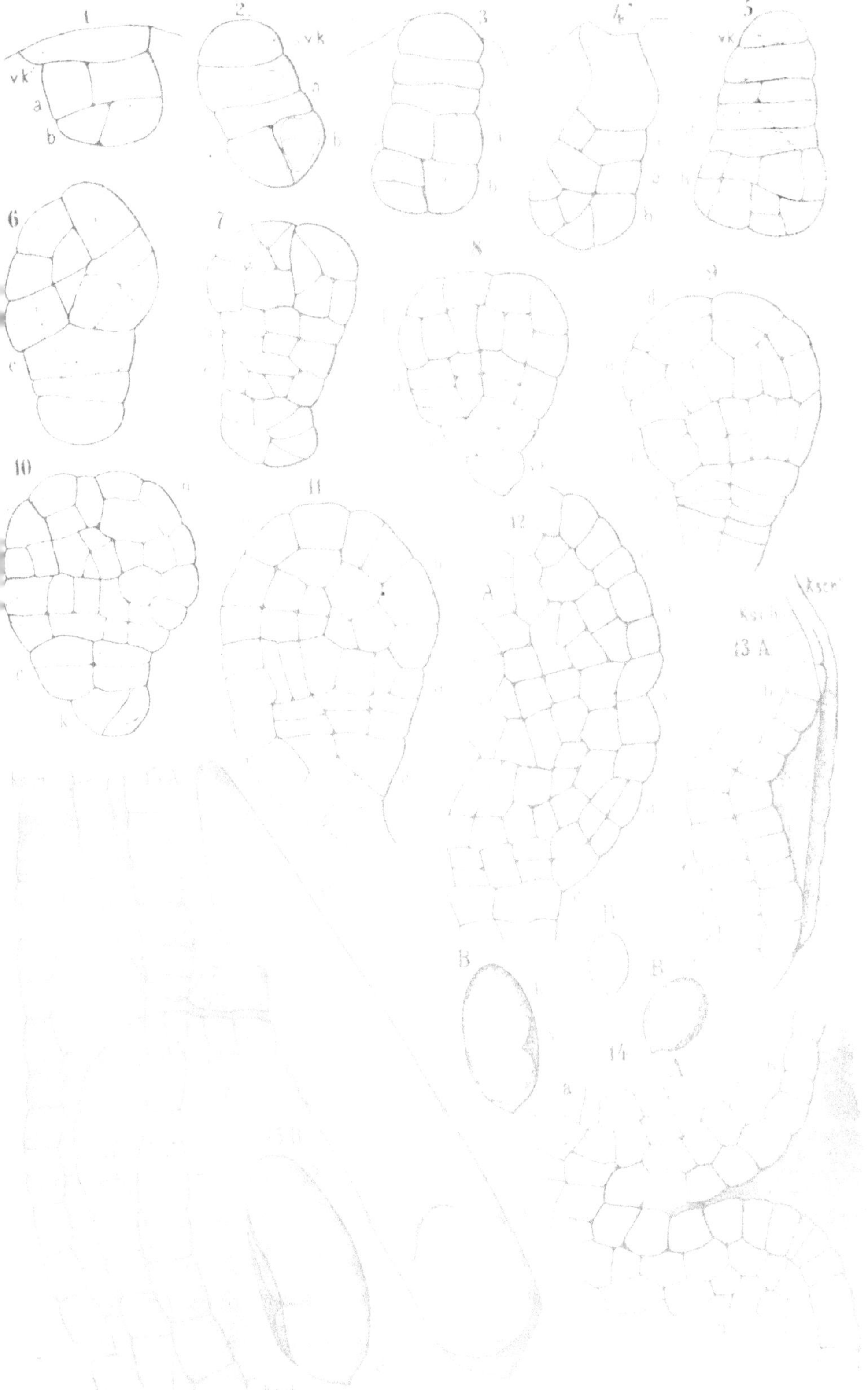

Funkia

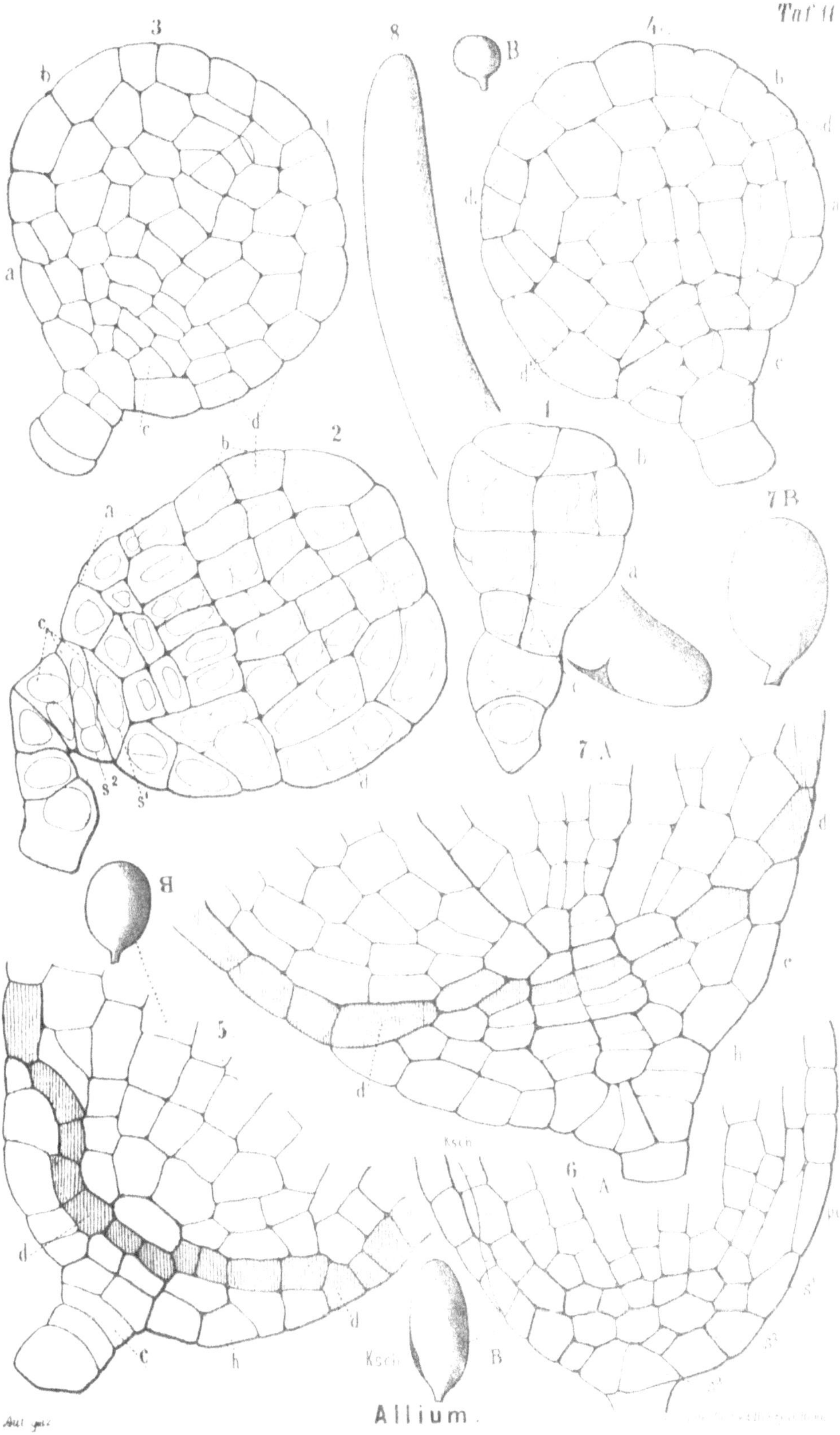

Allium.

Aut. gez.

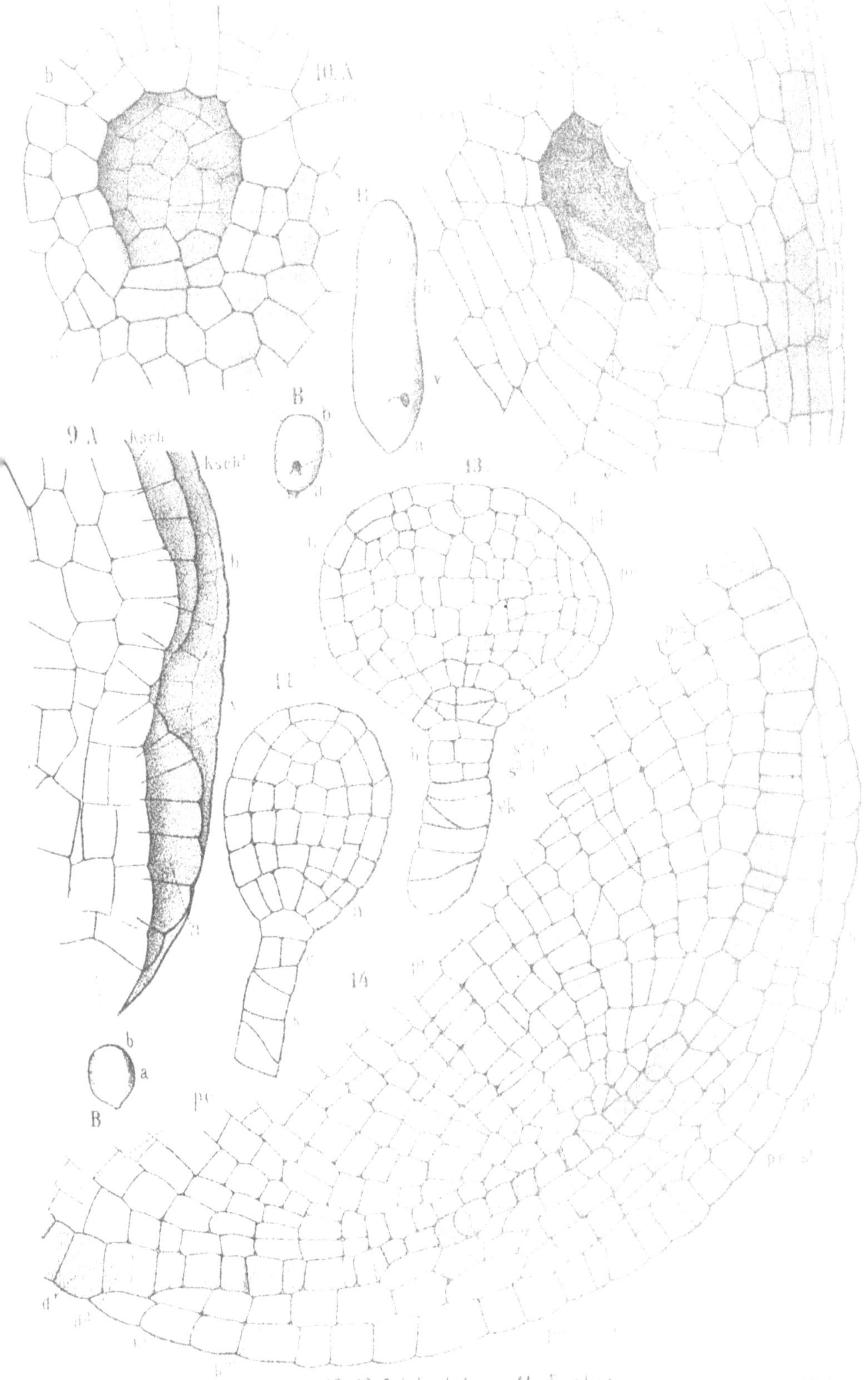

9-11 Allium, 12-13 Asphodelinae, 14 Funkia

Taf. 13.

Atherurus

Aut. gez.

1-4 Ruscus, 5-11 Tradescantia, 12-20 Brachyp.

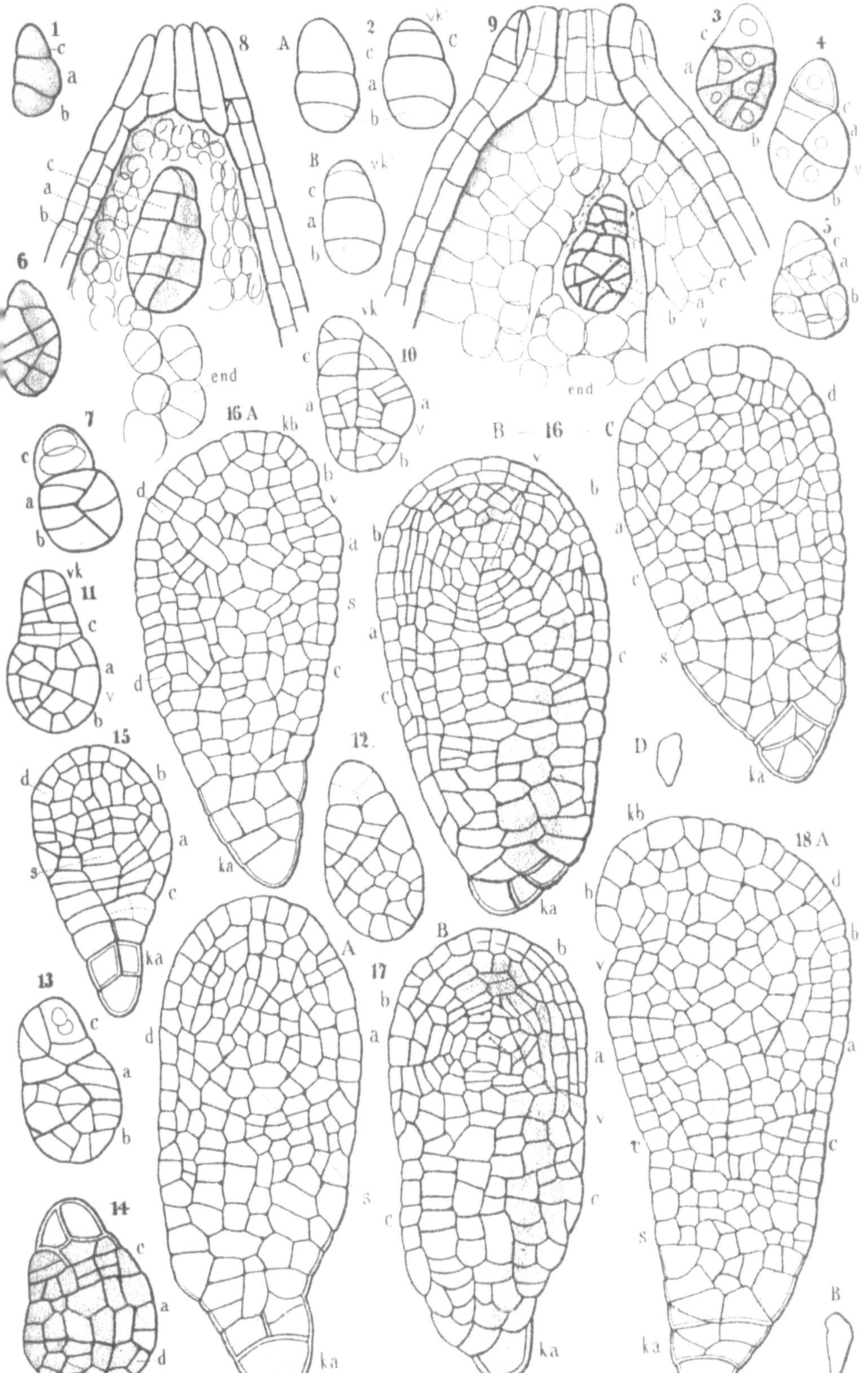

Brachypodium.

Aut. gez.

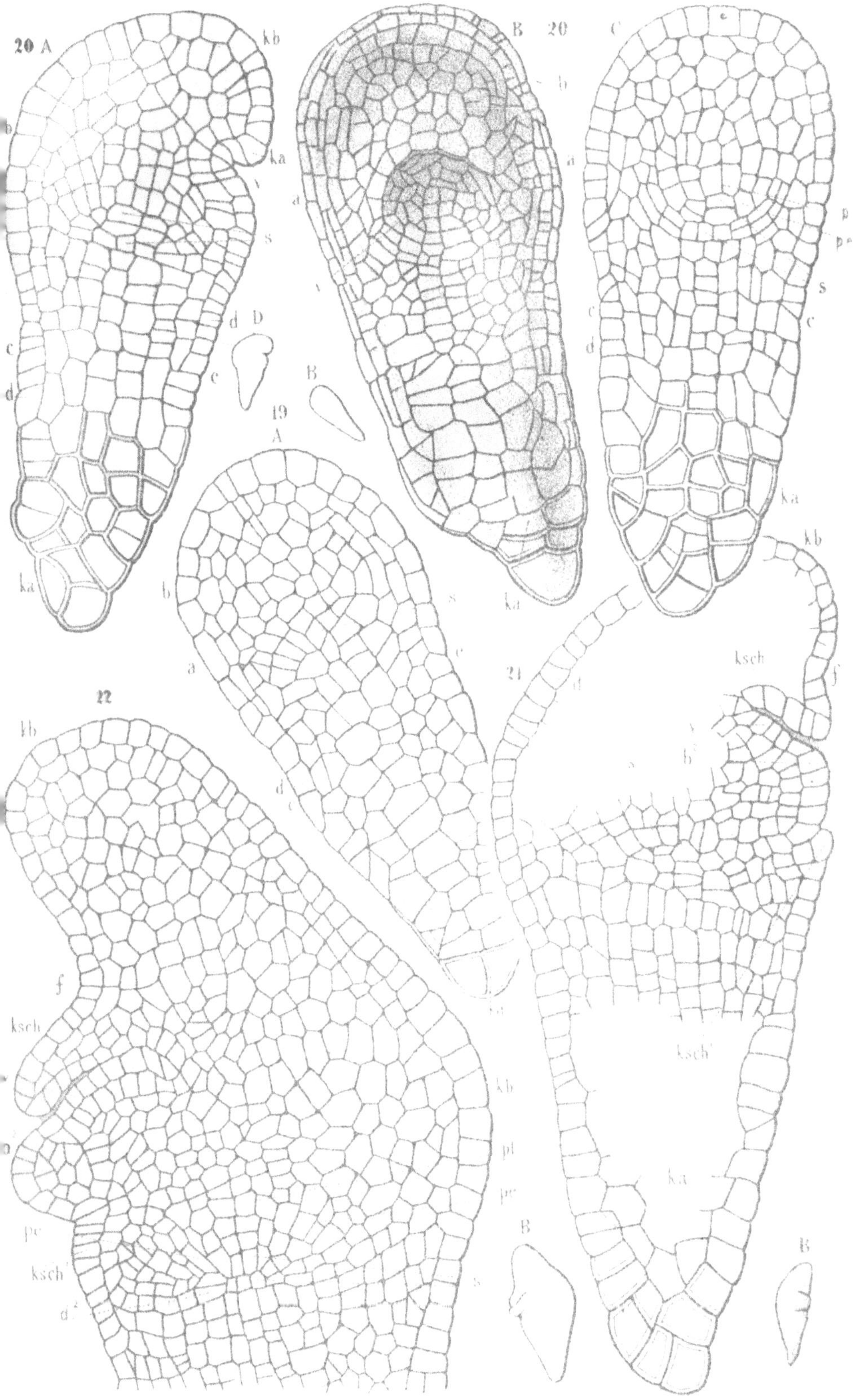

Brachypodium.

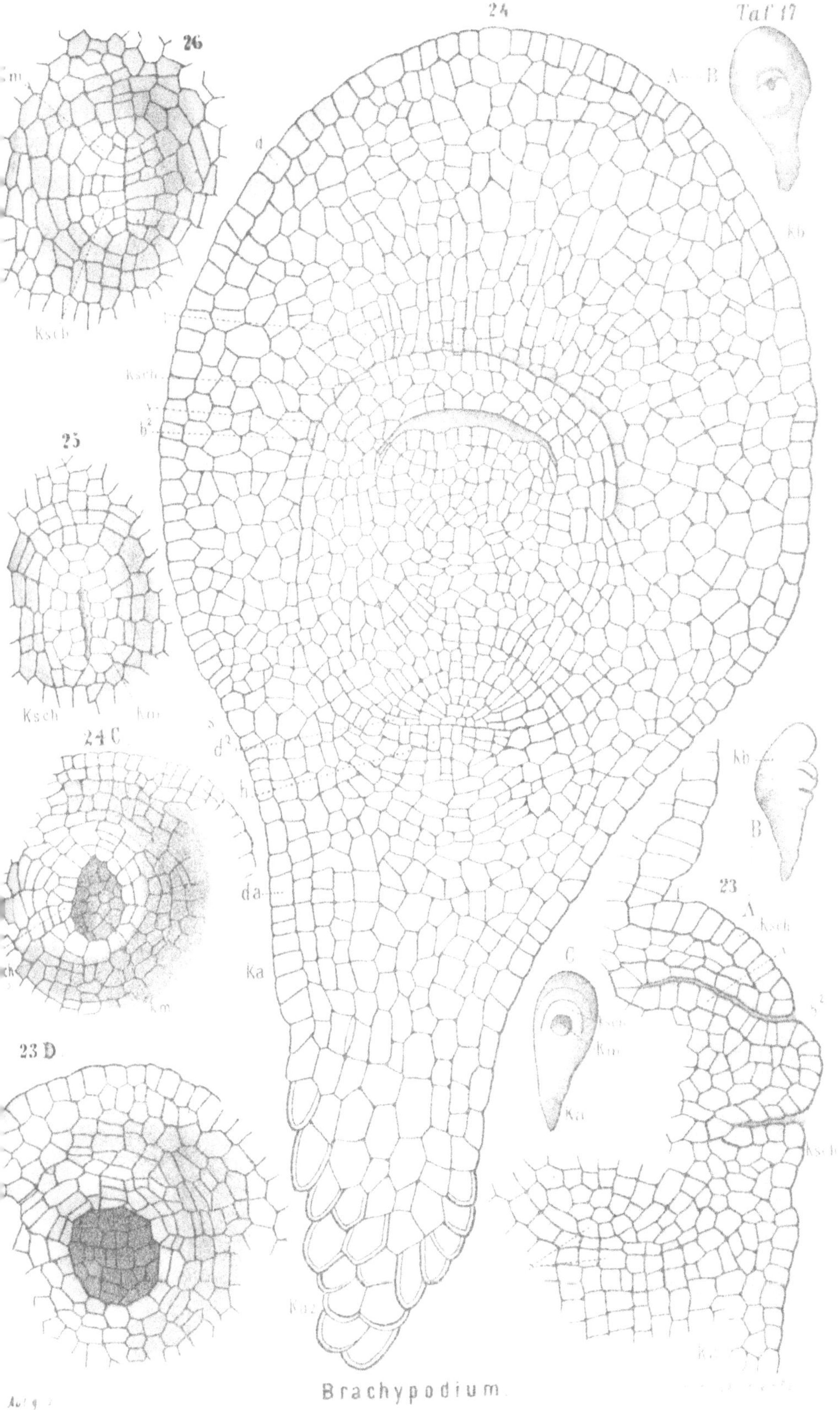

Brachypodium

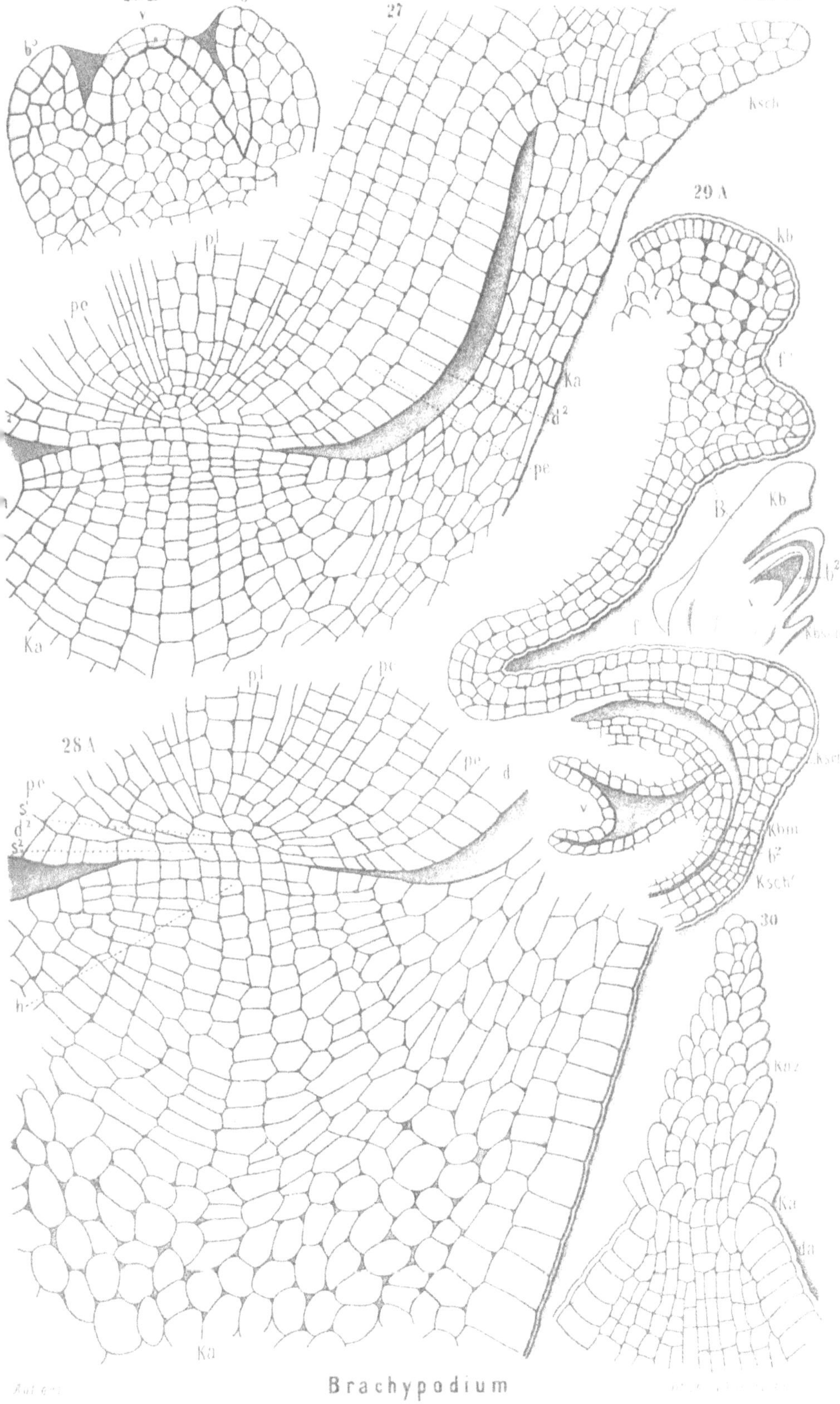

Brachypodium

BOTANISCHE ABHANDLUNGEN

AUS DEM GEBIET

DER MORPHOLOGIE UND PHYSIOLOGIE.

HERAUSGEGEBEN

VON

Dr. JOHANNES HANSTEIN,

PROFESSOR DER BOTANIK AN DER UNIVERSITÄT BONN.

ZWEITES HEFT.

Untersuchungen über Bau und Entwicklung der Bacillariaceen (Diatomaceen)
von Dr. Ernst Pfitzer.

BONN,

BEI ADOLPH MARCUS.

1871.

UNTERSUCHUNGEN

ÜBER

BAU UND ENTWICKLUNG

DER

BACILLARIACEEN

(DIATOMACEEN).

VON

DR. ERNST PFITZER,
PRIVATDOCENTEN AN DER UNIVERSITÄT BONN.

MIT 6 TAFELN IN FARBENDRUCK.

BONN,
BEI ADOLPH MARCUS.
1871.

Inhalt.

Untersuchungen über Bau und Entwicklung der Bacillariaceen.

Untersuchungen über Bau und Entwicklung

der Bacillariaceen.

Es ist bekannt, dass das Sammeln und Unterscheiden der Gehäuse von Muscheln und Schnecken schon auf eine hohe Stufe der Ausbildung gelangt war, ehe man daran ging, auch das in der Schale steckende Thier einer genaueren Betrachtung zu unterziehen. Wir wissen auch, dass die systematische Anordnung der Mollusken erst dann einigermassen feste Grundlagen erhielt, als man die unterscheidenden Merkmale nicht ausschliesslich von den Gehäusen, sondern namentlich von dem Thier selbst hernahm. In ähnlicher Lage befindet sich, wie das schon 1845 Meneghini [1]) aussprach, und wie man auch noch jetzt behaupten darf, die Kenntniss der Bacillariaceen [2]); nur ist bei diesen die oben angedeutete zweite Periode, wenigstens was die Systematik anbetrifft, noch kaum eingetreten. Eine grosse Menge von Beobachtern haben, nachdem Nitzsch und besonders Ehrenberg zuerst dieses Reich interessanter und zierlicher Organismen erschlossen hatten, sich demselben gewidmet. So ist denn die Zahl der bekannten Arten weit über Tausend gestiegen, ein reich gegliedertes System hat sich entwickelt, durch die Verbesserung der Mikroskope ist man zu einem genauen Studium der räumlichen Verhältnisse geführt worden, welche den Zeichnungen der Bacillariaceen-Schalen zu Grunde liegen. Nach allen diesen Richtungen sind ohne Zweifel grosse Fortschritte gemacht. Fragen wir dagegen, wer seit den bahnbrechenden Arbeiten

1) Meneghini, sulla animalità delle Diatomee. Venezia 1845. Uebersetzt in Ray Society's Publications 1853 S. 398.

2) Die Gründe, welche mich bestimmen, diesen Namen dem in neuerer Zeit gebräuchlicheren »Diatomaceen« vorzuziehen, werden S. 5 entwickelt werden.

Ehrenberg's unsere Kenntniss der weichen, verbrennlichen Theile der Bacillariaceen wesentlich bereichert, sowie wichtige Beiträge zu deren Entwicklungsgeschichte geliefert hat, so wäre nur eine sehr beschränkte Zahl von Namen zu nennen. Für die allermeisten Beobachter hatten und haben die Bacillariaceen erst Interesse, wenn sie durch Säuren oder Glühen alles Organischen beraubt und in leere Kieselskelete verwandelt sind.

Eine so einseitige Behandlung des Gegenstandes konnte nicht ohne schädliche Wirkung auf die Fortbildung unserer Kenntniss dieser Gruppe bleiben. Und in der That vermissen wir in den systematischen Werken, sowohl in Hinsicht auf die Grundlinien des Systems, als in Bezug auf die Principien, nach welchen die Arten unterschieden werden, jene Uebereinstimmung, welche eine gut untersuchte Familie auszuzeichnen pflegt. In letzterer Hinsicht hat namentlich die kaum als der Wissenschaft förderlich zu bezeichnende Methode, nach einzelnen gefundenen Schalen Species aufzustellen, deren Grenzen man nicht kannte, verwirrenden Einfluss gehabt. Nur verhältnissmässig wenige ausgezeichnete Forscher haben, wenn auch nicht die lebenden Bacillariaceen in ihrer Entwicklung verfolgt, so doch durch sorgfältigste Vergleichung ihrer Schalen zu bestimmteren Abgrenzungen zu gelangen versucht.

Es dürfte aber wohl an und für sich klar sein und ist auch mit specieller Beziehung auf die Bacillariaceen noch neuerdings von Grunow [1]) hervorgehoben worden, dass eine gute Systematik erst entstehen kann, wenn die Entwicklungsgeschichte der anzuordnenden Wesen in einiger Vollständigkeit bekannt ist, denn nur auf diesem Wege lässt sich thatsächlich feststellen, wie weit ein gegebener Organismus durch Ernährung und Fortpflanzung zu variiren im Stande sei, und auch die grössere und geringere Verwandtschaft der einzelnen Gruppen innerhalb der Familie tritt wohl bei dieser Methode am deutlichsten hervor. Mit Rücksicht auf diesen Grundsatz wurden im Frühling 1869 die Untersuchungen begonnen, deren Ergebnisse hier vorgelegt werden sollen, und bei welchen mir der Umstand zu Statten kam, dass ich mich schon seit 1862 auf Anregung des kürzlich verstorbenen, auf dem Ge-

---

1) Grunow, über einige neue und ungenügend bekannte Arten und Gattungen von Diatomaceen. Verhandl. d. zool.-botan. Gesellsch. z. Wien 1863 S. 138.

biet der Bacillariaceen sehr verdienstvollen Professor Schumann mit den letzteren vielfach beschäftigt hatte. Der Grundplan war, eine Reihe typischer Formen namentlich in entwicklungsgeschichtlicher Hinsicht genauer zu untersuchen, dabei gleichzeitig festzustellen, in wie weit der Bau des plasmatischen Zellkörpers mit den zur Zeit geltenden systematischen Anschauungen übereinstimme und so den Ausspruch Meneghini's [1]) zu prüfen, »that anatomy has to effect the same beneficial revolution in the natural classification of Diatomaceae, which is produced in the system and nomenclature of conchylia«. Da die bisherigen Systeme der Bacillariaceen sich nur auf die Form und Structur der Zellhaut gründen, so lag von vorn herein die Vermuthung nahe, dass wohl noch keines unter ihnen vollkommen den Namen eines natürlichen verdienen werde, und es war zu hoffen, dass man sich durch Berücksichtigung der weichen, verbrennlichen Theile vielleicht diesem Ziel mehr annähern können werde. Es wird sich mehrfach Gelegenheit bieten, zu zeigen, dass diese Voraussetzungen nicht ganz ungegründet waren, wenn auch hier, statt einer vollkommen durchgeführten neuen Anordnung nur einige Grundzüge dazu gegeben werden sollen, indem es sich zunächst mehr um den Entwicklungsgang an sich handelt. Um dem ersteren, weiteren Zwecke eines neuen Systems zu genügen, müssten einmal die hier nur nebenbei zuweilen erwähnten Meeresformen und ferner die sämmtlichen im Süsswasser lebenden Formtypen, deren einige bisher bei Bonn noch nicht aufgefunden werden konnten, eingehend untersucht werden.

Der Beobachter ist leider gerade auf diesem Gebiet sehr vom Zufall abhängig und auch dadurch in ungünstiger Lage, dass eine längere Cultur im Zimmer oder gar auf dem Objectträger bei sehr vielen Arten nicht gelingt, oder wenigstens eine grosse Trägheit in der Vermehrung und sonstige abnorme Vorgänge herbeiführt. Vor Allem aber darf man es bei den meisten Bacillariaceen als einen besonderen Glücksfall betrachten, wenn man einmal Gelegenheit hat, die sogenannte Copulation auch nur einigermassen vollständig zu beobachten, deren Kenntniss, wie später näher erörtert werden soll, für die Beurtheilung sowohl des Umfangs einer Art, als ihrer Verwandtschaft mit anderen Formenkreisen von grösster Wichtigkeit ist.

---

1) a. a. O. S. 398.

Trotz der vielen noch bleibenden Lücken aber, welche erst allmählich nach Erlangung geeigneten Materials, und zum Theil erst mit erheblich besseren optischen Mitteln, als uns zur Zeit zu Gebote stehen [1]), sich werden ausfüllen lassen, darf wohl dennoch schon jetzt die Behauptung aufgestellt werden, dass die Entwicklungsgeschichte der Bacillariaceen eine durchaus eigenthümliche, von der aller anderen nächst verwandten Organismen wesentlich verschiedene sei, und dass auch auf diesem Gebiet es an bemerkenswerthen Einzelnheiten nicht fehle. Auch können bereits Gesichtspunkte erhalten werden, durch deren Benutzung die systematische Methode an Sicherheit wesentlich zu gewinnen im Stande sein möchte.

Ehe wir jedoch zu specielleren Betrachtungen übergehen, möge es dem Verfasser gestattet sein, den allgemeinen Standpunkt, welchen er einnimmt, kurz anzudeuten. Seit langer Zeit stehen sich auf dem Felde der Bacillariaceen zwei sehr verschiedene Auffassungen schroff gegenüber. Die eine sieht im Inneren der starren Hülle einen gallertartigen Thierkörper mit mannichfachen Organen, die andere nichts, als eine plasmatische Pflanzenzelle. Indem sich der Verfasser zur letzteren, zuerst von Kützing [2]), Nägeli [3]) und v. Siebold [4]) genauer begründeten Ansicht bekennt, kann er jedoch nicht unterlassen, hervorzuheben, dass er damit, ganz abgesehen von der Möglichkeit einer noch verborgenen feineren Organisation des Plasmas, durchaus nicht leugnet, dass die Bacillariaceen, auch was ihre verbrennlichen Theile anlangt, sehr verwickelte Verhältnisse zeigen. Es soll vielmehr ein Hauptzweck dieser Untersuchungen sein, dies nachzuweisen. Ehrenberg protestirte seiner Zeit mit Recht dagegen, dass man im Inneren der Bacillariaceen nichts sah, als gelbe und hyaline Flecken (1830 Agardh [5]), 1833 Kützing [6])), wie er denn überhaupt die wesent-

1) Gewöhnlich wurde für diese Untersuchung ein Immersionssystem Nro. 7 von Gundlach benutzt, in einigen schwierigen Fällen auch ein solches Nro. 9 von demselben Optiker, welches im Besitz der Frau Geheimräthin Deichmann ist, und dessen Benutzung mir gütigst gestattet wurde.

2) Kützing, die kieselschaligen Bacillarien 1844 S. 27.

3) Nägeli, Gattungen einzelliger Algen 1849 S. 2 ff.

4) v. Siebold, über einzellige Pflanzen und Thiere. Zeitschr. f. wiss. Zool. v. Siebold u. Kölliker 1849 S. 270 ff.

5) Agardh, Conspectus criticus Diatomacearum. Lundae 1830 S. 7 ff.

6) Kützing, Synopsis Diatomearnm. Linnaea 1833. Sep. Halle. 1834 S. 13 ff.

lichen Bestandtheile des weichen Körpers der Bacillariaceen der Gestalt nach weit besser unterschieden hat, als alle seine Vorgänger und viele seiner Nachfolger. Dass Ehrenberg's Deutungen eine so wesentlich andere Richtung einschlugen, als diejenigen späterer Forscher, findet seine Erklärung und Begründung vielleicht darin, dass in dem Zeitpunkt, in welchem derselbe seine fundamentalen Untersuchungen machte, die Lehre von der Zelle noch nicht soweit vorgeschritten war, dass er in ihr ein Vergleichungsobject für die bei den Bacillariaceen beobachteten mannichfachen Verhältnisse hätte suchen können. Die bahnbrechenden Arbeiten von Mohl und Nägeli kamen hier zu spät.

Die Frage übrigens, ob die Bacillariaceen mit Bestimmtheit den Pflanzen oder Thieren zuzurechnen seien, scheint bei dem Mangel genügender Definitionen für beide Hauptbegriffe weniger wichtig, wird jedoch noch am Schluss erörtert werden.

Dass in der vorliegenden Abhandlung stets von *Bacillariaceen*, nicht von *Diatomaceen* gesprochen wird, soll in dieser Hinsicht nichts präjudiciren. Freilich haben meist diejenigen, welche die in Rede stehenden Organismen als Thiere betrachteten, den ersteren Ausdruck gewählt, während die Vertreter der Pflanzennatur die letztere Bezeichnung brauchten. Es scheint mir aber ein durchaus ungerechtfertigtes Verfahren, dass man den Namen einer Familie ändert, einzig und allein, weil man eine andere Ansicht über ihre Stellung zu den beiden grossen organischen Naturreichen hat. Mit demselben Rechte müssten die *Volvocinen* u. A. ihren Namen verlieren, weil sie jetzt zu den Pflanzen gestellt werden, und die logische Durchführung desselben Grundsatzes könnte dahin führen, dass auch Gattungen u. s. w. stets umgetauft würden, so wie sie ihre Stellung im System wesentlich änderten. Nach meiner Ansicht entscheidet in der Frage, welcher Name einer Gruppe mit Recht zukomme, nur die geschichtliche Priorität. Diese ist aber, wie sogleich nachgewiesen werden soll, durchaus für die Bezeichnung *Bacillariaceen*.

Nachdem nämlich am Ende des 18. Jahrhunderts schon einige Formen dieser Gruppe als *Confervae* oder *Vorticellae* beschrieben worden waren, und O. F. Müller[1]) 1782 die *Bacillaria paradoxa*

1) Müller, kleine Schriften. Herausgegeben von Göze. 1782. S. 1.

beobachtet und *Vibrio paxillifer* genannt hatte, gab ihr Gmelin[1]) 1788 ihren jetzigen Namen, und stellte damit die erste — noch heute bestehende — Bacillariaceen-Gattung auf. Die Gattung *Diatoma* wurde dagegen erst 1805 von De Candolle[2]) gebildet. Nitzsch[3]), welcher mit seinen classischen Untersuchungen den Grund unserer genaueren Kenntniss der ganzen Gruppe legte, nannte dieselbe 1817 „*Bazillarien*", Bory de St. Vincent[4]) 1822 mit richtigerer Schreibweise „*Bacillariées*", während erst 1824 Agardh[5]) den Namen „*Diatomeen*" bildete. Ehrenberg hat mit Recht stets an der Bezeichnung „*Bacillarien*" festgehalten. In dem Hauptwerk Kützing's ist auf dem Titel gleichfalls dieser Ausdruck vorangestellt, so dass man dasselbe überall als „*kieselschalige Bacillarien*" citirt findet. Focke[6]), welcher die gründlichsten älteren Untersuchungen über den inneren Bau der hier behandelten Organismen geliefert hat, giebt ihnen ebenfalls den Namen *Bacillarien.*

Ausser der unzweifelhaften Thatsache, dass der Ausdruck „*Bacillarien*" älter ist als „*Diatomeen*", ist also für die erstere Benennung noch anzuführen, dass die hervorragendsten deutschen Forscher sich derselben bedient haben. Der Umstand, dass sie in England und Frankreich kaum Eingang gefunden hat, und in neuerer Zeit auch in Deutschland ziemlich ungebräuchlich geworden ist, kann für uns kein Grund sein, sie zu verlassen. Man ist vielmehr dadurch nur um so mehr verpflichtet, dafür einzutreten, dass das Andenken der auf diesem Gebiet bahnbrechenden Männer auch in den von ihnen gegebenen Namen geachtet werde.

Endlich aber ist die Gattungsbenennung *Diatoma* DC., von welcher die Bezeichnung *Diatomeen* abgeleitet worden ist, überhaupt nicht anzuerkennen. Schon 1790 beschrieb Loureiro[7]) eine cochinchinesische

---

1) Linnaei Systema naturae ed. XIII. cura Gmelini Tome I. P. VI. p. 3903.

2) De Candolle et de la Marck Flore française Tome II. S. 48.

3) Nitzsch, Beitrag zur Infusorienkunde oder Naturbeschreibung der Zerkarien und Bazillarien. Halle 1817. (Neue Schriften der naturf. Ges. z. Halle III. 1.)

4) Dictionnaire classique d'histoire naturelle Art. *Bacillariées.* Citirt nach Kützing, Bacillarien S. 3, da mir das Original nicht zugänglich war.

5) Agardh, Systema Algarum. 1824. S. 1.

6) Focke, physiologische Studien. 2. Heft. 1854. S. 21.

7) Loureiro, Flora cochinchinensis I. 1790. p. 362.

Myrtacee als *Diatoma brachiata,* während De Candolle[1]) seine Algengattung *Diatoma* erst 1805 aufstellte, wohl ohne zu wissen, dass Loureiro diesen Namen schon vergeben hatte. Als De Candolle dann bei der Bearbeitung der *Myrtaceen* für den Prodromus an die von Loureiro beschriebene Pflanze kam, unterdrückte er den von dem Letzteren gegebenen Namen und ersetzte ihn durch einen neuen *(Petalotoma)*, statt vielmehr seine eigene Gattung *Diatoma* als irrthümlich benannt einzuziehen. Er citirt geradezu: *Petalotoma.* — *Diatoma* Lour. non DC.[2]). Dass *D. brachiata* Lour. auch zu *Carallia* Roxb. gezogen worden ist[3]), kann in der Sachlage nichts ändern, da auch das Genus *Carallia* (1814) jünger[4]) ist, als Loureiro's *Diatoma.* Nach alledem ist nicht zu bezweifeln, dass die Bacillariaceen-Gattung *Diatoma* DC. nicht fortbestehen kann, und möchten die Arten derselben am besten mit *Odontidium* vereinigt werden. Keinenfalls darf man aber von einer *Myrtacee* den Familiennamen einer Algengruppe ableiten.

Es kommt zu den bisher angeführten starken Argumenten zu Gunsten des alten Namens „*Bacillarien*" noch hinzu, dass derselbe viel bezeichnender ist, als sein Concurrent, da die starre Gestalt ein wesentliches, die Theilbarkeit aber eigentlich gar kein Merkmal der Gruppe als solcher ist.

Dass hier statt, wie Nitzsch und Ehrenberg schrieben: *Bacillarien* das Wort *Bacillariaceen* gewählt ist, geschieht lediglich, weil ein Familiennamen stets von einem Adjectivum des betreffenden Gattungsnamens abgeleitet werden muss.

---

1) De Candolle et de la Marck, Flore française II. p. 48.

2) De Candolle, Prodromus systematis naturalis regni vegetabiiis. P. III. S. 294.

3) Steudel, Nomenclator botanicus 1840. p. 502.

4) Roxburgh, Hortus Bengalensis 1814.

A. Die Zweischaligkeit der Zellhaut und das hieraus folgende Entwicklungsgesetz.

Die Einseitigkeit der Bearbeitung, welche die plasmatische Zelle gegenüber der starren Hülle vernachlässigte, zeigt sich auch in der Art und Weise, in welcher diese letztere selbst behandelt wurde. Da von den verschiedenen Flächen, welche eine Bacillariacee begrenzen, bekanntlich nur zwei (valves der Engländer, Nebenseiten Kützing's) mit den mannichfachen Zeichnungen geziert sind, um deren willen die meisten Beobachter ihre Aufmerksamkeit überhaupt nur den Bacillariaceen schenkten, so wurden im Allgemeinen nur diese Flächen, welche wir als „Schalen" bezeichnen wollen (Taf. 1 Fig. 2), betrachtet und gezeichnet. So kam es denn, dass die wichtigste Eigenthümlichkeit der Bacillariaceen-Zellhaut, ihre Zweischaligkeit, erst sehr spät aufgefunden wurde und selbst noch lange Zeit darauf so gut wie unbekannt bleiben konnte. Denn gerade diese ausgezeichnete Erscheinung tritt nur an den ungestreiften Flächen, nie bei der Ansicht senkrecht auf die Schalen klar hervor.

Da zu verschiedenen Zeiten mehrere Beobachter unabhängig von einander diese Verhältnisse mehr oder weniger gut erkannt haben, ohne dass es ihnen gelungen wäre, ihre Wahrnehmungen zu allgemeiner Anerkennung, oder auch nur zur allgemeinen Kenntniss zu bringen, so scheint es gerechtfertigt, hier auch auf diese historische Seite der Frage einzugehen. Zuvor aber wird es nöthig sein, den Thatbestand an einem einfachen Beispiel kurz darzulegen. Als solches mag eine *Pinnularia* dienen, wie sie auf unserer ersten Tafel Fig. 1—7 abgebildet ist.

Man macht sich von der Form einer solchen *Pinnularia* ein ungefähres Bild, wenn man sich eine flache und schmale elliptische Schachtel, mathematisch gesprochen, einen schmalen kurzen Ellipsencylinder vergegenwärtigt. Man kann von einem derartigen Körper, welcher also aus zwei elliptischen, nahezu ebenen Flächen und einem deren Ränder verbindenden gebogenen Gürtel besteht, drei Hauptansichten erhalten. Setzen wir die Schachtel in gewöhnlicher Weise auf einen Tisch und betrachten sie von oben, so sehen wir eine Ellipse, und in unserem speciellen Fall, bei der in gleicher Weise auf den Objecttisch des Mikroskops gebrachten *Pinnularia* ein Bild wie Taf. 1 Fig. 2. Wir wollen dies mit einem schon von Grunow[1]) gebrauchten Ausdruck die Schalenansicht nennen (side view der Engländer).

Stellen wir dann die Schachtel so vor uns hin, dass sie auf der gebogenen Fläche steht, und blicken wieder von oben darauf, so erscheint sie als langgezogenes Rechteck, die analog gebaute *Pinnularia* in derselben Weise betrachtet, wie Taf. 1 Fig. 1. Wir sehen dann ihre Gürtelansicht[2]) (front view der Engländer). Wollen wir von der letzteren wieder zur Schalenansicht, also von Fig. 1 zu Fig. 2 gelangen, so müssen wir die Zelle um einen rechten Winkel drehen, und zwar um eine mitten zwischen den beiden grossen Axen der elliptischen Schalen liegende und mit diesen parallele Linie. Eine weitere Drehung um 90° giebt wieder eine Ansicht, wie Fig. 1, nur mit dem Unterschied, dass jetzt diejenige Fläche nach oben gewandt ist, welche vorher unten lag, und so fort.

Halten wir endlich, um noch einmal zu dem Bild der elliptischen Schachtel zurückzukommen, diese letztere so, dass ihr längster Durchmesser senkrecht zur Tischfläche steht, so projicirt sie sich für das von oben her betrachtende Auge als ein kleines, nahezu quadratisches Rechteck und ebenso würde es sich mit der Endansicht einer *Pinnularia* verhalten. Es herrschte nun, und gilt wohl noch bei Vielen die Ansicht, dass das gebogene, gürtelförmige Stück, welches die Ränder der beiden Schalen verbindet und welches nicht in der Schalen-, wohl aber in der Gürtelansicht sichtbar ist, eine in sich continuirliche Membran-Platte sei. In Wahrheit setzt es sich aber zusammen aus zwei über einander geschobenen Ringen, deren jeder mit seinem einen äusseren Rande mit je einer Schale organisch verbunden ist, während sein anderer, innerer Rand frei endigt, indem er den anderen Ring zwar berührt, aber nicht mit ihm verwachsen

---

1) a. a. O. S. 142 f.

2) Diese Ausdrücke schienen zweckmässiger, als die älteren, weil „Haupt-" und „Nebenseite" von Verschiedenen in entgegengesetztem Sinne gebraucht werden. Die Meisten nennen mit Kützing die Schale „Nebenseite"; Hofmeister bezeichnete dieselbe, wie dem Verf. scheint mit mehr Recht, als Hauptseite. Am besten werden aber wohl solche nach der subjectiven Ansicht des Beobachters schwankende Ausdrücke ganz vermieden.

ist. Man macht sich also eine sehr richtige Vorstellung von einer *Pinnularia*, um bei diesem Falle zu bleiben, wenn man zwei elliptische Schachteldeckel von gleicher Tiefe, deren Durchmesser nur um eine geringe Grösse, nämlich nur um die doppelte Dicke ihrer Wand verschieden sind, mit den offenen Seiten einander zuwendet und über einander schiebt. Die oben schon benutzte Analogie einer Bacillariaceen-Zellhaut mit einer Schachtel ist demnach eine viel grössere, als man wohl erwarten möchte.

Die Abbildungen Taf. 1 Fig. 1 und 3 sind bestimmt, diese Verhältnisse anschaulich zu machen. Fig. 1 stellt eine leere Zellhaut von *Pinnularia viridis* in der Gürtelansicht dar, so also, dass die Schalen senkrecht zur Ebene des Papiers stehen. Die Zellhauthälften befinden sich in ihrer natürlichen Lage. Die rechte greift ringsum über den Rand der linken über; diese linke Hälfte ist, so zu sagen, in die rechte eingeschachtelt. Fig. 3 zeigt eine ganz ähnliche, in gleicher Stellung befindliche Zellhaut, bei welcher aber nach dem Absterben des Plasmas die beiden Hälften durch äussere Einwirkungen am einen, oberen Ende auseinandergetreten sind, während sie sich am anderen, unteren Ende noch theilweise umschliessen. Auch der Taf. 1 Fig. 6 gezeichnete schematische Querschnitt einer *Pinnularia*, bei welchem die Schalen rechts und links zu denken sind, möchte zur Verdeutlichung der Sache noch beizutragen im Stande sein.

Behufs schärferer Begriffsbestimmung wollen wir die beiden cylindrischen Membranlamellen, welche zusammen dasjenige bilden, was man „Kieselband, connective membrane“ nannte, als Gürtelbänder bezeichnen. Die Haut einer jeden Bacillariaceen-Zelle ist demnach also aus zwei Hälften zusammengesetzt, deren jede aus einer Schale und einem senkrecht dazu gestellten Gürtelband besteht. Die beiden Gürtelbänder sind dabei in einander verschiebbar, wie die Auszüge eines Fernrohrs, und werden auch im Lauf der Entwicklung wirklich so verschoben, wodurch der Abstand der Schalen verändert wird, wie dies in der oberen Reihe von Figuren auf Tafel 2 in mehreren Stadien dargestellt ist.

Eine solche Entfernung der Schalen von einander findet nun, hervorgerufen durch starkes Wachsthum der primordialen Zelle, regelmässig statt, wenn die letztere sich zur Theilung anschickt. (2, 4g.) Wenn dann die neu entstandenen Tochterzellen zur Zellhautbildung schreiten, so erfolgt diese nur an den einander zugewandten Seiten der jungen Zellen (2, 5g). Es werden hier zunächst neue Schalen ausgeschieden, welche dann an ihrem freien Rande später auch das zugehörige Gürtelband entwickeln. Die neuen Zellhauthälften sind also vom Augenblick ihrer Entstehung an jede in eine der alten eingeschachtelt, oder, was dasselbe sagen will, die beiden Hälften der Haut einer Bacillariacee sind stets ungleich alt, die äussere ist immer die ältere. Wenn dann schliesslich die beiden alten Gürtelbänder sich gar nicht mehr berühren, wie in dem schematischen Querschnitt Taf. 1 Fig. 7, hängen die Tochterzellen nur noch durch die Adhäsion der neuen Schalen zusammen, und können sich dann leicht vereinzeln.

Wenn diese Auseinandersetzung auch nur die Grundzüge des Entwicklungsganges berühren konnte, so wird sie, verbunden mit einer Vergleichung der Figuren der ersten und zweiten Tafel, doch wohl hinreichen, um die nun folgende historische Darstellung verständlich erscheinen zu lassen.

Nachdem Nitzsch[1]), welcher bereits die prismatische Gestalt der Bacillariaceen gut kannte, diese in ganz mathematischer Weise betrachtet, und an ihnen zwei Planflächen (die Schalen), zwei Bogenflächen, 4 Seiten- und zwei Endkanten unterschieden hatte, begründete 1828 Turpin[2]) die schon erwähnte Auffassung, welche so lange Zeit in Geltung bleiben sollte. Er zuerst dachte sich den „Panzer“ der Bacillariaceen bestehend aus zwei Schalen („valves“) und einem Mitteltheile („une troisième pièce circulaire“), welcher der Gesammtheit der beiden Gürtelbänder entspricht. Diese Anschauungsweise möchte man wohl auch nach dem damaligen Stande der Mikroskopie am natürlichsten finden. Auffallend ist es dagegen, dass wenig später, obwohl die optischen Hülfsmittel eine unmittelbare Wahrnehmung des richtigen Sachverhalts sicher nicht gestatteten, ein ausgezeichneter Forscher in seinen Vorstellungen dem letzteren ziemlich nahe kam. „Schon 1830 schreibt nämlich Ehrenberg[3]) im Gegensatz zu den einschaligen

1) a. a. O. S. 64 Taf. 4 Fig. 21.

2) Turpin, observations sur le nouveau genre Surirella. Mémoires du Muséum d'Hist. natur. Tome XVI. 1828 S. 362.

3) Ehrenberg, Beiträge zur Kenntniss der Organisation der Infusorien. Abhandl. d. Berlin. Acad. 1830. S. 40.

Closterien der Bacillariaceen eine „lorica bivalvis“ zu. Dass die beiden damals von Ehrenberg angenommenen Hälften in ihrer Lage den in der Natur wirklich vorhandenen entsprechen, geht mit Wahrscheinlichkeit schon aus der a. a. O. S. 54 gemachten Bemerkung über den Querschnitt einer *Navicula* hervor, mit Sicherheit aus der 1831 gegebenen Charakteristik der Bacillariaceen [1]). Die Verbindungsweise beider Schalen scheint der genannte Forscher nicht näher ins Auge gefasst zu haben.

Im Jahre 1832 verliess derselbe dann die eben geschilderte Auffassung oder modificirte sie doch wesentlich. Er dachte sich nämlich nun [2]) die Trennungsebene der beiden Schalen im Vergleich zu seiner ersten Annahme um 90° verschoben, so dass, wenn wir seine Vorstellung auf unsere Figuren beziehen, die Panzerhälften in Fig. 1 durch die Fläche des Papiers, in Fig. 2 durch eine die grosse Axe der Ellipse in sich aufnehmende Ebene getrennt sein würden. Jede Hälfte betrachtete Ehrenberg dann wieder als zweitheilig [3]).

Bei weitem unvollkommener waren die Anschauungen, welche Agardh [4]) und Kützing [5]) zu derselben Zeit vom Bau der Bacillariaceen-Zellhaut hatten, und wir können dieselben daher hier füglich übergehen.

In Ehrenbergs grossem Infusorienwerk fand dann 1838 die Kenntniss der Bacillariaceen einen gewissen Abschluss. Ehrenberg nahm nun bei verschiedenen Gattungen auch einen wesentlich verschiedenen Bau des „Panzers“ an. Während er den Panzer von *Isthmia* [6]) einschalig nennt, folgt er bei *Gallionella* [7]) der 1831 vertre-

1) Ehrenberg, über die Entwicklung und Lebensdauer der Infusionsthiere. Abhandl. d. Berlin. Acad. 1831. S. 79. Es heisst da „Panzer zweischalig, veränderliche Sohle des Thieres aus der Längsspalte beider Schalen ragend“. Es ist aber bekannt, dass Ehrenberg die elliptische Seite, also auch in unserem Sinne die „Schale“ der *Naviculeen* als den Ort betrachtete, an welchem die Sohle hervorträte.

2) Ehrenberg, dritter Beitrag zur Erkenntniss grosser Organisation in der Richtung des kleinsten Raumes. Abhandl. d. Berl. Acad. 1833. S. 254 f. 258.

3) ebenda S. 263.

4) a. a. O. S. 3.

5) a. a. O. S. 4.

6) Ehrenberg, die Infusionsthiere als vollkommene Organismen. 1838. S. 209.

7) ebenda S. 167.

tenen Ansicht und nimmt bei *Cocconeis*[1]) eine Zusammensetzung aus zwei seitlichen, in der Mittellinie zusammenstossenden kahnartigen Schalen an, entsprechend der Auffassung von 1832. Bei *Navicula*[2]) setzt Ehrenberg nun bei verschiedenen Arten 2, 4 oder 8, bei manchen *Eunotien*[3]) viele Schalentheile voraus. Hinsichtlich der Verbindung der letzteren wurde nun bestimmt ausgesprochen, dass sie „ohne Schloss verwachsen" seien[4]). Bei *Amphitetras* näherte sich endlich Ehrenberg[5]) 1839 mehr der Turpin'schen Deutung.

Nach den Vorstellungen, welche man vom Bau des Panzers hatte, mussten sich natürlich auch diejenigen richten, welche man sich in jener Zeit über das Verhalten desselben bei der Längstheilung der Bacillariaceen machte, und diese beiden Gedankenreihen bedingen sich so sehr gegenseitig, dass sie auch hier nicht gut getrennt werden können. Es ist schon darauf hingewiesen worden (S. 10), dass bei den Bacillariaceen vor der Theilung die Zelle dadurch sich verbreitert, dass die beiden Gürtelbänder von einander weichen, und dass die letzteren endlich ganz aufhören einander zu berühren, nachdem zwei neue Zellhauthälften, so zu sagen, eingeschoben worden sind. Bei dieser ganzen Entwicklung wird nichts mit Gewalt zerrissen oder abgeworfen: das Freiwerden der Tochterzellen erfolgt, weil die Gürtelbänder der Mutterzelle einander nicht mehr umfassen. So lange man aber die Zellhaut der Bacillariaceen für ganz einheitlich hielt, oder annahm, sie sei aus zwei Schalen verwachsen, musste man, um die Trennung der neugebildeten Zellen zu erklären, irgend einen zerstörenden Vorgang voraussetzen. Man glaubte, die Verbreiterung der Zellen geschehe durch Wachsthum des Mittelbandes, welches dann die beiden Tochterzellen als einfacher Ring noch eine Weile zusammenhalte. Erst nach Abstreifung dieses Ringes schien ihre Trennung möglich zu sein — es war also eine nothwendige Folge der ganzen damaligen Anschauungsweise, dass man annahm, das Mittelband habe nur eine kurze Lebensdauer und werde dann abgestossen.

1) ebenda S. 193.

2) ebenda S. 174 ff.

3) ebenda S. 189.

4) ebenda S. 138.

5) Ehrenberg, über noch jetzt zahlreich lebende Thierarten der Kreidebildung. Abhandl. d. Berl. Acad. 1839. S. 122.

Diese durch den damaligen Standpunkt bedingte Annahme wurde zuerst von Ehrenberg 1832 gemacht[1]), dann von demselben in seinem grossen Werke weiter ausgeführt[2]) und hat bis in die neueste Zeit Geltung behalten.

Sie wurde bei einigen Formen zunächst anerkannt von Ralfs[3]), der die Turpin'sche Auffassung des Bacillariaceen-Panzers in England einführte, wenn auch die jetzt üblichen Bezeichnungen neueren Ursprungs sind, indem Ralfs die Schalen „lateral surfaces", das Mittelband „central portion" nannte. Bei anderen Gattungen *(Isthmia, Biddulphia, Achnanthes* und *Amphora)* ging jedoch Ralfs noch weiter, als Ehrenberg, indem er aussprach[4]), dass bei ihnen nicht nur das Mittelband bei der Theilung zerstört werde, sondern dass vielmehr die Tochterzellen wachsend die ganze Mutterzelle zerbrächen und so frei würden. Diese letztere Vorstellung dehnte dann später Thwaites[5]) auf alle Bacillariaceen aus, indem er gleichfalls voraussetzte, dass die neu gebildeten Zellen auf ihrer ganzen Oberfläche Membran bildeten, wie das auch Braun 1851 annahm[6]). In Wirklichkeit entwickeln sie dieselbe jedoch nur halbseitig neu, während sie auf der anderen Seite durch die ihnen gewissermassen vererbte Zellhauthälfte der Mutterzelle bedeckt bleiben.

Kützing[7]) stellte sich 1844 in seinem Hauptwerk über die Bacillariaceen den Panzer derselben als aus vier Platten zusammengesetzt vor, welche die Seitenflächen eines Prismas bilden. Aehnlich waren die Ansichten Meneghini's[8]). Ueber die Art der Verbindung dieser vier Platten sagt der Letztere, sie sei unbekannt, auch Kützing

1) Ehrenberg, dritter Beitrag u. s. w. S. 140.

2) a. a. O. S. 165. 175. 227.

3) Ralfs, on the british Diatomaceae. Ann. and Mag. of Nat. History 1. ser. vol. XII. 1843. S. 347.

4) ebenda S. 271.

5) Thwaites, further observations on the Diatomaceae. Ann. and Mag. of Nat. Hist. 2 ser. vol. I. 1848. S. 161.

6) Braun, Betrachtungen über die Erscheinung der Verjüngung i. d. Natur. 1851. S. 264.

7) Kützing, Bacillarien. S. 21.

8) a. a. O. S. 361.

spricht sich darüber nicht aus, während Schleiden[1]) 1846 mit Bestimmtheit angab, dass wenigstens bei *Pinnularia* diese Platten an den Enden der Zelle nicht zusammenschlössen, sondern vielmehr ein weites Loch zwischen sich liessen. Was den Theilungsvorgang anlangt, so nahm Kützing[2]) wie Ehrenberg an, dass die neu entstandenen Tochterzellen durch eine kieselige Oberhaut, welche dann später verschwinde, eine Zeit lang zusammengehalten würden. Rabenhorst[3]) änderte diese Auffassung 1853 nicht mit Glück, wenn er die verbindende „Hüllmembran" für gallertartig erklärte und statt der Entstehung zweier, gleich von Anfang an gesonderter Panzerhälften nur eine Fächerung der Zelle durch eine Anfangs einfache Querwand behauptete. Auch Meneghini[4]) hatte über diesen Gegenstand nur sehr unklare Vorstellungen.

Smith, der Verfasser der classischen Synopsis of the british Diatomaceae (1 vol. 1853, 2 vol. 1856), folgte im Allgemeinen der Deutung von Turpin und Ralfs, bildete dieselbe aber noch schärfer aus. Nach Smith sind[5]), wie er dies schon 1851 ausgesprochen hatte[6]), die Schalen stets mehr oder weniger convex und liegen einander in früher Jugend mit ihren Rändern unmittelbar an, indem sie nur vermöge ihrer Wölbung dem dazwischen befindlichen Zellinhalt noch Raum lassen. Erst in Vorbereitung zu einer neuen Theilung treten sie dann nach Smith[7]) langsam von einander, während zwischen ihren Rändern stets soviel „kieselige Epidermis" oder „connective membrane" ausgeschieden wird, dass die Schalen verbunden bleiben. Dies dritte Stück, die central portion von Ralfs, erscheint somit Smith als eine ausschliessliche Folge beginnender Theilung, gewissermassen als eine unwesentliche Beigabe, und es mag dies mit dazu beigetragen haben, die Aufmerksamkeit der Beobachter von den Gürtelbändern abzulen-

1) Schleiden, Grundzüge der wissenschaftl. Botanik. Zweite Auflage 1846. 2 Bd. S. 575. Taf. I. Fig. 5.

2) Kützing, Bacillarien S. 25.

3) Rabenhorst, die Süsswasser-Diatomaceen 1853. S. 4.

4) a. a. O. S. 483.

5) Smith, Synopsis vol. I S. XIV. XVI.

6) Smith, notes on the Diatomaceae. Ann. and Mag of. Nat. Hist. 2 ser. vol. VII. 1851. S. 4.

7) Smith, Synopsis I. S. XV. XXIV. ff.

ken. Was bei der Theilung aus der, nach Smith bisweilen an den Zellenden ganz oder theilweise unterbrochenen [1]) connective membrane werde, ist in der Synopsis nicht unmittelbar angegeben. In dem schon angeführten ersten Aufsatz [2]) desselben Verfassers ist dagegen bestimmt ausgesprochen, dass sie entweder abgeworfen werde, oder für einige Zeit je zwei Zellen verbinde, oder endlich nur zum Theil vernichtet werde, zum Theil aber bleibe und die Zellen zu Zickzackketten vereinige. Diese letztere Annahme ist natürlich irrig, da die Gürtelbänder auch bei den solche Ketten bildenden Formen unversehrt erhalten bleiben. Einen Fortschritt machte Smith jedoch darin, dass er nicht mehr Hautbildung um die ganzen Tochterzellen, sondern nur die Ausbildung zweier neuer Schalen an den Berührungsflächen voraussetzte.

In das Ende der vierziger und den Anfang der fünfziger Jahre fallen dann die ersten Andeutungen der Erkenntniss des wahren Baus der Bacillariaceen, und zwar finden wir die ersten Spuren in einigen Zeichnungen, ohne dass dieselben ihre Urheber auf die richtige Bahn gelenkt hätten. Schon 1847 zeichnet Thwaites [3]) Zellen von *Himantidium*, welche eben copulirt haben, als Trapeze ab, mit einem Spalt am breiten Ende der Gürtelansicht, und noch viel klarer ist eine Abbildung von Focke [4]) aus dem Jahr 1854. Diese zeigt eine — etwa analog unserer Fig. 3 auf Tafel 1, aber viel stärker — klaffende Zellhaut von *Navicula*, bei welcher die summirten Breiten der schon getrennten Gürtelbänder diejenige des noch nicht gespaltenen unteren Endes der Zelle beinahe um das Doppelte übertreffen. So nahe hier der Gedanke lag, dass das nicht anders, als bei theilweiser gegenseitiger Deckung der Zellhauthälften möglich sei, so ist er doch dem sonst so scharf beobachtenden Verfasser entgangen, wie dessen schematische Querschnitte [5]) von Bacillariaceen zeigen. Im Gegentheil spricht Focke sogar seinen Zweifel an der Richtigkeit der Annahme eines zwei- oder mehrschaligen Panzers bei *Navicula* bestimmt aus [6]). In einigen

---

1) ebenda I. S. XV.

2) Smith, notes etc. S. 4.

3) Thwaites, on conjugation in the Diatomaceae. Ann. and Mag. of Nat. Hist. 1 ser. vol. XX. 1847. Taf. 22 Fig. 2—5.

4) a. a. O. Taf. 6 F. 31. 32.

5) ebenda Taf. 5 F. 23. Taf. 6 F. 40.

6) ebenda S. 22.

Fällen *(Cymatopleura)* glaubte Focke auch, wie Schleiden, Löcher in der connective membrane zu finden, während er bei *Suriraya* deren Continuität annahm[1]).

Von einer anderen Seite her näherte sich der Wahrheit Brightwell, welcher 1853 angab, dass die 3 oblongen, rechtwinkeligen Platten, aus welchen sich die connective membrane der durch dreiseitige Schalen characterisirten *Triceratien* zusammensetzt, leicht in noch mehrere solche Stücke sich spalten „like the thin divisions of talk“[2]).

Einen Beleg dafür, wie leicht eine vorgefasste Meinung auch sachkundige Beobachter irre leiten kann, giebt dann das Micrographic Dictionnary von Griffith und Henfrey. Dieselben[3]) halten nicht nur an der Theorie von der Abwerfung eines Mittelringes (hoop) bei der Theilung fest, sondern sprechen sogar unmittelbar aus, man finde diese „hoops“ oft in grosser Zahl in dem Wasser, in welchem die Bacillariaceen eine längere Zeit hindurch cultivirt worden seien. In anderen Fällen setzen Griffith und Henfrey eine allmähliche Auflösung des „hoop“ zu Gallerte voraus, und sagen endlich, mit mehr Berechtigung, von *Isthmia* und verwandten Formen: „The new half-formed frustules formed inside the hoop slip out from it like the inner tubes from the outer case of a telescope“, wobei aber übersehen ist, dass jede Tochterzelle eine Hälfte des „hoop“ mitnimmt.

Smith vertritt in dem kurz darauf (1856) erschienenen zweiten Band der Synopsis dieselben Ansichten, wie im ersten. Dagegen gab sein Zeichner Tuffen West, dem schon Gregory[4]) eine genaue Kenntniss der von ihm so schön dargestellten Organismen nachrühmt, in vielen Figuren dieses Bandes mehr oder minder klare Andeutungen der Einschachtelung zweier Zellhauthälften in einander. Da jedoch weder im Text der Synopsis sich eine darauf bezügliche Bemerkung findet, noch auch Tuffen West später auf diese Verhältnisse aufmerksam gemacht hat, so kann man, so deutlich auch einige Zeichnungen *(Amphitetras, Biddulphia)* das Uebergreifen eines Gürtelbands zeigen, doch nicht annehmen, dass Tuffen West dasselbe wirklich wahrgenommen und nicht bloss mehr mechanisch gezeichnet habe.

1) a. a. O. S. 29.

2) Brightwell, im Quart. Journ. of microscop. science. 1853. vol. I. S. 248.

3) a. a. O. S. 200 f.

4) Gregory, Transactions of the microscop. Society. 1855. III. S. 43.

Der Aufsatz von M. Schultze[1]) über die Plasmaströmungen, der von Hofmeister[2]) über die Theilung von *Pinnularia*, sowie die von Walker-Arnott[3]) gegebene Schilderung desselben Vorgangs bei *Amphora* fussen hinsichtlich der Deutung des Schalenbaus sämmtlich auf der Turpin-Ralfs'schen Auffassung: die beiden letztgenannten Forscher nehmen auch Zerstörung des Mittelbandes nach der Theilung an.

Mit dem Jahre 1858 treten wir dann hinsichtlich der Erkenntniss der Zweischaligkeit der Bacillariaceen-Zellhaut in eine neue Periode, insofern wir es nun nicht mehr mit blossen Andeutungen zu thun haben.

Der eigentliche Entdecker der in Rede stehenden Erscheinung ist der Engländer Wallich, welcher 1858[4]) in einer beiläufigen Bemerkung und 1860 in einem besonderen Aufsatz[5]) die Aufmerksamkeit der so zahlreichen Beobachter der Bacillariaceen auf diesen wichtigen Punkt zu lenken versuchte, dessen Arbeiten aber zuerst durchaus spurlos vorübergingen. Da dieselben in einem in Deutschland sehr wenig verbreiteten Journal veröffentlicht sind, so erscheint es wohl nicht überflüssig, dass die Hauptstellen daraus hier unverändert mitgetheilt werden.

Anknüpfend an die oben erwähnte Notiz Brightwell's, dass das Mittelband von *Triceratium* sich in mehrere Lagen spalten könne, sagt Wallich: „These layers, I believe, with all deference to so deservedly high an authority, are however rarely more than two, and arise from the plates during the commencement of division in the frustules of this and many other genera, allways consisting of

1) Schultze, innere Bewegungserscheinungen bei Diatomaceen der Nordsee aus den Gattungen *Coscinodiscus*, *Denticella*, *Rhizosolenia*. Müller's Archiv f. Anat. u. Physiol. 1858. S. 330.

2) Hofmeister, über die Fortpflanzung der Desmidieen und Diatomeen. Berichte über d. Verhandl. d. sächs. Gesellsch. d. Wiss. zu Leipzig. 1857. S. 18.

3) Walker-Arnott, on the structure of *Amphora* and the Diagnosis of its species. Quarterly journal of microscopical science. vol. VI. 1858. S. 202.

4) Wallich, on *Triceratium*. Quart. Journ. of microsc. science. VI. 1858. S. 243 f.

5) Wallich, on the development and structure of the Diatom-Valve. Transact. of the microsc. Society. 1860. S. 129.

two pieces, which, at first, entirely overlap each other, but, as the process advances, recede from each other, and, whilst so receding, appear like three distinct parallel annuli, the centre being less diaphanous, and its markings more confused, in consequence of its being, in reality, the overlapping and double portion referred to“........ „In *Amphitetras*, and certain species of *Triceratium* and *Biddulphia*, the existence of marginal rows of puncta on the annulus in close proximity to the markings on its surface generally, proves, thas the growth of each plate of the connecting membrane takes place at the margin furthest off from the valve, to which it is attached. Were it not so, the rows of marginal puncta would recede from the central markings, an effect opposed to what in reality occurs. Growth thus takes place in both plates at once — the overlapping, to a greater or lesser extent, being dependent on at which the new valves within happen to be developed. In the newly separated frustule one end may constantly be seen imbedded in its own half of the connecting membrane, which, for a time, remains attached to it. The same structure exists, I believe, in nearly all the genera, although more readily discernible in some than in others.“

Nach dieser Darstellung kann nicht in Zweifel gezogen werden, dass Wallich den wesentlichsten Zug der Erscheinung richtig aufgefasst, dass er die Zusammensetzung des Mitteltheils aus zwei über einander greifenden Gürtelbändern erkannt hat. Auch sein Schluss, dass die letzteren nur an ihrem freien Rande wachsen, ist durchaus richtig. Andererseits aber sind auch einige Irrthümer nicht zu verkennen, welche dem Leser bei den zu diesem Behuf gesperrt gedruckten Stellen wohl schon aufgefallen sein werden. Der Einfluss der Smith'schen Lehre, dass das Mittelband nur eine unwesentliche, durch die Zelltheilung entstandene Beigabe sei, zeigt sich deutlich darin, dass auch Wallich annimmt, die nunmehr in Zweizahl vorhandenen Gürtelbänder entständen bei der Theilung und würden nach vollendeter Entwicklung der Zelle abgeworfen. Ebenso ist die mit dieser Auffassung ganz zusammenpassende, sie gewissermassen ergänzende Ansicht, dass beide Gürtelbänder gleichzeitig wüchsen, ein Irrthum, da wir ja gesehen haben, dass stets das eine Gürtelband längst fertig vorhanden ist, ehe das um eine Theilung jüngere angelegt wird.

Trotz dieser Mängel aber hätte Wallich's Entdeckung doch

Anspruch auf bedeutende Anerkennung gehabt, da es sicher im höchsten Grade auffallend war, dass bei einer Pflanzenzelle, wenn auch nach Wallich nur für kurze Zeit, eine zweischalige Membran vorkommen sollte. Die Beobachtung wurde aber gänzlich übersehen: bei allen bedeutenderen Schriftstellern, welche in den folgenden Jahren auf dem Gebiet der Bacillariaceen thätig waren, wie Brightwell, Carter, Dippel, Flögel, Gregory, Greville, Grunow, Lüders, O'Meara, Pritchard, Rabenhorst, Roper, Schultze, Schumann, Walker-Arnott und Anderen, blieb nach wie vor die Turpin-Ralfs'sche Deutung in Geltung. Wallich selbst erkannte die Tragweite seiner Entdeckung namentlich desswegen nicht genügend, weil er mit Bailey, Smith und vielen Anderen die Kieselhülle nur für eine rein anorganische Ausscheidung hielt, unter welcher erst die eigentliche Zellhaut liege [1]). Dass aber ein solcher Panzer zweischalig sei, war bei weitem nicht so merkwürdig, als dass es zweitheilige Zellmembranen gebe.

In seinem grösseren oben angeführten Aufsatz nimmt Wallich ziemlich denselben Standpunkt ein, wie im ersten und spricht sich namentlich noch gegen die Annahme eines Wachsthums bei den Bacillariaceen aus; die Worte „still persistent connective zone", welche in jenem späteren Aufsatz vorkommen, lassen schliessen, dass Wallich noch immer voraussetzte, dass irgendwann die Gürtelbänder abgeworfen würden. Wenn er aber hier einen Fehlgriff festhielt, so wies er dafür 1860 zuerst auf einen anderen wichtigen Punkt hin, indem er folgenden Satz aussprach [2]); „In strict truth, no two valves of the same frustule can be of the same size: for the new valves being formed within the connecting zone of the parent frustule must be smaller, than these."

Die Richtigkeit dieser Bemerkung leuchtet sofort ein: dass dieselbe aber sehr weitgehende fernere Folgerungen gestatte, dass sie den Schlüssel zur ganzen Entwicklungsgeschichte der Bacillariaceen enthalte, hat Wallich nicht erkannt. Derselbe schreibt zwar dieser Grössenverschiedenheit der Schalen die Variation der Bacillariaceen-

1) Vgl. Wallich's Bemerkung über diesen Gegenstand in: Observations on the distribution and habits of the pelagic and freshwater free floating Diatomaceae. Ann. a. Mag. of Nat. History 3 ser. vol. V. 1860. S. 11.

2) Wallich, on the development etc. S. 133.

Zellen zum Theil zu, betrachtet aber, wie wir sehen werden, mit Unrecht, als Hauptquelle dieser Veränderlichkeit die „idiosyncrasy of the sporangial frustule“ [1]), von welcher er annimmt, dass sie „gives egress to the germs of the new generation“ [2]).

Sieben Jahre nach dem Erscheinen von Wallich's zweitem Aufsatz fand auch Eulenstein [3]), ohne Wallich's Arbeiten zu kennen, dass die Zellhaut der Bacillariaceen zweischalig sei und hielt auf der Versammlung deutscher Naturforscher zu Frankfurt a. M. einen Vortrag über diesen Gegenstand.

Im Jahre 1869 gelangten dann John Denis Mac Donald [4]) und der Verfasser [5]) vorliegender Abhandlung unabhängig von einander zu weiter gehenden Folgerungen, indem sie auf die Zweischaligkeit der Bacillariaceen-Zellhaut eine Hypothese über die in mancher Hinsicht bis dahin nicht oder kaum verständliche Entwicklungsgeschichte dieser Organismen gründeten. Die Vorstellung, zu welcher beide gelangten, ist im Wesentlichen die nämliche: was die Zeit der Veröffentlichung anlangt, so hat Mac Donald entschieden das Recht der Priorität, da seine Mittheilung 5 Monate vor derjenigen des Verfassers gedruckt wurde.

Der Gedankengang ist kurz folgender. Bei jeder Theilung einer Bacillariacee, deren primäre (zuerst entstandene, umfassende) und secundäre (jüngere, eingeschlossene) Zellhauthälfte schon an und für sich, wie bereits Wallich betont, nicht gleich gross sind, entstehen wieder zwei in der Grösse verschiedene neue, tertiäre Hälften. Die eine derselben ist in die grössere, primäre Seite der Mutterzellhaut eingeschoben, sie muss also eben so gross sein, wie die ursprünglich von derselben Seite umschlossene secundäre Membranhälfte der Mutterzelle. Die andere tertiäre Schale entsteht aber in dieser letzteren

---

1) ebenda S. 135.

2) ebenda S. 145.

3) Eulenstein, im Tageblatt der 41. Versammlung deutscher Naturforscher und Aerzte zu Frankfurt a. M. 1867. S. 74. 101.

4) Mac Donald, on the structure of the Diatomaceous fustule and its genetic cycle. Ann. a. Mag. of Nat. Hist. 4 ser. vol. III. 1869. S. 1.

5) Ueber Bau und Zelltheilung der Diatomaceen. Sitzungsber. d. Niederrhein. Gesellsch. f. Natur- u. Heilk. z. Bonn. 1869. S. 81. Abgedruckt in Botan. Zeit. 1869. S. 774 f.

selbst: sie muss also noch etwas kleiner sein. Nach einer Theilung haben wir also Schalen von dreierlei Länge: eine primäre grösste, eine secundäre und eine tertiäre von gleichem Umfang, und endlich eine tertiäre kleinste. Es sind aber auch die entstandenen beiden Zellen ungleich lang: die eine hat eine grösste und eine mittlere, die andere eine mittlere und eine kleinste Schale. Die erstere ist der Mutterzelle an Länge gleich, die zweite ist kürzer. Bei der ersten blieb die umschliessende Zellhauthälfte, welche ja die Länge der Zelle bedingt, dieselbe, und nur die eingeschobene wurde durch eine Neubildung von ganz gleicher Gestalt ersetzt. Bei der anderen wurde dagegen die kleinere, alte Zellhauthälfte, welche bisher von einer grösseren umschlossen worden war, jetzt ihrerseits die grössere, umschliessende. Da nun die Gürtelbänder einer Zelle stets in ihrer Länge um das Doppelte ihrer Wanddicke (γ) verschieden sind, so ist auch die eine Tochterzelle um eben dieselben 2γ kürzer als die Schwester- und ihre gemeinsame Mutterzelle.

Sind aber diese Vordersätze richtig, so muss auch zugegeben werden, dass die Durchschnittsgrösse der Bacillariaceen stets um so mehr abnimmt, je öfter dieselben sich theilen. Bezeichnen wir die ursprünglich vorhandene Zelle mit a, die um 2γ kleinere Tochterzelle mit $a_{,}$, die aus dieser hervorgehende kleinere Zelle (deren Länge ist $= a_{,} - 2\gamma$, oder $= a - 4\gamma$) mit $a_{,,}$ u. s. f., so erhalten wir folgenden Stammbaum, welcher auch von Mac Donald schon in ähnlicher Weise gegeben worden ist. Unsere Fig. 4 auf Taf. **6**, welche die Producte dreier Theilungen noch zusammenhängend darstellt, wird dies noch mehr veranschaulichen.

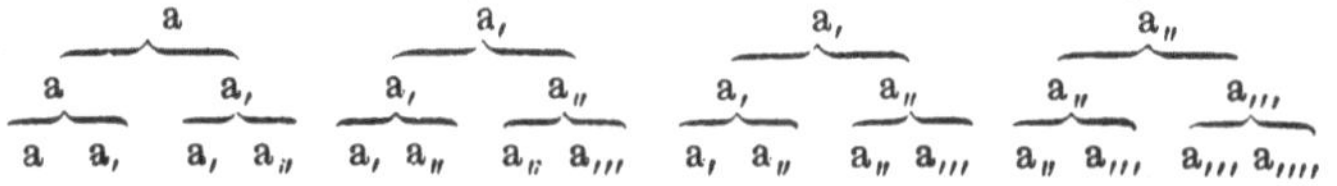

Zählen wir die Zellen gleicher Grösse nach viermaliger Theilung zusammen, so finden wir:

1 a von ursprünglicher Länge,
4 $a_{,}$ um 2γ kürzer,
6 $a_{,,}$ „ 4γ „

4 a,,, um 6 γ kürzer,
1 a,,,, „ 8 γ „

Die Abnahme der Grösse der Zellen ist somit eine ziemlich schnelle, und es scheint, dass durch Fortdauer der Theilung die Generation nothwendig zu immer winzigeren Formen hinabsinken und endlich verschwinden müsste, wenn nicht von Zeit zu Zeit ein corrigirender Entwicklungsvorgang stattfände.

Als einen solchen bezeichneten nun Mac Donald und der Verfasser die von Thwaites entdeckte „Copulation" der Bacillariaceen, bei welcher, meist durch Vereinigung zweier Zellen, Producte entstehen, welche die doppelte Länge ihrer Mutterzellen erreichen und ohne Weiteres sich durch Theilung fortzupflanzen im Stande sind. Es ist wohl kaum nöthig auszuführen, dass eine längere Zeit währende allmähliche geringe Verkleinerung einer Form, verbunden mit einer in einzelnen, durch längere Zwischenräume getrennten Zeitpunkten eintretenden plötzlichen erheblichen Vergrösserung derselben, die Form innerhalb bestimmter Grenzen zu halten im Stande ist.

Weitere Unterstützungsgründe dieser Theorie, ausser ihrer Wahrscheinlichkeit an sich, hat Mac Donald nicht angeführt. Der Verfasser wies in seiner ersten Mittheilung[1]) über diesen Gegenstand einmal darauf hin, dass die neugebildeten Schalen, wenn sie aus dem Gürtelband heraustreten, in welchem sie entstanden sind, im Wesentlichen vollendet und bei der starken Verkieselung ihrer äusseren älteren Schale daher wahrscheinlich auch eines Längenwachsthums nicht mehr fähig seien. Andererseits machte er darauf aufmerksam, dass bei manchen Bacillariaceen die sogenannte „Conjugation" oder „Copulation" diesen Namen gar nicht verdiene, weil dabei gar keine Vereinigung zweier Zellen erfolge, sondern nur aus einer einzigen Zelle der Inhalt austrete und sich schnell zu einer oder zwei sofort theilungsfähigen Zellen von doppelter Grösse entwickle. Es liege also hier nur eine Verjüngungserscheinung, eine Häutung vor, durch welche sich sogleich stark vergrössernde und hiermit ihren Hauptzweck erreichende Zellen entständen, für welche der Verfasser den Namen Auxosporen (αὔξη Vergrösserung) vorschlug, da

1) a. a. O. S. 81 f.

das Wort Zygosporen nur auf einen Theil derselben passe und nicht den wichtigsten Zweck aller ausdrücke.

Es wurde gleichzeitig hervorgehoben, dass der Hauptgedanke dieser Hypothese schon vor langer Zeit (1851) von Alexander Braun[1]) ausgesprochen sei, was Mac Donald unbekannt geblieben ist. Braun gründete jedoch seine noch 1865 von Carter[2]) bestrittene Folgerung auf andere Prämissen. Er nahm an, die bei der Theilung entstehenden Tochterzellen bildeten ringsum Membran und seien dann noch beide von der Haut der Mutterzelle umschlossen, welche später abgeschält würde[3]). Auch nach dieser Auffassung müssten sie natürlich der letzteren an Grösse nachstehen, und so war, wenn auch auf einem unrichtigen Wege, doch der Boden gefunden, zu welchem dann später Wallich auf dem richtigen gelangte. Braun sagt ganz klar: „Die sonderbare Erscheinung, dass die durch die Copulation gebildete Erstlingsgeneration die doppelte Grösse der Mutterzellen hat, erklärt sich wohl einfach durch eine allmähliche Grössenabnahme in der Reihe der durch Theilung gebildeten vegetativen Generationen.“ Es möchte demnach eine schwierige Aufgabe sein, das Verdienst der Entdeckung des Entwicklungsganges der Bacillariaceen zwischen Braun, Wallich und Mac Donald zu theilen.

Wir haben bisher stets stillschweigend angenommen, dass die hier auseinandergesetzte Theorie die richtige sei: es ist nun an der Zeit, nach den Beweisen zu fragen. Die angeführten Thatsachen können die Hypothese wohl wahrscheinlich machen, sie aber durchaus nicht mit Sicherheit begründen. Denn es sind zwei hochwichtige Einwände bisher nicht widerlegt, welche die in Rede stehende Auffassung noch sehr schwach gestützt erscheinen lassen.

Einmal fragen wir nämlich: ist denn nachgewiesen, dass eine Bacillariacee niemals in die Länge wachse, und so ersetze, was ihr bei der Theilung an Grösse verloren ging? und zweitens: wissen wir denn mit Sicherheit, dass die bei der Copulation entstandenen Auxosporen keine andere Entwicklungsrichtung einschlagen können, als die einer wiederholten Theilung?

1) a. a. O. S. 141. Anmerk.

2) Carter, Conjugations of *Navicula serians, N. rhomboides and Pinnularia gibba.* Ann. a. Mag. of Nat. Hist. 3 ser. vol. XV. 1865. S. 166.

3) a. a. O. S. 264.

Beide Fragen sind vielfach in einem Sinne beantwortet worden, welcher der hier ausgesprochenen Hypothese durchaus entgegengesetzt sind.

Was zunächst das Wachsen der Bacillariaceen nach ihrer Theilung anlangt, so setzten die älteren Forscher, Nitzsch[1]), Ehrenberg[2]) und Meneghini[3]) ein solches als ganz selbstverständlich voraus und fanden noch viele Anhänger dieser Vorstellungsweise, nachdem Kützing[4]) längst den Kieselsäure-Gehalt des Bacillariaceen-Panzers nachgewiesen hatte. So nimmt Smith[5]) an, dass die neu gebildeten Schalen bisweilen durch Wachsthum grösser würden, und dass diese wenn auch geringe Längenzunahme genüge, um die Grössenverschiedenheit der Zellen bei einer und derselben Art zu erklären. Dies ist aber das gerade Gegentheil unserer Hypothese. Auch Focke[6]) sprach sich dafür aus, dass die Bacillariaceen wüchsen, ebenso noch ganz neuerdings Schumann[7]), während Nägeli[8]) schon 1849 sich dagegen erklärte. Man darf auch nicht versuchen, diese Frage kurz damit abzuthun, dass eine Kieselschale überhaupt ein anorganisches Gebilde und eines Längenwachsthums unfähig sei. Schon H. v. Mohl[9]) hat überzeugend nachgewiesen, dass der sogenannte Panzer der Bacillariaceen aus einer organischen Membran bestehe, welche nur von Kieselsäure oder einer anderen Silicium-Verbindung stark durchdrungen sei, und weitere Beweise für die Richtigkeit dieses Satzes werden hier später beigebracht werden. A priori ist also ein Wachsthum möglich und es lässt sich sogar, ganz abgesehen von der Vorfrage nach der Substanz, durch directe mikroskopische Beobachtung nachweisen,

1) a. a. O. S. 80.

2) Ehrenberg, Infusionsthiere. S. 174 f. 178.

3) a. a. O. S. 349.

4) Vgl. Ehrenberg, dritter Beitrag u. s. w. S. 175 und Kützing, Bacillarien. S. 8.

5) Smith, Synopsis I. S. XXVI.

6) a. a. O. S. 35.

7) Schumann, Beiträge zur Naturgeschichte der Diatomeen. Verhandl. d. zool. botan. Ges. zu Wien. 1869. S. 709.

8) a. a. O. S. 16.

9) Mohl, über das Kieselskelet lebender Pflanzenzellen. Botan. Zeit. 1861. S. 220. f.

dass eine bereits ihre Riefen deutlich zeigende Schale von normaler Dicke noch zu wachsen im Stande sei. Es muss also von einer anderen Seite her festgestellt werden, ob in Wirklichkeit die bei der Theilung entstehende Grössenverminderung ausgeglichen wird oder nicht. Dies ist eine der Hauptaufgaben, welche gelöst sein müssen, ehe die von Mac Donald und dem Verfasser vertretene Hypothese als richtig gelten darf.

Hinsichtlich des zweiten Fragepunktes sind eine grosse Anzahl von Angaben vorhanden, welche den Auxosporen eine andere Weiterentwicklung beilegen, als durch einfache Theilung. Smith[1]) und Hofmeister[2]) glaubten die Entwicklung zahlreicher kleiner Zellen in den Auxosporen, welche desshalb Sporangien genannt wurden, annehmen zu müssen, weil sie Gallertmassen fanden, welche viele kleine Bacillariaceen einer Art einschlossen. Dies ist von Vielen anerkannt worden, während J. Lüders[3]) dem widersprach. Andererseits glaubte Rabenhorst[4]) das Auftreten von Schwärmsporen beobachtet zu haben, Focke[5]) und O'Meara[6]) fanden in Bacillariaceen farblose Kugeln, welche ihnen Ruhezustände oder Befruchtungszellen der ersteren zu sein schienen, Donkin[7]) setzt die Existenz solcher Ruhesporen aus anderen Gründen voraus, Ralfs[8]) entdeckte eine eigenthümliche Bildung doppelter Wandungen, welche nicht selten bei Bacillariaceen vorkommt und von ihm als eine Sporenentwicklung gedeutet wurde. Wir haben also hier eine grosse Menge von Annahmen, welche widerlegt sein müssen,

---

1) Smith, Quarterly Journ. of microsc. science. 1855. S. 131. Synopsis II. S. XV.

2) Hofmeister, über die Fortpflanzung u. s. w. S. 28.

3) Lüders, einige Bemerkungen über Diatomeen-Cysten und Diatomeen-Schwärmsporen. Botan. Zeit. 1860. S. 377.

4) Rabenhorst, Süsswasser-Diatomaceen. S. 2. Taf. 10. Fig. 18. Flora europ. Algar. I. S. 2. Anmerk.

5) a. a. O. S. 36. f. Taf. VI. f. 24—30.

6) O'Meara, on Anthozoids in Pleurosigma Spencerii. Quart. Journ. of microsc. science VI. 1858. S. 258.

7) Donkin, on marine Diatomaceae of Northumberland. Quart. Journ. of microsc. science. IX. 1861. S. 2.

8) Ralfs, notes on the siliceous cell of Diatomaceae. Quart. Journ. of microsc. science. VI. 1858. S. 16.

ehe der Beweis der oben ausgesprochenen Hypothese, dass die Auxosporen allmählich durch Theilung zu immer geringerer Grösse herabsinken, als gesichert zu betrachten ist.

Um aber in diese Beweisführung überhaupt mit Aussicht auf Erfolg eintreten zu können, bedürfen wir eines erheblichen Materials einzelner Thatsachen. Es empfiehlt sich daher zunächst, die speciellen Beobachtungen, geordnet nach den Gattungen, welche sie betreffen, hier mitzutheilen, und dann zum Schluss aus ihnen Alles zusammen zu stellen, was für die allgemeine Auffassung des Entwicklungsganges der Bacillariaceen von Wichtigkeit ist. Die bisherigen Betrachtungen werden dagegen wohl genügen, um innerhalb der einzelnen speciellen Darstellungen den Leser von vorn herein die Punkte erkennen zu lassen, welche besonders der Beachtung werth sind.

B. Bau der einzelnen Formen.

I. Naviculeae Kütz.

Als *Naviculeen* fasste Grunow[1]) 1860 diejenigen Bacillariaceen zusammen, bei welchen die beiden Schalen gleich gestaltet und „um den Mittelknoten vollkommen symmetrisch" sind. Schon früher hatten Kützing[2]) (1844) und Meneghini[3]) (1845) dieselbe Gruppe unter weniger scharfen Kriterien aufgestellt. Wenn nun auch die von Grunow gegebene Definition nicht ganz genau ist, insofern bei manchen *Naviculeen* constante und gesetzmässige Abweichungen von der Symmetrie vorkommen, so ist doch die Gruppe an sich eine sehr natürliche, und zeigt so grosse Uebereinstimmung im Bau der weichen Zelltheile, dass wir in dieser Hinsicht von den *Naviculeen* im Allgemeinen sprechen können.

Die Innenwand der festen Zellhaut ist hier, wie bei allen Bacillariaceen, mit einer dünnen Schicht von farblosem und feinkörnigem Plasma bedeckt, welche einen geschlossenen Sack von der Form der Zelle bildet, und dem sogenannten „Primordialschlauch" entspricht. Die zuerst von Smith aufgestellte Ansicht, dass innerhalb der Kieselhaut noch eine weiche Zellmembran vorhanden sei, ist irrig, wofern man nicht dem Plasma selbst den Namen einer „Membran" beilegen will. Wasser entziehende Reagentien bewirken eine Contraction des Plasmaschlauches, dessen zahlreiche sehr kleine Körnchen dabei meist deutlicher hervortreten. Am vortheilhaftesten benutzt man als derartiges Mittel sehr verdünnte Salzsäure. Glycerin- oder Zuckerlösungen sind weniger zweckmässig, da sie die Zellen zu durchsichtig machen. In den ersten Stadien der Contraction behält der Plasmaschlauch, wenn er auch schon ganz von der Wand zurückgetreten ist, die eckigen

---

1) Grunow, über neue oder ungenügend gekannte Algen. Erste Folge. Diatomaceen. Familie *Naviculaceen*. Verhandl. d. zool. botan. Gesellsch. zu Wien. 1860. S. 511.

2) Kützing, Bacillarien. S. 70.

3) a. a. O. S. 493.

Formen der Zelle, wie das namentlich auch bei *Himantidium* zu beobachten ist: später rundet er sich mehr und mehr ab. Man darf aber aus dem Bleiben der eckigen Umrisse nicht auf eine feste Haut schliessen: die verdünnte Säure bewirkt nur eine Erstarrung im Plasma. Für die zähflüssige Consistenz des letzteren ist namentlich beweisend, dass der Plasmaschlauch bei den Bacillariaceen, wie bei anderen Zellen, oft an der Wand mit dünnen Fäden hängen bleibt, welche endlich in die sich mehr und mehr abrundende Plasmamasse eingezogen werden.

Die schon in geringem Maasse der verdünnten Salzsäure zukommende Wirkung, das Plasma zum Erstarren zu bringen, besitzt im höchsten Grade die Ueberosmiumsäure. Bacillariaceen, welche mit einer 1 % Lösung dieser letzteren behandelt sind, können, wenn man allmählich eine Mischung von Glycerin, Alkohol und Wasser an den Rand des Deckglases giebt, und dieselbe langsam verdunsten lässt, schliesslich in der nichts mehr abgebenden Glycerinlösung auch in ihren weichen Theilen verhältnissmässig wenig verändert aufbewahrt werden. Jod färbt den Plasmaschlauch der *Naviculeen*, wie aller Bacillariaceen, hellgelb.

Es ist übrigens nothwendig, mit guten Systemen genau zu beobachten, wenn man ohne Anwendung contrahirender Mittel sich von dem Vorhandensein des Plasmaschlauches bei den *Naviculeen* überzeugen will, da das Plasma in seiner Lichtbrechung vom Wasser nicht sehr verschieden ist und nur sehr kleine Körner führt. Am dicksten ist die Plasmaschicht bei den *Naviculeen* an den Enden der Zellen. Bei sehr kleinen Formen gestatten die optischen Hülfsmittel überhaupt zur Zeit die directe Wahrnehmung des Plasmaschlauches nicht, welcher jedoch durch entwässernde Mittel stets nachgewiesen werden kann.

Ausser der dünnen, die Zellwand überall bedeckenden Schicht findet sich bei allen *Naviculeen* noch eine grössere Anhäufung von Plasma, welche in der Mitte die Zelle quer durchsetzt. Diese Plasmamasse wurde schon von Nitzsch[1]) in einer Zeichnung angedeutet, ebenso von Kützing[2]) in seiner ersten Arbeit, welcher sie eine „Querbinde“ nennt. Ehrenberg[3]) bezeichnete sie als „einen dem

1) a. a. O. Taf. 3 f. 17.

2) Kützing, Synopsis. Taf. 2 f. 26. 27. S. 21.

3) Ehrenberg, Infusionsthiere. S. 175.

Hagel im Ei ähnlichen, schärfer umschriebenen farblosen, daher hellen Fleck", oder als „mittleren dichteren Körper" [1]) und hat diese Plasmamasse auf mehreren Figuren dargestellt [2]), wie dies auch Kützing 1844 [3]) gethan hat. Focke [4]) beschrieb sie dann genauer bei *Pinnularia viridis* Ehrbg., und hielt sie für einen dichteren Theil des gallertartigen Körpers, welcher nach seiner Anschauungsweise den ganzen Innenraum des Panzers anfüllt. Focke erkannte auch zuerst den dieser Plasmamasse eingebetteten Zellkern. Dagegen erklärte Lüders [5]) die ganze Masse irrthümlich für einen solchen Kern von abweichender Gestalt. Schultze [6]) gab die erste ganz zutreffende Darstellung bei *Pleurosigma*.

Die mittlere Plasmamasse erscheint in beiden Hauptansichten der Zelle als ein geschweiftes Viereck. Dieses Bild entsteht aber nicht, wie Focke [7]) meinte, dadurch, dass die dichtere Substanz sich längs der Kanten hinaufzieht: dieselbe hat vielmehr die Form eines an den Enden ausgehöhlten Parallelopipedons und bekleidet demnach, immer mehr sich verdünnend, alle Wände der Zellenmitte eine kurze Strecke hinauf.

In dieser Plasmamasse beobachtet man ausser feinen Körnchen noch Vacuolen, welche sich durch schwache, und Oeltropfen, welche sich durch starke Lichtbrechung auszeichnen. Ausserdem bemerkt man bei grösseren Formen, namentlich den *Pinnularien*, mit mehr oder weniger Deutlichkeit kurze dunkle Linien, welche stets zu zweien parallel durch die ganze Masse hindurch zerstreut auftreten (2, 1—6). Sie ziehen sich in allen Richtungen hin, doch ist diejenige vom Centrum nach der Zellwand die häufigste. Diese Linienpaare reihen sich oft so an einander, dass ein nur mehrfach unterbrochenes Band vom Mittelpunkt der Plasmamasse gerade oder gebogen zur Peripherie zu

1) Ehrenberg, Infusionsthiere. S. 184.

2) ebenda Taf. XIII. fig. 16 u. a.

3) Kützing, Bacillarien Taf. 3. f. 37. 58 u. a., Taf. 4. f. 19. 20.

4) a. a. O. S. 27.

5) Lüders, Beobachtungen über die Organisation, Theilung und Copulation der Diatomeen. Botan. Zeit. 1862. S. 41.

6) Schultze, die Bewegung der Diatomeen. Schultze's Arch. f. mikroskop. Anatomie. Bd. I. 1865. S. 374.

7) a. a. S. 28.

gehen scheint. Da man diese Streifen in allen Lagen der Zelle sieht, so scheint es, dass sie cylindrischen Fäden entsprechen. Es wäre nicht unmöglich, dass diese eine aus dichterer Substanz bestehende Wandung besitzen: wahrscheinlicher aber möchte die Deutung sein, dass es solide Cylinder dichteren Plasmas sind, welche sich in derselben Weise mit scharfen schwarzen Linien gegen das umgebende schwächer lichtbrechende Plasma abgrenzen, wie Oel gegen Wasser. Man könnte denken, dass sie ein vorzugsweise vom Kern ausstrahlendes System dichterer Plasmafäden seien: jedoch laufen viele, wie schon bemerkt, auch in anderen Richtungen. Die in Rede stehende Erscheinung ist jedenfalls eine sehr ungewöhnliche und findet vielleicht noch eine nächste Analogie in der Plasmastreifung, welche Hofmeister[1]) bei Plasmodien von *Aethalium* nachwies.

In der Mitte der den Zellraum durchsetzenden Plasmamasse liegt wohl bei allen *Naviculeen* ein grosser klarer, körnerfreier Zellkern mit relativ grossem, dichteren Kernkörperchen. Jedoch ist derselbe weder bei allen Arten der Gruppe, noch bei allen Individuen einer Species gleich deutlich. Sehr klar sieht man ihn bei den *Pleurosigmen*, den eigentlichen *Naviculen*, bei *Stauroneis Phoenicenteron* Ehrbg., *Pinnularia Tabellaria* (Kütz.) W. Sm.; schwer nachweisbar ist er bei vielen Exemplaren von *Pinnularia major* (Kütz.) W. Sm., *viridis* Ehrbg. — bisweilen konnte er auch bei sorgfältigstem Suchen nicht erkannt werden. Trotzdem möchte das von Lüders[2]) zuerst ausgesprochene Gesetz, dass keiner Bacillariaceen-Zelle ein Kern fehle, doch richtig sein, da in vielen Fällen, wo auch mit guten Systemen kein Kern zu entdecken ist, die Anwendung von Reagentien einen solchen nachweist. Man braucht dazu am besten verdünnte Salzsäure, welche schon von Schultze[3]) für diesen Zweck empfohlen worden ist. Der Kern schrumpft dadurch auf ein geringes Volumen körniger, dichter Masse zusammen, und zeigt so, dass er in lebendem Zustand sehr wasserhaltig ist. Der Kernkörper, welcher nie fehlt, wenn überhaupt ein Kern erkennbar ist, schrumpft mit Salzsäure nur wenig, ist also ziemlich dicht.

---

1) Hofmeister, die Lehre von der Pflanzenzelle. 1867. S. 25. fig. 8.

2) Lüders, Beobachtungen u. s. w. S. 41.

3) Schultze, die Bewegung der Diatomeen. S. 374.

Ausser dem Plasmaschlauch, der mittleren Masse und dem Zellkern finden wir als vierten wichtigen Theil im Innern der Zelle der *Naviculeen* zwei Platten von einer dichten, gelbbraunen Substanz. Diese „Endochromplatten" haben je nach Gestalt der starren Zellhaut eine sehr verschiedene Form: sie stimmen aber bei allen Arten darin überein, dass sie den Gürtelbändern anliegen und jederseits auf die Schalen hinübergreifen, dabei aber die Mittellinie der letzteren frei lassen. Die Vergleichung der Figur 1 g und 1 s auf Tafel 2, welche *Pinnularia viridis* Ehrbg. in Gürtel- und Schalenansicht darstellen, mit Fig. 6 auf Taf. 1, welche den (schematischen) Querschnitt durch eine Zelle derselben Art zeigt, wird genügen, um die Lage dieser Platten anschaulich zu machen. Dieselben erstrecken sich meist nicht bis in die äussersten Enden der Zelle, und sind in der Mitte oft mehr oder weniger verschmälert. Ihre Farbe wechselt von hellem Gelb bis zu dunklem Gelbbraun, so jedoch, dass eine bestimmte Zelle überall den gleichen Farbenton zeigt, während verschiedene Exemplare verschieden dunkel gefärbt sind. Die dunklen Streifen am Rande der Figuren Taf. 2 Fig. 1 s u. 1 g, von Ehrenberg[1]) für besondere, von den hellen unabhängige Platten gehalten, entstehen dadurch, dass man denjenigen Theil der Endochromplatten, welcher den zu der gezeichneten rechtwinkelig stehenden Flächen der Zellhaut anliegt, projicirt sieht, wie das namentlich ein Blick auf den Querschnitt Taf. 1 fig. 6. deutlich machen wird.

Die Hauptmasse dieser Platten ist eine plasmatische Substanz, welche sich aber durch grössere Dichtigkeit von dem den Schlauch und die mittlere Masse bildenden Plasma unterscheidet. Wenn eine äussere Verletzung der Zellhaut eine Zerstörung der normalen Gestaltung der weichen Theile herbeiführt, so ziehen sich die Platten wie weiche Massen zusammen, indem sie zuerst ihre sonst oft scharfwinkelig und zackig begrenzten Ränder abrunden und schliesslich sich selbst bis zur Kugelform contrahiren. Wofern nun nicht etwa durch die Verletzung der ganze Inhalt der Zelle zu einer breiigen Masse zerquetscht ist, in welchem Fall natürlich auch von einer Contraction des Plasmaschlauchs und der Endochromplatten nicht die Rede sein kann, bleiben diese letzteren vollkommen von dem ersteren gesondert

1) Ehrenberg, Infusionsthiere. S. 175. 182.

und mischen sich nicht mit ihm. Ausserdem kann man die Endochromplatten noch in ihrer Abgrenzung von dem übrigen Plasma erkennen, wenn man mit Alkohol den Farbstoff ausgezogen hat. Es entsprechen die ersteren demnach in dieser Hinsicht durchaus den bei anderen Algen vorhandenen Chlorophyllplatten, welche sich auch bei der Contraction ganz analog verhalten.

Dass der Farbstoff selbst ein Gemenge von Chlorophyll und einem gelben Körper, Diatomin oder Phycoxanthin sei, ist von Askenasy[1]), Kraus[2]) und Millardet[2]), neuerdings auch spectroskopisch von H. L. Smith[3]) nachgewiesen worden, und haben die genannten Forscher auch über das Verhalten desselben zu Reagentien so Ausführliches mitgetheilt, dass hier einfach auf jene Arbeiten verwiesen werden kann. Derselbe gelbe Farbstoff ist von Millardet[4]) auch in *Fucoideen* gefunden worden.

Ausser den bisher besprochenen Bestandtheilen beobachten wir in den *Naviculeen*-Zellen, wie bei allen Bacillariaceen, noch zwei, nämlich die wässerige Zellflüssigkeit und mehr oder minder grosse Oeltropfen. Die letzteren treten namentlich an der Innengrenze des Plasmaschlauchs auf, berühren denselben nur mit einer sehr geringen Fläche und ragen sonst in den Zellraum hinein. Ausserdem kommen sie auch frei schwimmend vor und erfüllen selbst streckenweise die ganze Höhlung der Zelle (2, 3 oben). Sie fallen sogleich durch ihre starke Lichtbrechung ins Auge und lassen sich leicht dadurch als Fett nachweisen, dass sie sich mit Ueberosmiumsäure schnell schwarz färben, wie zuerst Schultze[5]) angab. Von einer Haut sind sie nicht um-

---

1) Askenasy, Beiträge zur Kenntniss des Chlorophylls und einiger dasselbe begleitender Farbstoffe. Botan. Zeit. 1867. S. 236 ff.

2) Kraus et Millardet, sur le pigment des Phycochromacées et des Diatomées. Mémoir. de la soc. d. sc. natur. à Strassburg. Tom VI. p. 23. Comptes rendus hebdom. d. l'acad. d. sc. à Paris tome LXVI. 1868. p. 505.

3) H. L. Smith, spectroscopic examination of the Diatomaceae. Silliman's Americ. journ. Juli 1869. Ann. and Mag. of Nat. Hist. 4 ser. vol. IV. 1869. S. 218.

4) Millardet, sur la nature du pigment des Fucoidées. Ann. d. sc. natur. 5 ser. tome X. 1868. S. 59.

5) Schultze, die Bewegung der Diatomeen. S. 374.

schlossen, da sie leicht zusammenfliessen. Die Beobachtung von Lüders[1]), dass um so mehr Oel vorhanden sei, je mehr die Zellen an frischem Wasser, somit also wohl an Sauerstoff, Mangel gelitten hätten, kann ich durchaus bestätigen. Das Auftreten grosser Fettmengen ist gleichzeitig ein Zeichen, dass die Zelle ihre Vermehrungsthätigkeit sehr verlangsamt hat und Reservestoffe ablagert. Giebt dann nicht binnen nicht zu langer Zeit reichliche Zufuhr von Luft wieder Gelegenheit zu regem Stoffwechsel, so sterben die Bacillariaceen ab: im Gegenfalle resorbiren sie, wie Lüders[1]) schon fand, das bereits gebildete Oel wieder. Es scheint dasselbe hier übrigens aus dem Plasma, oder direct aus aufgenommener Kohlensäure gebildet zu werden, da bekanntlich Stärke und Zucker bei den Bacillariaceen nicht nachzuweisen sind.

Die Oeltropfen geben gleichzeitig ein wichtiges Beweismittel für die Frage, ob der Hohlraum der Bacillariaceen-Zellen mit einer Gallerte, oder mit einer sehr verdünnten wässerigen Lösung erfüllt sei. Zwar spricht für Letzteres bereits sehr überzeugend der Umstand, dass schon sehr verdünnte Salz- oder Zuckerlösungen ein Schrumpfen des Plasmaschlauchs bewirken. Wir beobachten aber ausserdem, dass die Oeltropfen an der Innenfläche der Plasmaschicht hin und hergeschoben werden, was doch wohl nur denkbar ist, wenn keine consistente Gallerte ihnen Widerstand entgegensetzt. Namentlich bei einigen nicht zu den *Naviculeen* gehörigen Formen, bei welchen dünne Plasmafäden durch den Innenraum der Zelle gespannt sind, beobachtet man, dass so grosse Fetttropfen von denselben schnell bewegt werden, dass man nicht, wie Ehrenberg[3]) und Focke[4]), hier eine irgend consistente Gallerte annehmen darf. Eine solche müsste auch bei einer kleinen Verletzung der Zelle quellend den ganzen Inhalt hervortreiben, während derselbe sich im Allgemeinen zusammenzieht und wohl nur desshalb bisweilen aus entstandenen Spalten hervortritt, weil das Plasma selbst, durch den Druck in seiner molecularen Organisation verändert, Wasser aufsaugt.

Focke[5]) hat auch beobachtet, dass die Oeltropfen sich vermöge

---

1) Lüders, Beobachtungen u. s. w. S. 42.

3) Ehrenberg, Infusionsthiere. S. 182.

4) a. a. O. S. 28.

5) ebenda S. 26.

ihres geringen specifischen Gewichts vorwiegend an derjenigen Zellfläche anhäufen, welche gerade nach oben gewandt ist, und bei Umdrehung der Zelle entsprechend ihren Platz wechseln. Diese Angabe, welche ich im Allgemeinen bestätigen kann, zeigt ebenfalls, dass die innere farblose Substanz den Durchgang grösserer Körper leicht gestattet. Kleinere Oeltropfen werden übrigens auch an der unteren Zellfläche oft vom Plasma festgehalten und am Aufsteigen gehindert.

Die Bewegung der Fetttropfen längs der Innenfläche des Plasmaschlauchs ist wohl als eine Lebensthätigkeit des letzteren selbst aufzufassen, wie dies schon der Entdecker dieser „Glitschbewegung" Nägeli [1]) gethan hat. Wir werden auf diese Bewegungserscheinungen noch weiter unten zurückkommen.

Es ist dabei die Frage ins Auge zu fassen, ob die Oeltropfen sich an der Innenfläche der Endochromplatten, oder nicht vielmehr an einer dünnen Schicht von farblosem Plasma entlang bewegen, welche noch zwischen jenen und der Zellflüssigkeit sich befindet. Direct hat sich hier eine solche Schicht nicht überall nachweisen lassen: wohl aber sehen wir, dass sich die mittlere Plasmamasse sich verjüngend an den Endochromplatten hinauf zieht, und dass andererseits an den Zellenden das farblose Plasma die Endochromplatte gewissermassen umfasst. Auf der Aussenseite der letzteren, zwischen ihr und der Zellwand, ist mit Sicherheit farbloses Plasma vorhanden, da man dies bei Contraction bisweilen von der Platte gesondert sehen kann, wenn man mit Ueberosmiumsäure behandelt. Nach alledem scheint es nothwendig vorauszusetzen, dass die Endochromplatten allseitig von farblosem Plasma umgeben, dem letzteren eingebettet seien, wenn dasselbe sie auch stellenweise nur mit einer äusserst dünnen Schicht überzieht. Dasselbe hat Hofmeister [2]) als für die Chlorophyllkörper gültiges Gesetz ausgesprochen.

Wenn hier farbloses Plasma und Endochromplatten einander so scharf gegenübergestellt werden, so ist damit nicht gesagt, dass Theile der letzteren nicht bisweilen farblos sein könnten. So scheinen namentlich die Enden der Platten bisweilen keinen Farbstoff zu bilden: dieselben zeichnen sich aber auch dann durch grössere Dichtigkeit vor dem Schlauch-Plasma aus.

---

1) Nägeli und Cramer, Pflanzenphysiologische Untersuchungen. I. 49.

2) Hofmeister, Pflanzenzelle. S. 367.

So übereinstimmend die wahren *Naviculeen* sich im allgemeinen Bau ihrer weichen Zelltheile verhalten, so zeigen sie doch namentlich bei der Zelltheilung so grosse Verschiedenheiten, dass es nothwendig ist, in dieser Hinsicht mehrere Gruppen gesondert zu behandeln. Selbst die grosse Gattung *Navicula* bietet in sich so bedeutende Differenzen, dass dieselbe danach in mehrere Gattungen zerlegt werden kann.

Betrachten wir zuerst diejenige Abtheilung, welcher die meisten Arten der Gattung zugehören, und welcher daher bei generischer Trennung der Name *Navicula* bleiben muss.

I. Navicula Bory de St. Vinc.

(Taf. 3, Fig. 1—9.)

Das charakteristische Merkmal dieser Gruppe ist, dass bei der Zelltheilung die Endochromplatten zunächst längs der Wand der Zelle fortwandernd von den Gürtelbändern auf die Schalen hinüberrücken, und dann dort durch zwei schiefe Einschnitte getheilt werden.

Dies Verhalten ist mit Sicherheit beobachtet bei *Navicula radiosa* Kütz., *N. gracilis* Ehrbg., *N. capitata* Ehrbg., *N. lanceolata* Kütz., *N. cuspidata* Kütz., (einschliesslich der *N. ambigua* Ehrbg.), *N. elliptica* Kütz. Diese Arten gehören alle den drei Grunow'schen [1]) Gruppen *Radiosae, Cuspidatae* und *Didymae* an — es wäre also wohl möglich, ja bei der grossen Aehnlichkeit, welche die einzelnen Formen einer jeden dieser Gruppen unter einander zeigen, sogar zu erwarten, dass auch die übrigen, noch nicht untersuchten Arten derselben diesem Theilungsgesetz folgen. Fassen wir jetzt den Vorgang selbst näher ins Auge.

Die am genausten in dieser Hinsicht beobachtete Form ist *Navicula ambigua* Ehrbg., welche oft zahlreich zwischen *Oscillarien* sich findet, und auch die Cultur einigermassen verträgt.

Die Schalen dieser Art sind elliptisch mit vorgezogenen Spitzen, wie das Taf. 3 Fig. 1 darstellt. Die Gürtelbandansicht würde ein braunes, nur an den Enden weisses Rechteck zeigen. Das Plasma erfüllt die Spitzen vollständig, die mittlere Masse ist stark geschweift,

---

1) Grunow, *Naviculaceen*. S. 513 ff.

der Zellkern gross und sehr deutlich. Die Endochromplatten lassen an der Mittellinie der Schalen einen ziemlich breiten Raum frei, sind seicht eingeschnürt und haben glatte Ränder. Die Oeltropfen nehmen bei der grossen Mehrzahl der Zellen eine bestimmte Stellung ein. Vier stehen an den Ecken der mittleren Plasmamasse, und noch zwei symmetrisch in der Mittellinie, wie aus Taf. 3 Fig. 1 ersichtlich ist. Behufs der Theilung verbreitert sich zunächst die Zelle durch Auseinanderrücken der Gürtelbänder; dann beginnen die Endochromplatten ihre Wanderung. Von einer Richtung nach rechts oder links kann dabei nicht die Rede sein, da die in Rede stehenden Zellen durchaus symmetrisch sind. Wenn die Platten sich um 90° verschoben haben, oder, wie man vielleicht richtiger sagen kann, durch die Thätigkeit des sie umschliessenden farblosen Plasmas verschoben worden sind, bietet die Zelle in Schalenansicht ein Bild dar, wie Taf. 3 Fig. 2s. An den Enden schlagen sich die im grossen Ganzen elliptischen Endochromplatten noch nach den Gürtelbändern hin um, an der Zellmitte erreichen sie den Rand der Schale nicht. In der Gürtelansicht sieht man in Folge dessen einen farblosen Raum, eingefasst von zwei schmalen, nur an den Enden noch nach innen von helleren Lappen gesäumten dunkelbraunen Längsstreifen. Der Zellkern ist noch deutlich, in der Richtung quer von einem Gürtelbande zum anderen etwas in die Länge gezogen. Derselbe wird dann immer undeutlicher: nach etwa 5 bis 8 Minuten ist er nicht mehr erkennbar, die Plasmamasse überhaupt sehr schmal geworden. Dann erfolgt die Theilung. Eine von Anfang an scharf und deutlich sichtbare schwarze Linie schneidet von den Enden der Zelle her vordringend in deren Plasma ein, zuerst von zwei rechten Winkeln begrenzt, wenig später aber sich zu einem kleinen Zwischenzellraum erweiternd. Der Letztere ist schon vorhanden, wenn die schwarze Linie eben die vorgezogenen Köpfe der Zelle durchsetzt hat. (3, 2g.) Die Ringfurche, welche hier, im optischen Längsschnitt der Zelle, als schwarze Linie erscheint, geht übrigens rings um die Zelle — sie ist nur an den Enden derselben erheblich tiefer, als an den Seitenflächen. In etwa 4 Minuten ist die Theilung, welche ich in den Vormittagsstunden des April 1870 mehrfach von Anfang bis zu Ende zu verfolgen Gelegenheit hatte, vollzogen. Nun fangen die Endochromplatten an ihren Seitenrändern zu wachsen an, so dass sie bald die Schalen vollständig bedecken und auch noch seitlich übergreifen. Unterdessen haben die beiden eben entstandenen Tochterzellen schon je eine zarte neue Schale und je einen Zellkern entwickelt. Letzterer ist bereits eine Stunde nach der Theilung der Mutterzelle sichtbar. Darauf beginnt die Zerklüftung der Endochromplatten durch zwei unter 45° gegen den längsten Durchmesser der Zelle geneigte, vom Rande her langsam eindringende Einschnitte (3, 3). Wenn dieselben an der einen, oberen, dem Auge des Beobachters zugewandten Schale, wie in der gezeichneten Figur, von links oben nach rechts unten laufen, so gehen sie auf der unteren, den Objectträger berührenden Schale von rechts oben nach links unten. Sind die Platten vollständig durchschnitten (3, 4), so kreuzen sich also die so entstandenen schrägen hellen Streifen. Die Theilung der Endochromplatten ist vollendet, ehe noch die beiden Tochterzellen sich von einander getrennt haben. Dieser letztere Vorgang geschieht in der Weise, dass die neuen Schalen, welche ursprünglich, wie das schon Fresenius [1]) gezeichnet hat, durchaus eben sind und mit ihrer ganzen Oberfläche einander berühren, sich zu wölben beginnen. Es sind nämlich hier, wie bei vielen anderen *Naviculeen* die fertigen Schalen nach aussen convex (3, 2g). In Folge dieser Wölbung treten die Tochterzellen zunächst an den Enden von einander, während sie sich in der Mitte noch berühren. Dieser Zusammenhang wird dann durch stärkere Krümmung der neugebildeten Schalen immer kleiner, so dass schliesslich schon ein leiser Stoss genügt, um die Schwesterzellen zu trennen. Erst wenn dieselben frei umherschwimmen, rücken die beiden Endochromplatten einer jeden, welche zunächst noch an der älteren Schale liegen und nur die Gürtelbänder noch bedecken, auch nach der jüngeren Schale hinüber, und drehen sich dabei gleichzeitig so, dass schliesslich ihre Mediane mit der des Gürtelbands zusammenfällt, womit der ursprüngliche Zustand wieder hergestellt ist.

Ganz analog wie *Navicula ambigua* verhalten sich die übrigen oben aufgeführten Arten. Die eindringenden Theilungseinschnitte der Endochromplatten sind um so weniger gegen den längsten Durchmesser der Zelle geneigt, je länger und schmäler die letztere ist, was namentlich ein Vergleich von *Navicula ambigua* und *N. radiosa* lehrt.

---

1) Fresenius, über einige Diatomeen. Abhandl. der Senckenberg. Gesellsch. zu Frankfurt a. M. IV. 1862. Taf. 4 f. 21.

Von Wichtigkeit ist es, darauf hinzuweisen, dass die oben erwähnte (bei *Amphora* schon von Meneghini [1]) beobachtete) nachträgliche Krümmung der anfangs ebenen Schalen, weil dieselben sich dabei nicht verkürzen, nicht anders zu erklären ist, als durch eine Einlagerung neuer Molecüle, kurz durch ein Flächenwachsthum der Schalen. Dieselben besitzen, wenn sie anfangen, sich zu krümmen, bereits ihre definitive Dicke, Mittelknoten und Streifung. Es folgt daraus unmittelbar, dass auch die ganz vollendete Schale nicht ein reines Kieselgebilde, sondern eine von Kieselsäure durchdrungene organische Membran ist, da nur eine solche in der beschriebenen Weise zu wachsen im Stande ist. Man kann demnach nicht a priori behaupten, dass die Bacillariaceen-Zellen nicht wachsen könnten: es muss vielmehr, um die in der Einleitung (S. 21 ff.) aufgestellte entwicklungsgeschichtliche Hypothese zu rechtfertigen, nachgewiesen werden, dass sie es in der That nicht thun. Wie *Navicula ambigua,* so zeigten auch alle beobachteten Arten von *Pleurosigma*, sowie *Stauroneis Phoenicenteron* Ehrbg. diese nachträgliche Wölbung der ursprünglich ebenen Schalen.

2. Neidium gen. nov. [2])

(Taf. 4, Fig. 1.)

Der wesentliche Punkt, in welchem sich die hieher gehörigen Arten von den echten *Naviculen* unterscheiden, ist, dass

1. die Endochromplatten nicht wandern, sondern noch den Gürtelbändern anliegend getheilt werden,

2. dass diese Theilung nicht durch schräge, sondern durch dem längsten Durchmesser der Zelle parallele Einschnitte erfolgt.

Dieses Verhalten zeigen nach meinen Beobachtungen *Neidium firmum* (Kütz.), *N. Amphigomphus* (Ehrbg.), *N. affine* (Ehrbg.), *N. limosum* (Kütz.), Formen, die sämmtlich in der von Grunow [3]) aufgestellten sehr natürlichen Gruppe *Limosae* enthalten sind, welche

---

1) a. a. O. S. 423.

2) von τὸ νηΐδιον, Diminutivum von ἡ ναῦς, das Schiff.

3) Grunow, *Naviculaceen.* S. 542.

sich im Bau der Zellhaut durch die im trockenen Zustande gelblichen bis gelbbraunen Schalen, die in deutliche Längsreihen geordneten Punkte auf denselben und den ziemlich grossen, länglich viereckigen Mittelknoten auszeichnen.

Die oben schon geschilderte Theilungsweise der Endochromplatten ist weniger complicirt als bei *Navicula* — sie weicht nur dadurch etwas von dem denkbar einfachsten Vorgang ab, dass die Endochromplatten gleichzeitig mit den Einkerbungen an den Enden auch in der Mitte eine längliche Oeffnung zeigen (**4**, 1 g). Indem diese weiter nach aussen, die Einschnitte an den Plattenenden weiter nach innen vordringen, entstehen endlich 4 in den Längskanten der Zelle gelegene schmale Endochromplatten. Dann erfolgt die Zelltheilung, und die beiden Platten, welche jede Tochterzelle erhält, wachsen an ihren der neugebildeten Schale zugewandten Rändern nach dieser hin, bis sie sie eben so weit bedecken, als die alte Schale.

Bei dieser Gruppe kommt es besonders häufig vor, dass die beiden Endochromplatten in der Mitte unterbrochen, also deren eigentlich zwei Paare vorhanden sind (**4**, 1).

Die Schalen sowohl von *Navicula*, als von *Neidium* sind, soweit man das irgend erkennen kann, streng symmetrisch. Dies gilt nicht von denen der folgenden Gruppe, und wir müssen hier daher näher auf den Bau der Schalen eingehen, um so mehr, als die Grösse einiger dahin gehöriger Formen manche Frage zu entscheiden gestattet, welche man bei den eigentlichen *Naviculen* noch nicht beantworten kann.

3. Pinnularia Ehrbg.

(Taf. 1, Fig. 1—7, Taf. 2, Fig. 1—6, Taf. 4, Fig. 2—3.)

Diese Gruppe wurde ursprünglich [1]) charakterisirt durch die starken Querriefen der Schale. Es zeigte sich aber bald die Schwierigkeit der Abgrenzung gegen die feiner gestreiften *Naviculen*, welche man Anfangs irrthümlich für ganz glatt gehalten hatte. In Folge dessen

1) Ehrenberg, über zwei neue asiatische Lager fossiler Infusorien-Erden aus dem russischen Transkaukasien (Grusien) und Sibirien. Monatsber. d. Berl. Acad. 1843. S. 45.

stellten Kützing[1]) Grunow[2]), Schumann[3]) und Pritchard[4]) die *Pinnularien* wieder zu *Navicula*, während Smith[5]), Griffith und Henfrey[6]), sowie Rabenhorst[7]) dieselben als selbstständige Gattung desshalb beibehalten haben, weil die Streifen, wie deutlich oder undeutlich sie auch immer sein mögen, bei *Navicula* in Punkte auflösbar seien, bei *Pinnularia* aber nicht.

Betrachten wir, um den Werth dieser Unterscheidung zu erkennen, zunächst die Relief-Verhältnisse, welche den Riefen der *Pinnularien* zu Grunde liegen. Bei den am gröbsten gestreiften Arten, namentlich der *Pinnularia lata* (Bréb.) W. Sm. ist mit Sicherheit zu erkennen, dass die vom Rande her nach der Mitte laufenden, schmal elliptischen Riefen (1, 2 r) Einsenkungen auf der Aussenfläche der Schale sind, wie schon 1869 von mir[8]) angegeben wurde. Dippel[9]) nimmt hingegen an, dass dieselben nicht verdünnte, sondern vielmehr verdickte Stellen der Zellhaut seien. Aber einmal spricht die, auch von Dippel angeführte Welker'sche Regel[10]), nach welcher Erhabenheiten ihren lebhaftesten Glanz beim Heben, Vertiefungen dagegen beim Senken des Tubus zeigen, für die hier vertretene Ansicht, wofern die *Pinnularia* in Wasser liegt, wie Welker voraussetzt. In Canadabalsam, welcher das Licht stärker bricht, als die kieselhaltige Membran der Bacillariaceen, verhält sich die Sache natürlich umgekehrt,

1) Kützing, Bacillarien. S. 89.

2) Grunow, *Naviculaceen*. S. 513.

3) Schumann, die Diatomeen der hohen Tatra. Verhandl. d. zool. botan. Gesellsch. z. Wien. 1867. Beilage S. 16.

4) Pritchard, a History of Infusoria. Fourth Edit. 1861. S. 892.

5) Smith, Synopsis. I. S. 46. 54.

6) a. a. O. S. 507.

7) Rabenhorst, Süsswasser-Diatomaceen S. 42. Flora Europaea Algarum I. S. 209.

8) a. a. O. S. 82.

9) Dippel, Beiträge zur Kenntniss der in den Soolwässern von Kreuznach lebenden Diatomeen, sowie über Structur, Wachsthum und Bewegung der Diatomeen überhaupt. 1870. S. 10.

10) Vgl. Schultze, die Structur der Diatomeenschale verglichen mit gewissen aus Fluorkiesel künstlich dargestellten Kieselhäuten. Verhandl. d. naturhist. Vereins f. d. Rheinlande. XX. 1863. S. 32.

wodurch Dippel vielleicht irregeführt sein könnte. Zweitens aber überzeugt man sich noch weit besser von der Einsenkung der Riefen durch Betrachtung schief liegender Fragmente, wie deren eines von *Pinnularia lata* Taf. 1 Fig. 5 dargestellt ist. Es projiciren sich dabei deutlich die die Riefen trennenden, von der Mitte zum Rande laufenden schmalen Streifen als erhabene, im Querschnitt trapezoidische Leisten, während die elliptischen Riefen selbst als tiefe Kerben erscheinen. Nur wenn das Fragment so liegt, dass nicht der geriefte Theil der Schale, sondern der schmale ungestreifte Randtheil derselben die Kante bildet, erhält man ein Bild, wie Schumann[1]) es von einem ähnlichen Fragment gezeichnet hat, ein Bild, in welchem die projicirte Kante sehr schwache Wellung zeigt, wobei die Erhebungen den Riefen entsprechen. Der ungestreifte Theil des Schalenrandes ist in der That in dieser Weise gewellt. Dass die Riefen selbst dünner sind, als die zwischen ihnen liegenden schmäleren Bänder, lehren auch Bruchstücke, bei welchen, wie an den Enden des auf unserer Taf. 1, Fig. 5 dargestellten Fragments, diese Bänder durchgebrochen ganz scharf begrenzt erscheinen, während es kaum gelingt, auch an den Riefen die Bruchlinie nur überhaupt zu erkennen. Wir dürfen schon daraus schliessen, dass diese elliptischen, nach der Mittellinie zu abbrechenden verdünnten Stellen, welche wir statt „Riefen" auch nach der in der Phytotomie üblichen Bezeichnungsweise Poren nennen dürfen, sehr stark verdünnte Membranstellen seien, zwischen welchen relativ sehr starke Leisten, jedoch nicht, wie gewöhnlich, in den Zellraum, sondern nach aussen vorragen. Macht man nach dem neuerdings von Flögel[2]) genau beschriebenen, zuerst bei Bacillariaceen wohl von Schleiden[3]) angewandten Verfahren, feine Querschnitte durch die den Franzens-

1) Schumann, Diatomeen d. h. Tatra. Taf. 4 Fig. 54 b.

2) Flögel, Untersuchungen über die Structur der Zellwand in der Gattung *Pleurosigma*. Schultze's Archiv f. mikroskopische Anatomie. 1870. S. 473 ff. Statt, wie Flögel zur Vermeidung zu starker Strömungen vorschlägt, Wasser an den Rand eines aufgelegten Deckglases zu geben, haucht man vielleicht noch besser sehr vorsichtig auf die Gummispähnchen, bis sich die nöthige Wassermenge auf dem Objectträger condensirt hat, und legt dann das Deckglas auf.

3) a. a. O. S. 576.

bader Kieselguhr bildenden *Pinnularien*, so bestätigen dieselben gleichfalls diese Auffassung. An Schnitten, die nur etwa die doppelte oder dreifache Breite einer Riefe dick sind, und welche in der dickflüssigen Gummilösung, welche sie zunächst umgiebt, bei einiger Geduld in die richtige Stellung zu bringen sind, häufig auch sich in dieser unmittelbar darbieten, wenn man die beim Schneiden erhaltenen Spähnchen gleich in Canadabalsam einschliesst, nimmt man die in den *Pinnularien*-Querschnitten Taf. 1 Fig. 6 und 7 dargestellten Reliefverhältnisse wahr. Mitte und Rand der Schale erscheinen viel stärker lichtbrechend, viel solider, als der mittlere gestreifte Theil. Ein deutlicher Contour geht schräge und zweimal winkelig gebrochen von aussen nach innen hinein: er entspricht den beiden Enden der Riefe. Die verbindende, der Innenfläche der Schale parallele Linie ist sehr schwer sichtbar zu machen, ganz entsprechend dem schon aus Fragmenten erschlossenen Satz, dass die die Pore nach innen schliessende Membran eine äusserst dünne sei. Nur sehr gut gelungene Querschnitte lassen unmittelbar erkennen, dass diese Membran an der concaven Innenseite der Schale liegt; schief liegende Fragmente, wie Taf. 1 Fig. 5, geben hierüber weit leichter sicheren Aufschluss. Die winkeligen Absätze der Böschung der Riefe sind auch in der Flächenansicht der letzteren als Querlinien kenntlich (1, 2), und als solche schon in Smith Synopsis [1]) bei *Pinnularia nobilis* Ehrbg., *major* (Kütz.), W. Sm. und *viridis* Ehrbg. von Tuffen West gezeichnet, bei *P. nobilis* auch von Schumann [2]) erwähnt.

Der letztgenannte Forscher [3]) stimmt mit der hier gegebenen Darstellung darin überein, dass er die Riefen für relativ dünne Stellen erklärt, giebt aber doch eine ganz andere Deutung, indem er sie für Canäle mit senkrechten Wänden und einer über sie gespannten Wölbung hält, und annimmt, dass sie nach der Mittellinie der Schale zu offen seien. Wäre eine solche Ueberdachung der Poren vorhanden, so müsste sie einmal bei schief liegenden Schalen an der sich projicirenden Kante (1, 5) sichtbar sein, und zweitens müsste man bei den in Canadabalsam eingeschlossenen *Pinnularien* sehr häufig in den Riefen

---

1) Smith, Synopsis I. Taf. 17 Fig. 161, XVIII. 162, 163 a.

2) Schumann, Diatomeen d. h. Tatra. S. 70.

3) ebenda S. 73.

Luftblasen bemerken, wie sie bei anderen Bacillariaceen in ähnlichen engen Röhren in der That häufig auftreten, bei *Pinnularia* aber nur äusserst selten, wohl an den Wänden der Einsenkung haftend, vorkommen.

Nach alledem ist freilich der Bau der Riefen bei *Pinnularia lata* u. s. w. nicht auf einzelne an einander gereihte Grübchen zurückzuführen, wie bei *Navicula*. Aber schon manche grössere *Pinnularien* zeigen eine Abtheilung der Riefen in mehrere, nach Schumann [1]) selbst viele Stücke, und bei den kleineren Formen sind wir in keiner Weise sicher, ob nicht die Auflösung der Riefen in Punkte nur desshalb nicht gelingt, weil unsere optischen Hülfsmittel nicht ausreichen, so dass die bisherige Scheidung von *Pinnularien* und *Naviculen* eine sehr missliche ist.

Ein anderes Merkmal könnte man vielleicht darin suchen, dass die ersteren nach Schumann [2]) ausser dem groben noch ein feines Riefensystem besitzen, während den letzteren — wenigstens in einer Richtung — nur ein einziges zukommt. Aber auch diese Abgrenzung wäre in zu hohem Grade von der Güte unserer Mikroskope abhängig, und ausserdem ist es mir nicht gelungen, jene feineren Riefen wahrzunehmen. Wenn die Angabe von einem weniger geübten Beobachter als Schumann stammte, wäre man versucht, sie auf eine Fehlerquelle zurückzuführen, welche in keinem Falle hier unerwähnt bleiben darf. Man bemerkt nämlich sehr oft an *Pinnularien* in der Schalenansicht feine, scharf gezeichnete Riefen, welche an denselben Stellen erscheinen, wie die groben. Genauere Untersuchung zeigt aber, dass wenigstens dieses feine Riefensystem kein reales ist. Man sieht dasselbe nämlich niemals bei einzelnen Schalen, sondern nur an Exemplaren, bei welchen beide Schalen noch mit einander verbunden sind. Achtet man genau auf die Ebene, auf welche man das Mikroskop einstellen muss, um die feinen Riefen sichtbar zu machen, so findet man, dass die letzteren genau in der Mitte zwischen beiden über einander liegenden Schalen auftreten, also an einer Stelle, wo gar keine Membran vorhanden ist, welche diese feinen Riefen tragen könnte. Dieselben sind somit eine rein optische Erscheinung, was

1) Schumann, Diatomeen d. h. Tatra. S. 71.

2) ebenda S. 71. 74.

auch daraus zu entnehmen ist, dass sie stets den groben Poren parallel sind, nur an den Stellen der Schale auftreten, wo auch diese letzteren vorhanden sind, und Unregelmässigkeiten derselben nachahmen. Auf die Art und Weise, in welcher zwei hinter einander gesehene grobe Streifensysteme den Anschein eines zwischen ihnen befindlichen feinen Systems hervorbringen, einzugehen, würde uns zu weit von unserem Gegenstand entfernen.

Soviel ist jedenfalls klar, dass die bisher erwähnten Kriterien eine Scheidung der *Pinnularien* von den *Naviculen* nicht wohl gestatten. Als neue Merkmale sind aber anzuführen die gesetzmässige Asymmetrie der Schalen und die eigenthümliche Theilungsweise der Endochromplatten.

Eine jede Schale ist in ihrem mittleren Theile ziemlich flach, am Rande nach innen umgebogen und schärft sich hier allmählich in eine ganz dünne Kante zu. An die Innenfläche der letzteren legt sich dann das Gürtelband an, welches bei den *Pinnularien* sehr deutlich nicht als eine unmittelbare Fortsetzung der Schalen, sondern als nur an dieselben angewachsen erscheint (1, 1. 6. 7). Dasselbe endet an beiden Rändern, ohne sich wesentlich zu verdünnen. Sein freier Aussenrand ist stark bogig; ihm parallel geht jederseits eine feine, zuerst von Schleiden[1]) aufgefundene Linie, welche aber das Ende der Zelle nicht erreicht (1, 1. 3). Die Linien des äusseren, umschliessenden Gürtelbandes sind ein wenig länger, als die des inneren, umschlossenen. Das Gürtelband zerbricht leicht längs dieser „Nebenlinien“: dieselben scheinen also verdünnte Stellen zu sein. Sie besitzen eine feine querüber gehende Streifung: auf der ganzen Fläche des Gürtelbandes konnte dieselbe nicht erkannt werden, obwohl Schumann[2]) angiebt, sie auch hier gesehen zu haben.

Der angewachsene Rand ist nicht von einer geraden, sondern von einer rauhen, bei manchen grossen Arten kurzwelligen Linie begrenzt. Im letzteren Fall entspricht jede Einbuchtung einer Pore der Schale, welcher der Rand anlag. Ausserdem ist das Gürtelband an diesem, der Schale zugekehrten Rande von feinen Poren bedeckt, welche eine bestimmte Anordnung nicht erkennen lassen, und an der Zellmitte am spärlichsten vorhanden sind.

1) a. a. O. S. 576.

2) Schumann, Diatomeen d. h. Tatra. S. 71.

Die Schale selbst zeigt vier wesentlich bemerkenswerthe Theile. Zuerst die drei Knoten an den Enden und in der Mitte, dann die beiden zwischen den Knoten verlaufenden Längslinien, den gerieften und den mittleren glatten Raum.

Die Knoten, von Ehrenberg, Kützing und Meneghini für Oeffnungen gehalten, wurden zuerst ven Schleiden[1]) als verdickte Stellen der Membran erkannt. Siebold[2]) sprach sich in demselben Sinne aus, ebenso Bailey[3]), welcher auch durch Behandlung der Schalen mit Flusssäure nachwies[4]), dass die Knoten sich zuletzt lösen, also am dicksten sind. Die Knoten springen nach innen stark vor; aussen sind die endständigen in einer Ebene mit den angrenzenden Theilen der Schale[5]), der mittlere vertieft. Eine Durchbrechung derselben von innen nach aussen ist nicht wahrnehmbar. Doch weisen Beobachtungen von Schumann, welcher sah, dass der Mittelknoten von *Pinnularia lata*, als Linse wirkend, zwei Bilder einer Lichtflamme gab, während die Endknoten nur eines erzeugen, darauf hin, dass eine Rinne oder Röhre im Innern des Mittelknotens in Richtung des längsten Durchmessers der Zelle verläuft. Bisweilen ist diese Röhre als feine Linie auch unmittelbar sichtbar.

Der mittlere glatte Theil der Schale ist dünner als die Knoten, aber widerstandsfähiger, als der von vielen Poren durchsetzte gestreifte Theil. Jener löst sich daher auch bei Anwendung von Fluorwasserstoffsäure später[6]). Er wird durchzogen von den beiden Längslinien, welche ich mit Schleiden[7]), v. Siebold[8]), Focke[9]), Schumann[10]), Schultze[11]) trotz mancher neuerer Einwendungen für Längsspalten

1) a. a. O. S. 575.

2) a. a. O. S. 283.

3) Bailey in Americ. journ. of science a. arts. vol. XIII. p. 97.

4) Bailey, on the real nature of the so-called orifices in Diatomaceous shells. Americ. journ. 2. ser. vol. II. 1851. S. 349.

5) Schumann, Diatomeen d. h. Tatra. S. 73. 74.

6) Bailey, on the real nature u. s. w. S. 349.

7) a. a. O. S. 576.

8) a. a. O. S. 283.

9) a. a. O. S. 26.

10) Schumann, Diatomeen d. h. Tatra. S. 73.

11) Schultze, Bewegung der Diatomeen. S. 384.

halte. Die bei *Pinnularia* unmittelbar wahrnehmbaren Erscheinungen sind folgende. Der mittlere Theil der Längslinie zeigt sich als eine ziemlich breite, schwächer lichtbrechende Stelle, welche sich beiderseits in eine scharfe, dunkle Linie verschmälert (1, 2). Die letztere endet nahe dem Centralknoten mit einer geringen Erweiterung, nachdem sie vorher eine sanfte Biegung gemacht hat, wie schon Grunow[1]) angiebt. Nach den Endknoten hin biegt sie nach derselben Seite, wie am Mittelknoten, plötzlich um, und umzieht dann jene als schwach lichtbrechender, halbmondförmiger Streifen.

Es ist dadurch ein Mangel der Schale an Symmetrie bedingt, welcher sich auch noch in anderen Punkten zeigt. So liegt, wie schon Ehrenberg[2]) fand, der Mittelknoten excentrisch nach einer Seite hinüber, und in geringerem Masse gilt dasselbe von den Endknoten. Alle sind derjenigen Schalenseite näher gerückt, welcher sich die Enden der Längslinien zuwenden. Wenn wir diese Schalenhälfte Z (zugewandt), die andere A (abgewandt) nennen, so ist es ferner zu beobachten, dass die Längslinie an ihrem breiteren Theile nach A hin von einer fast geraden, nach Z zu von einer deutlich gebogenen Linie begrenzt ist (1, 2). Ausserdem hat auch der mit Riefen bedeckte Schalentheil auf beiden Längshälften eine verschiedene Form. Es sind nämlich die Riefen von A am Mittelknoten stets ein wenig länger, als die von Z, so dass der riefenfreie Raum, die sogenannte Area, nach Z zu breiter ist als nach A. Ferner bilden die Enden der Riefen hier bei A eine wenig, bei Z eine stark gekrümmte Linie, und ähnlich verhält es sich an den Endknoten. Endlich findet man an den Endknoten auf der Seite A meist ein einzeln stehendes Grübchen. Diese Beschreibung mag kleinlich erscheinen — die aufgezählten geringen Unterschiede scheinen aber doch wichtig, weil sie constant sind, und weil namentlich die beiden Schalen einer Zelle dadurch nach bestimmtem Gesetz asymmetrisch werden. Liegt nämlich bei einer auf einer Schale ruhenden *Pinnularia* an der oberen Schale A rechts, so liegt es unten links. Stellt man also das Mikroskop auf jene ein, und sicht den Mittelknoten hier nach links verschoben, die Längslinie nach links ausbiegen, so wendet sie sich bei Einstellung auf die untere Schale nach rechts,

1) Grunow, *Naviculaceen.* S. 514.

2) Ehrenberg, Infusionsthiere. S. 182.

und auch die Knoten liegen mehr rechts hinüber. Die *Pinnularien* sind also gewissermassen diagonal gebaut. Jede Schale für sich ist auf ihre Mittellinie bezogen asymmetrisch: beide Schalen liegen aber so zu einander, dass die ganze Zellhaut in sich wieder in complicirter Weise symmetrisch ist. Die rechte Hälfte einer Schale entspricht der linken der anderen, so dass eine alle Punkte der vier Längslinien aufnehmende und auf dem kürzesten Wege verbindende Ebene die *Pinnularia* in zwei, abgesehen von der Ungleichheit der Schalengrösse, congruente Theile zerlegen würde.

Bei zwei Arten von *Pinnularia* tritt der bei *P. viridis, nobilis* u. s. w. nur bei aufmerksamer Betrachtung der Schalen bemerkbare Mangel an Symmetrie deutlich hervor, nämlich bei *Pinnularia dispar* (Schum.) und *P. alternans* (Schum.). Bei diesen Formen besitzt nämlich die eine Schalenhälfte lange, fast bis zur Längslinie gehende, die andere nur ganz kurze Riefen. Liegen die letzteren an der oberen Schale links, so liegen sie an der unteren rechts. Der Centralknoten ist der kurzriefigen Hälfte näher gerückt, nach ihr wenden auch die Längslinien um; diese Hälfte entspricht also der bei *Pinnularia viridis* mit Z bezeichneten. Bei *P. alternans* greifen auch in der Gürtelansicht die langen Riefen weiter über als die kurzen, so dass die Schalen an einem Rande weiter umgebogen zu sein scheinen, als am anderen. Dass die Knoten in dieser Ansicht nicht in einer dem Gürtelband parallelen Ebene liegen, was man bei *P. viridis* direct kaum wahrnehmen kann, ist bei *P. alternans* deutlich zu sehen. Ob der Querschnitt wirklich, wie Schumann angiebt, ein Rhomboid ist, scheint mir noch zweifelhaft, da die übrigen *Pinnularien*, obwohl auch in geringerem Grade diagonal asymmetrisch, im Durchschnitt doch rechteckig sind. Die Aufstellung einer neuen Gattung *Alloeoneis*, welche Schumann ins Auge gefasst hat, würde sich nicht empfehlen, da eben die Schalen aller *Pinnularien* asymmetrisch sind. Ganz unpassend ist die Einreihung, welche Rabenhorst[3]) bei *Pinnularia dispar* versucht hat: die Gattung *Scoliopleura* Grun., wohin er sie

1) Schumann, preussische Diatomeen. Schriften der physik. ökonom. Gesellschaft zu Königsberg i. Pr. 1863. S. 166. Taf. 9 Fig. 50.

2) Schumann, Diatomeen d. h. Tatra. S. 72. 189. Taf. 3 Fig. 4?.

3) Rabenhorst, Flora europaea Algarum. I. 1864. S. 230.

stellt, hat gewundene Gürtelbänder, wovon hier nichts zu finden ist.

Aeusserst selten findet man übrigens auch abnorme *Pinnularien*, die an beiden Schalen A auf derselben Stelle haben, also nicht diagonal, sondern gleichseitig asymmetrisch sind.

Was die Frage anlangt, ob die Längslinie eine Spalte sei oder nicht, so hat Dippel[1]) Ersteres darum verneint, weil „die in Rede stehende Stelle der Zellhülle stets ihren höchsten Glanz beim Heben des Tubus zeigt", was nach der Welker'schen Regel beweise, dass hier eine nicht wesentlich verdünnte Membranstelle sei. Diese Deduction wäre ganz richtig, wenn es sich darum handelte, ob hier eine mehr oder weniger tiefe, flache Furche vorhanden sei, welche wie ein Graben mit sanfter Böschung auf der Aussenfläche der Zellhaut verliefe. Dies ist aber nie behauptet worden. Es ist vielmehr eine sehr enge Spalte anzunehmen, welche nahe am Mittelknoten beinahe senkrecht die Zellhaut durchsetzt, dann mehr und mehr schief verläuft, wodurch der S. 47 erwähnte breitere, schwächer lichtbrechende Streifen bedingt wird, sich dann wieder mehr gerade stellt, also wieder schmal und scharf begrenzt erscheint, um endlich stark geneigt den Endknoten zu umziehen. Zur Erkenntniss einer solchen Unterbrechung der Continuität der Membran durch eine enge schiefe Spalte kann die Welker'sche Regel nicht verhelfen. Man muss vielmehr die Schale selbst in verschiedenen Lagen und namentlich Fragmente beobachten. Stellt man die erstere schief (1, 5), so kann man sich überzeugen, dass bei einer bestimmten Neigung der Schale die Längslinie auch am Mittelknoten eine erhebliche Breite hat, welche, wegen der etwas geneigten Richtung der Spalte, die Dicke der Schale ein wenig übertrifft. Ferner bricht die letztere sehr leicht nach der Längslinie, und man kann dann sehen, dass zwei sich zuschärfende Kanten über einander greifend die feine Spalte bilden (1, 5). Ob dabei die mit Z bezeichnete Schalenhälfte sich über oder unter die A genannte schiebt, gelang nicht mit Sicherheit festzustellen: dass aber ein Spalt vorhanden sei, scheint mir unzweifelhaft. Querschnitte, welche ich nach dem S. 42 erwähnten Verfahren von den *Pinnularien* des Franzensbader Kieselguhrs anfertigte, sprachen entschieden für diese Annahme. Diese Schnitte zerfallen in

1) a. a. O. S. 9.

Wasser mit grosser Leichtigkeit in der Mitte der Schale: schliesst man dagegen die ganzen Gummispähnchen in Balsam ein, so findet man sehr viele Querschnitte, welche die beiden Schalenhälften in situ zeigen, und beobachtet dann regelmässig eine schwarze, die ganze Dicke der Schale an deren Mitte durchsetzende Linie. Die letztere verläuft nahe dem Mittelknoten senkrecht, etwas davon entfernt schief gegen die Ebene der Schale, wie etwas dickere Querschnitte bei verschiedener Einstellung lehren. Häufig findet man auch diese Linie spitzwinkelig gebrochen, so dass eine zweiflächige Schneide einer Schalenhälfte von einer scharfen Hohlkehle der anderen umschlossen wird (1, 6). Die aus Betrachtung der *Pinnularien*-Schale von der Fläche her erschlossene Bemerkung Schumann's [1]), der Spalt liege stellenweise „nach Art eines Falzes in zwei Ebenen“, ist somit sehr richtig. Hingegen vermochte ich niemals zu finden, dass die eine Lippe des Spalts sich mit einer hohen Wölbung über die andere fortsetzte, wie das Focke [2]) angenommen und in einer schematischen Zeichnung dargestellt hat. Ob freilich der Spalt eine vollkommen freie Communication zwischen dem inneren Plasma und dem die *Pinnularia* umgebenden Wasser herstelle, oder ob er vielleicht innen oder aussen durch eine zarte Membran geschlossen sei, kann mit unseren jetzigen Mikroskopen wohl kaum durch directe Beobachtung entschieden werden, da man schon zur Erkenntniss des Verlaufs des Spalts und der Riefeneinsenkung im Querschnitt zu den besten Systemen seine Zuflucht nehmen muss. Doch möchte ich mich für die erstere Auffassung erklären, weil wir einmal zur Zeit keine Verbindung wahrnehmen und weil zweitens die Trennbarkeit der Schalen längs des Spalts eine so sehr grosse ist. Auch die sehr vielfach beobachtete Erscheinung, dass bei lebenden *Pinnularien* fremde Körper längs des Spalts lebhaft hin und her bewegt werden, ist ein starkes Argument für die Annahme einer vollkommenen Durchbrechung der Schale, da, worauf wir weiter unten zurück kommen werden, diese und verwandte Bewegungserscheinungen sich nicht durch Endosmose, sondern nur durch eine directe Thätigkeit des Plasmas genügend erklären lassen.

Schliessen wir hiermit die sich an das eine wesentliche Merkmal

1) Schumann, Diatomeen d. h. Tatra. S. 73.

2) a. a. O. S. 26. Taf. VI Fig. 40.

der Gattung *Pinnularia*, an die diagonale Symmetrie ihrer Zellen anknüpfenden Betrachtungen und wenden uns zu dem anderen, zu der gewissermassen *Navicula* und *Neidium* combinirenden Theilungsweise der Endochromplatten. Dieselben wandern nämlich hier, wie bei der ersteren Gattung, zunächst von den Gürtelbändern auf die Schalen hinüber und werden dann, wie bei der zweiten, gleichzeitig von den Enden und von der Mitte her in Längshälften zerschnitten, deren Grenze dem längsten Durchmesser der Zelle parallel ist.

Das erste Anzeichen beginnender Theilung ist auch bei den *Pinnularien* eine Verbreiterung der Zelle durch Auseinanderweichen der Gürtelbänder. Wenn dieselben sich noch sehr weit bedecken, beginnen die Endochromplatten schon ihre Wanderung, nach deren Beendigung die Gürtelbandfläche ein Bild darbietet, wie Taf. 2 Fig. 3g. Ein breiter, farbloser, heller Längsstreifen liegt zwischen zwei braunen seitlichen Binden. Dies ist schon von Lüders[1]) und Dippel[2]) beobachtet aber nicht richtig gedeutet worden. Die genannten beiden Forscher erkannten nicht, dass das Endochrom an bestimmt geformte und gewissermassen individualisirte Plasmaplatten gebunden sei, sondern nahmen vielmehr einen „braunen Inhalt" an, welcher, um das in Rede stehende Bild zu erzeugen, „sich von der Mitte aus mehr nach beiden Seiten zurückziehen" sollte. Aber schon eine Umwendung der Zelle in dem betreffenden Zustand (2, 3 s) zeigt, dass nun der helle Mittelstreif auf der Schalenansicht verschwunden ist, dass dagegen an der Mitte der Zelle die Endochromplatte die Schale nicht vollkommen bedeckt. Schon dies lässt auf eine Bewegung der Platten als solcher schliessen: es gelingt aber auch leicht, diesen Vorgang unmittelbar wahrzunehmen. Die Verschiebung erfolgt bei beiden Platten in gleicher Richtung. Ein rechts und links ist auch hier, trotz der mangelnden Symmetrie der Schalen nicht zu ermitteln. Eine jede Gürtelbandfläche wird zwar von einer Schalenhälfte A, und von einer solchen Z begrenzt, und wenn die Endochromplatte an einer Schale von A nach Z wandert, so thut sie es an den anderen auch. Es scheint aber hierin kein constantes Gesetz zu gelten; die Platten verschieben sich bald so, bald so, wie ja überhaupt in dem inneren Bau der *Pinnularien* die Asymmetrie ihrer Schalen keinen Ausdruck findet.

---

1) Lüders, Beobachtungen u. s. w. S. 49.

2) a. a. O. S. 23.

Die Wanderung geht entweder in der, bei *Navicula* häufigsten, Weise vor sich, dass die Platten einfach herumrücken, ohne ihre Mediane gegen den längsten Durchmesser der Zelle zu neigen. Oder ihre Mitten schreiten etwas schneller vor als ihre Enden, so dass die Platten bogig sich krümmen. Oder endlich es tritt der Taf. 2 Fig. 2 dargestellte Fall ein, dass ein Ende weit schneller sich bewegt als das andere. Die Schalenansicht, Fig. 2s, entspricht der rechten, zum Papier senkrecht stehenden Schale der dieselbe Zelle in Gürtelansicht zeigenden Fig. 2g. Die in letzterer Abbildung dem Beschauer zugewandte Endochromplatte (q) ist mit ihrem nach dem unteren Ende der Tafel gerichteten Ende nach rechts, auf die in Fig. 2s gezeichnete Schale hinübergegangen, wodurch gleichzeitig ihr oberes Ende in der entgegengesetzten Richtung auf die andere Schale gekommen ist. In ganz derselben Weise hat sich die gegenüberliegende Platte verschoben, von welcher (p) wir in Fig. 2g nur diesen rückwärts verschobenen Theil sehen, welcher in Zusammenhang mit dem Stück p von Fig. 2s steht. Der grösste Theil dieser Platte liegt auf dem nicht dargestellten Gürtelbande, ihre vorrückende Spitze auf der linken Schale. Der Zustand von Fig. 3s wird erreicht werden, indem auf der rechten Schale (2s) q immer grösser, p immer kleiner und gleichzeitig der schiefe helle Streifen steiler wird und mehr und mehr nach dem rechten Rand der Figur rückt. Alle drei Formen der Bewegung der Platten sind wohl gleich häufig. Auch in diesem Fall mag wohl das farblose Plasma das eigentlich bewegende Element sein, doch ist nicht zu leugnen, dass auch die Platten selbst während ihrer Verschiebung ihre scharfen Ränder abrunden und nicht nur ihre Lage, sondern auch ihre Gestalt verändern. Sie werden bisweilen fast S-förmig gebogen.

Was die Zeit anbetrifft, welche dieselben zu ihrer Bewegung brauchen, so kann folgende Beobachtung einigen Anhalt geben. In einem Fall berührte bei etwas vorauseilender Mitte der nachfolgende Rand einer Platte um $12^h\ 45^m$ Nachmittags die erste Zellkante, welche er zu passiren hatte, d. h. also diejenige zwischen der Gürtelbandfläche, welcher die Platte bisher anlag, und der Schale, welche sie verliess. Zehn Minuten später hatten die Enden den Vorsprung der Mitte ausgeglichen, und beide waren um etwa $^1/_3$ der Gürtelbandbreite vorgerückt. Die Platte der anderen Seite, welche die von der eben besprochenen verlassene Schale zu bedecken hatte, war mit ihrem vorrückenden Rande schon über die letztere fort und auf der Gürtelbandfläche angelangt, welche sie jetzt zum ersten mal berührte. Um $2^h\ 3^m$ waren die Platten in ihrer endgültigen Stellung vor der Zelltheilung angelangt. In wenigen Stunden ist die Wanderung wohl stets vollendet.

Nach derselben scheint dann die Bildung zweier Zellkerne einzutreten. Lüders giebt an, der primäre Kern werde erst durch die Einfaltung des Plasmaschlauchs zerschnitten. Dippel[2]) bestreitet dies und glaubt vielmehr voraussetzen zu müssen, dass der Kern sich in Richtung der Theilungsaxe verbreitere, nach Beginn jener Einfaltung sich selbstständig einschnüre und schon vor Vollendung der beiden Tochterzellen in zwei Kerne zerfalle. Es ist schwierig, gerade bei *Pinnularia* über diesen Punkt Aufschluss zu erhalten, da hier die Kerne nicht sehr deutlich sind und es überhaupt schwer hält, die Neubildung zweier secundärer Kerne an derselben Stelle, wo der primäre stand, und aus dessen Masse, von einer Theilung des letzteren zu unterscheiden. Jedoch scheint mir in der That eine Kerntheilung, aber in der Weise zu erfolgen, dass die Verlängerung des Kerns nicht in der Theilungsaxe, sondern in der Längsaxe der Zelle stattfindet, und dass schon vor Beginn der Einfaltung des Plasmas zwei neue Kerne vorhanden sind, welche später an ihre eigentlichen Plätze rücken.

Die Endochromplatten verbreitern sich nun erheblich, wobei ihre Ränder wieder zackig werden. Es geschieht dies ziemlich schnell, in wenigen Stunden: erst wenn die Ränder einander fast berühren, tritt die Zelltheilung ein.

Unmittelbar vorher nimmt die mittlere Plasmamasse insofern eine andere Gestalt an, als sie sich mehr nach den Schalen hinzieht und ihren mittleren Theil verschmälert (2, 4g). Dann tritt die Einfaltung der wandständigen Plasmaschicht ein, und schreitet schnell als scharf gezeichnete, schwarze Linie gegen den Mittelpunkt der Zelle vor. Der eigentlich einschneidende innerste Punkt des Risses erscheint im optischen Längsschnitt der Zelle etwas verbreitert, rundlich, so dass das Vordringen sich sehr scharf beobachten lässt. In einem Fall, in welchem um $9^h\ 18^m$ Vormittags die erste Spur der Einfaltung sichtbar

1) Lüders, Beobachtungen u. s. w. S. 49.

2) a. a. O. S. 25.

war, erreichte dieselbe in 25 Minuten die Mitte zwischen dem Ende der Zelle und der Begrenzung der mittleren Plasmamasse. Die Kluft schneidet nicht absolut gleich schnell von beiden Enden her ein, jedoch war die Differenz eine sehr geringe. Um 9^h 54^m, also 36 Minuten nach Beginn des Vorganges, berührte die schwarze Theilungslinie eben die mittlere Plasmamasse. Die Letztere zog sich sofort an ihr hinauf, so dass die Grenze zwischen dem mittleren Plasma und der Zellflüssigkeit nun nicht mehr eine nahezu halbkreisförmige Curve war, sondern von zwei neben einander liegenden, eine Spitze nach dem Zellende kehrenden kleineren Bogen gebildet wurde. Es deutet dies darauf hin, dass die eindringende Kluft schon bei ihrer Entstehung von relativ festen plasmatischen Wänden begrenzt ist. Innerhalb der mittleren körnigen Plasmamasse ist das Einschneiden des Risses nicht mit Deutlichkeit wahrnehmbar. Um jedoch festzustellen, dass auch hier eine Trennung erfolgt sei, wurden die Tochterzellen mit sehr verdünnter Salzsäure contrahirt. Dieselben zeigten sich um 10^h 2^m, also 44 Minuten nach dem Beginn der eigentlichen Theilung, vollkommen geschieden. Die neu gebildeten Flächen erschienen ziemlich eben, namentlich an den Ecken fast rechtwinkelig begrenzt. An den Stellen, wo die Enden der alten Schalen und die Gürtelbänder sich berühren, blieben die neugebildeten Zellen bei der Contraction mit Plasmafäden hängen, wie das auch sonst oft geschieht, entsprechend dem schon von Nägeli[1]) ausgesprochenen Satz, dass an schmalen relativ dünnen Stellen der Wand solche Fäden besonders leicht entstehen. Zwischen der Ansatzstelle des Gürtelbandes und den Endknoten befindet sich aber in der That eine verdünnte Stelle, gewissermassen eine Pore, wie die oberen Figuren der zweiten Tafel lehren.

In einem anderen Falle war um 8^h 37^m Vormittags die Einfaltung schon bis zu etwa $^1/_8$ der Gesammtlänge der Zelle vorgedrungen. Dreizehn Minuten später wurde die mittlere Plasmamasse erreicht, so dass der Vorgang hier etwas schneller verlief.

Die zu allererst dicht an der Zellwand entstehende Einfaltung ist flach aber ziemlich weit: erst etwa fünf Minuten später erscheint die scharfe schwarze Linie, welche bei anderen Gattungen gleich von Anfang an auftritt.

---

1) Nägeli und Cramer, Pflanzenphysiologische Untersuchungen. I. S. 4.

Die Schalenansicht einer soeben getheilten *Pinnularia* zeigt meist nicht die ganze Schale von Endochrom bedeckt, sondern an der Mitte eine seitliche, etwa halbkreisförmige, farblose Bucht, und zwar pflegt diese an beiden Schalen auf derselben Seite zu liegen. Später wird sie durch weiteres Wachsthum der Endochromplatten ausgefüllt.

Die Theilung der letzteren beginnt in den allermeisten Fällen erst, nachdem die Tochterzellen schon angefangen haben, Membran zu bilden. Gleichzeitig entstehen Einkerbungen an den Enden und eine Durchlöcherung in der Mitte (2, 5 s, g). Die beiden, die Plattenlängshälften verbindenden Querstreifen werden schmäler und schmäler (2, 6 s), reissen endlich durch, und die nun schon an den Gürtelbändern der Tochterzellen liegenden Endochromplatten brauchen jetzt nur seitlich die Schalen zum Theil zu überwachsen, um den Taf. 2 Fig. 1 dargestellten Anfangszustand wieder herzustellen.

Bei der Theilung des Plasmas der *Pinnularien* glaubte Hofmeister[1]) 1857 eine, nur etwa $^1/_6$ des kürzesten Zelldurchmessers erreichende Ringleiste zu beobachten, deren Entwicklung dann still stehe. Lüders[2]) erklärte diese Leiste für „eine Umbildung des Primordialschlauchs in Zellmembran“ und für „von Anfang an aus zwei Blättchen bestehend“, welche zuerst fest an einander haften, später durch Bildung eines Zwischenzellraums getrennt würden, worauf dann die Leiste aufhöre, vorhanden zu sein. Diese Annahme möchte aber auf eine im Bau der Gürtelbänder liegende Fehlerquelle zurückführbar sein. Gerade kurz vor der Theilung fallen nämlich, wie schon 1869 von mir ausgeführt wurde[3]), indem die Gürtelbänder immer mehr von einander weichen, die oben besprochenen Nebenlinien gerade über einander und bringen so sehr täuschend den Anschein einer Ringleiste hervor ohne dass eine solche existirte.

Es wird überhaupt nie bei den Bacillariaceen eine Scheidewand entwickelt, sondern von Anfang an entstehen zwei gesonderte Schalen. Dieselben bilden sich zuerst in der Mitte der Zelle und schreiten in ihrer Ausbildung von da nach den Enden hin vor. Wenn die Knoten bereits angelegt sind (2, 5g), sind die jungen Schalen noch sehr bieg-

---

1) Hofmeister, über die Fortpflanzung u. s. w. S. 31. 32.

2) Lüders, Beobachtungen u. s. w. S. 50.

3) a. a. O. S. 82.

sam. Behandelt man sie mit verdünnter Salzsäure, so trennen sie sich und krümmen sich dabei gleichzeitig stark gegen einander convex, indem die mittlere Plasmamasse weniger Wasser verliert, als die Zellenden mit ihren grossen Vacuolen. Man sieht dabei gleichzeitig, dass das Gürtelband, wie schon 1869 bemerkt [1]), erst ungemein spät angelegt wird. Das Zellenpaar, welches Taf. **2** Fig. 5 dargestellt ist, besass noch keine Spur davon. Bei der Contraction war die Stelle des Plasmaschlauchs, wo das Gürtelband hätte erscheinen müssen, ganz unregelmässig wellig zusammengezogen. Dasselbe bildet sich erst, wenn die neuen Schalen fertig sind, und zwar zunächst da, wo es der Schale anliegt. Es entsteht übrigens fast sogleich in seiner definitiven Dicke, erreicht aber erst langsam auch die normale Breite. Schwesterzellen, die sich schon getrennt haben, besitzen oft noch kein dem äusseren an Länge gleiches inneres Gürtelband.

Das Taf. **1** Fig. 4 gezeichnete Zellenpaar war gerade nach Vollendung der neuen Schalen durch einen Zufall abgestorben. Dieselben haben, einander anliegend, sich im Innern verschoben, und zeigen so sehr klar, dass beim Tode der beiden Zellen noch keine neuen Gürtelbänder vorhanden waren.

Wenn die alten Zellhauthälften eben aufhören, einander zu berühren, sieht man, dass zwischen ihren Rändern etwas Gallerte vorhanden ist. Wenn diese sich aufgelöst hat, hält dann nichts mehr die Tochterzellen zusammen, und dieselben vereinzeln sich. Es pflegt dabei an den nun frei schwimmenden jungen Zellen der freie Rand des alten Gürtelbandes noch über die neugebildete Schale hinaus etwas vorzuragen. Bisweilen genügt übrigens auch die Adhäsion der neuen Schalen an einander, um die Tochterzellen noch bis zur vollständigen Ausgestaltung verbunden zu halten.

Die eben geschilderte Theilungsweise der Endochromplatten ist nachgewiesen worden bei *Pinnularia nobilis* Ehrbg., *P. major* (Kütz.) W. Sm., *P. viridis* Ehrbg., *P. hemiptera* (Kütz.) W. Sm., *P. Tabellaria* Ehrbg., *P. dicephala* Ehrbg. Es möchten überhaupt die Grunow'schen Gruppen *Nobiles, Virides* und *Nodosae* bei *Pinnularia* verbleiben, während die *Oblongae* mir sich näher an *Navicula* anzuschliessen scheinen.

---

1) a. a. O. S. 82.

4. Stauroneis Ehrbg.

Die hierher gehörigen streng symmetrischen, von *Navicula* nur durch den zu einer Querbinde verbreiterten Mittelknoten verschiedenen Formen stimmen, soweit sie lebend beobachtet wurden, im Bau der weichen Theile vollkommen mit *Navicula* überein. Der Zelltheilung geht eine Wanderung der oft in der Mitte tief eingeschnittenen oder selbst unterbrochenen Endochromplatten voraus. Dieselben liegen noch ungetheilt den alten Schalen an, wenn die Theilung der Zelle vollendet und sogar die neuen Schalen fertig entwickelt sind. In welcher Weise die Platten zerklüftet werden, bleibt noch zu untersuchen.

5. Pleurostaurum Rab.

Die Zellen dieser Gattung gleichen sehr denen der vorigen, bleiben aber zu wenigzelligen kurzen Bändern längere Zeit vereinigt und haben ausserdem am umgebogenen Rande ihrer Schalen eine nach innen vorspringende Leiste, welche an den Zellenden am stärksten entwickelt ist und sich von da nach der Zellmitte hin abflacht. Die Leiste erscheint wie eine Einfaltung der Membran, etwa analog den in dem Parenchym der Blätter von *Pinus* vorkommenden Wandverdickungen. Bei *Pleurostaurum acutum* Rab. haben die Gürtelbänder jederseits je zwei feine quergestreifte zarte Längslinien, also doppelt soviel, als die *Pinnularien*. Im Bau der primordialen Zelle verhält sich die genannte Art, wie *Pl. Legumen* Rab., wie *Navicula*: ein Zellkern ist deutlich. Die Theilungsweise der Endochromplatten wurde noch nicht ermittelt.

6. Pleurosigma W. Sm.

Auch *Pleurosigma*, charakterisirt durch die S-form seiner Schalen, schliesst sich im inneren Bau enge an *Navicula* an. Bei den meisten Süsswasserarten (*Pl. attenuatum* (Kütz.) W. Sm., *acuminatum* (Kütz.) Grun., *Spencerii* W. Sm.) sind die Endochromplatten nur sehr wenig vom Rande her eingeschnitten, ähnlich wie es nach Schultze's[1]) Zeich-

1) Schultze, die Bewegung der Diatomeen Taf. XXIII. Fig. 7.

nung bei dem marinen *Pl. fasciola* (Kütz.) W. Sm. der Fall ist. Die grösseren Formen des Meeres (*Pl. balticum* (Ehrbg.) W. Sm., *angulatum* W. Sm., *elongatum* W. Sm., *decorum* W. Sm.) haben dagegen gewöhnlich vielfach lappig zerschnittene, stellenweise sogar durch Löcher unterbrochene Endochromplatten, wie dies bei den zwei zuerst genannten Arten von Schultze[1]) schön dargestellt worden ist. Die schlingenartige Anordnung der Platten, welche der letztere bei einem anderen Exemplar von *Pl. angulatum* abgebildet hat[2]), habe ich niemals beobachtet, und möchte dieselbe wohl als eine Anomalie zu betrachten sein.

Schon lange vor der Theilung finden wir die Endochromplatten bei den *Pleurosigmen* des Süsswassers in der Mitte unterbrochen, so dass ihrer dann eigentlich 4 vorhanden sind. Sie wandern dann paarweise nach den Schalen hinüber, worauf die Zerklüftung des Plasmas erfolgt. Soweit die nicht sehr zahlreichen in Theilung beobachteten Exemplare einen Schluss gestatten, wachsen dann die Plattenhälften, welche unmittelbar nach der Bildung der Tochterzellen noch durch einen zur Längsaxe senkrechten farblosen Streifen getrennt waren, unter Schrägstellung dieses Streifens an einander vorbei, ähnlich wie es die schon bei ihrer Entstehung sich in einer schiefen Linie berührenden analogen Plattenhälften bei *Navicula* thun. Dieser Vorgang geht sehr rasch vorüber, denn schon die noch zusammenhängenden Tochterzellen zeigen wieder die Endochromplatten in normaler Stellung und Form. *Pleurosigma* bildet in dieser Hinsicht einen Endpunkt der Reihe, *Stauroneis* den anderen.

7. Frustulia Ag. p. p.

(Taf. 4. Fig. 4—8.)

Die in unseren Torfmooren so häufige *Frustulia saxonica* Rab. (*Navicula crassinervia* Bréb.) zeichnet sich sowohl im Bau ihrer Schalen als in demjenigen ihrer weichen Theile so weit aus, dass sie als Typus einer eigenen Gattung betrachtet werden darf. Einmal wird nämlich die Mittellinie der Schalen jederseits von einer starken Längs-

1) Schultze, die Bewegung der Diatomeen Fig. 2. 5.

2) ebenda Fig. 1.

rippe begleitet und haben die Knoten eine sehr eigenthümliche Form (4, 8). Ferner ist die primordiale Zelle zwar in ihren Grundzügen nach der für alle *Naviculeen* gültigen Regel gebaut, in sofern wir eine mittlere Plasmamasse und zwei den Gürtelbändern anliegende Endochromplatten erkennen können. Diese haben aber die bemerkenswerthe Eigenthümlichkeit, sich an der Zellmitte von der Wand zu entfernen, und es ist eine halbkugelige dichte Plasmamasse zwischen Zellwand und Endochromplatte eingeschaltet Die letztere pflegt dabei hier etwas durchbrochen zu sein, so dass die halbkugeligen Massen mit der grossen, körnigen Plasmaanhäufung in Verbindung stehen. Bisweilen werden auch an dieser Stelle kleine Fetttropfen ausgeschieden.

Da ein Zellkern nicht deutlich sichtbar ist, so liegt der Gedanke nahe, man habe hier in jeder Zelle zwei der Zellwand anliegende Zellkerne anzunehmen. Dagegen spricht aber einmal, dass in jenen wandständigen beiden Plasmamassen ein Kernkörperchen sich nicht nachweisen liess, zweitens dass dieselben zu zweien vorhanden sind, und am gewichtigsten der Umstand, dass bei anderen, später zu besprechenden Formen neben ähnlichen wandständigen Körpern aus dichtem Plasma ein normaler Zellkern mit Nucleolus in der Mitte des Zellraumes wahrzunehmen ist. Die wandständigen Bildungen, welche bei mehreren Familien von Bacillariaceen vorkommen, sind somit als eigenartige geformte Inhaltskörper der Zelle zu betrachten.

Die Theilung der Endochromplatten erfolgt bei *Frustulia saxonica* durch Einschnitte von den Enden her, ohne Wanderung der Platten im Zellraum.

Der eben genannten Art, welche allein mir lebend zu Gebote stand, schliessen sich *Navicula rhomboides* Ehrbg. und *N. laevissima* Kütz. so nahe an, dass wir sie wohl auch zu *Frustulia* rechnen dürfen. Diese drei Arten bilden auch bei Grunow [1]) eine besondere Gruppe, die er als *Crassinerves* bezeichnet hat. Die vierte Form dieser Abtheilung, die *Navicula serians* Kütz., möchte dagegen eher zu der weiter unten zu besprechenden Gattung *Anomoeoneis* gehören.

Neuerdings hat auch Brébisson [2]) die *Frustulia saxonica* und

1) Grunow, *Naviculaceen* S. 549.

2) Brébisson, Extrait d'un essay monographique sur les *Vanheurckia*, nouveau genre appartenant à la tribu des Diatomacées naviculées. Ann. d. l. soc. phytolog. et microsc. d. Belgique 1869.

F. rhomboides zusammen mit *Navicula Lewisiana, N. viridula, N. ambigua* und *N. cuspidata* als eigenes Genus unter dem Namen *Vanheurckia* aufgestellt; seine Diagnose gründet sich auf den oben erwähnten eigenthümlichen Bau der Mittelrippe und der Knoten. Von diesen Formen sind zunächst *Navicula ambigua* und *cuspidata* auszuschliessen, da sie durch die Theilungsweise ihrer Endochromplatten sehr von *Frustulia saxonica* verschieden sind, mit welcher sie auch im Bau der Schalen nur wenig übereinstimmen. Hinsichtlich der übrigen Arten aber ist nicht einzusehen, warum der alte Gattungsnamen *Frustulia,* welcher von Ehrenberg [1]) und Kützing [2]) auf in Schleim lebende *Naviculeen,* von Rabenhorst speciell auf *F. saxonica* angewandt wurde, verlassen werden sollte, zumal schon 1853 Rabenhorst [3]) zu dem ungenügenden Merkmal der Schleimumhüllung der *Frustulien* das weit bessere eines eigenthümlichen Baus der Mittelrippe hinzufügte, auf welches auch Brébisson, freilich mit mehr Genauigkeit, seine Gattung *Vanheurckia* gründete.

8. Colletonema Thw. 9. Schizonema Ag.

Colletonema vulgare Thw. schliesst sich, was den Bau der Zellen anbelangt, sehr nahe an *Frustulia* an. Eine mittlere körnige Plasmamasse und zwei den Gürtelbändern anliegende Endochromplatten, sowie zwei von den letzteren bedeckte wandständige dichte Plasmabildungen lassen sich leicht erkennen. Ob die Letzteren hier als Kerne aufzufassen sind, lässt sich bei der dichten Anhäufung der Zellen in den sie einschliessenden Gallertröhren noch schwerer entscheiden, als bei *Frustulia saxonica.* Die noch zwischen den dichten Massen vorhandene körnige Plasmamasse ist aber so schmal, dass ein Zellkern gewöhnlicher Grösse dort nicht Platz genug hätte. Die Theilung der Endochromplatten erfolgt durch von den Enden her eindringende Einschnitte, ohne dass die Platten ihre Stelle verlassen. Die Zellen bewegen sich sehr deutlich in ihrer Umhüllung, so dass man die letztere

1) Ehrenberg, Infusionsthiere S. 132.
2) Kützing, Bacillarien S. 109.
3) Rabenhorst, Süsswasser-Diatomaceen S. 50.

als eine mit Wasser oder dünner Gallerte gefüllte Röhre betrachten muss.

Da die Schalen von *C. vulgare* durch die feine Streifung, den schmalen Mittelknoten und die starken Leisten neben den Längsspalten gleichfalls viel Aehnlichkeit mit *F. saxonica* zeigen [1]), andere *Colletonema*-Arten aber sich mehr an *Navicula (C. neglectum* Thw.*)* und *Pleurosigma (C. eximium* Thw.*)* anschliessen, so wäre es nicht unmöglich, dass diese Formen gleichfalls die Zellstructur der entsprechenden frei lebenden Formen zeigen. Es würde sich dann empfehlen, die Gattung *Colletonema* entweder in mehrere zu zerlegen, oder besser noch ganz einzuziehen und die in Gallertröhren lebenden Arten unter die Gattungen *Frustulia, Pleurosigma* u. s. w. einzureihen. Letzteres würde um so eher sich vertheidigen lassen, als bekanntlich die Zellen der *Colletonemen* aus den Röhren auswandern und auch frei leben können. Schon Grunow [2]) hat sich in ähnlicher Weise ausgesprochen, und würde dasselbe wohl von *Schizonema* Ag. gelten. Die einzige Art, welche ich lebend untersuchen konnte, *Sch. cruciger* W. Sm., verhält sich nach Wanderung nnd Theilungsweise der Endochromplatten wie eine *Navicula.*

Von den grösstentheils marinen und wenig bekannten, noch zu den *Naviculeen* gehörigen Gattungen *Staurogramma* Rab., *Prorostaurus* Ehrbg., *Pleurosiphonia* Ehrbg., *Diadesmis* Kütz., *Stigmaphora* Wall., *Scoliopleura* Grun., *Staurosigma* Grun., *Glyphodesmis* Grev., *Phlyctaenia* Kütz., *Dickieya* Berk. wurden lebende Exemplare noch nicht auf den inneren Bau hin untersucht. Die von Einigen gleichfalls hieher gerechneten Gattungen *Donkinia* Pritch., *Amphiprora* Ehrbg. und *Amphitropis* Rab. bilden wohl eine eigene, den Uebergang zu den *Nitzschieen* vermittelnde Gruppe. *Toxonidea* Donk. steht wohl noch den *Cymbelleen* am nächsten, *Berkeleya* und *Rhaphidogloea* gehören nach Grunow [3]) zu den *Amphipleureen*, *Mastogloia* nach demselben Forscher [4]) zu den *Cocconeideen.* Gegen diese letztere Annahme spricht jedoch die Auxo-

---

1) Brébisson (a. a. O.) scheint mir mit Unrecht *Colletonema vulgare* desshalb von „*Vanheurckia*“ zu trennen, weil dasselbe radiirende Streifen habe.

2) Grunow, *Naviculaceen* S. 576.

3) Grunow, Reise der Novara um die Erde. Botan. Theil I. Algen. 1867. S. 20.

4) ebenda S. 9.

sporenbildung von *Mastogloia*, welche sich mehr dem Typus der *Naviculeen* anschliesst.

Zu der Besprechung dieses Vorganges, der Bildung der grossen Erstlingszellen einer neuen Generation, haben wir uns jetzt zu wenden. Es scheinen dabei in der ganzen Gruppe der *Naviculeen* stets zwei Mutterzellen zwei Auxosporen zu erzeugen. In den kleineren Zügen der Entwicklung lassen dagegen die einzelnen Gattungen, wie bei der Theilung, bemerkenswerthe Verschiedenheiten erkennen.

Eine eigentliche *Navicula* in dem oben erörterten engeren Sinne war, da die Angaben von Druce [1]) über Copulation von *N. Amphisbaena* Bory. zu unbestimmt sind, um hier überhaupt in Betracht gezogen zu werden, noch nicht bei der Auxosporen-Bildung beobachtet worden, bis mir dies bei der von Ehrenberg als *N. ambigua* bezeichneten, jedoch, wie wir sehen werden, von *N. cuspidata* Kütz. nicht specifisch verschiedenen Form im April 1870 glückte. Leider war die Wechselwirkung der Mutterzellen schon vorüber, und es fanden sich bereits zwischen den vier leeren Schalen derselben die beiden jungen Auxosporen in ähnlicher Stellung, als es Fig. 7 auf Taf. **4** bei denselben Entwicklungszuständen von *Frustulia saxonica* zeigt. Die jungen Sporen haben die Gestalt eines Doppelkegels mit überall kreisförmigem Querschnitt. Eine mittlere Plasmamasse mit Kern ist auch in ihnen erkennbar, ebenso zwei Endochromplatten, welche der glatten, doppelt contourirten Membran anliegen. Die letztere hat in der Mitte einen ringsum laufenden Wulst, der sich scharf gegen die gleichmässig nach den Enden zu sich verjüngenden Spitzen der Auxospore absetzt. Innerhalb dieser hier glatten Haut erfolgt die Entwicklung der Schalen, welche bei allen Bacillariaceen in einer solchen ringsum geschlossenen Hülle nach einander entstehen, und deren kleinere vom Augenblick ihrer Anlage in die grössere, umfassende eingeschachtelt ist.

Bei *Navicula ambigua* zieht sich das Plasma von einer Seite der glatten Haut in der Mitte zurück (**3**, 5), während es an den Enden mit ihr in Berührung bleibt. Dann wird hier von demselben die eine Schale ausgeschieden; diese ist in Folge dessen stark gewölbt, und

1) Druce, Conjugation in Diatomaceae. Quarterly Journ. of microsc. science vol. V. 1857. S. 22.

namentlich in ihrem längsten Durchmesser zweimal stumpfwinkelig gebrochen. Ihre Entwicklung schreitet von der Mitte nach den Enden vor — wenn erstere schon Streifung zeigt, sind jene noch kaum erkennbar. Erst wenn die erste Schale vollkommen fertig, nach Knoten und Streifung vollendet ist, wird die zweite Schale angelegt, indem sich das Plasma an der der ersten gegenüberliegenden Seite ebenso zurückzieht (3, 6). Ein Gürtelband ist zu dieser Zeit an der umfassenden Schale nicht vorhanden und wird auch nie gebildet; dieselbe endet vielmehr mit einem kurzen, dicken umgebogenen Rande. Der entsprechende Rand der inneren, jüngeren Schale wird von Anfang an von dem der älteren, grösseren umfasst. Die Endochromplatten rücken sich inzwischen zurecht, und die neugebildete *Navicula* (3, 7 Schalenansicht) unterscheidet sich jetzt nur noch durch den Mangel der Gürtelbänder, die winkelig gebogenen Schalen und die umschliessende Scheide von schmalen Formen der *N. cuspidata* Kütz. Die Scheide wird dann abgestreift; wenigstens wurden Auxosporen mit nur lose der inneren Erstlingszelle anhängender Scheide beobachtet. Die Befreiung von letzterer erfolgt dadurch, dass die Anfangs quer über die Schale gemessen schmale, in dazu rechtwinkeliger Richtung sehr breite neue Zelle ihre Schalen etwas verbreitert, indem sie die grosse Wölbung derselben gleichzeitig abflacht. Wie der entgegengesetzte Vorgang, die Wölbung vorher ebener Schalen, bei der Theilung von *Naviculeen*, so spricht auch diese Verbreiterung für den organischen Gehalt der Zellwand. Durch die Abflachung in Richtung der Theilungsebene nähern sich die Erstlingszellen einer neuen Generation schon mehr der normalen Form. Erreicht wird dieselbe aber erst nach zwei Zelltheilungen; dieselben werden eingeleitet durch eine Wanderung der Endochromplatten auf die Schalen und erfolgen überhaupt wie bei gewöhnlichen Exemplaren von *Navicula ambigua*, mit dem Unterschiede, dass nicht zwei Gürtelbänder von einander weichen, sondern nur ein solches an der jüngeren, umschlossenen Schale entwickelt wird. Die neu entstehenden Schalen sind zuerst eben, wölben sich dann aber in normaler Weise. Diese Zellen zweiter Ordnung der neuen Generation (3, 8) sind demnach leicht daran kenntlich, dass eine ihrer Schalen gleichmässig gewölbt, die andere winkelig gebrochen ist. Bei der nächsten Theilung bilden sich dann schon zwei normale Zellen, deren beide Schalen gleich sind. Stellen wir den Vorgang schematisch dar, so können wir schreiben:

Auxospore

aux. norm. norm. aux.

aux. norm. norm. norm. norm. norm. norm. aux.

u. s. w.

wenn wir mit aux. norm. eine mit einer, mit norm. norm. eine mit zwei normalen Schalen versehene Zelle bezeichnen. Die letzteren überwiegen natürlich um so mehr, je öfter die Theilung erfolgt. Nach drei Theilungen haben wir das Verhältniss 3 : 1, nach vieren 7 : 1, nach fünfen 15 : 1 u. s. f.

Es ist wohl zu beachten, dass auch die *Desmidiaceen* aus ihren Zygosporen Erstlingszellen von abweichendem Bau entlassen, welche in ganz ähnlicher Weise erst nach zwei Zelltheilungen zwei halb normale und zwei ganz normale Individuen entwickeln [1]).

Als eine Unregelmässigkeit ist es aufzufassen, wenn statt zweier einander gegenüber liegender Schalen zwei solche nach derselben Richtung entstehen, indem das Plasma sich noch einmal contrahirt. Fig. 9 auf Taf. 3 stellt einen solchen, auch bei anderen Bacillariaceen vorkommenden Fall dar: die später gebildete Schale ist erheblich kürzer, als die ihr aussen anliegende ältere.

Es fragt sich nun: fügen sich die durch Zusammenwirken zweier Mutterzellen entstandenen *Naviculae,* welche nach unserer Hypothese Erstlinge einer neuen Reihe sind, ihrer Form nach derselben Art-Diagnose, wie ihre Mutterzellen? Diese sehr wichtige Frage verdient in jedem Fall speciell erörtert zu werden.

Es ist schon oben bemerkt worden, dass die Erstlingszellen grosse Aehnlichkeit mit *N. cuspidata* Kütz. haben. Diese Form muss aber, wie schon Grunow [2]) vermuthete, als von *N. ambigua* nicht specifisch verschieden betrachtet werden, vielmehr die letztere als Varietät der ersteren gelten. Einmal findet man häufig Uebergangsformen, und zweitens sind die Unterscheidungsmerkmale, etwas feinere Streifung und eingeschnürte Enden, nicht maassgebend. Schumann [3]) hat durch

---

1) De Bary, Untersuchungen über die Familie der Conjugaten. 1858. S. 52 f.

2) Grunow, *Naviculaceen* S. 529.

3) Schumann, Beiträge u. s. w. S. 693 ff.

genaue Messungen nachgewiesen, dass die kleineren Exemplare einer Art im allgemeinen etwas feiner gerieft sind als die grösseren, Smith[1]) giebt sogar für *N. ambigua* und *cuspidata* die gleiche Riefenzahl, und auch ich kann behaupten, dass weder die deutlich als *N. ambigua* bestimmbaren Mutterzellen von ihren Producten, noch diese von gewöhnlicher *N. cuspidata* in der Streifung irgend wesentlich verschieden sind.

Was die bei *N. ambigua* vorhandene, bei *N. cuspidata* fehlende Einschnürung an den Enden anlangt, so lässt sich unmittelbar nachweisen, dass dieselbe nicht als Artmerkmal brauchbar sei. Man kann nämlich häufig wahrnehmen, dass die in einer älteren Schale gebildete neue sich jener nicht vollkommen anschliesst, sondern an den Enden deutlicher kopfförmig vorgezogen ist, als jene. Auf diese Weise können aber aus ganz gleichmässig zugespitzten Zellen solche von der Form der *N. ambigua* hervorgehen.

Das Grössenverhältniss zwischen den Mutterzellen und den Erstlingen einer neuen Reihe war durchschnittlich wie 3 : 5 ($0{,}051^{\mathrm{mm}}$: $0{,}086^{\mathrm{mm}}$).

Ausser *Navicula cuspidata* fand ich auch *N. elliptica* Kütz. in „Copulation". Eine Gallertkugel umschloss vier leere Schalen, aber nur eine junge Auxospore, welche von ellipsoidischer Gestalt war (28. April 1870). Von einer zweiten, etwa verkümmerten Spore war nichts zu entdecken, doch könnte dieselbe immerhin frühzeitig zu Grunde gegangen sein. Bei einem anderen Exemplar standen sich die Mutterzellen gekreuzt gegenüber. Die Cultur gelang nicht.

Ueber die Auxosporen-Bildung bei der Gruppe *Neidium* liegen Beobachtungen von Griffith[2]) und de Bary[3]) vor. Griffith entdeckte hier bei *Neidium amphirhynchum* zuerst die Scheide, welche die eigentliche Haut der Auxospore bildet und die Erstlingszelle umschliesst, und vertheidigte[4]) die Existenz dieser „siliceous sheath" mit

1) Smith, Synopsis I. S. 47 und 51.

2) Griffith, on the conjugation of the Diatomaceae. Ann. a. Mag. of Nat. Hist. 2 ser. vol. XVI. 1855. S. 92. Taf. III B.

3) De Bary, Bericht über die Fortschritte der Algenkunde in den Jahren 1855—57. Botanische Zeitung 1858. Beilage S. 62.

4) Griffith, on the siliceous sporangial sheath of the Diatomaceae. Ann. a. Mag. of Nat. Hist. 2 ser. vol. XVIII. 1856. S. 75 f.

Recht gegen Smith[1]), welcher dieselbe für verschrumpfte Gallerte erklärt hatte. Diese Scheide ist in der That auch in allen von mir beobachteten Fällen eine feste, durch Hitze oder Säuren nicht zerstörbare Membran. Bei der von Griffith dargestellten Form ist sie grob querstreifig. Dass zwei Zellen mitwirken, um zwei Auxosporen zu bilden, ist aus Griffith's Darstellung nicht klar ersichtlich; bestimmt wurde es von de Bary ausgesprochen, der *Neidium firmum* in „Copulation" sah. Die querstreifige Scheide wurde von de Bary gleichfalls beobachtet, und auch angegeben, dass sie sich später an dem einen Ende deckelartig öffne, worauf dann die junge *Navicula* herausschlüpfe. Andeutungen eines solchen Deckels finden sich auch in Griffith's Zeichnungen.

Nach Griffith's Abbildungen, welche in eleganterer Form im Micrographic Dictionary[2]) reproducirt sind, sind die Mutterzellen und die daraus hervorgehenden Auxosporen in ihrer Gestalt ziemlich verschieden. Während die ersteren wegen der stark verschmälerten und vorgezogenen Enden zu *Neidium amphirhynchum* zu rechnen wären, sind die letzteren rein schmal elliptisch und entsprechen in ihrer Form dem *N. firmum.* Sind diese Zeichnungen richtig, was nach der Analogie anderer Fälle wohl angenommen werden darf, so hätten wir hier eine Bestätigung des schon bei den Auxosporen von *Navicula* ausgesprochenen Satzes, dass Formen mit und ohne vorgezogene Enden recht wohl zu einer Art gehören können.

Die Erstlingszellen theilen sich nach Griffith bei *Neidium* schon, ehe sie sich noch von der Scheide befreit haben.

Die Gattung *Perizonium* Cohn et Jan., charakterisirt durch quer über die sonstige Streifung gehende Zonen, gründet sich aller Wahrscheinlichkeit nach nur auf Auxosporen von *Neidien*; Rabenhorst's[3]) Bemerkung „Cytioderma siliceum duplex videtur" spricht eben so sehr dafür, als Schumann's[4]) Abbildungen von *P. Braunii* Cohn. et Jan., dessen Beobachtung ihn schon zu der Vermuthung leitete, dass

---

1) Smith, Synopsis II. S. XII.

2) a. a. O. Taf. 41. Fig. 19—24.

3) Rabenhorst, Flora europaea Algarum I. S. 228.

4) Schumann, preussische Diatomeen. Zweiter Nachtrag. Schriften d. phys. oekon. Gesellsch. z. Königsberg i. Pr. 1867. S. 58. Taf. II. Fig. 55. 56.

die „*Perizonien* Formen seien, welche sich in einer eigenthümlichen Entwicklungsphase befinden". Schumann brachte jedoch diese „Zonenbildung" nicht mit der Fortpflanzung der Bacillariaceen in Verbindung, sondern betrachtete sie als eine Vorbereitung für den Winter [1]).

Die von Schumann „im Zonenkleide" beobachteten *Neidien* gehörten zu *N. limosum* und hatten 11 bis $16^2/_3$ Zonen auf $^1/_{100}$''' [2]). Dieselben gehen über das Gürtelband fort, sind aber auf dem glatten Längsstreifen der Schalen nicht wahrnehmbar. Ueber sie hinweg zieht sich noch ein System feiner Längslinien [3]).

Ueber *Pinnularia* ist zunächst eine allgemeine Angabe von Lüders [4]) vorhanden, wonach auch hier zwei Mutterzellen zwei Auxosporen bilden, wie bei den eben besprochenen Formen, und eine Abbildung von Carter [5]), wonach bei *Pinnularia gibba* (Kütz.) Ehrbg. die neben einander liegenden Auxosporen cylindrisch mit abgerundeten Enden und querstreifig sind. Bei *P. hemiptera* (Kütz.) W. Sm. fand ich dagegen (Ende März 1870), dass die Auxosporen über einander sich befanden (**4**, 2). Sie waren sammt den leeren Schalen der deutlich ungleich grossen Mutterzellen in eine klare, ellipsoidische Gallertmasse eingebettet. Die Scheide, welche wir auch die Membran der Auxosporen oder, nach Einziehung der gleichnamigen Gattung, das „Perizonium" nennen dürfen, ist Anfangs glatt, auch wenn sie schon deutlich doppelt contourirt ist. Das Absterben einer Auxospore hindert die Entwicklung der anderen nicht, selbst wenn es noch vor der Membranbildung erfolgt. Zwei Endochromplatten sind auch hier in jeder Auxospore deutlich zu erkennen: sie liegen in ganz jungen Sporen bald längs, bald quer.

Am 28. April wurde dann, nachdem die weitere Cultur der zuerst beobachteten nicht geglückt war, noch ein weiter entwickelter Zustand aufgefunden. Auch in diesem lagen die Auxosporen, von denen eine gezeichnet ist (**4**, 3), noch über einander, sich mit den Enden eben

---

1) Schumann, Beiträge u. s. w. S. 716.
2) Schumann, preuss. Diatomeen. Zweiter Nachtrag. S. 58 f.
3) Schumann, Beiträge u. s. w. S. 714.
4) Lüders, Beobachtungen u. s. w. S. 57.
5) a. a. O. S. 165. Taf. IV. Fig. 17. 18.

berührend. Ihre Haut war grobwellig, nur an den abgerundeten kappenförmigen Spitzen deutlich dicker und auf der Aussenfläche glatt, so dass die Vermuthung nahe liegt, die ursprünglich ganz glatte Membran reisse mit einem Ringsriss auf, und zwischen ihre Ränder werde, wie bei *Oedogonium*, dann ein zarteres, hier welliges Hautstück eingeschoben. Die Endochromplatten der beiden Auxosporen waren schon sehr regelmässig gestaltet, die mittlere Plasmamasse deutlich. Eine weitere Cultur auf dem Objectträger wurde vergeblich versucht.

Die Differenz, welche zwischen den Carter'schen und den eben mitgetheilten Beobachtungen über die Lage der Auxosporen besteht, erklärt sich vielleicht dadurch, dass Carter nach seiner eigenen Angabe[1]) einen starken Druck mit dem Deckglas anwenden musste, um deutliche Bilder zu erhalten. Die Lage der Theile zu einander konnte dadurch leicht geändert werden.

Was die weitere Entwicklung der Auxosporen der *Pinnularien* anlangt, so liegt darüber nur eine Angabe von Schumann[2]) vor, nach welcher *Pinnularia Brébissonii* (Kütz.) und *P. stauroptera* Grun. auch bisweilen ein „Zonenkleid" d. h. eine quergestreifte umhüllende Scheide zeigen. Die Zonen sind auch bei diesen Formen senkrecht zum grössten Durchmesser der Zelle gerichtet und an den Längsspalten unterbrochen. In der Mitte der Zelle sind sie deutlicher als an deren Enden und werden, wie bei *P. hemiptera* durch Faltung der Haut hervorgebracht. An der Längslinie fehlt nur die Faltung, die Haut selbst ist vorhanden. Ausserdem sind auch hier feine Längslinien auf der Scheide erkennbar.

Pinnularia viridis Ehrbg. besitzt nach Schumann[3]) gleichfalls zu Zeiten eine quergefaltete Umhüllung: jede Falte entspricht einer Riefe. Es ist sehr auffallend, dass diese so sehr häufige Form noch nicht in Auxosporen-Bildung betroffen worden ist. Eine Erscheinung, welche ich bisweilen wahrnahm, nämlich dass der Plasmaschlauch einzelner Zellen dieser Art sich von den Enden der Zelle zurückzog, sich abrundete und wachsend die Schalen nahezu auseinandertrieb, war

---

1) a. a. O. S. 162.

2) Schumann, Beiträge u. s. w. S. 714.

3) ebenda S. 715.

vielleicht der erste Anfang einer Sporenbildung, vielleicht aber auch nur eine abnorm verlaufende Einleitung der Zelltheilung.

Aus der Gattung *Stauroneis* ist *St. Phoenicenteron* Ehrbg. von Archer[1]) in „Copulation“ gesehen worden. Die Entwicklung soll derjenigen von *Navicula serians* Kütz. ähnen, auf welche wir noch weiter unten zurückkommen, es soll jedoch nur eine Auxospore gebildet werden, soweit Archer nach dem sehr weit vorgeschrittenen Material urtheilen konnte. Die Scheiden haben kappenförmig verdickte Enden und nur in der Mitte Querstreifen. Nach Schumann[2]) sind die letzteren, deren durchschnittlich 10 auf $^1/_{100}$ Lin. Par. gehen, ebenso geneigt, wie die Riefen der Schale und überziehen die Mittellinien der letzteren nicht. Nach den Enden der Zelle hin werden sie undeutlich.

Auxosporen von *Pleurosigma* sind meines Wissens noch nicht aufgefunden worden.

Die ausführlichsten bisher bekannten Beobachtungen über die Sporenbildung bei den *Naviculeen* beziehen sich auf die Gattung *Frustulia*, indem Carter[3]) hier den Vorgang bei *F. rhomboides* (Ehrbg.), vielleicht auch bei *F. laevissima* (Kütz.) fast vollständig beobachtet hat, während mir das Gleiche bei *F. saxonica* Rab. glückte. Nur die allerersten Zustände haben sich noch nicht genügend auffinden lassen.

Bei den jüngsten, welche dem Verfasser vorkamen, lagen die beiden Mutterzellen flach, mit den Gürtelbändern einander zugekehrt dicht neben einander in einer dünnen Gallertmasse, welche sehr viele *F. saxonica* und zahlreiche *Desmidiaceen* enthielt. Eine zart aber deutlich umschriebene Schleimmasse befand sich zwischen den beiden Mutterzellen (**4**, 4), welche hier, wie bei *Navicula cuspidata β ambigua* bisweilen merklich an Grösse verschieden, bisweilen gleich gross waren. Die Annahme, dass stets eine der Mutterzellen kleiner sei, wodurch gewissermassen ein sexueller Vorgang charakterisirt werden würde, ist, nachdem sie schon von Smith[4]) und de Bary[5]) bestritten

1) Archer, Transactions of the Dublin Microsc. Club. Quarterly Journ. of microsc. science. 1868. S. 189.

2) Schumann, Beiträge u. s. w. S. 715.

3) a. a. O. S. 165. Taf. IV. Fig. 13—16.

4) Smith, Synopsis II. S. XIII.

5) De Bary, Bericht über die Fortschritte u. s. w. S. 62.

worden war, neuerdings auch von ihrem Begründer Carter[1]) mit Recht aufgegeben worden. Jedoch ist häufig die Grössenverschiedenheit so merklich, dass die Voraussetzung, die zur Auxosporenbildung zusammenwirkenden Zellen seien Schwesterzellen, oder, wenn man so sagen darf, Geschwisterkinder-Zellen, nicht zulässig ist. Bei den *Desmidiaceen* ist dies letztere dagegen nach de Bary[2]) Regel.

In jeder Mutterzelle hatte sich der Plasmaschlauch zu einem ellipsoidischen Körper zusammengezogen, welcher in der Mitte der Zellen lag; die Schalen derselben klafften wie die Deckel eines Buches, so dass sie sich an den äusseren Rändern noch berührten, an den einander zugewandten Seiten aber von einander geschoben waren. Die Endochromplatten waren der Wand des Plasmaschlauches angeschmiegt, welcher noch keine Membran gebildet hatte. Beide primordiale Zellen waren durch einen deutlichen Zwischenraum geschieden. In etwas späteren Zuständen findet man dann dieselben in Berührung, an einander abgeplattet und von einer zarten Zellhaut umgeben (**4**, 4). Ein leichter Druck genügte, um die Verbindung zu trennen, deren Spuren aber in einer abgeplatteten Fläche an jeder Zelle erkennbar blieben. Weiter entwickelte Paare sieht man dann wieder vollkommen getrennt und an keinem Punkt in Berührung.

Leider gelang es nicht, die Annäherung der primordialen Zellen direct zu beobachten, da dieselben unter dem Deckglas, wohl wegen ungenügenden Luftzutritts, nur sehr kurze Zeit lebend sich erhalten lassen, ohne Deckglas aber ihrer geringen Grösse und der umgebenden Gallerte wegen eine genaue Beobachtung nicht gestatten. Es bleibt demnach die sehr wichtige Frage, ob die Mutterzellen hier jemals vollkommen verschmelzen, unentschieden. Doch ist es sehr unwahrscheinlich, dass eine Vereinigung derselben in einem Zustande stattgefunden habe, der den beobachteten vorausgeht, weil man kaum annehmen darf, dass die noch vollkommen innerhalb ihrer eben nur klaffenden Zellhauthälften liegenden primordialen Zellen schon Theilungsproducte einer früher vorhanden gewesenen einheitlichen Masse seien. In späteren Zuständen aber, welche mir in sehr grosser Zahl vorlagen, findet man

1) a. a. O. S. 167.

2) De Bary. Conjugaten S. 48.

nie eine Masse zwischen den vier leeren Schalen. Es würde demnach wohl die Voraussetzung einer vollkommenen Verschmelzung auszuschliessen sein, und nur die Frage zu entscheiden bleiben, ob die primordialen Zellen sich mit einer kleinen Fläche berühren, hier in einander fliessen, sich darauf aber überall mit einer zarten Membran umgeben, welche auch die Berührungsstelle durchsetzt, oder ob die schon mit einer zarten Zellhaut umgebenen Zellen sich nur an einander drängen, sich so abplatten und durch Diffusion in Wechselwirkung treten. Die letztere Annahme scheint, namentlich wegen der spitzwinkeligen Begrenzung an den Enden der Abplattung, die richtige zu sein. Eine Wechselwirkung findet ohne Zweifel statt, da sonst nicht einzusehen wäre, warum immer zwei, oft sichtlich nicht aus Theilung einer Mutterzelle hervorgegangene Zellen zusammentreten, um zwei Auxosporen zu bilden.

Die letzteren wachsen bei *Frustulia saxonica*, nachdem sie seitlich ausser Berührung getreten sind, in die Länge und werden cylindrisch mit stumpf abgerundeten Enden. Die Membran ist an den letzteren dick und glatt, sonst zart und durch grobe Querstriche geringelt. Diese letztere gestreifte Haut scheint nur eine innere Lamelle der ursprünglichen glatten Membran zu sein, während eine äussere Schicht zu Gallerte aufquillt und so die Auxosporen trennt. Haben diese die Gestalt, wie in Taf. 4 Fig. 5 erlangt, so wird an jedem Ende an der Grenze der dicken Endkappen eine schmale ringsherum gehende Zone verflüssigt, und die Kappen lösen sich dadurch ab. Das Plasma zieht sich von ihnen zurück, und wächst, umgeben von zarter Membran, zu schlankeren, der endgültigen Form der Auxosporen mehr entsprechenden Zellenden heran, die Kappen mit emporhebend (4, 5, 7).

Aehnliche Kappen sind von Carter[1]) auch bei der vielleicht zu *Neidium*, vielleicht zu *Anomoeoneis* gehörigen *Navicula serians* Kütz. beobachtet worden, welche sich bei dem ganzen Vorgang nach dem genannten Forscher ganz ähnlich, wie *Frustulia rhomboides* verhält. Derselbe gibt aber eine ganz andere Deutung der Kappen, indem er annimmt, jede noch kugelige Auxospore umgebe sich mit einer dicken „opalescent capsule", welche dann durch das Längenwachsthum der Zelle in einem Ringsriss gesprengt werde, und welche dem Exosporium

1) a. a. O. S. 163 ff. Taf. IV. Fig. 1—10.

der Conjugaten analog sei. Bei *Frustulia saxonica* trifft diese Deutung sicher nicht zu, da hier weder jemals eine ganz von dicker Membran umgebene Auxospore geringer Grösse vorkommt, noch auch die Kappen solche gleichmässig dicke und scharfe Ränder mit herabhängenden Fasern zeigen, wie dies in Carter's etwas schematischen Abbildungen dargestellt ist, noch auch endlich die Plasmamasse einer primordialen Mutterzelle in den unmittelbar an einander gefügt gedachten Kappen Platz haben würde. Die letzteren verdünnen sich bei *F. saxonica* nach ihrem Rande hin deutlich bis zum Verschwinden, so dass man wohl annehmen muss, dass sie hier in die durch Aufquellen einer äussersten Schicht der ganzen Sporenhaut gebildete Gallerte verlaufen. Carter's Figur 8 stimmt übrigens nicht mit seiner, wohl aber mit der hier vertretenen Auffassung.

Die Figur 6 unserer Tafel 4, welche ein kurz nach Abstossung der Kappen abgestorbenes Paar junger Auxosporen von *F. saxonica* darstellt, ist in sofern lehrreich, als man an der rechten die unter den Kappen gebildete Membran eingestülpt sieht, während sie an der linken noch gar nicht entwickelt ist.

Wenn die Auxosporen ihre endgültige Länge, jedoch noch nicht ihre definitive Breite erlangt haben und nur schmal doppelkegelförmig geworden sind, werden die Schalen entwickelt und zwar auch hier nach einander. Die Kieselscheide liegt ihnen so eng an, dass sie unmittelbar kaum als umhüllende Haut erkennbar ist. Sie wird wohl auch hier durch ein mit Ausgleichung der zu starken Wölbung verbundenes Breitenwachsthum der Schalen abgestreift. Bei *Navicula serians* Kütz. platzt sie nach Carter dabei in einem Längsriss. Die Erstlingszellen haben schliesslich die Taf. 4 Fig. 8 dargestellte Form. Sie theilen sich nach Carter bei *F. rhomboides* noch in der Scheide.

Es bleibt hier noch zu erwähnen, dass bei der schon genannten *Navicula serians* Kütz. nach einer Abbildung Carter's[1]), in welcher ganz deutlich eine mittlere kugelige Masse zwischen vier leeren Schalen gezeichnet ist, eine wirkliche Vereinigung der beiden primordialen Mutterzellen auf den ersten Blick ausser Zweifel zu sein scheint. Vergleicht man aber den Text, so findet man, dass die ganze Figur durch-

---

1) a. a. O. S. 162. Taf. IV. Fig. 1.

aus hypothetisch ist, also nichts beweist. Es heisst nämlich da: „The spore cell (die kugelige Masse) was not visible, and the conjugating frustules were so much separated from their contents by the necessary pressure of the covering slide on the jelly, in which they were imbedded, to bring them into focus, that to replace the former and to restore the latter to a position, in which they might be seen, the whole has been delineated as represented in the figure. Hence some little doubt exists in my mind, as to whether the process commences with one or directly in two spore cells". Es wird somit die S. 71 gegebene Auseinandersetzung, nach welcher die letztere Annahme bei weitem wahrscheinlicher ist, durch Carter's ganz schematische Figur nicht gegenstandslos.

Blicken wir auf die hier beschriebenen Vorgänge zurück, so scheint es, als ob nicht nur die Theilung, sondern auch die Auxosporen-Bildung Gattungsunterschiede böte. Es ist zwar die Zahl der beobachteten Arten noch zu klein, um darüber zu entscheiden, jedoch muss immerhin in Zukunft beachtet werden, ob alle *Naviculen* neben einander liegende Auxosporen ohne Kappen, alle *Pinnularien* über einander gestellte mit ähnlichen Bildungen, alle *Neidien* deckelartig sich öffnende Scheiden, alle *Frustulien* neben einander befindliche Auxosporen mit zeitig abgesonderten Kappen besitzen. Leider hat sich Carter bei *F. rhomboides* und *laevissima,* auf welche letztere sich wohl seine Fig. 14, 15 beziehen, über die Existenz oder das Fehlen der Kappen nicht deutlich ausgesprochen.

Ueber *Colletonema* wissen wir durch Thwaites[1]), dass bei *C. subcohaerens* Thw. zwei Zellen zwei Auxosporen bilden. Der Vorgang findet ausserhalb des Fadens statt. Bei *Schizonema Grevillii* entwickelt nach Smith[2]) eine Mutterzelle eine Spore, während nach Lüders[3]) dies nur sehr selten geschieht, indem eine Auxospore abstirbt, im Allgemeinen dagegen zwei Zellen zusammenwirken und zwei Auxosporen bilden. Die Entwicklung der letzteren geschieht ausserhalb der Röhren in einer grossen und zarten Schleimhülle. Der Vorgang selbst ist nach Lüders der, dass jede Mutterzelle sich theilt, und die

---

1) Thwaites, Further observations etc. S. 16.

2) Smith, Synopsis II. S. XII. Taf. E. Fig. 364.

3) Lüders, Beobachtungen u. s. w. S. 59.

Hälften sich paarweise vereinigen. Doch habe ich bei anderen Formen, wo nach Lüders das Gleiche stattfindet, diese Angabe nicht bestätigt gefunden, so dass vielleicht auch *Schizonema* sich nicht wesentlich anders verhält, als die übrigen *Naviculeen.*

Bei *Mastogloia* bilden nach Lüders[1]) zwei Mutterzellen zwei Auxosporen. Es stimmt diese Gattung also hierin mit den *Naviculeen* überein, nicht aber mit den *Cocconeideen,* wohin Grunow[2]) sie stellt, da diese letzteren aus zwei Mutterzellen nur eine Auxospore entwickeln.

Die von Grunow[3]) als eigene Gattung *Craticula* unterschiedenen Formen sind nur eigenthümliche Entwicklungszustände von *Naviculeen,* worüber bei der analoge Vorgänge zeigenden Gattung *Himantidium* Ehrbg. ausführlicher berichtet werden soll.

Wir haben bisher in der Gruppe der *Naviculeen* eine Reihe von Formen verfolgt, welche von der diagonalen bis zur einfachen Symmetrie variirten. Die Uebergänge sind dabei ziemlich allmählich. Wenn wir genau nach dem Princip des Zygomorphismus anordnen, so wäre an das eine Ende der Reihe zu stellen *Scoliopleura* Grun.[4]). Jede im allgemeinen Umfang elliptische Schale ist von einer S förmig gebogenen Mittellinie durchzogen. Ziehen wir eine Linie quer über die Schale, so ist dieselbe durch jene und die Mittellinie in vier Abschnitte zertheilt; der rechte obere entspricht dem linken unteren und umgekehrt. Die Schale ist somit gegen ihre Querebene diagonal symmetrisch. Die Mittellinien beider Schalen decken sich ausserdem nicht, sondern schneiden sich kreuzweise im spitzen Winkel: liegen die beiden grösseren Abschnitte an der einen Schale oben rechts und unten links, so finden wir sie an der anderen unten rechts und oben links, die Schalen sind somit auch gegen einander diagonal symmetrisch. Endlich ist das Gürtelband ganz entsprechend zu einem schiefen fast 8-förmigen Ring gewunden, so dass auch die beiden Gürtelbandansichten derselben Zelle sich nicht decken, sondern gleichfalls einander kreuzen.

---

1) Lüders, Beobachtungen u. s. w. S. 57.

2) Grunow, Algen der Novara-Reise. S. 9.

3) ebenda S. 20.

4) Grunow, *Naviculaceen* S. 554. Smith, Synopsis I. Taf. XVI. Fig. 134—136.

Viel einfacher ist schon *Pleurosigma*, bei welcher Gattung die Gürtelbandansicht streng symmetrisch ist, wie bei allen folgenden, ferner die Mittellinien sich decken, und nur die im Umriss S-förmigen Schalen ebenso gegen ihre Querebene symmetrisch sind, wie bei *Scoliopleura*, da auch hier an einer Schale der rechte obere Abschnitt dem linken unteren entspricht, wie namentlich Formen mit sehr excentrischen Mittellinien, z. B. *Pleurosigma balticum* (Ehrbg.) W. Sm. deutlich zeigen. Beide Schalen sind gegen einander genau symmetrisch gestellt, jede einzelne ist diagonal gebaut.

Bei *Pinnularia* ist dagegen jede einzelne Schale zu ihrer Querebene genau symmetrisch: beide Schalen stehen dagegen gegen einander diagonal.

Dann folgen die, soweit wir wahrnehmen können im Bau jeder einzelnen Schale, wie in deren Stellung gegen einander, streng zygomorphen Gattungen *Navicula, Stauroneis, Pleurostaurum, Neidium* und *Frustulia*, von welchen die erste noch in der schiefen, an beiden Schalen sich kreuzenden Theilung ihrer Endochromplatten einen Zug diagonalen Baus zeigt, während die beiden letzten auch in dieser Hinsicht sich ganz regelmässig zygomorph verhalten. An *Frustulia* schliesst sich dann an die Gruppe der

II. Cymbelleae Kütz.

in welcher die Symmetrie-Reihe, welche in den *Naviculeen* von der diagonalen zur vollkommenen Symmetrie fortschritt, von dieser nach der anderen Seite zum gleichseitigen Zygomorphismus übergeht. Denken wir uns bei irgend einer *Cymbellee*, welche auf der Schale liegt, eine Ebene durch die vier Mittellinien gelegt, so zerfällt dadurch die Zelle in zwei ungleiche Längshälften, welche durch keinerlei Stellungsveränderung dahin gebracht werden können, einander zu decken.

Bei den mondförmigen Arten von *Cocconema, Cymbella* (**4**, 11) u. s. w. spricht sich dies schon im Bau der Zellhaut sehr deutlich aus, doch führt von hier eine sehr vollständige Uebergangsreihe durch Formen mit fast oder ganz symmetrischen Schalen zu den *Naviculeen.* In der Structur der primordialen Zellen aber fehlt allen *Cymbelleen* die Symmetrie der *Naviculeen*, indem stets nur eine einzige, einem Gürtelbande anliegende Endochromplatte sich findet, nicht deren zwei, wie bei allen bisher besprochenen Formen.

I. Brebissonia Grun.

Die *Brebissonia Boeckii* (Ehrbg.) Grun.[1]), welche ich im Pillauer Hafen in reichlicher Menge zu beobachten Gelegenheit hatte, lässt im Bau der Schalen keinen Mangel an Symmetrie erkennen; man könnte sie danach als eine gestielte *Navicula* bezeichnen. Sie ist somit von *Cocconema*, wozu Ehrenberg[2]), Kützing[3]) und Rabenhorst[4]) sie rechneten, sicher generisch verschieden, eben so aber auch von *Doryphora*, wohin Smith[5]) sie stellt, durch die deutlich vorhandenen, ähnlich wie bei *Frustulia* gestalteten Knoten. Wenn jedoch nach alledem ihre Aufführung als eigene Gattung, wie sie von Grunow[6]) versucht ist, gerechtfertigt erscheint, so muss man andererseits doch zugestehen, dass die *Brebissonia Boeckii* die grösste Verwandtschaft mit *Cocconema* hat. Der ganze Innenbau ist nämlich durchaus asymmetrisch und stimmt genau mit dem dieser letztgenannten Gattung überein.

Ausser dem der Wand anliegenden, an den Zellenden am stärksten entwickelten Plasmaschlauch finden wir bei *Brebissonia* zunächst wie bei den sämmtlichen *Cymbelleen* und den *Naviculeen* eine mittlere grössere Plasmamasse. Auch die wandständigen Körper aus dichterem Plasma, welche bei *Frustulia* sich finden, fehlen nicht — aber, bei *Brebissonia*, wie bei allen *Cymbelleen* ist in jeder Zelle nur ein einziger vorhanden, welcher der Mitte eines Gürtelbands anliegt und bei *B. Boeckii* gross und halbkugelig ist. Die einzige Endochromplatte bedeckt dasselbe Gürtelband, schlägt sich dann beiderseits nach den

---

1) Es führt zwar bereits eine Section von *Fuchsia* den Namen Brebissonia, doch scheint mir dies kein genügender Grund, um hier zu ändern.

2) Ehrenberg, Infusionsthiere S. 224.

3) Kützing, Bacillarien S. 81.

4) Rabenhorst, Flora europaea Algarum I. S. 83.

5) Smith, Synopsis I. S. 77. Taf. XXIV. Fig. 223.

6) Grunow, *Naviculaceen* S. 512.

Schalen hin um und erreicht noch mit ihren in der Mitte seicht ausgebuchteten Rändern das gegenüber liegende Gürtelband. Da, wo auf den Schalen die beiden Längsspalten verlaufen, hat die Endochromplatte schmale tiefe Ausschnitte, so dass die Längsspalten jeder Schale mit Ausnahme ihres unmittelbar am Mittelknoten gelegenen Theils farblos erscheinen, ganz ähnlich, wie es bei einer *Cymbella* (4, 11s) dargestellt ist.

Die Theilung beginnt mit dem Zerfallen der einzigen Endochromplatte in zwei gleiche Hälften. Auf dem mit dichtem Plasmakörper versehenen Gürtelband, welchem die Platte mit ihrer Mediane anliegt, wird dieselbe durch zwei von den Enden her langsam vordringende schmale Einschnitte zerschnitten. Dem entsprechend zeigen uns die meisten *Brebissonien* auf einem Gürtelband zwei seitliche, in der Mitte noch zusammenhängende, auf dem anderen zwei ganz getrennte braungelbe Streifen, genau so, wie die eigentlichen *Cymbellen* (4, 11 g_b g_r).

Wenn nach der Theilung der Endochromplatte auch die Zelle in zwei Tochterzellen zerklüftet ist, werden zwei zuerst ebene Schalen ausgeschieden, die sich, wie bei den S. 39 genannten Formen, nachträglich wölben. Die Endochromplatte wächst dann an ihrem bei der Theilung entstandenen Rande, bis sie die neu gebildete Schale eben soweit bedeckt, als die alte.

Nach der eben gegebenen Darstellung ist *Brebissonia* ihrer Schalen-Form und -Zeichnung nach symmetrisch, ihren weichen Theilen nach nicht. Die sich zunächst anschliessenden Formen gehen um einen Schritt weiter, bei ihnen deutet wenigstens die Streifung der in ihrer Gestalt zygomorphen Zellhaut die innere Asymmetrie an. Da die betreffenden Formen nicht gestielt sind und auch ihr Innenbau wie ihre Schalen-Structur von *Brebissonia* und *Cymbella* abweichen, so mögen sie hier als eigene Gattung aufgeführt werden.

2. Anomoeoneis gen. nov. [1]

(Taf. 3. Fig. 10.)

Mit voller Sicherheit kann bis jetzt nur die *Anomoeoneis (Navicula) sphaerophora* (Kütz.) hierher gerechnet werden, welche in stehen-

1) von ἀνόμοιος ungleichseitig und ἡ νηΐς = ἡ ναῦς, das Schiff.

den, schlammigen Gewässern nicht selten ist. Sie ähnelt in der Form der *Navicula ambigua* (3, 1—4); ihre Schalen sind aber nicht mit Querriefen, sondern mit feinen, im Quincunx stehenden Punkten bedeckt. Dieselben fehlen an einer Seite des Mittelknotens, und zwar liegen diese bis an den Rand reichenden glatten Stellen auf beiden Schalen auf derselben Seite, so dass sie einander decken, wenn die Zelle auf einer Schale liegt. *Anomoeoneis* ist somit nach demselben Princip, wie die *Cymbellen*, asymmetrisch, trotz ihres, soweit wahrnehmbar, streng symmetrischen Umrisses.

Dem entspricht der innere Bau. Schon die mittlere Plasmamasse ist an beiden Gürtelbändern verschieden breit und zwar schmäler an demjenigen, welchem der einzige, hier mehr bandförmige, dichte Plasmakörper und die Mediane der einzigen Endochromplatte anliegt (3, 10 g,). Dieselbe wird hier, wie bei *Brebissonia*, durch Einschnitte von den Enden her getheilt. Auf den Schalen zeigt sie ausser den allen *Cymbelleen* gemeinsamen Ausschnitten für die Längslinien constant noch eine tiefe seitliche Bucht (3, 10 s). Dem entsprechend finden wir auf dem nur von den Rändern der Endochromplatte erreichten Gürtelband nicht, wie bei *Brebissonia*, zwei seitliche Streifen, sondern vier, bisweilen noch seitlich ausgezackte Lappen (3, 10 g„).

Das dichtere Plasmaband ist bei *Anomoeoneis* in der Mitte am schmalsten und schiebt sich zwischen Zellwand und Endochromplatte ein, welche letztere an dieser Stelle, wie bei *Frustulia*, meist eine kleine Durchbrechung zeigt. Ein Zellkern war mit Sicherheit nicht nachzuweisen.

Die Endochromplatten sind bei *A. sphaerophora* stets sehr hell, höchstens weingelb gefärbt, so dass man daran diese Form schon bei schwacher Vergrösserung von *Navicula ambigua* unterscheiden kann. Dass beide aus technischen Gründen auf Tafel 3 denselben Farbenton zeigen, möge man entschuldigen.

Nach der Zelltheilung dehnt sich auch hier die Endochromplatte allmählich über die neu gebildete Schale aus. Wenn die Tochterzellen noch an einander haften, beginnt jene schon wieder die schmalen Theilungseinschnitte zu bilden.

Der einseitige glatte Fleck der Schalen, welcher *A. sphaerophora* äusserlich charakterisirt, kommt in ganz ähnlicher Weise auch bei *Navicula sculpta* Ehrbg. und in geringerem Grade bei *N. bohemica*

Ehrbg. vor, welche daher wohl auch zu *Anomoeoneis* zu rechnen sind.

3. Cymbella Ag. 4. Cocconema Ehrbg. 5. Encyonema Kütz.

(Taf. 4, Fig. 11. Taf. 6, Fig. 18.)

Diese drei Gattungen stimmen darin überein, dass ihre Schalen auch im Umriss deutlich nach der Längsebene gleichseitig asymmetrisch sind. Der eine Rand der Schale ist stets convexer als der andere, welcher in manchen Formen sogar concav wird. Der Querschnitt der Zelle ist bald rechteckig, bald stark trapezoidisch (**6**, 18). Knoten und Längslinie sind wie bei den *Naviculeen, Brebissonia* und *Anomoeoneis* vorhanden, liegen aber nur selten in einer geraden Linie (*Encyonema*) und theilen die Schale meist in zwei sehr ungleiche Stücke. Die Streifung ist bald der der *Pinnularien* ähnlich (*Cymbella Ehrenbergii* Kütz.), bald lassen sich die Riefen deutlich in Punkte auflösen (*Cocconema asperum* Ehrbg.). In letzterem Falle sind in Linien zusammengestellte Grübchen vorhanden.

Die Gattungsunterschiede beruhen darauf, dass *Cymbella* freie, *Cocconema* gestielte und *Encyonema* in Gallertröhren eingeschlossene Zellen besitzt. Ausserdem ist bei *Encyonema* das Gürtelband an die Schale unter etwas schiefem Winkel angesetzt, so dass der Querschnitt schwach rhombisch ist. Der Bau der primordialen Zelle ist in allen drei Gattungen der nämliche, und dem von *Brebissonia* und *Anomoeoneis* sehr ähnlich. Die einzige Endochromplatte liegt mit ihrer Mittellinie bei allen untersuchten Formen auf der stärker gewölbten breiten Seite (**4**, 11 g_r), schlägt sich von da nach den Schalen hin um (**4**, 11 s), auf welchen nur die beiden Längslinien frei gelassen werden und endet auf der concaven oder weniger convexen, gleichzeitig schmäleren Seite mit zwei in der Mitte seicht ausgerandeten Lappen (**4**, 11 g_b). Die Theilung der Endochromplatte erfolgt durch von den Enden her nach der Mitte fortschreitende Einschnitte auf der breiten, convexen Seite: sie ist in Taf. 4 Fig. 11 g_r schon ziemlich weit geschehen. Das einzige, von Ehrenberg[1]) bereits dargestellte und für eine Samen-

---

1) Ehrenberg, Infusionsthiere S. 223.

drüse gehaltene Plasmaband zieht sich stets über das stärker gewölbte Gürtelband und geht dann noch ein Stückchen auf die Schalen hinüber (4, 11 g.). Auch hier liegt es zwischen der Zellwand und der Endochromplatte. Die mittlere Plasmamasse ist, von der Schale her gesehen, bei *Cymbella gastroides* Kütz., *Cocconema Cistula* Hempr. an der convexen Seite breiter, als an der concaven, bei *Cymbella cuspidata* Kütz. verhält sich dies umgekehrt; ganz schmale Formen, wie *C. scotica* W. Sm. lassen überhaupt keinen Breitenunterschied erkennen. Bei der letztgenannten Art ist die Endochromplatte in der Schalenansicht am convexen Rande ausgerandet, ähnlich wie bei *Anomoeoneis*; Umwendung lehrt, dass die Platte jederseits von einem kreisrunden Loch durchbrochen ist.

Cocconema lanceolatum Ehrbg. zeigt stark zerschnittene Plattenränder, und namentlich pflegen die Längslinien durch kleine nach innen umgeschlagene Lappen der Endochromplatten dunkelbraun zu erscheinen.

Die Auxosporen-Bildung ist mir bei den *Cymbelleen* nicht vorgekommen, doch liegen ältere Angaben darüber vor. Bei *Cocconema lanceolatum* und *C. Cistula* stellte schon 1847 Thwaites[1]) fest, dass zwei von Gallerte umgebene Mutterzellen zwei Auxosporen erzeugen, welche jenen parallel liegen. Carter[2]) bestätigte dies bei *Cymbella Pediculus* Kütz., Smith[3]) bei den von Thwaites untersuchten beiden Arten, bei *Cocconema parvum* W. Sm. und *Encyonema prostratum* (Berk.) Ralfs und endlich gab Lüders[4]) eine ausführliche Darstellung des Vorgangs bei *Cocconema Cistula*. Die zusammen wirkenden Zellen scheinen hier meist oder immer aus Theilung einer Mutterzelle hervorzugehen; sie theilen sich nach Lüders in je zwei über einander stehende Plasmamassen, welche dann paarweise copuliren.

Sehr nahe verwandt mit den *Cymbelleen* sind die

---

1) Thwaites, on conjugation etc. S. 11. 343. Taf. XXII. Fig. C. E.

2) Carter, on the conjugation of *Cocconeis*, *Cymbella* and *Amphora*. Ann. and Mag. of Nat. Hist. 2 ser. vol. XVII. 1856. S. 2. Taf. I. Fig. 13—20.

3) Smith, Synopsis II. S. XII. Taf. C. Fig. 219. 221. E. Fig. 345.

4) Lüders, Beobachtungen u. s. w. S. 57 f. Taf. II. Fig. 4.

III. Amphoreae.

wohin ich die beiden Gattungen *Amphora* und *Epithemia* rechne. Dieselben stimmen unter einander und mit den *Cymbelleen* überein in der mondförmigen oder doch stark asymmetrischen Form ihrer Schalen und dem meist trapezoidischen Querschnitt der Zelle. *Amphora* besitzt sogar noch auf jeder Schale 3 deutliche Knoten und zwei dieselben verbindende Längsspalten (**4**, 9 g_b). Die sehr stark gewölbten Schalen werden aber durch dieselben in so ungleiche Stücke getheilt, dass das schmälere leicht gänzlich übersehen wird, obwohl es selbst eben solche Querstreifen, wie das breite, besitzt. Wir können somit eine *Amphora* als eine nahezu bis zum Verschwinden einer Schalenhälfte asymmetrische *Cymbella* auffassen. Bei *Epithemia* fehlen dagegen Knoten und Mittellinien ganz, oder sind nur schwach angedeutet (**4**, 10 s). Beide Formen stimmen dann darin überein, dass die einzige Endochromplatte über die Mittellinie hinweg geht (**4**, 9 s, 10 s), ohne, wie bei *Cymbella* (**4**, 11 s), eine Unterbrechung zu erleiden. Im Uebrigen verhält die Platte sich nahezu, wie bei der zuletzt behandelten Gruppe; nur insofern zeigt sich noch ein wesentlicher Unterschied, als bei *Amphora* und *Epithemia* die Mediane der Endochromplatte nicht der breiten, sondern der schmalen Gürtelbandfläche anliegt, wie eine Vergleichung der Figuren 9, 10, 11 auf Tafel **4** und der schematischen Querschnitte Fig. 18 (*Cymbella*) und Fig. 19 (*Amphora*) auf Tafel **6** lehrt. Wo bei den *Cymbelleen* die Mediane der Platte sich befindet, liegen bei den *Amphoreen* die umgeschlagenen Ränder derselben. Ferner fehlen die wandständigen Plasmabänder hier ganz, während die mittlere Masse deutlich vorhanden ist.

Nach alledem erscheint es geboten, *Amphora* und *Epithemia* zu einer besonderen Gruppe zu vereinigen, um so mehr, als die beiden Gattungen auch ihrer Lebensweise nach darin übereinstimmen, dass sie vielfach mit der schmalen Gürtelbandfläche sich an grössere Algen oder andere Wasserpflanzen festsetzen. Kützing[1]), Grunow[2]) und

1) Kützing, Bacillarien S. 33.

2) Grunow, *Naviculaceen* S. 508.

Pritchard[1]) stellen *Epithemia* zu den *Eunotieen*, welche, wie wir sehen werden, ihren weichen Theilen nach ganz anders gebaut sind; *Amphora* wird von Kützing[2]), gewiss nicht mit Recht, zu den *Naviculeen* gerechnet: den *Cymbelleen*, zu denen die anderen beiden oben genannten Beobachter[3]) sie rechnen, steht sie zwar nahe, ist aber doch mit *Epithemia* noch mehr verwandt, da die Form und Lage der Endochromplatte und das Fehlen des Plasmabands wichtigere Merkmale scheinen, als die mehr oder minder deutliche Entwicklung der Knoten und Längsspalten. Da deren Anwesenheit im Innenbau keinen Ausdruck findet, so könnte man die letzteren hier gewissermassen als „verkümmert" bezeichnen.

I. Amphora Ehrbg.

(Taf. 4, Fig. 9, Taf. 6, Fig. 19.)

Die einzige Endochromplatte ist bei *Amphora* nur wenig zerschnitten. An ihrer Mediane theilt sie sich durch von den Enden her eindringende Einschnitte, welche bei *Amphora ovalis* Ehrbg. (4, 9) sehr weit, bei *A. salina* W. Sm. dagegen ganz schmal sind, wie dies bei letzterer Form schon Fresenius[4]) darstellt. Die Schale (4, 9s) erscheint ganz braun: auf der breiten, stärker gewölbten Gürtelbandfläche (4, 9gr) zeigt jeder der umgeschlagenen Ränder der Platte einen tiefen mittleren Ausschnitt, der sich im Profil auch in der Schalenansicht erkennen lässt. Meist finden sich zwei symmetrisch gestellte Oeltropfen in der in der Figur angegebenen Stellung. Ein Zellkern ist sehr deutlich: derselbe verdoppelt sich schon längere Zeit vor dem Beginn der Zelltheilung.

Die neu gebildeten Schalen sind auch bei *Amphora* anfangs eben. Vermöge der eigenthümlichen, aus dem schematischn Querschnitt Taf. 6 Fig. 19 ersichtlichen Gestalt der *Amphora* ist übrigens die Linie, in welcher sich zwei correspondirende Punkte der Schalen behufs der

1) a. a. O. S. 759.

2) Kützing, Bacillarien S. 107.

3) Grunow, *Naviculaceen* S. 511. Pritchard a. a. O. S. 880.

4) a. a. O. Taf. IV. Fig. 31—34.

Theilung von einander entfernen, keine gerade, sondern eine gebogene und der convexen Seite der Gürtelbänder nahezu parallel. Würden die *Amphoren* sich nach der Theilung nicht von einander trennen, so würden die Tochterzellen zusammen nicht Fäden, sondern Ellipsoide bilden, in welchen die einzelnen Zellen wie die Abschnitte einer Melone ständen.

2. Epithemia Kütz.

(Taf. 4, Fig. 10.)

Die *Epithemien* unterscheiden sich im inneren Bau von den *Amphoren* namentlich dadurch, dass die Endochromplatte vielfach lappig zerschnitten ist, so dass schon die Schalen eine Abwechslung heller und brauner Querbinden zeigen (4, 10 s), und namentlich auf der breiten Gürtelbandfläche (4, 10 g_r) nur mehrere kurze Lappen der Endochromplatte sichtbar sind. Die Theilung der letzteren geschieht durch Einschnitte von den Enden her.

In der mittleren Plasmamasse war ein Zellkern von gewöhnlichem Bau bei keiner der untersuchten Formen (*Epithemia gibba* (Ehrbg.) Kütz., *ventricosa* Kütz., *turgida* (Ehrbg.) W. Sm., *Zebra* (Ehrbg.) Kütz., *Sorex* Kütz.) zu erkennen. Dagegen finden sich stets einige, meist zwei, sphäroidische, stärker lichtbrechende Körper, welche, wie Behandlung mit Ueberosmiumsäure lehrt, keine Fetttropfen, sondern plasmatische Bildungen sind. Ein Kernkörper ist in ihnen nicht nachzuweisen, und ausserdem spricht der Umstand, dass man bisweilen vier und mehr in einer Zelle antrifft, dagegen, dass man diese Gebilde als Zellkerne betrachte. Sie vermehren sich deutlich durch Theilung, indem sie sich, meistens in einer dem längsten Durchmesser der Zelle parallelen, selteuer in einer dazu schief geneigten Richtung verlängern und einschnüren. Noch zusammenhängende Tochterzellen von *Epithemia gibba* und *turgida* zeigten meist jede bereits wieder zwei solche Körper, während sie in anderen Fällen lange nach der Trennung nur einen besitzen. Wahrscheinlich sind diese Gebilde den Plasmabändern von *Anomoeoneis, Cymbella* u. s. w. analog, mit welchen sie auch darin übereinstimmen, dass sie nicht frei in der körnigen Plasmamasse, sondern an einer (der convexen) Gürtelbandfläche liegen.

Die starken Querrippen, welche alle *Epithemien*-Schalen zeigen, sind nicht, wie Smith[1]) annahm, Canaliculi, also Röhren, sondern, wie Pritchard[2]) richtig bemerkt, solide nach innen vorspringende Leisten.

Für die Vereinigung der *Epithemien* und *Amphoren* zu einer besonderen, von den *Cymbelleen* und *Eunotieen* verschiedenen Gruppe, bietet uns auch die Entwicklungsweise der Auxosporen ein starkes Argument. Nach den Beobachtungen von Carter[3]) bei *Amphora ovalis*, von Thwaites bei *Epithemia turgida*[4]) und *E. gibba*[5]), von Smith[6]) bei *E. ventricosa*, *E. gibba*, *E. Sorex* und *E. Zebra*, von Lüders[7]) bei *E. turgida* und *E. Zebra*, von Itzigsohn[8]) bei *E. Goeppertiana* Rab., sowie nach denen des Verfassers bei *E. gibba* entstehen nämlich immer aus zwei Mutterzellen zwei Auxosporen, welche jedoch nicht den ersteren parallel, sondern rechtwinkelig zu ihnen liegen. Sie verlängern sich also in anderer Richtung, als bei den *Cymbelleen*; bei den *Eunotieen* wird überhaupt nur eine Spore gebildet.

Der auf die Stellung der Auxosporen gegründete Unterschied zwischen *Cymbelleen* und *Amphoreen* würde hinfällig werden, wenn sich die mit den sämmtlichen oben angeführten Beobachtungen im Widerspruch stehende Angabe Itzigsohn's bestätigen sollte, dass bei manchen *Epithemien* Mutterzellen und Auxosporen parallel lägen, worüber weitere Mittheilungen von demselben in Aussicht gestellt aber noch nicht erschienen sind.

Der Vorgang der Sporenbildung verläuft nach Thwaites und Smith in der Weise, dass jede primordiale Mutterzelle zwei Protuberanzen treibt, welche einander bis zur Berührung entgegen wachsen, worauf die gegenüber liegenden, inzwischen durch Theilung entstandenen

---

1) Smith, Synopsis I. S. 11.

2) a. a. O. S. 759.

3) Carter, on the conjugation of *Cocconeis* etc. S. 3. Taf. I. Fig. 27—32.

4) Thwaites, on conjugation in the Diatomaceae I. Ann. a. Mag. of Nat. Hist. 1 ser. vol. XX. 1847. S. 9 f.

5) Thwaites, on conjugation etc. II. ebenda S. 344.

6) Smith, Synopsis II. S. VII. VIII. X. Taf. A.

7) Lüders, Beobachtungen u. s. w. S. 58.

8) Itzigsohn, *Epithemia Goeppertiana* copulata. Hedwigia Bd. V. 1866. S. 5. Taf. I.

Hälften der Mutterzellen sich vereinigen, nach Lüders so, dass die Theilung der letzteren der Copulation vorausgeht. Die Exemplare von *Epithemia gibba,* welche ich beobachtete, waren schon zu weit in der Entwicklung vorgeschritten, um diese Frage zu entscheiden.

IV. Achnantheae Kütz.

Wir haben in den *Cymbelleen* und *Amphoreen* Formen kennen gelernt, welche von den *Naviculeen* durch ihre nach der Längsebene asymmetrische Gestalt abweichen. Die nun zunächst zu besprechenden Bacillariaceen besitzen dagegen streng symmetrische Schalen, welche aber unter einander verschieden sind, indem nur eine einen Mittelknoten besitzt, so dass die Zellen nach der Theilungsebene asymmetrisch gebaut sind. Die letztere ist dabei stets gebogen oder winkelig gebrochen, so dass wir eine concave und eine convexe Schale unterscheiden können. Die erstere ist es, welche allein einen Mittelknoten besitzt: Längslinien sind auf beiden Schalen deutlich.

1. Achnanthes Bory de St. Vinc.

(Taf. 6, Fig. 15.)

Die beiden im Meere und in Soolwässern lebenden Arten, welche ich in grösserer Menge lebend beobachten konnte, *Achnanthes brevipes* Ag. (6, 15 s, g) und *A. subsessilis* Kütz. stimmen im inneren Bau mit den *Naviculeen* darin überein, dass eine mittlere körnige Plasmamasse und zwei den Gürtelbändern anliegende, nach den Schalen übergreifende Endochromplatten vorhanden sind. Dieselben zeigen in der Mitte eine Unterbrechung und theilen sich durch Einschnitte von den Enden her. Der deutliche Zellkern liegt stets der concaven Schale näher, als der convexen.

Bei den wenigen Exemplaren von *A. longipes* Ag., welche mir vorkamen, waren die Endochromplatten in viele kleinere Theile zerschnitten: ich muss dahin gestellt sein lassen, ob dies ein normaler Zustand war.

In Auxosporenbildung ist die marine *Achnanthes longipes* Ag. von Smith[1]), dieselbe Form und *A. subsessilis* Kütz. von Lüders[2]) beobachtet worden. Von der ersteren Art behauptet Smith, eine Zelle bilde zwei Auxosporen, während Lüders angiebt, dass zwei Zellen dazu zusammenwirken, dass dagegen bei *A. subsessilis* eine Mutterzelle eine Auxospore entwickle. In beiden Fällen sollen nach Lüders die Zellinhalte sich theilen, und sich darauf bei *A. longipes* wechselweise, bei *A. subsessilis* aber direct wieder vereinigen. Eine die Erstlingszelle umhüllende Scheide ist nach Lüders stets vorhanden: das Ausschlüpfen der ersteren findet durch eine am Ende der letzteren entstehende Oeffnung statt.

Es wäre sehr zu wünschen, dass gerade die Auxosporen-Bildung von *Achnanthes* baldigst einmal von einem am Seestrand lebenden Beobachter nachuntersucht würde, da es doch sehr auffallend erscheint, dass nach Lüders die beiden genannten, nahe verwandten Arten eine so verschiedene Form der Sporen-Bildung besitzen sollten. Der Vorgang, wie ihn Lüders der *A. longipes* zuschreibt, stimmt, abgesehen von der Annahme der Theilung und Wiedervereinigung des Inhalts, gut mit der oben ausgesprochenen Voraussetzung überein, dass die *Achnantheen* sich nahe an die *Naviculeen* anschliessen, während die bei *A. subsessilis* angenommene Entwicklungsweise, soweit bekannt, nur bei den *Melosireen* Analogieen finden würde.

V. Cocconeideae Rab.

I. Achnanthidium Kütz.

Obgleich man die Gattungen *Achnanthes* und *Achnanthidium* nur dadurch trennte, dass die erstere gestielte, die letztere frei lebende Formen umfasse, so ist doch die primordiale Zelle bei beiden wesentlich verschieden gebaut. *Achnanthidium lanceolatum* Bréb. besitzt nämlich nur eine einzige, der convexen Schale anliegende Endochromplatte und schliesst sich dadurch eng an

1) Smith, Synopsis II. S. X. XII. Taf. D. Fig. 300 β.

2) Lüders, Beobachtungen u. s. w. S. 59 f.

2. Cocconeis Ehrbg.

(Taf. 6, Fig. 8.)

an; wenigstens zeigt *Cocconeis Pediculus* Ehrbg. (6, 8) eine in gleicher Lage befindliche, am Rande zerschnittene und mit ihren Lappen die Gürtelbänder erreichende Endochromplatte. Dieselbe besitzt regelmässig einen besonders starken seitlichen Ausschnitt, welcher wohl darauf hindeutet, dass die *Cocconeiden* auch nach der Längsebene nicht streng symmetrisch sind. Bei den *Achnanthidien* spricht sich dies auch im Bau der concaven Schale durch die einseitig stärkere Entwicklung des Mittelknotens aus. Die Platte ist um so stärker zerschnitten, je grösser die Zelle ist; der mittlere Einschnitt dehnt sich bisweilen bis zur Unterbrechung aus. Ein Zellkern ist bei *Cocconeis Pediculus* deutlich wahrnehmbar, ebenso eine mittlere Plasmaanhäufung.

Die *Cocconeideen* unterscheiden sich somit wesentlich von den *Naviculeen*, bieten aber insofern eine gewisse Analogie mit den gleichfalls epiphytischen *Amphoreen*, als auch bei ihnen das Vorhandensein der Längsspalten im Bau der primordialen Zelle keinen Ausdruck findet. Die Endochromplatte zeigt dabei bei den *Amphoreen* und *Cocconeideen* eine gewisse Beziehung zur Ansatzfläche; bei den ersteren, die mit einer Gürtelbandfläche ansitzen, liegt die Mediane der Platte auch an einer solchen, bei den mit einer Schale fremden Körpern anhängenden *Cocconeideen* gleichfalls an einer Schale.

Was die Auxosporen-Bildung betrifft, so wurde *Achnanthidinm* bisher noch niemals, *Cocconeis* mehrfach dabei überrascht. Zuerst fand Carter[1]), dass zwei Zellen Schleim aussondern, sich öffnen und durch eine wahre Copulation eine Spore bilden, welche erst kugelig, dann ellipsoidisch ist und sich darauf in zwei Längshälften theilt, deren jede zu einer Auxospore wird. Smith[2]), welcher nicht, wie Carter *Cocconeis Pediculus,* sondern die wohl als Varietät dazu gehörige *C. Placentula* Ehrbg. beobachtete, behauptete dagegen, es lasse nur eine Zelle ihren Inhalt austreten und es entwickle sich daraus

---

1) Carter, on the conjugation of *Cocconeis* etc. S. 2. Taf. I. Fig. 1—12.
2) Smith, Synopsis II. S. X. XII. Taf. B. Fig. 32.

eine Spore. Lüders[1]) stimmte in diesem Punkt Carter bei, und auch der Verfasser kann dessen Angabe bei *C. Pediculus* bestätigen. Nach Lüders entwickelt sich die ganze durch die Copulation entstandene Plasmamasse zu einer Erstlingszelle. Diese Differenz ist nicht dadurch zu beseitigen, dass man annimmt, die Theilung habe im einen Falle in der Scheide, welche auch hier deutlich ist, stattgefunden, im anderen erst nach deren Abstreifung, denn nach Carter's Abbildungen wenden die beiden Erstlingszellen einander die concaven Seiten zu, nach Lüders müssten sie parallel stehen. Das mir zu Gebot stehende Material war zu jung, um diese Frage zu entscheiden.

VI. Gomphonemeae Kütz.

1. Sphenella Kütz. 2. Gomphonema Ag.

(Taf. 3, Fig. 11.)

Die *Gomphonemeen* sind dadurch gekennzeichnet, dass sie im allgemeinen Bau der Schalen den *Naviculeen* gleichen, also 6 Knoten und 4 Längslinien besitzen, aber in der Weise asymmetrisch gestaltet sind, dass man ein oberes breiteres und ein unteres spitzeres Ende unterscheiden kann. Wie die *Achnantheen* nach der Theilungsebene, die *Cymbelleen* nach der Längsebene einen Mangel an Symmetrie zeigen, so haben ihn die *Gomphonemeen* nach der Querebene. Die beiden letztgenannten Gruppen stehen sich aber näher, als man bisher geglaubt hat, sowohl nach der Structur ihrer Schalen, als nach der des Zellinhalts. Einerseits lassen nämlich die *Cymbelleen*, soweit sie gestielt sind, bereits ein unteres und oberes Ende unterscheiden, das freilich an den geglühten Schalen und an frei lebenden Formen nicht erkennbar ist, und andererseits sind, was hier wohl zuerst ausgesprochen wird, die *Gomphonemeen* nicht nur nach der Querebene, sondern gleichzeitig auch nach der Längsebene asymmetrisch. Bei allen tritt dies im Bau der primordialen Zelle, bei einigen aber auch in dem der Schalen deutlich hervor. So sind die letzteren bei *Sphenella vulgaris* Kütz. auf einer

---

1) Lüders, Beobachtungen u. s. w. S. 59.

Seite ganz merklich stärker convex begrenzt, als auf der anderen, und in anderen Fällen, wo der Umriss der Schale noch symmetrisch scheint, ist die Zeichnung auf beiden Längshälften ungleich. Bei dem grossen *Gomphonema geminatum* Ag. zeigt schon Tuffen West's Zeichnung bei Smith[1]), dass an der einen Seite des Mittelknotens eine Gruppe von vier bis fünf gesonderten Grübchen vorhanden ist, die an der anderen Seite fehlt. Es ist dies ganz regelmässig der Fall. Ausserdem biegen die Längslinien am Mittelknoten und unteren Endknoten nach derjenigen Seite um, welche die einzeln stehenden Grübchen besitzt, die in einer deutlichen Area liegen. Am oberen Endknoten macht die Längslinie zunächst dieselbe Biegung, wie an den übrigen Knoten, wendet sich dann aber nach der entgegengesetzten Seite, umgeben von einer schmalen, nicht mit Grübchen bedeckten Stelle. Alle diese Einzelnheiten lassen die Schale asymmetrisch erscheinen: bei manchen Exemplaren ist auch die ganze Mittellinie, wenn auch sehr schwach, so gebogen, dass sie der Gruppe einzelner Grübchen ihre concave Seite zukehrt. Est ist dabei wohl zu bemerken, dass, wenn die letzteren auf der oberen Schale rechts liegen, sie auch auf der unteren sich auf der rechten Längshälfte vorfinden, so dass die *Gomphonemen* nicht, wie die *Pinnularien*, diagonal gebaut, sondern, wie die *Anomoeoneis* und alle *Cymbelleen*, gleichseitig asymmetrisch sind.

Dem entspricht auch die Gestaltung der primordialen Zelle. Es ist nur ein wandständiges Plasmaband, nur eine Endochromplatte vorhanden. Während das erstere und die Mittellinie der letzteren aber bei den *Cymbelleen* dem stärker gewölbten Gürtelband anliegen, finden wir sie bei den einigermassen deutlich asymmetrischen *Gomphonemeen*, namentlich bei *Sphenella vulgaris*, auf dem weniger convexen. Die mittlere Plasmamasse ist von der Schale gesehen hier (**3**, 11 g,) schmäler, als an der anderen Seite, wo der Zellkern und die umgeschlagenen Ränder der Endochromplatte liegen (**3**, 11 g,,), was wieder bei der Mehrzahl der *Cymbelleen* ebenso ist. Die Endochromplatte hat, wenn auch eine um 180° verschiedene Lage, so doch denselben Bau, wie bei jenen; die Längslinien werden auch hier von der Endochromplatte frei gelassen. Die Theilung der letzteren erfolgt ebenfalls durch Endeinschnitte (**3**, 11 g,). Indem der so entstandene freie Rand auf die

---

1) Smith, Synopsis I. Taf. XXVII. Fig. 235.

neu gebildete Schale hinüber wächst, und sich da mit Freilassung der Längslinien ausbreitet, wird hier, wie bei den *Cymbelleen*, der Anfangszustand wieder erreicht. Der schematische Querschnitt durch die Mitte einer *Gomphonema*-Zelle (3, 11 q) wird die Lage der Theile zu einander noch mehr verdeutlichen. Ebenso wie das dargestellte *Gomphonema constrictum* Ehrbg. verhalten sich *G. acuminatum* Ehrbg., *G. capitatum* Ehrbg., *G. olivaceum* Ehrbg., *G. intricatum* Kütz., *G. tenellum* Kütz.

Die Gattungen *Gomphonema* und *Sphenella* unterscheiden sich nur dadurch, dass die zu ersterer gehörigen Formen gestielt, die der zweiten ungestielt sind, was mir, wie Grunow[1]) und Rabenhorst[2]) ein ungenügender Gattungscharakter zu sein scheint, da die gestielten Formen auch frei, selbst lebhaft sich bewegend vorkommen. Was die Substanz des Stieles anlangt, so erscheint sie hier, wie bei *Cocconema, Brebissonia* u. A. in jungem Zustand als eine farblose, von einer deutlichen doppelt contourirten Hautschicht begrenzte Gallerte (3, 11 g,), an älteren Stielen sieht man dagegen eine mittlere, wohl aus jener Gallerte hervorgegangene bräunliche Masse, umgeben von einer breiten farblosen Hülle (3, 11 g,,). Der äussere Umriss der letzteren verläuft nicht direct in den der Schalen, sondern scheint vielmehr in eine äussere, dünne gallertartige Schicht der letzteren überzugehen. Ob diese Stiele, sowie die massige Gallerte, welche bisweilen von den Bacillariaceen erzeugt wird, ausgeschieden werden, oder durch Aufquellung äusserster Zellhautschichten entstehen, ist freilich schwer zu entscheiden.

Ueber die Auxosporen-Bildung wissen wir schon durch Thwaites[3]) (1847), dass hier, wie bei den *Cymbelleen*, zwei Mutterzellen zwei ihnen parallel liegende Auxosporen entwickeln. Thwaites beobachtete dies bei einer dem *Gomphonema dichotomum* verwandten Form, Smith[4]) bei *G. dichotomum, G. tenellum, G. olivaceum*, der Verfasser bei der letztgenannten Art. Eine wirkliche Vereinigung der beiden primordialen Mutterzellen findet nicht statt, sondern nur eine Diffusions-Wirkung durch die Gallerte. Die Auxosporen bilden erst sehr spät, wenn sie

1) Grunow, *Naviculaceen* S. 511.

2) Rabenhorst, Flora europaea Algarum I. 1864. S. 282.

3) Thwaites, on conjugation etc. S. 11. Taf. XXII. D.

4) Smith, Synopsis II. S. X. XII. Taf. C. Fig. 240. D. Fig. 244.

nahezu ihre definitive Länge erreicht haben, eine zarte Membran, innerhalb welcher die Schalen nach einander entstehen. Sie sind anfangs stark gewölbt und nach der Längslinie gekrümmt; ihre Streifung entwickelt sich deutlich in von der Mitte nach den Enden fortschreitender Richtung. Gürtelbänder besitzen hier die Erstlingszellen anfangs ebenso wenig wie bei *Navicula,* doch umgreift die äussere grössere Schale gleich bei ihrer Entstehung etwas die kleinere innere, welche erst angelegt wird, wenn jene ihre Streifung schon vollkommen deutlich zeigt. Erst nach der zweiten Theilung gehen aus den krummschaligen Erstlingszellen normale Zellen mit zwei geraden Schalen hervor, ganz analog wie bei *Navicula.* (S. 64.)

Die Theilungsebene der Erstlinge kreuzt diejenige der Mutterzellen, aus welchen sie hervorgingen. Man sieht die Schalen jener, wenn letztere dem Beobachter die Gürtelbänder zukehren und umgekehrt. Bei den *Cymbelleen* scheinen die Axen, soweit man nach Abbildungen urtheilen kann, parallel zu bleiben.

3. Rhoicosphenia Grun.

(Taf. 6, Fig. 9.)

Wir können eine *Rhoicosphenia* als ein *Gomphonema* betrachten, welches nach allen drei Dimensionen asymmetrisch ist, indem hier zu dem Mangel an Symmetrie nach Längs- und Querebene noch eine Krümmung der Theilungsebene und eine Ungleichheit der beiden Schalen tritt, von welchen nur die concave einen Mittelknoten besitzt. Ausserdem sind die Leisten, welche auch bei *Gomphonema* am oberen Ende der Schalen angedeutet sind, hier weit stärker entwickelt, und springen ungleich weit in den Zellraum vor.

In der primordialen Zelle finden sich keine sehr erheblichen Unterschiede im Vergleich mit *Gomphonema,* während *Achnanthes, Achnanthidium* und *Cocconeis,* zu welchen Gattungen Grunow[1]) und Rabenhorst[2]) *Rhoicosphenia* stellen, sich sehr anders verhalten. *Rhoicosphenia curvata* (Kütz.) Grun. und *Rh. marina* (Kütz.) Grun.

---

1) Grunow, *Naviculaceen* S. 511.

2) Rabenhorst, Flora europaea Algarum I. 1864. S. 112.

besitzen eine einzige Endochromplatte, deren Mittellinie auf einer Gürtelbandfläche liegt, und welche die beiden Schalen bedeckt und sich auch nach dem anderen Gürtelband hin umschlägt. Auf letzterem sieht man bei den meisten Exemplaren vier Lappen von der Taf. 6 Fig. 9g, dargestellten Form. Der Einschnitt zwischen je zwei derselben ist auch in der Schalenansicht erkennbar (6, 9s,, s): er liegt natürlich bei einer auf einer Schale liegenden *Rhoicosphenia* an der oberen und unteren Schale auf derselben Seite. Die Mittellinien der Schalen sind, was bei *Gomphonema* nicht der Fall ist, zum grössten Theil von Endochrom bedeckt: nur schwache Einschnitte an den Enden der Platten deuten sie an. Es liegt hierin eine Annäherung an die gleichfalls in der Theilungsebene gekrümmten *Cocconeideen*. Die Theilung der Endochromplatten verläuft wie bei *Gomphonema*, zu welcher Gattung auch manche Uebergangsformen von *Rhoicosphenia* her führen.

Auxosporen-Bildung wurde bei *Rh. curvata* schon 1847 von Thwaites[1]) beobachtet. Auch dieser Vorgang verläuft wie bei *Gomphonema*, nur entweichen die Plasmaschläuche nach Thwaites nicht seitlich, sondern aus einem Schlitz an den Enden der Zellen. Smith[2]) fand dieselbe Art und *Rh. marina* in „Copulation". Lüders[3]) fügte bei der letztgenannten Form die Bemerkung hinzu, dass die Auxosporen, wenn sie kaum die Länge der älterlichen Zellen erlangt haben, schon von einer sehr zarten Kieselschale umgeben sind, welche breite Querstreifen zeigt. Diese Scheide bleibt walzenförmig, und da die in ihr entstehende Erstlingszelle gekrümmt ist, so kann hier das Vorhandensein jener mit besonderer Deutlichkeit wahrgenommen werden.

VII. Amphipleureae Grun.

1. Amphipleura Kütz. 2. Berkeleya Grev.

Die einzige europäische Süsswasserform dieser durch die Entwicklung des Mittelknotens zu einer Längsrippe und die drei Kiele

---

1) Thwaites, on conjugation etc. I. S. 11. II. S. 343. Taf. XXII. Fig. B.

2) Smith, Synopsis S. X. Taf. C. Fig. 245. D. Fig. 246.

3) Lüders, Beobachtungen u. s. w. S. 58. 59. Taf. II. Fig. 5.

der Schale[1]) von den *Naviculeen* verschiedenen Gruppe, die *Amphipleura pellucida* (Ehrbg.) Kütz. besitzt zwei den Gürtelbändern anliegende Endochromplatten; auch eine mittlere Plasmamasse ist deutlich.

In Auxosporen-Bildung ist bisher nur *Berkeleya Dillwynii* (Ag.) Grun. von Lüders[2]) beobachtet worden. Es vereinigen sich dazu viele Zellen an den Enden der sie umschliessenden Gallertröhren in einer gemeinschaftlichen Schleimmasse, oder es entstehen kleinere Anschwellungen an den Seiten und der Mitte der Röhren. Es entwickeln dann zwei Mutterzellen zwei Auxosporen.

Die von Kützing[3]) als Früchte der *Berkeleya tenuis* (Kütz.) Grun. dargestellten Gebilde scheinen mir nicht in den Entwicklungskreis der Bacillariaceen zu gehören.

VIII. Plagiotropideae.

I. Plagiotropis gen. nov.[4])

(Taf. 6, Fig. 11.)

Die Ausbildung der Mittellinien zu vortretenden Kielen, welche schon bei der vorigen Gruppe in geringem Grade vorhanden ist, tritt in den beiden zunächst zu besprechenden viel deutlicher hervor, indem gleichzeitig die 6 Knoten wieder in normaler Form erscheinen.

Die einzige hierher zu rechnende Art, welche mir lebend vorgekommen ist, findet sich im Brackwasser des Pillauer Hafens und unterscheidet sich von der nächst verwandten Gattung *Amphiprora* Ehrbg. durch den nicht central, sondern stark excentrisch gestellten Kiel und das Fehlen der bei allen *Amphiproren* neben demselben vorhandenen

1) Vgl. Grunow, die österreichischen Diatomaceen nebst Anschluss einiger neuer Arten von anderen Localitäten und einer kritischen Uebersicht der bisher bekannten Gattungen und Arten. Erste Folge. Verhandl. d. zool. botan. Ges. z. Wien. 1862. S. 467.

2) Lüders, Beobachtungen u. s. w. S. 59.

3) Kützing, Bacillarien S. 112. Taf. 23. Fig. II. 2. a. b. c.

4) von πλάγιος schief und ἡ τροπίς der Kiel.

erhabenen Längsrippen [1]). Die Schale der *Plagiotropis baltica* m. ist spitz-lanzettlich, im Umriss der *Navicula serians* Kütz. [2]) ähnlich, ihre Breite $^1/_5$ bis $^1/_6$ ihrer durchschnittlich 0,13 ^{mm} betragenden Länge. Der einen sanften Bogen beschreibende, nicht S-förmig gekrümmte, aber wie bei den *Amphiproren* am Mittelknoten in die Fläche der Schale zurücksinkende Kiel theilt die letztere hier im Verhältniss von 1 : 4, ist somit stark excentrisch. Weicht er bei einer in Schalenansicht liegenden *Plagiotropis* an der oberen Schale nach rechts ab, so ist er an der unteren nach links verschoben, so dass die *Plagiotropiden*, wie die *Pinnularien*, diagonal gebaut sind. (Querschnitt 6, 11.) Die Schalen zeigen sehr feine Querstreifung — trocken sind sie nahezu farblos.

Die Gürtelbandansicht gleicht sehr derjenigen einer *Amphiprora*, etwa der *A. indica* Grun. [3]), nur liegen die beiden Kiele selbstverständlich in verschiedenen Ebenen.

Der innere Bau ist sehr ähnlich wie bei den *Naviculeen*. Zwei Endochromplatten liegen den Gürtelbändern an und erstrecken sich mit ihren Rändern zum Theil auch auf die Schalen, und zwar bedeckt jede Platte den grössten Theil derjenigen Schale, deren Kiel ihr abgewandt ist, während ihr anderer Rand über den ihr benachbarten Kiel nur wenig hinausgeht, aber einzelne Lappen in diesen hinein entsendet (6, 11). Der diagonale Bau der Zellhaut findet somit auch in der Gestaltung der weichen Theile seinen Ausdruck.

IX. Amphitropideae.

1. Amphitropis Rab.

Die *Amphitropideen* verhalten sich zu den *Plagiotropideen* etwa wie die noch im Umriss symmetrischen *Cymbelleen* zu den *Naviculeen*. Die Form der Zellhaut weicht nur wenig ab, dagegen ist der Innenbau ein anderer. Die *Amphitropis paludosa* (W. Sm.) Rab., ausgezeichnet

---

1) Vgl. Grunow, *Naviculaceen* S. 567.

2) Smith, Synopsis I. Taf. XVI. Fig. 130.

3) Grunow, *Naviculaceen* Taf. VII. Fig. 2.

durch die S-förmigen, zu einander wie bei *Scoliopleura* (S. 74) gestellten und von je zwei Längsrippen begleiteten Kiele, hat nur eine einzige, einem Gürtelband anliegende und mit ihren Rändern die Schale erreichende Endochromplatte, welche sich von den Enden her theilt. Eine mittlere Plasmamasse ist deutlich. Ganz ähnlich scheint sich nach einer Darstellung von Carter[1]) auch eine indische *Amphitropis* zu verhalten.

Ob die gleichfalls gekielten Gattungen *Amphiprora* Ehrbg. und *Donkinia* Pritch. zu dieser, oder der vorigen Abtheilung gehören, bleibt noch zu entscheiden. Die Auxosporen sind bei allen diesen Formen noch unbekannt.

X. Nitzschieae Grun.

Die sämmtlichen bisher besprochenen Formen stimmten darin überein, dass sie mit einziger Ausnahme der nur mit einer schwachen Mittellinie versehenen *Epithemien*, Knoten und deutliche Längsspalten zeigten und dass ihr Querschnitt, wenn wir von dem allein schwach rhombischen der *Encyonemen* absehen, rechteckig oder trapezoidisch war. Die *Nitzschieen* besitzen dagegen weder Knoten noch Mittellinien und ausserdem ist der Querschnitt stets deutlich rhombisch (6, 12—14). Wie bei den *Naviculeen* haben wir auch hier zwischen gleichseitig asymmetrischen und diagonalen Formen zu unterscheiden, und zwar umschliesst die Gattung

I. Nitzschia Hass.

(Taf. 6, Fig. 10, 12—14.)

Arten von beiderlei Gestalt, welche man schon lange als gleichriefige und wechselriefige unterscheidet. Die Schale jeder *Nitzschia* trägt nämlich an einem Rande eine Reihe knotenförmiger Verdickungen, die sogenannten Kielpunkte (6, 10 s links, 10 g rechts), welche entweder auf

---

1) Carter, on the conjugation of Cocconeis etc. S. 7.

beiden Schalen auf derselben (6, 14) oder auf verschiedenen Seiten (6, 12, 13) stehen.

Alle untersuchten *Nitzschien* besitzen eine mittlere körnige Plasmamasse, worin ein deutlicher grosser Zellkern zu erkennen ist, und eine einzige, bisweilen in der Mitte der Zelle durch eine elliptische Oeffnung oder ganz unterbrochene Endochromplatte.

Die letztere liegt bei den gleichriefigen *Nitzschien*, soweit ich solche untersuchen konnte (*N. elongata* Hantzch, *N. flexa* Schum.), einem Gürtelbande an und zwar demjenigen, welchem die Kielpunkte ferner stehen. Sie bedeckt dann die Schalen und erreicht mit kleinen Läppchen noch das gegenüberliegende Gürtelband.

Dieselbe Stellung der Endochromplatte zeigt dann ein Theil der wechselriefigen *Nitzschien*, nämlich *N. Palea* (Kütz.) W. Sm. (6, 10, 12), *N. sigmoidea* W. Sm., *N. Clausii* Hantzsch, während sich *N. dubia* Hantzsch und *N. linearis* (Ag.) W. Sm. im Innern abweichend verhalten. Bei ihnen ist nämlich die Endochromplatte frei durch den Zellraum von einer Kielpunktreihe zur anderen ausgespannt (6, 13). Man sieht daher, wenn die Zelle so steht, dass beide „Kiele" für den Beobachter einander decken, einen schmalen dunkelbraunen zwischen zwei breiten farblosen Längsstreifen. Liegt die Zelle dagegen auf einer stumpfwinkeligen Kante, so erscheint sie ganz hell gelb-braun. Ist eine Schale, oder ein Gürtelband dem Objectträger parallel gerichtet, so ist die Färbung, welche die Zelle zeigt, natürlicher Weise etwas dunkler, da die Endochromplatte in geneigter Richtung stehend auf eine zu ihr spitzwinkelig gerichtete Unterlage projicirt wird.

Wir haben somit unter den *Nitzschieen* Arten mit diagonalem Innen- und Aussenbau (6, 13), solche mit gleichseitig asymmetrischer Gestaltung von Zellhaut und weichen Theilen (6, 14) und endlich vermittelnde Formen, deren Zellhaut diagonal, deren Innenbau gleichseitig asymmetrisch ist (6, 12).

Die Theilung der Zelle wurde bei *Nitzschia elongata* und *sigmoidea* verfolgt. Sie beginnt mit einer Längstheilung der Endochromplatte, von den Enden her: darauf verdoppelt sich der Zellkern und tritt die Zerklüftung des Plasmas ein. Die Tochterzellkerne liegen zuerst in der Längsaxe der Zelle und rücken erst später an ihre eigentlichen Plätze.

2. Ceratoneis Ehrbg.

Die kleinen Formen *Ceratoneis acicularis* (Kütz.) Pritch. und *C. reversa* (W. Sm.) Pritch. weichen im Innenbau von den normalen *Nitzschien* mit einer, dem Gürtelband anliegenden Endochromplatte nicht ab. Dagegen zeigt *C. longissima* (Bréb.) Pritch. zahlreiche kleine Plättchen.

3. Bacillaria Gmel.

Die einzelnen Zellen der *Bacillaria paradoxa* Gmel. haben gleichfalls eine ein Gürtelband bedeckende Endochromplatte, welche jedoch in den meisten Zellen einer Colonie schon durch Theilung in zwei gespalten erscheint.

Ueber die Entwicklung der Auxosporen bei den *Nitzschieen* wissen wir nur, dass Schumann[1]) eine zu *Nitzschia* gehörige Form „im Zonenkleide" antraf. Ausser den groben dunklen Zonen war noch ein System feiner Längslinien an der Scheide vorhanden.

Die *Nitzschieen* bilden gewissermassen ein Bindeglied zwischen den bisher behandelten, so zu sagen, coordinirten Tribus der *Naviculeen, Achnantheen, Amphipleureen* und *Plagiotropideen*, welche zwei den Gürtelbändern anliegende Platten besitzen, und einigen nun folgenden Gruppen, bei welchen wir dagegen beide Schalen von Endochrom bedeckt finden. Die vermittelnden Glieder sind nach den *Naviculeen* hin die *Amphitropideen*, deren einige Arten, z. B. *Amphitropis alata* (Kütz.) Rab. neben den für die ersteren charakteristischen sechs Knoten auch die Kielpunkte der *Nitzschieen* besitzen und die, soweit wir nach *A. paludosa* urtheilen können, auch im Innenbau mit den letzteren übereinstimmen. Nach der anderen Seite stellen die

XI. Eunotieae Pritch.

die Verbindung her. Es gehören hierhin die Gattungen *Eunotia* Ehrbg., *Himantidium* Ehrbg. und *Amphicampa* Ehrbg. *Epithemia* Kütz. ist

1) Schumann, Beiträge u. s. w. S. 716.

aus den S. 81 f. entwickelten Gründen auszuschliessen. Die erstgenannten drei Gattungen stimmen darin überein, dass der Querschnitt ihrer Zellen rechteckig ist, und dass ihren gekrümmten quergestreiften Schalen Mittellinien, Knoten und Kielpunkte fehlen. Die habituelle Aehnlichkeit mancher *Eunotieen* und *Nitzschieen* ist so gross, dass z. B. *Nitzschia amphioxys* (Ehrbg.) W. Sm. irrthümlich zu den ersteren gestellt worden ist.

In lebendem Zustande habe ich bisher nur zwei Arten der Gattung

I. Himantidium Ehrbg.

(Taf. 6, Fig. 1—4.)

nämlich *Himantidium pectinale* (Dillw.) Kütz. und *H. Soleirolii* Kütz. untersuchen können, welche im Innenbau vollkommen übereinstimmen.

Die allermeisten Zellen eines Fadens (6, 1) zeigen die mit b bezeichnete Gestaltung der primordialen Zelle, so dass man annehmen darf, dass dieselben in diesem Zustand am längsten verharren. Ein deutlicher Zellkern ist in der Mitte wahrnehmbar; er liegt in einem hellen Längsstreifen. Die beiden Seiten der Zelle erscheinen gelbbraun. Stellt man die letztere auf die hohe Kannte, so erkennt man (6, 2), dass die Endochromplatten die concave Gürtelbandfläche und mit mehr oder weniger wellig begrenzten Lappen die Schalen bedecken, während die convexe Gürtelbandfläche entweder ganz frei von Endochrom ist (wie in der Figur 6, 2), oder nur von schmalen, von den Zellenden her sich umschlagenden Läppchen (6, 1. b) erreicht wird. Seltener kommen solche Läppchen auch an der Zellmitte vor (6, 1. c).

Die Endochromplatten sind demnach in den meisten Zellen in der Vierzahl[1]) vorhanden. Vergleicht man aber zahlreiche Zustände, so überzeugt man sich leicht, dass die Plattenpaare rechts und links von dem hellen Längsstreifen ein jedes durch Quertheilung einer daselbst ursprünglich vorhandenen Platte entstanden sind. Diese Theilung erfolgt durch einen meist von der Zellmitte her vordringenden Einschnitt (6, 1. a), der aber bisweilen auch von aussen, oder gleich-

1) Vgl. Ralfs, on the Diatomaceae. Ann. a. Mag. of Nat. Hist. 1 ser. vol. XII. 1843. S. 107. Taf. II. Fig. 3. Kützing, Bacillarien Taf. XVI. Fig. IX. XI.

zeitig von beiden Seiten her vorschreitet. Die vier Platten sind übrigens selbst nicht selten noch sonst eingeschnitten, doch ist diese weitere Zerklüftung von der Zelltheilung unabhängig. Namentlich sieht man oft solche scharfe, schmale Ausbuchtungen von der Mitte des Innenrandes der Platte diagonal nach einer Zellecke eindringen, wodurch noch ein gegen den mittleren farblosen Streifen um etwa 45° geneigtes helles Kreuz zu Stande kommt. Es findet sich diese Eigenthümlichkeit namentlich bei breiten Bändern, deren Zellen sogar durch besonders starke Entwicklung jener Ausbuchtungen bisweilen acht Endochromplatten besitzen, wenn jederseits die Quertheilung derselben vollzogen ist.

Bald nachdem der Taf. 6, Fig. 1. b dargestellte Zustand eingetreten ist, erfolgt die Theilung der Zelle, nachdem zuvor der Zellkern in zwei Tochterkerne zerfallen ist. Auch hier scheint diese Verdopplung so zu erfolgen, dass die letzteren zuerst hinter einander in der Längsaxe liegen und dann eine kleine Verschiebung machen. Unmittelbar nach der Entstehung der neuen Schalen (6, 1. c) liegen dann die neuen Kerne denselben halbkugelförmig an. Bald darauf wandern sie nach der Mitte der Tochterzelle, wozu etwa eine Stunde Zeit erforderlich ist. Diejenige der neu entstandenen Zellen, welcher die grössere Schale der Mutterzelle vererbt worden ist, d. h. also die grössere Schwesterzelle pflegt dabei, wie bei dem darauf folgenden Wachsthum der Endochromplatten, der kleineren etwas vorauszueilen. Doch kommen auch hier manche Unregelmässigkeiten vor, namentlich findet man den Zellkern nicht selten noch an der neugebildeten Schale haftend, wenn die definitive Breite der Zelle beinahe schon erreicht ist.

Nach der eben gegebenen Darstellung hat die junge *Himantidium*-Zelle schon bei ihrer Entstehung zwei Endochromplatten, welche aber aus einer entstanden sind. Dieselben nehmen nun ihre normale Stellung dadurch ein, dass sie sich zunächst verlängern (6, 1. c) und sich dann in schräger Richtung an einander vorbei schieben. Sie behalten dabei nahezu rechteckige Formen; die Verschmälerung des eines Endes, welche in Taf. 6 Fig. 1. d, e so sehr auffällt, erklärt sich dadurch, dass ein Theil der Platte sich auf die Schale hinübergeschoben hat, wie der an der letzteren erscheinende schmale dunkelbraune Streifen lehrt. Mit dem beginnenden Breitenwachsthum der Zelle erhalten dann auch die Platten mehr Raum und liegen endlich wieder genau parallel, wie das in der rechten Zelle des mit e bezeichneten Paares schon nahezu eingetreten ist. Weiteres Wachsthum und beginnende Quertheilung der Platten leitet dann wieder zu dem Zustand a zurück, von welchem wir ausgegangen sind.

Da mir nur selten eine *Himantidium*-Zelle vorgekommen ist, bei welcher die Theilung der Zelle vor der der Platten erfolgt wäre, welche also ganz streng genommen eine einzige Endochromplatte besessen hätte und da ferner bei *Neidium, Pleurosigma, Nitzschia* die Platten sehr häufig schon vor der Theilung in der Mitte nicht mehr zusammenhängen, ohne dass wir diese Gattungen darum als mit vier Endochromplatten ausgestattet bezeichneten, so rechnet man *Himantidium* wohl am besten zu den Formen mit zwei Platten.

Obwohl durch die Verschiedenheit einer concaven und convexen Seite, einer grösseren und kleineren Zellhauthälfte die Bezeichnung von rechts und links an einer *Himantidium*-Zelle möglich ist, so zeigt sich doch keine bestimmte Richtung der Plasmabewegung, auf welche die Wanderung der Endochromplatten zurückzuführen ist. Meist laufen die hellen schiefen Streifen zwischen den letzteren in ganzen Fäden nach einer Richtung, nicht selten setzt dieselbe aber auch mehrfach um.

Himantidium pectinale, die Taf. 6 Fig. 1 dargestellte Art, eignet sich sehr, um nachzuweisen, dass das von dem braunen Farbstoff durchdrungene Plasma wesentlich von demjenigen verschieden sei, welches den Plasmaschlauch bildet. Zieht man nämlich den Farbstoff mit Alkohol aus, so bleiben die Platten, obwohl nun farblos, doch noch erkennbar, und färben sich mit Alkannatinktur schmutzig roth, während der Plasmaschlauch kaum rosa erscheint. Es spricht dies für grössere Dichtigkeit des, so zu sagen „chromogenetischen" Plasmas, da die Dicke der Platten den Färbungsunterschied nicht genügend erklären kann.

Aber noch für einen weit wichtigeren Punkt bietet *Himantidium* das beste Beweismittel, nämlich dafür, dass die durch Theilung entstandenen Zellen ihre Grössenunterschiede nicht durch Wachsthum ausgleichen. Nachdem mehrfach nachgewiesen worden ist, dass auch die vollkommen entwickelte Bacillariaceen-Zellhaut an und für sich einer Vergrösserung durch Einlagerung neuer Massentheilchen fähig sei (S. 39), ist dieser Gegenstand von grösster

Bedeutung, da die hier vertretene Auffassung der Entwicklungsgeschichte der Bacillariaceen nothwendig voraussetzt, dass jene Grössenverschiedenheiten bleibend seien, und nur durch Bildung von Auxosporen corrigirt würden.

Betrachten wir das Schema Taf. 6 Fig. 4, welches die acht durch dreimalige Theilung einer *Himantidium*-Zelle entstandenen Tochterzellen noch mit einander verbunden darstellt, und bei welchem die Längenunterschiede der Schalen absichtlich zu gross gezeichnet sind, so fällt sogleich ins Auge, dass der Rand eine Wellenlinie ist, wie dies auch schon von Mac Donald[1]) gefolgert und dargestellt worden ist. Wenn nun keine Ausgleichung der Verkürzung stattfindet, welche die Schalen ihrer Einschachtelung wegen bei ihrer Entstehung nothwendig erleiden müssen, so wird auch der in der Natur vorkommende Bacillariaceen-Faden dem Schema entsprechen, also von einer, jedoch natürlich viel sanfter geschwungenen Wellenlinie begrenzt sein müssen.

Dies ist aber bei *Himantidium, Fragilaria* Lyngb. und weniger deutlich auch bei anderen Formen in der That der Fall. Die Abbildung Taf. 6 Fig. 1 versucht auch den Grad der Krümmungen des Randes anzudeuten, welche man namentlich bei schmalen Fäden, wegen des günstigen Verhältnisses der Weite der Variation zu der Gesammtbreite, sehr leicht wahrnimmt. Die punktirten Linien deuten an, welchen Zellen des Schemas die dargestellten entsprechen.

Man könnte nun freilich einwenden, dass dieselbe Wellenlinie auch erhalten bleiben könne, wenn der Faden im Ganzen in allen seinen Theilen gleichmässig in die Breite wüchse. Diese Frage würde sehr schwierig zu entscheiden sein; es handelt sich aber auch weit weniger darum, ob ein allgemeines Wachsthum möglich sei, als darum, ob die durch die Zelltheilungsvorgänge entstandenen Grössenunterschiede der Zellen ausgeglichen werden. Letzteres ist nach der obigen Darlegung sicher nicht der Fall, und mit Annahme der ersteren Vorstellung würden wir eine Hypothese mehr einführen, als zur Erklärung des Thatbestandes nöthig ist, was doch wohl principiell nicht zu billigen wäre.

Wunderbarer Weise hat man gerade in der Gestalt der faden-

---

1) a. a. O. S. 7. Taf. III. Fig. 6.

förmigen Bacillariaceen einen Beweis **gegen** die Richtigkeit der Braun'schen Idee über deren Verkleinerung in Folge wiederholter Theilungen finden wollen. Ralfs[1]) hehauptete, nach Braun's Auffassung müssten die Fäden stets an den Enden am breitesten sein und von da nach der Mitte zu stetig an Breite abnehmen — dies sei aber nicht nachweisbar. Das letztere ist schon richtig; aber die Consequenzen unserer Annahme sind eben auch durchaus andere. In einem Faden von zwei aus einer Mutterzelle entstandenen Zellen liegen freilich die grössten Schalen an den Enden, die kleinsten in der Mitte. Nach einer weiteren Theilung ist dieser von Ralfs mit Unrecht verallgemeinerte Satz schon nicht mehr richtig, sondern es ist die kleinste Zelle die dritte, die zweite und vierte sind etwas grösser, einander gleich, die erste ist die grösste. Bei dem gezeichneten Schema ist die Reihenfolge

am grössten die erste z_1

dann folgen $z_2 = z_4 = z_8$

dann $z_3 = z_5 = z_7$

am kleinsten ist z_6

Es ist daher wohl nicht nöthig, noch länger bei diesem Einwande zu verweilen.

Die Auxosporen-Bildung ist bei *Himantidium* erst einmal, bei *H. pectinale* 1847 von Thwaites[2]) beobachtet worden. Smith[3]) hat nur die Präparate des Letzteren noch einmal dargestellt. Zwei Zellen lassen ihren Inhalt durch einen Schlitz an den Enden austreten; die beiden primordialen Zellen vereinigen sich und bilden **eine** Auxospore.

Ungleich häufiger findet man bei *Himantidium* eine andere eigenthümliche Entwicklung, welche vielfach falsch gedeutet worden ist und hier gleich besprochen werden mag, nämlich Zellen von der Taf. 6 Fig. 3 dargestellten Form. In einer normalen Zelle sind zwei gekrümmte gestreifte Schalen gebildet, welche den Zellraum in drei Theile scheiden. Die beiden äusseren enthalten nur Wasser, der innere alles Plasma, Endochrom und namentlich stets eine grosse Menge von fettem Oel.

---

1) Pritchard, Infusoria 1864. S. 60.

2) Thwaites, on conjugation etc. S. 343 f. Taf. XXII. Fig. A.

3) Smith, Synopsis II. Taf. D. Fig. 280.

Ralfs[1]), welcher derartige Zellen zuerst beschrieb, fasste die Sache so auf, als sei eine Zelle innerhalb der anderen entwickelt. Kützing[2]) stellte ähnliche Formen von *Meridion* Ag. und *Himantidium* dar, und wandte das Vorhandensein solcher inneren Schalen als Artmerkmal an, obwohl er bereits bemerkte, dass dieselben nicht in allen Zellen eines Fadens vorhanden seien. Smith[3]) beobachtete dieselbe Variation bei den genannten Gattungen, *Fragilaria* Lyngb. und *Odontidium* Kütz., sprach sich gegen die Anwendung dieses Charakters zur Artenunterscheidung, wie sie auch Greville[4]) versucht hatte, aus und erklärte die in Rede stehende abweichende Entwicklung für eine abnorme Art der Zelltheilung: „In the present case the central vesicle or cytoblast becomes enlarged without division, and secretes on its extension two new valves, which are pushed ontwards, until they lie in close approximation whith the original valves“. Ralfs[5]) dagegen sah dann 1858 in diesen „internal cells“ einen „reproductive state of the species“, eine Sporenform. Er widersprach mit Recht der von Smith vorausgesetzten Entstehungsweise der inneren Schalen, die vielmehr an Ort und Stelle gebildet würden, nachdem das Plasma sich entsprechend zusammengezogen habe. Dagegen war seine Annahme, dass diese inneren Zellen einer weiteren Theilung gar nicht fähig seien, nicht zutreffend, wenn auch seine Bemerkung, dass die Fäden, in welchen solche Zellen in grosser Menge auftreten, zu wachsen aufhören, richtig ist. Pritchard[6]) meint, die Entwicklung derselben finde vor dem Tode statt: bei *Meridion* sei sie „the normal mode of termination of individual life“. Grunow[7]) hält dieselbe für eine „unvollständige Selbsttheilung“.

Der Verfasser ist der Ansicht, dass diese Zellen mit vier Schalen

1) Ralfs, on the Diatomaceae. S. 107. Taf. II. 2. Fig. 3.

2) Kützing, Bacillarien S. 42. Taf. 16. Fig. 8. 9. 10.

3) Smith, Synopsis II. S. 7. 13. 16.

4) Greville, Report on a Collection of Diatomaceae, made in the district of Braemar by Professor Balfour and Mr. George Lauson. Ann. a. Mag. of Nat. Hist. 2 ser. vol. XV. S. 257. pl. IX. 7. 8. 9.

5) Ralfs, on the siliceous cell etc. S. 16.

6) a. a. O. S. 707.

7) Grunow, die österreich. Diatomaceen I. S. 357.

ein Ruhezustand der Art und etwa den von de Bary[1]) beschriebenen Ruhezellen von *Zygnema* u. s. w. analog sind. Wie die Conjugaten zu diesem Behuf ihre Membran stark verdicken und grosse Mengen von Stärke und Fett in sich anhäufen, so bilden die Bacillariaceen, welchen die Fähigkeit, ungewöhnlich dicke Zellhäute zu entwickeln, abzugehen scheint, eine doppelte Zellhaut und füllen sich mit fettem Oel, um in diesem Zustand abzuwarten, bis günstigere äussere Verhältnisse wieder eine rege Vermehrung durch Theilung gestatten. Es stimmt damit überein, dass man das Auftreten zahlreicher innerer Zellen, wie schon Ralfs und Pritchard fanden, oft beobachtet, wenn die Zelltheilung stockt, worauf dann häufig der Tod eintritt. Man darf aber darum doch die Entwicklung doppelhäutiger Zellen nicht, wie der letztere thut, als eine Vorbereitung auf das Absterben auffassen, sondern vielmehr als ein letztes Mittel, um der Vernichtung dadurch zu entgehen, dass die Zelle in einen Ruhezustand eintritt.

Im höchsten Maasse scheint eine ähnliche Bildung innerer Schalen bei *Achnanthes*[2]), *Achnanthidium*[3]), *Orthosira Dickiei* Thw.[4]) vorzukommen, wo hinter einander immer neue entwickelt werden, was Thwaites auch für einen Fortpflanzungsvorgang hielt, während Smith mit Recht auf die Analogie mit *Himantidium* aufmerksam machte. Ich beobachtete ganz Aehnliches bei den aus ihren Fäden ausgeschlüpften Zellen eines marinen *Schizonema*: es war dabei deutlich wahrnehmbar, wie die successiv entstehenden Schalen, da ja jede in die vorige eingeschachtelt ist, immer kleiner wurden.

In ganz eigenthümlicher Weise findet die Entwicklung innerer Schalen bei manchen *Naviculeen*, namentlich der *Navicula cuspidata* und ihren Varietäten statt. Während nämlich sonst innere und äussere Schalen sich höchstens durch verschiedene Krümmung unterscheiden, wie bei *Himantidium*, haben dieselben bei den genannten *Naviculeen* zwar gleiche Form, aber ganz ungleiche Structur. Während die normalen Schalen mit feinen, senkrecht zum längsten Durchmesser der

---

1) De Bary, Conjugaten S. 9 f.

2) Smith, Synopsis II. S. 29. Taf. XXXVIII. 302.

3) Vgl. Meneghini a. a. O. S. 369.

4) Thwaites, further observations etc. S. 168. Taf. XII. Fig. E. Smith, Synopsis II. S. 60. Taf. LII. 335.

Zelle gestellten Riefen bedeckt sind, zeigen die inneren viel gröbere radiirende Streifen und ausserdem von der Mittellinie zum Rande laufende starke Rippen, welche in der Gürtelbandansicht als Hervorragungen auf der Aussenfläche der Schale erscheinen. Die Rippen haben viel Aehnlichkeit mit denjenigen, welche etwa bei *Suriraya Gemma* Ehrbg. vorhanden sind, und so ist es erklärlich, dass Ehrenberg[1]) die in Rede stehende Entwicklungsform von *Navicula* als *Suriraya Craticula* beschrieb. Auch Smith[2]) und Pritchard[3]) haben dieselbe unter diesem Namen abgebildet, während Grunow[4]) sie als *Craticula Ehrenbergii* zum Rang einer Gattung erhob, obwohl er die auch aus Ehrenberg's Abbildungen ersichtliche Doppelzahl der Schalen wohl erkannte und desshalb schon Bedenken gegen die Aufstellung der Gattung äusserte. Ich habe diesen „Craticular-Zustand" reichlich in Gemeinschaft mit normalen Zellen von *Navicula cuspidata β ambigua* gefunden und auch beobachtet, dass in Gefässen, welche anfangs nur die letztere Form enthielten, später die erstere auftrat. Da die Zellen, welche innere gerippte Schalen entwickelt haben, dadurch die Fähigkeit, bei der Theilung wieder normale Schalen zu erzeugen, nicht verlieren, so kann wohl kaum zweifelhaft bleiben, dass wir hier ein Analogon zu den doppelschaligen *Himantidien* u. s. w. vor uns haben.

Eine Beziehung des Craticular-Zustandes zur Sporenbildung, wie sie nach Grunow[5]) von Eulenstein angenommen wurde, ist dagegen keinenfalls vorauszusetzen, da, wie wir gesehen haben, die wahren Auxosporen von *Navicula* ein ganz anderes Verhalten zeigen.

Die von Schumann[6]) erwähnten Exemplare von *N. ambigua* mit geneigten groben Riefen waren aller Wahrscheinlichkeit nach auch Craticular-Zustände, bei welchen die, stets nach der Streifung auftretenden Rippen noch nicht entwickelt waren.

---

1) Ehrenberg, Verbreitung und Einfluss des mikroskopischen Lebens in Süd- und Nord-Amerika. Abhandl. d. Berliner Academie 1843. Taf. I. II. 18. II. V. 5.

2) Smith, Synopsis I. Taf. IX. Fig. 67.

3) a. a. O. Taf. XII. Fig. 19. 20.

4) Grunow, Algen d. Novara-Reise S. 20.

5) ebenda.

6) Schumann, Beiträge u. s. w. S. 715.

XII. Synedreae.

Die *Synedreen* unterscheiden sich von den *Eunotieen* durch die meist geraden, nicht ununterbrochen gestreiften, sondern von einer glatten Mittellinie durchzogenen Schalen. Der Innenbau und die Theilungsweise der Endochromplatten ist genau wie bei der vorigen Gruppe, nur haben die *Synedreen* fast durchweg äusserst schmale Gürtelbänder, und es liegen demgemäss die Endochromplatten zum grössten Theil auf den Schalen und greifen nur nach beiden Seiten nach den Gürtelbändern hinüber.

1. Synedra Ehrbg.

(Taf. 6, Fig. 16, 17.)

Der oben gegebenen Entwicklungsregel entsprechen vollkommen nur die untersuchten Formen des Süsswassers und einige kleinere marine Arten, nämlich *S. lunaris* Ehrbg., *S. Ulna* (Nitzsch) Ehrbg., *S. capitata* Ehrbg., *S. pulchella* (Ralfs) Kütz., *S. fasciculata* Kütz. Bei den grösseren und auch manchen kleineren marinen Arten, wie *S. Gaillonii* Ehrbg., *S. gracilis* Kütz., finden wir dagegen, analog wie bei *Achnanthes longipes, Ceratoneis longissima*, die Platten vielfach zerschnitten und selbst in ganz gesonderte, zahlreiche kleine Platten zerfallen, welche jedoch in ihrer Stellung immer noch gewissermassen eine einheitliche Platte nachahmen. Es scheint dabei eine wesentliche Verschiedenheit im Bau der Schalen derjenigen der primordialen Zelle nicht parallel zu gehen, so dass eine generische Trennung kaum durchführbar sein möchte.

Anders verhält es sich mit der Gattung *Fragilaria* Lyngb., deren Formen wir etwa als zu Fäden vereinigte *Synedren* definiren könnten. Hier hat schon Grunow [1]) zwei Subgenera

2. Staurosira Ehrbg.

und *Fragilaria* s. str. unterschieden, von denen nur das erstere eine Mittellinie deutlich zeigt. Diese Gruppe, in welcher nach Grunow

1) Grunow, d. österreich. Diatomaceen I. S. 366.

„von den breiten, stark gestreiften Formen der *Staurosira pinnata* Ehrbg. bis zu der schmalen, höchst zart gestreiften *Fragilaria capucina* Desm. sich ein fast ununterbrochener Uebergang nachweisen lässt", stimmt nun, soweit sie untersucht wurde (*St. capucina* (Desm.), *St. mutabilis* (W. Sm.), *St. construens* Ehrbg.) mit den normalen *Synedren* überein. Dagegen besitzt die *Fr. virescens* Ralfs, welche nach Grunow „durch ihre sehr zarte Mittellinie und die längsstreifigen Verbindungsmembranen bedeutend von den übrigen Arten abweicht und vielleicht zu einer eigenen Gattung erhoben zu werden verdient" zahlreiche kleine gelbgrüne Endochromkörner, deren jedes sich durch Theilung verdoppeln kann, und welche ohne plattenähnliche Anordnung der Zellwand anliegen. Ich glaube danach Ehrenberg's Gattung *Staurosira* wieder herstellen zu müssen, und zwar scheint es zweckmässig, die Trennung im Sinne der Grunow'schen Abtheilungen durchzuführen, obgleich dabei die grössere Menge von Arten, sowie die zuerst beschriebene Form zu *Staurosira* kommt. Im Gegenfall müsste man wieder einen neuen Gattungsnamen geben, was doch möglichst zu vermeiden ist.

Die *Fragilaria virescens* Ralfs wäre hiernach von den *Synedreen* zu entfernen und mit einigen anderen sehr nahe verwandten Gattungen in der schon von Kützing aufgestellten Gruppe der *Fragilarieen* zu belassen.

Die Auxosporen-Bildung der *Synedreen* ist noch unbekannt.

XIII. Surirayeae Kütz.

Die *Surirayeen* bilden gewissermassen den anderen Endpunkt der mit den *Naviculeen* beginnenden Reihe von Bacillariaceen, welche grosse Endochromplatten in beschränkter Zahl besitzen. Die letzteren liegen hier, wie bei den *Synedreen*, den Schalen an und somit gerade rechtwinkelig zu den Platten der *Naviculeen*.

1. Suriraya Turp.[1]

(Taf. 1, Fig. 8—10, Taf. 5, Fig. 1—8.)

Der verwickelte Bau der Zellhaut dieser Formen, auf welchen wir hier zur leichteren Darstellung der Structur der primordialen Zelle

1) Mit Unrecht schreibt man den Namen dieser Gattung überall *Surirella*.

näher eingehen müssen, ist erst sehr spät richtig aufgefasst worden, indem die älteren Forscher die Flügel übersahen. Smith[1]) gebührt das Verdienst, dieselben entdeckt zu haben, wenn auch der schematische Querschnitt, welchen er giebt, noch nicht fehlerfrei ist. Focke[2]) lieferte dann eine vorzügliche Darstellung vom Bau der *Surirayen*, auf welche wir vielfach zurückkommen werden. Schumann's[3]) schematische Zeichnung des Querschnittes ist weit weniger zutreffend.

Wir werden uns am schnellsten ein richtiges Bild einer *Suriraya* machen, wenn wir die Schalenansicht Taf. 5 Fig. 2 mit der Gürtelbandansicht Taf. 5 Fig. 1, dem optischen Längsschnitt Taf. 5 Fig. 4 und dem optischen Querschnitt Taf. 1 Fig. 8 vergleichen, welche zwar nach zwei verschiedenen Species gezeichnet sind, aber doch in allen wesentlichen Punkten übereinstimmen.

Die Schalen haben einen eiförmigen Umriss, und sind, wie Taf. 1 Fig. 8 zeigt, stark gewölbt, oder richtiger dreimal stumpfwinkelig geknickt. Dadurch entsteht ein mittlerer Grat, der erhaben über die ganze Länge der Schale läuft und bei *S. calcarata* m.[4]) am breiteren Ende in einen förmlichen Sporn ausgeht (5, 4). Die beiden seitlichen Grate sind in dünne Fortsätze, die Flügel, ausgezogen. Dieselben bilden, mag man von der Schale aus, oder vom Gürtelband her die *Suriraya* betrachten, den äusseren Umriss des Bildes und haben bei *S. calcarata* U-förmige, bei der anderen dargestellten Form, der *S. dentata* Schum. eigenthümliche schmal kegelförmige Zeichnungen. In der Schalenansicht erscheint der Raum zwischen dem mittleren Grat und den Flügeln von weit von einander abstehenden dunkleren Binden quer durchzogen. Dieselben werden dadurch verursacht, dass die Schale hier wellig gebogen ist, in der Weise, dass ein senkrecht auf die-

---

Der Entdecker Turpin (a. a. O. S. 362) benannte sie nach einem Arzte Suriray in Hâvre, und wir müssen daher, wie von Bray *Braya*, von Berkeley *Berkeleya*, so auch hier von Suriray *Suriraya* ableiten.

1) Smith, Notes on the Diatomaceae S. 1. Taf. I.

2) a. a. O. S. 29 f. Taf. V.

3) Schumann, preussische Diatomaceen I. Taf. IX. Fig. 17.

4) Diese Art ist vielleicht identisch mit *S. Capronii* Kitton: da aber von dieser nur angegeben wird, dass sie gespornt sei, eine nähere Beschreibung mir aber nicht zugänglich war, so konnte die dargestellte Form nicht ohne Weiteres dahin gerechnet werden.

selbe geführter Längsschnitt eine Wellenlinie zeigen würde. Der mittlere Grat ist eben, so dass nach ihm hin die Wellenthäler, so zu sagen, immer flacher werden. In der Abbildung Tafel 1 Fig. 8 ist links der Schnitt durch einen Wellenberg, rechts durch ein Wellenthal gegangen: die Tiefe des letzteren ist durch die punktirte Linie rechts angedeutet. Es kann diese Darstellung auch bei einem genau senkrecht zur Längsaxe geführt gedachten Schnitt genau sein, da die Erhöhungen und Vertiefungen auf beiden Schalen einander nicht genau opponirt zu sein pflegen, während sie auf den beiden, durch den Grat getrennten Seiten einer und derselben Schale einander entsprechen. Die Flügel selbst sind an verschiedenen Stellen verschieden beschaffen. Die in sich geschlossenen U- oder kegelförmigen Zeichnungen sind sehr dünne Stellen und schliessen sich an die Einsenkungen der Schale an, während die dazwischen liegenden Flügeltheile beiderseits convex und hohl sind und jedesmal einer Erhöhung der Schalenfläche entsprechen. In dem Querschnitt Fig. 8 sind die Flügel links in ihrem weiteren Theile (c), rechts in ihrem engeren durchschnitten (u). Blickt man von der Gürtelbandseite her auf die *Suriraya*, so sieht man ausser den den äusseren Umriss bildenden Flügeln noch den mittleren Grat der Schale, welcher bei *S. calcarata* ziemlich geradlinig und plötzlich spitzwinkelig eingebogen, bei *S. dentata* (5, 1) sanft gewölbt und an den Enden concav geschwungen erscheint.

Wenn man einige Zeit daran wendet, so gelingt es namentlich bei der relativ kurzen und breiten erstgenannten Art, sich das Taf. 1 Fig. 8 gezeichnete Bild unmittelbar zu verschaffen, indem man die Zelle durch Rücken am Deckglase, so zu sagen, auf den Kopf stellt. Doch kann man dabei, weil das Mikroskop immer eine erhebliche Dicke gewissermassen durchdringen muss, wohl den Umriss der Schale und die Vertheilung des Zellinhalts, nicht aber den feineren Bau, namentlich der Flügel, wahrnehmen, welcher erst durch Verfolgung der Entwicklungsgeschichte ganz verständlich wird.

Dass die letzteren zum Theil hohl seien, ist, wie schon Focke[1]) fand, leicht daran zu erkennen, dass das Endochrom sich stellenweise in sie hinein erstreckt (5, 1, 4). Kehrt eine *Suriraya* zufällig gerade einen Flügel dem Beobachter zu, während sie den gegenüber liegenden senkrecht nach

1) a. a. O. S. 31.

unten wendet, so erhält man vom Flügelrand bei *S. calcarata* ein Bild, wie Fig. 7, bei *S. dentata* wie Fig. 8 auf Taf. 5. Die schmalen Stellen entsprechen den U- oder kegelförmigen Zeichnungen (u), die elliptischen den dazwischen liegenden, mit Plasma gefüllten Röhren (c). Focke[1]) glaubte zu sehen, dass dieselben am Flügelrand mit deutlichen, eigenthümlich begrenzten Löchern geöffnet seien. Ich kann dem nicht beistimmen, sondern glaube vielmehr eine feine Spalte oder eine grosse Menge unmessbar feiner, in eine Linie gestellter Oeffnungen längs des ganzen Flügelrandes annehmen zu müssen. Sicher ist zunächst, dass der schmale Raum (**1**, 91) zwischen diesem Rande und dem äusseren geraden Umriss der U-förmigen Zeichnungen der Länge nach hohl ist, also eine enge Röhre darstellt, welche mit den dazu rechtwinkelig stehenden kurzen weiten Röhren (c) in Verbindung ist. Man kann sich leicht davon überzeugen, wenn man *Surirayen* in Canadabalsam einschliesst; die Luftblasen, welche dabei in den Höhlungen zurückbleiben (**1**, 9), beweisen dann deren Existenz mit voller Gewissheit. Wie hier gleich vorgreifend bemerkt werden mag, entstehen die Flügel als Falten, die sich von der Oberfläche der jungen Schalen erheben. Die beiden Wände dieser Falten legen sich nun an den Stellen, wo wir später die U- oder kegelförmigen Zeichnungen finden, vollständig auf einander: an allen anderen Punkten bleiben sie mehr oder weniger von einander entfernt und bilden so Hohlräume. Bei *S. dentata* sind dieselben relativ breit, bei *S. calcarata* schmal. Wegen der Verwachsung der beiden Membranen an den U-förmigen Stellen würden die Flügel auch nicht zerfallen, wenn sie, wie wir annehmen, am Rande eine Spalte besitzen. Letzteres kann man daraus folgern, dass fremde Körper hier, wie auf der Längsspalte der *Naviculeen* hin und her geschoben werden, worauf wir bei Besprechung der Bewegungserscheinungen der Bacillariaceen noch zurückkommen werden.

Die wellige Linie, welche in Taf. **5**, Fig. 1 (die der Einstellung des Mikroskops auf die Gürtelbandfläche entspricht und gewissermassen eine Ansicht der Aussenfläche von *S. dentata* giebt) innerhalb des als sehr zarte Linie gezeichneten mittleren Grates sichtbar ist, und auch in Figur 2 erscheint, ist die Ansatzlinie des Flügels an die Schale, (Vgl. den Querschnitt Taf. **1** Fig. 8). Die von da nach innen verlaufen-

---

1) a. a. O. S. 30.

den schmalen Linien sind die Enden der wellenförmigen Einsenkungen desjenigen Theils der Schale, welcher zwischen der Ansatzstelle des Gürtelbandes (q in Fig. 8) und derjenigen des Flügels liegt. Die Wellenthäler sind ja, entsprechend dem Bau des Flügel, hier erheblich schmäler als die Wellenberge, welche wie eine Reihe convexer Bogen an einander stossen.

Erst nach dieser ausführlichen Schilderung des allgemeinen Baus der Zellhaut der *Surirayen* ist es möglich, die Vertheilung der verschiedenen plasmatischen Gebilde, von welcher noch Meneghini[1]) sagt, sie sei von einer „indescribable complication", näher ins Auge zu fassen. Die ganze Innenfläche der Zelle ist von einem Plasmaschlauch ausgekleidet, und von demselben farblosen Plasma sind auch die Hohlräume der Flügel erfüllt. Ausserdem bildet dasselbe noch eine grössere Anhäufung, welche aber nicht, wie bei den *Naviculeen* den ganzen mittleren Zellraum ausfüllt, sondern vielmehr als ein seitlich freier Strang von meist elliptischem Querschnitt vom Mittelpunkt einer Schale zu dem der anderen verläuft. Derselbe Plasmastrang erscheint in der Schalenansicht als eine mehr oder weniger scharf begrenzte längliche, dunkle Stelle; in der Gürtelbandansicht sieht man, bei Einstellung auf die Zellmitte (5, 4), dass er, sich an den Schalen ausbreitend, weit geschweift in das die Endochromplatten einschliessende Plasma verläuft. Nur bei den kleineren Formen erstreckt er sich übrigens wirklich durch die ganze Mitte der Zelle. Bei den grossen Arten ist die Sachlage verwickelter und die Erkenntniss derselben eine ziemlich schwierige Aufgabe. Der Plasmastrang breitet sich nämlich, wie namentlich der Querschnitt Taf. 1 Fig. 8 verdeutlichen wird, gewissermassen kuppel- oder zeltförmig über die Schale aus, so dass er dieselbe in einem schmalen Streifen berührt, welcher etwa die Form einer Ellipsen-Peripherie hat. Zwischen dieser flachen Ausbreitung des Stranges und der Schale bleibt somit ein Zwischenraum von der Gestalt eines stumpfen Kegels mit elliptischer Grundfläche, dessen Mantel eben jene Ausbreitung bildet. Noch weiter complicirt wird dann dieses Verhältniss dadurch, dass die letztere nicht immer continuirlich erscheint, sondern sich in eine Menge gesonderter Plasmabänder von verschiedener Breite auflöst, welche alle auf dem Umfang jenes Kegelmantels liegen.

---

1) a. a. O. S. 398.

Plasmastränge geringeren Durchmessers kommen übrigens auch sonst bei den *Surirayen* vor als Verbindungen des mittleren Stranges mit einer beliebigen Stelle der die Wand bedeckenden dünnen Plasmaschicht. In den Abbildungen Taf. 1 Fig. 8 und Taf. 5 Fig. 4 sind derartige zarte Fäden, wie sie in anderen Pflanzenzellen ja häufig gefunden werden, dargestellt.

Eine eigentliche Strömung ist in ihnen, wie in dem mittleren grossen Strang, nicht wahrnehmbar, da das Plasma ungemein feinkörnig ist. Doch findet sie dennoch ohne Zweifel statt, da man mit Leichtigkeit beobachten kann, wie Oeltropfen an der Innenfläche des Plasmas und namentlich an diesen zarten Fäden hin und her geschoben werden. Die Bewegung ist eine ziemlich rasche. Bei einer Temperatur von 19° Cels. durchlief ein Tropfen durchschnittlich in 1 Secunde $^{1}/_{600}{}^{mm}$, so dass die Geschwindigkeit etwa zwischen derjenigen bei *Vallisneria spiralis* und der in den Staubfadenhaaren der *Tradescantia virginica* vorkommenden [1]) die Mitte hält.

In dem Haupt-Plasmastrang ist ein grosser Zellkern bisweilen recht deutlich erkennbar, bisweilen nicht zu finden, so dass hier dieselben Schwierigkeiten bestehen, wie bei den *Pinnularien.*

Die Endochromplatten bedecken, wie schon Ehrenberg [2]) fand, die Schalen, schlagen sich nach den Gürtelbändern hin um und sind meist durch einen mittleren dünnen Strang (5, 4), welcher dem Plasma anliegend quer durch den Zellraum läuft, verbunden, wie Focke [3]) schon richtig erkannte. Bei kleinen Formen wie *S. linearis* W. Sm., *S. minuta* Bréb., *S. ovalis* Bréb., sind die Endochromplatten am Rande nur mässig gelappt und liegen der Zellwand dicht an: bei den grossen Arten (*S. calcarata, S. dentata, S. biseriata* Bréb., *S. splendida* Kütz., *S. striatula* Turp.) sind sie, wie dies gleichfalls bereits von Ehrenberg [4]) beobachtet wurde, sehr vielfach zerschnitten (5, 1, 2), so dass oft nur ein schmaler Mittelstreifen die vielen unregelmässigen Theile zusammenhält. Die letzteren bedecken bisweilen auch die Gürtelbandfläche nahezu vollständig, so dass nur schmale gewundene farblose

---

1) Hofmeister, Pflanzenzelle S. 48.

2) Ehrenberg, Infusionsthiere S. 186. Taf. XIV.

3) a. a. O. S. 30.

4) Ehrenberg, Infusionsthiere S. 175.

Zwischenräume übrig bleiben (5, 1). Ausserdem senden die Endochromplatten mehrere Fortsätze aus. Erstens nämlich, wie schon bemerkt, je zwei Reihen schmaler Zipfel, die in die Flügel eintreten. Ausserdem aber pflegen bei den grossen Arten die Endochromplatten in ihrer Haupterstreckung an der Schalenmitte nicht dem Wandplasma, sondern der concav gewölbten Fläche des sich ausbreitenden Plasmastranges anzuliegen (1, 8), indem sie sich gleichfalls stark nach innen wölben. Die Schale bleibt dann aber darum doch nicht unbedeckt, sondern an der natürlich gleichfalls der Peripherie einer Ellipse entsprechenden Linie, in der die Endochromplatte sich von der Schale entfernt, sendet die erstere eine Anzahl concentrisch einander entgegen wachsender Läppchen aus, welche die elliptische Fläche wieder nahezu vollständig bedecken. Betrachtet man eine derartig gebaute *Suriraya* von der Schale her, so erscheint sie gleichmässig braun, mit Ausnahme dieser mittleren Ellipse (5, 2), wo die einzelnen Lappen sich auf die zurückgetretene Endochromplatte projiciren und dunkler erscheinen. Stellt man das Mikroskop auf die Medianebene der auf der Gürtelbandfläche liegenden Zelle ein, so sieht man die unter dieser Ebene liegende Hälfte der Zelle mit, und das erhaltene Bild gleicht unserer Fig. 4 auf Taf. 5. Statt des hellen Zwischenraums zwischen der Platten- und Schalenmitte sieht man eine braune Fläche, entsprechend dem nach innen gehenden Theil der Endochromplatte, und am Innenrande des Grats verläuft eine ununterbrochene dunkelbraune Binde, indem in der Mitte die einzelnen der Schale anliegenden Lappen sich zusammen projiciren. Die auf der Gürtelbandfläche liegenden Lappen der Endochromplatten sind fortgelassen, um die Zeichnung nicht unklar zu machen.

Bei einem Organismus von so verwickeltem Bau, wie *Suriraya*, ist von vorn herein zu erwarten, dass auch die Beobachtung des Theilungsvorganges grosse Schwierigkeiten darbieten wird, und es ist in der That die Deutung der mikroskopischen Bilder in diesem Falle keine leichte Aufgabe.

Die erste Andeutung, dass eine Zelltheilung vorbereitet werde, zeigt sich darin, dass bei einer bestimmten Entfernung der Schalen die Endochromplatten, welche bis dahin mit zahlreichen, unregelmässigen Lappen die Gürtelbänder bedeckten, und nur schmale weisse Streifen frei liessen, anfangen, ihre scharfeckigen Umrisse zu verlieren, sich abzurunden und sich mehr und mehr nach den Seiten zurückzuziehen.

So entsteht in der Gürtelbandansicht eine breite farblose Längszone, welche die Veränderungen im ungefärbten Protoplasma gut zu beobachten gestattet. Gleichzeitig mit den die Gürtelbänder bedeckenden Lappen werden auch diejenigen eingezogen, welche den Schalen unmittelbar anliegen und in die Flügel gehen, und die ganzen Endochromplatten entfernen sich ein wenig von den Schalen, indem sie sich nach den letzteren hin concav wölben; nur ihre äussersten Lappen liegen noch der Zellhaut, und zwar dem Rande der Schalen an, wie Taf. 5 Fig. 5 dies in einem weiter entwickelten Zustand perspectivisch darstellt. Der mittlere Verbindungsstreifen bleibt vorläufig ungeändert. Nun wandert die grosse Masse farblosen Plasmas, welche bis dahin mitten in der Zelle angehäuft war, längs der Endochromplatten nach den Enden der Zelle. Nur ein kleiner Theil dient zur Verstärkung des primordialen Schlauchs im schmalen Zellende; bei weitem die Hauptmasse rückt nach dem breiten Ende hin und lagert sich hier als etwa halbellipsoidische Masse ab, so dass bei Einstellung des optischen Längsschnitts der Zelle an der oberen Gürtelbandlinie ein mit Plasma erfüllter Halbkreis erscheint. Die Theilung beginnt nun am schmalen Ende der Zelle, indem eine Ringfalte ringsum nach dem breiten Ende vorrückend eindringt. Dieselbe erscheint zuerst als einfacher, schwarzer Strich. Die neugebildeten Zellen lassen anfangs keinen Zwischenzellraum zwischen sich. Diese Ringfalte hat den unteren spitzen Theil der Zelle schon ganz durchschnitten, ehe im obersten, breitesten Ende die Plasmamasse auch nur eingeschnürt wird. Der anfangs geradlinig die Zelle durchsetzende Verbindungsstrang der Endochromplatten wird dann von der fortschreitenden Ringfalte in spitzem Winkel mehr und mehr nach oben gezogen (5, 5), wodurch, obwohl der Strang sich verlängert, doch die ganzen Endochromplatten noch mehr von der Wand entfernt werden. Nach Zerreissen des Stranges nehmen sie ihre alte Wölbung ziemlich wieder an. Vor der Trennung des ersteren ist stets von ihm bis zum spitzen Zellende die schwarze Trennungslinie deutlich erkennbar, während die Plasmamasse am breiten Ende meist eine grosse klare, centrale Vacuole einschliesst und durch eine grosse Flüssigkeitsmasse von dem Strang getrennt ist. Dann treten plötzlich statt der einen Vacuole, wenn eine solche vorhanden ist, im Innern des Plasmas an derselben Stelle zwei neben einander liegende auf, und unmittelbar darauf zeigt sich, rechtwinkelig einschneidend, die Ringfalte am Rande der grossen Plasmamasse. Diese wird dann sehr schnell durchsetzt und in wenigen Minuten die Theilung vollendet. Der Verbindungsstrang der Endochromplatten, welcher zuerst fein ausgezogen, dann zerrissen wird, liegt schliesslich mit zwei scharfen Spitzen der Trennungsfläche an. Unsere Figur Taf. 5 Fig. 5 zeigt die in Rede stehende Zelle kurz vor der Zerreissung. Einige Minuten später werden kleine Zwischenzellräume zwischen den ursprünglich mit ebenen Flächen einander glatt anliegenden Tochterzellen gebildet. Die Zeichnung ist in der Weise entworfen, dass man den optischen Längsschnitt und die darüber liegende Hälfte der Zellen sieht. In jenem liegt Alles, was von farblosem Plasma dargestellt ist, und von den Endochromplatten der gebogene innere Umriss, welcher die durch Wölbung verursachte Abhebung der Platten von den Schalen zeigt. Im optischen Längsschnitt liegt ferner der im Zerreissen begriffene Verbindungsstrang. In der Ebene der oberen Gürtelbandfläche, oder noch genauer an den zum Gürtelband hin sich umbiegenden Schalentheilen (q im Querschnitt Taf. 1 Fig. 8) liegen die kurzen Lappen der Platte. Zwischen ihrem Aussenrande und dem gebogenen optischen Durchschnitt der Platte ist dann der übrige grösste Theil derselben in Form eines Ellipsoid-Quadranten ausgespannt. Er wird zum Theil von den umgeschlagenen Lappen bedeckt. Eine Vergleichung der die Hälfte des Querschnitts von Fig. 5 darstellenden Fig. 6 auf derselben Tafel wird diese Verhältnisse noch anschaulicher machen. Der Pfeil deutet die Richtung an, in welcher gesehen die Zellen wie in Fig. 5 erscheinen würden.

Der gezeichnete Entwicklungszustand wurde in einem Fall um 11^h 53^m Vormittags beobachtet. Um 12^h 45^m hatte der Zwischenzellraum schon etwa die Grösse erreicht, welche er in Fig. 3 bei *S. dentata* hat, und eine inzwischen ausgeschiedene noch glatte Zellhaut war deutlich erkennbar. Um 3^h 15^m hatten die beiden Tochterzellen sich schon soweit abgerundet, dass sie einander nirgends mehr berührten, und es waren die ersten Anlagen der Flügel als zarte, noch glatte Hautfalten gebildet worden. Die grosse Plasmamasse hatte nun auch bereits den Rückweg angetreten, erreichte aber erst um 5^h 30^m die Mitte der Zelle. Die Lappen der Endochromplatten waren zu dieser letzteren Zeit wieder deutlich scharfeckig begrenzt und bedeckten die junge Zellwand schon zum Theil, der Verbindungsstrang schien eingezogen.

In einem anderen Fall, gleichfalls bei einer *Suriraya calcarata* wurde beobachtet, dass die grosse Plasmamasse etwa $1^1/_2$ Stunde brauchte, um nach dem breiten Zellende zu wandern. Die Theilung trat um 10^h 15^m ein: um 11^h waren die beiden Tochterzellen nicht mehr in Berührung mit einander, um 11^h 10^m hatte das Plasma wieder die Zellmitte erreicht. Um 11^h 20^m waren bereits die Flügel erkennbar; sie bildeten jedoch zuerst einfache Hautfalten ohne Zeichnung: um 11^h 40^m war die letztere vollkommen deutlich und das Plasma in die Röhren der Flügel eingetreten.

Die Rückkehr zum Anfangszustand erfolgt dann ziemlich langsam in der Weise, dass die einzige Endochromplatte, welche nun in jeder Tochterzelle vorhanden ist, sich parallel ihrer Fläche theilt. Wenn die neuen Schalen schon vollkommen fertig entwickelt sind, finden wir noch eine, mittelständige Platte, welche aber die Gürtelbandflächen bereits mit breiten Lappen überwachsen hat. Dann bemerkt man im optischen Längsschnitt der auf einer Gürtelbandfläche liegenden Zelle nicht mehr einen, sondern zwei braune Längsstreifen (5, 3), welche an der Zellmitte und den Enden einander noch enge anliegen, wenn sie dazwischen schon einen deutlichen Zwischenraum zeigen. Nach Betrachtung der Zelle von allen Seiten glaube ich dies in der angegebenen, auf dem schematischen Querschnitt Taf. 1 Fig. 10 dargestellten Weise deuten, also annehmen zu müssen, dass gewissermassen zwei Blätter der Platte sich von einander abheben. Die mittlere Plasmamasse liegt anfangs noch zwischen beiden Platten einerseits und den neugebildeten Schalen andererseits (5, 3): wenn dann jene sich mehr und mehr von einander entfernen, um ihre normale Stellung anzunehmen, dringt das Plasma zwischen den Einschnitten der inneren Platten hindurch, so dass es schliesslich wieder einen Strang zwischen den beiden Endochromplatten jeder Zelle bildet.

Zellen, welche sich erst kürzlich von einander getrennt haben, besitzen gewöhnlich schon zwei den Schalen anliegende Platten, welche am Rande einfach begrenzt und wenig zerschnitten sind, und welche die Gürtelbänder nur zum kleinen Theil bedecken. Das ältere Gürtelband ragt bei solchen eben frei gewordenen Tochterzellen noch deutlich über die neu entstandene Schale hinaus vor.

2. Cymatopleura W. Sm.

unterscheidet sich von *Suriraya* durch die sehr kurzen Flügel uud dadurch, dass die Schalen nach ihrem Längsdurchmesser wellig gebogen sind. Im Bau der primordialen Zelle verhalten sich *Cymatopleura Solea* (Kütz.) W. Sm. und *C. elliptica* (Bréb.) W. Sm. ganz wie *Suriraya.* Die Platten sind den Schalen angeschmiegt und somit auch wellig gebogen; sie bedecken die schmalen Gürtelbänder nur wenig. Bei der schmalen erstgenannten Art scheint die mittlere Plasmamasse den ganzen Mittelraum der Zelle zu erfüllen. Die Endochromplatten sind bei *C. Solea* gleichfalls sehr schmal, so dass sie oft die Gürtelbänder nicht erreichen: an den Seiten sind sie zierlich gezackt.

Die Membran der *Cymatopleura* scheint in ihrer äussersten Schicht schleimig aufgequollen zu sein: wenigstens sieht man diese Formen selten mit ganz reiner Aussenfläche: meist kleben ihnen zahlreiche kleine Schlammtheilchen fest an.

3. Campylodiscus Ehrbg.

Diese Gattung kann als eine *Suriraya* bezeichnet werden, deren Schalen sattelförmig verbogen sind. *C. spiralis* (Kütz.) W. Sm. und *C. parvulus* W. Sm., welche mir allein lebend zu Gebot standen, stimmen mit *Suriraya* auch im inneren Bau vollkommen überein.

Die Auxosporen von *Suriraya* sind bisher nur einmal, von Focke [1]) beobachtet worden. Sie entstehen durch eine wahre Copulation, was ich bei *S. calcarata* und *S. splendida* bestätigen kann.

Der Vorgang beginnt, indem sich zwei Zellen durch Gallertausscheidung mit den spitzen Enden verbinden, wie schon Focke beobachtete. Ihre Lage zu einander ist dabei verschieden; meist befinden sie sich jedoch in einer geraden Linie, während ihre Theilungsebenen beliebige Winkel bilden. Die beiden Zellen sind auch hier oft sehr deutlich ungleich gross. Sie treiben nun ihre Schalen auseinander, indem sie vermuthlich grosse Wassermengen aufnehmen; der Plasmaschlauch

---

1) a. a. O. S. 39 ff.

contrahirt sich gleichzeitig, die Fortsätze aus den Flügeln werden eingezogen, und nach etwa 6 Stunden liegt in jedem am spitzen Ende weit klaffenden Schalenpaar eine ellipsoidische primordiale Zelle. Die Endochromplatten verlieren dabei auch ihre scharfen Umrisse und ziehen sich zu gerundet begrenzten Platten zusammen. Oft eilt dabei eine Zelle der anderen sehr voraus. Bei der Zusammenziehung des Plasmaschlauches löst sich nicht selten ein Theil desselben nicht sogleich von der Zellwand ab, welcher er anlag; die primordiale Zelle erhält so anfangs bisweilen eine unregelmässige, namentlich oft herzförmige Gestalt: schliesslich werden dann aber doch die haftenden Stränge immer dünner und werden endlich in die Hauptmasse eingezogen.

Die beiden Mutterzellen vereinigen sich dann, nachdem ihre mittlere Plasmamasse nach der Peripherie zu gewissermassen abgeflossen ist, ziemlich schnell zu einer einzigen ellipsoidischen Auxospore. Die Endochromplatten sind dabei anfangs so unregelmässig gelagert, dass sie sich schwer entwirren lassen; später nehmen sie, nachdem die Auxospore stark in die Länge gewachsen ist und eine Membran gebildet hat, ihre gewöhnliche Stellung ein, so dass die Platten der Wand anliegen und die Querbänder den Zellraum durchsetzen. Die eine Platte liegt so im oberen, die andere im unteren Ende der Auxospore: später verschmelzen die einander zugewandten Ränder, ähnlich wie es nach de Bary [1]) bei *Spirogyra* der Fall ist.

Die junge Auxospore stellt bei ihrem Längenwachsthum ihre Längs-Axe fast immer derjenigen der Mutterzellen parallel, während die Theilungsebenen sich, wenn beide Mutterzellen parallel standen, kreuzen. Sie schiebt somit deren leere Zellhäute immer weiter von einander, indem sie von denselben an den Enden etwas umfasst wird. Nur zweimal unter vielen beobachteten Fällen war die Auxospore quer gestellt. Dieselbe wird allmählich keulenförmig: das Plasma ist dann namentlich in dem dickeren Ende angesammelt. Ihre Membran ist glatt, deutlich doppelt contourirt, anfangs biegsam, später spröde.

In derselben werden dann die beiden Schalen, wie sonst nach einander, entwickelt. Wenn die eine vollendet ist, ist die andere noch nicht angelegt, so dass auch hier die Schalen einander vom

1) De Bary, Conjugaten S. 3.

Augenblick ihrer Entstehung an umfassen. Jede Zellhauthälfte hat übrigens bei *Suriraya* schon innerhalb der Sporenhaut eine sehr erhebliche Tiefe.

Man bemerkt nicht selten, dass die Erstlingszelle in der Mitte eingeschnürte Schalen besitzt, während die der Mutterzellen einfach eiförmig waren. Es ist dies ein Beweis dafür, dass solche leichte Verengungen oder deren Fehlen nicht als specifische Merkmale benutzt werden dürfen.

Der Abstand der Flügelzeichnungen von einander oder, anders gesprochen, die Zahl der Flügelröhren, welche auf eine bestimmte Maasseinheit geht, bleibt bei der Auxosporen-Bildung sehr constant, so dass auch hier sich der Satz bewährt, dass die Structur beständiger ist als der Umriss.

Die Sporen-Bildung der *Cymatopleura Solea* weicht von derjenigen der *Surirayen* in keinem wesentlichen Punkte ab. Die Mutterzellen entsprachen der von Smith als *C. apiculata* bezeichneten Form, welche somit von der durch die Gestalt der Auxosporen repräsentirten typischen *C. Solea* nicht specifisch verschieden ist.

Mit der nun folgenden Familie beginnt eine zweite Hauptabtheilung der Bacillariaceen, welche sich dadurch auszeichnet, dass die dazu gehörigen, meist Fäden oder Zickzackketten bildenden Formen keine bestimmt geformten Endochromplatten in kleiner Zahl enthalten, sondern vielmehr eine sehr grosse Menge von der Zellwand anliegenden kleinen Endochromkörnern besitzen, welche eine halbkugelige bis verlängert ellipsoidische Gestalt haben und sämmtlich der Vermehrung durch Einschnürung und Theilung fähig sind. Freilich haben wir auch bei einzelnen Arten der im Allgemeinen eine bis zwei Endochromplatten zeigenden Familien eine Zerklüftung der Platten in viele kleinere Stücke gefunden (*Achnanthes longipes, Ceratoneis longissima, Synedra*-Arten). Diese Ausnahmen können uns aber eben so wenig verhindern, die Familien, welche normal und in allen ihren untersuchten Formen zahlreiche Endochromkörner zeigen, zu einer natürlichen Gruppe zusammen zu fassen, als die Eintheilung der Phanerogamen in Mono- und Dikotylen dadurch erschüttert wird, dass unter den letzteren manche nur ein Keimblatt entwickeln.

XIV. Fragilarieae Kütz.

1. Fragilaria Lyngb.

Nach den S. 107 gegebenen Ausführungen beschränken wir den Umfang dieser Gattung auf *Fragilaria virescens* Ralfs und die derselben sehr nahe stehenden *F. hyalina* (Kütz.) Grun. und *F. minima* (Ralfs) Grun.

Die *F. virescens* führt ihren Artennamen sehr mit Recht, da bei keiner anderen Bacillariacee, welche ich kenne, das Endochrom einen so deutlich grünlichen Ton hat.

Eine besondere Plasmaanhäufung ist bei ihr nicht deutlich, dagegen sehr leicht erkennbar ein wandständiger Zellkern, welcher in eben getheilten Zellen, wie bei *Himantidium*, halbkugelförmig den neu gebildeten Schalen anliegt. Die Endochromkörner liegen auf der Gürtelbandfläche in zwei bis drei unregelmässigen Längsreihen und finden sich auch an den Schalen.

2. Odontidium Kütz.

(Taf. 6, Fig. 20.)

Die Gattungen *Diatoma* DC. und *Odontidium* Kütz., welche sich beide von *Fragilaria* durch die quer über die Schalen laufenden nach innen vorspringenden Rippen unterscheiden, müssen wohl vereinigt werden, da sie nur dadurch von einander abweichen, dass die Zellen bei *Odontidium* geschlossene Fäden bilden, bei *Diatoma* dagegen nur an den Ecken durch kleine Schleimpolster verbunden bleiben (**6**, 20). Wir finden aber beide Verbindungsweisen bei ein und derselben Art, so bei *Fragilaria virescens*, nach Grunow[1]) bei *Odontidium hiemale* (Lyngb.) Kütz., wesshalb schon der letztgenannte Forscher die Trennung beider Gattungen „sehr prekär“ nannte. Da nach den S. 5 ff. gemachten Mittheilungen der Name *Diatoma* DC. nicht länger auf Bacillariaceen angewandt werden darf, so ist es wohl am zweckmässigsten,

1) Grunow, die österreichischen Diatomaceen I. S. 356.

wenn man in Zukunft die bisher dahin gerechneten Arten *Odontidium vulgare* (Bory) (6, 20) und *O. tenue* (Kütz.) nennt.

Bei beiden ist im Innern eine mittlere Plasmamasse mit Zellkern erkennbar: die zahlreichen länglichen, braungelben Endochromkörner sind wie bei *Fragilaria virescens* angeordnet.

Die Auxosporen-Bildung ist noch nicht beobachtet.

XV. Meridieae Kütz.

I. Meridion Ag.

Die Gattung *Meridion* verhält sich zu *Odontidium*, wie *Gomphonema* zu *Navicula*, d. h. sie unterscheidet sich davon durch die keilförmigen, nach der Querebene asymmetrischen Zellen.

Im Innenbau stimmen *Odontidium* und *Meridion* überein, und muss letztere Gattung desshalb, wie schon Meneghini[1]) wollte, hierher, nicht mit Rabenhorst[2]) in die Nähe der *Gomphonemeen* gestellt werden.

Bei *M. circulare* Ag. entwickeln nach Lüders[3]) zwei Mutterzellen in nicht näher bezeichneter Weise zwei Auxosporen.

XVI. Tabellarieae Kütz.

I. Tabellaria Ehrbg. 2. Grammatophora Ehrbg. 3. Rhabdonema Kütz.

Das charakteristische Merkmal dieser Familie ist, dass zwischen den eigentlichen Schalen noch ähnliche Bildungen entwickelt werden, welche einmal oder mehrfach durchlöchert sind und somit als unvollständige Scheidewände den Zellraum durchsetzen. Dieselben werden entweder in bestimmter Zahl gebildet (*Grammatophora* Ehrbg., *Diato-*

1) a. a. O. S. 384.

2) Rabenhorst, Flora europaea Algarum I. S. 23.

3) Lüders, Beobachtungen u. s. w. S. 57.

mella Grev.), oder es entstehen sehr viele nach einander in unbestimmter Menge (*Rhabdonema* Kütz., *Tabellaria* Ehrbg., *Tetracyclus* Ralfs), wonach sich zwei Hauptabtheilungen unterscheiden lassen. Im ersteren Fall entwickeln sie sich erst nach der Zelltheilung, indem sie vom Rande her in die Zelle vordringen; sie erreichen viel eher ihre normale Länge, als ihre normale Dicke, wie dies schon aus den Abbildungen bei Smith[1]) ersichtlich ist. Ob bei den Formen der anderen Gruppe, wo fortwährend neue „septa" erzeugt werden, diese blos Schalen sind, oder auch Gürtelbänder besitzen, habe ich bei den kleinen Süsswasserformen nicht unmittelbar wahrnehmen können. Doch kann man immerhin der Frage durch eine einfache Betrachtung näher kommen. Wenn nämlich eine jede Zelle von *Tabellaria* nur zwei in gewöhnlicher Weise gebaute Gürtelbänder hätte, so müsste man bei allen Zellen, welche halb so lang oder weniger als halb so lang sind, als die sich gerade zur Theilung anschickenden, ein Gürtelband über die neugebildete Schale vorragen sehen. Denn bei jenen gerade zur Theilung bereiten Zellen müssen wir annehmen, dass die Gürtelbänder einander noch mehr oder weniger umfassen; jedes einzelne muss demnach mindestens halb so lang sein, als die betreffende Zelle. Diese Voraussetzung finden wir nun nicht bestätigt. Auch bei ganz kurzen Zellen von *Tabellaria flocculosa* Ehrbg. ragt niemals ein Gürtelband vor, wenn die Theilung nicht gerade unmittelbar vorher stattgefunden hat. Es spricht dies sehr dafür, dass solche nur in Zweizahl vorhandene, lange Gürtelbänder der Endschalen überhaupt bei den *Tabellarieen* mit unbegrenzter Diaphragmen-Bildung nicht vorhanden sind, sondern dass vielmehr zu den Schalen sowohl, wie zu jedem Septum ein kurzes Gürtelband gehört, und dass nur dadurch die Entstehung sehr langer Zellen möglich wird, dass diese sämmtlichen kurzen Gürtelbänder sich wie die Auszüge eines Fernrohrs über einander schieben. Setzen wir dies voraus, so ist leicht zu erklären, dass auch bei ganz kurzen Zellen kein Gürtelbandrand jenseits der jüngeren Endschale erkennbar ist. Es stimmt mit dieser Auffassung überein das von Smith[2]) dargestellte, von Lüders[3]) bestätigte Zerfallen der Zellen

1) Smith, Synopsis II. Taf. XLII. Fig. 314. 315.
2) ebenda Taf. XXXVIII. Fig. 305.
3) Lüders, Beobachtungen u. s. w. S. 43. 65.

von *Rhabdonema* in einzelne Ringe, deren jeder einem Septum entspricht, und ebenso der Umstand, dass bei *Tabellaria flocculosa* der Gürtelring zwischen den beiden letztgebildeten Septis deutlich dünner ist, als diejenigen zwischen den übrigen Diaphragmen, wo nach unserer Auffassung sich mehrere Gürtelbänder über einander schieben, während sie zwischen den letzten Diaphragmen nur zu zweien vorhanden sind.

Mit der von Smith[1]) ausgesprochenen Ansicht, dass die neuen Diaphragmen zwischen je zwei beliebigen schon vorhandenen entstehen können, kann ich mich nicht einverstanden erklären. Mir scheinen vielmehr nur zwischen den beiden zuletzt entstandenen Septis neue gebildet zu werden. Die in der Zahl der der einen oder der anderen Endschale parallel gekrümmten Septa bestehende Ungleichheit, auf die Smith sich beruft, kann auch dadurch erklärt werden, dass die nur an einer Stelle sich entwickelnden neuen Diaphragmen nicht regelmässig nach rechts und links abwechseln, sondern dass eine grössere Zahl derselben nach einer Richtung successiv gebildet wird, wodurch gleichfalls die Theilungsstelle der Zelle aus der Mitte derselben heraus gerückt werden würde, wie das thatsächlich häufig der Fall ist. Man kann dabei bei *Tabellaria flocculosa* bisweilen die Stelle, wo die beiden Gürtelbänder einander decken, als etwas dunklere Linie erkennen: die Entfernungen dieses Punktes von beiden Schalen sind dann meist sehr ungleich, was uns zwingen würde, zwei verschieden lange Gürtelbänder anzunehmen, wenn wir nicht jedem Septum ein kurzes Stück derselben zuschreiben.

Ist diese letztere Auffassung, welche sich an den grössten *Rhabdonemen* des Meeres wohl auch durch directe Beobachtung prüfen lassen wird, richtig, so verfolgen allerdings die *Tabellarieen* mit unbegrenzter Scheidewandbildung einen von dem der übrigen Bacillariaceen ziemlich verschiedenen Entwicklungsgang, und man könnte sich versucht fühlen, diese nicht zwei-, sondern vielschaligen Formen als eine eigene Gruppe allen übrigen Familien gegenüber zu stellen. Mir scheint dies aber doch nicht geboten. Einmal sind die *Tabellarieen* mit nur zwei Septis, die Gattungen *Grammatophora* und *Diatomella* ein Bindeglied, und zweitens haben wir gesehen, dass auch bei *Schizonema, Orthosira* u. s. w. (S. 102 ff.) Fälle vorkommen, in welchen zahl-

1) Smith, Synopsis II. S. 33.

reiche Schalen nach einander entstehen. Freilich sind die letzteren bei diesen „Craticular-Zuständen“ nicht durchbohrt, und die lebende Zelle in Folge dessen stets nur mit zwei Schalen in Berührung; aber immerhin ist doch eine gewisse Analogie nicht zu verkennen. Wir finden ausserdem auch unter den *Naviculeen* und *Cocconeideen* ähnliche Formen (*Mastogloia, Orthoneis*), welche regelmässig in jeder Zelle zwei innere Schalen enthalten; unter den *Coscinodisceen* scheinen derartige Gattungen gleichfalls vorzukommen und auch *Rhizosolenia* Ehrbg. wäre wohl hierher zu rechnen. Man würde somit, wollte man alle Formen mit inneren Diaphragmen zusammenstellen, eine wenig homogene Gruppe erhalten; es ist daher wohl besser, deren einzelne Glieder bei den ihnen in der Gestalt der Schalen am nächsten stehenden Formen zu belassen.

Lebend habe ich nur *Tabellaria flocculosa* Ehrbg., *T. fenestrata* Kütz., *Grammatophora oceanica* Ehrbg. und *Rhabdonema minutum* Kütz. beobachten können. Alle zeigen zahlreiche Endochromkörner, welche häufig parallel den Septis stark gestreckt sind. Ein Zellkern ist deutlich. Nach den Abbildungen von Smith [1]) ist anzunehmen, dass auch *Grammatophora serpentina* Ehrbg. und *Striatella unipunctata* (Lyngb.) Ag. demselben Grundgesetz folgen. Bei *Rhabdonema arcuatum* (Lyngb.) Kütz. ist nach Lüders [2]) dasselbe der Fall. Der Zellkern ist hier an Plasmafäden in der Mitte der Zelle aufgehängt [3]); er theilt sich bisweilen ein- bis zweimal, ehe eine wirkliche Theilung der Zelle eintritt, so dass die letztere hier bis drei Kerne enthalten kann.

Nur aus Zellen von dieser letzteren Gestalt gehen nach Lüders die Auxosporen hervor. Der mittlere der drei Kerne theilt sich und mit ihm die ganze Zelle, so dass nun zwei Plasmaschläuche mit je zwei Kernen vorhanden sind. Die Zellhaut bricht in der Mitte auf; die beiden primordialen Zellen treten von Schleim umgeben heraus, in jeder vereinigen sich die beiden Zellkerne und aus jeder entsteht eine Auxospore, ohne dass eine Copulation stattfände, da nur die beiden schleimigen Hüllen der plasmatischen Zellen in einander fliessen. Eine Kieselscheide ist auch hier vorhanden.

---

1) Smith, Synopsis II. Frontispiece Fig. CCCVII. CCCXV.

2) Lüders, Beobachtungen u. s. w. S. 65 f. Taf. II. Fig. 11.

3) ebenda S. 41.

Dass bei *Rh. arcuatum* eine Mutterzelle zwei Auxosporen entwickle, hatte schon Smith[1]) angegeben. Weitere Beobachtungen über diesen Vorgang bei anderen *Tabellarieen* liegen zur Zeit nicht vor.

XVII. Licmophoreae Kütz.

I. Podosphenia Kütz.

Die *Licmophoreen* stimmen mit den eben besprochenen Formen überein in der Entwicklung innerer Diaphragmen, welche hier (*Podosphenia* Kütz., *Rhipidophora* Kütz., *Climacosphenia* Ehrbg., *Licmophora* Ag.) stets in bestimmter Zahl auftreten, haben aber die keilförmige Gestalt der Zellhaut, wie *Meridion*. Ich habe nur *Podosphenia ovata* W. Sm. lebend beobachtet; sie besitzt, wie schon Lüders[2]) von *Podosphenia* im Allgemeinen angiebt, zahlreiche Endochromkörner. Nach Kützing's[3]) Abbildungen dürfen wir dasselbe auch bei *Ripidophora* voraussetzen.

Die Auxosporen-Bildung ist unbekannt.

XVIII. Biddulphieae Kütz.

I. Biddulphia Gray.

Während bei den bisher besprochenen Bacillariaceen mit körnigem Endochrom die Schalen nach einer Richtung besonders stark verlängert waren, meist auch eine derselben parallele Mittellinie zeigten oder doch ihre Streifen nach einer solchen richteten, kommen wir nun zu Formenkreisen, bei welchen nicht der bilaterale, sondern der strahlig sich auf einen Mittelpunkt beziehende Bau herrscht. In der Familie der *Biddulphieen*, welche gewissermassen einen Uebergang vermittelt,

---

1) Smith, Synopsis II. S. 13. Taf. E. 305. I—III.

2) Lüders, Beobachtungen u. s. w. S. 42.

3) Kützing, Bacillarien Taf. 9—11.

ist der Umriss der Schale noch nach mindestens einer Mittellinie symmetrisch: die Zeichnung strahlt dagegen schon ganz deutlich von einem Mittelpunkte aus[1]), oder ist unregelmässig (*Isthmia*).

Nach den Abbildungen, die Schultze[2]) von *Biddulphia aurita* (Lyngb.) Bréb., Smith[3]) von derselben Form und *Isthmia nervosa* gegeben hat, kann es nicht zweifelhaft sein, dass auch das Endochrom der *Biddulphieen* zahlreiche Körner bildet. Ein Zellkern ist bei *Biddulphia* nach Schultze[4]) und Lüders[5]) gleichfalls vorhanden. *Chaetoceras* verhält sich nach Lüders[6]) ganz ähnlich.

Von der ganzen artenreichen Gruppe ist bisher nur *Biddulphia laevis* Ehrbg. bei der Bildung von Auxosporen betroffen worden. Sie verhält sich dabei nach Thwaites[7]) wie die weiter unten zu besprechende Gattung *Melosira*.

XIX. Anguliferae Kütz., XX. Eupodisceae Pritch.

Diese beiden Gruppen, welche, wie die vorige, ausschliesslich dem Meere angehören, und von welchen mir keine Art lebend vorgekommen ist, leiten von den wenigstens noch im Umriss symmetrischen *Biddulphieen* hinüber zu den rein radiaten Formen. Die *Anguliferen*, mit polygonalem Umriss der Schalen (*Triceratium* Ehrbg., *Amphitetras* Ehrbg.), und meist vom Mittelpunkt strahlig auslaufender Streifung, repräsentiren diesen Typus am besten. Die *Eupodisceen* haben schon kreisförmige Schalen, bei welchen aber durch das Auftreten einiger nach den Ecken eines Polygons gestellter Fortsätze noch eine Abweichung vom durchaus cyclischen Bau stattfindet. Der letztere tritt dann rein auf in den

---

1) Vgl. Smith, Synopsis II. Taf. XLIV f.
2) Schultze, innere Bewegungserscheinungen u. s. w. Taf. XIII. Fig. 11.
3) Smith, Synopsis II. Frontispecie CCCXIX, CCCXXIV.
4) Schultze, innere Bewegungserscheinungen u. s. w.
5) Lüders, Beobachtungen u. s. w. S. 41.
6) ebenda S. 42.
7) Thwaites, further observations etc. S. 166.

XXI. Coscinodisceae Kütz.

1. Coscinodiscus Ehrbg. 2. Cyclotella Kütz.

(Taf. 6. Fig. 7.)

deren kreisförmige, meist zierlich durch polygonale Vertiefungen gefelderte Schalen eine überraschende Mannichfaltigkeit der Formentwicklung zeigen. Die ziemlich zahlreichen von mir untersuchten Arten der Gattung *Coscinodiscus*, welche, wie fast die ganze Gruppe, nur im Meere vorkommt, zeigen einen sehr übereinstimmenden Bau. Bei allen findet sich ausser der der Zellwand überall anliegenden Plasmaschicht noch ein mittlerer, die Centra der beiden Schalen verbindender Plasmastrang, welcher seitlich frei, wie bei den *Surirayeen*, den Zellraum durchzieht und einen deutlichen Zellkern umschliesst. Das Endochrom bildet zahlreiche, der Zellwand ohne besondere Regel anliegende Körner. Schultze's [1]) Abbildung von *Coscinodiscus* zeigt diese Verhältnisse des Innenbaus mit Ausnahme des Plasmastrangs sehr gut.

Die kleine Gattung *Cyclotella* (6, 7) glaube ich, obwohl sie im Süsswasser lebt, doch an die *Coscinodisceen* anschliessen zu müssen, da sie im Bau der primordialen Zelle mit ihnen vollständig übereinstimmt, von der folgenden Familie, den *Melosireen*, dagegen abweicht. Ausserdem nähert sich *Cyclotella* auch dadurch den ersteren, dass sie nicht, wie die letzteren, Fäden bildet; ihre Zellen bleiben höchstens durch breite Gallertmassen noch kurze Zeit verbunden.

Die Auxosporen werden bei *Cyclotella Kützingiana* W. Sm. nach Thwaites [2]) und Smith [3]), bei *C. operculata* Kütz. nach Hofmeister [4]) in der Weise gebildet, dass eine einzige Mutterzelle ihren Inhalt austreten lässt, welcher sich dann zur Spore entwickelt. Die Theilungsebene der letzteren bleibt nach den vorliegenden Abbildungen derjenigen der Mutterzelle parallel.

---

1) Schultze, innere Bewegungserscheinungen u. s. w. Taf. XIII. Fig. 13.

2) Thwaites, further observations etc. S. 169. Taf. XI. Fig. D.

3) Smith, Synopsis II. Taf. B. Fig. 47.

4) Hofmeister, über die Fortpflanzung u. s. w. S. 25.

XXII. Melosireae Kütz.

I. Melosira Ag.

(Taf. 6, Fig. 5, 6.)

Die *Melosireen* sind eine höchst charakteristische Bacillariaceen-Gruppe, welche schon durch die langen cylindrischen Fäden sehr kenntlich ist. Dieselben bestehen aus Zellenpaaren, welche durch bald unmessbar dünne, bald als flache Polster deutlich sichtbare Gallertscheiben zusammengehalten werden. Jedes Paar bleibt lange Zeit in enger Verbindung, weil die den bei manchen Arten halbkugeligen, bei anderen mehr kurz-cylindrischen Schalen ansitzenden Gürtelbänder eine beträchtliche Länge haben. Bei der dargestellten *Melosira varians* Ag. sind sie etwa $1^1/_2$ mal so lang, als die Schalen, so dass die Ränder der letzteren sich um das Dreifache der Schalentiefe von einander entfernen können, ohne dass das äussere Wasser im Stande wäre, das Plasma unmittelbar zu erreichen. Die Dicke der Gürtelbänder ist dagegen so gering, dass ihr Uebereinandergreifen selbst bei grossen Exemplaren von *Melosira varians* kaum wahrzunehmen ist. Bei der marinen *M. Borreri*, welche dicke, deutlich zweischichtige Schalen hat, kann man sich dagegen leicht überzeugen, dass die Zellhaut im wesentlichen ebenso gebaut ist, wie bei anderen Bacillariaceen, und dass nur die grosse Länge der Gürtelbänder manche eigenthümliche Erscheinungen verursacht.

Dahin gehört namentlich die sehr späte Entwicklung der Gürtelbänder an den bei der Zelltheilung neu entstandenen Schalen. Zellenpaare, wie sie Taf. 6 Fig. 5. c. d. gezeichnet sind, haben zwar vier Schalen, aber nur zwei Gürtelbänder; die zu den inneren Schalen gehörigen entstehen erst, wenn die letzteren bei beginnender Theilung der beiden zu einem Paar verbundenen Zellen anfangen, aus dem sie umschliessenden alten Gürtelband heraus zu rücken (6, 5 a).

Der wandständige Plasmaschlauch ist bei den *Melosireen* an einer Stelle etwas verstärkt, und hier liegt der deutliche Zellkern ihm eingebettet. Ein mittlerer Plasmastrang, wie er bei den *Coscinodisceen* sich findet, fehlt. In Fäden, welche gerade nicht in Theilung begriffen sind, liegen die Kerne ganz regelmässig wie in Taf. 6 Fig. 5 d, d. h. also am Grunde der älteren Schale jeder Zelle. Wie am Rande des Fadens immer eine durch die über einander greifenden Gürtelbänder geschlossene Einkerbung mit einer offenen wechselt, so folgen in der Theilungsaxe desselben Doppelwände, welchen jederseits ein Zellkern anliegt, und solche, bei welchen dies nicht der Fall ist.

Das Endochrom bildet bei den *Melosireen* bald mehr kreisförmige, bald unregelmässig gelappte flache Körner oder Plättchen, welche ohne sichtliche Ordnung dem Wandplasma eingebettet sind.

Wenn eine Zelle von *Melosira varians* sich zur Theilung anschickt, so schieben sich zunächst die Gürtelbänder etwas von einander. Dann beginnt der Kern eine Wanderung. Langsam längs der Wand fortrückend geht er nach dem mittleren Theil der Zelle, berührt aber auch hier stets die Wand (6, 5 a). Die Mitte der Zelle erscheint farblos, indem die Endochromkörner in einer ringförmigen Zone fehlen: dieselbe ist aber bei *M. varians* nie, wie Dippel[1]) bei *M. nummuloides* (Dillw.) Ag. angiebt, mit farblosem Plasma erfüllt, noch befindet sich der Kern, wie derselbe Forscher annimmt, in der Mitte des Zellraumes. Auch darin weichen meine Beobachtungen bei *M. varians* von denen Dippel's bei *M. nummuloides* ab, dass bei der erstgenannten Art die Theilung des Kerns nicht gleichzeitig mit der der Zelle, sondern vielmehr schon vorher erfolgt. Während derselbe anfangs eine stark gewölbte Form hat, plattet er sich kurz vor der Theilung etwas ab. Das Kernkörperchen, welches unter dem Scheitel des Kerns liegt, verbreitert sich in Richtung der Zellaxe und schnürt sich dann unter den Augen des Beobachters ein, sich endlich in zwei nur noch durch einen dünnen Faden verbundene Theile trennend. Man kann diesen Vorgang am besten verfolgen, wenn der Faden so liegt, dass der Kern seine Grundfläche dem Beobachter zuwendet. Die Hälften des Kernkörpers rücken dann schnell aus einander uud nun fliesst auch die Masse des Kerns gewissermassen aus einander, so dass derselbe die Gestalt zweier durch ein Thal getrennter Hügel annimmt. Eine bis zwei Minuten später tritt dann in diesem Thal die Ringfalte auf, welche wenig später am ganzen Umfang der Zelle erkennbar ist (6, 5 b). Sie schreitet schnell nach innen vor, so dass in zwei bis vier Minuten die Scheidewand

1) a. a. O. S. 28. 29.

vollendet ist. Das runde Loch, von welchem sie vorher durchbrochen ist, liegt etwas excentrisch, indem die Falte an der Seite, wo der Kern liegt, schneller vorschreitet, als an der gegenüberliegenden. Die Wand ist von ihrer Entstehung an doppelt; sie setzt sich anfangs scharf rechtwinkelig an das Gürtelband an und zeigt erst später den dreieckigen Zwischenzellraum, worauf dann die Schalen ausgeschieden werden. Dieselben entwickeln sich sehr deutlich zuerst an ihrem Centrum und wachsen dann am Rande. Der Zellkern geht nach der Zelltheilung auf die neugebildeten Schalen hinüber (6, 5 c) und rückt dann langsam längs der Wand nach der älteren Schale hin, in deren Grunde er dann bis zur nächsten Zelltheilung bleibt. Der Kern macht somit in der Zeit zwischen seiner Entstehung und seiner Theilung einen vollständigen Umlauf in der Zelle, ganz ähnlich, wie dies bei Gewebezellen phanerogamer Pflanzen neuerdings von Hanstein[1]) nachgewiesen worden ist.

Die Auxosporen von *Melosira* sind die ersten, welche überhaupt bei den Bacillariaceen beobachtet worden sind. Schon 1833 stellte sie Kützing[2]) als einfache Auftreibungen der Fäden dar, in welcher ungenauen Form wir sie noch 1844 in den „kieselschaligen Bacillarien“[3]) und 1853 bei Rabenhorst[4]) gezeichnet finden. Ralfs[5]) erkannte dann zuerst, dass die Auxospore vielmehr als eine in sich geschlossene Kugel zu betrachten sei, nahm aber irrthümlich an, dieselbe entstehe durch Auftreibung eines Gliedes des Fadens. Aehnlich ist die Abbildung von Hassall[6]), der auch in der Deutung mit Ralfs übereinstimmt. Thwaites[7]) machte dann einen wesentlichen Fortschritt, indem er aussprach, die Spore stecke zwischen zwei leeren Zellhauthälften, und werde durch Wachsthum des plasmatischen Zellinhalts entwickelt. Da aber bei den sonst damals bekannten Auxosporen-Bil-

---

1) Sitzungsber. d. Niederrhein. Gesellsch. f. Natur- u. Heilkunde. 1870. 19. Dezember. Ebenda auch eine kurze Mittheilung des Verf. über die analogen Vorgänge bei *Melosira*.

2) Kützing, Synopsis Diatomearum Taf. V. Fig. 68.

3) Kützing, Bacillarien Taf. II. Fig. 10.

4) Rabenhorst, Süsswasser-Diatomaceen Taf. II. Fig. 4.

5) Ralfs, on the Diatomaceae S. 351. Taf. IX. Fig. 5.

6) Hassall, British Freshwater-Algae. 1845. Taf. XCIII. Fig. 4. S. 400.

7) Thwaites, further observations etc. S. 166 f. Taf. XI. A.

dungen stets zwei Zellen copulirten, so glaubte Thwaites auch hier bei *Melosira* einen analogen Vorgang voraussetzen zu müssen, obwohl die Beobachtung nichts davon zeigte. Indem er darauf aufmerksam machte, dass bei *Zygnema* bisweilen zwei neben einander liegende, aus einer Mutterzelle hervorgegangene Zellen ihre Plasmamassen zu einer Zygospore vereinigen, hielt er es für gestattet, anzunehmen, dass bei *Melosira* nur eben die Theilung der Mutterzelle unterbleibe, dass die physiologisch verschiedenen Plasmamassen sich an den Endpunkten einer Zelle befänden, in welcher sie sich differenzirten und dann wieder vereinigten. Er meinte in dieser Weise die Einheit des Entwicklungsgesetzes bei den Bacillariaceen wahren zu müssen. Thwaites erkannte auch, dass die Auxosporen von *Melosira* im Stande seien, sich durch Theilung zu Fäden zu entwickeln.

Seine Theorie wurde von Braun[1]), Smith[2]) und de Bary[3]) im Allgemeinen anerkannt, wenn auch mit dem Hinweis, dass die Bestätigung durch unmittelbare Beobachtung noch fehle.

Dieselbe hat dann Lüders[4]) später zu geben versucht. Nach dieser Darstellung entstehen die Auxosporen aus Zellen, an denen der Ring dieselbe Breite erreicht hat, wie an einer Zelle vor der Theilung, während die Kieselausscheidung an ihm zu unterbleiben scheint. Der „farbige Inhalt“ zieht sich in der völlig geschlossenen Zelle nach den beiden Endpunkten derselben aus einander, so dass oft der ganze Raum unter dem Ring frei wird. Nachdem der Inhalt einige Zeit, oft nur wenige Minuten in der getrennten Lage geruht hat, zieht er sich wieder gegen die Mitte der Zelle hin zusammen, und breitet sich von Neuem über dieselbe aus. Der bis dahin nur unbedeutend angeschwollene Ring bildet seine Form dann bis zum nächsten Morgen zur Kugel um.

Der Verfasser, welcher *Melosira varians* in Sporenbildung beobachtete, hat keine Spur eines an Copulation erinnernden Vorganges wahrnehmen können. Vor Beginn jeder Anschwellung wird die innere Schale durch Längenwachsthum der Zelle bis an das Ende des Gürtel-

---

1) a. a. O. S. 319.

2) Smith, Synopsis II. S. XIV.

3) De Bary, Bericht über die Fortschritte u. s. w. S. 62.

4) Lüders, Beobachtungen u. s. w. S. 60 f.

bandes der äusseren Schale geschoben. Ob die jüngere Schale selbst ein Gürtelband dabei entwickelt, welches nur dem der älteren eng anliegt, oder ob diese Entwicklung ganz unterbleibt, wage ich nicht zu entscheiden. Herr Friedrich Schmitz, welcher, nachdem er während seiner Thätigkeit am Bonner botanischen Institut von dem allgemeinen Gange meiner Untersuchungen Kenntniss genommen, auf einer Ferienreise nach Saarbrücken im Herbst 1869 Gelegenheit hatte, über denselben Gegenstand Beobachtungen anzustellen, und welcher mir seine Aufzeichnungen darüber gütigst zur Benutzung mittheilte, spricht sich für die letztere Annahme aus. Eine gesetzmässige Wanderung der Endochromkörner, als welche man doch wohl den „farbigen Inhalt" bei Lüders auffassen muss, wurde ebenso wenig gefunden, als eine Theilung und Wiedervereinigung des Plasmas. Das letztere scheidet, schon ehe die Zelle anzuschwellen beginnt, ringsum eine zarte biegsame Membran aus, die namentlich da, wo sie der jüngeren Schale und dem Gürtelbandringe anliegt, sehr deutlich ist, und hier schon von Fr. Schmitz erkannt worden ist. Derselbe nimmt jedoch an, sie sitze dem Rande der älteren Schale an und kleide dieselbe nicht aus, während ich sie am ganzen Umfang der Zelle beobachtet zu haben glaube. Bei nun zufällig eintretendem Tode der Zelle wird diese innere Haut unregelmässig verbogen. Die von ihr umhüllte Zelle beginnt dann in die Dicke zu wachsen und sprengt dabei zunächst das Gürtelband ab, welches hier, entgegen der Angabe von Lüders, ebenso verkieselt ist, wie bei anderen Formen. Nach Fr. Schmitz, dem ich in diesem Punkte beistimmen kann, reisst es dabei meist zuerst in einem kreisförmigen Sprunge an der Verbindungsstelle mit der Schale ab, und wird dann durch einen Längsriss vollständig abgesprengt. Die wachsende Zelle rundet sich dann nach der jüngeren Schale hin mehr und mehr zur Kugelgestalt ab, während ihr entgegengesetzter Theil mit seiner dehnbaren Membran noch der älteren Schale anliegend bleibt (6, 6a). Der Zellkern liegt dabei stets zuerst in der jüngeren Schale, und später in dem kugelförmig gewölbten, an derselben Stelle befindlichen Ende der Auxospore. Es spricht dies, da nach dem S. 129 Mitgetheilten der Zellkern diese Lage nur nach der Theilung hat, sehr dafür, dass jede Auxosporen bildende Zelle eben erst durch eine Zelltheilung entstanden sei, und gegen die Lüders'sche Auffassung, wonach in den — eben entstandenen — Zellen wieder eine hypothetische Theilung eintreten soll. Man sieht auch die Auxosporen den obigen Bemerkungen entsprechend fast immer paarweise ihre halbkugelförmigen Enden einander zuwenden. Zwei gleich gerichtete können nur vorkommen, wenn mindestens eine Zelle zwischen ihnen liegt, welche sich nicht zur Spore entwickelte, ein mit den cylindrischen Enden sich berührendes Paar nur, wenn die beiden begrenzenden Zellen nicht zu Auxosporen wurden.

In dem halbkugelig gewölbten, der jüngeren Schale entsprechenden Ende der Auxospore wird dann, wie schon Fr. Schmitz fand, die erste Schale der Erstlingszelle gebildet (6, 6 b). Sie ist meist genau halbkugelig und liegt der Sporenmembran genau an; seltener hat sie, wie die letztere, eine stumpfe Erhebung am Ende. Eine solche ist dagegen Regel an der anderen Schale, welche entsteht, indem das Plasma sich hier aus der dem Schalstück anliegenden Sporenhaut erheblich zurückzieht, und an seiner Oberfläche eine zweite Schale ausscheidet (6, 6 c).

Der Vorgang stimmt demnach mit den bisher geschilderten darin überein, dass die Schalen nach einander innerhalb einer Membran entstehen, unterscheidet sich aber in so fern, als die letztere nicht allseitig frei ist, sondern theilweise in einer Schale der Mutterzelle gewissermassen stecken bleibt. Dass die Schalen der Erstlingszelle von Anfang an einander irgend umfassen, haben Fr. Schmitz wie der Verfasser auch mit guten optischen Hülfsmitteln vergeblich nachzuweisen gesucht. Ebenso blieb es ungewiss, ob bei der weiteren Entwicklung der Erstlingszelle, welche anfangs gar keine Gürtelbänder besitzt, diese letzteren nur von der einen Schale, oder von beiden entwickelt werden. Nach der Analogie von *Navicula ambigua* sollte man das erstere erwarten, doch wird erst die Untersuchung grösserer Formen, deren Gürtelbänder nicht so ungemein dünn sind, wie die der *M. varians*, hier Sicherheit geben können.

Melosira Borreri Grev. stimmt nach Lüders[1]) und den Abbildungen bei Smith[2]) im Wesentlichen mit *M. varians* überein, doch liegen die beiden Schalen der Erstlingszelle nur lose in der weiten Sporenhaut, haben keine Nabelvorsprünge, und die zuerst entstehende, die auch hier der jüngeren Schale zugewandt ist, wölbt sich weniger stark als

1) Lüders, Beobachtungen u. s. w. S. 61.

2) Smith, Synopsis II. Taf. L.

die andere. Nach Lüders bleiben ausserdem hier, wie bei *M. nummuloides* die Auxosporen nicht zu Fäden verbunden.

2. Orthosira Thw.

Diese Gattung wurde von Thwaites[1]) ursprünglich nur dadurch charakterisirt, dass die Schalen bei *Melosira* stark gewölbt, bei *Orthosira* cylindrisch mit ebener Grundfläche seien; ein weit wichtigerer Unterschied liegt aber in der Entwicklungsweise der Auxosporen. Während die *Orthosiren* in ihrer Vegetation mit *Melosira* durchaus übereinstimmen, denselben Bau der primordialen Zelle und dieselbe Form der Zelltheilung haben, lassen sie bei der Sporen-Bildung aus einer Zelle, deren Hauthälften von einander weichen, den Inhalt, umgeben von einer Schleimhülle, frei austreten, und derselbe entwickelt sich dann, ohne mit der Haut der Mutterzelle in Berührung zu sein, zu einer Auxospore, in welcher die Erstlingszelle so liegt, dass ihre Theilungsaxe die der Mutterzelle kreuzt, während sie bei *Melosira* bekanntlich derselben parallel bleibt. Thwaites[2]) beobachtete dies schon bei *O. aurichalcea*, und Smith[3]) wies auf die Wichtigkeit dieser Eigenthümlichkeit als generisches Merkmal hin. Man hatte aber nur eine Species in dieser Hinsicht beobachtet, und so war es fraglich, ob alle *Orthosiren* diesem Gesetz folgen würden. Für eine zweite Art, *Orthosira Roeseana* (Rab.) = *O. spinosa* Grev., ist es nun Fr. Schmitz gelungen, dies nachzuweisen. Das Herausschlüpfen des Plasmas geschieht nach demselben durchaus selbstständig durch eine active Bewegung. Es rundet sich dann zu regelmässiger Kugelgestalt ab, scheidet eine zarte Sporenmembran aus und entwickelt nun in derselben die Schalen nach einander. Eine Schleimhülle wurde nicht beobachtet. Nur abnormer Weise bleibt bisweilen das Plasma in einem Gürtelband stecken; die Schalen werden dann doch in regelmässiger Weise als Halbkugeln entwickelt, und nur die Sporenmembran hat einen hohlen stielartigen Fortsatz. Die Schalen greifen nach Fr. Schmitz auch hier nicht über einander.

1) Thwaites, further observations etc. S. 167. 168.

2) ebenda S. 168. Taf. XI. B.

3) Smith, Synopsis II.

Eine Theilung der Erstlingszellen erfolgte übrigens bei dem untersuchten Material nicht unmittelbar, sondern es trat eine Abweichung ein, analog der auf Taf. 3 Fig. 8 von *Navicula ambigua* dargestellten. Zuerst wurde ein Gürtelband entwickelt, dessen Länge etwa dem Radius der Zelle gleich war. Dasselbe gehörte nach Fr. Schmitz nur einer der Schalen an; das der anderen wurde entweder gar nicht oder nur rudimentär angelegt. Dann zog sich das Plasma ganz in die Hälfte der Zelle, der das Gürtelband angehörte, hinein, und schied eine neue Schale aus, welche natürlich der ursprünglichen gürtelbandfreien parallel war. In der so entstandenen Zelle ging dann die Theilung normal vor sich, nur besass die eine Endzelle des sich bildenden Fadens selbstverständlich statt zweier Schalen deren drei.

Da bisweilen zwischen den beiden parallelen Schalen ein kleiner Theil des Plasmas zurückblieb, welcher dann abstarb, so ist Fr. Schmitz geneigt, den Vorgang als eine missglückte Zelltheilung aufzufassen, wobei die eine Hälfte des sich theilenden Plasmas zu klein geworden sei, um sich zu einer Tochterzelle zu entwickeln. Der Verfasser möchte hier lieber die Analogie der inneren Schalenbildung von *Himantidium*, *Meridion* u. s. w. herbeiziehen, und die dort über deren Ursachen ausgesprochenen Vermuthungen auch auf diesen Fall anwenden.

C. Allgemeine Folgerungen.

I. Zur Systematik der Bacillariaceen.

Von den beiden allgemeinen Fragen, deren Beantwortung oben als Hauptzweck dieser Untersuchungen hingestellt worden ist, schliesst sich diejenige nach dem Werthe der inneren Structur-Verhältnisse für die Systematik am nächsten an die Darstellung der einzelnen Formen an und möge daher auch zuerst behandelt werden.

Es fragt sich zunächst: zeigen solche Gruppen von Bacillariaceen, welche sich durch grosse Uebereinstimmung im Bau der Zellhaut am deutlichsten als natürliche Familien kennzeichnen, dieselbe Gleichförmigkeit auch im Bau der primordialen Zelle? oder in etwas allgemeinerer Form: geht der letztere der Gestaltung der Zellhaut so weit parallel, dass wir ihn überhaupt als ein werthvolles Merkmal in die Systematik einführen dürfen?

Ich glaube diese Frage mit Bestimmtheit bejahen zu dürfen. Die untersuchten Arten einer Gattung haben nur in drei Fällen wesentliche Abweichungen von einander gezeigt: nämlich bei *Achnanthes*, *Ceratoneis* und *Synedra*, wo ausserdem der normale Typus nur dadurch verlassen wurde, dass die Endochromplatten ungewöhnlich stark zerschnitten waren. Bedenken wir dagegen, dass z. B. den beobachteten 28 Arten von *Naviculeen* sämmtlich dieselbe Zahl und Lage der Endochromplatten zukommt, dass die untersuchten 12 Species von *Surirayeen*, 7 *Gomphonemeen*, 5 *Epithemien*, 5 *Melosireen* dieselbe Uebereinstimmung zeigen, dass von den sichtlich natürlichen beiden Gruppen der *Melosireen*, *Coscinodisceen*, *Biddulphieen* einerseits, der *Fragilarieen*, *Meridieen*, *Tabellarieen* und *Licmophoreen* andererseits eine jede auch in ihrem Innenbau nach demselben Grundgesetz gestaltet erscheint, so bleibt es kaum zweifelhaft, dass jene genannten drei Fälle eben nur als Ausnahmen einer nichts desto weniger existirenden Regel zu betrachten sind, und dass wir annehmen dürfen, dass der Innenbau in jeder Gattung und grösseren Gruppe im Wesentlichen constant ist.

Gleichzeitig tritt aber bei einem Ueberblick über die oben mitgetheilten Untersuchungen auch das klar hervor, dass ein System, welches allein auf den inneren Bau der Bacillariaceen gegründet wäre, ebenso sehr ein künstliches sein würde, als eines, welches ausschliesslich die Verhältnisse der Zellhaut berücksichtigt. Es wäre in einem System nach dem ersteren Princip nöthig, alle Formen mit einer, alle mit zwei Endochromplatten zusammen zu stellen. Es ist wohl kaum nöthig, nachzuweisen, dass die so gebildeten Gruppen keine natürlichen wären. Die eine würde die *Naviculeen, Achnantheen, Amphipleureen, Plagiotropideen*, in zweiter Linie die *Synedreen, Eunotieen* und *Surirayeen* umfassen, während die andere die *Cymbelleen, Amphoreen, Gomphonemeen, Cocconeideen, Amphitropideen* und *Nitzschieen* enthielte. Es würden demnach so nahe verwandte, bisweilen selbst durch Uebergänge verbundene Formen, wie die *Naviculeen* und *Cymbelleen*, die *Achnantheen* und *Cocconeideen*, die *Plagiotropideen* und *Amphitropideen* dabei in verschiedene Hauptabtheilungen des Systems kommen, was doch sicher nicht zulässig ist.

Dies Resultat war aber auch von vorn herein zu erwarten, da nur die gleichmässige Berücksichtigung aller Kennzeichen zu einem natürlichen System führen kann; der Fehler der bisherigen Anordnungen lag nur darin, dass der Innenbau gar nicht zur Unterscheidung der Gruppen benutzt wurde. Um unsererseits zu einer möglichst genügenden Eintheilung zu gelangen, wird es demnach nöthig sein, auch die von den Verhältnissen des Baus der Zellhaut u. s. w. hergenommenen Merkmale auf ihren Werth zu prüfen, und wir werden, glaube ich, diesen Zweck am besten bei einer kurzen Besprechung der bisherigen Systeme der Bacillariaceen erreichen.

Die von Agardh[1]) herrührende Eintheilung gründet sich auf die Form und Verbindungsweise der Zellen. Da aber damals die erstere in ihren feineren Zügen noch ganz unerkannt war, so hat Agardh's System heute nur noch ein historisches Interesse, und es ist daher wohl gestattet, es hier nur kurz zu erwähnen.

Ehrenberg[2]) trennte dann 1830 in erster Linie die freien von den gestielten oder doch sich fest heftenden Formen, und bildete die

---

1) Agardh, Conspectus criticus S. 1 ff.

2) Ehrenberg, Organisation, Systematik u. s. w. S. 60.

Unterabtheilungen beider Gruppen nach der Verbindungsweise der einzelnen Zellen. Dasselbe System führte er dann 1832[1]) etwas weiter aus; es wurde in seinen Grundzügen auch von Kützing[2]) 1834 angenommen, welcher der Gesammtheit der Ehrenberg'schen Gruppen als zweite Hauptabtheilung die in Gallertröhren lebenden Formen gegenüber stellte. In Ehrenberg's grossem Werk über die Infusionsthiere finden wir dies beibehalten; die Sonderung ist in der Weise ausgeführt[3]), dass zunächst drei Tribus: freie, angeheftete und in Gallerte lebende Formen unterschieden werden. Die ersteren werden in runde und prismatische gesondert, und in jeder dieser Gruppen wieder die einfachen (*Pyxidicula*, — *Navicula*, *Eunotia*, *Cocconeis*) von den Bänder bildenden (*Gaillonella*, *Actinocyclus*, — *Bacillaria*, *Tessella*, *Fragilaria*, *Meridion*) geschieden. Von den angehefteten Bacillariaceen wird zunächst *Isthmia* ihrer Form nach abgetrennt: der Rest zerfällt in stiellose (*Synedra*, *Podosphenia*) und gestielte Formen (*Gomphonema*, *Echinella*, *Cocconema*, *Achnanthes*, *Striatella*). Die dritte Hauptabtheilung enthält zwei Gruppen: Gattungen mit formloser Gallerte (*Frustulia*, *Syncyclia*) und solche mit bestimmt gestalteter Hülle (*Naunema*, *Gloeonema*, *Schizonema*, *Micromega*).

Von den neueren Schriftstellern hat W. Smith[4]) dies System mit geringen Abweichungen angenommen. Dasselbe stiess jedoch schon bald nach seiner Veröffentlichung auf den, auch meines Erachtens nicht ungegründeten Einwand, dass der Haupteintheilungsgrund kein constanter sei, da die in Gallertröhren lebenden und gestielten Formen auch frei leben können[5]), die gewöhnlich zu Bändern verbundenen Zellen der fadenbildenden Arten auch einzeln vorkommen, und die freien Formen zeitweise eine starke Gallerte zu entwickeln im Stande seien. Ausserdem tritt, wie namentlich eine Vergleichung des Smith'schen Werkes lehren wird, bei dieser Eintheilung der Uebelstand sehr störend hervor, dass so nahe verwandte Formen, wie *Synedra* und *Stau-*

1) Ehrenberg, zur Erkenntniss der Organisation u. s. w. S. 79 ff.

2) Kützing, Synopsis Diatomearum S. 7. 61.

3) Ehrenberg, Infusionsthiere S. 138.

4) Smith, Synopsis I. S. 7.

5) Vgl. Mead Edwards, on a point in the habits of the Diatomaceae. Quart. journ. of microsc. science XVII. 1869. S. 64.

rosira, *Eunotia* und *Himantidium*, dann *Cymbella, Cocconema* und *Encyonema, Navicula* und *Schizonema*, deren Zellen an und für sich kaum zu unterscheiden sind, an ganz verschiedenen Stellen aufgeführt werden müssen.

Wohl mit Rücksicht auf diese Schattenseiten einer vorzugsweise auf das Verhalten der Zellen zu einander gegründeten Anordnung versuchte dann 1844 Kützing[1]) allein aus der Gestaltung der einzelnen Zelle ein System herzuleiten. Er unterschied zunächst die „gestreiften" Formen (*Diatomaceae striatae*) von den mit „Striemen" versehenen (*D. vittatae*) und von den „zelligen" Formen (*D. areolatae*). Die erste Abtheilung ist die bei weitem grösste, da sie alle Bacillariaceen ausser den *Licmophoreen, Tabellarieen, Coscinodisceen, Anguliferen, Eupodisceen* und *Biddulphieen* enthält. Von diesen letzteren Gruppen bilden die beiden erstgenannten die zweite Hauptabtheilung, indem Kützing ihre inneren unvollkommenen Scheidewände, als Striemen, vittae bezeichnete. Der Rest stellt dann die dritte, in der meist netzartigen Verdickung der Schale übereinstimmende Hauptgruppe dar.

Gegen diese Eintheilung ist namentlich einzuwenden, dass einmal die erste Tribus im Verhältniss zu den beiden anderen zu wenig homogen erscheint, und dann, dass die Trennung der ersten und dritten Hauptgruppe eine sehr gezwungene ist, da ja z. B. die *Melosireen*, welche wegen ihrer etwas feineren Zeichnung zu den „*Diatomaceae striatae*" gerechnet werden, dadurch von ihren nächsten Verwandten, den *Coscinodisceen* weit entfernt werden. Ausserdem giebt es unter den letztgenannten, wie unter den *Biddulphieen* und *Anguliferen* Arten, die viel feiner grubig punktirt sind, als z. B. manche *Cocconeideen* und *Naviculeen*.

Weit glücklicher, als in der Aufstellung dieser drei Hauptabtheilungen, gegen welche schon Meneghini[2]) sich mehrfach erklärt hat, war Kützing in der weiteren Gliederung der „*Diatomaceae striatae*". Er schied dieselben, je nachdem die — damals für Oeffnungen (*Stomata*) gehaltenen — Knoten bei ihnen vorhanden waren oder fehlten, in *Stomaticae* und *Astomaticae*. Zu den ersteren rechnet er die „monostomatischen" *Achnantheen* und *Cocconeideen*, sowie die „distomatischen"

1) Kützing, Bacillarien S. 31. 32. 70.

2) a. a. O. S. 463. 492.

Naviculeen, Cymbelleen und *Gomphonemeen*, und wir müssen zugestehen, dass diese fünf Gruppen in der That in zahlreichen wesentlichen Punkten übereinstimmen. Weniger homogen sind die „*astomaticae*“, welche in nicht sehr treffender Weise in solche mit ununterbrochener (*Eunotieae, Meridieae, Fragilarieae*) und mit in der Mitte fehlender Streifung (*Surirayeae, Melosireae*) geschieden werden.

Die Sonderung der *D. vittatae* in *stomaticae* (*Tabellarieae*) und *astomaticae* (*Striatelleae, Licmophoreae*) beruhte auf unrichtiger Auffassung des Schalenbaus, und auch die Scheidung der *D. areolatae* in *disciformes* (*Coscinodisceae, Angulatae*) und *appendiculatae* (*Eupodisceae, Anguliferae, Biddulphieae*) war wenigstens nicht in aller Strenge durchführbar.

Trotz vieler Mängel ist aber dennoch in Kützing's Anordnung ein wesentlicher Fortschritt nicht zu verkennen, und ausserdem ist noch besonders hervorzuheben, dass Kützing sich durch seine, meist recht zweckmässige Zusammenstellung der Gattungen zu grösseren Gruppen ohne Zweifel wesentlich um die Systematik verdient machte.

Die der Zeit nach nun zunächst folgende Eintheilung der Bacillariaceen ist diejenige, welche Rabenhorst[1]) 1853 gab. Dieselbe gründet sich vorzugsweise auf den Umriss der Schalen, und kann nicht gerade als besonders glücklich gelten. Es findet jedoch manche Unvollkommenheit dieses Systems ihre Erklärung und Entschuldigung darin, dass es Rabenhorst nach seiner eigenen Angabe weniger um eine natürliche, als um eine leicht verständliche Anordnung zu thun war. Er unterschied: 1) *annulares*, mit runden Schalen (*Melosireae*), 2) *arcuatae*, mit gekrümmten Schalen (*Eunotieae, Cymbelleae, Achnantheae*), 3) *ovoideae*, mit elliptischen Schalen (*Cocconeideae, Surirayeae, Fragilarieae*), 4) *naviculares*, mit nachenförmigem Typus (*Naviculeae*), 5) *aciculares*, lineale Formen (*Synedreae*), 6) *cuneatae*, keilförmige (*Gomphonemeae, Meridieae*) und 7) *nodosae* (*Tabellarieae*). Namentlich die zweite, dritte und sechste Gruppe enthalten sehr wenig übereinstimmende Formen, und ausserdem sind beispielsweise die *Tabellarieae* und *Synedreae* weit von ihren nächsten Verwandten entfernt. Auch die von Kützing mit Recht zusammengefasste Gruppe der *Stomaticae* ist hier ganz zersplittert.

---

1) Rabenhorst, Süsswasser-Diatomaceen S. 7 ff.

Weit besser gelang es Grunow [1]), auf denselben Haupteintheilungsgrund, also auf die allgemeine Gestaltung der Schalen, ein System der Bacillariaceen zu gründen. Grunow schied zunächst diejenigen Formen, deren Schalen sich nach einer geraden oder gebogenen Längsaxe entwickeln, von denen, bei welchen ein centraler Punkt die Entwicklung bestimmt (*Biddulphieae* incl. *Anguliferae, Eupodisceae, Coscinodisceae* und *Melosireae*). Wir können nicht leugnen, dass damit allerdings eine sehr wesentliche Verschiedenheit des Baus der Zellhaut im System ihren Ausdruck fand. Die Formen mit deutlicher Längsaxe sonderte Grunow dann weiter nach dem schon von Kützing angewandten Merkmal des Vorhandenseins oder Fehlens der Knoten, wobei noch unterschieden wird, ob dieselben beiden (*Cymbelleae, Gomphonemeae, Naviculeae*) oder nur einer Schale (*Achnantheae* inclus. *Cocconeideae*) zukommen. In der Abtheilung der knotenlosen Bacillariaceen sind die Familien nur an einander gereiht, nicht weiter zu Unterabtheilungen verbunden; sie folgen: *Epithemieae (Eunotia, Epithemia, Himantidium), Meridieae, Diatomeae, Surirayeae, Nitzschieae.* Es ist dabei noch zu bemerken, dass die Formen mit inneren Scheidewänden von Grunow an die ähnlich gestalteten ohne solche Diaphragmata angeschlossen werden, dass die „*Diatomeae*“ also aus den *Fragilarieen, Tabellarieen, Synedreen* gebildet sind. Es liegt darin eine wesentliche Abweichung Kützing gegenüber, welcher dieses von Grunow nicht einmal zur Unterscheidung von Untergruppen für genügend erachtete Merkmal für die Fundamente seines Systems verwandte. Ebenso finden wir das von Ehrenberg in erster Linie benutzte Vorhandensein oder Fehlen von Stielen, Gallertröhren u. s. w. bei Grunow nur zur Gliederung einzelner Gruppen in sich gebraucht.

Die Bacillariaceen mit centrisch gebauten Schalen zerfallen nach Grunow in kreisrunde (*Melosireae*) und längliche oder polygonale Formen (*Biddulphieae* u. s. w.).

Einen wesentlichen Fortschritt glauben wir ausserdem bei Grunow darin sehen zu dürfen, dass hier zuerst die *Nitzschieae*, welche bis dahin meist vereinzelt an ganz unpassenden Stellen ihren Platz gefunden hatten, als eigene Gruppe zusammengefasst wurden.

---

1) Grunow, *Naviculaceen* S. 508 ff.

Im Jahre 1863 fügte Grunow[1]) dann noch zwischen den *Surirayeen* und *Diatomeen* die *Entopyleen*, zwischen den ersteren und den *Nitzschieen* die *Amphipleureen* ein.

Gleichzeitig gab dann Heiberg[2]) ein neues System, welches sich durch die starke Betonung der aus der Symmetrie oder Asymmetrie hergeleiteten Unterschiede auszeichnet. Heiberg trennt zunächst die Formen ab, deren Schalen unter einander verschieden sind (*Achnantheae* inclus. *Cocconeideae* und *Rhoicosphenia*) und stellt sie allen übrigen Bacillariaceen gegenüber. Diese werden dann wieder in zwei Gruppen gesondert, je nachdem die Gürtelbandansicht nach einer Längsaxe symmetrisch ist oder nicht, wobei die *Nitzschieae* allein die letztere Abtheilung bilden. Die erste zerfällt dann weiter in kreisförmige (*Melosireae*) und nicht kreisförmige Bacillariaceen, worauf dann diese letzteren wieder in solche mit nach der Längsaxe symmetrischen (*Biddulphieae* u. Verw., *Fragilarieae*, *Striatelleae*, *Naviculeae*, *Surirayeae*) und solche mit danach asymmetrischen Schalen (*Epithemicae*, *Cymbelleae*) geschieden werden.

Dass die *Gomphonemeen*, *Cocconeideen* und *Meridieen* nicht genannt sind, erklärt sich so, dass die ersteren beiden als Unterabtheilung zu den *Naviculeen*, die letzteren zu den *Fragilarieen* gebracht sind.

Das ganze System als solches scheint mir schlagend zu beweisen, wie wenig die Benutzung eines einzigen, wenn auch guten Eintheilungsgrundes geeignet ist, eine natürliche Anordnung zu schaffen. Die Gruppe der *Stomaticae* von Kützing, und die der concentrisch gebauten Formen von Grunow sind bei Heiberg ganz zersplittert, die *Achnantheen* weiter von den *Naviculeen* u. s. w. entfernt, als z. B. die *Biddulphieen* und *Surirayeen*. Ferner sind die *Nitzschieen* ganz vereinzelt und zwar auf Grund cines nicht einmal bei allen Formen dieser Gruppe zutreffenden Merkmals, und zwischen die *Naviculeen* und *Cymbelleen* schieben sich die *Surirayeen* in, wie mir scheint, störender Weise ein.

Trotzdem möchte das Princip des Zygomorphismus, welches Heiberg, wenn auch in zu einseitiger Behandlung, in die Systematik der Bacillariaceen einführte, immerhin einer gedeihlichen Verwendung fähig sein.

---

1) Grunow, die österreich. Diatomaceen S. 317 ff.

2) Heiberg, Conspectus criticus Diatomacearum Danicarum. Das System war mir nur in einem Abdruck im Quart. journ. of microsc. science zugänglich.

Endlich hat 1864 Pritchard[1]) ein System entworfen, welches wenig Eigenthümliches hat. Pritchard betont in erster Linie das Vorhandensein oder Fehlen der Knoten, ein Merkmal, was von Kützing und Grunow erst für die Unterabtheilungen verwandt wurde. Es scheiden so die Gruppen der *Naviculeae, Cymbelleae, Gomphonemeae, Achnantheae* und *Cocconeideae* von vorn herein aus; sie werden wie bei Grunow weiter getheilt. Die knotenlosen Formen zerfallen in zwei Tribus, deren erste etwa den concentrischen Formen Grunow's entspricht, aber auch fremde Elemente enthält. Die zweite Tribus sondert sich in nach der Längsaxe symmetrische und asymmetrische Formen.

Pritchard hat somit keinen neuen Eintheilungsgrund hinzugefügt, wohl aber die schon vorhandenen in einer anderen Reihenfolge benutzt. Seine Anordnung wird vielfach dadurch getrübt, dass manche seiner Gruppen Gattungen enthalten, die sicher nicht an ihrem richtigen Platze sind. So finden wir *Bacillaria, Homoeocladia, Staurosira* unter den *Surirayeen, Nitzschia, Ceratoneis* und *Amphipleura* unter den *Fragilarieen* u. a. m.

Schliesslich bleibt dann noch das von Rabenhorst[2]) 1864 gegebene System zu erwähnen, in welchem die einzelnen Gruppen aber nur in eine einfache, nicht weiter gegliederte Reihe gestellt sind. Die Reihenfolge ist: *Melosireae, Surirayeae, Eunotieae, Cymbelleae, Achnantheae, Fragilarieae, Amphipleureae, Nitzschieae, Naviculeae, Gomphonemeae, Meridieae, Tabellarieae, Biddulphieae.* Manche Uebergänge sind dabei wohl schroff; so scheinen mir namentlich die von Rabenhorst neben einander gestellten *Surirayen* und *Eunoticen* kaum verwandt, im Allgemeinen bieten aber die benachbarten Familien doch viele Berührungspunkte.

Es kann aber auch unsere Aufgabe nicht sein, alle Formen in eine Linie anzuordnen. Wenn man sich von der Verwandtschaft irgend welcher Organismen eine reale Vorstellung bilden und nicht etwa blos annehmen will, dass die Familien eben so willkührliche Gruppen seien, wie die Sternbilder, so macht man, wie mir scheint, die einfachste und beste Hypothese, wenn man eine wirkliche Blutsverwandtschaft, also eine Abstammung aller Formen eines grösseren Kreises von einander oder

1) a. a. O. S. 757.

2) Rabenhorst, Flora europaea Algarum I. S. 3.

von gemeinsamen Stammeltern voraussetzt. Das System der gerade lebenden Arten würde dann die einzelnen Aeste eines sich verzweigenden Baumes darstellen, dessen einfache Verzweigungen wir nicht sehen, sondern höchstens erschliessen können. Dies zugegeben, darf aber eine natürliche Anordnung nicht eine Verzweigung des Stammbaums voraussetzen, bei welcher alle Aeste in einer Ebene liegen, und selbst in diesem letzteren Fall würden die anzuordnenden Formen nicht eine durch allmähliche Uebergänge vermittelte Kette bilden, sondern jedes Ast-System müsste sich als solches von den benachbarten sondern.

Bereits Schumann [1]) hat auf diese Nothwendigkeit eines genealogischen Systems hingewiesen und gleichzeitig darauf aufmerksam gemacht, dass die unmittelbare Lösung dieser Aufgabe durch Beobachtung der den vergangenen geologischen Epochen angehörigen Arten hier wohl nicht so schwierig wäre, als auf anderen Feldern, da die Bacillariaceen mit ihren eigenthümlichen Charaktern erst in der Tertiärzeit aufträten, und da gerade hier die fossilen Formen wohl erhalten und ungemein leicht nach ihren Kieselhüllen zu bestimmen seien. Ich glaube aber, dass die Unvollkommenheit der geologischen Ueberlieferung auch hier eine sehr grosse ist. Von Süsswasserformen der Tertiärzeit kennen wir kaum mehr als 18 Arten, welche sich in einer grossen Zahl von Individuen in zwei Stücken Bernstein gefunden haben [2]). Diese Formen gehören nun sämmtlich noch heute lebenden Gattungen an und sind zum grössten Theil sogar mit den Species der Jetztzeit identisch. Die zahlreichen marinen Ablagerungen aus der Tertiärzeit bieten uns gleichfalls vorzugsweise noch jetzt vorkommende Gattungen und Arten dar, und zwar in einer so grossen Anzahl von Formen, dass wir, wenn wir überhaupt eine Descendenz von wenigen Stammformen annehmen, kaum daran zweifeln dürfen, dass diese tertiären Bacillariaceen schon eine lange Entwicklungszeit hinter sich haben. Aus älteren Perioden sind uns aber, soweit wir wissen, keine hierher gehörigen Formen erhalten, und so bleiben wir doch darauf angewiesen, aus den jetzt lebenden deren Verwandtschaft und Stammbaum zu erschliessen.

In den verschiedenen Systemen, über welche oben berichtet wurde, ist nun ausser dem Innenbau noch ein Merkmal unbenutzt geblieben,

---

1) Schumann, Beiträge u. s. w. S. 721.

2) Schumann, preussische Diatomeen I. S. 169.

nämlich die Sporenbildung. Da im Allgemeinen die Organe und Verhältnisse der Fortpflanzung uns vorzügliche Eintheilungs-Principien liefern, z. B. unter den Phanerogamen fast allein die Grundlage des Systems bilden, so wollen wir diesen Punkt wenigstens nicht unberücksichtigt lassen. Wir finden nach den bisher vorliegenden Beobachtungen fünf Grundformen der Entwicklung der Auxosporen. Entweder verjüngt sich die Zelle einfach (*Melosireae, Coscinodisceae, Biddulphieae*), oder sie theilt sich zuvor und bildet zwei Sporen (*Tabellarieae*), oder es copuliren zwei Zellen und entwickeln eine (*Surirayeae, Eunotieae*) oder durch deren Theilung zwei Sporen (*Amphoreae, Cocconeideae*), oder endlich es treten zwei Zellen durch Diffusion in Wechselwirkung und entwickeln zwei Sporen (*Naviculeae, Cymbelleae, Gomphonemeae*). So unvollständig diese Angaben sind, so wurden dabei doch noch manche Widersprüche, wie z. B. bei *Achnanthes, Cocconema* übersehen. Von den *Amphipleureen, Plagiotropideen, Amphitropideen, Nitzschieen, Synedreen, Fragilarieen, Eupodisceen, Anguliferen* wissen wir noch durchaus nichts über die Sporenbildung, und bei den *Meridieen* nur, dass zwei Zellen zwei Sporen die Entstehung geben. Wir müssen somit wenigstens jetzt noch darauf verzichten, das System in erster Linie auf die Entwicklungsweise der Auxosporen zu gründen; nur nebenher können zur Zeit diesem Vorgange Merkmale entlehnt werden.

Von den oben angeführten Haupteintheilungsgründen scheinen mir namentlich zwei zu concurriren: der Grunow'sche der bilateralen oder concentrischen Entwicklung und der Heiberg'sche der Symmetrie. Der letztere darf aber nicht in erster Linie verwandt werden, weil die Uebergänge der symmetrischen und asymmetrischen Formen (vgl. S. 75 ff.) zu allmähliche sind. Nehmen wir dagegen den ersteren an, so finden wir gleichfalls, namentlich in den Gattungen *Campylodiscus, Auliscus, Asterolampra* u. A. Formen, bei welchen der zygomorphe und concentrische Bau gemeinsam auftreten, und ausserdem stehen die deutlich bilateralen *Grammatophoren, Plagiogrammen* in vielen Hinsichten den deutlich centrischen Formen so nahe, dass man gerne ihre Einordnung in eine ganz andere Hauptabtheilung vermeiden möchte.

Es scheint mir nun, als ob man diese Schwierigkeiten am besten überwindet, wenn man nicht analytisch, sondern synthetisch zu Werke geht, also die einzelnen Gruppen zu grösseren Kreisen vereinigt und schliesslich erst aus der Zusammenstellung die unterscheidenden Merkmale folgert. Sagt doch schon Linné, dass nicht die Charaktere das Genus machen, sondern dieses die Charaktere giebt.

Man kann nun diese Gruppirung namentlich von zwei Punkten her beginnen, von dem Typus der *Naviculeen* und von dem der *Coscinodisceen* aus, da diese beiden Gruppen im Innenbau, wie im Bildungsgesetz ihrer Schalen und in ihrer Sporenbildung so weit verschieden sind, wie wohl kaum zwei andere.

Wir haben nun selbst im Lauf dieser Untersuchungen erkannt (S. 77), dass von den *Naviculeen* ein langsamer Uebergang zu den *Cymbelleen* stattfindet, und dass dann die *Gomphonemeen* von den letzteren sich nur durch etwas gesteigerte Asymmetrie unterscheiden (S. 88 ff.). Wir können ferner die Gattungen *Epithemia* und *Amphora* aus den S. 81 angeführten Gründen nicht trennen, und *Amphora* schliesst sich wieder unmittelbar an die *Cymbelleen* an (S. 81). Ferner stimmen die *Achnantheen* mit den *Naviculeen* im Innenbau sehr überein und unterscheiden sich eigentlich von ihnen nur durch eine nach der Theilungsebene asymmetrische Gestaltung; es findet sich selbst hier noch ein Uebergang in der Gattung *Rhoiconeis* Grun., welche, obwohl sonst wie *Achnanthes* gebildet, doch noch, wie die *Naviculeen*, auf beiden Schalen Knoten besitzt. Endlich sind wieder die *Cocconeideen* durch *Achnanthidium* mit den *Achnantheen* eng verbunden.

Diese eben genannten sechs Gruppen müssen also in einem natürlichen System nothwendig benachbart bleiben, und wir wissen ja auch, dass schon Kützing, Grunow und Pritchard diese Formen in ganz ähnlicher Begrenzung zusammengestellt haben. Aber die Hauptmerkmale derselben, die Knoten mit dazwischen verlaufenden Längsspalten, die zwei den Gürtelbändern anliegenden Endochromplatten finden wir auch noch bei den *Amphipleureen* und *Plagiotropideen*. Diese haben freilich wohl nur mit den *Naviculeen* unmittelbare Berührungspunkte; aber wir dürfen ja auch wohl annehmen, dass von einem Punkte aus nach zwei und mehr Richtungen Aeste des Stammbaums verlaufen. Wie die asymmetrischen *Cymbelleen* u. s. w. sich durch *Anomoeoneis* und *Brebissonia* an die streng symmetrischen *Naviculeen* anschliessen, so können wir die deutlich diagonal gebauten *Plagiotropideen* als mit den diagonalen *Pinnularien* und namentlich mit den *Scoliopleuren* verwandt betrachten. Die *Amphipleureen* sind zwar streng symmetrisch, stimmen aber wieder mit den *Plagiotropideen* in der, wenn auch schwachen, Entwicklung der Mittellinie zu einem Kiel und namentlich darin überein, dass sie auf jeder Schale zwei seitliche vorspringende Leisten besitzen, wie sie auch bei *Amphiprora* vorkommen. In der Entwicklung des Mittelknotens nähern sie sich andererseits den *Frustulien.* Schliesslich können wir die *Amphitropideen* nicht von den *Plagiotropideen* trennen. Diese drei Gruppen finden somit auch ihren angemessensten Platz in der Nähe der *Naviculeen.*

Gehen wir nun an den anderen Endpunkt, so ist es auch hier nicht schwer, Beziehungen zu finden. Zunächst sind in unmittelbarer Berührung mit den *Coscinodisceen* die *Melosireen,* in denen der centrische Bau wohl seinen vollkommensten Ausdruck findet. Dann aber können wir nach der anderen Seite, nach der des bilateralen Typus hin die Gruppen der *Eupodisceen*, *Anguliferen* und *Biddulphieen* anhängen, in welchen der Zygomorphismus sich immer mehr mit der centrischen Gestaltung mischt.

Bedenken wir dann die Uebereinstimmung, welche im inneren Bau zwischen den letztgenannten Formen und den gleichfalls meist Zickzackketten darstellenden marinen *Tabellarieen* besteht, ziehen ferner in Betracht, dass *Rhizosolenia* sich in ihrem ganzen Bau zwischen die *Biddulphieen* und *Tabellarieen* stellt, so dürfen wir wohl diese sammt den wieder von den letzteren nicht wohl trennbaren *Fragilaricen, Meridieen* und *Licmophoreen* als die Sprossen eines zweiten Seitenzweiges desselben Astes ansehen, der nach der anderen Seite hin mit den *Melosireen* abschliesst.

Es bleiben nun noch an ihre Plätze zu stellen die *Nitzschieen*, *Surirayeen, Synedreen* und *Eunotieen.* Von diesen stimmen zunächst die beiden letztgenannten Gruppen im Schalenbau und namentlich auch in der Theilungsweise der Endochromplatten so überein, dass sie nicht weit von einander entfernt werden dürfen. Die *Surirayeen* ferner sind so eigenthümliche Formen, dass sie sich schwer anschliessen lassen; sie stimmen in manchen Kennzeichen mit den *Synedreen* überein, haben aber auch, namentlich in der Gattung *Campylodiscus*, entschiedene Hinneigung zum concentrischen Bau. Alles in Allem möchte aber ihre Verwandtschaft mit den Formen des ersten Hauptkreises noch grösser sein, da auch bei ihnen Endochromplatten und Längsspalten der Schalen vorkommen.

Die *Nitzschieen* endlich stehen einmal den *Amphitropideen* nahe, dann aber auch den *Eunotieen* und *Synedreen.* Sie wiederholen gewissermassen in ihren gleich- und wechselriefigen Formen die Variationen der *Cymbelleen* und diagonalen *Naviculeen*, ja selbst ein Analogon zu *Gomphonema* ist kürzlich in der keilförmigen Gattung *Gomphonitzschia* gefunden worden. Im Ganzen schliessen sie sich wohl auch der ersten Hauptabtheilung näher an, als der zweiten, namentlich da sie, wenn auch keine Knoten, so doch noch Längsspalten haben, an denen, wie bei den *Naviculeen*, Plasmabewegung stattfindet, und die sich durch die Bildung von Kielpunkten auch äusserlich erkennen lassen.

Stellen wir das Resultat der bisherigen Betrachtungen schematisch dar, so würde es sich etwa folgendermassen gestalten.

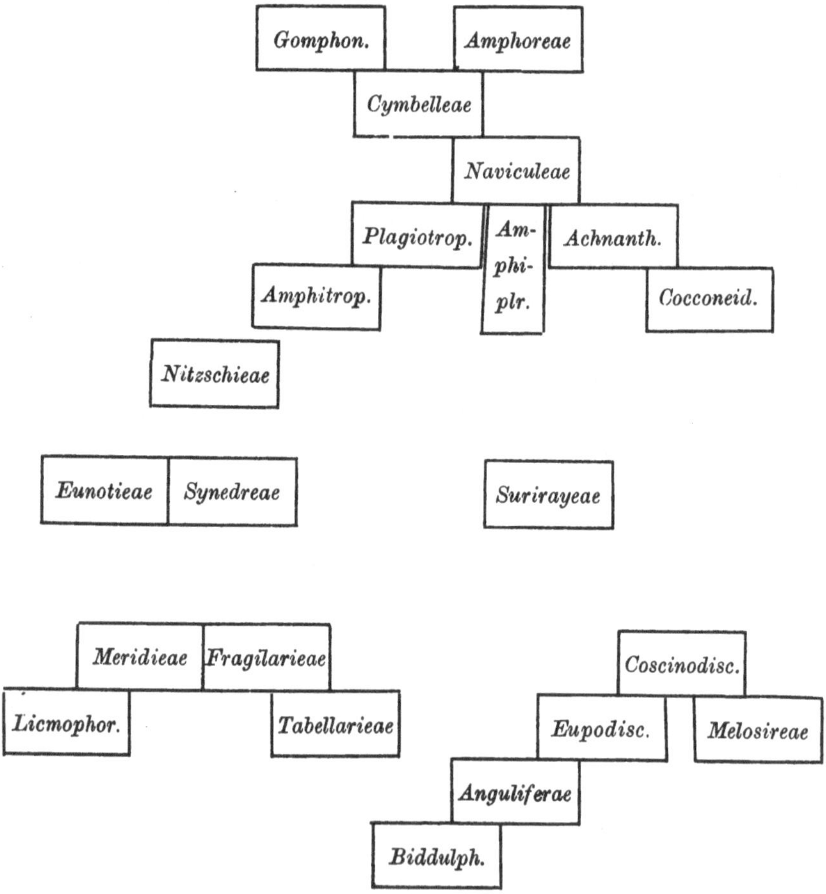

Suchen wir nun schliesslich nach den Merkmalen, welche die im Schema getrennten Haupt- und Untergruppen von einander sondern.

Zunächst sehen wir, dass die durch einen breiten Zwischenraum geschiedenen Formen in der Gestaltung ihres Endochroms sich verschieden verhalten, indem die neun unteren Gruppen Körner, die dreizehn oberen Platten besitzen. Ferner überwiegt bei den unteren der centrische Bau und diejenige Form der Streifung, welche Kützing als „*areolae*“ bezeichnete, d. h. die Felderung der Schalen durch netzförmige Leisten, bei den oberen finden wir dagegen den bilateralen Bau und die „*striae*“ herrschend, welche letzteren nur bei den der unteren Hauptgruppe noch ziemlich nahe stehenden *Cocconeideen* und *Surirayeen* bei manchen Arten sich der Areolen-Bildung nähern. Die allermeisten Formen der oberen Gruppen lassen eine Mittellinie erkennen, auf welche sich die Streifung bezieht — bei der anderen Hauptabtheilung fehlt eine solche Linie meist ganz, oder ist nur ganz schwach angedeutet und wird von Querrippen u. s. w. durchschnitten. Mittelknoten und Längslinien, an welchen das innere Plasma mit der Aussenwelt in unmittelbare Wechselwirkung tritt, finden wir nur in der ersten Hauptgruppe, nirgends dagegen in der zweiten. Ausserdem sehen wir, dass in der letzteren eine grosse Neigung zur Bildung von Fäden und Zickzackketten vorhanden ist: die erstere besteht dagegen zum allergrössten Theil aus freien Formen; sie enthält viele Gruppen, in denen Fadenbildungen überhaupt nicht bekannt sind (*Cymbelleae*, *Cocconeideae*, *Amphipleureae*, *Surirayeae*, *Plagiotropideae*, *Amphitropideae*, *Nitzschieae*), aber keine ohne frei lebende Formen, während solche bei den zur zweiten Abtheilung gehörigen *Melosireen*, *Tabellarieen*, *Meridieen*, *Fragilarieen* noch nicht gefunden sind. Es zeigt sich ferner, dass aus Gallertröhren, in denen die Zellen leben, gebildete Bäumchen in der zweiten Hauptabtheilung durchaus fehlen, und dass auch die Entwicklung von Gallertstielen ihnen fremd ist, wenn wir von der einzigen Gruppe der *Licmophoreen* absehen.

In der Sporen-Bildung finden sich gleichfalls Unterschiede, welche freilich wegen der geringen Zahl der Beobachtungen noch nicht sehr werthvoll sind. In der ganzen ersten Hauptabtheilung wirken, soweit wir wissen, zwei vollkommen fertige, von einer gewöhnlichen Zellhaut bekleidete Mutterzellen zusammen: in der zweiten ist nur eine vorhanden, oder dieselbe theilt sich zwar vor der Sporen-Bildung in zwei

Tochterzellen, dieselben bilden jedoch dann sogleich die Sporenhaut; die Angabe von Lüders bei *Meridion* (S. 121) widerspricht wenigstens nicht der letzteren Deutung.

Auch in der Verbreitung tritt eine Verschiedenheit der beiden Hauptabtheilungen hervor. Die erste enthält mehrere Gruppen, welche ausschliesslich oder mit ganz wenigen Ausnahmen dem Süsswasser angehören (*Cymbelleae, Gomphonemeae, Eunotieae*); die übrigen sind in beiden Medien vertreten, keine ist ausschliesslich marin. Dies letztere ist aber der Fall bei den meisten Gruppen der zweiten Reihe, während keine derselben allein oder auch nur vorwiegend im Süsswasser vorkommt. Am günstigsten stellt sich das Verhältniss noch bei den *Meridieen,* wo der einen Süsswasser-Gattung *Meridion* die eine Meeres-Gattung *Eucampia* gegenübersteht. Wir dürfen soweit wohl behaupten, dass die erste Reihe überwiegend dem Süsswasser, die zweite dem Meere angehört.

In der letzteren können wir dann die rechte und linke Seite unterscheiden durch den mehr centrischen Bau jener und den überwiegend bilateralen dieser. Ausserdem entwickeln die fünf rechts stehenden Gruppen, soweit bekannt, ihre Sporen durch eine einfache Verjüngung einer Mutterzelle, während die linken, wie es scheint, zwei Mutterzellen demselben Process unterwerfen.

Innerhalb der ersten Hauptabtheilung können wir die durch eine Zeile Zwischenraum geschiedenen oberen und unteren Gruppen scheiden nach der Lage der Endochromplatten, welche, wenn sie zu zweien auftreten, in jenen den Gürtelbändern, in diesen den Schalen anliegen. Ferner haben die ersteren sämmtlich auf jeder Schale eine Communications-Linie, die letzteren keine oder zwei laterale, wodurch wieder die rechte und linke untere Gruppe sich von einander sondern. Endlich entwickeln diese sämmtlich, soweit bekannt, durch eine wahre Copulation zweier Mutterzellen eine Spore. Die oberen dagegen lassen bei den normalen Gruppen aus zwei Mutterzellen, die nur durch Diffusion wirken, zwei Sporen entstehen, und auch bei den epiphytischen *Amphoreen* und *Cocconeideen,* wo eine Copulation stattzufinden scheint, werden dadurch zwei Sporen gebildet.

In der oberen Unterabtheilung zweiten Grades trennen sich dann die *Nitzschieen* leicht durch den Mangel der Knoten ab. In dem Reste können wir eine Reihe asymmetrischer Formen, welche von den *Gom-*

phonemeen zu den *Cocconeideen* läuft, unterscheiden von einer Reihe diagonal gebauter Bacillariaceen, die von den *Naviculeen* zu den *Amphitropideen* geht. Die *Gomphonemeen*, welche in *Rhoicosphenia* die höchste Complication der Asymmetrie erreichen, entfernen sich am weitesten von den centrischen Formen, denen die *Cocconeideen* noch am nächsten stehen.

Eine diagnostische Uebersicht liesse sich nach den vorstehenden Ausführungen etwa in folgender Weise entwerfen:

A. Endochrom an wenige, höchstens zwei, selten in der Mitte unterbrochene Plasmaplatten gebunden. Allgemeiner Bau der Schalen bilateral, Streifung niemals netzförmig. Sporenbildung aus zwei hautumhüllten Mutterzellen.

I. Endochromplatten, wenn zu zweien vorhanden, stets den beiden, wennn einzeln, fast stets (nicht bei den *Cocconeideen*) einem Gürtelband mit den oder der Mediane anliegend. Eine meist in der Mitte durch Knoten unterbrochene Längsspalte auf jeder Schale. Auxosporen zu zweien: *Placochromaticae.*

a. Mit Knoten.

α. asymmetrische Formen.

1. Nach allen 3, oder nach Längs- und Querebene asymmetrisch, dem entsprechend mit 6 oder 5 Knoten, einer dem weniger convexen Gürtelband anliegenden Platte; Sporen den Mutterzellen parallel. *Gomphonemeae.*
2. Nach der Längsebene allein asymmetrisch, mit 6 Knoten, einer dem stärker convexen Gürtelband anliegenden Platte, Sporen den Mutterzellen parallel. *Cymbelleae.*
3. Nach der Längsebene allein asymmetrisch, mit 6 oder rudimentären Knoten und einer dem weniger convexen Gürtelband anliegenden Platte, Sporen rechtwinkelig zu den Mutterzellen. *Amphoreae.*
4. Nach der Theilungsebene asymmetrisch, mit 5 Knoten, zwei Platten. *Achnantheae.*
5. Nach der Theilungsebene asymmetrisch, mit 5 Knoten, einer der convexen Schale anliegenden Platte. *Cocconeideae.*

β. symmetrische oder diagonal gebaute Formen.

6. Ohne Kielbildung, mit zwei Platten und 6 normalen Knoten. *Naviculeae.*
7. Mit seitlicher Kielbildung, zwei Platten, 4 normalen und 2 verlängerten (Mittel-) Knoten. *Amphipleureae.*
8. Mit medianer Kielbildung, zwei Platten, 6 normalen Knoten. *Plagiotropideae.*

9. Mit medianer und seitlicher Kielbildung, einer Platte, 6 normalen Knoten. *Amphitropideae.*

b. Ohne Knoten.

10. Mit Kielpunkten, an einem Rande liegender Längsspalte und einer Platte. *Nitzschieae.*

II. Endochromplatten mit ihren Medianen den Schalen anliegend. Längsspalten fehlend oder an jeder Schale zwei an deren Rändern. Knoten fehlen. Auxosporen einzeln, durch Copulation entstehend.

a. Mit zwei Längsspalten, Platten sich der Fläche nach theilend.

11. Schalen mit Längsrippe und je 2 Flügeln, die am Rande die Spalte tragen. *Surirayeae.*

b. Ohne Längsspalten, Platten mit Quertheilung.

12. Schalen mit glattem Mittelstreifen, meist symmetrisch. *Synedreae.*

13. Schalen quer über gestreift, stets asymmetrisch. *Eunotieae.*

B. Endochrom an zahlreiche Körner gebunden. Allgemeiner Bau der Schalen zygomorph oder centrisch, Streifung oft netzförmig. Sporenbildung aus einer hautumhüllten oder zwei dazu durch Theilung entstehenden primordialen Mutterzellen: *Coccochromaticae.*

I. Bilaterale Formen. Zwei Mutterzellen bei der Sporenbildung.

a. Nach der Querebene symmetrisch.

14. Ohne innere Diaphragmen. *Fragilarieae.*

15. Mit inneren Diaphragmen. *Meridieae.*

b. Nach der Querebene asymmetrisch.

16. Ohne innere Diaphragmen. *Tabellarieae.*

17. Mit inneren Diaphragmen. *Licmophoreae.*

II. Centrische Formen. Eine Mutterzelle bei der Sporenbildung.

a. Schalen mit theilweise zygomorpher Gestaltung.

18. Schalen bilateral. *Biddulphieae.*

19. Schalen polygonal. *Anguliferae.*

20. Schalen kreisrund, mit in ein Polygon gestellten Anhängseln. *Eupodisceae.*

b. Schalen rein centrisch.

21. Zellen meist frei, mit mittlerem Plasmastrang. *Coscinodisceae.*

22. Zellen zu Fäden verbunden, ohne mittlere Plasmaanhäufung. *Melosireae.*

Nach der Natur der Sache kann eine solche dichotome Uebersicht nicht so treffend sein, als ein in der Fläche dargestelltes System. Es ist im höchsten Maasse zu wünschen, dass bald umfangreiche fernere Untersuchungen über den Innenbau und die Sporenbildung der Bacillariaceen an der obigen Zusammenstellung bessern mögen. Aber selbst wenn dadurch erhebliche Aenderungen nöthig werden sollten, so werden doch, wie ich glaube, die Form und Lage der endochromatischen Organe für die Aufstellung der Hauptabtheilungen des Systems von grosser Bedeutung bleiben. Schon jetzt dürfen wir wohl behaupten, dass das Studium des inneren Baus mehrfach Uebergänge deutlich gemacht hat, die bis dahin gänzlich übersehen worden waren (so denjenigen zwischen den *Cymbelleen* und *Naviculeen*), dass es wesentlich dazu beitragen kann, um den Gattungen ihre richtige Stellung in den Gruppen anzuweisen (*Anomoeoneis, Epithemia, Brebissonia, Rhoicosphenia, Achnanthidium*) und auch vielfach hilft, um die Diagnosen der letzteren bestimmter zu gestalten, sowie ihre Beziehungen zu einander deutlicher hervortreten zu lassen.

II. Zur allgemeinen Auffassung der Entwicklungsgeschichte der Bacillariaceen.

Wir kommen nun zu unserer zweiten Hauptaufgabe, zu der Zusammenstellung der Beweise für die Richtigkeit der von Braun, Mac Donald und dem Verfasser vertretenen entwicklungsgeschichtlichen Hypothese.

Zunächst sei noch einmal darauf hingewiesen, dass nach den S. 39 mitgetheilten Beobachtungen thatsächlich feststeht, dass die Zellhaut der Bacillariaceen eines Flächenwachsthums fähig ist. Da sie sich mit Anilinviolett röthlich, mit Jod gelb färbt, also sichtlich organische Substanz enthält, so ist ein solches Wachsthum auch gar nicht erstaunlich.

Es bleibt somit besonders zu beweisen, dass eine Ausgleichung der bei der Zelltheilung eintretenden Verkleinerung der Schalen nicht stattfinde.

Einen starken Grund dagegen haben wir schon in der sichtlich welligen Begrenzung der Bacillariaceen-Fäden gefunden (S. 99 f.). Wir dürfen daraus wohl schliessen, dass die kleinen Längenunterschiede der Zellen einer Generation nicht successiv durch ein geringes Wachsthum jeder einzelnen Zelle verwischt werden. Nun wäre es aber noch denkbar, dass in längeren Zeiträumen einzelne Zellen, ohne dabei ihre Membran abzustreifen, zu wachsen begännen. Diese

Hypothese nähert sich schon der unsrigen, ist aber davon immerhin dadurch verschieden, dass wir jenes Wachsthum gerade in die Auxosporen, also in die Uebergangsgeneration verlegen, nicht in gewöhnliche Zellen der Reihengeneration.

Gegen die eben gemachte Voraussetzung spricht nun sehr die Thatsache, dass die Zahl der Riefen, welche auf eine bestimmte Längeneinheit gehen, bei grossen und kleinen Exemplaren derselben Art nur sehr geringen Schwankungen unterliegt. Wenn die hautumhüllten Bacillariaceen-Zellen irgend erheblich wüchsen, so müssten sie entweder die absolute Zahl ihrer Riefen beibehalten, dieselben aber auf eine grössere Fläche vertheilen, oder neue Riefen bilden. Eine Zelle, welche doppelt so lang ist, als eine andere derselben Art, müsste nach der ersteren Annahme eben so viel, auf $^1/_{100}$ Millimeter aber halb so viel Riefen zeigen, als jene. Dem widerspricht die Beobachtung durchaus. Nach Mitteln aus je 10 Messungen zeigt nach Schumann[1]) beispielsweise *Pinnularia vividis*

bei einer Länge von $^{25}/_{1000}'''$	auf $^1/_{100}'''$	18,33	Riefen
„ „ „ „ $^{50}/_{1000}$	„ „	14,00	„
„ „ „ „ $^{75}/_{1000}$	„ „	13,45	„
„ „ „ „ $^{87}/_{1000}$	„ „	13,10	„

also nicht entfernt die erforderliche Proportionalität, und ähnliche Beispiele liesen sich in grosser Zahl anführen. Dass aber keine neuen Riefen entstehen, ist wohl gerade bei *Pinnularia* ausser Zweifel. Wir haben gesehen, dass die Riefen Vertiefungen auf der Aussenfläche der Schale sind; es ist also schon an und für sich fast undenkbar, dass solche nachträglich gebildet werden sollten, und ausserdem müsste man dann doch eingeschobene halb fertige Riefen wahrnehmen. Die vorhandenen erscheinen aber immer alle gleich stark entwickelt. Dasselbe ist leicht an den Flügelzeichnungen der *Surirayen* nachzuweisen, die auch bei grossen und kleinen Zellen stets dem nämlichen Abstand einhalten.

Dass, wie die obige Zusammenstellung lehrt, die kleineren Exemplare ein wenig feiner gerieft sind, als die grossen, beweist nichts für das Längenwachsthum, da die Proportionalität fehlt, und ist somit ebenso als Thatsache für sich aufzufassen, wie z. B. der von Schu-

1) Schumann, Beiträge u. s. w. S. 695.

mann[1]) durch genaue Messungen nachgewiesene Satz, dass im Gebirge dieselbe Art um so enger gestellte Riefen zeigt, je höher ihr Standort gelegen ist.

Aber auch von einer anderen Seite her lassen sich wichtige Stützpunkte für unsere Auffassung des Entwicklungsgesetzes der Bacillariaceen gewinnen, nämlich aus einer genauen Betrachtung der Auxosporen-Bildung. Wir haben gesehen, dass dieselben in sehr verschiedener Weise entstehen, aus zwei oder einer Mutterzelle, einzeln oder zu zweien, mit und ohne Copulation, dass sie aber sämmtlich in dem einen Punkt übereinstimmen, an Grösse ihre Mutterzellen weit zu übertreffen. Sollte man da nicht, wie schon 1869 von mir hervorgehoben wurde[2]), in der Vergrösserung ihren hauptsächlichen Charakter finden, und annehmen, ihre Aufgabe bestände hauptsächlich darin, vorher eingetretene Verkleinerungen wieder auszugleichen? Man würde aber zu dieser Auffassung fast gezwungen sein, wenn sich nachweisen liesse, dass immer die kleinsten Exemplare zur Entwicklung von Auxosporen schreiten, denn dann wäre klar, dass diese Unterbrechung der Reihengeneration durch eine Uebergangsgeneration eintrete, wenn die Species an ihrer unteren Längengrenze angelangt ist.

Dies ist nun in der That der Fall, einmal nach meinen eigenen Beobachtungen und zweitens, was hier, als, so zu sagen, unparteiischer Zeugenbeweis, sehr ins Gewicht fallen muss, nach mehreren Angaben früherer Forscher, welche die Bedeutung dieser Thatsache für die Theorie der Entwicklungsgeschichte noch nicht ahnen konnten. So sagt Focke[3]), dass die copulirenden Zellen von *Suriraya* zu den kleineren gehörten, dasselbe giebt Carter[4]) von *Cocconeis, Cymbella* und *Amphora* an und Lüders[5]) spricht aus, man finde die mittelgrossen Zellen nicht in Copulation, es gebe vielmehr für jede Art, von welcher zahlreiche Copulationen beobachtet seien, eine bestimmte Grösse, unter und über welcher keine Copulation der Zellen stattfinde, und es gingen ebenso keine „Sporangialzellen“ unter einer gewissen Grösse

1) Schumann, Diatomeen d. hohen Tatra S. 38 ff.

2) a. a. O. S. 82.

3) a. a. O. S. 39.

4) Carter, on the conjugation of Cocconeis etc. S. 2. 3.

5) Lüders, Beobachtungen u. s. w. S. 67.

aus der Copulation hervor. Auch nach den Abbildungen von Thwaites[1]) lässt sich wenigstens für *Himantidium* und *Rhoicosphenia* aus dem Verhältniss der Länge und Breite der copulirenden Zellen mit Sicherheit schliessen, dass dieselben zu den kleinsten gehörten. Dasselbe war sicher der Fall in allen Fällen, welche ich zu beobachten Gelegenheit hatte, wie die folgende kleine Tabelle lehrt. L bedeutet darin die beobachtete durchschnittliche Länge der zur Auxosporen-Bildung zusammenwirkenden Mutterzellen, m die geringste Zelllänge, welche bei der betreffenden Art nach Smith überhaupt gemessen worden ist.

		L	m
	Navicula cuspidata β ambigua	0,051^{mm}	0,053^{mm}
	„ *elliptica*	0,024	0,030
	Frustulia saxonica	0,040	0,033
	Surirayа splendida	0,130	0,127
nach Carter's Messungen	*Cocconeis Pediculus*	0,015	0,020
	Amphora ovalis	0,015	0,030
an Carter's[2]) Figuren gemessen	*Navicula serians*	0,046	0,043
	Frustulia rhomboides	0,044	0,056

Wir sehen, dass bei allen diesen Arten die copulirenden Zellen dem Minimum der Grösse der Species sehr nahe stehen. Wir wissen nun andererseits, dass die Auxosporen im Allgemeinen doppelt so lang werden, als ihre Mutterzellen. Wird damit, wie wir voraussetzen, die obere Längengrenze erreicht, so müssten die Bacillariaceen zum grössten Theil oder sämmtlich dem Gesetze folgen, dass ihre Länge von a bis 2a schwankt. Und rückwärts, liesse sich ein solches Gesetz nachweisen, so spräche dies in hohem Grade für unsere Hypothese.

Es hat nun Schumann[3]), ohne die letztere irgend zu kennen, eine Untersuchung über diese Verhältnisse angestellt und äussert sich darüber folgendermassen: „Unter 470 Species finde ich nicht eine, deren grösste Länge 10 mal so gross wäre, als die kleinste. *Epithemia gibba* nähert sich diesem Verhältnisse, wenn man *E. ventricosa* als Varietät zuzieht“ (was Schumann nicht billigt). Es folgt in meiner Liste *Discoplea undulata*, bei der die grössten Scheiben einen fast

1) Thwaites. on conjugation etc. Taf. XXII.

2) Carter giebt besonders an, dass seine Abbildungen nach dem genauen Massstab von $^1/_{12}$: $^1/_{6000}$ gezeichnet seien.

3) Schumann, Beiträge u. s. w. S. 712 f.

7 mal so grossen Durchmesser haben, als die kleinsten. Doch auch sie kann nicht zur Geltung kommen, da die meisten der von mir beobachteten Frusteln deform waren, was ich auch bei der Beschreibung mitgetheilt habe. Nach Beseitigung der angeführten Species ist *Navicula viridis* diejenige, welche die stärkste Längenschwankung (1 : 5,55) zeigt. Ich finde ferner in meiner Liste nur 10 Species, bei denen die grössten Frusteln 4—5 mal, 29, bei denen sie 3—4 mal, 70, bei denen sie 2—3 mal so gross sind, als die kleinsten; bei allen übrigen d. h. bei 77 % ist die Schwankung der Länge geringer, so dass das Verhältniss 2 : 3 als das durchschnittliche genommen werden kann".

Bedenkt man nun, dass diese Verhältnisszahlen der Natur der Sache nach meistens ein wenig zu klein ausfallen müssen, indem auch dem sorgsamsten Beobachter nicht immer die grössten und kleinsten Exemplare vor Augen kommen, dass es daher nicht auffallen kann, wenn viele Formen unter der Variation um die einfache Länge zurückbleiben, und zweitens, dass manche Auxosporen nachweislich drei mal so lang sind, als ihre Mutterzellen (z. B. *Cymatopleura Solea*), so darf man wohl sagen, dass von den untersuchten 470 Species 428 d. h. 90 % sich dem supponirten Gesetz fügen, was doch ohne Zweifel sehr für die Richtigkeit desselben spricht.

Um aber dem Uebelstand, dass Schumann die Verhältnisszahlen unter 1 : 2 nicht mitgetheilt hat, einigermassen abzuhelfen und die Sache noch sicherer zu stellen, habe ich die in Smith's Synopsis, einem gerade seiner guten Messungen wegen geschätzten Werk, enthaltenen Arten auf dieselben Verhältnisse hin durchgerechnet. Von den 319 Arten, bei welchen die Grenzen der Länge angegeben sind, variiren

65	um weniger als $^1/_2$ der Länge der kleinsten Zellen, also zwischen a und 1,4 a
125	um diese ganze Länge, also zwischen a und 2 a
85	um die doppelte Länge der kleinsten Exemplare, also zwischen a und 3 a
18	zwischen a und 4 a
13	„ a „ 5 a
5	„ a „ 6 a
3	„ a „ 7 a
1	„ a „ 8 a
2	„ a „ 9 a
2	„ a „ 10,5 a

Berechnen wir nach diesen Zahlen auf Procente, so variiren zwischen dem einfachen und dreifachen der Länge, fügen sich somit dem vorausgesetzten Gesetz, 275 von den 319 Arten, d. h. 86,2 %, nur 13,8 % erreichen höhere Zahlen. Nun könnte eingewandt werden, die Zahl der ersteren sei unrechtmässig vergrössert worden durch diejenigen Arten, welche nur in sehr wenigen Exemplaren vorgekommen, und somit ungenau bekannt seien. Aber einmal werden auch unter einer geringen Zahl Formen vorkommen, welche sich den Grenzen wenigstens nähern, so dass die Angaben doch als einigermassen richtig gelten dürfen, und dann bliebe noch das Auskunftsmittel, alle unter 1,5 Variation zeigenden Arten als nicht genügend beobachtet auszuschliessen. Es würde dies aber das Resultat nicht wesentlich ändern, da von den dann bleibenden 254 Species nun 210, d. h. 82,7 % zwischen 1,5 a und 3 a variiren. Betrachten wir endlich, ausgehend von dem Satz, dass die Länge der Auxospore sich zu derjenigen der Mutterzellen mindestens wie 5 : 3 verhält (*Navicula cuspidata β ambigua*), alle Formen als ungenau bekannt, bei welchen eine solche Differenz nicht nachgewiesen ist, die also um weniger als 1,7 a schwanken, so halten sich von den über 1,6 variirenden 209 Arten 165, also 78,9 % zwischen 1,7 und 3 a.

Mag man also die Zahlen betrachten, wie man will, immer stellt sich ein erheblicher Ueberschuss zu Gunsten der hier vertheidigten Hypothese heraus, immer bleibt die Zahl der weiter als um die doppelte Länge der kürzesten Zellen variirenden Arten eine verhältnissmässig sehr kleine, ganz übereinstimmend mit Schumann's Darlegung. Nur darin zeigt sich ein Unterschied, dass Smith doch erheblich stärkeres Variiren bei einzelnen Formen angiebt. Es ist dabei sehr auffallend, dass die letzteren fast sämmtlich fadenbildende Arten sind. Während von den in der Synopsis beschriebenen 247 frei oder in Gallertröhren lebenden und gestielten Arten nur 10 zwischen a und 4 a, 4 zwischen a und 4,5 a variiren, finden wir unter den 72 fadenbildenden Formen des zweiten Bandes

8	variirend	zwischen	a	und	4 a
9	„	„	a	„	5 a
13	„	„	a	„	6 a bis 10,5 a

so dass unter den ersten 3 Kategorieen nur 5,7 %, unter der letzteren aber 30 von 72, d. h. 41,9 % die Variation von höchstens a : 3 a überschreiten. Eine Erklärung dafür, dass gerade diese letzteren Arten einmal einen so hohen Procentsatz abweichender Formen, und zweitens auch die absolut grössten Variationen, bis a : 10,5 a zeigen, sind wir zur Zeit nicht zu geben im Stande. Es möchte aber von Nutzen sein, die am stärksten variirenden Formen hier nach Smith kurz aufzuführen, um sie weiterer Beobachtung zu empfehlen.

1. Freilebende, gestielte und in Röhren lebende.

a : 3,1 a *Epithemia gibba* (Ehrbg.) Kütz.
3,2 *Amphora ovalis* Kütz.
Pinnularia viridis Ehrbg.
3,3 *Suriraya biseriata* Bréb.
Tryblionella gracilis W. Sm.
Nitzschia linearis (Ag.) W. Sm.
3,4 *Cymatopleura elliptica* (Bréb.) W. Sm.
3,5 *Pleurosigma quadratum* W. Sm.
3,6 *Suriraya salina* W. Sm.
3,8 *Gomphonema acuminatum* Ehrbg.
4,2 *Cocconema Cistula* Hempr.
Rhoicosphenia marina (Kütz.) Grun.
4,4 *Gomphonema acuminatum* Ehrbg.
Actinoptychus undulatus W. Sm.

2. Fadenbildende Formen.

3,4 *Isthmia enervis* Ehrbg.
„ *nervosa* Kütz.
3,5 *Fragilaria undata* W. Sm.
Melosira nivalis W. Sm.
3,6 *Staurosira Harrisonii* (W. Sm.)
3,7 *Rhabdonema arcuatum* Kütz.
3,8 *Achnanthes longipes* Ag.
Orthosira Roeseana (Rab.)
4,2 *Denticula obtusa* Kütz.
4,4 *Odontidium anomalum* W. Sm.
Biddulphia aurita (Lyngb.) Bréb.
4,5 *Melosira distans* (Ehrbg.) W. Sm.
4,6 *Achnanthes brevipes* Ag.
4,7 *Melosira Borreri* Grev.
4,8 *Orthosira aurichalcea* (Kütz.) Thw.
Rhabdonema adriaticum Kütz.
4,9 „ *minutum* Kütz.

a : 5,1 a *Grammatophora macilenta* W. Sm.
5,4 *Fragilaria virescens* Ralfs.
5,5 *Melosira subflexilis* Kütz.
5,6 *Amphitetras antediluviana* Ehrbg.
5,8 *Tabellaria fenestrata* Ehrbg.
6,5 *Fragilaria hyalina* (W. Sm.)
6,9 *Grammatophora serpentina* Ehrbg.
7,0 *Staurosira mutabilis* (W. Sm.)
7,5 *Melosira varians* Ag.
8,3 *Himantidium pectinale* Kütz.
8,4 „ *Soleirolii* Kütz.
10,2 *Grammatophora marina* Ehrbg.
10,5 *Odontidium tenue* (Kütz.)

Wenn unsere allgemeine entwicklungsgeschichtliche Hypothese richtig ist, so müssen bei diesen abweichenden Formen entweder die Auxosporen die Mutterzellen noch mehr an Grösse übertreffen, als gewöhnlich, oder aber die Erstlingszellen der neuen Reihe müssen schon nach wenigen Theilungen, ohne vorher an die untere Längengrenze der Art gelangt zu sein, wieder zur Auxosporen-Bildung schreiten können. Sehen wir zu, was über diese beiden Fragen bekannt ist.

Von den eben angeführten 44 Formen sind 11 in Auxosporen-Bildung gesehen worden, und bei 10 gestatten die Abbildungen oder sonstige Angaben eine Beurtheilung des Längenverhältnisses zwischen Mutterzellen und Auxosporen. Die letzteren sind aber fast stets höchstens 3 mal so lang, als die ersteren; nur bei *Himantidium pectinale* und *Rhabdonema arcuatum* nähert sich das Verhältniss der Proportion 2 : 7. Wir müssen demnach die zweite Alternative für die richtige erklären, oder ein späteres Wachsen der Zellen annehmen. Gegen die letztere Voraussetzung sprechen die S. 153 f. angeführten Gründe; dafür, dass bei den Formen mit grosser Variation auch grössere Zellen entsprechend grössere Auxosporen bilden, folgende Beobachtungen.

Bei *Melosira varians* fand ich Fäden in Auxosporen-Bildung, deren Durchmesser 0,012—0,017^{mm} betrug, während das Minimum nach Smith bei dieser Art 0,006^{mm} ist. Dem entsprechend, dass hier relativ dicke Fäden Sporen entwickelten, näherten sich die letzteren der oberen Grenze der Art: dieselbe ist nach Smith 0,038^{mm}: die Sporen massen 0,029—0,041^{mm}. Umgekehrt erzeugten bei *Navicula cuspidata* (einschliesslich der durch viele Uebergänge damit verbundenen *N. am-*

bigua) die dem Art-Minimum nahe stehenden Mutterzellen Sporen, welche, im Durchschnitt 0,086^{mm} lang, hinter dem von Smith angegebenen Maximum 0,157^{mm} erheblich zurückbleiben. In derselben Probe fand sich aber dann auch ein durch die winkelige Biegung der Schalen unzweifelhaft als Erstlingszelle charakterisirtes Exemplar von 0,204^{mm} Länge. *N. cuspidata* gehört somit auch zu den Formen, die von a bis 4a variiren. Leider konnten die Mutterzellen dieser grossen Form nicht gemessen werden.

Ein vorzügliches Beispiel scheint endlich *Epithemia gibba* zu sein, doch hängt hier die Beweiskraft davon ab, ob man damit die *E. ventricosa* Kütz. vereinigt. Smith[1]), Pritchard[2]), Rabenhorst[3]) und Schumann[4]) trennen sie, Grunow[5]) sagt, sie seien „durch die entschiedensten Uebergänge verbunden", welcher Ansicht ich mich anschliessen muss. In der Grösse findet sich keine Kluft zwischen ihnen, wie schon Rabenhorst gegen Smith zugesteht, und wie ich mich durch Messung zu überzeugen Gelegenheit hatte. Eine Verschiedenheit der Riefenzahl, auf welche Schumann die Abscheidung der *E. ventricosa* stützt, wurde wieder von Smith und Rabenhorst nicht gefunden, und es bleibt somit als einziges allgemein anerkanntes Unterscheidungsmerkmal, dass *E. gibba* eine, *E. ventricosa* drei Anschwellungen zeigt. Dies möchte aber, nach dem, was wir über die Veränderlichkeit des Umrisses bei der Sporen-Bildung von *Suriraya* (S. 119), von *Navicula* (S. 64) und *Neidium* (S. 66) gesehen haben, in keiner Weise eine specifische Trennung rechtfertigen, um so weniger, als die von Smith dargestellten Auxosporen von *E. ventricosa* den auf derselben Tafel abgebildeten copulirenden Mutterzellen von *E. gibba* zum Verwechseln ähnlich sehen.

Erachten wir aber diese Formen nach alledem als zu einer Art gehörig, so haben wir den unmittelbaren Beweis, dass bei einzelnen Bacillariaceen Zellen sehr verschiedener Grösse copuliren und Auxosporen erzeugen, die ihnen einigermassen proportional sind, womit die

1) Smith, Synopsis I. S. 15.
2) a. a. O. S. 759.
3) Rabenhorst, Flora europaea Algarum I. S. 65.
4) Schumann, Beiträge u. s. w. S. 712.
5) Grunow, die österreich. Diatomaceen I. S. 327.

grosse Variation der *E. gibba-ventricosa* erklärt wäre. Wir hätten dann gleichzeitig hier eine Widerlegung der von Lüders[1]) aufgestellten Behauptung, die Grösse der Auxosporen sei unabhängig von der Länge der Mutterzellen, eines Satzes, der in geringen Grenzen berechtigt, in so allgemeiner Form aber kaum richtig sein dürfte. Wenn auch die kleinsten Zellen im Stande wären, Auxosporen von solcher Grösse zu entwickeln, wie wir sie bei grösseren Mutterzellen finden, so würde man doch irgend einmal eine grössere Längendifferenz zwischen beiden gefunden haben, als 1 : 3.

Die eben gemachten Mittheilungen über einzelne stark variirende Formen erschüttern selbstverständlich nicht das S. 155 f. aus zahlreichen früheren Angaben hergeleitete und durch die Messungen von Schumann und Smith bestätigte Grundgesetz, dass in der Regel die kleinsten Zellen zur Sporen-Bildung gelangen.

Schliessen wir hiermit unsere Betrachtungen über die Folgerungen, welche sich aus den Grössenverhältnissen der Bacillariaceen ziehen lassen, und wenden uns zu den Deutungen, welche man ausser der hier gegebenen für die Auxosporen der Bacillariaceen versucht hat, um zu prüfen, in wie weit diese Erklärungen etwa besser begründet seien, als die hier vertretene Auffassung.

Nach der letzteren sind die Auxosporen zunächst kein Ruhezustand, sondern vielmehr ein nur sehr kurze Zeit existirendes Glied der Entwicklungsreihe, sie entsprechen z. B. nicht den Zygosporen der *Desmidiaceen*. Man hat aber auch das Entgegengesetzte vorausgesetzt, und namentlich ist von Schumann[2]) die Vermuthung ausgesprochen worden, die Zonenbildung, welche ja, wie wir gesehen haben, die Auxosporen charakterisirt, sei eine Vorbereitung für den Winter. Dass im Gegentheil die Entstehung der letzteren von der Jahreszeit durchaus unabhängig ist, wird die folgende Tabelle lehren, welche, um gleichzeitig eine Uebersicht aller bisher beobachteten Auxosporen-Bildungen zu geben, auch die Formen enthält, bei welchen die Zeit der Beobachtung nicht bekannt ist. Wo kein Namen genannt ist, ist die Angabe nach eigenen Beobachtungen gemacht. Bei den mit einem Stern bezeichneten Arten ist über die Art und Weise, wie sie ihre Auxo-

---

1) Lüders, Beobachtungen u. s. w. S. 67.

2) Schumann, Beiträge u. s. w. S. 716.

sporen bilden, nichts bekannt, sie sind nur eben bei diesem Vorgang betroffen worden.

	Art.	Beobachter.	Zeit.	
1.	*Rhoicosphenia curvata* (Kütz.) Grun.	Thwaites	Juni	1847
	„ „	Smith	März	49
2.	„ *marina* (Kütz.) Grun.	Smith	März	49
3.	*Gomphonema sp.*	Thwaites	Mai	47
4.	„ *dichotomum* Kütz.	Smith	August	50
5.	„ *tenellum* W. Sm.	Smith	März	53
6.	„ *olivaceum* Ehrbg.	Smith	März	50. 53
	„ „	Smith	April	52
	„ „	—	April	70
7.	* *Sphenella vulgaris* Kütz.	Schumann	—	—
8.	*Cymbella Pediculus* Kütz.	Carter	August	55
9.	*Cocconema lanceolatum* Ehrbg.	Thwaites	Juni	47
	„ „	Smith	Januar	50
	„ „	Smith	April	52
10.	„ *Cistula* Hempr.	Smith	August	50
	„ „	Smith	April	52
11.	„ *parvum* W. Sm.	Smith	April	50
12.	*Encyonema prostratum* (Berk.) Ralfs	Smith	April	52
13.	*Amphora ovalis* Kütz.	Carter	Juli	55
14.	* „ *minutissima* W. Sm.	Schumann	—	—
15.	*Epithemia turgida* (Ehrbg.) Kütz.	Thwaites	Mai	47
	„ „	Smith	September	47
16.	„ *Zebra* (Ehrbg.) Kütz.	Thw. u. Sm.	October	48
17.	* „ *Argus* W. Sm.	Schumann	—	—
18.	„ *Sorex* Kütz.	Smith	Mai	51
19.	„ *gibba* (Ehrbg.) Kütz.	Thwaites	September?	47
	„ „	—	Juli	69
	„ „ *β ventricosa* Kütz.	Smith	November	53
20.	„ *Goeppertiana* Rab.	Itzigsohn	Februar	63
21.	*Achnanthes longipes* Ag.	Smith	Juli	49
	„ „ *β*	Smith	März	52
22.	„ *subsessilis* Kütz.	Lüders	—	—
23.	*Cocconeis Pediculus* Ehrbg.	Carter	September	55
	„ „	—	Juli	70
	„ „ *β Placentula* Ehrbg.	Smith	Februar	53
24.	*Navicula elliptica* Kütz.	—	April	70
25.	„ *amphioxys*	Schumann	—	—

Art.	Beobachter.	Zeit.	
26. *Navicula cuspidata* Kütz.			
„ „ *β ambigua* Ehrbg.	Schumann	Septemb.	1867
„ „ „	—	April	70
27. „ ? *serians* Kütz.	Carter	Juli	65
28. *Neidium amphirhynchum* (Ehrbg.)	Griffith	Mai	—
„ „ *β firmum* Kütz.	de Bary	—	—
29. „ *limosum* (Kütz.)	Schumann	September	67
30. *Frustulia rhomboides* (Ehrbg.)	Carter	Juli	65
31. „ *saxonica* Rab.	—	Juni	69
32. „ *laevissima* (Kütz.)	Carter	Juli	65
33. *Stauroneis Phoenicenteron* Ehrbg.	Archer	—	—
34. *Colletonema subcohaerens* Thw.	Thwaites	Juni	47
„ „	Smith	October	47
35. *Schizonema Grevillii* Ag.	Smith	Juli	49
36. *Mastogloia Dansei* Thw.	Thwaites	—	—
37. *Pinnularia viridis* Ehrbg.	Schumann	September	67
38. „ *Brebissonii* (Kütz.)	Schumann	September	67
39. „ *hemiptera* (Kütz.) W. Sm.	—	März,	70
„ „	—	April	70
40. „ *stauroptera* (Grun.)	Schumann	September	67
41. „ *gibba* Ehrbg.	Carter	Juli	65
42. *Berkeleya Dillwynii* (Ag.) Grun.	Lüders	—	—
43. *Nitzschia sp.*	Schumann	September	—
44. *Suriraya splendida*	Focke	Februar	54
* „ „	Focke	April	53
„ „	—	Juli	69
45. „ *calcarata m.*	—	Juli	69
„ „	—	December	70
46. *Cymatopleura Solea* (Bréb.) W. Sm.	—	April	70
„ „	—	September	70
47. *Himantidium pectinale* (Dillw.) Kütz.	Thwaites	October?	47
48. *Rhabdonema arcuatum* (Lyngb.) Kütz.	Smith	November	49
„ „	—	März	52
49. *Meridion circulare* Ag.	Lüders	—	—
50. *Biddulphia laevis* Ehrbg.	Thwaites	—	—
51. * *Coscinodiscus excentricus*	Schumann	—	—
52. *Cyclotella operculata* Kütz.	Hofmeister	October	56
53. „ *Kützingiana* Thw.	Smith	November	48
54. *Orthosira orichalcea* (Ehrbg.) W. Sm.	Smith	October	55

	Art.	Beobachter.	Zeit.	
55.	*Orthosira Roeseana* (Rab.)	Schmitz	August	1869
56.	*Melosira nummuloides* (Dillw.) Kütz.	Smith	October	1852
	„ „	—	Dezember	70
57.	„ *Borreri* Grev.	Smith	März	52
58.	„ *subflexilis* Kütz.	Smith	März	52
59.	„ *varians* Ag.	Smith	October	51
	„ „	Schmitz	August	69
	„ „	—	Juli	70
	„ „	—	September	70
60.	„ *globifera?*	Thwaites	—	—

Zählen wir zusammen, so ergiebt sich folgendes Resultat:

Monat.	Zahl d. Beobacht.	Monat.	Zahl d. Beobacht.
Dezember	2	März	9
Januar	1	April	11
Februar	3	Mai	4
	6		24
Juni	4	September	11
Juli	11	October	7
August	5	November	3
	20		21

Summe 71 Beobachtungen.

Man sieht also, dass nur im strengen Winter, wo noch dazu wohl überhaupt wenig nach Bacillariaceen gesucht worden ist, die Auxosporen-Bildung selten erfolgt, indem wir für den (meteorologischen) Winter, d. h. Dezember, Januar, Februar 6 Beobachtungen zählen, dass sie aber sonst in allen Jahreszeiten ziemlich gleichmässig stattfindet, da auf das Frühjahr (März bis Mai) 24, auf den Sommer (Juni bis August) 20, auf den Herbst (September bis November) 21 Beobachtungen kommen. Ausserdem ist *Cocconema lanceolatum* im Januar, April und Juni, *Suriraya splendida* im Februar, April und Juli, *Suriraya calcarata* im Juli und Dezember, *Melosira varians* im Juli, August und October in Auxosporen-Bildung gefunden worden, so dass auch ein und dieselbe Form zu sehr verschiedenen Zeiten diesem Vorgang unterliegt. Es passt dies vorzüglich zu der hier vertretenen Hypothese, nach welcher ein fortwährend wirkender Verkleinerungsprocess nothwendig in ganz beliebigen Zeitmomenten einen Wiederaufschwung zur oberen Längengrenze der Art zur Folge haben muss.

Da man aber diese Theorie, nach welcher die Auxosporen sich nie in irgend anderer Weise weiter entwickeln, als durch Theilung, bis in die neueste Zeit nicht kannte, so suchte man nach anderen Hypothesen, um die Kluft zwischen den grossen Erstlingszellen und den kleinen Mutterzellen auszufüllen und so den Kreis der Entwicklung zu schliessen. Man nahm an, dass entweder ausser den Auxosporen noch andere Sporenformen vorkämen, oder dass die ersteren sich in anderer Weise, als durch beständige Theilung, weiter entwickeln.

Man kann ja nun natürlich die Möglichkeit der Existenz noch unbekannter Fortpflanzungszellen nicht unbedingt in Abrede stellen; aber soviel lässt sich nachweisen, dass die bisher als Sporen von Bacillariaceen beschriebenen und nicht zu den Auxosporen gehörigen Zellen wesentlich anderer Bedeutung sind.

Zuerst sind hier die farblosen, dickhäutigen Kugeln zu erwähnen, welche Focke[1]) im Innern von *Pinnularien* und *Surirayen* fand und für Ruhesporen derselben erklärte. Es ist dem Verfasser[2]) gelungen, nachzuweisen, dass diese Kugeln Sporen eines wohl den *Saprolegnieen* nahe stehenden Parasiten sind, der *Cymbanche Fockei* m., dass sie in einem weiten Pilzschlauch liegen, und dass nahe verwandte, in *Desmidiaceen* vorkommende Kugeln ähnlicher Art farblose Zoosporen bilden. Weitere Beobachtungen über diesen Gegenstand sollen demnächst veröffentlicht werden.

Gleichfalls auf Parasiten zurückzuführen sind dann die schon S. 26 erwähnten Angaben O'Meara's über Bildung von „Antherozoidien" bei *Pleurosigma Spenceri*. O'Meara bemerkt ausdrücklich, das Endochrom der betreffenden *Pleurosigma*-Zellen, aus welchen er bläulich-grüne Körper mit selbstständiger Bewegung austreten sah, sei schön grün gefärbt gewesen — est ist dies aber nach Allem, was ich gesehen habe, ein sicherer Beweis dafür, dass die Bacillariaceen schon seit einiger Zeit todt sind.

Nicht selten sieht man übrigens auch in solchen längst abgestorbenen Zellen eine lebhafte sogenannte „Molecular-Bewegung", welche

---

1) a. a. O. S. 36. 43. Taf. VI. Fig. 24—30.

2) Sitzungsber. d. Niederrhein. Gesellsch. f. Natur- u. Heilkunde. 1869. S. 217.

die dunkelbraunen sehr kleinen Körner zeigen, in die die Endochromplatten zerfallen sind. Es mag wohl auch diese Erscheinung bisweilen für eine Brutkörnerbildung gehalten worden sein; namentlich scheint eine Notiz bei Schumann[1]) sich hierauf zu beziehen.

Dass Ehrenberg's Angabe, die Endochromplatten seien als Ovarien zu betrachten und entliessen kleine Eier, nicht mehr haltbar sei, glaubt der Verfasser aus den gesammten oben mitgetheilten Beobachtungen schliessen zu müssen, namentlich da ein Austreten solcher Ovula niemals mit Sicherheit gesehen worden ist, und da die Platten überhaupt mit den neueren optischen Hülfsmitteln keine ihnen eingebetteten oder in ihnen entstehenden bestimmt geformten Körperchen erkennen lassen.

Ganz vereinzelt sind dann noch die folgenden Beobachtungen von Cohn und dem Grafen Castracane degli Antelminelli. Nach einer beiläufigen Angabe des Ersteren[2]) vermehrt sich *Amphiprora alata* „durch sehr kleine, aber der Mutterzelle gleich gestaltete Keime". Nach Castracane[3]) bildeten sich dagegen aus grünen kugeligen Zellen, welche in einem dem Licht ausgesetzten Glase voll Wasser gewachsen waren, Blasen, welche sich durch Wimpern bewegten, später zur Ruhe kamen und je zwei bis drei *Naviculeen* mit graugrünem Endochrom enthielten. In beiden Fällen müssen wir wohl eine Bestätigung abwarten, ehe wir diese so ganz von allem sonst Bekannten abweichenden Erscheinungen für berechtigt halten können, die vielen Gründe zu widerlegen, welche für die hier vertretene Hypothese sprechen.

Ferner fand Schumann[4]) einmal in einem geglühten Präparat eine *Nitzschia,* die ihm zwei kleine *Naviculae* einzuschliessen schien und hielt die letzteren für Brut der *Nitzschia.* Ich möchte aber eher annehmen, dass dieselben entweder auf der *Nitzschia* lagen, oder durch einen Zufall nach deren Tode in eine einzelne Hauthälfte der-

1) Schumann, preussische Diatomeen I. S. 173. Zeile 3.

2) Cohn, über die Cultur der Meeralgen. Hedwigia V. 1866. S. 68.

3) Castracane degli Antelminelli, mémoire sur la multiplication et la réproduction des Diatomées. Archiv. dell' acad. pontific. dei nuovi Lincei. 19. April 1868. Uebersetzt in Annal. d. scienc. natur. Botanique. Cinq. Serie. Tome VIII. S. 360.

4) Schumann, Diatomeen der hohen Tatra S. 59. Taf. I. Fig. 15c.

selben hinein gelangten. Wir kämen sonst hier in ein ganz unbekanntes Gebiet, und müssten auf Grund einer einzigen, nicht einmal unzweideutigen Beobachtung den Bacillariaceen einen Generationswechsel verwickelter Art zuschreiben, der wieder mit dem von Castracane angenommenen gar nicht übereinstimmt.

Ueber die innere Schalenbildungen, welche man bisweilen ebenfalls für Fortpflanzungszellen angesprochen hat, ist schon S. 102 f. berichtet, und die Unhaltbarkeit jener Hypothese nachgewiesen worden.

Endlich ist noch zu erwähnen, dass Lüders[1]) Brutkörner, Donkin[2]) Ruhesporen bei den Bacillariaceen aus theoretischen Gründen vorausgesetzt haben, ohne dass solche Entwicklungszustände wirklich von ihnen beobachtet wären. Die erste Annahme wurde nur gemacht, um die, jetzt wohl in anderer Weise beseitigte Kluft zwischen Auxosporen und Mutterzellen auszufüllen, die zweite, weil nach Donkin's sehr richtiger Bemerkung an denselben oft eng umschriebenen Stellen Jahr für Jahr immer wieder dieselben Formen auftreten. Man braucht aber, um diese Erscheinung zu erklären, keine Dauersporen vorauszusetzen. Nach Ehrenberg's[3]) von mir mehrfach bestätigten Beobachtungen sind die Bacillariaceen im Stande, in kaum feuchter Erde lange Zeit am Leben zu bleiben, und Schumann[4]) theilt mit, dass nach dreitägiger ungewöhnlicher Kälte, die bis 20° R. stieg, ein auf freier Wiese liegendes gefrorenes Stückchen Erde im warmen Zimmer aufgethaut nach einer halben Stunde *Naviculeen* in lebhafter Bewegung zeigte. Dasselbe fand ich bei geringeren, etwa 10° R. erreichenden Kältegraden. Organismen von dieser Dauerhaftigkeit bedürfen wohl kaum besonderer Ruhesporen. Der einzige schädliche Einfluss, gegen welchen die Bacillariaceen sehr empfindlich zu sein scheinen, ist ungenügender Zutritt von Sauerstoff[5]), und dieser Mangel wird an ihren natürlichen Wohnplätzen wohl kaum eintreten.

---

1) Lüders, Beobachtungen u. s. w. S. 67.

2) a. a. O. S. 2.

3) Ehrenberg, Monatsber. d. Berlin. Acad. 1837. S. 107. Abhandl. ders. 1836. S. 129.

4) Schumann, preussische Diatomeen I. S. 173.

5) Es empfiehlt sich daher, zur Cultur einmal flache Gefässe anzuwenden, welche nur eine niedrige Wasserschicht enthalten, in welcher man noch Pflanzen, wie *Ranunculus aquatilis* oder *Elodea canadensis* wachsen lässt. Sehr günstig

Nach alledem dürfen wir wohl behaupten, dass bis jetzt keine genügend unterstützten Beobachtungen uns zwingen, den Bacillariaceen mehr als eine Sporenform zuzuschreiben. Es wäre nun noch die Frage zu erledigen, ob die Auxosporen sich, ausser durch Theilung, noch in anderer Weise entwickeln können.

Es hat nun Smith [1]), um aus denselben die kleinen Mutterzellen wieder abzuleiten, eine derartige Annahme gemacht, die einige Zeit vielfach Anerkennung gefunden hat. Er fand Gallertmassen, die eine grosse Menge *Cocconemen*, in einem anderen Falle *Synedren* umschlossen, und meinte, die Entwicklungsproducte von Auxosporen vor sich zu haben. Aehnliches beobachtete Hofmeister [2]) bei *Cyclotella*.

Aber schon de Bary [3]) sprach sich gegen die Smith'sche Deutung dieser „Cysten" aus, da dieselben, was ich bestätigen kann, oft verschiedene Arten, selbst gleichzeitig *Desmidiaceen* enthalten, und äusserte die Vermuthung, dass diese „Cysten" von *Amoeben* herrührten. Diese Auffassung wurde dann von Lüders [4]) durch unmittelbare Beobachtung als richtig erwiesen, und auch ich kann nach Smith's Abbildungen nicht zweifeln, dass die eingeschlossenen Bacillariaceen längst todt waren, wie es auch bei den von mir gefundenen „Cysten" der Fall war. Lüders sah, wie von solchen letzteren sich *Amoeben* abtrennten, und wie dieselben andererseits Bacillariaceen umschlossen und so jene Körper bildeten. Es möchte daher nicht nöthig sein, näher auf dieselben einzugehen.

Ferner liegt eine Beobachtung von Rabenhorst [5]) vor, nach welcher aus den kugeligen Auxosporen der *Melosiren* Schwärmsporen austreten sollen. Rabenhorst bemerkt selbst [6]), er habe dies nur einmal gesehen, und es ist auch später diese Erscheinung

---

wirkt auch ein langsamer Luftstrom, der beständig das Wasser der Cultur-Gefässe durchstreicht. Für letzteren Zweck erwies sich als sehr zweckmässig ein Aspirator in der von L. de Koninck vorgeschlagenen Form eines T-förmigen Rohrs mit kreisförmig umgebogenem mittlerem Schenkel.

1) Smith, Synopsis II. S XV f. Taf. B. Fig. 89. Taf. C. Fig. 221. III—V.

2) Hofmeister, über die Fortpflanzung u. s. w. S. 28.

3) De Bary, Bericht über die Fortschritte u. s. w. S. 62.

4) Lüders, einige Bemerkungen u. s. w. S. 378 f.

5) Rabenhorst, Süsswasser-Diatomaceen S. 3. Taf. X. Fig. 18.

6) Rabenhorst, Flora europaea Algarum I. S. 2.

von Niemand wieder wahrgenommen worden, obgleich gerade die in Rede stehenden Auxosporen so häufig vorkommen und so viel untersucht sind. Es möchte wohl auch hier ein durch einen im Sporangium lebenden Parasiten verursachter Irrthum anzunehmen, und die Zoosporen-Bildung nicht der *Melosira*, sondern dem Schmarotzer zuzuschreiben sein. Diese Deutung wird sehr unterstützt durch eine Angabe Schumann's[1]), wonach derselbe bei *Cocconeis Pediculus* und *Gomphonema acuminatum* farblose bewegte Schwärmzellen gesehen hat. Es wäre aber aller Analogie nach geboten, vorauszusetzen, dass, wenn überhaupt bei den Bacillariaceen Zoosporen entwickelt werden, dieselben, wie bei allen bekannten Algen, endochromhaltig sein würden. Der Parasit möchte ein *Chytridium*, vielleicht auch eine *Cymbanche* gewesen sein.

Möglicher Weise ist Rabenhorst auch durch eingedrungene Infusorien getäuscht worden, doch ist dies weniger wahrscheinlich. Jedoch sind solche Fälle von Lüders[2]) mehrfach beobachtet worden, wobei schon mit Recht darauf hingewiesen wurde, dass sie leicht zu einer irrigen Annahme von Schwärmsporen Anlass geben könnten, um so mehr, als die Thiere von genossenem abgestorbenem Inhalt bräunlich gefärbt waren.

Es ist somit bei den Bacillariaceen nur eine Form und auch nur eine Entwicklungsweise der Sporen bisher mit Sicherheit nachgewiesen worden, und damit scheint mir, wenn wir die sämmtlichen hier angestellten Betrachtungen noch einmal mit einem Blicke zusammenfassen, das in der Einleitung dieser Abhandlung supponirte Entwicklungsgesetz soweit bewiesen, dass wir dasselbe als gültig betrachten dürfen, bis weitere Untersuchungen neue Argumente liefern.

Ist dem aber so, so fragt sich zunächst: welchen Einfluss hat diese Erkenntniss auf die Unterscheidung der Arten der Bacillariaceen? und zweitens: welchen Platz nehmen die letzteren überhaupt in der Natur ein?

Die erstere Frage sei hier nur in aller Kürze erörtert. Zunächst hätten wir nach den S. 156 ff. gegebenen Ausführungen einer jeden Art eine Längen-Variation von mindestens 1 : 2 zuzugestehen, und jede Spe-

---

1) Schumann, preussische Diatomeen I. S. 173.

2) Lüders, einige Bemerkungen u. s. w. S. 377.

cies als unvollkommen beobachtet zu betrachten, bei welcher noch keine soweit von einander abstehenden Exemplare gefunden worden sind. Zweitens hätten wir gerade in den Mutter- und Erstlingszellen auch die Formgrenzen der Species zu suchen, und es wäre namentlich auf dem Wege der Beobachtung der Auxosporen-Bildung festzustellen, welche Variationen specifisch, welche individuell sind. Dass z. B. vorgezogene Enden und Einschnürungen der Mitte in die letztere Kategorie gehören, haben wir gesehen. Ausserdem möchte wohl noch hierher zu rechnen sein die Zahl der Ecken mancher polygonaler Formen, sowie die der Strahlen bei den *Actinocyclus*-Arten u. A., wofür aber eben erst die Beobachtung der Sporen den unmittelbaren Beweis liefern kann. Im Allgemeinen dürfte daraus eine erhebliche Verminderung der Zahl der zur Zeit anerkannten Species folgen.

III. Ueber die Stellung der Bacillariaceen zu den nächstverwandten Organismen.

Ehe wir diese zweite, wichtigere Frage näher ins Auge fassen, müssen wir die Vorfrage beantworten, ob die nächsten Verwandten der Bacillariaceen unter den Pflanzen oder unter den Thieren zu suchen seien.

Es kann dabei nicht unsere Absicht sein, Alles zu recapituliren, was über diese bekanntlich so sehr vielfach behandelte Frage geschrieben ist. Ich möchte mich vielmehr darauf beschränken, zu vergleichen, ob sich in dem Bau der Bacillariaceen, wie er oben dargestellt worden ist, Eigenthümlichkeiten finden, welche in den Zellen niederer Pflanzen eine Analogie nicht fänden.

Was zunächst die Zellhaut anlangt, so haben wir sowohl ihren Stoff, als ihre Form in Betracht zu ziehen. Es ist mehrfach nachgewiesen worden (vgl. S. 39, 63), dass die starre Hülle der Bacillariaceen aus einer organischen Substanz besteht, welche von Kieselsäure oder einer anderen Silicium-Verbindung durchdrungen, oder mit einer solchen chemisch verbunden ist. Ob jene Substanz in ihrer Zusammensetzung der Cellulose entspricht, bleibt allerdings noch nachzuweisen:

wenigstens ist die charakteristische Reaction der Blaufärbung bei Behandlung mit Jod und quellungserregenden Körpern meines Wissens bei Bacillariaceen noch nicht beobachtet worden. Doch findet dies im Pflanzenreich zahlreiche Analogieen: Die Membranen der meisten Pilze [1]), diejenigen mancher *Spirogyren* [2]) lassen sich durchaus nicht in der erwähnten Weise blau färben, und die stark cuticularisirten Zellwände höherer Pflanzen bläuen sich erst nach einer vorgängigen, je nach ihrer Constitution verschiedenen Behandlung mit Macerations-Mitteln [3]), mit welchen bei den Bacillariaceen noch kaum Versuche angestellt sind. Ausserdem wäre ja überhaupt eine wirklich vorhandene chemische Verschiedenheit kein Beweis gegen die Pflanzennatur.

Wesentlicher weicht die Zellhaut der letzteren ihrer Form nach von dem Typus normaler Pflanzenzellen ab. Die nächsten Analoga, welche wir für die zweischalige starre Hülle der Bacillariaceen beibringen könnten, wären *Oedogonium*, manche *Desmidiaceen* und *Schizochlamys*. Bei der erstgenannten Gattung reisst bekanntlich die Zellhaut vor jeder Theilung in einem Ringsriss auf, so dass sie dann aus zwei Stücken besteht. Dieselben greifen aber einmal nicht übereinander, und ferner wird, sowie dieselben von einander rücken, ein neues Membranstück zwischen ihren Rändern eingeschaltet, welches dann erheblich wächst [4]). Bei den *Desmidiaceen*, die ja freilich auch dem Thierreich zugezählt, aber mit den übrigen fadenförmigen Conjugaten so nahe verwandt sind, dass man sie unmöglich davon trennen kann, bietet der Vorgang schon mehr Aehnlichkeit. Hier reisst bei manchen Formen, *Cosmarium curtum* [5]), *Mesotaenium chlamydosporum* de By. [6]), die Zellhaut der Mutterzelle nach der Theilung in der Mitte auf, und die Hälften werden von den Tochterzellen zuerst auseinander geschoben und dann abgestreift. Wir brauchten hier, um vollständig zu den bei den Bacillariaceen thatsächlich vorhandenen Verhältnissen zu gelangen, nur vorauszusetzen, dass die beiden Tochterzellen nicht all-

1) Hofmeister, Pflanzenzelle S. 258.
2) De Bary, Conjugaten S. 1.
3) Hofmeister, Pflanzenzelle S. 257.
4) ebenda S. 102 f.
5) Braun, Verjüngung S. 193.
6) De Bary, Conjugaten S. 33.

seitig Membran bildeten, sondern an ihren äusseren Enden dauernd von den Mutterzellhälften bedeckt blieben, während ihre inneren Enden, von Haut umhüllt, in den äusseren bis zur nächsten Theilung stecken blieben, ohne mit ihnen zu verwachsen. Ganz ähnliche Betrachtungen liessen sich bei der zu den *Palmellaceen* gehörigen *Schizochlamys gelatinosa* A. Br.[1]) anstellen, deren Zellen gleichfalls vor jeder Theilung die Haut in zwei Schalen abwerfen. Es scheint mir nun, als ob z. B. der Unterschied, welcher zwischen dem Theilungsvorgang von *Oedogonium* und etwa *Spirogyra* oder *Cladophora* besteht, kaum kleiner sei, als derjenige zwischen der Vermehrungsweise der Bacillariaceen einerseits und der von *Cosmarium* und *Schizochlamys* andererseits, und doch könnte Niemand *Oedogonium* von den übrigen Algen trennen wollen. Die Bildung neuer Membrantheile erfolgt nur bei den meisten Zellen lange vor der Theilung intercalar an der ganzen Oberfläche, bei manchen (*Euastrum*) erst nach der Theilung an bestimmten Stellen[2]), bei *Oedogonium* in gleicher Weise kurz vor der Zerklüftung des Plasmas, und endlich bei den Bacillariaceen so lange vorher, dass das neue Hautstück (d. h. also das jüngere Gürtelband) schon im Innern der alten Zellhaut fertig vorliegt, ehe das Plasma das jeder Theilung vorhergehende energische Wachsthum beginnt. Dass wir dabei statt einer Verwachsung nur eine innige Berührung finden, welche die Stelle jener vertritt, ohne bei jeder Ortsveränderung der Theile eine Zerreissung nöthig zu machen, scheint mir kein sehr wesentlicher Unterschied, sondern nur eine Folge der geringen Wachsthumsfähigkeit der Zellhaut.

Immerhin ist aber hier doch eine Verschiedenheit der Bacillariaceen gegenüber allen sonst bekannten Pflanzengruppen vorhanden, und es ist ja auch gerade auf diesen eigenthümlichen Bau der Zellhaut nach unserer Auffassung das Entwicklungsgesetz gegründet, welches den Bacillariaceen weit besser eine bestimmte Stelle in der Natur anweist, als der ja bei vielen Thieren und Pflanzen vorkommende Kieselgehalt ihrer Hüllen.

Während wir jedoch immerhin ohne Schwierigkeit das Gemein-

1) Braun, Verjüngung S. 196. Ich habe diese Alge kürzlich auch in Zoosporen-Bildung gesehen — jede Zelle entlässt eine Schwärmspore.

2) De Bary, Conjugaten S. 43.

same erkennen konnten, welches *Oedogonium* u. s. w. und die Bacillariaceen verknüpft, so möchte es dagegen viel schwieriger sein, ähnliche Analogieen aus dem Thierreich beizubringen. Die *Arcellinen* und *Polycystinen* wenigstens, an welche man zunächst denken könnte, verhalten sich doch ganz abweichend, und auch sonst möchte bis jetzt kein Thier bekannt sein, das zwei in einander verschiebbare Schalenhälften besässe. Die Formen mit zweiklappigen, um einen Verbindungspunkt beweglichen Schalen stellen sicher einen ganz anderen Typus dar.

Ausser den eben behandelten Verhältnissen wären dann vielleicht hier noch zu nennen die Zeichnungen und die spaltenförmigen Durchbrechungen der Schalen. Die ersteren beruhen, wie oben nachgewiesen worden ist, zum Theil auf Wandverdickungen, wie sie ja überall im Pflanzenreich vorkommen, zum Theil sollen sie nach Flögel[1]) Hohlräumen im Innern der Wand ihre Entstehung verdanken. Was den letzteren Punkt anlangt, so scheint mir Flögel einmal bei seiner im Uebrigen vortrefflichen Untersuchung die Möglichkeit nicht genügend berücksichtigt zu haben, dass die von ihm beobachteten Verbindungen zwischen den beiden Flächen der Zellwand sich von den dazwischen liegenden Räumen nur durch stärkeres Lichtbrechungsvermögen in Folge molecularer Constitution unterschieden, ein Verhältniss, auf welchem bekanntlich[2]) die ähnlichen Streifungen von Bastzellen u. s. w. beruhen. Aber auch in dem Fall, dass die Beobachtungen Flögel's sich in aller Strenge als richtig erweisen sollten, würden sie nichts gegen die Pflanzennatur der Bacillariaceen beweisen, da jene Hohlräume dann in den behöften Poren vieler Pollenzellen, sowie des Holzes der *Coniferen* ein Analogon finden und von den Höhlungen, welche Millardet in den Zellwänden der Samenschalen von *Bertholletia*[3]) gefunden hat, an Complication noch weit übertroffen werden würden.

Auch die Durchbrechung der Zellwand an bestimmten Stellen findet sich vielfach bei niederen Pflanzen, welche ihrer Bewegung halber gezwungen sind, das Plasma mit dem Wasser in unmittelbare Berüh-

---

1) a. a. O. S. 480.

2) Hofmeister, Pflanzenzelle S. 197 ff. Man würde freilich bei den Bacillariaceen, da die Streifungen auch an trockenen Schalen sichtbar sind, nicht wie sonst eine Differenzirung nach dem Wasser-, sondern nach dem Kieselgehalt annehmen müssen.

3) Hofmeister, Pflanzenzelle S. 178.

rung zu bringen. Wo einigermassen lebhaft bewegliche Zellen überhaupt Membran haben, hat dieselbe auch Löcher. So bei *Stephanosphaera pluvialis* Cohn [1]), bei *Chlamydococcus pluvialis* Flot. [2]). Wollte man die *Volvocineen* zu den Thieren stellen, so wird damit dies Argument doch nicht hinfällig, da auch die Zoosporen mancher Fadenzellen gegen das Ende der Schwärmzeit das gleiche Verhalten zeigen [3]). Ausserdem sind ja doch diese Schwärmsporen selbst Pflanzenzellen, welche lange Zeit überhaupt keine Membran besitzen, und an ihrer ganzen Oberfläche der Einwirkung des Wassers ausgesetzt sind — es ist also an sich gar nicht erstaunlich, dass dasselbe bei anderen Formen stellenweise, also in geringerem Grade der Fall ist.

Wenden wir uns dann zu den plasmatischen Bestandtheilen der Zelle, so sind namentlich die darin stattfindenden Bewegungserscheinungen vielfach als Argumente für die thierische Natur der Bacillariaceen angeführt werden.

Diese Erscheinungen zerfallen in zwei Gruppen: in die im Innern der Zelle geschehenden Ortsveränderungen und in die Bewegung der ganzen Zelle. Was zunächst die ersteren anlangt, so finden sie die vollständigsten Analogieen in den Zellen höherer Pflanzen. Bei den langsamen Wanderungsn der Kerne, Endochromplatten u. s. w. bedarf dieses keines besonderen Nachweises, aber auch die eigentlichen Strömungserscheinungen in den Bacillariaceen zeigen dieselben Variationen, welche wir sonst finden. Bald ist nur das Plasma in Bewegung und man kann die letztere an den Ortsveränderungen der kleinen eingebetteten Körnchen unmittelbar wahrnehmen, wie nach Schultze [4]) bei *Coscinodiscus*, oder es zeigen nur an der Oberfläche der Plasmafäden fortgeschobene Oeltropfen, dass eine Strömung stattfindet, wie nach Schultze [5]) und dem Verfasser bei *Suriraya*, oder endlich es werden auch die Endochromkörner mit fortgerissen. Letzteres geschieht entweder ohne äussere Veranlassung, wie nach Schultze [6]) bei *Rhizo-*

---

1) Cohn und Wichura, über *Stephanosphaera pluvialis*. Nov. Act. Acad. Cals. Leop. Carol. vol. XXVI. p. I. S. 3.

2) Cohn, Nachträge z. Naturg. d. *Protecoccus pluv.* ebenda vol. XXII. 2. S. 678.

3) Hofmeister, Pflanzenzelle S. 28.

4) Schultze, innere Bewegungserscheinungen u. s. w. S. 333.

5) Schultze, die Bewegung der Diatomeen S. 381 f.

6) Schultze, innere Bewegungserscheinungen u. s. w. S. 334.

solenia, nach Lüders[1]) bei *Chaetoceras*, oder es bewirkt auch ein Reiz eine Umlagerung, wie nach Lüders[1]) bei *Striatella, Rhipidophora*, wo nach einer kleinen Erschütterung sich die Endochromkörner sogleich dicht um den Zellkern zusammenziehen. Wir können nun der bei *Coscinodiscus*, *Suriraya*, *Chaetoceras*, *Rhizosolenia* vorkommenden Form der Plasmabewegung diejenige gegenüberstellen, welche bei *Tradescantia, Nitella, Vallisneria* stattfindet, und die Reizbewegungen bei *Striatella, Rhipidophora* sind den Erscheinungen analog, welche Hofmeister[2]) bei den Staubfadenhaaren der *Tradescantia virginica* beobachtete, wo nach mässiger momentaner Quetschung die Plasmafäden rissen und sich zum Theil nach der den Kern umgebenden Plasmamasse, zum Theil nach dem Plasmaschlauch zurückzogen. Auch die Blätter der *Crassulaceen*[3]) und der *Muscineen*[4]), in welchen je nach der Intensität des als Reiz wirkenden Lichtes die Chlorophyllkörner nach Böhm und Famintzin, wenn auch langsamer, ihre Stellung ändern, liessen sich hier anführen.

Die „beständige zitternde Bewegung" des ganzen Plasmas, welche Focke[5]) bei *Suriraya* angiebt, und welche er „gleichsam ein Kochen der ganzen Masse" nennt, habe ich nicht wahrnehmen können. Die von Lüders[6]) erwähnte „lebhaftere Bewegung, welche an sehr kleinen farblosen Körnern sichtbar wird, die bei manchen Arten zu Zeiten sehr reichlich in den Zellen vorhanden sind", ist wohl auf vom Plasma bewegte Oeltröpfchen zurückzuführen oder mit der bei *Coscinodiscus* auftretenden Form identisch.

Die Aussenbewegungen der Bacillariaceen sind gleichfalls von zweierlei Art: entweder bewegt die Zelle an bestimmten Stellen fremde Körper an sich entlang, während sie selbst ruht, oder sie gleitet selbstständig auf ihnen dahin, oder auch durch das Wasser hindurch. Beide

1) Lüders, Beobachtungen u. s. w. S. 42.

2) Hofmeister, Pflanzenzelle S. 50.

3) Böhm, Sitzungsber. d. Wien. Acad. 1858. S. 511 ff.

4) Famintzin, die Wirkung des Lichts und der Dunkelheit auf die Vertheilung der Chlorophyllkörner in den Blättern von Mnium. Pringsheim's Jahrbücher f. wiss. Bot. VI. S. 49 ff.

5) a. a. O. S. 31.

6) Lüders, Beobachtungen u. s. w. S. 42.

Formen der Ortsveränderung treten auch häufig gleichzeitig auf. Fast sämmtliche hierher gehörigen Beobachtungen sind in Schultze's vortrefflicher Abhandlung „über die Bewegung der Diatomeen" zusammengestellt und ich könnte mich begnügen, darauf hinzuweisen, wenn nicht die neuerdings von Dippel[1]) gegen Schultze's Deutung vorgebrachten Einwände hier eine Besprechung erforderten. Während nach Schultze, welchem ich hierin vollkommen beistimme, das Plasma der Bacillariaceen an bestimmten Linien, wie den Längsspalten der *Naviculeen*, den Schalenrändern der *Nitzschieen*, den Flügelkanten der *Surirayen* durch Schlitze oder feine punktförmige Oeffnungen hervortritt und nun unmittelbar gewissermassen ein Kriechen der Bacillariaceen oder die Bewegung anderer Körper an ihnen entlang bewirkt, nimmt Dippel zunächst an, die Zellhaut sei überhaupt nirgends durchbohrt, und die sämmtlichen Bewegungserscheinungen seien durch Diosmose zu erklären. Die Gründe, welche gegen diese letztere Annahme aus dem unmittelbar wahrnehmbaren Bau der Schalen hergeleitet werden können, sind S. 49 f. angeführt: hier handelt es sich nur darum, nachzuweisen, dass manche der Bewegungserscheinungen der Bacillariaceen sich nach Dippel's Voraussetzung nicht erklären lassen.

Zuvor ist aber noch hervorzuheben, dass ein Hauptgrund Dippel's gegen die hier vertretene Auffassung der ist, dass der Plasmastreifen, welcher nach derselben aus Spalten der Zellhaut hervortritt, wenn wir von einer Angabe Ehrenberg's[2]) absehen, von Niemand gesehen worden sei. Auch ich muss freilich zugestehen, dass ich vergeblich versucht habe, denselben wahrzunehmen. Dies scheint mir jedoch durchaus nichts gegen dessen Vorhandensein zu beweisen. Schon Schultze[3]) führt an, dass fremde Körper bisweilen den sich bewegenden Bacillariaceen folgen, bis sie nach einiger Zeit wie mit einem Ruck plötzlich abreissen. Dippel[4]) gesteht zu, dass diese Darstellung, soweit sie rein Thatsächliches enthalte, vollkommen der Wirklichkeit entspreche, glaubt aber dies Nachfolgen durch das Beharrungsvermögen bewegter Körper erklären zu können. Nach meinen Erfahrungen ist dies nicht möglich.

1) a. a. O. S. 31 ff.

2) Ehrenberg, Infusionsthiere S. 138.

3) Schultze, die Bewegung u. s. w. S. 13.

4) a. a. O. S. 45.

Ich habe die *Naviculeen* in der von Schultze beschriebenen Weise Quarzstückchen fortschleppen sehen, die ihnen an Gewicht mindestens gleich waren und die allen krummlinigen Bewegungen der Bacillariacee folgten, sowie mitten durch kleine Pflanzenresthäufchen fortgezogen wurden, und somit nothwendig durch ein reales Band mit den *Naviculeen* verknüpft sein mussten. Trotzdem konnte das Letztere auch mit sehr guten Systemen nicht gesehen werden. Wenn man überhaupt darauf achtet, wie wenig bisweilen das Plasma der Bacillariaceen auch in dickeren Lagen sich in seiner Lichtbrechung vom Wasser unterscheidet, wird man gern zugestehen, dass auf diesem Felde die unmittelbare Wahrnehmung zur Zeit auch hinter berechtigten Schlüssen noch weit zurückbleiben kann.

Ein zweiter Punkt, auf welchen Schultze seine Deutung gegründet hat, ist der, dass die Bacillariaceen die grösste Neigung haben, sich an andere Körper, namentlich bei der Beobachtung an Objectträger und Deckglas festzusetzen. Dippel [1]) meint, dass die Flächenanziehung genüge, um dies zu erklären. An und für sich wäre dies ja nicht unmöglich, falls dieselbe zwischen Glas und Wasser erheblich geringer wäre, als zwischen Glas und der Membran der Bacillariaceen. Aber auch abgesehen davon, dass Letzteres weder erwiesen, noch wahrscheinlich ist, lässt sich, wie ich glaube, zeigen, dass die Dippel'sche Hypothese nicht genügt. Einmal müssten ja danach auch andere kleine Körper dasselbe Verhalten zeigen, was nicht der Fall ist, und zweitens müssten namentlich alle vier Flächen der *Naviculeen* gleich leicht am Glase haften, oder vielmehr die Gürtelbänder noch besser als die Schalen, da die ersteren ebener sind. Wir finden aber im Gegentheil, dass die *Naviculeen* sich nur mit den Schalen festheften. Schon Focke[2]) und Schumann[3]) geben mit Recht an, dass leeren und abgestorbenen, aber noch mit Inhalt erfüllten „Panzern" das Vermögen fehle, sich an das Glas anzusetzen, und Focke fügt hinzu, dass auch Zellen, welche die Gürtelbandseiten den beiden Glasflächen zuwenden, jeder Bewegung des Wassers sofort folgen, während die mit einer Schale an den letzteren haftenden sitzen bleiben. Ferner beobachtete Schumann, dass

1) a. a. O. S. 48.

2) a. a. O. S. 25.

3) Schumann, preussische Diatomeen I. S. 172.

Zusatz von Säuren diese Verbindung löst. Beides lässt sich nach der Auffassung von Schultze, welche die als „Leben" bezeichnete moleculare Constitution des Plasmas als nothwendig voraussetzt, leicht erklären, nicht aber nach derjenigen von Dippel.

Ferner fanden Focke, Schumann und der Verfasser, dass sich durch Rücken am Deckglase öfters ein Ende der *Naviculee* vom Glase ablöst, „wobei dann die Frustel um das noch feste Ende sich radienartig bewegt, wie ein Pendel um seinen Aufhängepunkt"[1]). Dies ist doch gleichfalls nicht durch Flächenanziehung oder Diosmose zu erklären, und selbst der Umstand, dass festgeheftete Bacillariaceen überhaupt im Stande sind, sich wieder zu befreien, stimmt nicht mit dieser Auffassung.

Endlich aber ist namentlich noch zu betonen, dass Dippel den diosmotischen Vorgängen meines Erachtens eine viel zu grosse Energie zuschreibt. Dippel giebt zwar an, es sei ihm nicht vorgekommen, dass Farbstoffmassen fortbewegt würden, welche, wie Schultze[2]) behauptet, die Bacillariaceen-Zelle an Gewicht weit übertrafen. Ich muss jedoch, wenigstens für Quarzstückchen, das Letztere mit Entschiedenheit bestätigen. Und nun sollten wir denken, dass Wasser durch eine Membran hindurch mit solcher Kraft ausgestossen werde, um derartige Körper fortzuschieben, während die Sache sich so unendlich viel einfacher gestaltet, wenn wir, unterstützt durch die S. 49 f. angeführten rein anatomischen Beobachtungen, eine unmittelbare Thätigkeit des Plasmas voraussetzen? Ausserdem bleibt dabei noch zu bedenken, dass die Bacillariaceen sich allerhöchstens in einem Tage einmal theilen, dass also die Aufnahme der dazu nöthigen kleinen Menge von Nährstoffen sich auf eine lange Zeit vertheilt, und wohl in keinem Moment eine Intensität erreicht, welche so lebhafte Diosmose einleiten könnte, wie Dippel sie voraussetzt.

In welcher Weise das Plasma die Bewegung veranlasst, ist eine Frage, für deren Behandlung hier nicht der Ort ist. Wenn aber die Bewegung der bewimperten Schwärmsporen sich aus der Natur des lebenden vegetabilischen Plasmas erklären lässt[3]), so bietet auch

---

1) Schumann, preussische Diatomeen I. S. 172.

2) Schultze, die Bewegung u. s. w. S. 18.

3) vgl. Hofmeister, Pflanzenzelle S. 59 ff.

diejenige der Bacillariaceen keine Schwierigkeit dar, mögen dieselben an festen Körpern entlang, oder unmittelbar durch Wasser fortgleiten.

Es fragt sich aber nun weiter: würden solche Bewegungen Analogieen im Pflanzenreich finden? Wir dürfen unbedenklich diese Frage bejahen, selbst wenn niemals bei den Bacillariaceen Wimpern nachgewiesen werden sollten. Die Plasmodien der *Myxomyceten*[1]), die zur Ruhe kommenden Schwärmsporen der so unzweifelhaft zu den Pilzen gehörigen *Synchytrien*[2]) sind nach de Bary und Woronin gleichfalls im Stande, auf fremden Körpern umherzukriechen.

Selbst die Aufnahme von Farbstoffpartikelchen ins Innere von *Naviculen*, welche Ehrenberg[3]) erst nach sechsjährigen fruchtlosen Bemühungen gesehen hat, darf nicht als Beweis der Thiernatur gelten. „Warum sollte das aus der Kieselschale hervorgetretene Protoplasma, welches sich Farbstoffmolekeln aneignet und diese längs der Raphe hin- und herführt, die feinsten Körnchen derselben nicht mit sich in die Schale zurücknehmen“[4])? Nehmen doch die Plasmodien in ihrem Fortschreiten noch viel grössere Körper in sich auf[5]). Wenn wirklich an der Raphe kleine fremde Körper als Nahrung einverleibt würden, so müsste man sie doch regelmässig im Innern finden können. Dies ist aber nicht der Fall, es geschieht vielmehr eine reichliche Kohlensäure-Zersetzung und Sauerstoff-Abscheidung[6]), wie sie die pflanzliche Assimilation charakterisirt. Ausserdem sind die Endochromplatten des von Ehrenberg gezeichneten Exemplars[7]), welches Indigo aufgenommen hatte, grün gefärbt — ist dies, wie wir doch wohl annehmen müssen, richtig dargestellt, so war die Zelle todt, und es lässt sich um so eher begreifen, wie der sich zusammenziehende Plasmaschlauch die Farbstofftheilchen ins Innere der Zelle hineinziehen konnte.

Die Anhäufungen von Plasma an bestimmten Stellen, wie man sie so häufig bei den Bacillariaceen findet, ist eine im Pflanzenreich

1) De Bary, Morphologie u. Physiologie d. Pilze u. Flechten. 1866. S. 303 f.

2) Vgl. Woronin, neue Beiträge zur Kenntniss der *Chytridieen*. Botanische Zeitung 1868. S. 99.

3) Ehrenberg, Infusionsthiere S. 242.

4) Schultze, die Bewegung u. s. w. S. 20.

5) De Bary, Morphologie u. s. w. S. 307.

6) Kützing, Bacillarien S. 29.

7) Ehrenberg, Infusionsthiere Taf. XXI. Fig. 12.

sehr gewöhnliche Erscheinung. Nur die dichteren Streifen in der mittleren Masse bei *Pinnularia* und die dichten wandständigen Körper bei *Cymbella* u. s. w. sind etwas Eigenthümliches. Doch ist ein Analogon hierfür, die Plasmastreifung bei *Aethalium* schon S. 31 angeführt und ein zweites bieten die Sporenschläuche der *Ascomyceten* dar. Dieselben enthalten nach de Bary [1]) und Hofmeister [2]) zwei verschiedene plasmatische Massen, die als Proto- und Epiplasma unterschieden worden sind, und von welchen die letztere, dichtere, ganz analog den bei den *Cymbelleen*, *Gomphonemeen* u. s. w. beschriebenen Verhältnissen, wandständig ist, jedoch in viel grösserer Menge auftritt.

Dass die Endochromplatten Chlorophyll enthalten, und dass der eigenartige Farbstoff der Bacillariaceen auch in *Fucoideen* vorkommt, ist schon S. 33 angeführt.

Wenn nach alledem die Bacillariaceen zu den Thieren gerechnet werden sollen, so muss der Begriff des Thieres ungemein ausgedehnt werden, und man würde nicht in den hier behandelten Organismen die Kriterien des Thierreichs finden, sondern vielmehr die Merkmale des letzteren so gestalten müssen, dass sie auch jenen zukommen. Man darf jedoch überhaupt nicht vergessen, dass es ein nachträglich in die Natur hinein getragenes, nicht in derselben liegendes Dogma ist, dass ein jeder Organismus Thier oder Pflanze sein müsse. Wie in manchen Auszweigungen der Pflanzen die Differenzirung von Blatt und Axe geradezu unterblieben ist, so kann es auch Wesen geben, denen eine bestimmte Sonderung der thierischen und pflanzlichen Natur fehlt. Ich möchte hiermit nicht gerade der Aufstellung eines Reichs der Protisten beistimmen, weil dasselbe statt einer unfassbaren Grenze deren zwei verlangt, sondern eben nur betonen, dass ich die beiden sogenannten Naturreiche nicht für absolut geschieden halte. Will man aber den Bacillariaceen überhaupt eine Stellung in einem derselben anweisen, so muss man sie meines Erachtens den Pflanzen zuzählen.

Da ein vollkommen durchgeführtes System der Algen zur Zeit noch nicht existirt, so ist es schwierig, sich darüber auszusprechen, welcher Platz in demselben den Bacillariaceen gebührt. Diejenigen Formen, welche bestimmt gestaltete Endochromplatten besitzen, finden

1) De Bary, über die Fruchtentwicklung der Ascomyceten. 1863. S. 22 f.
2) Hofmeister, die Pflanzenzelle. S. 121.

allerdings in den *Desmidiaceen* sehr nahe verwandte Formen, namentlich da sie mit denselben sowohl in der Sporen-Bildung durch Copulation, als in der Entwicklung zweier abnorm gestalteter Zellen aus den Sporen (S. 64), als endlich auch in der Zelltheilung (S. 172) manche Aehnlichkeit haben. Schwieriger ist es, für diejenigen Bacillariaceen ein Analogon zu finden, welche körniges Endochrom haben. Dieselben copuliren, soweit wir wissen, nicht, und zeigen im inneren Bau sehr wenig Aehnlichkeit mit den Conjugaten. Man könnte sie den *Volvocineen* nähern wollen, immerhin stehen sie aber doch denselben weit ferner. Sie stimmen mit ihnen überein in dem starken Wachsthum, welches einzelne Zellen zu Zeiten zeigen, und durch welches sie zu Erstlingszellen einer neuen Generation werden — dies passt aber ebenso gut auf die erste Hauptabtheilung der Bacillariaceen, welche sich den *Volvocineen* nach durch die beiden Gruppen gemeinsame Durchbrechung der Wand zum Zwecke des Austritts plasmatischer Bildungen nähert. Ausserdem würde gegen die Einreihung der Bacillariaceen zwischen *Volvocineen* und Conjugaten der Umstand sprechen, dass die ersteren zum Theil deutliche sexuelle Fortpflanzung haben, während bei den Bacillariaceen höchstens die Vereinigung zweier, soweit unsere Wahrnehmung reicht, gleicher Zellen stattfindet. Man könnte sogar sagen, die Reihe von Uebergängen, welche in den Conjugaten von der Gleichheit zur Ungleichheit der copulirenden Zellen führt, setze sich in den Bacillariaceen rückwärts fort, insofern bei ihnen sich sowohl Copulation, als Diffusions-Wirkung, als einfache Verjüngung findet. Wir werden so darauf hingeführt, dass die *Volvocineen* weit höher stehen, als die Bacillariaceen, und es möchten etwa die *Nostochineen*, *Rivularieen* u. s. w. als die den letzteren nach abwärts nächst benachbarte Gruppe zu betrachten sein. Auch bei ihnen finden wir das starke Wachsthum einzelner Zellen, ausserdem besitzen auch sie neben dem Chlorophyll einen zweiten Farbstoff, entbehren, soweit wir wissen, der geschlechtlichen Fortpflanzung ganz und stimmen mit den Bacillariaceen auch darin überein, dass sie Fäden bilden oder in Gallerte leben. Es bleibt dabei noch der Umstand hervorzuheben, dass, soweit bekannt, die mit Endochromplatten versehenen Bacillariaceen sich m e h r der Sexualität nähern, als diejenigen mit körnigem Endochrom, obwohl die letztere Form der assimilirenden Organe gerade für die h ö h e r e n Pflanzen charakteristisch ist, die erstere dagegen nur bei niederen

Typen vorkommt. Es ist somit die Frage, welche der beiden Hauptabtheilungen höher zu stellen sei, eine sehr schwierige, namentlich da eine wahre Verzweigung beiden fehlt, und da die bei *Schizonema* und *Isthmia* auftretenden falschen Verästelungen wohl gleich stehen. Man könnte vielleicht die Frage so lösen, dass man in den placochromatischen Bacillariaceen die höchste Ausbildung des nach dem selbstständigen Leben jeder einzelnen Zelle hinstrebenden Typus, in den coccochromatischen dagegen die grösste Annäherung an die Fadenalgen fände. Es stimmt damit, dass nur bei *Melosira,* welche einen Endpunkt der zweiten Hauptabtheilung darstellt, die Spore in Verbindung mit dem Faden entwickelt wird.

Immerhin bleibt die Stellung der Bacillariaceen zu den übrigen Algen vor der Hand noch ziemlich zweifelhaft, und wir dürfen wohl nur das mit Bestimmtheit aussprechen, dass sie den *Desmidiaceen*, mit denen sie ja noch Ehrenberg vereinigte, in der That am nächsten verwandt sind. Sie dürfen jedoch nicht ohne Weiteres in die Klasse der Conjugaten gerechnet werden, sondern möchten wohl als eine denselben coordinirte Gruppe aufzufassen sein, welche man etwa als *Auxosporeen* bezeichnen könnte, falls man auch sie, wie jene, nach einem charakteristischen Entwicklungsvorgang benennen wollte.

Indem ich hiermit diese Untersuchungen, bei deren Ausführung ich durch die Instrumente und sonstigen wissenschaftlichen Hülfsmittel des Bonner botanischen Instituts wesentlich unterstützt worden bin, schliesse, habe ich noch die angenehme Pflicht zu erfüllen, den Herren Professoren Hanstein und Max Schultze in Bonn und Herrn Professor Greeff in Marburg, welche mir bereitwilligst Litteratur und Proben mitgetheilt haben, sowie Herrn Niepraschk, dem Director des Aquariums in Cöln, welcher mir daraus Meeresformen zur Beobachtung zu entnehmen gütigst gestattete, meinen besten Dank zu sagen. Möge recht bald eine umfassendere Bearbeitung dieser letzteren Formen die vorliegenden Untersuchungen ergänzen.

Erklärung der Abbildungen.

Auf allen Tafeln bezeichnen die hell gelbbraun gehaltenen Stellen Endochromplatten, welche man von der Fläche her sieht, die dunkleren Stellen dagegen deuten an, dass sich dickere Lagen der von der Kante her gesehenen Platten projiciren.

Tafel I.

Pinnularia[1]) viridis Ehrbg.

Fig. 1. Gürtelbandansicht. Die Darstellung ist aus der oberen und der optischen Median-Ansicht combinirt, so dass man sowohl das Uebereinandergreifen der Gürtelbänder, deren Ansatz an die Schalen und die eingesenkten und verdickten Knoten sieht, welche in der Median-Ebene liegen, als auch die Ränder der Gürtelbänder, die Nebenlinien und Theile der, hier und in den folgenden Figuren dunkler gehaltenen Riefen (r) wahrnimmt. (800.) S. 45.

Fig. 2. Schalenansicht. Z diejenige Hälfte der asymmetrischen Schale, welcher sich die Enden der Mittellinie zuwenden, A die andere Hälfte. (800.) S. 46 f.

Fig. 3. Gürtelbandansicht einer Zelle, deren Gürtelbänder sich zum Theil von einander geschoben haben. Darstellung wie in Fig. 1. (800.) S. 10.

Fig. 4. Gürtelbandansicht einer ähnlichen, aber getheilten Zelle mit gleicher Verschiebung der Gürtelbänder. Die im Innern befindlichen Schalen, nach deren Bildung die Zellen abstarben, zeigen noch keine Gürtelbänder. Die grumosen Massen stellen Reste des Zellinhalts dar. (800.) S. 56.

---

1) Nach der Vollendung des vorliegenden Heftes bin ich darauf aufmerksam geworden, dass unter den fossilen Pflanzen eine Gattung *Pinnularia* existirt, welche älter ist, als Ehrenberg's genus. Da dieselbe aber nicht sehr gut bekannt ist, und somit vielleicht nicht beibehalten wird, so wollte ich doch hier nicht ändern.

Fig. 6. Halb-schematischer Querschnitt, zwischen Mittel- und Endknoten geführt. Der senkrecht zur Axe gerichtete Schnitt hat links zwei Riefen (r), rechts die Erhebungen zwischen denselben getroffen. S_a grössere, S_i kleinere Schale, g_a äusseres, g_i inneres Gürtelband. Die Einsenkungen auf beiden entsprechen den Nebenlinien. pp das wandständige Protoplasma, e. p Endochromplatten. Der Pfeil deutet die Richtung an, in welcher das Fragment Fig. 5 gesehen wird. (1500.) S. 41 ff.

Fig. 7. Eben solcher Querschnitt einer getheilten Zelle, am Mittelknoten geführt. Bezeichnung wie bei Fig. 6; A und Z von derselben Bedeutung, wie in Fig. 2. Der Querschnitt hat an den beiden Schalen der Mutterzelle Riefen, an den neugebildeten der Tochterzellen die Räume zwischen den Riefen getroffen. Die Gürtelbänder der Mutterzelle umfassen einander nicht mehr, diejenigen der Tochterzellen sind erst zu einem kleinen Theil entwickelt. (1500.) S. 47. 56.

Pinnularia lata (Bréb.) W. Sm.

Fig. 5. Schief liegendes Fragment, an welchem man die Riefen (r) als Einsenkungen der Schale unmittelbar erkennt. (800.) S. 42.

Suriraya calcarata n. sp.

Fig. 8. Halb schematischer Querschnitt durch die Mitte der Zelle. S_a grössere, S_i kleinere Schale. c die hohlen, u die soliden Theile der Flügel. q Grenze zwischen Gürtelband und Schale. (600.) S. 109 ff.

Fig. 9. Theil eines Flügels. u und c wie in Fig. 8. l die in den Hohlräumen des Flügels eingeschlossene Luft. (900.) S. 110.

Fig. 10. Schematischer Querschnitt durch eine getheilte Zelle. (600.) S. 116.

Tafel 2.

Pinnularia viridis Ehrbg.

(Seite 51 ff.)

Die mit s bezeichneten Figuren stellen die Schalenansicht, die mit g bezeichneten die Gürtelbandansicht dar. Wo zwei solche Figuren durch eine punktirte Linie verbunden sind, sind dieselben nach ein und demselben Exemplar gezeichnet. Darstellungsweise wie bei Taf. 1 Fig. 1. Die Riefen sind fortgelassen. Vergrösserung 800 mal.

Fig. 1. Zelle vor der Theilung.

Fig. 2. Beginnende Wanderung der Endochromplatten.

Fig. 3. Zelle nach vollendeter Umlagerung der letzteren.
Fig. 4. Theilung der Zelle.
Fig. 5. Beginnende Zerklüftung der Endochromplatten.
Fig. 6. Zelle, bei welcher dieselbe fast vollendet ist.

Tafel 3.

Die Riefen sind bei allen Figuren der Uebersichtlichkeit wegen fortgelassen.

Navicula cuspidata Kütz. β ambigua Ehrbg.

Fig. 1—4. Zelltheilung. 1 Zelle vor der Theilung, 2s Schalenansicht nach vollendeter Wanderung der Endochromplatten, 2g Gürtelbandansicht bei beginnender Zerklüftung des Plasmas, 3 beginnende, 4 vollendete Theilung der Endochromplatten. (900.) S. 36 f.

Fig. 5—9. Auxosporen. 5 nach Bildung einer, 6 nach Entwicklung beider Schalen, beide Figuren in Gürtelbandansicht. 7 Schalenansicht einer Zelle, welche nach ihrem Entwicklungszustand Fig. 6 entspricht. 8 Tochterzelle ersten Grades der Erstlingszelle. 9 Exemplar mit (abnormer) doppelter Schalenbildung nach derselben Seite. (900.) S. 62 ff.

Anomoeoneis sphaerophora (Kütz.)

Fig. 10. s Schalenansicht, g, die dem linken, g,, die dem rechten Schalenrande entsprechende Gürtelbandansicht. (900.) S. 77 f.

Gomphonema constrictum Ehrbg.

Fig. 11. s Schalenansicht, g, die dem rechten, g,, die den linken Schalenrande entsprechende Gürtelbandansicht. q Querschnitt durch die Zellmitte. s_a grössere, s_i kleinere Schale, g, g,, die beiden Gürtelbandflächen, k Zellkern, p dichte Plasmamasse. (500). S. 89 f.

Tafel 4.

Neidium amphirhynchum (Ehrbg.)

Fig. 1. g Gürtelband- s Schalenansicht einer Zelle, deren Endochromplatten in Theilung begriffen sind. Die Riefen sind fortgelassen. (900.) S. 39 f.

Pinnularia hemiptera (Kütz.) W. Sm.

Fig. 2—3. Auxosporen-Bildung. 2 stellt die vier leeren Schalen der Mutterzellen und die beiden jungen Auxosporen dar, 3 eine der letzteren in weiter entwickeltem Zustand. (600.) S. 67 f.

Frustulia saxonica Rab.

Fig. 4—8. Auxosporen-Bildung. 4 Berührung der beiden primordialen Mutterzellen, 5 die beiden Auxosporen, welche eben ihre Kappen abstossen, zwischen den vier leeren Schalen der Mutterzellen. 6 Auxosporen, welche kurz nach der Abtrennung der Kappen abgestorben sind, 7 solche, welche schon die Schalen in sich entwickelt haben in Schalenansicht. 8 Schalenansicht einer Erstlingszelle. (1200.) S. 70 ff.

Amphora ovalis Kütz.

Fig. 9. s Schalenansicht, g_l die dem linken, concaven, g_r die dem rechten, convexen Schalenrande entsprechende Gürtelbandansicht. Die Riefen sind in dieser, wie in den beiden folgenden Figuren fortgelassen. (400.) S. 82.

Epithemia turgida (Ehrbg.) Kütz.

Fig. 10. Bezeichnung wie in Fig. 9. (400.) S. 83 f.

Cymbella gastroides Kütz.

Fig. 11. Bezeichnung wie in Fig. 9. (400.) S. 79 f.

Tafel 5.

Suriraya dentata Schum.

Fig. 1. Gürtelbandansicht. (500.) S. 112 f.

Fig. 2. Schalenansicht. (500.) S. 113.

Fig. 3. Gürtelbandansicht einer getheilten Zelle. Die beiden dunkelbraunen Binden entsprechen den Medianen der Endochromplatten, die dazwischen liegenden Stellen den stark gewölbten Theilen derselben. (500.) S. 116.

Fig. 8. Ansicht des Flügelrandes von der Kante her. (500.) S. 109.

Suriraya calcarata n. sp.

Fig. 4. Optischer Längsschnitt: gleichzeitig sind die unteren Flügel gezeichnet. (500.) S. 111 ff.

Fig. 5. Optischer Längsschnitt einer in Theilung begriffenen Zelle: gleichzeitig ist das obere Flügelpaar und der zwischen der Median-Ebene und der oberen Gürtelbandfläche liegende Theil der Endochromplatten dargestellt. (500.) S. 114 ff.

Fig. 6. Halber Querschnitt durch die Zellmitte in einem noch etwas weiter vorgeschrittenen Zustand. (300.) S. 115.

Fig. 7. Flügelrand von der Kante her gesehen. (500.) S. 109.

Tafel 6.

Die Riefen sind in allen Figuren der Uebersichtlichkeit wegen fortgelassen.

Himantidium pectinale (Dillw.) Kütz.

Fig. 1. Stück eines Fadens in Gürtelbandansicht. a beginnende Quertheilung der Endochromplatten, b Vollendung dieser Zerklüftung, c beginnendes Wachsthum der Plattenhälften, d Zustand nach der Zelltheilung, ehe noch die Platten ihre normale Stellung haben. (500.) S. 98 f.

Fig. 2. Schalenansicht einer Zelle. (500.) S. 98.

Fig. 3. Gürtelbandansicht zweier Zellen im Craticular-Zustand. (500.) S. 102 f.

Fig. 4. Schema der dreimaligen Theilung einer Zelle. S. 100 f.

Melosira varians Ag.

Fig. 5. Zelltheilung. a Zelle kurz vor, b in der Theilung, c Tochterzellen unmittelbar nach derselben, d Zustand, in welchem die Zellen zwischen je zwei Theilungen längere Zeit verharren. (500.) S. 128 f.

Fig. 6. Auxosporen-Bildung. a beginnende Anschwellung, b nach Entwicklung einer, c nach Bildung beider Schalen. (500.) S. 131 ff.

Cyclotella Kützingiana Thw.

Fig. 7. Gürtelbandansicht. (500.) S. 127.

Cocconeis Pediculus Ehrbg.

Fig. 8. Schalenansicht und Median-Ebene der Gürtelbandansicht. (500.) S. 87.

Rhoicosphenia curvata (Kütz.) Grun.

Fig. 9. s concave, s, convexe Schale. g, g,, die beiden Gürtelbandansichten. (800.) S. 91 f.

Nitzschia Palea (Kütz.) W. Sm.

Fig. 10. s Schalenansicht, g Gürtelbandansicht. (800.) S. 96.

Fig. 12. Schematischer Querschnitt. S. 96.

Plagiotropis baltica n. sp.

Fig. 11. Schematischer Querschnitt. S. 93 f.

Nitzschia sp.

Fig. 13. Schematischer Querschnitt einer wechselriefigen *Nitzschia* mit mittelständiger Endochromplatte. S. 96.

Fig. 14. Schematischer Querschnitt einer gleichriefigen *Nitzschia*. S. 96.

Achnanthes brevipes Ag.

Fig. 15. s Schalenansicht, g Gürtelbandansicht. (500.) S. 85.

Synedra gracilis Kütz.

Fig. 16. Schalenansicht und Gürtelbandansicht. (500.) S. 106.

Synedra fasciculata Kütz.

Fig. 17. s Schalenansicht, g Gürtelbandansicht. g,, letztere Ansicht einer Zelle mit sich verschiebenden Endochromplattenhälften. (500.) S. 106.

Cymbella sp.

Fig. 18. Schematischer Querschnitt zwischen End- und Mittelknoten. S. 81.

Amphora sp.

Fig. 19. Schematischer Querschnitt an derselben Stelle. S. 81.

Odontidium vulgare (Bory).

Fig. 20. Zwei Zellen in Gürtelbandansicht. (800.) S. 120.

Druck von Carl Georgi in Bonn.

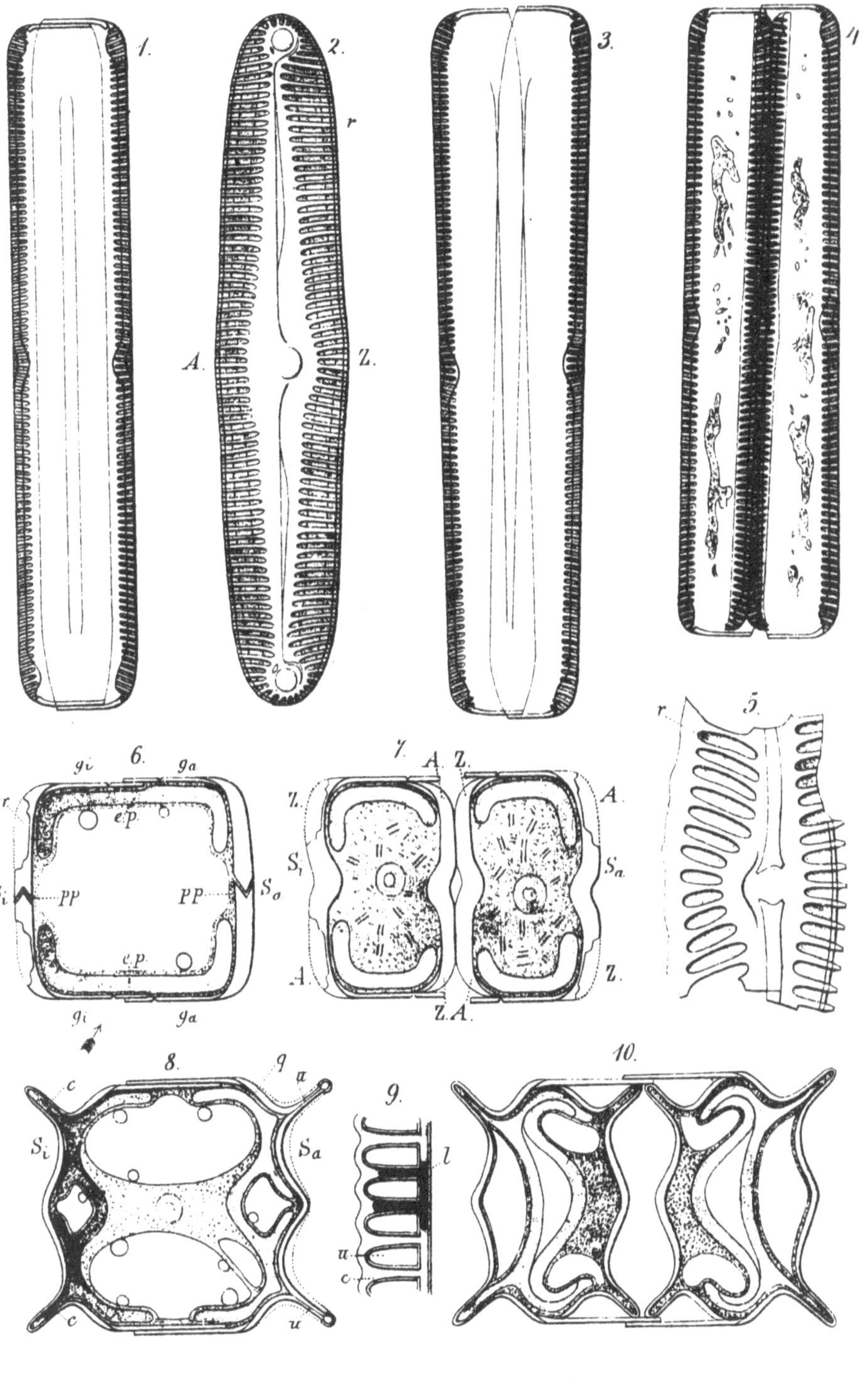

Pfitzer del.

Lith. Anst. v. A. Henry in Bonn

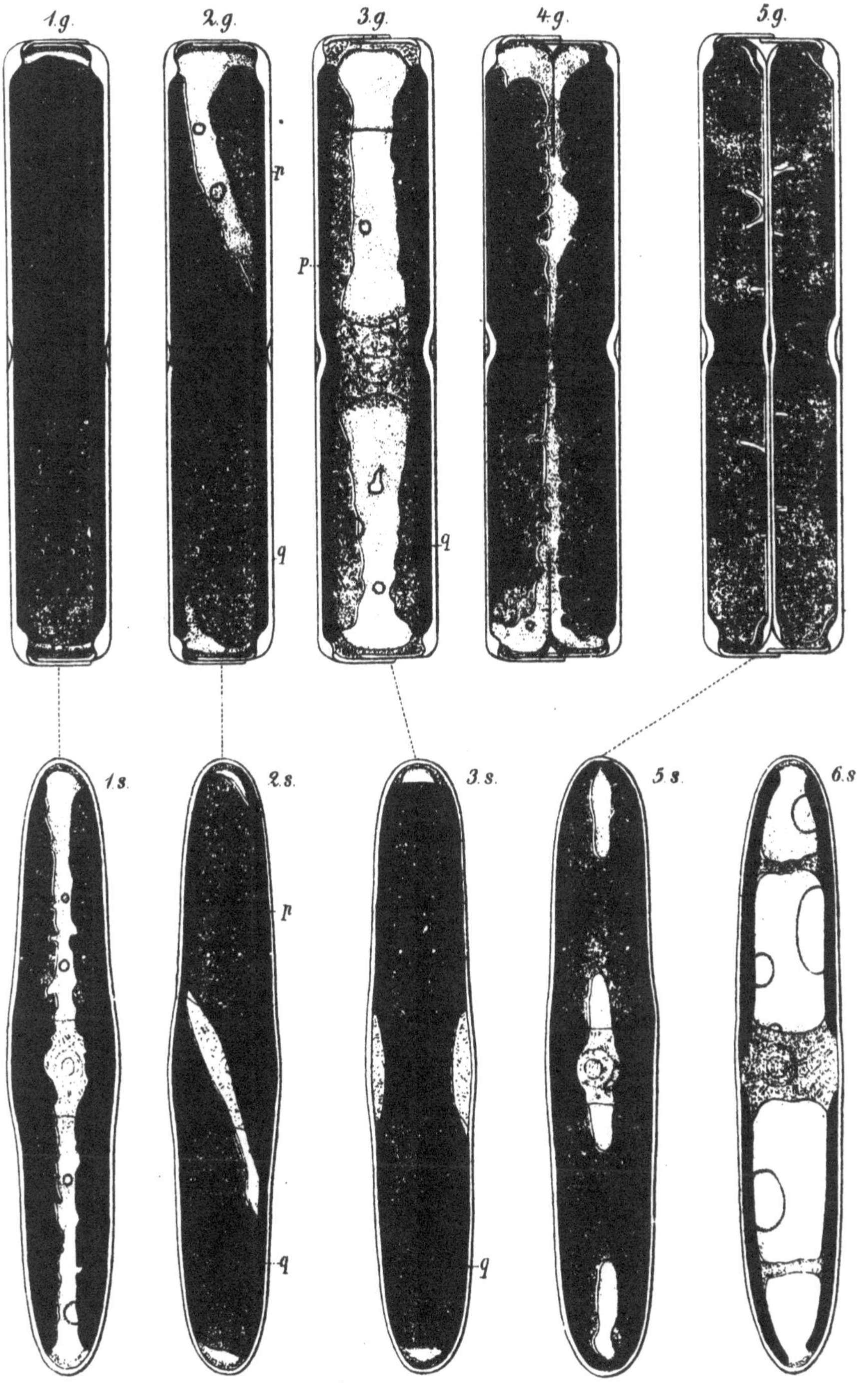

Pfitzer gez.

Lith. Inst. v. A. Henry in Bonn.

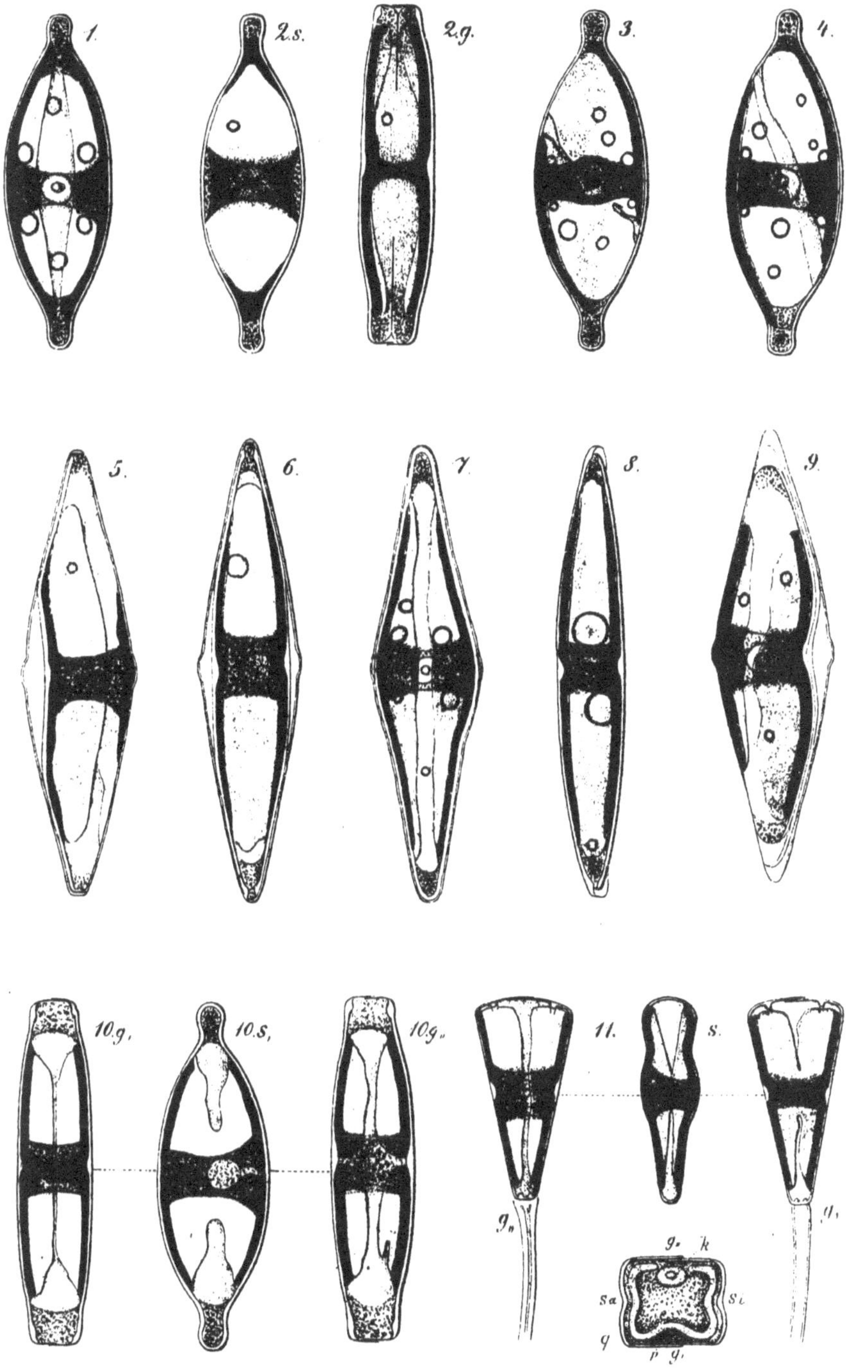

Pfitzer gez.

Lith. Inst. v. A. Henry in Bonn.

Taf 4.

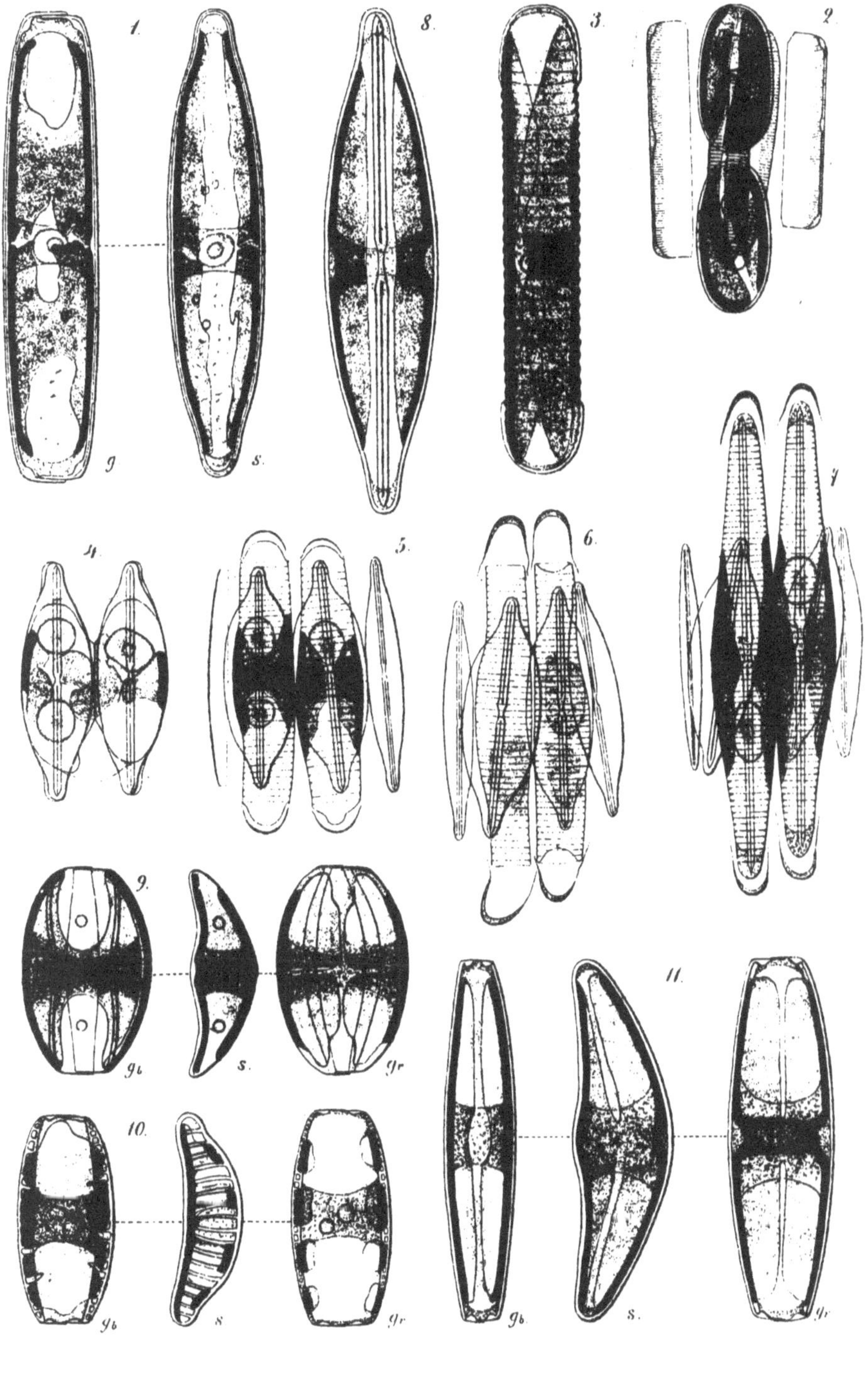

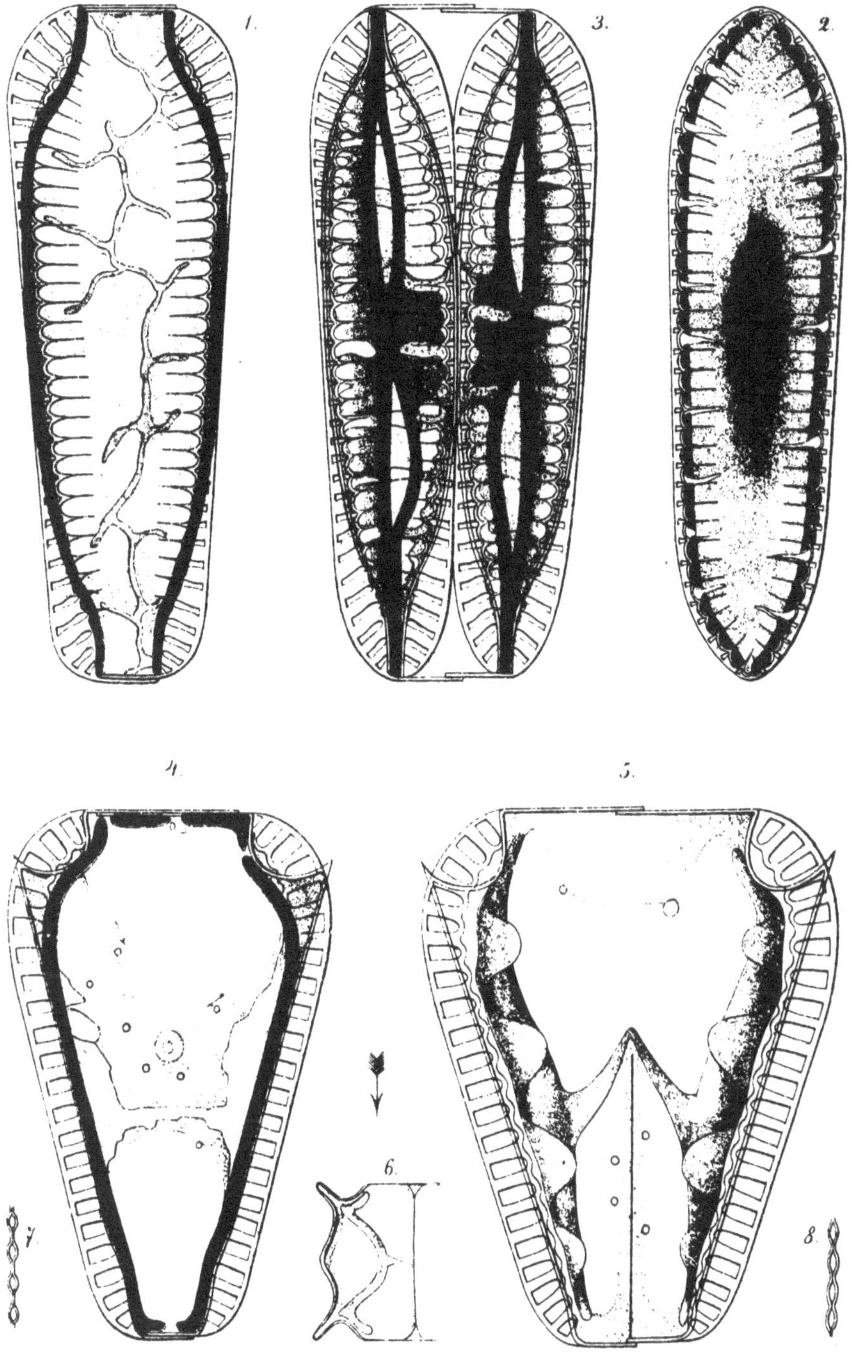

Pfitzer gez.

Lith. Inst. v. A. Henry in Bonn.

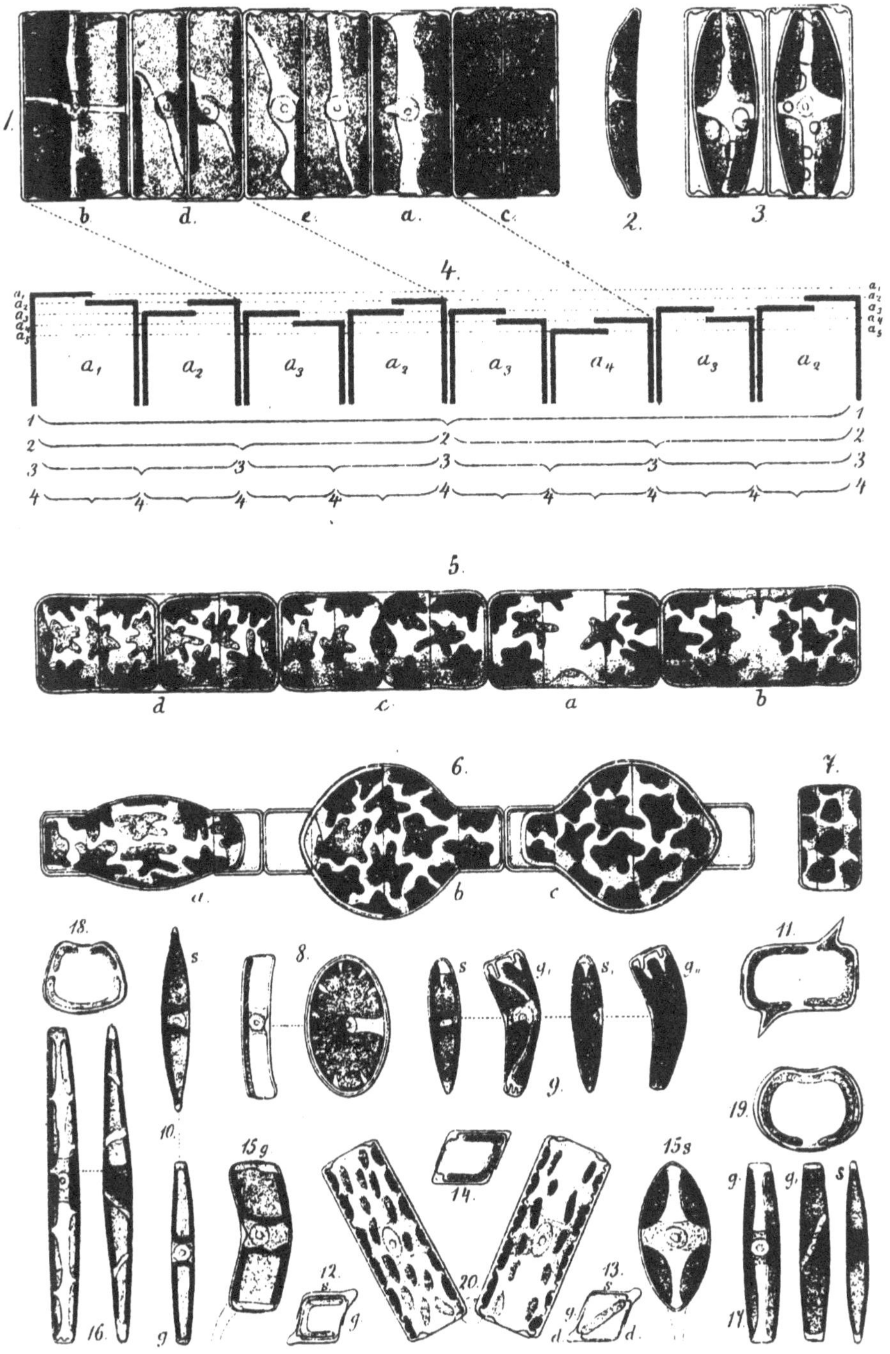

Pfitzer gez.

BOTANISCHE ABHANDLUNGEN

AUS DEM GEBIET

DER MORPHOLOGIE UND PHYSIOLOGIE.

HERAUSGEGEBEN

VON

Dr. JOHANNES HANSTEIN,

PROFESSOR DER BOTANIK AN DER UNIVERSITÄT BONN.

DRITTES HEFT.

Untersuchungen über Wachsthumsgeschichte und Morphologie der Phanerogamen-Wurzel von **Johannes Reinke.**

BONN,

BEI ADOLPH MARCUS.

1871.

UNTERSUCHUNGEN

ÜBER

WACHSTHUMSGESCHICHTE UND MORPHOLOGIE

DER

PHANEROGAMEN-WURZEL

VON

JOHANNES REINKE.

MIT 2 LITHOGRAPHIRTEN TAFELN.

BONN,
BEI ADOLPH MARCUS.
1871.

Inhalt.

Untersuchungen über Wachsthumsgeschichte und Morphologie der Phanerogamen-Wurzel.

Untersuchungen

über Wachsthumsgeschichte und Morphologie

der Phanerogamen-Wurzel.

Das Wachsthum der Wurzeln, sowohl an der Spitze als in den Theilen, welche aus dem Stadium des Urmeristems herausgetreten, war schon von mehreren Seiten mit verschiedenem Erfolge bearbeitet worden, bis die Forschungen darüber durch Nägeli und Leitgeb[1]) zu einem gewissen Abschlusse gelangten. Wenigstens gilt dies für die Gefäss-Kryptogamen. Wir erfahren hier auf das Genaueste, wie der Wurzelkörper aus den Segmenten einer Scheitelzelle sich aufbaut, wie die verschiedenen Gewebe-Systeme, also auch die Haube, ursprünglich sämmtlich einen gemeinsamen Ort des Ursprungs besitzen, weil alle durch Theilung einer Zelle entstehen. Wir finden demnach bei den Wurzeln der Gefäss-Kryptogamen dieselbe Modalität des Wachsthums, wie bei ihren zugehörigen belaubten Axengliedern. Für die Phanerogamen-Wurzeln enthält die genannte Arbeit zwar weniger umfassende, dennoch aber beachtenswerthe Beobachtungen. Dieselben beschränken sich darauf, bei einigen, verschiedenen Familien angehörigen Arten die Entstehungs- und Entwicklungs-Geschichte der Seitenwurzeln zu bestimmen, und glauben die Verfasser dabei u. A. auch zu dem Resultate gelangt zu sein, dass die Phanerogamen-Wurzeln gleichfalls, wenigstens temporär, eine Scheitelzelle in dem Sinne der Kryptogamen an ihrer Spitze besitzen.

Unterdessen sind durch Hanstein[2]) die Anschauungen über das Wachsthum des Stamm-Vegetationspunctes bei den Mono- und

1) C. Nägeli und H. Leitgeb, Entstehung und Wachsthum der Wurzeln, München 1867.

2) J. Hanstein, die Scheitelzellgruppe im Vegetationspunct der Phanerogamen, Bonn 1868.

Dikotylen in ein ganz neues Stadium getreten; es ist durch die unten genannte Arbeit desselben festgestellt, dass keine Einzelzelle das Urgewebe aus sich abscheidet, dass vielmehr von vorne herein eine Gruppe von Zellen, einem gemeinsamen, einheitlichen Gestaltungstriebe folgend, in sich den Vegetationspunct darstellt und die verschiedenen Uebergangs- und Dauergeweb-Systeme liefert.

Es erschien darum zeitgemäss, das Spitzenwachsthum auch der Phanerogamen-Wurzeln einer erneuten Prüfung zu unterwerfen, und lag die Vermuthung nahe, dass dieselben entweder ein dem Stamm-Vegetationspuncte entsprechendes Wachsthum zeigen, oder in der That dem kryptogamischen Typus sich anschliessen mögten, an ihrer Spitze eine Scheitelzelle besässen, zu welcher Annahme die soeben besprochenen Autoren geneigt sind.

Die vorliegende Arbeit ist das Resultat von Untersuchungen, welche im Sommer 1869 im botanischen Institute zu Bonn ausgeführt wurden, gleichzeitig mit den Untersuchungen, die Hr. Professor Hanstein über die Entwicklungsgeschichte des Embryo der Angiospermen anstellte. Da nun diese Beobachtungen ebenfalls von der ersten Anlage der Wurzel im Embryo ausgingen, so war es nothwendig, dass dieselben sich mit denen des Hrn. Prof. Hanstein in diesem Puncte berührten, und soll schon hier hervorgehoben werden, dass die gleichzeitigen Untersuchungen vollständig übereinstimmende Resultate ergeben haben; dennoch wird hier die Embryologie der Wurzel, welche besonders die morphologische Gesammtbedeutung der Hauptwurzel und die Entstehung der Wurzelhaube aufklärt, nur in der Kürze berührt werden, und verweisen wir für die ausführlichere Darstellung derselben auf die inzwischen erschienene Arbeit Hanstein's [1]).

Was zunächst die schon früher gewonnenen Resultate über den vorliegenden Gegenstand anlangt, so liegt es nicht im Plane, eine ausführliche Zusammenstellung der gesammten, auf das Wachsthum der Wurzeln bezüglichen Litteratur zu geben, da das Thema durch nachfolgende Mittheilungen auch noch keineswegs als erschöpft angesehen werden kann; es mögen deswegen hier nur die neueren Schriften Erwähnung finden, welche von erheblicher Bedeutung für den Fortschritt in der Kenntniss phanerogamer Wurzeln geworden sind.

---

1) Hanstein, die Entwicklung des Keimes der Monokotylen und Dikotylen, im 1. Hefte dieser Abhandlungen.

Man pflegte früher allgemein die Wurzeln morphologisch als Haftorgane anzusehen, welche die Pflanze oder vielmehr deren Stamm, in das festere der sie umgebenden Medien einsenkt. Auch hatte man gefunden, dass ihr anatomischer Bau im Wesentlichen zwar mit dem der blättertragenden Sprosse übereinstimmt, dass aber die Wurzel niemals Blätter hervorzubringen vermag. Ausserdem hatte man an einigen Pflanzen, namentlich Monokotylen, die Beobachtung gemacht, dass die Spitzen der Wurzeln von einem eigenthümlichen, konischen Gewebekörper bedeckt sind: man nannte denselben »Wurzelhaube«, und hielt dieselbe nur für das Eigenthum einer relativ geringen Anzahl von Gattungen. Erst Trécul[1]) (1845) und, wie es scheint, unabhängig von ihm, Karsten[2]) (1847), sprachen die Wurzelhaube allen phanerogamen Wurzeln als Gemeingut zu; während Schleiden noch im Jahre 1850 in seinen »Grundzügen« (dritte Auflage) die Haube nur als Eigenthümlichkeit einiger Wasserpflanzen aufführt.

Auf den feineren, mikroskopischen Bau der Wurzelspitze geht ebenfalls Karsten in der citirten Schrift zuerst ein. Soviel aus seinen Angaben ersichtlich ist, scheint er sich vorzustellen, dass die Spitze der Wurzel von einem Urtheilgewebe eingenommen werde, welches sich zunächst in einen centralen und einen peripherischen Körper sondere; die centrale Gewebe-Partie differenzire sich sodann in Cambium und Mark-Parenchym, und zwar bliebe von ersterem ein Kegelmantel von nur relativ geringer Mächtigkeit übrig, zwischen Mark und Rinde. Durch Neubildung von Zellen in der Spitze des cambialen »Kegelmantels« werde alsdann die Wurzel vergrössert. (a. a. O. S. 4.) Auch später wiederholt Karsten diese Ansicht, dass »durch zellenbildende Thätigkeit der cambialen Spitze der Wurzel das Gewebe derselben vermehrt werde.« (S. 54.) In Betreff des Zusammenhanges der Hauptwurzel mit dem Embryo meint er, dass entweder die sich verlängernde Wurzel das sie umhüllende Zellgewebe der Rinde des Keimlings durchbreche, welches nun zur Coleorhiza werde; oder die Rinde der Wurzel bilde mit dem Gewebe des Samenlappens eine ununterbrochene Schicht, daher keine Wurzelscheide entstehe. Karsten findet beide Fälle bei den Palmen, und vergleicht den ersteren mit

1) Trécul in d. Ann. d. sciences nat. 1845.

2) Karsten, die Vegetationsorgane der Palmen, Berlin 1847.

den vielfach bei Monokotylen vorkommenden Erscheinungen, während der letztere mit dem gewöhnlichen Verhalten der Dikotylen identisch sei.

Eine bemerkenswerthe Angabe Karsten's ist noch folgende: »In dem Umkreis des centralen Cambiumcylinders der jüngeren Wurzelanlagen treten enge, abrollbare Spiralfasern auf.« (S. 56.) Ueber die Entstehung der Wurzelhaube, die er sich dazu bestimmt denkt, die unorganischen Stoffe aus der Umgebung zu sammeln und in den Wirkungskreis der »assimilirenden Thätigkeit des Pflanzengewebes« zu bringen, giebt er an, dass sie mittels des in der Mitte der Wurzelspitze befindlichen Cambiums mit der Wurzel zusammen hinge, indem das Gewebe derselben sich ebenso wie das der eigentlichen Wurzel aus diesem Cambium vermehre. (S. 65 und 75.)

Ueber die Stellung der Seitenwurzeln besitzen wir zwei Mittheilungen, die eine von Schacht[1]), die andere von Sachs[2]). Ersterer bemerkt, dass Seitenwurzeln nur entstünden, wo ein Gefässbündel liege; (das »Cambium« allein, meint er, könne keine Seitenwurzeln erzeugen); so zeige *Juglans* wegen des Verlaufes seiner Gefässbündel auch vier senkrechte Reihen von Seitenwurzeln. Sachs, welcher hiermit übereinstimmt, hebt hervor, dass sich niemals zwischen zwei Geradzeilen von Seitenwurzeln eine vereinzelte Seitenwurzel fände, und während die Vertheilung der Gefässbündel im Stamm eine Folge der Blattstellung sei, so sei die Vertheilung der Gefässbündel in der Hauptwurzel die Ursache der Anordnung der Seitenwurzeln. (S. 7 und S. 12.)

Eine Arbeit von Focke[3]) ist hier nur zu nennen, da sie nichts enthält, was für unsere Betrachtungen ein specielles Interesse darböte.

Die ausführlichste Untersuchung hat dem Vegetationspuncte der Wurzel Otto Nicolai[4]) gewidmet. Er hat die Fortsetzung des »Epiblema's« unter die Kappen der Haube beobachtet, und äussert sich in folgender Weise (S. 54): »Es ergiebt sich also, dass bei *Elo-*

---

1) Schacht, Beiträge zur Entwicklungsgeschichte der Wurzel in d. Flora 1853. No. 17.

2) Sachs, über die gesetzmässige Stellung der Nebenwurzeln, Wien 1858.

3) Focke, über die Luftwurzeln, Göttingen 1857.

4) Nicolai, das Wachsthum der Wurzel. Aus den Schriften der königl. phys.-ök. Gesellschaft zu Königsberg. 1865.

dea im Wachsthumspuncte mehrere Zellen liegen, die durch ihre Theilung durch horizontale Scheidewände die Wurzelhaube nach der einen, den Wurzelkörper nach der andern Seite erzeugen«, und weiter sagt er, (S. 55), der Wachsthumspunct bei *Pisum* habe im Durchmesser etwa 6 Zellen, wie er auch bei *Lupinus*, *Alnus* und namentlich bei *Primula* eine Fläche von Zellen bilde, die durch Theilung nach der einen Seite die Haube, nach der andern Seite den gesammten Wurzelkörper abschiede.

Wesentlichere Resultate verdanken wir der schon oben erwähnten Abhandlung von Nägeli und Leitgeb.

Vor allen Dingen führen die Verfasser den für das Fibrovasalsystem der Wurzel wichtigen, histologischen Begriff des Pericambium ein (S. 84.), und sagen, die Seitenwurzelanlage gehe immer aus Pericambium-Zellen hervor, wobei die innerste Rindenschicht mit zur Bildung der Wurzelhaube verwandt werde. Auch die Entstehung der Haube aus der »Epidermis« haben dieselben beobachtet; S. 145 heisst es: Bei *Limnanthemum* beobachtet man, dass, während ein Theil der Wurzelhaube, wie bei *Oryza*, aus der innersten Rindenschicht der Mutterwurzel und ein anderer Theil von der Scheitelzelle der jungen Wurzel selbst gebildet wird, auch die der Scheitelregion zunächst gelegenen Epidermiszellen sich noch durch tangentiale Wände theilen, und je die äusseren Tochterzellen an die Wurzelhaube abgeben. Auf Längsschnitten sieht man nämlich die Epidermis der jungen Wurzel scheitelwärts immer in Schichten der Wurzelhaube übergehen« — — und S. 147: »Diese Erscheinung ist übrigens auf die Wurzelspitze beschränkt, und im Princip nicht verschieden von den Theilungsvorgängen in der Scheitelzelle selbst, indem sie als eine vom Scheitel sich weiter grundwärts fortpflanzende Kappenbildung aufgefasst werden kann« [1]).

---

1) Wie wenig im Uebrigen die Auffassung dieser Autoren vom Wurzelvegetationspunct mit der unten gegebenen übereinstimmt, wird sich im Verlauf der Darstellung ergeben.

Dikotylen.

1. Morphologische Bedeutung der Pfahlwurzel der Dikotylen.

Blicken wir auf die regelmässig gebauten Embryonen der Dikotylen, d. h. diejenigen, welche im fertigen, also für eine Ruheperiode befähigten Zustande des Samens eine sogenannte Radicula mit den beiden Kotyledonen besitzen, so haben wir in der That ein Axen-Gebilde [1]) mit zwei zugehörigen Blättern vor uns. Die Radicula, — wenn wir einmal ganz von der deutschen Uebersetzung des Wortes absehen, — stellt somit einen Laubspross dar, welcher mit einem ächten Blattwirtel und einer terminalen, von diesem eingeschlossenen Knospe (*Plumula*), nach oben abschliesst, nach unten dagegen durch einen anatomisch eigenthümlich gestalteten, der Wachsthumsrichtung der Plumula diametral entgegengesetzten Vegetationspunct begränzt wird. Eine gemeinsame Epidermis überzieht Kotyledonen und Radicula; die, um kurz zu sein, untere Spitze derselben ist von einer deutlichen Wurzelhaube bedeckt, mithin bietet der untere Theil der Radicula die Kriterien einer ächten Wurzel dar. Denken wir uns nun den Wurzel-Vegetationspunct mit dem der Plumula durch eine gerade Linie verbunden, so fällt diese genau mit der Axe des Cylinders zusammen, welchen die Radicula bildet. Die Radicula stellt demnach ein in sich durchaus homogenes, centrales Axengebilde dar, welches die Basis des gesammten, späteren Pflanzenkörpers abgiebt. Der untere Theil der Radicula wird zur Pfahlwurzel. Damit ist es von vorne herein unvereinbar, die Pfahlwurzel der Dikotylen für adventiv zu erklären. Wäre die Pfahlwurzel ihrem morphologischem Werthe nach ein adventives Glied, so müsste sie ein Axengebilde zweiter Ordnung sein; ihre eigene Axe müsste sich auf eine Hauptaxe beziehen lassen, diese unter irgend

1) Da das Wort »Axe« in der That nur die Linie bezeichnet, auf welche sich die Theile eines Stengels, einer Wurzel beziehen, so wird im Folgenden vermieden werden, dasselbe als Collectiv-Bezeichnung für diese beiden Begriffe zu setzen.

einem Winkel schneiden. Wir haben aber gesehen, dass die Axe der Pfahlwurzel mit derjenigen des oberen Theils der Radicula, welchen man nach der Keimung das »hypokotyle Stengelglied« der Pflanze nennt, zusammenfällt, die genaue Verlängerung derselben bildet. Sucht man die adventive Natur eines Gliedes hauptsächlich darauf zu gründen, dass dasselbe dem Inneren eines Gewebekörpers entspringt, so wäre es allerdings denkbar, dass die Radicula, soweit sie Stammglied ist, anfänglich mit einem stumpfen Ende abschlösse, welches nicht die physiologische Natur eines Vegetationspunctes zeigt; dass nun aus dem Innern dieses Körpers, und zwar genau in der Richtung seiner Axe, eine adventive Knospe hervorsprosse, und zur Wurzel werde. Allein dem widerspricht auf das Entschiedenste die Entwicklungsgeschichte, welche leicht z. B. an Embryonen von *Alsineen*, *Cruciferen*, *Linum &c.* zu verfolgen ist [1]. Es wäre auch noch denkbar, dass das soeben geschilderte Verhalten des späteren Embryo erst im Laufe der Entwicklung eintritt, dass ursprünglich, der Anlage nach, in der That ein Winkel zwischen der Wurzelaxe und der Hauptaxe der Pflanzen vorhanden war. Dass aber dem nicht so ist, davon kann man sich ebenfalls durch Verfolgung der Embryologie überzeugen. Was endlich das Verhältniss des Embryo zum Embryo-Träger anlangt, so scheint es zu weit gegangen, letzteren als eine morphologische Einheit mit dem Embryo aufzufassen, und weil der Radicular-Vegetationspunct gegen die Zellen des Embryo-Trägers sich bewegt und sie verdrängt, nun zu folgern, die Pfahlwurzel sei endogenen Ursprungs und keine directe Verlängerung der äussersten hinteren Extremität der embryonalen Axe [2]. So müssen wir denn die Pfahlwurzel als den unteren, nach unten wachsenden Theil des embryonalen, primären Axengebildes, dessen Axe die Axe erster Ordnung des Gesammt-Pflanzenkörpers ist, festhalten.

2. Grenze zwischen Pfahlwurzel und hypokotylem Gliede.

Die Region, in welcher der primäre Axentheil der Pflanze in die zwei zunächst in ihrer Wachsthumsrichtung als Gegensätze erscheinen-

1) Weitere Beispiele bei Hanstein a. a. O.

2) Hofmeister, Morphologie, pag. 424.

den Glieder, den Stamm und die Wurzel, sich sondert, pflegt man im Allgemeinen als Wurzelhals (*collum*), zu bezeichnen. Das Collum bildet keinen eigenthümlichen, morphologischen Begriff, man will damit nur andeuten, wo ungefähr der Stamm endigt, und die Wurzel anfängt; also ein kleines neutrales Gebiet, das man in der Regel dahin verlegt, wo die Bodenoberfläche die primäre Pflanzenaxe schneidet. Dieser Umstand ist jedoch für eine wissenschaftliche Scheidung der beiden Glieder nicht ausreichend. Wie wir oben sahen, beruht der wesentliche Unterschied zwischen Stamm und Pfahlwurzel in der Divergenz, oder vielmehr in der entgegengesetzten Bewegungsrichtung der beiden ursprünglichen Vegetationspuncte des primären Axenkörpers. Man könnte demnach glauben, durch Zurückgehen auf ganz frühe Entwicklungszustände eine Zelle, oder eine Gruppe von Zellen zu finden, von der aus, wenn wir uns dieselbe als festen Punct denken, durch fortschreitende Zellerzeugung in zwei entgegengesetzten Richtungen die Radicula componirt ward; dann hätten wir einen durchschlagenden, auf einer Divergenz a priori beruhenden Unterschied. Dem ist jedoch nicht so; die Radicula wird als einheitliches Glied angelegt, und bildet mit den Kotyledonen ein in sich abgeschlossenes Ganzes, das der Anlage nach weit mehr im Gegensatze zur nächsten, epikotylen Spross-Etage steht. Wir müssen uns deshalb nach anatomischen Kriterien umsehen, da die Entwicklungsgeschichte zur Begründung eines Unterschiedes nicht genügt; doch auch hier begegnen wir Schwierigkeiten, so dass uns eine haarscharfe Sonderung überhaupt nicht in allen Fällen gelingt.

Der Act der Keimung pflegt damit zu beginnen, dass aus der Testa die Radicula sich hervordrängt; es findet eine sehr bedeutende Streckung der Zellen parallel der Längsaxe statt, wodurch diese Erscheinung hervorgerufen wird. Oft erreicht das hypokotyle Glied (z. B. von *Helianthus*, *Ricinus*, *Raphanus* &c. &c.) eine nicht unbedeutende Länge, und dennoch haben wir keine Ursache, eine Zellvermehrung durch intercalare Theilung der ursprünglich im Embryo vorhandenen Zellen anzunehmen. Bei Pflanzen verschiedener Familien ergaben Messungen, dass sich die Länge des hypokotylen Gliedes zu der Länge des entsprechenden Segments im Embryo verhält, wie die Länge einer Einzelzelle des ersteren zur Länge einer entsprechenden Zelle des letzteren. Eine embryonale Zelle vermag sich auf die Weise um das funfzig- und mehrfache ihrer Länge zu strecken. So lieferte z. B. ein Gefäss mit *Helianthus*-Keimlingen die ungefähre Durchschnittslänge von 50^{mm} für das hypokotyle Glied, während der entsprechende Theil der Radicula im noch harten Samen etwa 2^{mm} mass; die Parenchymzellen des letzteren hatten im Mittel die Länge $0{,}017^{mm}$, die entsprechenden des ersteren die Durchschnittslänge von $0{,}420^{mm}$.

Nägeli[1]) legt bei Abgrenzung des Stengel- und Wurzeltheils der Radicula Gewicht auf den Verlauf der Stränge des Fibrovasal-Systems. Nach seiner Auffassung beginnt die Pfahlwurzel dort, wo die Gefässbündel, die im oberen Theil der Radicula einen hohlen, Markparenchym umschliessenden Cylinder darstellen, zu einem axilen Strange zusammentreten. Dieser anatomische Gegensatz ist leicht, besonders an jungen Keimpflanzen zu beobachten, dennoch aber scheint er zur Determination des Wurzelbegriffes nicht ausreichend, wogegen schon der Umstand spricht, dass in vielen Fällen — z. B. bei *Umbelliferen* — sich im Innern des axilen Gefässstranges mehrere, entschiedene Proten-Markzellreihen finden, und bis tief in eine Region hinein, die man längst als Wurzel anzusprechen berechtigt ist. In vielen Fällen dagegen tritt der eben berührte anatomische Gegensatz scharf ins Auge, z. B. bei *Helianthus*, bei welcher Pflanze überhaupt fast alle für die vorliegende Aufgabe in Betracht kommenden Verhältnisse als normal gelten können, als typisch für die Dikotyledonie; es lassen sich alle abweichenden Erscheinungen leicht als Varianten darauf beziehen, und wird *Helianthus* deswegen auch im Folgenden vorzugsweise als Beispiel für die allgemeinere Gültigkeit habenden Erscheinungen benutzt werden. — Wir müssen aber nothwendiger Weise die Grenze der Wurzel weiter ziehen, als Nägeli es thut.

Die Hauptgründe, welche dahin drängen, einen Theil des von Nägeli der Formation seines Fasergefäss-Systems wegen zum hypokotylen Gliede geschlagenen Gebietes als in vielen Fällen wirklich schon zur Wurzel gehörig zu beanspruchen, sind in der That mehr biologischer Art; und wenn es im Allgemeinen auch mit Recht für verpönt gelten mag, morphologische Begriffe allein durch Rücksichtnahme auf die Function der betreffenden Glieder zu entwickeln, so darf doch

---

1) Nägeli, Beiträge zur wissensch. Botanik, Heft 1. Leipzig 1858. S. 24.

in Fällen, wo morphologische Kennzeichen nicht ausreichen, eine Grenze zu ziehen, der physiologische Charakter ein berechtigtes Gewicht mit auf die Wagschale legen.

Die Wurzeln treiben Aeste, Wurzeln nächst höherer Ordnung in akropetaler Folge, d. h. die älteste, zuerst entstandene Seitenwurzel steht dem Collum, die jüngste dem Wurzelvegetationspuncte am nächsten. Im Gegensatze zu diesen Seitenwurzeln hat man die das Wurzelgepräge tragenden, seitlich aus dem Stengel hervorgehenden Axengebilde Beiwurzeln genannt. Die ersten Seitenwurzeln der jungen Pfahlwurzeln entspringen nun aus jener zweifelhaften Region, deren Holzkörper noch gleich dem des hypokotylen Stengelgliedes gebaut ist; abwärts von diesen treten dann weitere Seitenwurzeln in örtlich und zeitlich übereinstimmender Reihenfolge auf. Der Umstand, dass die zuerst entstandenen Seitenwurzeln taktisch durchaus den weiter abwärts entwickelten sich anreihen, dass sie einer, der Wurzel durchaus eigenthümlichen Gewebeschicht, dem Pericambium, entspringen, lässt sie ihrem morphologischen Werthe nach als entschiedene Seitenwurzeln deuten, nicht als Beiwurzeln; häufig, z. B. bei *Impatiens* entspringen dicht über diesen ersten Seitenwurzeln aus dem untersten Stücke des hypokotylen Stengelgliedes Beiwurzeln, allein der Ort ihrer Entstehung und ihr viel späteres Auftreten lassen die grosse Verschiedenheit leicht erkennen.

Die Oberhaut des hier in Frage stehenden Abschnitts der Radicula — oder vielmehr schon der Keimpflanze — zeigt eine der Wurzel-Epidermis gleiche Beschaffenheit. Die eigenthümlich zartere, diffusionsfähige Membran ihrer Zellen, die charakteristischen, einfach-schlauchförmigen Ausstülpungen dieser Membranen, die man Wurzelhaare nennt, haben Veranlassung gegeben, die Epidermis der Wurzel mit der besonderen Bezeichnung »Epiblema« zu belegen; ein Ausdruck, der im Folgenden nicht gebraucht werden wird, da er insofern überflüssig erscheint, als die Oberhaut der Wurzel doch wesentlich nur in ihren physiologischen Eigenschaften von der Epidermis der übrigen Pflanze abweicht, morphologisch dagegen dieser durchaus gleichwerthig ist. Die Epidermis dieses oberen Wurzeltheiles nun functionirt genau wie die der unteren, auch in ihrer anatomischen Structur unzweifelhaften Wurzeltheile; ihre Zellen treiben Wurzelhaare, vermögen also der Pflanze anorganische Lösungen zuzuführen, sie zu ernähren. Die

Bildung von Wurzelhaaren endlich liefert auch ein in die Augen springendes Kriterium, indem man bei den Keimungsversuchen beobachtet, wie die ausgekeimte, noch ganz einfache Radicula, besonders unter einer Glasglocke, sich dicht mit Wurzelhaaren überzieht; dieser Sammetüberzug geht abwärts bis an die Haube, aufwärts bis an eine ganz scharfe Grenze, wo er plötzlich aufhört; diese Grenze fällt in der That auch mit der natürlichen Scheide zwischen Pfahlwurzel und hypokotylem Gliede zusammen[1]). Endlich pflegt auch erst oberhalb dieser Stelle Chlorophyll im hypokotylen Gliede aufzutreten, was immerhin als untergeordnetes Merkmal zu beachten ist.

So hat uns also hauptsächlich die Fähigkeit, wirkliche Seitenwurzeln aus einem Pericambium zu erzeugen, sowie das Verhalten der Epidermis bewogen, zur Pfahlwurzel einen Theil der Radicula mit zu rechnen, in welchem die Fibrovasalstränge einen hohlen Cylinder, kein axiles Bündel darstellen, in welchem, mit andern Worten, nur Blattspurstränge der Kotyledonen, noch keine wurzeleigenen Gefässbündel vorkommen.

Die Kotyledonen von *Helianthus* sind dreispurig; das hypokotyle Glied zeigt im jungen Stadium nur sechs, je drei in einen Kotyledon ausbiegende Gefässbündel. Nicht nur die Keimpflanze, auch schon der Embryo, führt uns dies Verhältniss klar vor Augen. Ein durch den oberen Theil der Radicula des Embryo gelegter Querschnitt zeigt auf das Deutlichste, wie sich aus dem hier dadurch in Mark und Rinde geschiedenen Grundgewebe, ein — durch Interfascicularcambium zu einem Ringe ergänztes — Sechseck abhebt, welches sechs, durch die charakteristische Uebereinstimmung ihrer Zellen als Procambium-Bündel markirte Stränge zusammensetzen; dieselben lassen sich auf Längsschnitten als Blattspuren in die Kotyledonen des Embryo hinein verfolgen.

Ein weiterer Querschnitt, der Spitze der Radicula näher gelegt, zeigt eine völlig andere Anordnung des procambialen Gewebes. Statt des regulären Sechsecks, dessen Ecken durch je eine Blattspur angedeutet waren, liegt uns nun ein vierstrahliger Stern, eher von der Gestalt eine Johanniterkreuzes vor, dessen centrale Partie kein Mark-

1) Vgl. auch Sachs, Keimung des Schminkbohne, S. 17, der, wie ich erst nachträglich gefunden, schon dieselben Momente geltend macht.

Parenchym, sondern durchweg Procambium erfüllt. Ein Längsschnitt durch den Embryo, und zwar in der gemeinschaftlichen Median-Ebene der Kotyledonen geführt, zeigt zwei, aus den Kotyledonen in die Radicula einbiegende und hier zunächst parallel laufende, dann plötzlich zusammenfliessende Procambiumstränge; das Verschmelzen der Procambiumstränge zu einem axilen Strange findet ungefähr in der Region statt, wo am Rande die ersten Zellen der Wurzelhaube sichtbar werden.

Tragen wir den unteren Theil der Radicula in aufeinanderfolgenden Querschnitten ab, so ergiebt sich, dass die, um es kurz zu sagen, Umsetzung des Sechsecks in das Kreuz nicht durch eine blosse Connivenz der sechs Blattspuren erfolgt, sondern dass dieselben anfangs ganz geschlossenen Bündel sich lockern, sich theilen, ihre zertheilten Enden an eine inzwischen gewissermassen von Unten sich dazwischen einschiebende, im Querschnitt kreuzförmige Säule eines eigenartigen Bündel-Systems anlehnen, entsprechend dem Verhalten der Blattspuren einer Spross-Etage zu der nächst niederen. — Die Modalität des Anschlusses des gesammten Fasergefäss-Skeletes des Stammes an den centralen, eigenen Holzkörper der Wurzel, gerade im obersten Theile der letzteren, bei den verschiedenen Pflanzen bleibt hierauf speciell eingehenden Forschungen überlassen.[1])

3. Der Vegetationspunct der Dikotylen-Wurzel im Allgemeinen; Bildung der Wurzelhaube.

Der Vegetationspunct der Wurzeln weicht in seinem Typus von demjenigen der stengligen Axengebilde, der Laubsprosse, ab. Es ist namentlich ein negatives Merkmal, welches schon auf einen scharf ausgeprägten Unterschied hinweist: der Wurzel-Vegetationspunct vermag keine Auszweigungen zu treiben, wie der Vegetationspunct des Stammes, weder Zweige, noch Blätter, noch Haare; die zweite dieser drei Formationen fehlt der Wurzel überhaupt gänzlich. Fälle, welche

---

1) Vgl. auch Nägeli, Beiträge etc. und Mettenius, Beiträge zur Anatomie der *Cycadeen*, in den Schriften d. sächs. Academie 1861, S. 602.

dieser Auffassung zu widersprechen scheinen, dürfen wir nur als Ausnahmen, als Monstrositäten gelten lassen; so tragen die seltsamen Spaltungen des Vegetationspunctes der Seitenwurzeln von *Alnus* entschieden das Gepräge einer Fasciation. Das Vorkommen scheinbar monopodialer Verzweigung des Hauptwurzelvegetationspunctes werden wir später zu beleuchten Gelegenheit haben.

Einen anderen, positiven Charakter im Unterschiede vom Vegetationspuncte des Stammes zeigt ein genau durch die Hauptaxe der Wurzel gelegter Längsschnitt. Hier sehen wir, wie die jüngsten Zellen der Wurzel nicht auf ihrem Scheitel, sondern unterhalb der Spitze liegen; dass also der Heerd der Zellenvermehrung in der Wurzel, mit andern Worten, der Vegetationspunct, nicht den Scheitel des ganzen Gewebekörpers einnimmt, sondern im Innern desselben gelegen ist. Diese eigenthümliche Bildung wird dadurch hervorgerufen, dass der Vegetationspunct nicht nur, wie im Stamme, Gewebe abscheidet in der der Richtung der Wurzelverlängerung entgegengesetzten Direction, sondern auch in der ersteren selbst; das Ergebniss des letzteren Processes ist jener Theil der Wurzel, den man mit dem zutreffenden Namen »Wurzelhaube« zu bezeichnen gewohnt ist.

Nennen wir den im Vegetationspunct in Richtung der Basis erzeugten Theil der Wurzel Kürze halber den Körper derselben, so stellt dieser ein Paraboloid dar, auf welches schalenförmig die Haube aufgepasst erscheint; ihre untere Grenzfläche ist dem Mantel des Körpers congruent, ihre obere ebenfalls ziemlich paraboloidisch. Die Distanz der beiden Flächen ist bei gleichen Abständen von der Wurzelaxe gleich gross, und nimmt mit der Entfernung von derselben ab.

Die Frage nach dem Thätigkeits-Modus des Vegetationspunctes, nach dem Wie der Neubildung von Zellen und Aneinanderfügung zu Geweben gliedert sich jetzt aus naheliegenden Gründen in die beiden Fragen: Wie entsteht der in acrofugalem Schema entwickelte Wurzeltheil, die Haube, und wie entsteht der acropetal sich ordnende Wurzel-Körper.

Gehen wir zunächst an eine Untersuchung zur Beantwortung der ersten Frage.

Setzt man reife Samen der Einwirkung des Wassers aus unter der nöthigen Voraussetzung von Luft, Licht und Wärme, so findet zunächst eine Quellung des Embryo statt, indem die vorhin starren, gummiartig-festen Zellwände durch Aufsaugen von Wasser zu einer weicheren, dehnsamen Masse sich modificiren; dann scheint zunächst das durch die Wände zwischen die Protoplasma-Molekeln eingedrungene Wasser diese, bisher ruhend, zur Bewegung, zur Lebensäusserung zu veranlassen. Der sichtbare Ausdruck dieser Einwirkung ist, dass in Folge des eintetenden Turgors die Zellen der Radicula sich strecken, und zwar in Richtung der Axe, während in ihrer Spitze, im Vegetationspuncte, eine lebhafte Neubildung von Zellen eintritt; die Keimung des Samens hat begonnen.

Dieses Stadium stellt ein vorliegender, genau durch die Axe gehender Längsschnitt des Wurzel-Vegetationspunctes von *Helianthus annuus* dar, von dem Fig. 1 auf Tafel 1 ein genaues, durch das Prisma aufgenommenes Abbild liefert. Wir erkennen daran folgende Verhältnisse.

Die Wände der Radicula sind von einer gleichmässigen Oberhaut überzogen, deren Zellen pallisaden-förmig gestaltet und mit ihrer Längsaxe radial zum Wurzelkörper orientirt sind. Verfolgt man diese oberflächliche Zellschicht dem Scheitel zu bis an die Wurzelhaube, so sieht man, wie die untersten Zellen der letzteren über die Oberhaut hinüberragen; das Bild zeigt deutlich, wie die Oberhautschicht unter die Lagen der Haube einbiegt, und suchen wir (auf dem Längsschnitte) der Zellreihe der Oberhaut unter den darüber liegenden Haubenzellen zu folgen, so gelingt dies mit grosser Sicherheit. Der Verlauf und Zusammenhang dieser Zellen deutet auf ein Zusammengehören, einen gemeinsamen Ursprung hin, bis zum Scheitel hinauf, und über diesen fortlaufend tritt auf der entgegengesetzten Seite der Figur diese Reihe unter den Zellen der Haube wieder hervor. Die Zellen dieser Epidermidalreihen ändern aber vom Ansatzpuncte der Wurzelhaube an in übereinstimmender Weise ihre Gestalt; in dem freien Theile waren dieselben pallisadenförmig, und mit ihrer Längsaxe radial [1]) orientirt; diese Zellen erscheinen durch das Auftreten der ersten Haubenzellreihe (k') etwas verkürzt; noch auffallender wird dies bei der zweiten

---

1) Wenn im Folgenden die Ausdrücke „radial" und „tangential" der Kürze wegen häufige Anwendung finden, so wird mit dem ersteren stets die auf der Oberfläche eines paraboloidischen oder halbkugeligen Gewebekörpers senkrechte, im zweiten Falle die damit parallele Richtung verstanden.

Haubenzellreihe k″, und unter der dritten k‴ haben dieselben schon eine fast kubische (im vorliegenden Profilschnitte fast quadratische), Form gewonnen, welche über dem Scheitel in eine tafelförmige übergeht. Schenken wir der Ansatzstelle je einer der terrassenförmig nach Innen vorragenden Haubenzellreihen unsere Aufmerksamkeit, so bemerken wir, erstens, dass der terrassenförmigen Grenze der Haube eine ebensolche der Epidermis entspricht, und beide zahnartig in einander greifen, und zweitens, dass dem Raume nach die in radialer Richtung gemessene Dimension einer Epidermis-Zelle unmittelbar vor der Ansatzstelle einer Haubenzellreihe, und die Dimension der nächstfolgenden Epidermiszelle + der Dimension der darüber liegenden Haubenzelle ungefähr gleich sind. Der Gesammteindruck nun, den die einzelnen Momente, worauf wir soeben aufmerksam machten, und die an Fig. 1 sich mit Leichtigkeit verfolgen lassen, gewähren, ist der, dass die einzelnen Zellreihen der Haube, oder, wenn wir uns einer plastischen Vorstellung accommodiren, die einzelnen Haubenschalen, welche man »Kappen« genannt hat, jede für sich gewissermassen aus der Epidermis herausgeschnitten zu sein scheinen. Erwägt man dazu den Umstand, dass die ältesten Kappen der Wurzelhaube die äussersten, die jüngsten, die innersten sind, so drängt sich uns nicht nur die Möglichkeit auf, dass je eine Haubenkappe aus einer entsprechenden Anzahl von Epidermis-Zellen, oder, da der von Hanstein dafür eingeführte Begriff hier eintritt, von Dermatogen-Zellen, durch tangentiale Theilung abgeschieden werde, sondern es gewinnt diese Auffassung einen hohen Grad von Wahrscheinlichkeit, da es anatomisch kaum gelingt, eine andere Möglichkeit der Wurzelhaubenentstehung zur Anschauung zu bringen. Denn wollte man eine besondere, cambium-artige Zone annehmen, welche die Wurzelhaube erzeugte, wie es mehrfach geschehen ist, so müsste dieselbe jedenfalls über dem Dermatogen liegen, da, wie wir uns überzeugen, das Dermatogen einen ununterbrochenen, fortlaufenden Ueberzug über den gesammten Vegetationsscheitel des Wurzelkörpers bildet; dann ist jedoch die Einordnung der äusseren, am weitesten überragenden Kappen nicht durchzuführen. — Noch grössere Schwierigkeiten bietet die Annahme einer einzigen Urmutterzelle der Haube. Die höchste Wahrscheinlichkeit für sich hat nur die Erklärung, dass das Dermatogen selber jenes Cambium der Wurzelhaube darstellt, dass es im Wurzelvegetationspuncte, im Gegensatz zum Stamm-Vegetationspuncte, zugleich die Rolle eines »Kalyptrogens« vertritt. Am Prüfstein der Entwicklungsgeschichte muss der wirkliche Sachverhalt erkannt werden, für unsere Vorstellung bestätigend oder verneinend ausfallen.

Und dieser Beweis aus der Entwicklungsgeschichte gelingt mit grosser Leichtigkeit und Sicherheit.

Wir brauchen zu dem Zweck den ganzen Entwickelungsgang von Anfang an nicht gerade an *Helianthus* zu verfolgen, wie denn überhaupt *Helianthus* nur als Beispiel, als typischer Fall für die gesammte Dikotyledonie gewählt wurde. Es ist sogar zweckmässig, hierfür eine andere dikotyle Pflanze heranzuziehen, welche genau dieselbe Construction der Wurzelhaube zeigt, wie *Helianthus*, und dabei unserer Beobachtung von Seiten der Technik geringere Schwierigkeiten darbietet. Es kommt für unsern gegenwärtigen Zweck aber nur darauf an, zu zeigen, dass für eine typisch dikotyle Pflanze von vorne herein das Dermatogen befähigt sei, die Wurzelhaube zu bilden, dass in der That letztere ein Product des Dermatogens sei. Eine erschöpfende Darstellung dieses Vorganges an einer grösseren Zahl von Beispielen aus verschiedenen dikotylen Familien würde uns zu tief in das Gebiet der speciellen Embryologie führen; daher verweisen wir, wie gesagt, zu dem Zwecke auf die erwähnte Arbeit von Hanstein[1]) über diesen Gegenstand.

Derartige Beispiele, an denen die äussere Schwierigkeit des Operirens fast gleich Null zu achten ist, liefert uns die Familie der *Alsineen*, und zwar ganz besonders in den überall verbreiteten und leicht zugänglichen Pflanzen *Cerastium triviale* und *Stellaria media*. Wir brauchen nur befruchtete Samenknospen der letzteren, in den verschiedenen Altersstufen bis zur Samenreife in einem Wassertropfen des Object-Trägers einem leichten Druck mit dem Skalpelle auszusetzen, um die darin eingeschlossenen Embryonen ans Licht getreten und unserer Betrachtung harren zu sehen. Es bietet sich jetzt die günstigste Gelegenheit, uns ein Stadium auszusuchen, in welchem das zu dieser Zeit am ganzen Embryo in radialer Theilung begriffene Dermatogen den Scheitel der schon frühzeitig hervortretenden Radicula als oberste Zellenlage überzieht. Wir sehen die in der Projection rechteckigen

---

1) Hanstein, Entwicklung des Keimes.

Dermatogenzellen alle nur ihre Zahl durch radial orientirte Septa vergrössern. Ein hierauf folgendes Entwicklungsstadium zeigt uns einen davon abweichenden, auffallenden Vorgang. Wir sehen, wie die gerade über dem Axenscheitel der Radicula liegenden Dermatogen-Zellen durch tangentiale Scheidewände sich theilen, und zwar bemerkt man in der Profilansicht (deren Deutlichkeit durch Einlegen der Embryonen in Kali oder Ammoniak bedeutend zu heben ist), gewöhnlich zwei Zellen, welche als Initialen gleichzeitig diese Theilung einleiten; dass also mindestens mehr als eine Zelle diesen Vorgang gleichzeitig eröffnen. Wir sehen dann diesen Theilungsact successiv, in genau acrofugaler Folge über eine grössere Anzahl von Zellen des einen Paraboloid-Mantel darstellenden Dermatogens sich ausbreiten. Dadurch ist die ganze Scheitelregion des Dermatogens in zwei Schichten getheilt, und wir brauchen nicht länger anzustehen, die obere, äussere dieser beiden Schichten als erste Kappe der embryonalen Wurzelhaube zu betrachten. Die innere der beiden, soeben geschilderten Zellschichten hat durch Abscheidung der Haubenzellen ihren Charakter als Dermatogen keineswegs eingebüsst; ihre Zellen fahren fort, durch das Wachsthum des Radicula-Körpers gedrängt, sich radial zu theilen, und die Haubenkappe wird dadurch genöthigt, durch tangentiale Streckung ihrer Zellen dem allgemeinen Wachsthum sich zu accommodiren. Nicht gar lange dauert es, oder vielmehr, kaum nachdem die erste Kappe fertig geworden, ersehen wir aus weiter entwickelten Exemplaren der Reihe von Embryonen, wie der Process der tangentialen Theilung, und zwar ganz genau in derselben acrofugalen Folge, in den nun nicht mehr oberflächlichen Dermatogenzellen von Neuem sich vollzieht; eine zweite Kappe ist aus dem Dermatogen abgeschieden, doch ist die Zahl ihrer Mutterzellen in der Regel nicht so gross, wie die der ersten Kappe, und da letztere durch Streckung ihre Flächenausdehnung vergrössert, so erreicht die zweite Kappe den Rand der ersten nicht; wir sehen dieselbe terrassen- oder zahnförmig dagegen zurücktreten. Das Dermatogen vermag nun in derselben Weise noch mehrere ein gleiches gegenseitiges Verhältniss zeigende Kappen abzuscheiden, bis im Ruhezustande des Embryo auch die Wurzelhaube desselben zu einer gewissen Vollendung, zu einem Abschlusse gelangt.

Wir kehren nunmehr zu dem uns in so mancher Hinsicht schon geläufigeren Beispiele des *Helianthus* zurück, und suchen die Construction, den Entwicklungs-Modus seiner Wurzelhaube, zu dem in unserer Ueberzeugung die Embryologie von *Stellaria media* uns den Schlüssel lieferte, aus ihrer Wachsthumsgeschichte nun auch objectiv zu erhärten.

Zunächst haben wir nun zu untersuchen, ob in den durch tangentiale Theilung des Dermatogens entstandenen Kappen noch weitere Theilungen vorgehen. Auch diese Frage beantwortet uns schon die Fig. 1. Wir sehen darauf, wenn wir von der linken Seite derselben ausgehen, wie zunächst drei Kappen (k′, k″, k‴) abgeschieden wurden; die einzelnen Grenzen dieser drei Kappen lassen sich leicht bis über den Scheitel hinüber und auf die rechte Seite der Figur verfolgen. Die erste Kappe (k′) umfasst an der Basis und dem Scheitel nur eine Zellschicht, während sie in der Region n n sich in zwei gespalten hat, indem eine gürtelförmige Region von Kappenzellen durch gleichzeitige, tangentiale Septa sich verdoppelt. Es ist nicht selten, dass auch die erste Kappe, mit Ausnahme der Basis ganz und gar sich in zwei spaltet, oder dass eine solche Theilung, die hier in der Figur gürtelförmig erscheint (wenn wir uns der plastischen Vorstellung hingeben), nur local auftritt.

Am Scheitel sind die Zellmembranen dieser ersten Kappe sehr stark gallertartig aufgequollen, ein Symptom der eingetretenen Keimung; auch die zunächst darunter liegenden Zellschichten zeigen schon diese Quellung, in Folge heftiger Imbibition der Bodenflüssigkeit; doch zeigt die Wurzelspitze im reifen, trockenen Samen schon Anfänge einer solchen Quellung, die wir dann wohl der wässerigen Flüssigkeit des Embryosacks nicht mit Unrecht werden beimessen dürfen.

Die Zellenlinie, welche uns den Durchschnitt der Kappe k″ darstellt, sehen wir sehr bald sich gabeln, und den äusseren Ast dies wiederholen: die zweite Kappe der Haube ist demnach am Scheitel dreischichtig; k‴ bleibt fast durchweg einschichtig, nur ganz local haben einige Zellen sich tangential getheilt. Eine Vermehrung der Kappenzellen überhaupt durch radiale Wände scheint nur vereinzelt vorzukommen, wenigstens nicht allgemein.

Vergleichen wir nun die Kappenzellen mit den Dermatogenzellen, an welche sie grenzen, und mit denen sie gemeinsamen Ursprungs sind, so gelingt es nicht mehr, die entsprechenden Zellwände einheitlich orientirt zu finden. Dies hat zweierlei Gründe. Einmal findet, wie sich auf der Figur leicht verfolgen lässt, eine in acrofugaler Richtung geförderte Theilung der Dermatogenzellen durch radiale Scheidewände statt, nachdem dieselben eine Lage Kappenzellen abgeschieden. Zweitens strecken sich die abgeschiedenen Haubenzellen, dem Vorwärtsdrängen der wachsenden Wurzel nachgebend, tangential zu dieser Wachsthumsrichtung nicht unbeträchtlich, und bei der grossen Plasticität der jungen Zellwände, welche dieselben mit ihren Dermatogen-Schwesterzellen verbinden, ist eine gegenseitige Verschiebung der beiden Zellkörper höchst natürlich.

Eine hiervon ziemlich abweichende Physiognomie trägt der Theil der Wurzelhaube, welcher unter den drei äusseren Kappen liegt, und dessen Zellgewebe in der Figur mit cc bezeichnet ward. Auf den ersten Blick fällt es in die Augen, dass hier die Zellen sich nicht in so regelmässige Kappen rubriciren lassen, dass vielmehr die ganze Gewebemasse einer einzigen Kappe mit sehr gesteigerter, tangentialer Zelltheilung entspricht. Dieser Theil ist es, welcher der Wurzelhaube hauptsächlich ihre Festigkeit und Widerstandsfähigkeit gegen entgegenstehende Bodentheile verleiht, wodurch dieselbe in der That zu einem Panzer für den Vegetationspunct wird. Er ist so charakteristisch gebaut, dass man ihn in der That mit dem Namen »Säule der Wurzelhaube« bezeichnen kann. Dieselbe kommt dadurch zu Stande, dass der Theil des Dermatogens, welcher gerade den Scheitel des Wurzelkörpers einnimmt, ziemlich gleichzeitig durch aufeinanderfolgende tangentiale Theilungen — nachdem im vorliegenden Falle die drei ersten Kappen in acrofugaler Zellfolge abgeschieden worden — successiv eine grössere Anzahl von Kappenzellen abscheidet, und zwar derart, dass jeder dieser Dermatogenzellen eine der Wurzelaxe nahezu parallele Zellreihe entspricht. Bei dem Weiterwachsen der Wurzel geschieht es nun, dass die äussersten Zellen, deren Membranen, wie schon bemerkt, in der Bodenflüssigkeit stark aufquellen, abgestossen werden, und dass dann die Säule bis an die äussere Oberfläche der Haube reicht. Im Wachsthumsverlauf begegnet den äussersten Zellen der Säule dasselbe Schicksal, wie den früher diese Stelle einnehmenden Kappenzellen, sie werden im Boden zerstört, und von unten, vom Dermatogen aus, durch Neubildung ersetzt. Nachdem so die Säule die Kappen gewissermassen durchwachsen hat, scheinen die letzteren, deren Zellwände ebenfalls stark aufgequollen sind, in der Entwicklung stehen zu bleiben, ohne bedeutend abgenützt, und in Folge davon regenerirt zu werden. Die Heerd der Neubildung beschränkt sich dann auf diejenigen Dermatogenzellen, welchen die Säulenzellen entstammen. Da sich diese obersten Dermatogenzellen gar nicht mehr durch radiale Wände vermehren, sondern nur tangential theilen, mithin ihre Epidermiszellen liefernde Eigenschaft ganz eingebüsst haben, so könnte man füglich dieselben in diesem Falle als »Kalyptrogen« trennen, und das Dermatogen von da ab rechnen, wo radiale Theilung der Zellen stattfindet. Was übrigens noch die Bildung der Säule anbetrifft, so hat dieser Vorgang die grösste, physiognomische Aehnlichkeit mit der normalen Korkbildung.

Die soeben beschriebene, an dem Beispiele von *Helianthus* erläuterte Formation der Wurzelhaube kommt, mit geringen Abweichungen, weitaus dem grössten Theile der dikotylen Pflanzenfamilien zu. Nur bei wenigen findet sich die Säulenbildung minder ausgeprägt oder gar nicht, so besonders bei manchen Cruciferen (z. B. *Raphanus*, *Crambe*). Als durchgehend können wir aber festhalten, dass alle dikotylen Pflanzen eine Wurzelhaube besitzen, und dass dieselbe in allen Fällen aus dem Dermatogen entsteht. Nur ein Fall ist uns bekannt, wo die Wurzel es nicht zur Bildung einer wirklichen Haube bringt: es ist dies die Pfahlwurzel von *Trapa natans*. Allein ein Längsschnitt derselben zeigt höchst deutlich, wie einzelne, noch dazu nicht gerade den Scheitel einnehmende Dermatogenzellen durch tangentiale Septa sich theilen: es wird also der Versuch zu einer Wurzelhaube von der Pflanze gemacht, dieselbe bringt es aber nicht einmal zu einer einzigen, ordentlichen Kappe. Die Seitenwurzeln von *Trapa* zeigen übrigens eine deutliche Haube, und zwar ist dies gerade der bemerkenswertheste Fall einer Abweichung von der typischen Entwicklung der Wurzelhaube. Denn, wenn wir die Kappen der Wurzelhaube bisher in acrofugaler Zellenfolge aus dem Dermatogen entstehen sahen, so ist diese Folge bei *Trapa* acropetal. Der Fall wird unten noch seine eingehendere Besprechung finden.

4. Die Bildung des Wurzelkörpers aus dem Vegetationspuncte.

Nachdem wir im Vorstehenden die Gewebepartie betrachtet, welche dem Vegetationspuncte der Wurzel auflagert, welche in Formation und Function einem localisirten Periderma sich vergleichen lässt, so drängt uns jetzt ein ungleich höheres Interesse zu der Frage nach dem subdermatogenen Theile des Vegetationspunctes, nach der Beschaffenheit des primären Gewebes, aus welchem sich der Wurzelkörper gestaltet.

Alle diese Verhältnisse, wo es sich um eine Uebersieht der Entwicklung des gesammten Vegetationskörpers handelt, lassen sich mit Sicherheit nur an Längsschnitten ermitteln; wir stehen deswegen auch gar nicht an, stets unseren Erörterungen Längsschnitte des Vegetationspunctes zu Grunde zu legen. Der Querschnitt im Vegetationspuncte trifft die Wachsthumsreihen der Zellen niemals senkrecht, denn in Curven sind ja die Zellen orientirt, müssen es sein, um ein Paraboloid, wie es der Vegetationspunct jeder Phanerogamen-Wurzel darstellt, zu bilden. Nur der Parabelschnitt vermeidet diese Klippe, er allein ist demnach in Wahrheit orientirend.

Eine grosse Abweichung vom Typus kryptogamischer Vegetationspuncte bot uns schon die Entstehung der Wurzelhaube dar. Während dort die Haube aus den durch zur Axe senkrechte Wände abgeschiedenen Segmenten einer Zelle entsteht, welche den Scheitel des Axengebildes krönt, so sahen wir sie hier aus den Theilzellen einer grossen Anzahl einander gleichwerthiger Zellen, dem Dermatogen hervorgehen. Daraus folgt nun schon, dass die Histogenese des Wurzelkörpers eine andere sein muss, als bei den Kryptogamen, wo dieser den schräg gegen die Axe geneigten Segmenten derselben Scheitelzelle seinen Ursprung verdankt. Die nächstliegende Frage wäre nun diese, ob vielleicht die Dermatogenzellen rückwärts ähnliche Segmentzellen bilden, wie die kryptogamische Scheitelzelle, dass also im Dermatogen anstatt einer einzigen eine ganze Fläche von Scheitelzellen vorhanden wäre. Dass aber solche Abscheidungen aus dem Dermatogen nach rückwärts vorkommen, muss durchaus in Abrede gestellt werden; kein einziger Fall ist bekannt, der dafür spräche. Wir haben demgemäss den Bildungsherd des Wurzelkörpers unter dem Dermatogen zu suchen.

Hier liegen wiederum zwei Möglichkeiten vor. Entweder, eine Zelle fungirt als Urmutterzelle, oder eine Zellengruppe vermehrt sich in gemeinsamem Wachsthumsvorgange. Die bereits im Verhalten des Dermatogens so unverkennbare Analogie mit dem Stammvegetationspuncte gestattet uns, hier schon vorweg zu bemerken, dass die Grundlagen für die Bildung von neuem Gewebe im Vegetationspuncte phanerogamer Wurzeln in geringer, charakteristischer Modification dieselben sind, wie die im Stammvegetationspuncte.

Zum Beweise dafür leistet uns die mehrfach angezogene Figur 1, einen Längsschnitt durch den *Helianthus*-Wurzelvegetationspunct darstellend, auch hier wieder die ausreichenden Dienste. Wir sehen, wie vom Scheitelpuncte des Wurzelkörpers die Zellen in geordneten Längsreihen gleichsam ausstrahlen; dabei macht sich in der Gesammtheit dieser Zellen der Unterschied bemerkbar, dass in der mittleren (centralen) Parthie der Längsdurchmesser[1]) der einzelnen Zelle gegen den Querdurchmesser allgemein überwiegt, während im peripherischen Theil die Zellen breiter als lang sind; die durch das Symbol π gekennzeichnete Reihe bildet die scharfe Grenze zwischen beiden Theilen.

Das peripherische dieser beiden Zellensysteme liefert als secundäres Product die parenchymatische Rinde der Wurzel; das centrale liefert zunächst Procambium, aus dem als tertiäres Gewebe die Elemente des Xylems und Phloems sich herausdifferenziren.

Für das primäre Meristem, soweit es die Rinde liefert, ist durch Hanstein[2]) der Name »Periblem«, soweit es den centralen Gewebekörper, also Bast, Holz und Mark bildet, der Name »Plerom« eingeführt worden; dieselben Bezeichnungen lassen sich auch in der Wurzel anwenden, wobei nur zu bemerken ist, dass das Plerom in derselben häufig in der Bildung von Procambium aufgeht, da ja das Mark in der Wurzel oft ganz zurücktritt.

Unsere Aufgabe gestaltet sich jetzt dahin, die Begränzung und Function des Periblems und Pleroms zu ermitteln.

Folgen wir zunächst den schon vorhin erwähnten, in der Figur mit π bezeichneten Zellenreihen bis in die Scheitelregion, so sehen wir dieselben in zwei Zellen endigen, in welche ebenfalls der Buchstabe π eingetragen ist. Zwischen diesen liegt eine, unter ihnen mehrere mit p, unter ihnen drei mit P signirte Zellen; über letztere zieht sich das Dermatogen hinweg. Die Zellen P sind die »Initialen« des Periblems, die Zellen p die des Pleroms.

---

1) Die Längsrichtung immer der Axe parallel gedacht.

2) Hanstein, Scheitelzellgruppe S. 11 und 12.

Die Periblem-Initialen bilden eine kleine, hier auf dem Durchschnitt drei Zellen zeigende Platte, gerade im Scheitel der Wurzel, unmittelbar unter dem Dermatogen. Die Zellen sind hier, wie in den meisten Fällen durch besondere Grösse auffallend. Dieselben theilen sich niemals durch Scheidewände senkrecht zur Axe, wodurch Gewebe entweder in der Richtung des Dermatogens oder des Pleroms abgeschieden würde, sondern stets senkrecht zur Dermatogenfläche, hier also zugleich ziemlich parallel der Axe. Die hieraus abgeschiedenen Zellen spalten sich dann in der Regel durch Wände, senkrecht auf der ersten, wodurch die Anzahl der Initialen multiplicirt wird; wir bekommen so gewissermassen Initialen niederer Ordnung; diese letzteren liefern nun die Zellen des Periblems, welche in einer jeden einzelnen Initiale entsprechenden Reihen sich anordnen, und welche, wenn sie aufhören sich zu theilen, unmittelbar zu Rindenzellen werden.

Diese Bildung von Reihen, von Zellenlinien, ist es, welche unser ungetheiltes Interesse in Anspruch nehmen muss. Dieselbe, im Stammvegetationspuncte nicht mit solcher Schärfe hervortretend, ist für den Vegetationspunct der Wurzel ausserordentlich charakteristisch. Ein Blick auf die Figur 1 zeigt uns, dass nicht nur das Periblem, sondern auch die zu den Initialen pp gehörigen Pleromzellen in solchen deutlich hervortretenden Reihen angeordnet sind.

Diese Reihen sind nicht bloss in der Anschauung, in der Physiognomie des Bildes, das uns ein Wurzellängsschnitt liefert, begründet, sie besitzen in der That eine gewisse relative Selbstständigkeit, welche nicht nur im Wachsthum hervortritt, sondern auch im Zusammenhange der Zellen unter einander. Bei macerirten Vegetationspuncten, oder Längsschnitten derselben, gelingt es, dieselben, wenn auch unvollkommen, in diese Längsreihen zu zerfasern; auch ein leichter Druck lässt das Gewebe (z. B. an einem in concentrirter Kalilauge liegenden Längsschnitte) zunächst in diesen Richtungen auseinandertreten.

Diese Zellenlinien im Allgemeinen sind Curven; die centralsten des Pleroms fallen nahezu mit der Axe, der geraden Linie zusammen; je ferner sie der Axe liegen, desto mehr nähern sie sich den Schenkeln einer Parabel, das Dermatogen endlich, selbst einer Zellfläche, ist der Mantel eines Paraboloids.

In den einzelnen dieser Curven darstellenden Zellreihen der beiden Histogene Periblem und Plerom spricht sich das Wachsthum des Gesammtvegetationspunctes der Wurzel aus; wir können sie demnach als »Vegetationscurven« bezeichnen.

Kehren wir nach dieser erläuternden Einschaltung zunächst zum Periblem zurück. Von der linken Initiale P aus sehen wir eine obere Segmentzelle eine ziemlich lange, ungetheilt fortlaufende Curve einleiten, während die, aus der darunter liegenden Zelle hervorgehenden Reihen sofort durch Scheidewände, welche der Richtung der Curve parallel sind, sich theilt, und so eine ganze Anzahl von Zellreihen liefert. Ueberhaupt sehen wir im späteren Verlaufe die Curven sich nach rückwärts gewissermassen verästeln, und zwar auf dem Radialschnitte in strenger Dichotomie, was dadurch zu Stande kommt, dass eine Anzahl von Zellen einer Curve durch ihrer Richtung parallele Scheidewände sich spaltet. Hierdurch wird die, der Rückwärtsentfernung vom Scheitel proportionale Verdickung des Vegetationskegels bewirkt. Durch diesen Vorgang entstehen in der That aus jeder Curve zwei neue, und den Anfangszellen dieser müssen wir ebenfalls den Rang von Initialen einräumen. Zuweilen tritt diese Theilung nur ganz local ein, in der Figur z. B. bei e der unten mit P angedeuteten Zellreihe; es folgen hier in diesem Falle (nach rückwärts) zwei noch ungetheilte Zellen, und erst darauf spaltet sich die ganze Curve in zwei.

Was die Initial-Gruppe des Periblems anlangt, so ist dieselbe in der Axenregion, zwischen Dermatogen und Plerom bei der Mehrzahl der Familien einschichtig, selten zweischichtig (z. B. bei *Trapa*); eine Pflanze mit dreischichtigem Scheitelperiblem ist uns unter den Dikotylen noch nicht begegnet, während der Fall im Stammvegetationspuncte häufig ist.

Im Plerom finden wir im Wesentlichen genau dieselbe Anordnung der Zellen wieder, wie im Periblem. Auch hier theilen sich die, der Geraden schon sich nähernden Curven in der Rückwärtsrichtung in zwei parallele Aeste, genau wie beim Periblem.

Das Plerom des Stamm-Vegetationspunctes ist dadurch ausgezeichnet, dass es von einer in Allwärtstheilung begriffenen Zellgruppe ausgeht, und sich erst hernach in parallele Reihen anordnet. Diese, im Stamm oft nicht unansehnliche Gruppe kommt in der Wurzel nur als eine äusserst winzige vor, oder sie fehlt ganz. Für den ersten Fall wolle man unsere Fig. 1 auf Taf. 1 beachten, für den zweiten Fig. 2. Der erstere Fall, dass im Pleromscheitel Zellen in

Allwärtstheilung begriffen sind, z. B. bei *Helianthus*, variirt sehr, oft an derselben Pflanze. Auf Längsschnitten schneller wachsender Wurzelspitzen bemerkt man häufig gar nichts davon. Der Längsschnitt in Figur 1 zeigt eine solche Zelle, die oberste, mittlere der mit p bezeichneten; die darunter liegenden leiten schon Curven ein. In Fig. 2 schliessen die Pleromcurven sich unmittelbar an die Peribleminitialplatte an.

Es bleibt noch übrig, die Zellreihen zu besprechen, welche auf den Fig. 1—3 mit π bezeichnet sind. Dem Plerom sind dieselben ohne Zweifel beizuzählen, allein sie unterscheiden sich in mehr als einer Hinsicht von den übrigen Elementarcurven desselben: ihre Zellen sind verhältnissmässig kürzer, ihre Curven bleiben einfach, wenigstens theilen sie sich in der Regel nur radial, so dass sie auf axilen Längsschnitten einfach erscheinen; es pflegen in tangentialer Beziehung nur solche Theilungen vorzukommen, die wir oben als bloss locale schon erwähnten (Fig. 1, π, e). Diese Zellreihen oder besser diese Zellschicht weicht in ihrem Verhalten insofern von dem übrigen Plerom ab, als sie kein tertiäres Gewebe bildet. Ihre Zellen bleiben stets auf procambialer Stufe stehen, und bilden so auch in älteren Wurzeltheilen einen einschichtigen, stellenweise mehrschichtigen Mantel um den gesammten Fasergefäss-Cylinder. Dieser wurde von Nägeli entdeckt und »Pericambium« genannt; seine nunmehr erkannte Sonderung schon im Vegetationspuncte macht dasselbe für die Wurzel — dem Stamme fehlt es, besonders charakterisch. Im Verlaufe der Darstellung wird das Pericambium für uns erneutes Interesse und erhöhte Wichtigkeit gewinnen.

Nachdem wir so die Anordnung der Meristem-Zellen des Vegetationspunctes in drei scharf differenzirte Histogen-Gruppen, das Dermatogen, das Periblem und das Plerom mit dem schon früh sich sondernden Pericambium betrachtet haben, beansprucht nunmehr die Zellvermehrung in diesen Gruppen, mit einem Worte, das Wachsthum des Vegetationspunctes, unsere Aufmerksamkeit. Während im Vegetationspuncte der Kormophyten-Wurzeln die Quelle der Zellbildung in einer oberflächlichen Zelle liegt, während die aus dieser durch verschiedene Theilungsrichtungen hervorgehenden Separatzellen den Gewebestock zusammensetzen, so sahen wir, wie im Vegetationspuncte der Phanerogamen-Wurzel schon die Anordnung der Zellen das Vorhandensein einer solchen Scheitelzellle ausschliesst

Gestatten wir uns, noch einmal kurz die wichtigsten Formen von Vegetationspuncten geschlossener, d. h. in sich cyklisch gerundeter Glieder (und in anderen würde die Analogie fehlen), des Pflanzenreichs an unserm Auge vorüberziehen zu lassen, so resultiren daraus drei Typen; den einen, dem Kreise der Thallophyten angehörigen, sehen wir in den Vegetationspuncten von *Usnea*, *Bryopogon* und Verwandten, sowie auch von *Rhizomorpha*[1]; den zweiten liefern die Muscineen und Gefäss-Kryptogamen; den dritten die Mono- und Dikotylen. Der letztere gliedert sich in den von Wurzel und Stamm. Ein Längsschnitt durch einen Phanerogamen-Vegetationspunct nun hat die auffallendste Aehnlichkeit mit einem Längsschnitt von *Rhizomorpha subcorticalis*, wie ihn die soeben angezogene Figur darstellt, und sehen wir in der That in diesen beiden Gebilden die anscheinend so grossen Gegensätze zwischen parenchymatischem und Hyphengewebe einander bis auf das Aeusserste genähert. Wir finden in unserem Wurzelvegetationspuncte gewissermassen die Ausführung aus vollkommeneren Elementen eines Modells, das schon von den niedrigen, gleichsam einen verkommenen, wenn auch wuchernden Ast des grossen Pflanzenstammbaums darstellenden Pilzen construirt ward. Und in der That, betrachten wir im Gegensatze zu den Zweigen eines *Mucor*-Myceliums den Faden einer *Conferva* oder *Spirogyra* als die einfachste Form parenchymatischen Gewebes, so sehen wir, gleichwie die Combinationen des ersteren Elementartypus den Vegetationspunct von *Rhizomorpha* bilden, aus einer Vereinigung von Gebilden der zweiten Art und Unterordnung derselben unter ein einheitliches Wachsthumsprincip den dikotylen Wurzelvegetationspunct entstehen. In dem oben gebrauchten Worte »Vegetationscurven«, welcher Begriff dort zur Hebung der Anschaulichkeit beigebracht ward, gewinnt dieser Gedankengang einen präcisirten Ausdruck.

In diesen Wachsthumscurven findet nun das Längenwachsthum der Wurzel statt, ähnlich wie in den vereinigten Hyphenenden von *Rhizomorpha*, *Usnea*. Man könnte vermuthen, eine jede Curve verlän-

---

1) Vgl.: de Bary, Morphologie u. Phys. d. Pilze etc. S. 25. Fig 9. Auch die Flechtenvegetationspuncte mit orthogonal-trajectorischem Verlaufe der Curven sind hier zu erwähnen, um so mehr, da dieser Typus sich bei den Algen, z. B. bei *Furcellaria*, wiederfindet.

gere sich durch alleinige Theilung ihrer Initiale, etwa, wie der Faden von *Cladophora* nur in seiner Scheitelzelle Zellvermehrung zeigt. Allein dem ist nicht so; denn nicht nur den Initialen, auch den übrigen, intercalaren Gliederzellen einer Curve kommt die Theilungsfähigkeit zu. Die Intensität der Theilung, wenn hier der Kürze wegen so gesagt werden darf, nimmt übrigens in der Curve vom Scheitel nach rückwärts zu ab; doch wurde am Vegetationspuncte von *Helianthus* noch in der sechzigsten Zelle einer Curve, vom Scheitel rückwärts gerechnet, Theilung wahrgenommen. Das Längenwachsthum des Wurzel-Vegetationspunctes beruht also auf Theilung von Initialen und Gliederzellen der Vegetationscurven des Periblems und Pleroms durch Septa senkrecht zur Längslinie. Das den Wurzelkörper als einschichtiger Mantel bekleidende Dermatogen vergrössert sich dagegen durch Flächentheilung seiner Zellen.

Die Bedingungen des Wachsthums in den Richtungen senkrecht zur Axe, des Dickenwachsthums, wurden schon oben angedeutet; dasselbe beruht auf »Rückwärtstheilung« der Curven. Was die äussere Form des wachsenden Wurzelendes anlangt, so ist zu bemerken, dass dasselbe, je schneller es wächst, eine um so spitzere Form annimmt, d. h. die Zellcurven werden steiler, nähern sich mehr der Geraden, ihre Rückwärtstheilung und dadurch hervorgerufene Verdickung des Paraboloids tritt minder beschleunigt, sondern in allmähligerer Folge ein, als in Fig. 1. Die äussersten Gegensätze sind die langen Faserwurzeln der meisten Phanerogamen, welche sich der Spitze zu höchst allmählig verdünnen, und jene, fast vorne abgestutzten Beiwurzeln, wie wir sie aus den unteren Stengelknoten von *Zea Mays* hervorbrechen sehen. Verfolgt man übrigens die Verlängerung der letzteren, so lässt sich auf das schönste der allmählige Uebergang aus dem einen Extrem in das andere beobachten.

Das Hervorgehen des Dauergewebes aus dem Meristem, die Bildung von Xylem und Phloem aus den Procambiumsträngen, die Reihenfolge in der Entstehung der Gefässe in der Wurzel sind in ihren allgemeinen Zügen von Nägeli[1]) dargestellt; seinen Schilderungen haben wir nichts Wesentliches hinzuzufügen, und alle untersuchten

---

1) Nägeli, Beiträge etc. Heft 1.

Fälle vermögen Nägeli's Angaben nur zu bestätigen. Eine specielle Darstellung dagegen würde, da sich mancherlei Abweichungen in den einzelnen Gattungen finden, einen viel grösseren Raum beanspruchen, als wir derselben, dem Zwecke dieser Zeilen entsprechend, würden einräumen dürfen. Nur soviel wollen wir noch hervorheben, dass die ersten Gefässe, die also später zu äusserst des Fibrovasalkörpers liegen, wohl in den meisten Fällen abrollbare Spiralgefässe sind, einer hin und wieder verbreiteten Ansicht entgegen, dass der Wurzel Spiralgefässe überhaupt fehlten. Dieses Verhältniss ist an jungen Wurzelspitzen, wo die erste Anlage der Gefässe stattfindet, zu beobachten. Als dazu besonders geeignet empfehlen sich u. A. die Hauptwurzel von *Helianthus*, Beiwurzeln von *Impatiens*, und namentlich die Luftwurzeln von *Hedera*. Später, wo die Holzbildung vorgeschritten, und besonders die porösen und Treppengefässe sich massenhaft entwickelt haben, gelingt es in der Regel nicht, die ersten Spiralgefässe zu erkennen. Bei *Cannabis* allein konnten Schlauchgefässe gefunden werden, während Milchsaftgefässe häufig sind.

Weniger erforscht sind dagegen an der Wurzel die Bildung von Periderma und Borke. In Bezug auf die Periderma-Entwicklung haben wir bloss die Wurzel von *Aesculus* untersucht, und hier gefunden, dass der Kork sich vollständig nach einer, an beblätterten Zweigen häufig vorkommenden Schablone entwickelt. Zuerst tritt in der innersten Region der Parenchymrinde eine Phellogen-Lage auf, welche zunächst in centrifugaler, später auch in centripetaler Richtung Korkzellen abscheidet. Die darüber liegenden Parenchymschichten zerreissen, werden abgestossen und ein Peridermamantel ersetzt ihre Stelle.

5. Auftreten neuer Vegetationspuncte an der Wurzel; Seitenwurzeln.

Nachdem wir nunmehr die Structur und die Art des Wachsthums des Vegetationspunctes der Betrachtung unterzogen, nachdem wir gesehen, wie derselbe, darin ähnlich dem Vegetationspuncte einiger Thallophyten, in der Gesammtheit seines Urmeristems einem einheitlichen, vorläufig nicht näher zu bezeichnenden Gestaltungstriebe folgend, durch Neubildung von Zellen und Streckung derselben das Wachsthum der Wurzel einleitet, bleibt es noch übrig, einen weiteren Beleg für die soeben vorgetragene Ansicht in dem ersten Aufbau eines Vegetationspunctes, in der Constituirung desselben von dem ersten Sichtbarwerden seiner Mutterzellen an, aufzusuchen.

Wir verlassen dabei jedoch die Hauptwurzel, weil das Hervorgehen der Radicula aus den Segmenten der Eizelle in das Gebiet der Embryologie gehört; auch bietet sich in der Entstehungsgeschichte der Seitenwurzel eine ebenso günstige Handhabe zur Lösung der vorliegenden Frage, und zögern wir um so weniger, auch hier die Entwicklungsgeschichte als entscheidend anzuerkennen, als der Bau der Seitenwurzeln, namentlich was den Vegetationspunct anlangt, in allen wesentlichen Zügen mit dem Bau der Hauptwurzeln übereinstimmt, eine Wiederholung desselben darstellt. Der einzige, überall hervortretende Unterschied liegt darin, dass der Querdurchmesser einer Wurzel niederen Grades kürzer ist als der einer entsprechenden Wurzel höheren Grades, und zwar beruht dies namentlich auf einer geringeren Entwicklung des Plerom-Systems, während die Rinde eine immerhin, wenigstens relativ, ansehnlichere Mächtigkeit zeigt. Wir werden einen speciellen Fall davon später noch zu erwähnen haben.

Schon oben ward bemerkt, dass im Vegetationspunct der Wurzel keine neuen Vegetationspuncte gebildet werden, mit anderen Worten dass derselbe keine normalen Auszweigungen treibt, wie es in der Stammspitze der gewöhnliche Fall ist. Die Vegetationspuncte aller Seitenwurzeln werden demnach in einer Region der Wurzelspitze angelegt, die das Stadium des Vegetationspunctes bereits absolvirt hat, welche nicht mehr primäres, sondern bereits secundäres Gewebe ist. Man ist also durchaus berechtigt, alle Seitenwurzeln als endogene Axengebilde anzusprechen[1]), und, wennn man mit Hofmeister endogene Glieder als adventiv betrachtet, so liefert das soeben aufgestellte Kriterium eine Unterscheidung zwischen normalen und adventiven Gliedern, welche bei ihrer allgemeinen Anwendbarkeit, auch in Beziehung auf die Entstehung derselben nicht schärfer gedacht werden kann. Auch im Stamm, nicht nur in der Wurzel, findet diese Unterscheidung ihre Anwendung. Ein zweites Kriterium, welches sich ebenfalls aus der Entstehungsgeschichte ergiebt, tritt unmittelbar hinzu. Durch

1) Hofmeister, Morphologie S. 426.

Hanstein[1]) wurde als allgemeine Geltung habendes Gesetz erkannt, dass die erste Anlage einer normalen Auszweigung im Periblem des Vegetationspunctes auftritt; hier wird durch eine locale, in ihrer Richtung von der Axe divergirende Zellvermehrung neues Periblem und Plerom angelegt, während es einer Neubildung des Dermatogens nicht bedarf, indem die nun im Periblem entstandene, schnell sich vergrössernde Meristemgruppe das über sie wie ein Mantel sich erstreckende Dermatogen auftreibt, zu local gesteigerter Flächentheilung veranlasst und auf diesem Wege zum Range eines neuen Vegetationspunctes gelangt, wobei also das Dermatogen des alten Vegetationspunctes auch allen, nach einander entstehenden neuen als Dermatogen dienen muss. — Gänzlich verschieden davon ist die Bildung der Vegetationspuncte von Seitenwurzeln, wie endogener Glieder überhaupt. Hier wird ein neues Dermatogen gebildet, weil ja das Glied in einer Region entsteht, deren Dermatogen bereits Epidermis ist, deren Zellen also eine Rückwärtsverwandlung erleiden müssten; dies letztere ist nicht der Fall. Endlich entstehen endogene Glieder immer aus dem pleromatischen, dem Fasergefässsystem, niemals aus dem periblematischen System, dem Rindenparenchym. Diese Umstände zusammengehalten deuten darauf hin, dass die Bildung endogener Glieder von derjenigen normaler eine fundamental verschiedene ist. Wenn wir die Bildung normaler Auszweigungen phanerogamer Vegetationspuncte in gewissem Sinne mit den Auszweigungen des Vegetationspunctes von *Vaucheria* oder *Saprolegnia* vergleichen könnten, wo der Pflanzeninhalt die Pflanzenhaut einfach auftreibt, ausstülpt, und der so gebildete Ast nur eine Grenzerweiterung des Individuums darstellt, so zeigt uns die Entstehung endogener Glieder wegen der völligen Neubildung, auch des Dermatogens, eine Verjüngung des Individuums im eminentesten Sinne.

Das Entstehen solcher seitlichen, endogenen Vegetationspuncte in der Wurzel dient nicht bloss dazu, Seitenwurzeln hervorzubringen, auch blättertragende Axengebilde treten gar nicht selten auf, eine Erscheinung, die in dem sogenannten Wurzelaufschlag vieler Bäume, z. B. *Populus*, *Prunus*, zu den bekanntesten Thatsachen gehört. Uns interessirt hier jedoch zunächst nur die Entstehung von Seitenwurzeln, und

1) Hanstein, Scheitelzellgruppe.

begnügen wir uns, auf die adventive Erzeugung von Laubknospen in der Wurzel hingewiesen zu haben.

Der allmählige Aufbau des Vegetationspunctes einer Seitenwurzel lässt sich dort am besten erforschen, wo Seitenwurzeln dicht gedrängt angelegt werden, und finden wir dies Verhalten am schönsten ausgeprägt bei vielen Wasserpflanzen, deren Wurzeln untergetaucht im Wasser flottieren. Hier sehen wir die jungen Seitenwurzeln aller Stadien in sofort in die Augen fallenden Orthostichen aus der relativen Mutterwurzel hervorbrechen; möglicher Weise bedarf die Wasserpflanze einer reichlicher entwickelten Wurzeloberfläche als die im Erdboden haftende, da ja die sogenannte Bodenflüssigkeit jedenfalls eine concentrirtere Lösung der zu ihrem Wachsthum nöthigen anorganischen Substanzen darstellt, als das Wasser eines Teiches oder Flusses.

Die Stellung der Seitenwurzeln ist, wie Schacht zuerst gezeigt, und alle neueren Beobachtungen seitdem bestätigt haben, abhängig von der Anzahl und dem Verlaufe der Fibrovasal-Stränge der relativen Hauptwurzel. Da nun die Fibrovasal-Stränge gradlinig und parallel der Axe laufen, so bilden die durch sie und die Axe gelegten Ebenen constante Winkel, die seitliche Divergenz der Seitenwurzeln ist somit gegeben. Der longitudinale Abstand zweier Seitenwurzeln dagegen, welche einer Orthostiche angehören, ist durchaus wechselnd, und da wir kein einziges denselben bedingendes Moment zu erkennen vermögen, für völlig regellos zu erklären: mitunter folgt in einer Geradzeile eine jüngere Wurzelanlage unmittelbar auf die ältere, mitunter sind zwei solche Seitenwurzeln durch sehr ansehnliche Zwischenräume getrennt. Daher rührt es, dass verschiedene Querschnitte derselben Wurzel oft eine ganz verschiedene Anzahl von Seitenwurzeln treffen, bald eine, bald zwei, bald einen ganzen Quirl, dessen Glieder je dem Bezirke eines Gefässbündels angehören; der Quirl kann sogar ein ächter genannt werden, weil die ihn bildenden Seitenwurzeln oft genau in derselben Ebene schon angelegt werden; nimmer ist er aber eine regelmässige, wiederkehrende, stets nur eine zufällige Erscheinung. Die oben erwähnten Wasserpflanzen zeigen am ehesten noch ziemlich regelmässige Longitudinal-Abstände der Seitenwurzeln; es mag damit die zweckmässigste Raumausnutzung verbunden sein. Die Abhängigkeit der Stellung der Seitenwurzeln von den Fibrovasal-Strängen auf mechanisch wirkende Ursachen zurückzuführen, ist vor der Hand unausführbar, namentlich, wenn man beachtet, dass die Anlegung in den meisten Fällen schon im frühsten procambialen Zustande der Stränge geschieht.

Die Seitenwurzeln entstehen im Allgemeinen in acropetaler Folge, was ja des Wachtsthums der Hauptwurzel wegen auch ganz natürlich sit; bei manchen Pflanzen wird diese Folge ganz strenge inne gehalten, bei anderen, sogar der häufigere Fall, (z. B. bei *Helianthus*), wird hin und wieder zwischen zwei schon ziemlich grossen Seitenwurzelanlagen eine neue gebildet.

Wenden wir uns jetzt zu einem speciellen Falle der Anlegung von Seitenwurzeln. Wie schon oben bemerkt, sind die Wasserpflanzen hierzu besonders geeignet, und wollen wir darum unser altes Beispiel, *Helianthus*, nunmehr fallen lassen, ohne es jedoch aus den Augen zu verlicren. Ein höchst willkommenes Object für unsere Untersuchung bieten uns die tauchenden Wurzeln dritter Ordnung von *Trapa natans*, einer Pflanze, die schon oben einmal durch eigenthümliche Verhältnisse in der Wurzelhaube unsere Aufmerksamkeit auf sich gezogen hatte. Wir erinnern uns, dass die Pfahlwurzel, welche es überhaupt niemals zu functioneller Bedeutung bringt, keine ausgeprägte Wurzelhaube besitzt, nur Andeutungen dazu finden sich in der tangentialen Theilung einiger Dermatogenzellen, was jedoch gerade bei den Zellen, die den Scheitelpunct einnehmen, nicht der Fall zu sein pflegt. Dementsprechend zeigt die Haube der Seitenwurzeln, an und für sich schön und deutlich entwickelt, die Eigenthümlichkeit, dass ihre Kappen in acropetaler Zellenfolge abgeschieden werden, die tangentiale Theilung der Dermatogenzellen also in einer rückwärts liegenden Zone des Paraboloids anhebt, und dem Scheitel zu fortschreitet; damit steht auch im Zusammenhang, dass die Säulenbildung der Haube von *Trapa* fehlt.

Die Seitenwurzeln von *Trapa* entstehen, wie alle endogenen Glieder, aus dem Pleromsystem, und zwar werden sie am äusseren Umfange desselben angelegt. Das Muttergewebe, d. h. der Gewebetheil, aus welchem einzelne Zellen durch Theilung die junge Anlage formieren, ist der äusserste Mantel, die äusserste Zellschicht, des Procambiums. Dies ist das schon erwähnte, von Nägeli in seiner Eigenthümlichkeit erkannte Pericambium; dasselbe bildet bei *Trapa* einen überall einfachen Zellmantel. Das von demselben umschlossene Fibrovasalsystem ist nur unvollkommen ausgebildet, es zeigt im Querschnitte regulär nur vier, (selten einmal ein fünftes) gleichmässig von einander entfernte, weite Gefässe, welche ihrer Gestalt nach zwischen Spiral- und Treppengefässen die Mitte halten. Nach diesen vier grossen Gefässen ordnen sich nun die zahlreichen Seitenwurzeln in vier parallele Geradzeilen.

Untersuchen wir jetzt, in welcher Weise die Anlagen von Vegetationspuncten im Pericambium entstehen. Ein axiler Längsschnitt der Wurzel, welcher zugleich durch zwei, diagonal einander gegenüber stehende Gefässe geführt ist, muss nothwendig eine Anzahl von Wurzelanlagen in der Weise gespalten haben, dass man genaue Profilbilder derselben erhält, d. h. dass der Schnitt auch durch den Vegetationspunct und die Axe des letzteren geht. Ausserdem liefern tangentiale Längsschnitte der Mutterwurzel ziemlich brauchbare Querschnitte von Wurzelanlagen. Weshalb senkrechte Querschnitte der Mutterwurzel nicht ebenfalls gute Profil-Längsschnitte der jungen Wurzeln gewähren, wird sich aus einer, weiter unten mitzutheilenden Thatsache ergeben Führt man einen axilen Längsschnitt der relativen Hauptwurzel in der Ebene, in welcher er die zwei gegenüber stehenden Gefässe traf, auch über den weiter nach vorne liegenden Theil der Wurzel bis zu ihrer Spiize fort, so erhält man Profilschnitte von Wurzelanlagen aus einem Theile der Hauptwurzel, deren Gefässe noch im Stadium des Procambiums sich befinden, noch nicht sichtbar sind, bis zu den allerjüngsten, dem Vegetationspuncte nicht mehr fernen, hinauf. Was die Anfertigung der zu dieser Untersuchung nöthigen Präparate anbetrifft, so ist die von Hanstein [1]) für das Deutlichmachen von Stammvegetationspuncten empfohlene Methode (Behandlung des Schnittes mit Aetzkali, Auswaschen mit Chlorwasserstoffsäure, Neutralisation durch Ammoniak, Einlegen in Glycerin) auch hierfür mit bestem Erfolge anzuwenden; denn schwerlich würde man sich mit Ueberzeugung der Hoffnung hingeben dürfen, in einem, wenn auch noch so zarten Längsschnitte nun auch von der, aus äusserst kleinzelligem Meristem bestehenden Wurzelanlage einen Längsschnitt erhalten zu haben, welcher nnr eine Zellschicht umfasste, und noch dazu genau die Profil-Ebene inne hielte. Hat man dagegen die Schnitte in der angegebenen Weise durchsichtig gemacht, so leistet uns die Mikrometerschraube mit Leichtigkeit den Dienst, den das Messer in den meisten Fällen sicherlich versagen würde.

1) Scheitelzellgruppe.

Ein gelungener Längsschnitt durch den oberen Theil der Mutterwurzel (Axe zweiter Ordnung) von *Trapa* lässt uns nun folgendes erkennen. Den Rand des Schnittes begrenzen Zellen der Wurzelhaube und des darüber liegenden Dermatogens. Von dieser Grenze umrahmt' bemerkt man, wie die Curven des Periblems und Pleroms in gerade Längsreihen von beziehungsweise Rindenparenchym- und Procambium-Zellen übergehen, und als Grenzlinie zwischen letzteren beiden Geweben lassen sich die zwei Zellreihen, welche den Längsschnitt durch die Pericambium-Schicht andeuten, bis in den Vegetationspunct hinein verfolgen. In einer dieser Pericambium-Reihen nun, wenn dieselbe in der entsprechenden Ebene durch den Schnitt getroffen wurde, bemerkt man, dass bald hinter dem Anfange des Procambium — vom Plerom aus — in ziemlich regelmässigen Abständen einige (der Längsschnitt zeigt in der Regel drei), dieser Pericambium-Zellen, den übrigen sonst ganz gleichgestaltet, sich durch einen d i c h t e r e n I n h a l t vor denselben auszeichnen. Diese Zellen verdoppeln ihre Anzahl hierauf gleichzeitig durch radial gestellte Scheidewände, wovon man sich leicht überzeugt, wenn man der Pericambium-Reihe des Schnittes nach rückwärts folgt. Wir besitzen nunmehr in einer kleinen, noch einschichtigen Gruppe von Pericambium-Zellen die erste Anlage zum jungen Seitenwurzel-Vegetationspuncte. Die weiteren Stadien beobachtet man auf einer Rückwärtsverfolgung der Pericambiumreihe, wir werden von nun an dies voraussetzen und einfach die Veränderungen notiren, welche solch eine jüngste Wurzelanlage durchläuft, um die Zusammensetzung und den Werth eines Vegetationspunctes zu erreichen.

Fast gleichzeitig, wie es scheint, strecken sich die Zellen dieser kleinen Gruppe radial u n d t h e i l e n s i c h d a n n d u r c h t a n g e n t i a l[1]) o r i e n t i r t e S c h e i d e w ä n d e; die Anlage ist somit zweischichtig geworden, und zwar ist gerade diese erste Theilung von besonderem Interesse und tiefgehender Bedeutung. Wir besitzen nämlich in der äusseren dieser beiden Schichten, wie sich aus dem weiteren Gange der Entwicklung unzweifelhaft ergiebt, schon das D e r m a t o g e n der jungen Wurzel in seiner ersten Sonderung von dem übrigen Meristem, welches sich von nun an lediglich aus der inneren Zellschicht

1) Die Ausdrücke »radial« und »tangential« sind zunächst in dem oben angegebenen Sinn auf die Oberfläche der Wurzel zu beziehen.

entwickelt (Taf. 2, Fig 1, 2 d). Die untere der beiden Zellplatten streckt sich jetzt wiederum radial, so dass die durch die Theilung verkürzten Zellen den übrigen Elementarzellen des Pericambiums ungefähr adäquat erscheinen. Dadurch wird zunächst auf die Dermatogen-Platte und in weiterer Fortsetzung auch auf das darüber liegende Rindenparenchym ein Druck ausgeübt. In Folge dessen erscheint das Dermatogen leicht aufgetrieben, es vermehrt seine Fläche durch radiale Zelltheilung; zugleich fesselt aber auch noch eine andere Erscheinung unsere Aufmerksamkeit. Wie gesagt, werden auch die inneren Schichten der Wurzelrinde durch den Druck der jungen Anlage aufgetrieben; wir bemerken daran, wie die Zellen der innersten dieser Rindenschichten sich stärker mit protoplasmatischem Inhalte füllen, wie sie endlich anfangen, sich ebenfalls durch radiale Querwände zu theilen. Wir sehen demnach die innerste Rindenschicht dem Wachsthum der jungen Wurzelanlage nachkommen und zwar nicht nur passiv, durch blosse Dehnung, sondern activ, durch radiale Theilung ihrer Zellen, ohne dass sonst irgend ein Zusammenhang, eine Beziehung zum Gewebe des entstehenden Vegetationspunctes ersichtlich wäre; es ist auch nicht gelungen, ausser dieser radialen Theilung der innersten Rindenzellen noch eine tangentiale, wodurch dieselben in mehrere Schichten zerlegt würden, wahrzunehmen.

In der sub-dermatogenen Meristemschicht der Anlage tritt nun eine weitere Fächerung durch Scheidewände senkrecht zur Richtung des vorhin intensivsten Wachsthums ein, d. h. durch tangentiale Wände, während gleichzeitig in den Zellen des Dermatogens sich eine ebenfalls tangentiale Theilung bemerklich zu machen beginnt (Fig. 3 a, 3 b). Der werdende Vegetationspunct hat nunmehr bereits die Gestalt einer seichten Kugel-Calotte erhalten, wir können demnach den auf der Wurzelaxe senkrecht stehenden Durchmesser vorläufig als neue Axe der Anlage, den Schneidepunct dieser Axe mit der Kugeloberfläche als Scheitel derselben betrachten; in Folge dessen mögen die Bezeichnungen der Theilungsrichtungen (»radial« und »tangential«) von jetzt an auf die Oberfläche der Anlagen bezogen werden.

Die soeben erwähnte tangentiale Theilung in der Dermatogen-Schicht findet nicht gleichzeitig statt, was in den darunter liegenden so ziemlich der Fall ist, sondern in genau innegehaltener Zellfolge; die Theilwände wurden zuerst in den mit a bezeichneten Zellen sichtbar und setzten sich dann, gemeinsam fortrückend, bis zum Scheitel fort. Es wurde somit durch tangentiale Theilung aus dem Dermatogen eine geschlossene Zellschicht in acropetaler Zellenfolge abgeschieden, und in der That ist dies die erste Kappe der Haube der jungen Seitenwurzel. Vgl. Fig. 3b, 4, 5.

Das Dermatogensystem ist durch den zuletzt dargestellten Act nunmehr in allen seinen Beziehungen ausgebildet, die Elemente desselben vermögen fortan durch radiale Theilung sich selber zu vervielfältigen und Epidermidalzellen zu erzeugen, durch wiederholte tangentiale Theilungen Kappen der Wurzelhaube abzuscheiden. Unsere Aufmerksamkeit findet sich demnach jetzt im höchsten Grade zu der Zellengruppe hingelenkt, welche, unter dem Dermatogen gelegen, ursprünglich mit diesem aus einer Pericambial-Gruppe entstanden, dennoch schon früh in einen Gegensatz zu demselben trat und eine unabhängige tangentiale Zelltheilung zeigte. Diese Zellen — sie sind in den Fig. 2—4 mit n signirt — stellen den Anfang des Urmeristems des künftigen Wurzel-Körpers dar; es ist nunmehr unsere Aufgabe, zu untersuchen, wie sich dasselbe in fortschreitender Gestaltung in die beiden Histogene, Periblem und Plerom, gliedert, und somit alle Bedingungen zur Weiterentwicklung der Seitenwurzel sich erfüllen.

Hervorgegangen durch Fächerung aus den, ursprünglich zu den ersten Dermatogenzellen im Schwesterverhältniss stehenden, inneren Segmentzellen des Pericambiums (Fig. 2—4) bilden die mit n bezeichneten Zellen-Reihen, parallel der Axe der Wurzelanlage; dieselben bringen dadurch einen kugligen Gewebekörper zu Stande, dass diese Reihen, je näher der Axe, um so länger, je mehr davon entfernt, um so kürzer sind. Die Vermehrung dieser Zellen findet durch Scheidewände, genau senkrecht zur Axenrichtung statt. Bald bemerkt man, wie die Endzellen der mittelsten dieser Reihen in auffallender Weise hervortreten (Fig. 5 i); man bemerkt an Präparaten dieser Entwicklungsstufe stets einige — in der Profilansicht fast immer zwei Zellen, die unmittelbar unter dem Dermatogen gelegen, den Scheitel, so zu sagen, des sub-dermatogenen Gewebes darstellen. Diese Zellen, ursprünglich die Endzellen der centralen Reihen, treten auch bald in Folge ihrer Dehnung aus dem sonst so leicht zu verfolgenden Zusammenhang mit ihren Schwesterzellen, mit denen sie bisher eine Reihe bildeten. Da zeigen sich plötzlich in diesen Zellen Scheidewände, und zwar nicht mehr senkrecht zur Axe, sondern schräg dazu einfallend, radial orientirt zu der Kugeloberfläche, die das Dermatogen darstellt. Durch Wiederholung dieser Theilwände in derselben Richtung und genau inne gehaltener Ordnung entstehen von den soeben genannten prägnanten Zellen aus Zellenreihen, die sich dem Kugelgewölbe des Dermatogens anschmiegen, also Curven sind. Und in der That sind jene Zellen durch diesen Theilungs-Modus zu Peribleminitialen geworden, die aus ihnen entstehenden Zellreihen sind die ersten Curven des Periblems, die sich nun durch Rückwärtstheilung — wie wir des kurzen Ausdrucks wegen oben sagten, — bald vervielfältigen (Fig. 6 P). Es entstand demnach das Periblem aus Segmentzellen der wenigen, den Scheitel des sub-dermatogenen Meristems einnehmenden, grossen Zellen.

Ebenso werden, wie aus Fig. 6 ersichtlich, die zunächst unter den Periblemінitialen gelegenen, ursprünglich diesen homogenen Zellen zu Initialen des gesammten pleromatischen Systems; auch sie bilden plötzlich Segmente, die sich nach rückwärts zu Zellreihen ordnen, und die Wachsthums-Curven des Pleroms darstellen, wenn sie auch zunächst der Axe ziemlich parallel laufen, und erst bei hervortretender Verdickung der Anlage, hervorgebracht durch Rückwärtstheilung der Reihen, zeigen diese »Curven« eine wirklich paraboloidische Krümmung.

Die Entwicklungs-Phase, welche Figur 6 zeigt, stellt uns also den Vegetationspunct in seinen wesentlichen Elementar-Bestandtheilen vor. Es tritt uns hier auch sofort die Schärfe des Gegensatzes entgegen, welcher zwischen den geraden, parallelen Zellreihen, die aus dem Pericambium entstanden, und den Curven besteht, die aus Initialen, welche von jenen Zellreihen producirt wurden, hervorgingen. Die übrigen Zellen jener primären Reihen, — sie sind in Fig. 6 mit m bezeichnet, vermehren sich auch noch, doch ohne ausgesprochenes Theilungsprincip, und besitzen für die morphologische Betrachtung kein weiteres Interesse, da sie, wie besonders in Fig. 9 ersichtlich, nur eine Art Matrix darstellen, eine Basis oder Haftscheibe, vermittelst deren das junge Wurzel-Individuum mit der Mutterwurzel zusammenhängt.

Wir müssen aber der Weiterentwicklung des jungen Vegetationspunctes der Wurzel von *Trapa* noch etwas weiter folgen. Die Figuren 7, 8, und 9 zeigen uns seine fortschreitende Vervollkommnung. Fig. 7

lehrt uns ein interessantes Verhalten des Periblems kennen; es sind nämlich in den Initialen desselben, welche ja bisher eine kleine, einschichtige Platte zwischen dem Scheitel der Plerom-Masse und dem Dermatogen bildeten, tangentiale Scheidewände aufgetreten, und ist dadurch die einschichtige Periblem-Initialgruppe zu einer zweischichtigen geworden. In der That zeigt das Periblem der Wurzel von *Trapa* dies Verhalten constant gegenüber der Mehrzahl der anderen Dikotyledonen-Wurzeln, deren Periblem im Scheitel nur eine Zelllage mächtig ist. In derselben Figur sehen wir auch das Plerom sich energisch in dem bekannten Theilungsprincipe fortentwickeln, und zeigen seine Initialen gerade eine unverhältnissmässige Grösse. Figur 8 zeigt namentlich das Plerom noch mehr entwickelt, und sodann, wie sich aus dem Dermatogen eine zweite Kappenschicht abscheidet, und zwar in genau derselben Weise, die wir bei der ersten Kappe, in Fig. 4 sahen, nämlich in acropetaler Folge der Zellen; auf dieselbe Art entstehen auch alle späteren Kappen, und ist hieraus ersichtlich, dass von einer Säulenbildung in der Haube von *Trapa* füglich keine Rede sein kann. Fig. 9 endlich zeigt uns eine Wurzelanlage in wesentlicher Vollendung aller Theile, so dass wir im späteren Stadium keine weiteren, wesentlichen Modificationen aufzufinden vermögen. Dieselbe hat das Gewebe der Mutterwurzel noch nicht durchbrochen, wir sehen es auf allen Seiten von Rinden-Parenchymzellen umgeben (R), welche zum grossen Theil im Zustande der Resorption und Auflösung sich befinden. Der Durchbruch einer jungen Seitenwurzel durch die Rinde der Mutterwurzel findet überhaupt stets vermittelst der Resorption des umhüllenden Gewebes statt. Sobald der Hügel sich vorzuwölben beginnt, sieht man die Membranen der zunächst liegenden Zellen vom Gummifluss ergriffen und den Inhalt schwinden (Fig. 5, 9, R). Dies Verhältniss setzt sich dem Weiterwachsen der Anlage entsprechend fort, nur bei sehr schnellem Wachsthum werden die obersten Rindenzellschichten gewaltsam durchbrochen (was bei *Trapa* kaum, sehr schön z. B. bei *Papaver* vorkommt), und bilden dann einen, meist lippenförmigen Wulst, zwischen dem sich die Anlage hindurchdrängt.

Die Reihenfolge der Figuren 4—9 zeigt, wie die innerste Rindenschicht (r) in fortgesetzter Flächentheilung das Wachsthum des jungen Wurzelkörpers begleitet; das Wachsthum dieser Schicht hat jedoch ein Ende, es hört plötzlich auf, und auch ihre Zellen, sonst durch ihren dichteren Inhalt durchaus vor den übrigen Rindenzellen sich auszeichnend, fallen ebenso wie diese rettungslos der Resorption anheim. Fig. 9 zeigt dies deutlich. Wir sehen hier, wie an das halbirte, orientirende Gefäss zunächst die mit π' bezeichnete Pericambiumreihe der Hauptwurzel gränzt, auf diese folgt die innerste Rindenschicht r; dieselbe, in der Zeichnung schattirt, lässt sich jedoch nicht weit mehr als Gränze der Figur, welche der Wurzellängsschnitt darstellt, verfolgen, man sieht, wie sie schon zum grössten Theile resorbirt ist und ihre Zellen ausser allem Zusammenhang mit den eigentlichen Wurzelzellen stehen. Die Reihen sowohl auf der rechten wie auf der linken Seite der Figur hören bei r und r plötzlich auf, und oben giebt nur eine Gruppe von fünf ebenfalls mit r bezeichneten Zellen noch Kunde von der ganzen ehemaligen Wucherung der innersten Rindenschicht. Im Uebrigen erblicken wir auf der Figur vier vollkommen und eine erst halb fertige Haubenkappe (k), welche letztere jüngst von dem Dermatogen abgeschieden ward. Hierauf folgen die Curven des Periblems P, die unter dem Scheitel zwei Schichten bilden, und von diesen eingeschlossen das Plerom p, dessen äusserste Zellenlage π schon jetzt als künftiges Pericambium sich darthut. Von Rinde und wirklichem Procambium kann in der ganzen Anlage noch keine Rede sein, sie befindet sich durchweg, wenn auch vollkommen ausgebildet, auf der Stufe primären Gewebes. Die zunächst dem Gefässe liegenden, mit m notirten Zellen stellen die oben erwähnte Matrix oder Haftscheibe der Wurzel dar; sie lassen z. Th. noch die primären, aus einzelnen Pericambiumzellen hervorgegangenen Reihen erkennen.

Wir haben hiermit eine continuirliche Darstellung der Entwicklung der Seitenwurzeln von *Trapa* gegeben, welche den Zusammenhang von den ersten Zelltheilungen im Pericambium bis zur Vollendung des Vegetationspunctes in seinen Hauptmomenten überblicken lässt.

Dieselben Untersuchungen an mehreren ganz verschiedenen dikotylen Familien angehörenden Species angestellt, ergeben, dass die Entwicklungsgeschichte der Seitenwurzeln im Wesentlichen dieselbe ist, wie die von *Trapa;* sie wurde zwar nirgends so vollständig beobachtet, wie bei dieser letzteren Pflanze, allein doch in einer hinreichenden Anzahl von Stadien, um den soeben ausgesprochenen Schluss ziehen zu dürfen; namentlich wurde die Entwicklungsgeschichte der Seitenwurzeln von *Helianthus* und *Impatiens* fast lückenlos beobachtet. Von *Helian-*

thus sind zwei Zustände auf Taf. 1 mitgetheilt, Fig. 4 und 5. Die erste Fig. stellt eine jüngste Entwicklungsstufe auf einem Querschnitte dar. Eine Gruppe von Pericambiumzellen π zwischen Rindenzellen r und engeren Zellen des Gefässbündels liegend, hat sich gestreckt und darauf zunächst eine Dermatogenplatte abgeschieden; die sub-dermatogenen Zellen haben dann eine Fächerung begonnen. Fig. 5 zeigt uns einen Längsschnitt durch die Spitze einer Wurzelaxe, welche etwa dem Stadium der Figur 9 von *Trapa* entspricht; derselbe zeigt in interessanter Wiederholung dieselbe Construction des Vegetationspunctes wie der in Fig. 1 auf Taf. 1 abgebildete Vegetationspunct der Hauptwurzel von *Helianthus.* Aus allen Untersuchungen jedoch hat sich soviel als feststehend ergeben, dass die Zusammensetzung des Vegetationspunctes der Seitenwurzel dieselbe ist, wie die der Hauptwurzel, und dass das Wachsthum desselben nirgends und auf keiner Entwicklungsstufe von einer Scheitelzelle im Sinne der Kryptogamen eingeleitet wird.

Was den Entwicklungszustand der Hauptwurzeln anlangt, um Seitenwurzeln hervorbringen zu können, so ist derselbe nach den einzelnen Gattungen ein sehr verschiedener. Bei *Helianthus* z. B. findet die erste Anlage der Seitenwurzeln erst statt in einer Region, wo schon ausgebildete Gefässe, also tertiäres Gewebe, vorhanden. Bei *Trapa* werden sie im frühen, procambialen Zustande des Gewebes der Mutterwurzel angelegt; bei *Impatiens* endlich findet die Anlage schon im Embryo statt. Diese letzte Erscheinung macht einen eigenthümlichen Eindruck. Lässt man Samen von *Impatiens Balsamina, glandulifera parviflora* etc. keimen, so scheint es bald, als ob die Hauptwurzel aus dem Innern des ovalen Gewebekörpers, den der Embryo darstellt, hervorbräche; sie wird zuerst sichtbar als ein kleines, von einem runden Ringwall umgebenes Spitzchen, Fig. 6. auf Tafel 1. Bald jedoch zeigt es sich, dass dieser Ringwall von Seitenwurzeln hervorgerufen wurde, welche, bereits im Embryo, und zwar in einem Quirl angelegt, gleichzeitig mit der Hauptwurzel sich entwickelnd, das Rindenparenchym der letzteren in der eigenthümlichen, ringförmigen Weise auftreiben. Dann durchbrechen die embryonalen Seitenwurzeln gleichzeitig diesen Rindenwall, da sie gekreuzt zu vier im Quirl stehen; innerhalb dieses Quirls wächst die Hauptwurzel fort, Fig. 7. Dass dieser viergliedrige Quirl von Seitenwurzeln nicht in einer Theilung des Vegetationspunctes seine Ursache hat, sondern in ganz normaler Weise endogen aus dem Pericambium entstanden ist, davon überzeugt man sich leicht; die Seitenwurzeln sind auch hier ganz und gar aus der äussersten Schicht des Pleroms hervorgegangen, sie besitzen ein anderes Dermatogen wie die Hauptwurzel. In dem Schnitte, welchen Figur 8 darstellt, sind zwei dieser Seitenwurzeln ziemlich axil getroffen. Eine interessante Erscheinung bei den Seitenwurzeln von *Trapa*, — in höherem oder niederem Grade auch den Seitenwurzeln anderer Pflanzen eigen, — ist noch die, dass die Axen der Seitenwurzeln, auch im ganz frühen Stadium derselben, wo sie noch völlig im Gewebe der Mutterwurzel eingeschlossen waren, niemals senkrecht gegen die Axe der relativen Hauptwurzel stehen, sondern stets geneigt, und zwar derart, dass sie nach dem Scheitelende der Hauptwurzelaxe hin einen spitzen Winkel mit dieser bilden. Da dies Verhalten schon im frühen Stadium stattfindet, so erhält man auf axilen Längsschnitten von Hauptwurzeln, die zugleich Längsschnitte der Anlagen darstellen, stets unsymmetrische Bilder, wie die Figuren 4, 6, 7, 8, 9, der Tafel 2 zeigen, und es ist dies der Grund, weswegen Querschnitte der Hauptwurzeln keine axilen Längsschnitte der Seitenwurzeln liefern können.

6. Beiwurzeln.

Unter dem Namen von Beiwurzeln lassen sich alle adventive Wurzelgebilde vereinigen, die nicht aus einer Mutterwurzel entspringen, sowohl die, welche aus dem Stamme hervorgehen, als auch die, welche Blättern ihren Ursprung verdanken. Ersteres ist sehr verbreitet, fast allgemein bei Pflanzen mit niederliegendem Stengel, wo an den Knoten sich häufig ganze Büschel von Wurzeln entwickeln; Letzteres lässt sich sehr leicht an den Blättern von *Begonia*, und *Ligeria* künstlich hervorrufen. Die Entstehung der Wurzeln aus Blättern in ihren ersten Anfängen, ihren Einzelheiten, wurde noch nicht sicher genug festgestellt, und soll demnach hier davon abgesehen werden. Was die Entwicklunggeschichte der Beiwurzeln des Stammes anlangt, so sind zwei Fälle zu unterscheiden: Entweder die Wurzeln entstehen aus dem Interfascicularcambium, oder an den Gefässbündeln.

Erste ist besonders leicht zu beobachten an dem untersten Stengeltheil von *Impatiens*, z. B. *I. parviflora*, wo, dicht über dem

Erdboden, stets einige dicke Beiwurzeln heraustreten. Dieselben entspringen zwischen den Gefässbündeln des Stammes, und zwar verhält sich die äussere Zellreihe des Interfascicular-Cambiumringes in dieser Hinsicht genau, wie das Pericambium der Wurzel. Auch hier füllt eine Zellengruppe sich stärker mit Protoplasma, und stellt den Bildungsherd für die junge Wurzel dar; die Zellen theilen sich tangential, die äussere Zellschicht liefert das Dermatogen, während aus der inneren im Verlaufe weiterer Theilungen in der bekannten Weise Plerom und Periblem entstehen. Das Dermatogen scheidet die Kappen der Wurzelhaube ab und auch die innerste Rindenschicht zeigt anfangt einige Wachsthums-Erscheinungen, wird aber bald nebst den übrigen resorbirt, um der Wurzel den Austritt ins Freie zu eröffnen. Auffallend ist hier der rothe Farbstoff in den Zellen der Wurzelspitzen.

Was den zweiten, weit häufigeren Fall anlangt, dass die Wurzeln vor Gefässbündeln entspringen, so scheint hier durchgehends, wenigstens an den Stengelknoten, die äusserste Phloëm-Schicht — die Weichbastzellen — jene Rolle des Pericambiums zu übernehmen, welche wir bei *Impatiens* der äussersten Interfascicular-Cambiumschicht zuertheilt sahen. Mit Bestimmtheit wurde dieser morphologische Ort des Ursprungs erkannt an den Beiwurzeln von *Veronica Beccabunga*, dsgl. an *Lysimachia Nummularia*. Doch deuten mehre andere untersuchte Fälle — z. B. *Hedera Helix*, *Dischidia Bengalensis* — darauf hin, dass dies Verhalten ein verbreitetes sei. In dieser äussersten Phloëm-Schicht, deren Zellen also ihre Theilungsfähigkeit bewahrten, füllen sich einige Zellen stärker mit protoplasmatischem Inhalte und theilen sich tangential, wodurch in der äussern Schicht das Dermatogen und somit die aus ihm hervorgehende Wurzelhaube angelegt sind. Die darunter liegende Zellschicht liefert zunächst durch tangentiale Fächerung primäre Zellreihen, deren äusserste Zellen als Initialen die Curven des Periblems und Pleroms erzeugen; man sieht, die Erscheinungen sind denen der Seitenwurzelbildung völlig gleich.

Monokotylen.

Wie die Monokotylen im Laubspross-Vegetationspuncte eine den Dikotylen durchaus entsprechende Bildung zeigen, so schliesst auch der Vegetationspunkt ihrer Wurzeln in seinem Bau dem soeben eingehender geschilderten der Dikotylen sich unmittelbar an. Wir brauchen demnach nicht auf Einzelheiten einzugehen, sondern nur auf einige allgemeinere, charakteristische und abweichende Verhältnisse aufmerksam zu machen. Dahin gehört vor Allem die Coleorrhize der Graswurzeln, welche die Pfahlwurzel wie ein Sack umschliesst. In Betreff ihrer Entstehung verweisen wir auf die embryologische Arbeit Hanstein's. Im Uebrigen unterscheiden sich die Graswurzeln, sowohl was den Vegetationspunkt, als die Entstehung von Seitenwurzeln anlangt, nicht wesentlich von anderen Wurzeln. So zeigt z. B. ein vorliegendes Präparat der Hauptwurzel von *Zea Mays*, wie ein Dermatogen den Wurzelkörper von der Haube scheidet, deren Zellen in dem oben als Säulenbildung beschriebenen Modus aus den Dermatogenzellen hervorgehen, und hier in ungemein deutlichen Trajectorien sich ordnen. Das Periblem besteht auf dem Scheitel aus nur einer Zelllage, deren Zellen Curven einleiten, die sich nach rückwärts verzweigen; die Wände der letzteren greifen häufig zahnförmig in einander ein. Vom Periblem umschlossen liegt der Plerom-Körper, welcher in seiner Scheitelregion aus einer kleinen Gruppe von Zellen besteht, deren Wände nach verschiedenen Richtungen geneigt sind. An diese kleine, in Allwärtstheilung begriffene Gruppe setzen sich wiederum Curven, die durch intercalare Theilung ihrer Zellen durch Wände senkrecht zur Axe das Längenwachsthum, durch Spaltung der Länge nach (»Rückwärtstheilung«) das Dickenwachsthum des Gewebekörpers vermitteln, und später zunächst einen Procambium-Cylinder bilden, aus dessen Zellen die Elemente des dauernden Fibrovasal-Stocks sich bilden, der im Innern, wenigstens im oberen Theil der Wurzel, auch ein Wurzelmark umschliesst.

Die Seitenwurzeln entstehen auch bei den Gräsern aus der äussersten Zellenlage des Pleromkörpers, aus dem Pericambium. Sie entstehen bei den bei der Untersuchung zu Gebote stehenden Arten so weit von einander entfernt, dass eine lückenlose Beobachtung des gesammten Entwicklungsprocesses nicht wohl möglich war. Nur soviel liess sich constatiren, dass auch hier das Dermatogen gleich zu Anfang angelegt wird und die Abscheidung der Haube beginnt, während im Innern der Wurzelkörper aus einer Zell-Gruppe sich aufbaut. Die über der jungen Wurzel anlage befindlichen Rindenparenchym-Zellen begleiten das Wachsthum derselben durch wiederholte Theilung, stülpen sich sogar an ihrer Oberfläche etwas aus, ohne jedoch eine Art von Sack zu bilden, welcher der Coleorrhize der Hauptwurzel entspräche.

Um aber den Beweis zu führen, dass bei der Neubildung seitlicher Vegetationspuncte die erste Sonderung der drei Histogene auch in allen ihren Einzelheiten bei Monokotylen sich genau dem Verhalten anschliesst, wie wir es oben bei *Trapa* eingehender schilderten, bietet sich in *Pistia Stratiotes* ein ungemein günstiges Beobachtungsobject dar.

An den grossen, frei in das Wasser ragenden Wurzeln von *Pistia* finden wir, ganz ähnlich wie bei *Trapa*, zahlreiche, dicht stehende, zarte Seitenwurzeln. Dieselben werden auch hier schon ziemlich nahe der Spitze angelegt, und zwar folgen die Anlagen so unmittelbar auf einander, dass bei ihrer Weiterentwicklung erst durch Streckung des Mutterwurzelgewebes der Raum, die Möglichkeit ihrer Existenz, geschaffen werden muss. Es gelingt daher, auf günstigen Schnitten eine ganze Entwicklungsfolge solcher Wurzelanlagen neben einander zu erhalten, und es ist ein solches Präparat mit drei Wurzelanlagen unter Fig. 11 auf Taf. 2 dargestellt. An der jüngsten der drei Anlagen, w′, lässt sich die erste Entstehung erkennen. In der einschichtigen Pericambiumlage π hatte sich eine Anzahl von Zellen parallel derselben getheilt, in der obersten der beiden entstandenen Schichten ist schon das Dermatogen als ursprünglich gesondertes System repräsentirt. In der unteren der beiden Zellplatten von w′ haben sich ebenfalls schon zwei Zellen tangential getheilt; w″ zeigt dies Stadium wesentlich noch unverändert, während in w‴ das Dermatogen zwar noch ungetheilt, aus den darunter liegenden Zellen aber durch weitere Fächerung bereits gerade Reihen geworden sind. Im weiteren Verlaufe treten dann in den obersten Zellen der sub-dermatogenen Gruppe schräge, zur Oberfläche der Anlage senkrechte Scheidewände auf, es werden durch sie die Periblemcurven eingeleitet, während gleichzeitig durch tangentiale Scheidewände die Dermatogenschicht eine Haubenkappe abscheidet; das Plerom tritt bei diesen Wurzeln sehr zurück und bildet nur einen ziemlich dünnen, axilen Zellstrang. Nachdem schon eine Anzahl von wirklichen Periblemzellen in der charakteristischen, reihenförmigen Anordnung abgeschieden, theilen sich die grossen Initialen desselben noch einmal durch tangentiale Wände und es entsteht eine doppelte Schicht desselben am Scheitel, entsprechend derjenigen von *Trapa* (Fig. 10).

Fassen wir nun das Verhalten ins Auge, welches die innerste Schicht der Rinde in Fig. 11 zeigt, so ist dasselbe in der That ein eigenthümliches. Die betreffende Zellenlage ist in der Figur mit r' bezeichnet und wir sehen, wie sie verschiedene locale Theilungen, tangential zur Cylinderfläche der Mutterwurzel zeigt. Diese Theilungen finden sich theils über dem Scheitel der Anlagen w'' und w''', so dass es den Anschein gewinnt, als ob in der That aus dieser Rindenschicht sich Haubenkappen der jungen Wurzel bildeten; gleiche Theilungsvorgänge finden aber auch in den Thälern zwischen den Wurzelhügeln statt. Dieselbe Figur zeigt nun, wie die darauf folgenden Rindenschichten r'' und r''' von den drängenden Anlagen zunächst zusammengepresst und dann resorbirt werden. Dass diesem Schicksale aber auch die Schicht r' nicht entgeht, beweist ein Blick auf Fig. 10, welche ein weiter entwickeltes Stadium einer Wurzelanlage wiedergiebt. Wir bemerken zunächst im Innern zwei Pleromreihen, deren eine durch Rückwärtstheilung sich verdoppelt; sodann zwei Periblemlagen, deren äussere bisher ganz ungetheilt blieb, deren innere durch Rückwärtstheilung der Curven den Anfang zu einer beträchtlichen Rinden-Entwicklung macht. Ferner sehen wir, wie das Dermatogen d, dessen Genese aus dem Pericambium π noch evident ist, bereits zwei Kappen der Wurzelhaube geliefert hat, und endlich sehen wir, worauf schon hingewiesen, die über der Anlage sich verdoppelt habende Rindenschicht r in voller Auflösung ihrer Zellen begriffen. Das ganze Entwicklungs-Stadium zeigt die Rinde der Mutterwurzel noch nicht durchbrochen. Diese wenigen Züge mögen genügen, um zu zeigen, dass bei einer im System von *Trapa* so weit entfernten Familie der Vorgang der Wurzel-Entstehung fast genau denselben Entwicklungsgesetzen folgt.

Bei den Monokotylen kommen noch manche Abweichungenan

den Luftwurzeln verschiedener Familien vor, da dieselben jedoch die allgemeine Morphologie und das Wachsthum des Vegetationspunctes nicht tangiren, so ist an dieser Stelle nicht weiter darauf einzugehen.

Was das Wachsthum der Wurzeln der *Gymnospermen* anbetrifft, so lag es nicht in der Absicht, dasselbe in den Kreis dieser Untersuchungen zu ziehen; es sei hier nur darauf hingewiesen, dass auf jeden Fall der Vegetationspunct einen von den Angiospermen abweichenden Bau besitzt und einem etwas anderen Wachsthumsgesetze folgt. Ich habe die betreffenden Verhältnisse einem eingehenden Studium vorbehalten.

Rückblick.

Die Wachsthums-Verhältnisse des Wurzel-Vegetationspunctes, hier an einzelnen Beispielen geschildert, wurden, namentlich was die Dikotylen anlangt, an Repräsentanten aus fast allen wichtigeren einheimischen Familien untersucht und identisch gefunden. Der Schluss liegt also nahe, dass die dargestellten Verhältnisse allgemeine Gültigkeit besitzen. Dadurch soll aber keineswegs ausgeschlossen sein, dass nicht hier und da mehr oder minder beträchtliche Modificationen der typischen Erscheinungen sich finden; sie werden sogar muthmaasslich bei eingehendem Specialstudium zu Tage treten, wenn auch bei der ungemeinen Aehnlichkeit aller Angiospermen-Wurzeln kaum wahrscheinlich ist, dass diese Abweichungen sehr auffallend sein werden.

Die wesentlicheren Ergebnisse der Untersuchungen sind folgende:

1) Die Grenze zwischen hypokotylem Gliede und der Wurzel ist im physiologischen Verhalten der Epidermis zu erkennen, wie schon Sachs angegeben; ferner in dem Vorhandensein eines ächten Pericambiums. Der obere Theil des Fibrovasalsystems der Wurzel besteht noch aus Blattspursträngen der Kotyledonen; im weiteren Verlaufe schiebt sich ein der Wurzel eigenthümlicher Fibrovasalstock von unten gleichsam zwischen die Blattspurstränge der Kotyledonen ein.

2) Das Meristem der Wurzelspitze entsteht nie aus einer Scheitelzelle. Es ist a priori in drei Histogene: Dermatogen, Periblem, Plerom gegliedert. Das Dermatogen erzeugt durch radiale Wände nach allen Richtungen Epidermidal-Dauerzellen und Trichom-Mutterzellen, durch tangentiale Wände die Wurzelhaube.

Es mag hier gleich die nachträgliche Bemerkung Raum finden dass für das Austreiben der schlauchförmigen Wurzelhaare von vorne herein ganz bestimmte Zellen angelegt zu werden scheinen. Sehr deutlich ist dies bei *Hydrocharis*. Die Epidermis-Zellen der Wurzeln führen hier schon dicht unter der Spitze Chlorophyll, wo noch keine Haare vorhanden sind; die künftigen Trichom-Mutterzellen zeichnen sich aber schon in diesem Stadium dadurch aus, dass sie chlorophyll-frei, vollkommen hyalin erscheinen.

Die Zellen des Periblems und Pleroms sind in Reihen angeordnet, welche Schenkeln einer Parabel sich mehr oder minder nähern und eine gewisse eigenthümliche Consistenz zeigen: sie wurden Vegetations-Curven genannt. Das Längenwachsthum der Wurzelspitze geschieht vermittelst Theilung der Gliederzellen dieser Curven durch Wände senkrecht auf ihre Wachsthumsrichtung. Dadurch, dass eine Curve ganz oder theilweise in zwei Zellreihen sich spaltet, wird das Dickenwachsthum des Vegetations-Kegels hervorgerufen. Aus dem Periblem entsteht die Rinde, aus dem Plerom das Pericambium, Procambium und Mark.

3. Die erste Anlage einer Seitenwurzel findet stets endogen, und zwar im Pericambium, statt. Eine Gruppe von Pericambiumzellen theilt sich radial, die Theilzellen strecken sich und theilen sich tangential; die äusserste der beiden so entstandenen Zellplatten liefert das Dermatogen, welches später die Wurzelhaube aus sich erzeugt. Aus der innern Zellgruppe entstehen zunächst durch Fächerung gerade Zellreihen, senkrecht zur Axe der Mutterwurzel. In den obersten Zellen dieser Reihen treten geneigte Wände auf und leiten dadurch die paraboloidischen Curven des Periblems ein, während das Plerom auf ähnliche Weise aus darunter liegenden Zellen durch weniger geneigte Wände sich aufbaut.

* * *

Die vorstehende Mittheilung ist das Resultat von Untersuchungen, welche im Sommer 1869 in Bonn unter Leitung des Hrn. Prof. Hanstein von mir angestellt wurden und sage ich demselben hier nochmals meinen Dank für die mancherlei freundliche Beihülfe, welche mir derselbe bei der Arbeit gewährte.

Es ist soeben die erste Hälfte der zweiten Auflage von Sachs Lehrbuch erschienen; in Folge dessen hätten mehre Auslassungen wegfallen, einige Puncte etwas andere Fassung erhalten können. Da jedoch das Manuscript bereits im November 1869 bis auf den Schluss vollendet war, habe ich, um weitere Verzögerung zu vermeiden, davon Abstand genommen.

Würzburg, Anfangs Juni 1870.

Erklärung der Abbildungen.

Tafel I.

Fig. 1. Axiler Längsschnitt durch den Vegetationspunct einer Keimwurzel von *Helianthus annus*. Dermatogen und Pericambium sind schattirt, Haube, Periblem und Plerom nicht schattirt.

Fig. 2. Axiler Längsschnitt durch den Vegetationspunct einer Keimwurzel von *Raphanus sativus*. Dermatogen und Pericambium schattirt. Nur die drei innersten Kappen der Wurzelhaube sind angedeutet, die übrigen weggelassen.

Fig. 3. Dgl. von *Veronica Beccabunga*. Nur die innerste Kappe der Haube ist gezeichnet.

Fig. 4. Erste Anlage einer Seitenwurzel von *Helianthus*. gg Gefässbündel der Mutterwurzel, im Querschnitt. $\pi\pi$ Pericambiumzellen. Die Dermatogenplatte schattirt. rr Die innerste Rindenlage.

Fig. 5. Entwickelter Vegetationspunct einer Seitenwurzel von *Helianthus*. pp Plerominitialen. $\pi\pi$ (schattirt) Pericambium. PP Peribleminitialen. dd (schattirt) Dermatogen. kk Wurzelhaube.

Fig. 6—7. Auskeimende Wurzel von *Impatiens Balsumina*; t Testa des Samenkorns. Fig. 7. zeigt einen viergliedrigen Winkel von Seitenwurzeln.

Fig. 8. Axiler Längsschnitt durch den Wurzelvegetationspunct eines Samenkorns von *Impatiens*. Zwei Seitenwurzeln sind angelegt.

Tafel 2.

Fig. 1—9. Entwicklungsstufen von Seitenwurzeln von *Trapa natans* auf Längsschnitten der Mutterwurzel.

Fig. 1—4. Die Dermatogenplatte mit d bezeichnet und schattirt; n die darunter liegenden Zellen; r die innerste Rindenschicht. In Fig. 3b bei a die ersten Anfänge der Wurzelhaube.

Fig. 5. Bei i die Zellen, aus denen das Pericambium entsteht.

Fig. 6. pp Periblem. Darunter d Plerom.

Fig. 7. u. 8. pp Plerominitialen; r innerste Rindenschicht; das Dermatogen stets schattirt; m Matrix-Gewebe.

Fig. 9. g Gefäss der Mutterwurzel im Längsschnitt. $\pi' \pi'$ Pericambium der Mutterwurzel. r r Reste der innersten Rindenschicht, schattirt. R. übrige, in Auflösung begriffene Rinde der Mutterwurzel. d d (schattirt) Dermatogen der Wurzelanlage. k k Kappen der Haube. P P Periblem. p p Plerom. $\pi' \pi'$ (schattirt) Pericambium, m m Fuss oder Matrix der Wurzelanlage.

Fig. 10. Fertige Anlage einer Seitenwurzel von *Pistia Stratiotes.* π Pericambium, r Rinde der Mutterwurzel. Dermatogen und Plerom sind schattirt.

Fig. 11. Längsschnitt aus einer Wurzel von *Pistia Stratiotes.* Drei junge Anlagen, w', w'', w''' sind getroffen. π Pericambium, r Rinde. Das Dermatogen schattirt.

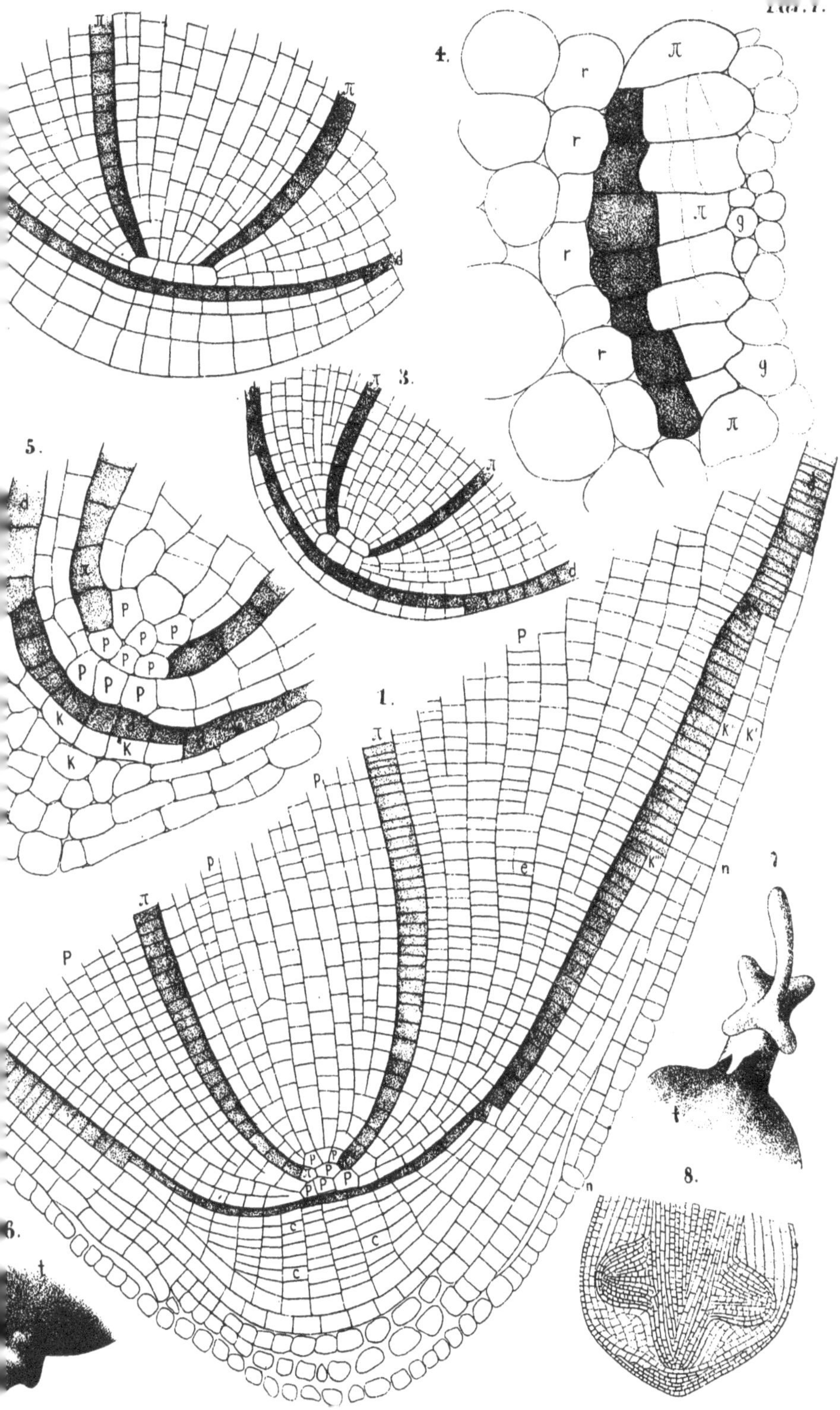

,4,5, Helianthus. 2, Raphanus. 3, Veronica. 6-8 Jmpatiens.

ke gez.

Lith. Jnst. A. Henry in Bonn

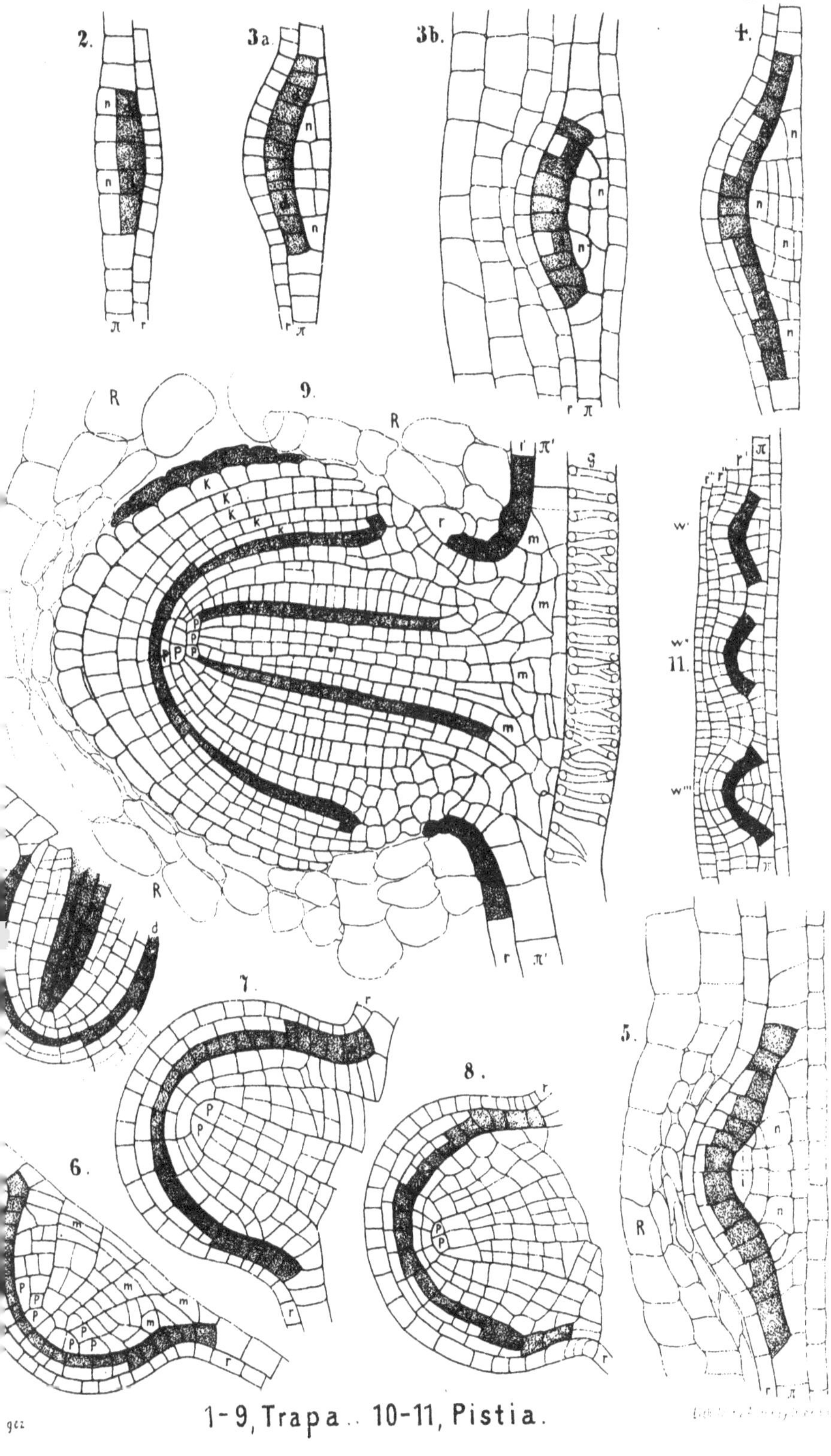

gez

1-9, Trapa.. 10-11, Pistia.

DIE

ENTWICKLUNG DES KEIMES

DER

GATTUNG SELAGINELLA.

VON

W. PFEFFER,
PRIVATDOCENTEN AN DER UNIVERSITÄT ZU MARBURG.

MIT 6 LITHOGRAPHIRTEN TAFELN.

BONN,
BEI ADOLPH MARCUS.
1871.

Inhalt.

Die Entwicklung des Keimes der Gattung Selaginella.

Die Entwicklung des Keimes

der Gattung Selaginella.

Eine kritische Behandlung der spärlichen Literatur, welche über Keimung und Entwicklung von *Selaginella* vorliegt, unterlasse ich, da die Ansichten früherer Autoren besser im Verlauf meiner eigenen Untersuchungen berücksichtigt werden. In Folgendem gebe ich nur eine gedrängte Uebersicht der Resultate früherer Forschungen, soweit diese eben in die Grenzen meiner Arbeit fallen [1]).

Die Keimung der grossen Sporen von *Selaginella denticulata* wurde zuerst von Brotero [2]), dann auch von Salisbury [3]) beobachtet, welcher auch, freilich nicht sehr genaue Abbildungen lieferte. Diese Autoren nehmen an, dass der ganze Inhalt der Spore (Dotter) sich in das Pflänzchen verwandle, welches die dreiklappig aufspringende Spore durchbricht. An dem Pflänzchen sahen sie ein Würzelchen, zwei, auf einem Stielchen sich erhebende Samenlappen und zwischen diesen die Gemmula, welche sich gleich über den Kotyledonen gabelig theilte.

Bischoff [4]) zweifelte die Richtigkeit der Angaben der vorge-

---

1) Die älteste Literatur, welche sich namentlich mit Erörterungen über geschlechtlichen oder ungeschlechtlichen Werth der Sporen der *Lycopodien* beschäftigt, ist von Bischoff (die kryptog. Gewächse Deutschlands und der Schweiz, 2. Lief., 1828, p. 111 u. 119) ausführlich behandelt.

2) Brotero, Transact. of the Linn. soc. T. V, p. 162.

3) Salisbury, Ebenda T. 12; auch in Isis 1820, Heft V, p. 451 u. Taf 4.

4) Bischoff, die kryptogam. Gewächse, 2. Lief., 1828, p. 125.

nannten Autoren zuerst an, nachdem er aber selbst *Selaginella denticulata* zum Keimen gebracht hatte, hielt er dafür, dass die grossen Sporen dieser Pflanze nicht als Sporen zu betrachten seien, da deren Entwicklung von der der Sporen aller kryptogamischen Gewächse vollständig abweiche. Er verglich die Makrosporen desshalb den Bulbillen von *Dentaria bulbifera* und *Arum ternatum* und schlug den Namen »Sporenknöllchen« für dieselben vor. Die Abbildungen, welche dieser treffliche Beobachter von dem Keimpflänzchen vor und nach Entwicklung der dichotomischen Sprosse gibt, sind übrigens ganz correct. Die sympodiale Ausbildung der Dichotomien, wie sie manchen *Lycopodiaceen* zukommt, und ebenso die scheinbar zweizeilige Blattstellung von *Selaginella* wird von Bischoff richtig gedeutet.

Wenn auch schon frühere Autoren die Geschlechtsdifferenz der grossen und kleinen Sporen von *Selaginella* gemuthmasst hatten, so versuchte meines Wissens doch zuerst Spring [1]) einen Beweis hierfür beizubringen. Er zeigte nämlich, dass aus den Makrosporen sich nur dann Pflänzchen entwickeln, wenn die Aussaat in der Nähe einer älteren Pflanze steht, von welcher aus kleine Sporen auf jene gelangen können. Dieser Forscher vermuthet, dass die grossen Sporen unter dem Einfluss von Feuchtigkeit und Wärme einen ersten Grad von Keimung erreichen und dann durch den Inhalt der sich durch Einwirkung der genannten äusseren Agentien öffnenden kleinen Sporen befruchtet werden. Weiteres über die Entwickelung der Keimpflänzchen ist in dem citirten Werke Springs, welches wesentlich systematische Zwecke verfolgt, nicht enthalten; übrigens finden sich in demselben schätzenswerthe Beiträge zur Kenntniss der Verzweigung und Blattstellung der *Selaginellen* [2]).

Nach C. Müller [3]) soll in der grossen Spore ohne Befruchtung ein Keimkörper entstehen und aus diesem nach zwei verschiedenen Seiten Stamm und Wurzel des Keimpflänzchens hervorsprossen. Dieser Keimkörper ist das die Sporen erfüllende Gewebe zusammen mit dem übrigens ganz lose in demselben steckenden Theil des Keimpflänzchens selbst.

---

1) Spring, Monographie de la famille des *Lycopodiacées* 1842—1849, p. 315 u. a.

2) Spring, L. c., p. 296 ff.

3) C. Müller, in Bot. Ztg. 1846, Nr. 45 ff.

Im Jahre 1849 veröffentlichte Hofmeister[1]) eine vorläufige Uebersicht der Resultate seiner Untersuchungen, welche in dem im Jahr 1851 erschienenen bahnbrechenden Werke, den »vergleichenden Untersuchungen der Keimung, Entfaltung und Fruchtbildung höherer Kryptogamen« niedergelegt sind. Inzwischen beschrieb Mettenius[2]) Keimung und Bildung des Embryos in den grossen Sporen von *Selaginella involvens.* Dieser Forscher hatte schon früher[3]) die Bildung eines Zellgewebes in den keimenden Sporen entdeckt, das in den reifen Sporen bereits vorhandene Prothallium finde ich aber erst in den citirten Beiträgen erwähnt, in welchen auch die Entstehung von Halszelle und Centralzelle des Archegoniums richtig dargestellt wird. Aus dem Keimbläschen sollen dann zwei oder drei grosse Zellen hervorgehen, welche den Embryoträger bilden, der durch Streckung und Vermehrung seiner Zellen in das in der Spore gebildete Gewebe eindringt. Der Embryo selbst soll jetzt noch fehlen; wie sich Mettenius dessen Entstehung vorstellt, bleibt mir aber unverständlich. Am Embryo selbst spricht dann Mettenius den dem Ansatzpunct am Träger gegenüberliegenden, aus weiten Zellen bestehenden Theil (es ist dieses der Fuss) als primäre Axe an, aus welcher nach unten die Nebenwurzel, nach oben das beblätterte Stengelende hervorwachse, eine Ansicht, die auch Hofmeister vertritt.

Das Keimbläschen, welches nach Hofmeister bei *Selaginella,* wie bei allen Gefässkryptogamen eine frei um den primären Kern der Centralzelle entstandene Zelle ist, wird nach der Befruchtung durch

---

1) Hofmeister, in Bot. Ztg. 1849, Nr. 45.

2) Mettenius, Beiträge zur Botanik Heft I, 1850, p. 7 ff. Mettenius schreibt »*Selaginella involvens (denticulata* der Gärten?)«; es dürfte hier aber *Selaginella Kraussiana* Kze. benutzt sein, da diese nach A. Braun im Heidelberger botanischen Garten mit *Sel. involvens* verwechselt wurde. Auch die von anderen Forschern benutzte *Sel. denticulata* ist wohl gewiss *Sel. Kraussiana,* die bis in die jüngsten Jahre unter jenem Namen cultivirt wurde. (Vgl. A. Braun in Monatsb. d. k. Akad. zu Berlin, April 1865, p. 196.)

3) Mettenius, Linnaea 1847, p. 270. Bischoff (l. c., p. 110) spricht zwar schon von blasigen Zellen als Inhalt der reifen Makrosporen, hält aber seinen Worten nach die Inhaltsmasse für solche. Möglich übrigens, dass er auch das Prothallium wirklich sah und mit jener verwechselte.

eine zur Axe des Archegoniums senkrecht gestellte Wand getheilt. »Es ist ein seltener Fall, dass unmittelbar aus der unteren beider Zellen der Embryo entsteht, dass alle ihre Tochterzellen Antheil nehmen an dem massigen Theile der ersten Axe desselben. Gewöhnlich geht deren Anlegung (durch Theilung der Endzelle des kurzen Vorkeims mittelst wechselnd geneigter Wände) voraus die noch ein- bis dreimalige Theilung der Endzelle des zweizelligen Vorkeims (Embryoträgers) durch Querwände [1]).« Durch die Dehnung der oberen Vorkeimzellen wird die Endzelle in das in der Spore entwickelte Gewebe gedrängt, und aus ihr geht in eben angedeuteter Weise die erste Axe des Embryos hervor. Die Zellenzahl dieser vermehrt sich schon nach kurzer Längsentwicklung nicht weiter, einer ihrer Seiten aber entsprosst eine Nebenaxe, welche, noch ehe sie das Prothallium durchbricht, zwei opponirte Blätter entwickelt, und bald nachdem diese hervorgetreten, gabelt sich auch die das Blattpaar überragende nackte Endknospe. Jetzt oder wenig später durchbricht die secundäre Axe das Prothallium und gleichzeitig beginnt die Weiterentwicklung der beiden Axen dritter Ordnung. An diesen erscheinen zuerst ein oder zwei isolirte Unterblätter, dann aber folgen, wie an erwachsenen Pflanzen, die je aus einem Ober- und Unterblatt bestehenden und miteinander alternirenden Blattpaare. Die erste Adventiv-Wurzel sprosst aus der Seite der primären Axe hervor, welche der Ursprungszelle des Sprosses zweiter Ordnung gegenüber liegt.

Die secundären und alle späteren vegetativen Axen wachsen mit einer zweischneidigen Scheitelzelle. Acht bis zehn Zellen unterhalb der Endknospe entstehen die beiden jüngsten Blätter, indem zwei opponirte Zellreihen, deren jede ein Viertel des Stengelumfangs einnimmt, durch abwärts geneigte Wände getheilt worden. Die Blätter wachsen dann mit einer marginalen Zellreihe weiter.

In den vergleichenden Untersuchungen [2]) schildert Hofmeister die Gabelung bei *Selaginella* folgendermassen: »Wenn das Stengelende sich zur Gabelung anschickt, so theilt sich die Scheitelzelle, anstatt durch eine der letztentstandenen Wand entgegengesetzt geneigte, durch eine

1) Hofmeister, Vergl. Unters., p. 124.

2) Hofmeister, ebenda, p. 115.

streng verticale. In beiden neu gebildeten Zellen wiederholt sich ein bis mehrere Male diese Theilung. In den beiden äussersten Zellen der so entstehenden, den Scheitel des Stengelendes krönenden Reihe von Zellen erfolgt eine Theilung durch eine von der Axe des Sprosses stark divergirende Wand. Die keilförmige der beiden neugebildeten Zellen wird sofort durch eine entgegengesetzt geneigte getheilt. Damit ist die Entwicklung zweier neuer Sprosse in der oben geschilderten Weise eingeleitet.«

Nach späterer Berichtigung [1]) treten beim Herannahen der Gabelung des Stengelendes in der Scheitelzelle auch zu den Hauptwänden senkrechte Theilungen auf, so dass eine Scheitelzelle von parallelogrammatischer Aussenfläche entsteht. Da an dem angegebenen Orte von der Entstehung der Scheitelzellen für die zwei neugebildeten Sprosse nicht die Rede ist, so vermag ich über die nunmehrige Ansicht Hofmeisters nichts zu sagen. Die englische Ausgabe der vergleichenden Untersuchungen, welche hier vielleicht Aufschluss geben kann, steht mir nicht zu Gebote.

Von Hofmeister [2]) wurde zuerst die Bildung der Spermatozoiden an den Mikrosporen von *Selaginella Helvetica* constatirt. Nach diesem beobachtete Roze [3]) die Spermatozoiden von *Selaginella caulescens*, *Martensi* und *Galeottii*, die er mit zwei Wimpern besetzt fand.

Eine ausführliche und treffliche Arbeit über die Keimung der kleinen Sporen von *Selaginella Kraussiana* lieferte in jüngster Zeit Millardet [4]). Dieser verfolgte nicht nur die Bildung der Spermatozoiden in allen Einzelheiten, sondern entdeckte auch, dass die reifen Sporen der genannten Art eine steril bleibende, von Cellulose umgrenzte, und eine Anzahl primordialer Zellen enthalten. Der nächste Abschnitt wird Veranlassung geben näher auf die Arbeit Millardet's einzugehen.

1) Hofmeister, Jahrb. f. wiss. Bot. III, p. 292.

2) Hofmeister, Vergl. Untersuch., p. 123.

3) Roze, Annal. d. scienc. naturell. V Sér., T. VII (1867), p. 97.

4) Millardet, Le prothallium mâle des Cryptogames vasculaires 1869, p. 24 ff.

Die Mikrosporen und die Bildung der Spermatozoiden.

I.

Lässt man Sporenstände von *Selaginellen* einige Tage auf Papier liegen, so fallen die reifen Sporen aus und sind auf diese Weise bequem in grösserer Menge zu sammeln[1]). Bei *Selaginella caulescens* Spring und *Martensii* Spring, auf welche die folgenden Untersuchungen sich beziehen, sind die ausgefallenen tetraedrischen Sporen gewöhnlich noch ihrer Entstehung zu vier in einer Mutterzelle entsprechend vereint. Die Ecken, mit welchen die vier Sporen zusammenstossen, werde ich als Scheitel, die drei daselbst zusammentreffenden Kanten als Scheitelkanten bezeichnen. Die einzelne Spore hat die Gestalt eines Tetraeders, dessen dem Scheitel gegenüberliegende Fläche — sie, heisse Basalfläche — halbkugelig hervorgewölbt ist; die drei Kanten, welche durch das Zusammentreffen der Basalfläche und der Scheitelflächen gebildet werden, sollen Ringkanten genannt werden. Diese Bezeichnungen schienen zur besseren Verständigung über die Lage der vegetativen Zelle und der Primordialzellen geboten.

Die äussere Sporenhaut besteht, wie auch die der Makrosporen, aus drei verschieden lichtbrechenden Schichten; auf der Basalfläche ist das Exospor mit ansehnlichen Papillen besetzt, auf den Scheitelflächen aber nur körnig. Das Endospor ist eine zarte, mit Chlorzinkjod sich bläuende Membran, welche frei in dem Exospor liegt oder unterhalb des Scheitels mit demselben lose zusammenhängt. Die Hauptaxe (die vom Scheitel zur Basalfläche gefällte Normale) der Sporen von *Selaginella caulescens* misst im Mittel 0,023 Millim.

Der Inhalt der Sporen besteht aus einer fettreichen Grundmasse mit eingebetteten Proteinkörnern (Aleuron), welche den in den grossen Sporen sich findenden ähnlich, aber viel kleiner sind. Wasserzutritt macht die Porteinkörner zerfliessen und mit der Grundmasse zu einer trüben Emulsion sich mengen, aus welcher bald grössere Oeltropfen zusammentreten.

---

1) Namentlich bei *Selaginella caulescens*, aber auch bei *Selag. Martensii*, fehlen nicht selten in einem Sporenstande Makrosporangien gänzlich. Da sie sich indess an anderen gleichalterigen Sporenständen desselben Exemplars finden, so kann hier nicht an eine Periodicität gedacht werden, wie sie *Salvinia natans* zeigt, die im Herbst endlich nur Mikrosporangien hervorbringt.

Während bei *Selaginella Kraussiana* die äusseren Schichten der Sporenhaut durch Rollen des Deckglases sich leicht entfernen lassen, gelingt dieses bei *Selaginella caulescens* und *Martensii* fast nie. Nun erkennt man zwar an manchen Sporen auch ohne Entfernung des Exospors Zellen im Innern, indess ist es nicht möglich über dieselben ins Klare zu kommen. Es gelang mir aber mittelst der von Pollender[1]) zuerst als Lösungsmittel für cuticularisirte Gebilde angewandten Chromsäure das Exospor zu entfernen, ohne die in der Spore vorhandenen Primordialzellen zu zerstören. Das gute Gelingen hängt freilich sehr von der Art der Behandlung ab, doch wird ein geübter Experimentator nach den folgenden Angaben keine Schwierigkeiten finden.

Eine bestimmte Concentration der Chromsäure-Lösung lässt sich nicht angeben, da die Temperatur den Verlauf der Reaction beeinflusst und die Quantität der angewandten Säure von wesentlicher Bedeutung ist. Ich brachte immer eine grössere Zahl, etwa 100 bis 200 Sporen, in einen Tropfen einer sehr mässig concentrirten Chromsäurelösung, welcher auf einen Objectträger gegeben war, und stellte diesen in den feuchten Raum. Die Chromsäure wird, während sie lösend wirkt, fortwährend reduzirt und wenn die richtige Menge zugegeben wurde, so ist gleichzeitig mit dem Auflösen des Exospors fast alle Säure in Chromoxyd verwandelt, dessen Ausscheidung durch Zusatz von ein wenig Schwefelsäure leicht verhindert wird. Die günstigsten Resultate erzielte ich dann, wenn die Säure so verdünnt war, dass deren Reduction und die Auflösung des Exospors an dem grössten Theil der in Arbeit genommenen Sporen nach 12 bis 16 Stunden eingetreten war. In dieser Weise ist es mir zuweilen gelungen bis zu 80 Procent der angewandten Sporen ohne Zerstörung der Primordial-Zellen von der äusseren Sporenhaut zu befreien.

Es scheint mir nicht ohne Interesse, die Einwirkung der Chromsäure, sowie diese sich gewöhnlich abwickelte, wenn ein günstiges Resultat mit den Sporen erzielt wurde, kurz zu beschreiben, da in diesen Angaben förderliche Winke zum Gelingen des Experimentes bei Nachuntersuchung liegen. Gewöhnlich nimmt das Exospor schon nach kürzerer Einwirkung der Chromsäure etwas an Volumen zu, nicht

---

1) Pollender, Bot. Ztg. 1862, p. 385.

selten ist dessen Aufquellen in tangentialer Richtung nach längerer Zeit ein bedeutendes, so dass ein grösserer mit Flüssigkeit sich anfüllender Raum zwischen äusserer und innerer Sporenhaut gebildet wird. Immer wird das Exospor viel durchscheinender und nach längerer Zeit reisst es sehr häufig an einzelnen oder an allen Scheitelkanten auf. Nun lösen sich auch gallertartig aufgequollene Massen von den Scheitelflächen ab, die endlich allem Anschein nach zum grössten Theil aufgelöst werden. Nicht selten schmelzen dabei die Scheitelflächen bis auf die Ringkanten ab, so dass das Endospor in der gewölbten Basalfläche wie in einem Napfe liegen bleibt. Dieser Napf wird bei gelungener Reaction gewöhnlich nicht mehr ganz aufgelöst, sondern nur in eine gallertartige, die ursprüngliche Form nur theilweise bewahrende Masse verwandelt. Trennten sich, wie es häufig geschieht, die zu Tetraden vereinigten Sporen nicht von einander, so findet man in einem gewissen Stadium oder auch als Endresultat der Einwirkung das Endospor in eine gallertartige Masse, die in Lösung begriffenen äusseren Sporenhäute eingebettet; es genügt dann aber in der Regel ein leichtes Verschieben des Deckglases, um jenes in Freiheit zu setzen. Nachzutragen habe ich noch, dass es vortheilhaft ist, die Flüssigkeit ein wenig auszuwaschen, ehe man zur Beobachtung schreitet.

In den ihres Exospors in angegebener Weise beraubten Sporen sind die Porteinkörner zwar verschwunden, Oeltropfen aber nicht zusammengeflossen. Die Proteinkörner vereinten sich nämlich mit der fettreichen Grundmasse zu einer trüben und körnigen Masse, in welcher der Augenschein den hohen Oelgehalt kaum vermuthen lässt. Dabei sind die Primordialzellen keineswegs contrahirt, von einander aber sehr scharf abgegrenzt; die schmalen aus homogener und sehr stark lichtbrechender mit Jod gelb werdender Substanz bestehenden Trennungsstreifen werden weiterhin als Primordialwände bezeichnet werden.

Die Scheitelkanten und Ringkanten sind an den ihres Exospors beraubten Sporen nur wenig markirt, doch erlaubt die Gestalt der Sporen immer noch eine sichere Orientirung über deren Lage. Gewöhnlich ruhen die Sporen auf ihrer Basalfläche, so dass also die Hauptaxe dem Tubus parallel steht und mit oft lästiger Beharrlichkeit suchen dieselben in der Regel in diese Lage zurückzukehren. Diese Scheitelansicht bietet aber auch den besten Ausgangspunkt für die Orientirung in der Gruppirung der Zellen, welche sich in den Sporenraum theilen.

An einer der Ecken, welche durch Zusammentreffen zweier Ringkanten und einer Scheitelkante gebildet werden, meist ein wenig seitlich von dieser, liegt eine kleine linsenförmige Zelle, die kleinste im Sporenraum, zugleich aber die einzige, welche von einer Cellulose-Membran abgegrenzt wird, die in die Endosporhaut übergeht und mit Chlorzinkjod leicht sich blau färbt. (**1**, 1—6 Wand a) [1]). Es ist dieses, wie die Bildung der Spermatozoiden lehrt, eine steril bleibende Zelle, ein rudimentäres männliches Prothallium, während der übrige Sporenraum, welcher die vegetative Zelle um mehr als das hundertfache dem Volumen nach übertrifft, das Antheridium repräsentirt. In diesem finden wir nun mit der sterilen Zelle und also auch mit der Hauptaxe der Spore parallel gestellt, zwei Primordial-Wände (**1**, 1 – 4, b u. c), deren eine (c) das Antheridium in zwei gewöhnlich ungleiche Hälften theilt, in eine grössere von der vegetativen Zelle fernere und in eine kleinere dieser nähere; in die letztere kleinere Hälfte kommt die andere der genannten Primordial-Wände (b) zu liegen.

In der Regel besteht die kleinere Hälfte des Antheridiums nur aus den beiden genannten Primordial-Zellen, während in der grösseren Hälfte mehrere, meist 4 oder 6 primordiale Zellen gefunden werden. Eine Primordial-Wand (d) halbirt wieder die grössere Hälfte; es ist jene parallel mit der Hauptaxe, aber senkrecht gegen die schon genannte Primordial-Wand (c) gestellt. Denken wir uns der Einfachheit halber die grössere Hälfte des Antheridiums, welche durch die mit c bezeichnete Primordial-Wand abgeschieden wird, zur Halbkugel abgerundet, so bestände dieselbe bei alleiniger Anwesenheit der oben genannten Primordial-Wand aus zwei kugelquadrantischen Zellen. Da ich nun in der That in seltenen Fällen keine weiteren Theilungen an freiwillig ausgefallenen Sporen fand (**1**, 4), so darf man auch wohl ohne Verfolg der Entwicklungs-Geschichte annehmen, dass die genannte, die grössere Hälfte halbirende Primordial-Wand früher als die übrigen, in der Regel neben ihr vorhandenen Theilungen auftritt.

Wie schon erwähnt findet man aber den schon mehrfach als grössere Hälfte bezeichneten Theil des Antheridiums gewöhnlich in 4 oder 6 Primordial-Zellen zerfallen. In ersterem Falle hatte eine der

1) Durch die fetteren Zahlen wird die Tafel, durch die schwächeren die Figur bezeichnet.

gekrümmten Fläche einer jeden der Kugelquadranten parallele Theilung stattgefunden (1, 1. bei e), welche je einen inneren kleineren Kugelquadranten ausschneidet. Die Lagerung der vier Primordial-Zellen wird am einfachsten verständlich, wenn man sich über eine kleinere halbkugelige Glocke eine andere grössere gestülpt und beide durch eine gemeinschaftliche Ebene median getheilt denkt. In Wirklichkeit sind nur die beiden inneren Kugelquadranten von ziemlich gleichförmig gekrümmten Flächen begrenzt, die Zellen aber, in welchen jene abgeschnitten wurden, sind entsprechend der tetraedrischen Gestalt der Spore von ungleich gekrümmten Flächen umgeben. Die gekrümmten Flächen (e) der kleinen Kugelquadranten treffen die mit c und d bezeichneten Primordial-Wände häufig nicht in ganz gleicher Entfernung von deren Schnittpuncten, dagegen fand ich jene beiden immer an der mit d bezeichneten Wand in gleicher Höhe ansetzen, so dass man aus diesen Bildern allein nicht würde sagen können, ob die grössere Hälfte des Antheridiums zunächst in Kugelquadranten zertheilt oder ob zuerst in derselben eine kleinere halbkugelige Zelle gebildet wurde.

Nach den beschriebenen Theilungen finden sich in der Spore 6 primordiale Zellen. Die verschiedenen Ansichten, welche man beim Drehen der Spore erhält, verstehen sich von selbst und brauchen hier nicht weiter erörtert zu werden.

In anderen Sporen findet sich die Zahl der Primordial-Zellen der grösseren Hälfte auf 6, im ganzen Antheridium also auf 8 vermehrt. Gewöhnlich waren neunzellige (incl. der sterilen Zelle) Sporen in grösserer Zahl vorhanden, sowohl bei *Selaginella Martensii* als *caulescens*, doch überwogen auch an den von einem anderen Exemplar letztgenannter Art geernteten Sporen die siebenzelligen.

Die weiteren Theilungen, durch welche die Zellenzahl in der grösseren Hälfte des Antheridiums auf 6 vermehrt wird, geschehen in den mantelförmigen Stücken, welche die inneren kleineren Kugelquadranten umgeben. Die Primordial-Wände (f in Fig. 4) beginnen an dem Umriss der schalenförmigen Stücke und sind convex gegen die inneren Kugelquadranten gekrümmt, die sie etwa in halber Höhe erreichen, auf zwei Seiten derselben herablaufen und auf der Wand endigen, welche die grössere und kleinere Hälfte des Antheridiums von einander trennt. Besser als Worte vermögen die Figuren 2a und 2b (auf Taf. 1) den Verlauf dieser Theilungswände zu versinnlichen; Fig. 2a stellt eine

Spore in einem senkrecht zur Hauptaxe derselben genommenen optischen Schnitt dar, in Fig. 2b liegt die mit c bezeichnete Wand in der Papierebene. In seltenen Fällen finden diese zuletzt beschriebenen Theilungen nur in einer Hälfte statt.

Primordial-Zellen, welche bei der Scheitelansicht in der Gesichtsfeldebene liegen würden, habe ich in keinem Falle constatiren können, dagegen finden sich zuweilen noch Theilungen in der die sterile Zelle nicht berührenden Primordial-Zelle der kleineren Hälfte des Antheridiums (der zwischen den Wänden b und c der Figuren liegenden). Diese zerfällt dann durch eine der Hauptaxe parallele Theilung, die in ihrer Verlängerung die sterile Zelle treffen würde, in zwei ungefähr gleiche Hälften (1, 3); in ganz seltenen Fällen fand ich die genannte Primordial-Zelle in 4 ziemlich gleich grosse Zellen zerfallen, durch 3 Theilungen, welche gleichsinnig mit der zuletzt beschriebenen gerichtet waren. Im höchsten Falle fanden sich also in einer Spore ausser der sterilen Zelle noch 11 primordiale Zellen [1]). — Ist man einmal mit der Lagerung der Zellen, unter welche der Sporenraum getheilt ist, vertraut, so gelingt es auch an manchen nur in Wasser liegenden Sporen von *Selaginella caulescens* oder *Martensii*, ohne Entfernung des Exospors die beschriebenen Zellen wieder zu erkennen.

Die sterilen und die primordialen Zellen wurden von Millardet [2]) an *Selaginella Kraussiana* Kze. entdeckt. Bei dieser Species ist die Zahl der Zellen in der Spore zwar auch gewöhnlich 7 oder 9, deren Lagerung aber eine andere und, wie ich aus eigener Anschauung bestätigen kann, von Millardet richtig dargestellt. Da bei dieser Art das Exospor durch leichtes Rollen unter dem Deckglase unschwer zu entfernen ist, die Sporen ausserdem merklich grösser sind, als bei den von mir benutzten Species, so ist die Untersuchung eine wesentlich

---

1) Die Lagerung der Primordial-Zellen bietet eine gewisse Aehnlichkeit mit einem Antheridium von Farnen, die habituelle Aehnlichkeit würde noch vollständiger sein, wenn in der grösseren Hälfte des Antheridiums die halbirende Wand (d der Figuren) fehlte. Vergl. Kny in Monatsb. d. k. Akad. d. Wiss. in Berlin, 1869, Mai und Strasburger in Jahrb. f. wiss. Bot. VII, p. 393.

2) Millardet, Le prothallium mâle etc. 1869 p. 26. — Die Arbeit Millardet's ist ohne Abbildungen, welche sich aber nach Zeichnungen dieses Forschers im Lehrbuch von Sachs, 2. Auflage, p. 381 finden.

leichtere. Die Lage der sterilen Zelle ist bei *Selaginella Kraussiana* ziemlich ähnlich wie bei *Selaginella caulescens*, die zuerst gebildete Primordialwand trifft aber bei jener die vegetative Zelle und ist mit der Hauptaxe der Spore parallel. Nun folgt eine gleichfalls die sterile Zelle schneidende und gegen die zuerst entstandene Wand senkrechte Theilung. Jetzt ruhen also zwei Primordial-Zellen auf der Basalfläche der Spore und diese theilen sich nicht mehr, während in den beiden unter dem Scheitel liegenden Primordial-Zellen ähnliche Theilungen stattfinden, wie ich sie für die grössere Hälfte des Antheridiums, nachdem dieselbe in zwei kugelquadrantische Zellen zerfiel, bei *Selag. caulescens* und *Martensii* beschrieben habe. Die Lagerung der Primordialzellen bei diesen Arten und bei *Selaginella Kraussiana* lässt sich übrigens durch ein Verlegen der sterilen Zelle nicht auf ein gleiches Schema zurückführen, wie ein Vergleich meiner Abbildungen mit denen Millardet's in dem Sachs'schen Lehrbuch leicht zeigen wird.

Die Succession der Primordial-Wände bei den von mir untersuchten Arten habe ich nicht, wie es Millardet bei *Selaginella Kraussiana* ausführte, durch Verfolg der Entwicklungsgeschichte festgestellt. So bleibt es namentlich fraglich, welche von den der vegetativen Zelle nächsten und mit derselben parallelen Primordial-Wänden zuerst, oder ob beide simultan gebildet werden, während der Befund an den reifen Sporen einen ziemlich sicheren Schluss auf die Aufeinanderfolge der übrigen Primordial-Wände gestattet. Die sterile Zelle wird aber bei den von mir untersuchten Arten, ebenso wie bei *Selaginella Kraussiana*, zuerst gebildet. In Sporen, welche noch nicht drei Viertel ihrer endlichen Grösse erreicht hatten, fand ich dieselbe bereits vor, doch noch nicht durch eine resistente Membran abgegrenzt, während in ihr, wie auch in dem Antheridium, ein deutlicher Zellkern lag. Bei reifen Sporen findet sich gleichfalls in der sterilen und ebenso in jeder primordialen Zelle ein Nucleus, der indess nach Behandlung mit Chromsäure in dem trüben Inhalt nicht immer deutlich hervortritt.

In den ihres Exospors mittelst Chromsäure beraubten Sporen von *Selaginella caulescens* und *Martensii* werden die Primordial-Zellen auf Zusatz von Alkohol ein wenig contrahirt, ihre Form bleibt aber, auch bei nachträglichem Zusatz von Wasser, erhalten, und erscheint jetzt der Inhalt, wenigstens wenn man absoluten Alkohol anwandte, viel weniger lichtbrechend, da die grosse Menge Fett herausgelöst wurde.

Jodlösung ertheilt dem Inhalt der Primordialzellen die gelbe bis gelbbraune Färbung der Proteinstoffe und wirkt ein wenig contrahirend. In Wasser und in Glycerin halten sich die Primordialzellen zuweilen einige Tage lang unverändert, werden aber endlich zerstört, während sich innerhalb der Spore ein Gemenge von Proteinstoffen und Oeltropfen sammelt. Durch einen vermittelst des Deckglases ausgeübten kräftigen Druck kann das Zusammenfliessen von Oeltropfen sogleich veranlasst werden; auch bei nicht gelungener Behandlung mit Chromsäure findet man den Sporeninhalt in gleicher Weise deformirt.

Die Bildung der Spermatozoiden studirte ich bei *Selaginella caulescens*, überzeugte mich aber auch, dass deren Entwicklung bei *Selaginella Martensii* völlig übereinstimmend ist. Die Entstehung der Mutterzellen fand ich bei den beiden genannten Arten ganz anders, als Millardet bei *Selaginella Kraussiana*, während meine Beobachtungen über die Bildung der Spermatozoiden innerhalb der Mutterzellen mit denen Millardet's übereinstimmen.

Die Sporen wurden auf ein Stück Torf ausgesäet und zwar so dicht, dass mit einer Nadelspitze gleichzeitig eine grössere Anzahl abgehoben werden konnte. Sechs Wochen nach der Aussaat schwärmten die ersten Spermatozoiden aus, aber nach weiteren vier Wochen fanden sich neben entleerten Sporen immer noch solche, in welchen die Mutterzellen kaum gebildet waren. Vielleicht hängt dieses theilweise mit der dichten Aussaat zusammen, indem hierdurch ein Theil der Sporen nicht mit dem Substrate in Berührung kam, Wasser also weniger leicht aufnehmen konnte.

Die ersten Veränderungen wurden an zahlreichen Sporen 14 Tage nach der Aussaat wahrgenommen. Die Proteinkörner, welche wie schon gesagt einer fettreichen Grundmasse eingebettet liegen, waren zum grösseren Theil verschwunden und hatten sich mit der Grundmasse zu einer trüben protoplasmatischen Masse vermengt. Ob dieses simultan in dem ganzen Antheridium geschieht, oder ob die Vereinigung im Centrum oder an der Peripherie desselben beginnt und nach Aussen oder Innen weiter fortschreitet, kann ich nicht sagen. Ohne Entfernung des Exospors ist nämlich eine sichere Beobachtung unmöglich, bei Anwendung von Chromsäure werden aber die Proteinkörner ohnehin deformirt und so blieb nichts anderes übrig, als die Sporen in Olivenöl zu zerdrücken und den austretenden Inhalt zu beobachten. Die Proteinkörner der reifen Sporen erhalten sich selbst mehrere Wochen lang in fettem Oel unverändert.

Was nun die Spermatozoid-Mutterzellen anbetrifft, so ist so viel gewiss, dass der Inhalt sämmtlicher Primordialzellen zu deren Bildung verwandt wird, ohne dass zuvor die Primordialwände resorbirt werden. Man sieht diese nämlich durch ihre viel bedeutendere Wandstärke auffallend scharf zwischen den Mutterzellen hervortreten, auch dann noch, wenn deren volle Zahl bereits gebildet wurde (1, 7). Diese Entwicklungsstufen lassen sich nach Entfernung des Exospors mit Hülfe der Chromsäure beobachten, da auch die Mutterzellen der Spermatozoiden, obgleich ihnen eine resistente Membran mangelt, bei vorsichtiger Behandlung nicht zerstört werden. Die Chromsäure muss jetzt viel verdünnter als für reife Sporen genommen werden und wirkt dessenungeachtet viel schneller ein, so dass meist schon nach zwei bis drei Stunden das Exospor entfernt ist.

Jedenfalls werden die Mutterzellen durch succedane Zertheilung der Primordialzellen gebildet; Theilungen, welche aber schnell auf einander folgen müssen, da sich die ersten Entwicklungsstadien nicht häufig finden. In manchen Fällen schienen die Theilungen in den beiden der sterilen Zelle nächstliegenden und den Primordialzellen der grösseren Antheridiumhälfte, welche die inneren Kugelquadranten umgeben, zugleich und zuerst zu beginnen (1, 5), in anderen Fällen indess dürften die Theilungen in den verschiedenen Primordialzellen simultan ihren Anfang genommen haben (1, 6). Diese und andere Einzelnheiten zu verfolgen gelang mir nicht, Präparate aber, welche zwischen der Vollzahl der Mutterzellen die Primordialwände sehr scharf erkennen liessen, habe ich sehr oft gesehen.

Bei *Selaginella Kraussiana* sammelt sich nach Millardet[1]) im Centrum der Spore eine protoplasmatische Masse, während innerhalb des Raumes, den dieselbe einnimmt, die Primordialwände resorbirt werden. Die Mutterzellen der Spermatozoiden gehen aus dieser Masse *(tissu spermatogène)* durch wiederholte Zweitheilung hervor, während welcher dieselbe an Volumen zunimmt und endlich das Antheridium bis auf eine geringe Menge einer schleimig-körnigen Flüssigkeit

---

1) Millardet l. c., p. 29.

ausfüllt. Die Primordialzellen werden in dem Maasse resorbirt, als die Urmutterzelle der Spermatozoiden sich vergrössert, dabei aber finden in jenen noch Andeutungen von Theilungen statt.

Man könnte wohl auf den Gedanken kommen, die von Millardet beschriebene Ansammlung einer protoplasmatischen Masse sei eine centrifugal fortschreitende Vermischung der Substanz der Proteinkörner mit der sehr fettreichen Grundmasse, welcher jene auch bei *Selaginella Kraussiana* eingebettet liegen. Dem widerspricht aber, dass allein die protoplasmatische Ansammlung, nicht die dieselbe umhüllende Masse einen grösseren Gehalt stickstoffhaltiger Substanz durch die Färbung mit Jodlösung verrieth.

Es würde also zwischen *Selaginella Kraussiana* einerseits und *Selaginella Martensii* und *caulescens* andererseits ein wesentlicher Unterschied bestehen. Bei jener Art bildet sich nach Millardet im Centrum der Spore die Urmutterzelle der Spermatozoiden und die in der reifen Mikrospore vorhandenen Primordialzellen werden resorbirt, während diese selbst bei den von mir untersuchten Arten die Urmutterzellen der Spermatozoiden vorstellen. Leider konnte ich mir nicht eine zu einer Aussaat genügende Menge kleiner Sporen von *Selaginella Kraussiana* verschaffen und so musste ich darauf Verzicht leisten, die erwähnte Differenz zu bestätigen oder aufzuklären.

In Betreff der Bildung der Spermatozoiden habe ich den Untersuchungen Millardet's nichts wesentliches hinzuzufügen. Die Mutterzellen der Spermatozoiden erfüllen das Antheridium vollständig bis auf eine sehr schmale, mit einer schleimigen Masse erfüllte Schicht, welche sich zwischen jenen und der Umfangshaut des Antheridiums, wie es scheint erst dann sammelt, wenn die volle Zahl der Mutterzellen entstanden ist. Diese enthalten einen deutlichen Zellkern und ausserdem ölreiches Protoplasma; eine resistente Membran ist, wie schon gesagt, zunächst nicht vorhanden (1, 8). Die nächste Veränderung ist das Verschwinden des Zellkerns und gleich nachher, oder auch kurz bevor dieses erreicht ist, erkennt man nach Zusatz von Jodlösung ein einzelnes oder einige sehr kleine Stärkekörnchen. Nun beginnen die Mutterzellen sich von einander zu trennen und gleichzeitig bemerkt man eine centrale Vacuole, welche von dichtem und körnigem Protoplasma umgeben wird (1, 9); auch umkleiden sich die Mutterzellen jetzt mit einer resistenten Membran, die ich mit Chlorzinkjod sich bläuen sah.

Während die centrale Vacuole sich vergrössert, wird das Wand-Protoplasma dichter und endlich bildet sich aus demselben das Spermatozoid, allem Anschein nach, indem das Protoplasma in entsprechender Weise zusammenwandert. Eine von vorn nach hinten fortschreitende Ausbildung des Spermatozoides habe ich nicht direct nachweisen können und auch Millardet scheint eine solche mehr nach Analogie sicher beobachteter Fälle anzunehmen; allerdings dürfte das hintere, nicht bewimperte Ende aus weicherer Substanz als das vordere bestehen.

Das Spermatozoid liegt also zwischen der Membran der Mutterzelle und der centralen mit einer protoplasmatischen Hülle umgebenen Vacuole. In dieser findet man einen sehr wässrigen Inhalt, einige mit Jod sich gelb färbende Klümpchen und oft die schon erwähnten Stärkekörnchen, welche in anderen Fällen auch dem hinteren Ende des Samenfadens anhaften können. Der Körper des Spermatozoides beschreibt eine steile Spirale von etwa $1^1/_4$ Windung (I, 14a); die zwei Wimpern, in welche das vordere Ende sich spaltet, scheinen nebeneinander zu verlaufen und flacher gewunden zu sein, doch bin ich hierüber, auch mit den stärksten Vergrösserungen (Gundlach VII und IX), nicht ganz ins Klare gekommen.

Das Exospor reisst erst dann in den drei Scheitelkanten auf, wenn die Bildung der Spermatozoiden bereits begonnen hat (1, 12). Das Endospor stülpt sich dabei merklich hervor und nun ist auch dessen Rauminhalt ausreichend, um den Mutterzellen der Spermatozoiden, welche zwar zuvor schon isolirt, aber durch gegenseitigen Druck noch etwas polygonal waren, völlige Abrundung zu gestatten. Der Durchmesser der Mutterzellen beträgt etwa 3,5 Mikromillimeter.

Reisst endlich auch das Endospor, so geschieht die Entleerung des Inhalts entweder in continuirlichem Strome oder stossweise (1, 13). Einige, zuweilen auch zahlreiche Spermatozoiden schiessen gleich frei davon, andere noch in den Mutterzellen eingeschlossene bleiben, mit diesen einer mitentleerten schleimigen Masse eingebettet, einen Augenblick im Wasser liegen. An diesen sieht man dann die Wimpern lebhaft flimmern, die Mutterzelle eiförmige oder linsenförmige Gestalt annehmen, endlich dieselbe sich auflösen, seltener nur zerreissen, während das Spermatozoid pfeilschnell davoneilt. Die Mutterzellen einer kleinen Anzahl von Spermatozoiden können auch noch vor dem Aufreissen der inneren Sporenhaut verflüssigt werden; wenigstens sah ich bestimmt innerhalb des hervorgestülpten Endospors freie und sich, wenn auch träger bewegende Spermatozoiden, die der schleimigen Masse eingebettet waren, welche auch die Hohlräume zwischen den Mutterzellen erfüllt. Damit steht auch im Einklang, dass bei der Entleerung immer einige, zuweilen aber auch sehr zahlreiche Spermatozoiden allem Anschein nach sofort frei hervorschiessen.

Sind die Spermatozoiden weggeschwommen, so findet man vor der entleerten Spore ausser der schon erwähnten schleimigen, ihrer Jodreaktion nach stickstoffreichen Masse, immer noch Oeltröpfchen und ferner zahlreiche kleine Bläschen, welche man sicher als die inneren Vacuolen der Spermatozoid-Mutterzellen erkennt. Die Stärkekörnchen, welche wir hier fanden, treffen wir nämlich gewöhnlich in den genannten Bläschen wieder, seltner haften die Stärkekörnchen an dem hinteren Ende der davoneilenden Spermatozoiden.

Die Spermatozoiden von *Selaginella caulescens* und *Martensii* finde ich denen von *Selaginella Kraussiana*, welche Millardet[1]) untersuchte, sehr ähnlich, doch sind dieselben bei den erstgenannten Arten ein wenig kleiner. Der Körper der Samenfäden ist fast gerade, nur sehr wenig spiralig gekrümmt und von sehr geringer Dicke. Von dem hinteren nach dem vorderen Ende verdünnt sich das Spermatozoid allmählich und gabelt sich an diesem in zwei sehr zarte Wimpern von ungefähr der anderthalbfachen Länge des Körpers (1, 14 b—d). Nicht selten haftet am hinteren Ende des Samenfadens, zuweilen auch an dessen Seite, die mehrfach genannte centrale Vacuole mit ihren Stärkekörnchen (14c); vereinzelt wird auch die nicht aufgelöste Mutterzelle an dem hinteren Ende des Spermatozoiden gefunden, dessen Bewegungen in diesem Falle entschieden verlangsamt sind (Fig. 14 d). Die grosse Blase, welche Roze[2]) im Zusammenhang mit einem Samenfaden von *Selaginella Martensii* abbildet, ist eine mitgeschleppte Mutterzelle. Des genannten Autors unbegründete, auf alle pflanzliche Spermatozoiden ausgedehnte Hypothese, nach welcher diese nur Locomotionsorgane wären, der befruchtende Stoff, wahrscheinlich ein Kohlen-

---

1) Siehe die Abbildungen Millardet's im Lehrbuch von Sachs 2. Aufl., S. 381, Fig. 302.

2) Roze in Annal. d. scienc. naturell. 1867, Fig. 21 auf Taf. 7.

hydrat, aber in den anhängenden Bläschen enthalten sein würde, bedarf übrigens keiner Widerlegung, da bei den *Charen* und zahlreichen *Leber-* und *Laubmoosen* solche Bläschen immer fehlen. Nach Roze sollen bei *Selaginella* die Wimpern am dickeren Ende des Spermatozoiden entspringen, was indess entschieden unrichtig ist. — Bei der sehr lebhaften Bewegung schiessen die Spermatozoiden, wie schon Roze und Millardet bemerkten, gleichsam hüpfend hin und her.

Nach Millardet sind als die vollständigst entwickelten Spermatozoiden bei derselben Pflanze diejenigen anzusehen, bei welchen sich keine anhängenden Bläschen finden, das Anhaften dieser an dem hinteren Ende der Samenfäden würde mit der von vorn nach hinten fortschreitenden Bildung zusammenhängen; ich muss hier auf die bezüglichen Erörterungen Millardet's verweisen.[1]) Auch unterlasse ich die Darlegung der Ansichten früherer Autoren über die Bildung der Spermatozoiden, da die wesentlichen wenigstens in Millardet's Schrift zu finden sind.

Die sterile Zelle, in welcher, wie schon gesagt, keine Spermatozoiden gebildet werden, findet sich auch nach Entleerung dieser unverändert in der Spore vor. Ein einzigesmal fand ich in einer Spore, deren Spermatozoid-Mutterzellen sich bereits von einander getrennt hatten, zwei vegetative Zellen (**1**, 11). Es hatte sich nämlich die der sterilen Zelle nächste Primordial-Zelle durch eine Cellulosemembran gegen das Antheridium abgegrenzt, ihr Inhalt aber erschien nach Entfernung des Exospors durch Chromsäure gerade so, wie der der Primordialzellen reifer Sporen nach gleicher Behandlung.

Die sterilen Zellen, welche sich in den reifen Microsporen von *Selaginella* finden, in denen von *Isoetes*[2]) erst nach der Aussaat bilden, sind mit Millardet unbedingt als ein rudimentäres männliches Prothallium anzusprechen, welches bei beiden genannten Pflanzen völlig endogen ist. Die physiologische Bedeutung der sterilen Zelle von *Selaginella* und *Isoetes* ist wohl als Null anzusehen, jene ist aber auch für die Schläuche, welche die innerhalb des Sporangiums keimenden Sporen von *Salvinia* nach Aussen treiben und ebenso für die chloro-

---

1) Millardet, a. a. O. S. 40.

2) Millardet, a. a. O. S. 10 ff.

phyll-freien Prothallien der *Ophioglosseen* eine viel beschränktere, als für die oft so mächtig entwickelten und assimilirenden Prothallien der *Farnkräuter.*[1]) Vom morphologischen Gesichtspunkt aus ist aber die sterile Zelle von *Selaginella* und *Isoetes* als Analogon hoch organisirter Prothallien aufzufassen, denn auch unter diesen finden wir in *Equisetum* eine Pflanze, bei welcher die Prothallien geschlechtlich different sind; andrerseits aber bilden die von den kleinen Sporen der *Salvinia* entwickelten Schläuche die nächste Brücke zu mehrzelligen Prothallien. Es entspricht also nicht die ganze Mikrospore von *Selaginella*, sondern, wie wir gesehen haben, nur der vom Endospor und der Innenwand der sterilen Zelle umgrenzte Raum einem Antheridium.

Auch in den Pollenkörnern der *Coniferen* findet sich noch ein männliches Prothallium und das von *Thuja*, *Taxus* und *Cupressus*[2]) hat selbst habituelle Aehnlichkeit mit dem der Mikrospore von *Selaginella*, während die andere dem Antheridium entsprechende grössere Zelle zum Pollenschlauche auswächst.

Die Weiterentwicklung der reifen grossen Sporen von Selaginella Martensii bis zur Befruchtung.

Die grossen Sporen von *Selaginella Martensii* entstehen in der Regel zu vieren in einem Sporangium, drei, die sich nach Spring[3]) gewöhnlich finden sollen, fand ich nur ausnahmsweise vor. Nicht selten sind ein oder zwei Sporen eines Sporangiums auffallend kleiner als die übrigen und in Folge abnormer Ausbildung einer weiteren

---

1) Die Prothallien dieser können, wie schon Nägeli (Zeitschr für wissenschaftl. Botan. I, Taf. 4. Fig 12) und Schacht (Linnaea 1849. Taf. 5. Fig. 1 und 2) fanden, zuweilen sehr wenigzellig sein. Wenn man am Licht eben zum Keimen gebrachte Sporen von *Allosurus sagittatus* ins Finstere bringt, so bleibt nach Borodin (Mélang. biol. tirés du Bull. d. l'Acad. imp. d sc. d. St. Petersbourg, T. 6. 1867, p. 538 und Fig. 2) nur eine Zelle steril, während sich an diesem rudimentären Prothallium ein bis drei Antheridien bilden.

2) Schacht, Jahrb. für wiss. Bot. II, Taf. 17.

3) Spring, Monographie d. l famille d Lycopodiacées S. 130

Entwicklung nicht fähig. Die Gestalt der Sporen ist tetraedrisch; die Basalfläche ist meist mehr als halbkugelig hervorgewölbt. Das Exospor wird aus drei verschieden lichtbrechenden Schichten zusammengesetzt, deren innerste mit dem Endospor meist an zahlreichen Stellen ziemlich fest zusammenhängt und beim Herauspräpariren dieses gewöhnlich zugleich erhalten wird, da die genannte Schicht sich leicht von der äusseren Sporenhaut loslöst.[1]) Während die innere Sporenhaut eine weisse, mit Chlorzinkjod leicht blau werdende Membran ist, stellt die losgelöste innerste Schicht des Exospors eine derbe, gelbbräunliche Haut dar, welche mit dem vorgenannten Reagens sich noch dunkler färbt.

Unterhalb des Sporenscheitels findet sich, der Innenfläche des Endospors anliegend, ein Zellgewebe von meniskenförmiger Gestalt, das hier vollständig endogen entstandene Prothallium.[2]) Dieses besteht in der Mitte bei unserer Art meist aus drei übereinander gestellten Zellen, seitlich sinkt dessen Zellenzahl auf zwei und mit oder auch unmittelbar vor den keilförmig auslaufenden Randzellen auf eins herab. Die dem Sporenraum angrenzenden Zellwände sind ein wenig verdickt und schliessen gleichsam zu einem Diaphragma zusammen.

Ueber die Entstehung dieses Prothalliums blieb Hofmeister[3]) im Unklaren, und die merkwürdige Ansicht von Mettenius[4]), dass das Prothallium zwischen der auseinander weichenden Endospor-Haut sich bilde, war durch keine eigentlichen Beweise gestützt, und ist durch die Bemerkungen Hofmeister's hinlänglich widerlegt. Der Verfolg der Entwicklung dieses Prothalliums ist jedenfalls mit Schwierigkeiten verknüpft, und bei einer, freilich mehr beiläufigen Untersuchung, kam ich nicht zu einem abschliessenden Resultate. Bei *Selaginella lepidophylla Hort. (pilifera A. Br.)* findet man, wenn die Sporen kaum ein Viertel ihrer endlichen Grösse erreicht haben, der inneren Sporenhaut eine sehr dicke Schicht von Protoplasma aufgelagert, die einen inneren

1) Es wird dieses schon von Palisot de Beauvois bemerkt in d. nouvelles observations sur la fructification des Mousses et des Lycopodiacées 1811.

2) Taf. 1, Fig. 15 stellt einen schon weiter entwickelten Zustand desselben dar.

3) Hofmeister, Vgl. Untersuchungen S. 122.

4) Mettenius, Beiträge zur Botanik 1850, S. 9.

wasserhellen Inhalt umschliesst, in welchem ein grosser Zellkern liegt. Unterhalb des Scheitels der Spore, dem Wand-Protoplasma angelagert, jedoch nicht recht scharf von demselben abgegrenzt, sammelt sich nun eine meniskenförmige Schicht Protoplasma, welche das Licht allem Anschein nach schwächer als jenes bricht. Etwas weiter entwickelte Sporen konnte ich an dem mir zu Gebote stehenden Material nicht finden, da indess bei noch nicht völlig ausgewachsenen Sporen das Prothallium zwar schon vielzellig ist, die volle Zellenzahl des Reifezustandes aber erst durch wiederholte Theilungen in tangentialer und radialer Richtung erreicht wird, so ist es mir, zusammengehalten mit dem beschriebenen jugendlichsten Entwicklungsstadium wahrscheinlich, dass das Prothallium ähnlich wie bei *Marsilia*[1]) durch wiederholte Zertheilung einer Protoplasmamasse entsteht.

Die Zellen des Prothalliums, wie auch der übrige Sporenraum, sind von unregelmässig polygonalen Protein-Körnern (Aleuron), welche einer sehr fettreichen Grundmasse eingebettet sind, erfüllt. Einen Zellkern fand ich nur in den Zellen des Prothalliums, doch mag ich einen solchen in dem so trüben Inhalt des übrigen Sporenraumes leicht übersehen haben. Da die Proteinkörner in Wasser sehr leicht zerfliessen, während aus der Grundmasse Oeltropfen zusammenlaufen, so muss man, will man den Inhalt der Sporen unverändert sehen, Schnitte direct in Olivenöl legen. Nimmt man statt dieses absoluten Alkohol, so wird die Grundmasse mit Zurücklassung geringer Mengen dem Fett beigemengter eiweissartiger Stoffe aufgelöst, die Proteinkörner bleiben aber unverändert, und können nun mit entsprechenden Reagentien als Eiweissstoffe erkannt werden.[2])

Innerhalb der schon erwähnten abnorm ausgebildeten, einer weiteren Entwicklung nicht fähigen Sporen findet sich eine hohlkugelige Masse, die das viel grössere Exospor bei weitem nicht ausfüllt, und mit diesem unterhalb des Scheitels ziemlich fest zusammenhängt. Zu äusserst wird diese Hohlkugel allem Anschein nach von der innersten Exosporschicht umhüllt, dann folgt eine zarte Membran, welche mit Chlorzinkjod blau wird und die innere Sporenhaut sein dürfte. Diese ist aber nur an sehr feinen Schnitten wahrzunehmen, da sie mit einer

---

1) Hanstein, in den Jahrb. für wiss. Bot. IV, S. 214.

2) Ausführliche Untersuchungen über die Proteinkörner werde ich demnächst veröffentlichen.

dicken Kugelschale einer festen Masse gleichsam verschmolzen ist, welche ganz den Eindruck macht, als ob das Wand-Protoplasma, welches man in noch sehr jungen Sporen, wie angegeben, findet, erhärtet wäre; im Uebrigen enthalten die ausgefallenen Sporen Luft. Ob meine Deutung richtig ist, wage ich ohne Entwicklungsgeschichte nicht zu behaupten, es schien mir indess nicht ganz uninteressant, auf diese missbildeten Sporen aufmerksam zu machen, da Angaben von Mettenius[1]) hierdurch wohl aufgeklärt werden dürften. Nach diesen soll sich nämlich an den in Entwicklung begriffenen Sporen eine dunkle Kugel finden, die sich allmählich ausdehnend das Exospor endlich ganz ausfüllt. Dass Mettenius abnorm entwickelte Sporen vorlagen, ist mir besonders desshalb wahrscheinlich, weil die Umhüllung der dunkeln Kugel von der innersten Exosporschicht und dem Endospor gebildet sein soll.

Sechs bis sieben Wochen nach der Aussaat reissen die grossen Sporen längs der Scheitelkanten auf und das Prothallium wölbt sich merklich hervor (**1**, 16). Die Volumen-Zunahme des vom Endospor umschlossenen Raumes ist offenbar eine wesentliche Ursache des Aufspringens der äusseren Sporenhaut. Noch ehe dieses geschieht, hat das Prothallium seine Zellenzahl durch radiale und tangentiale Theilungen vermehrt und die Bildung einiger Archegonien begonnen; ausserdem hob aber auch im übrigen Sporenraum eine Neubildung von Zellen an, welche wir zunächst betrachten wollen (**1**, 15).

Etwa 14 Tage vor dem Aufspringen der Sporen findet man einen Theil der Proteinkörner mit der fettreichen Grundmasse zu einem trüben Protoplasma gemengt, in welchem die übrigen noch geformten Proteinkörner vertheilt sind. In dieser Inhaltsmasse, und zwar zuerst unter dem das Prothallium abgrenzenden Diaphragma, bilden sich nun sphärische Ballen, welche in Wasser sofort deformirt werden. Desshalb wird es nothwendig, die Schnitte, welche übrigens zur sicheren Beobachtung jedenfalls recht fein sein müssen, in concentrirtes Glycerin, oder, da auch durch dieses nach einiger Zeit die Ballen zerstört werden, am besten in fettes Oel zu legen. Während die Formirung der sphärischen Ballen fortschreitet, umkleiden sich die zuerst gebildeten mit einer Cellulosemembran, die sofort mit dem Diaphragma in Continuität tritt (**1**, 15); wenigstens habe ich nie diese erst gebildeten Zellen

1) Mettenius, Beiträge zur Botanik 1850, S. 7.

mit Wasser wegspülen können, wenn auch einigemal deren Trennung vom Diaphragma durch Druck auf das Deckglas gelang. Von den später mit resistenter Membran umkleideten Zellen fand ich mehrmals allseitig frei liegende, meist treten freilich auch diese untereinander sofort in Verband. Liegen die Schnitte in fettem Oel, so ist es gewöhnlich nicht möglich zu entscheiden, wo die Umkleidung der sphärischen Ballen mit fester Membran ihr Ende findet und man muss, um ein Urtheil zu gewinnen, die Objecte mit Wasser abspülen, oder am besten zuerst mit Alkohol, dann mit Wasser behandeln. Die sphärischen Massen sind also frei gebildete Primordialzellen, von denen ich, da die so ungemein trübe Inhaltsmasse eine klare Beobachtung verhindert, nicht bestimmt sagen kann, ob sie einen Zellkern besitzen, wenn mir auch dessen Existenz mehr als wahrscheinlich ist.

Zuerst erscheint eine über das ganze Diaphragma gelagerte Zellschicht, und von dieser aus rückt die Neubildung der primordialen Zellen sowohl, als auch deren Umkleidung mit fester Membran, in manchen Fällen an allen Punkten mit gleicher Geschwindigkeit nach der Basis der Sporen hin, so dass vor der völligen Ausfüllung dieser ein linsenförmiger Raum im Sporengrund allein frei von Zellen ist. In andern Fällen werden die Zellen längs der Fläche des Endospors schneller gebildet und schliessen im Sporengrund zusammen, ehe die im Innern der Spore, in Richtung der Hauptaxe fortrückende Zellenbildung bis hierher gelangt, so dass man dann einen, gewöhnlich nur durch eine Zelllage vom Endospor getrennten zellleeren Raum findet. Die erste Bildung des Endosperm — so werde ich das fragliche Gewebe bezeichnen — geschieht ziemlich eiligen Schrittes, so dass beim Aufreissen des Exospors gewöhnlich schon die Hälfte des Sporenraumes unterhalb des Diaphragmas mit Zellgewebe erfüllt ist; die endliche vollständige Ausfüllung der Spore lässt aber länger auf sich warten (V, 5) und sehr gewöhnlich findet man Embryonen bereits in das Endosperm eingedrungen, wenn im Sporengrund ein dem Endospor unmittelbar angrenzender oder von demselben durch eine Zellage getrennter Raum noch frei von Gewebe ist. Ja in manchen Fällen dürfte bestimmt die gänzliche Ausfüllung der Spore unterbleiben, da ich diese einigemal noch nicht vollendet fand, als die hervorgebrochenen Embryonen bereits die Keimblätter entfaltet hatten. Da die dem Diaphragma benachbarten Zellen noch Theilungen erfahren, welche in den Zellen des Sporengrundes ganz unterbleiben oder auf ein Minimum beschränkt sind, so nehmen die Zellen des Endosperms nach der Basis der Spore hin an Grösse zu (5, 5). Bei *Selaginella denticulata Spring*[1]) wird die völlige Ausfüllung der Spore durch Endosperm nach Hofmeister wesentlich später als bei *Selaginella Martensii* erreicht.[2])

Mettenius spricht sich über die Bildungsart des Endosperms nicht bestimmt aus und auch Hofmeister äussert in den vergleichenden Untersuchungen keine bestimmte Meinung, während dieser Forscher in der Pflanzenzelle,[3]) wohl nach späteren Untersuchungen, das Endosperm durch freie Zellbildung entstehen lässt.

Das in den keimenden Sporen von *Selaginella* neugebildete Gewebe nannte ich Endosperm, da ich dasselbe als das Aequivalent des Endosperms der Angiospermen ansehen muss. Dieses entsteht immer nach Bildung der Keimkörperchen, soweit bekannt freilich auch nach der Befruchtung, während das Prothallium eben dadurch charakterisirt ist, dass in ihm die Archegonien, die Analoga der Keimkörperchen, gebildet werden. Demnach fehlt den Angiospermen ein ausgebildetes Prothallium, als dessen rudimentäres Aequivalent, wie es Sachs[5]) schon aussprach, die Gegenfüssler der Keimkörperchen angesehen werden können; wir haben hier folglich einen gleichen Fall wie mit der Kanalzelle, dass ein überflüssig gewordenes Gebilde ganz oder theilweise übersprungen wird. Allen Gefässkryptogamen, mit Ausnahme von *Selaginella*, geht aber eine dem Endosperm vergleichbare Zellbildung ab, denn auch das die grossen Sporen von *Isoetes* erfüllende und in einem ununterbrochenen Bildungsact entstehende Gewebe ist eben, weil es Archegonien bildet, ein Prothallium. Dieses entsteht aber bei *Selaginella* schon, während die Sporen in Verbindung mit der Mutterpflanze reifen, und nicht nur hierdurch ist eine Annährung an die Phanerogamen ausgesprochen, sondern auch durch das nie Archegonien producirende Endosperm, dessen von dem Prothallium unabhängige Bildung an den keimenden Sporen gleichzeitig mit den ersten zu den Arche-

---

1) Diese dürfte indess, wie schon bemerkt, *Selaginella Kraussiana* sein.

2) Hofmeister, Vergleichende Untersuchungen S. 124.

3) Hofmeister, Die Lehre von der Pflanzenzelle 1867, S. 129.

4) Sachs, Lehrb. 2. Aufl. S. 398 Anmerk. 2 und S. 477.

gonien führenden Theilungsschritten anhebt. Die Entwicklung des Endosperms beginnt bei *Selaginella* zwar schon vor, bei den Phanerogamen erst nach der Befruchtung, indess kann ich auf diese Differenz kein zu hohes Gewicht legen, da möglicher Weise auch noch Phanerogamen gefunden werden, deren Endospermbildung schon vor der Befruchtung ihren Anfang nimmt. Die physiologische Bedeutung des Endosperms sowohl, wie des Prothalliums ist dieselbe, nämlich dem Embryo Nährstoffe zuzuführen. Die den Embryosack der Coniferen erfüllenden Zellen sind, weil aus ihnen die Corpuscula (Archegonien) hervorgehen, nicht das morphologische und physiologische Aequivalent des Endosperms, sondern des Prothalliums; das im Embryosack der Coniferen mit zweijähriger Samenreife zuerst entstandene Füllgewebe stimmt weder mit dem Endosperm, noch mit dem Prothallium überein, ist vielmehr ein zwischen beiden neutral stehendes Gebilde, denn nicht in ihm, sondern aus dem nach seiner Resorption neugebildeten Gewebe, dem Prothallium, nehmen die Corpuscula ihren Ursprung.

Das Diaphragma, durch welches Prothallium und Endosperm bei *Selaginella Martensii* geschieden werden, ist, wie es schon Hofmeister bemerkt, gegenüber den gewöhnlichen Zellwänden dieser Gewebe zwar merklich verdickt, indess ungleich weniger, als bei *Selaginella denticulata*. Die grossen Poren, welche am Diaphragma dieser Art auffallen,[1]) kann man an sehr feinen Schnitten, natürlich viel weniger deutlich, auch bei *Selaginella Martensii* finden.

Etwa gleichzeitig mit Beginn der Entwicklung des Endosperms finden in dem Prothallium die ersten weiteren tangentialen und radialen Theilungen statt, durch welche dasselbe in seiner Mitte gewöhnlich sechs bis siebenschichtig wird, während gegen den immer mit einer keilförmigen Zelle endenden Rand hin die Zahl der Zelllagen sich allmählich vermindert. In keinem Falle habe ich, in der Mitte des Prothalliums wenigstens, die Archegonien nur durch eine Zellenlage von dem Diaphragma getrennt gefunden, wie es Hofmeister[2]) auch

1) Hofmeister, Vgl. Unters. Taf. **26** Fig. 12. 13 u. a. — Mettenius, Beiträge 1850, Taf. **1** Fig. 6 und 7 Abbildungen von *Selaginella involvens*, die indess, wie schon bemerkt wurde, gleichfalls auf *Selaginella Kraussiana* zu beziehen sein dürften.

2) Hofmeister, Vergleichende Untersuchungen Taf. **26** Fig. 7.

von *Selaginella Martensii* abbildet; doch mögen bei den zahlreichen Abarten dieser Species wohl Variationen vorkommen.

Die Archegonien entstehen aus einer der freien Aussenfläche des Prothalliums angrenzenden Zelle, die zuerst durch eine tangential gestellte Wand in zwei ungefähr gleich grosse Zellen zerfällt, deren innere zur Centralzelle wird, während aus den äusseren die Halszellen hervorgehen (**2**, 1; **1**, 15). Dieselbe Theilung erfahren übrigens gewöhnlich alle der freien Aussenfläche angrenzenden Zellen und da die Archegonien erst späterhin durch Inhalt und Form kenntlich werden, so kann man jetzt einer zweigetheilten Zelle nicht ansehen, ob sie ein Archegonium bilden wird oder nicht. Werden die Archegonien durch Form und Inhalt kenntlich, so findet man natürlich dieselben in der Regel zwei, selten nur einer Zellhöhe entsprechend (**1**, 15; **2**, 1—5).

In der zum Hals bestimmten Zelle folgen nun zwei kreuzweise gestellte und der Archegoniumaxe parallele Theilungen schnell aufeinander[1]), und bald darauf wird eine jede der vier säulenförmigen Zellen in eine obere und untere, deren letztere in der Regel kleiner ist, zerlegt (**2**, 2). Die Wand, durch welche dieses geschieht, trifft die Schnittlinie der Kreuztheilung gewöhnlich in einem nach der Centralzelle zu etwas stumpfen Winkel.

Die Bildung der Halszellen, deren Zellenzahl normalerweise auf acht beschränkt ist, wurde schon von Mettenius[2]) und Hofmeister[3]) übereinstimmend mit meinen Beobachtungen dargestellt. Nach Hofmeister entsteht nun bei *Selaginella*, wie überhaupt bei allen Gefäss-Kryptogamen, frei um den primären Kern der Centralzelle die Mutterzelle des Embryos. Dagegen finde ich ganz analog, wie es Pringsheim[4]) zuerst von *Salvinia* kennen lehrte, den Inhalt der

1) Diese beiden Wände sind weder gegen den Scheitel des Prothalliums, noch gegen einen andern Punct bestimmt orientirt (**2**, 6). Bei Farnkräutern haben die ersten Theilungswände der Halszelle des Archegoniums eine bestimmte Richtung, allein dem Prothallium derselben kommt auch eine bestimmte Wachsthumsrichtung zu, und die Orientierung der fraglichen Theilungen erscheint eben von dieser abhängig. (Vgl. Strasburger, Jahrbücher für wissensch. Botanik VII S. 397.)

2) Mettenius, Beiträge S. 11.

3) Hofmeister, Vgl. Unters. S. 123.

4) Pringsheim, zur Morphologie der *Salvinia natans* in d. Jahrb. für wissensch. Botanik III p. 521. — Die Kanalzelle wurde ferner bei *Marsilia* von

Centralzelle in Kanalzelle und Befruchtungskugel zerfallen. Schon während der Kreuztheilung der Halszellen sammelte sich in der Centralzelle ein viel dichteres und trüberes Protoplasma, als es die umgebenden Zellen darbieten. Unmittelbar nachdem die Vollzahl der Halszellen erreicht ist, liegt in der Centralzelle ein sich bald verdoppelnder Zellkern, und sehr wenig später hat sich um den unterhalb der Halszellen liegenden Kern eine fast halbkugelig in die Centralzelle vorspringende Zelle gebildet (2, 2). Diese ist die Kanalzelle; der übrige grössere Theil des Inhalts der Centralzelle bildet die Befruchtungskugel. Beide sind zwar durch eine sehr scharfe Linie von einander geschieden, aber nicht durch eine resistente Membran getrennt, denn verdünnte Kalilauge macht deren Inhalt nach einiger Zeit zusammenfliessen.

Die Halszellen weichen nun allmählich an ihrer axilen Berührungskante auseinander, der Inhalt der Centralzelle aber drängt sich in den gebildeten Intercellularraum (2, 3) und ist unmittelbar vor der Entleerung nur durch die ziemlich derbe Endospor-Haut von der Aussenwelt abgeschlossen. Mittlerweile hat sich die freie Aussenfläche des Archegoniums als sanfter Hügel über das Prothallium hervorgewölbt, was von einem Horizontalwerden der tangential gestellten, abwärts geneigten Theilungswände des Halses begleitet ist (2, 2—5). Eine dem Fadenapparat gewisser Phanerogamen ähnliche Streifung, wie sie Pringsheim bei *Salvinia* fand, konnte ich bei *Selaginella* nicht bemerken; dagegen sah ich wie bei jener, wiederholte Male an durch den Schnitt verletzten Archegonien den Inhalt der Centralzelle in zwei Partieen gesondert, deren eine grössere in dem Halskanal lag, während zwischen dieser und der Befruchtungskugel ein Ballen sich fand, der wohl, wie es Pringsheim vermuthet, der deformirte Zellkern der Kanalzelle sein mag (2, 4).

Nach dem Oeffnen der Archegonien füllt die nackte, meist völlig abgerundete Befruchtungskugel die Centralzelle beinahe vollkommen aus. Innerhalb derselben ist ein Zellkern deutlich nachzuweisen, unter der Mündung des Halskanals aber findet man an gelungenen Präpa-

Hanstein (Jahrb. für wissensch. Botanik IV, S. 217) und bei Farnkräutern und Moosen von Strasburger (Jahrb. für wissensch. Botanik VII S. 397 u. 416) nachgewiesen. Für Farnkräuter und Moose wurde die Kanalzelle auch von Sachs erkannt (Lehrb. der Botanik, 1. Aufl. S. 278, 296 und 314).

raten eine kleine farblose, unbestimmt abgegrenzte Stelle, den Empfängnissfleck Strasburger's[1]), den Keimfleck Pringsheims (2,5).[2]) Die Befruchtungskugel ist entweder völlig kugelig, oder ihr zur Axe des Archegoniums senkrechter Querschnitt ein wenig elliptisch. Die grösste und kleinste Axe der Ellipse sind dann, wie man sich an den zur Prothalliumfläche senkrechten Ansichten überzeugen kann, beliebig gestellt, nicht gleichsinnig orientirt, wie es bei *Salvinia*[3]) der Fall ist, bei welcher Pflanze freilich auch am Prothallium ein Vorn und Hinten ausgebildet ist.

Das Oeffnen der Archegonien und das Eindringen der Spermatozoiden geschieht bei *Selaginella* in ganz ähnlicher Weise, wie es für Farnkräuter und *Marchantia*[4]) von Strasburger beschrieben wurde; indess ist es mir nicht gelungen die Samenfäden bis zu ihrem Eintritt in die Befruchtungskugel zu verfolgen und dürfte dieses auch bei unserem Objecte kaum möglich sein. Denn da die Archegonien dem Prothallium eingesenkt sind, so müsste man jedenfalls dünne Schnitte aus der Spore zur Beobachtung wählen, des massenhaft aus den Zellinhalten zusammenfliessenden Oeles halber würde man aber kaum zu einem sicheren Resultate gelangen, da noch dazu die sehr geringe Grösse der Spermatozoiden ein wesentliches Hinderniss darbietet.

Bringt man Sporen mit dem Aufspringen nahen Archegonien in Wasser, so kann man das Oeffnen eines, oder auch gleichzeitig mehrerer Archegonien und das Eindringen der Spermatozoiden unschwer beobachten, wenn man für deren Anwesenheit in der Beobachtungsflüssigkeit Sorge getragen hat.[5]) Ein Theil des Inhalts der Kanalzelle

---

1) Strasburger, Jahrb. für wiss. Bot. VII S. 401.

2) Pringsheim, über Paarung von Schwärmsporen, in den Monatsb. der Akad. zu Berlin 1869, October S. 16 des Sonderabdrucks.

3) Pringsheim, Jahrb. für wiss. Bot. III S. 515.

4) Strasburger, Jahrb. für wiss. Bot. VII S. 409.

5) Nach Hofmeister (vgl. Unters. S. 123) soll die Ausbildung der Samenfäden in den Mikrosporen um vieles früher, als die volle Ausbildung des Prothalliums in den gleichzeitig ausgesäeten Makrosporen vollendet sein, nach Roze (Annal. d. sc. naturell. 1867, S. 97) soll hingegen die Keimung der kleinen und grossen Sporen gleich schnell stattfinden. Ich vermag über diesen Punkt nichts zu sagen, da ich immer von 8 zu 8 Tagen kleine Sporen nachsäete, doch bemerke ich, dass Roze Sporen verwendete, welche drei Monate zuvor gesammelt waren,

hat sich als eine schleimige, dichte Masse unterhalb der allein noch den Halskanal verschliessenden Endospor-Haut gesammelt. Gleichzeitig mit dieser reissen nun die vier Schlusszellen des Halses in ihren Commissuren theilweise auseinander und umstehen wie vier Hörner den offenen Halskanal. Die in eine stark quellende Masse verwandelte Substanz der Kanalzelle schiesst zur selben Zeit mit einer gewissen Gewalt hervor, so dass dieselbe ein wenig entfernt vor der Mündung des Archegoniums zu liegen kommt. Nach kurzer Pause folgt der Rest der Substanz der Kanalzelle in ähnlicher Weise mit zwei bis vier Unterbrechungen nach; doch geschieht die Entleerung mit geringerer Kraft, so dass die ausgestcssenen Massen unmittelbar vor der Mündung des Archegoniums liegen bleiben, und erst durch die nachfolgenden Portionen von derselben hinweggedrängt werden. Die entleerten schleimigen Massen, ein inniges Gemenge von Fett und Protein-Stoffen, wahrscheinlich auch einem Kohlenhydrat, diffundiren langsam mit dem umgebenden Wasser, während gleichzeitig Oeltröpfchen zusammenfliessen. Dabei haben diese Stoffe, wie Strasburger fand, eine specifische Wirkung auf die Spermatozoiden, welche weder die Folge eines Diffusions-Stromes, noch eines durch den Entleerungsakt veranlassten Strudels sein kann, da sich beliebige andere kleine Körper indifferent verhalten. Die in der Nähe des Archegoniums vorbeisteuernden Spermatozoiden schiessen gegen die sich entleerenden Massen hin, dringen in dieselben ein und steuern mit entschieden verlangsamter Bewegung durch diese nach der Halsöffnung des Archegoniums. Dies ist der gewöhnliche Fall, doch kommt es auch vor, dass Spermatozoiden an der Schleimmasse, gleichsam wie an einem elastischen Körper, zurückprallen und dann entweder ganz aus dem Gesichtsfeld eilen oder von Neuem umkehren, um dann sogleich oder nach wiederholten Versuchen in die entleerte Inhaltsmasse der Kanalzelle und die Mündung des Archegoniums einzudringen. Wie es schien, gingen die

---

da es ja möglich wäre, dass in dieser Ruhezeit ein Grund für die gleichzeitige Entwicklung beider Sporenarten läge. Ebenso müsste berücksichtigt werden, dass eine der beiden Sporenarten sich vielleicht schon bei niederer Temperatur als die andere entwickeln, und hierdurch je nach Umständen gleichzeitige oder ungleichzeitige Entwicklung der grossen und kleinen Sporen gefunden werden könnte.

Spermatozoiden immer mit dem bewimperten vorderen Ende voran in die Schleimmasse, doch konnte ich bei der Kleinheit des Objectes hierüber nicht ins Klare kommen, und auch nicht entscheiden, ob das Zurückprallen der Spermatozoiden vielleicht dann stattfindet, wenn dieselben mit ihrem hinteren Ende gegen die Schleimmasse stossen. Wie schon gesagt, verfolgte ich die Spermatozoiden nicht weiter, als bis zu ihrem Eindringen in die Oeffnung des Halskanals und habe ich hier nur noch zu bemerken,- dass ich wiederholte Male mehrere, in einem Falle bestimmt zehn Spermatozoiden in ein Archegonium eindringen sah.

Es bleibt mir jetzt noch einiges über Anzahl, Stellung und Entwicklungsfolge der Archegonien nachzutragen. Das erste der Archegonien, deren bis 30 gebildet werden können, entsteht auf dem Scheitel des immer chlorophyll-freien Prothalliums, die übrigen folgen in einer von diesem aus centrifugal fortschreitenden Ordnung (**1**, 15 und **2**, 6). Zum weiteren Verständniss der Stellung der Archegonien muss ich zunächst daran erinnern, dass das Prothallium, entsprechend dem dreilappigen Aufreissen der äusseren Sporenhaut, nach drei Richtungen hin weiter entblösst ist, die Gesammtform des freigelegten Prothalliums also in Folge der angedrückten Klappen des Exospors eine dreilappige ist (**1**, 16 und **2**, 6). Die Form des Areals, auf welchem die Archegonien ihren Ursprung nehmen, ist aber damit gegeben, dass diese auf dem entblössten Prothallium entstehen, und nur ganz ausnahmsweise an den von den Klappen des Exospors bedeckten Partieen zum Vorschein kommen.[1]) Das Oeffnen der Archegonien geschieht im Allgemeinen in derselben Reihenfolge wie ihre Bildung, immer aber erst einige Zeit nach dem Aufreissen des Exospors. In den weitest entwickelten Archegonien, welche ich vor dem Aufspringen des Exospors antraf, war

1) Das fast ausschliessliche Vorkommen der Archegonien auf den entblössten Partien des Prothalliums ist sehr bemerkenswerth, kann jedoch nicht wohl die alleinige Folge von aussen einwirkender Kräfte, etwa von Druck und Lichtentziehung, an die man zunächst denken könnte, sein. Diesen und ebenso anderen möglichen Ursachen widerspricht schon der Umstand, dass noch vor dem Aufspringen des Exospors Archegonien entstehen, zu einer Zeit, wo das endosmotisch gespannte Endospor der äusseren Sporenhaut stark angepresst ist.

von dem Inhalt der Centralzelle eben die Kanalzelle abgeschnitten worden (1, 15). — Zuweilen fanden sich unmittelbar aneinander stossende Archegonien, ein analoger Fall, wie ihn die Archegonien (Corpuscula) mancher Nadelhölzer bieten.

In der Mehrzahl der Sporen trifft man nur einen Embryo, weil nur ein Archegonium befruchtet wurde, nicht etwa aber, weil von einer Mehrzahl befruchteter Eizellen nur eine zur Weiterentwicklung kam. Es finden sich nämlich in einer Spore nicht selten auch zwei (5, 5), vereinzelt sogar bis fünf Embryonen, welche sehr ungleichalterig sein können. So habe ich einigemal den Fall beobachtet, dass der aus einem in der Nähe des Prothalliumscheitels stehenden Archegonium gebildete Embryo bereits aus der Spore hervorgebrochen war, während sich in dieser noch ein zweiter Embryo fand, welcher aus einem marginal-ständigen Archegonium seinen Ursprung nahm, und sich noch in dem allerjüngsten Entwicklungsstadium befand. Daraus folgt aber als sicherer Schluss, dass in einem Archegonium auch dann noch Befruchtung stattfinden kann, wenn die Spore bereits einen ansehnlich entwickelten Embryo einschliesst, denn das Oeffnen der Archegonien geschieht immer in gleicher centrifugaler Reihenfolge, gleichviel ob eines befruchtet wurde oder nicht. Selbst Neubildung von Archegonien kann am Rande des Prothalliums noch stattfinden, wenn die Befruchtungskugel eines scheitelständigen Archegoniums schon zu einem vielzelligen Embryo entwickelt ist. *Selaginella* weicht hier von *Salvinia* und *Isoetes* ab, denn bei jener bilden sich nach Pringsheim[1]) mehr als drei Archegonien nur dann, wenn keines dieser befruchtet wurde, und nach Hofmeister[2]) bleibt es bei *Isoetes* nur bei einem Archegonium, wenn das erstgebildete befruchtet wird, während sich im anderen Falle bis zu acht Archegonien entwickeln können.

Die Eizelle sowohl, als auch der Inhalt der Halszellen nicht befruchteter Archegonien nehmen bald eine hellbraune Farbe an. Die Halszellen anderer unbefruchteter Archegonien wachsen zu Haaren aus, oder erleiden auch vereinzelte oder zahlreiche Theilungen, durch welche

---

1) Pringsheim a. a. O. S. 517.

2) Hofmeister, Beiträge zur Kenntniss der Gefässkryptogamen in Abhandlg. d. k. sächs. Akad. d. Wissensch. 1855, S. 127.

sie selbst in wulstig hervorragende vielzellige Körper verwandelt werden können (5, 5 rechts); die zahlreichen hierbei vorkommenden Modificationen sind von Mettenius[1]) erschöpfend beschrieben und abgebildet worden. Es sei hier übrigens bemerkt, dass auch beliebige Zellen des Prothalliums zu Haaren auswachsen können (5, 5).

Die Entwicklung des Embryos von Selaginella Martensii.

Ehe wir die Entstehung des Embryos aus der Eizelle verfolgen, ist eine Orientirung an einem älteren Embryo, der bereits alle wesentlichen Theile gebildet hat, nothwendig. Ein solcher noch in Verbindung mit der Spore, welche vor noch nicht langer Zeit durchbrochen wurde, ist in Fig. 5 (Taf. 4, siehe auch Fig. 6) dargestellt. Jetzt, wie zu allen Zeiten, liegt der Embryo ganz lose in dem Gewebe des Prothalliums und des Endosperms, dessen Zellen, soweit der Embryo sich ausdehnte, zum grössten Theil resorbirt, ausserdem auch zusammengepresst wurden. Nach dem Archegonium, aus dessen Eizelle der fragliche Embryo hervorging, führt der Aufhängefaden (Et), der bekanntlich allein der Gattung *Selaginella* unter allen Gefässkryptogamen zukommt. An dem Embryo unterscheiden wir den bauchartig aufgetriebenen, aus sehr grossen Zellen bestehenden Fuss (F), welcher in der Spore immer eingeschlossen bleibt; rechts von diesem tritt die Wurzel (W), links das hypokotyle Glied (H. G) hervor. Letzteres trägt zwei, auf gleicher Höhe entspringende Cotyledonen (Bl), von denen jeder fast die halbe Peripherie der jugendlichen Axe umfasst; ein Medianschnitt der Blätter, welcher an dem dargestellten Embryo zugleich ein Medianschnitt von Fuss und Wurzel ist, fällt in die Papierebene. Zwischen den Cotyledonen, von denen jeder aus der Basis seiner Innenseite, ganz so wie alle Blätter von *Selaginella*, eine Ligula (L) entwickelt, ruht das fortbildungsfähige Stammende, welches bei dem in den Figuren 5 und 6 abgebildeten Embryonen bereits dichotomirt ist. Die Ebene, in welcher die Dichotomirung stattfand, liegt senkrecht zur Papierebene, wesshalb man in dieser Lage auch nur einen der eben erst gebildeten Dichotomie-Sprossen sehen kann.

1) Mettenius, Beiträge etc. 1850 S. 12.

Die Gabelsprosse stimmen in allen wesentlichen Punkten ihrer weiteren Entwicklung mit den Zweigen von *Selaginella* überein, über deren Blattstellung hier eine kurze Notiz am Platze sein dürfte. Bekanntlich besitzt *Selaginella Martensii,* wie die meisten Arten dieser Gattung, dimorphe, in vier Reihen angeordnete Blätter, welche aber scheinbar zweizeilig gestellt sind. Die in zwei Reihen auf der Ober- oder Rückenseite (Lichtseite) entspringenden kleineren Blätter sollen mit Hofmeister als Oberblätter *(folia intermedia* oder *superficialia Spring's)*, die grösseren aus der Unter- oder Bauchseite (Schattenseite) ihren Ursprung nehmenden als Unterblätter *(folia marginalia* oder *lateralia Spring's)* bezeichnet werden. Ueber das gegenseitige Verhältniss dieser Blätter ist unterhalb des *punctum vegetationis* leicht endgültiger Aufschluss zu erhalten (**6**, 5). Der Querschnitt des Vegetationskegels ist eine Ellipse, deren breite Seiten mit Ober- und Unterseite zusammenfallen, welche letztere also durch eine durch die grösste Axe der Ellipse und zwar der Stammaxe parallel gelegene Ebene von einander getrennt werden. Eine ausserdem durch die kleinste Axe in gleicher Weise gelegte Ebene zertheilt folglich den Vegetationskegel in vier quadrantische Stücke. An je zweien dieser Quadranten, welche nur mit ihren Scheitelkanten an einander stossen, entsteht nun gleichzeitig und auf gleicher Höhe je ein bei seinem Ursprung fast ein Viertel des Stemgelumfanges einnehmendes Blatt. Da darauf an den beiden anderen Quadranten, aber an einem etwas höher gelegenen Querschnitt, in gleicher Weise Blätter entstehen, so liegen also decussirte Blattpaare vor, deren jedes aus einem Ober- und Unterblatt sich zusammensetzt (**6**, 5). Beide sind gleich nach ihrem Ursprung noch nicht zu unterscheiden, ihre Lage folgt aber unzweideutig aus der gegebenen Darstellung. Betreffend das Wachsthum der Axe bemerke ich nur, dass dasselbe mit einer zweischneidigen Scheitelzelle geschieht, deren Seitenflächen den schmalen Seiten des elliptischen Querschnittes zugewandt stehen.

Kehren wir nun nach dieser vorläufigen Orientirung, welche uns von wesentlichem Nutzen sein wird, zu der befruchteten Eizelle zurück. Diese umkleidet sich innerhalb 35 Stunden nach der Befruchtung mit einer Cellulosemembran, die einen trüben Inhalt umschliesst, in welchem man aber einen Zellkern deutlich erkennen kann. Die obige Terminbestimmung gründet sich auf einen Fall, in welchem ich in das scheitelständige und einzig geöffnete Archegonium Spermatozoiden einschwärmen sah, und dann nach Abspülen mit Wasser die Spore 35 Stunden zurücklegte. An den nun aus der Spore angefertigten Längsschnitten wurde das scheitelständige Archegonium mit zweifelloser Gewissheit wieder erkannt, und obgleich mittlerweile noch zwei benachbarte Archegonien sich geöffnet hatten, so war doch in jenem allein die Befruchtungskugel mit fester Membran umkleidet, von welcher der Inhalt auf Anwendung wasserentziehender Mittel zurückwich.

Hierauf zerfällt die Eizelle durch eine zur Archegoniumaxe senkrechte oder ganz wenig geneigte Wand in zwei ungefähr gleich grosse Zellen, deren obere zum Embryoträger, die untere, sie soll Keimmutterzelle heissen[1]), aber zum eigentlichen Embryo wird (**2**, 8 und 9). Die Streckung der oberen Zelle beginnt gleichzeitig mit einer gewissen Breitedehnung beider Zellen, durch welche Centralzelle und Halskanal des Archegoniums wie durch einen Keil ein wenig auseinander getrieben werden.

Durch die fernere Streckung des Aufhängefadens wird die Keimmutterzelle durch die Wandung des Archegoniums, das Prothallium und das Diaphragma in das Endosperm geführt, in welchem die schon unterwegs begonnene Weiterbildung fortschreitet (**2**, 10 u. 11 ; **5**, 5).

Jede der beiden Zellen, in welche die Eizelle zuerst zerfiel, enthielt ein dichtes und trübes Protoplasma mit deutlichem Zellkern. Allein im Aufhängefaden wird während der beschriebenen Streckung der Inhalt mehr und mehr hyalin, endlich wasserhell (**2**, 10); nur einigemal sah ich im oberen Ende des Embryoträgers, als dessen

---

1) Nach Hofmeister (a. a. O. S. 124) sollen gewöhnlich in dieser unteren Zelle einige Querwände eintreten und dann erst die Endzelle derselben sich zur primären Axe dieses Autors ausbilden. Es ist aber entschieden die ganze untere Zelle Mutterzelle des Keimes, denn zuweilen bleibt der Aufhängefaden überhaupt einzellig, sehr oft aber treten Theilungen erst dann in demselben auf, wenn die erste oder die ersten Wände in der Keimmutterzelle bereits gebildet sind. Zudem ist die Stellung der in dem Embryoträger vorhandenen Wände nicht selten eine solche, dass dieselben gar nicht von der unteren Zelle abgegliedert sein können, und ferner sind die intercalaren Theilungswände des Aufhängefadens immer, wenigstens an jungen Embryonen, viel zarter als die Trennungswand des Trägers und der Keimmutterzelle, so dass sie mit dieser nicht zu verwechseln sind.

Streckung beinahe vollendet war, eine zusammenhängende trübe Masse von Protoplasma, deren Form den noch nicht aufgebrauchten Inhalt der Mutterzelle des Trägers erkennen liess. Der Aufhängefaden bleibt nur selten eine einfache Zelle, meist wird er, noch während er in Streckung begriffen, von einer oder mehreren Theilungen betroffen, die indess gewöhnlich nur in dem unteren den Embryo-Anfang tragenden Ende gefunden werden, hier aber ganz ordnungslos, bald parallel, bald schief, bald senkrecht zur Achse des Fadens auftreten (vergl. die Figuren auf Taf. 2 u. 3). Im oberen Ende fanden sich nur einige Mal, und dann immer senkrecht zum Embryoträger gestellte Wände, während dessen unteres Ende selbst in einen vielzelligen Körper verwandelt werden kann. Jede der Zellen des Aufhängefadens enthält einen Kern, der nicht selten den Mittelpunkt eines schönen, aus sehr hyalinen Protoplasmasträngen gebildeten Strömungsnetzes bildet.

Wie schon gesagt, beginnen die Theilungen in der Keimmutterzelle schon während der Streckung des Aufhängefadens. Die erste beobachtete ich schon, als dieser vielleicht seine halbe definitive Länge erreicht hatte.[1]) Diese erste Theilung geschieht durch eine die Trennungswand von Aufhängefaden und Keimmutterzelle ungefähr in zwei gleiche Hälften zerlegende und gegen dieselbe immer ein wenig schiefe, wenn auch zuweilen fast rechtwinkelige Wand (2, 10 u. 11, Wand II).

---

1) Die schönsten Präparate von Embryonen sowohl, als von Vegetationspunkten der Zweige erhielt ich durch folgende, auch in anderen Fällen mit Vortheil angewandte Methode. Nachdem das Präparat kürzere Zeit in mässig concentrirter Kalilauge gelegen hat und diese nur unvollständig ausgewaschen ist, bringe ich absoluten Alkohol hinzu. Die Anwendung eines ganz absoluten Alkohols ist jedenfalls nothwendig, da nur in diesem sich erhebliche Mengen der meisten Fette lösen, auf deren Entfernung neben harzartigen durch die Einwirkung des Kalis entstandenen Producten es abgesehen ist; eben deshalb muss aber auch mit absolutem Alkohol wiederholt nachgewaschen werden. Die oft stark collabirten Gewebe quellen auf Wasserzusatz wieder völlig auf, namentlich dann, wenn die Kalilauge zuvor nicht völlig durch Wasser ausgewaschen war, da das in jener immer vorhandene und in Alkohol unlösliche kohlensaure Kali in den Zellen niedergeschlagen wurde. Bringt man nun das Objekt in nur sehr wenig Salzsäure haltendes Wasser, so erzielt man, wenn die Wirkung des Kalis richtig regulirt war, Präparate, welche auch nicht das Geringste zu wünschen übrig lassen.

Auf diese folgt augenscheinlich baldigst eine andere entgegengesetzt geneigte Wand, welche die zuletzt beschriebene unterhalb deren halber Höhe, im optischen Schnitt gesehen, trifft, und auf derselben gegen die Oberfläche zu ein wenig bogig nach beiden Seiten aufsteigend verläuft, auch gegen die Ansatzwand etwas concav ist (**2**, 11 und 12; **3**, 1a und b Wand III).

Die von den beiden letztentstandenen Wänden eingeschlossene Zelle ist, wie wir weiterhin erfahren werden, die Scheitelzelle der embryonalen Achse; die beiden von der Keimmutterzelle abgeschnittenen Stücke betrachte ich als die beiden jüngsten Segmente, den Embryoträger selbst als das älteste Segment der Eizelle. Dann ist also diese, wie es auch bereits von Pringsheim für *Salvinia*[1]) geschah, als die Urscheitelzelle des Embryos anzusehen, die mit den gleich von Anfang schief zu einander geneigten Theilungswänden die Art des Wachsthums beginnt, welche die Scheitelzelle des Stammes fortsetzt. Die Auffassung der Eizelle als Urscheitelzelle findet aber gerade durch die Entwicklung des Embryos von *Selaginella*, wie wir noch sehen werden, eine gewichtige Unterstützung.

Der Embryo besteht also jetzt aus vier Zellen, nämlich drei Segmenten und der Scheitelzelle. Einen zur Längsaxe senkrechten Querschnitt findet man jetzt, wie auch ferner, ein wenig elliptisch und zwar steht die grösste Axe senkrecht auf den Seitenwänden der Scheitelzelle, wie es auch an Zweigen von *Selaginella* der Fall ist (**3**, 1 b; 2 d u. e). Es finden sich aber auch, wie ich früher schon bemerkte, manche Befruchtungskugeln, deren zur Archegoniumaxe senkrechter Querschnitt ein wenig elliptisch ist, und es wäre möglich, dass mit dieser Form, ähnlich wie bei *Salvinia*, den späteren Theilungen ihre Richtung und damit dem Embryo seine Orientirung vorgezeichnet ist; doch vermag ich hierüber nichts zu sagen, wenn ich nicht Vermuthungen für Thatsachen gelten lassen will.

Gleich nachdem das dritte Segment gebildet ist, tritt in dem nächst jüngeren eine zu den beiden Hauptwänden senkrechte, das Segment halbirende Wand auf (**2**, 12b und c; **3**, 2d u. e Wand 1). Dann folgt im oberen Theil einer jeden Hälfte eine Wand, welche auf der scheitelsichtigen Hauptwand, wo diese noch Seitenwand der Scheitel-

1) Pringsheim, Jahrb. f. wiss. Bot. III, S. 525.

zelle ist, ansetzt und gegen letztere concav gekrümmt, so gegen die Halbirungswand des Segmentes verläuft, dass der abgegrenzte Raum, an der freien Aussenfläche gesehen, dreiseitig erscheint (**3**, 1b und 2d, Wand 2). Die beiden gleichsinnigen Theilungen zusammengenommen begrenzen einen zweizelligen Complex, dessen Gestalt annähernd die eines halbirten Meniscus mit gewölbter Schnittfläche ist. Die eben beschriebenen Wände sollen als Blattwände bezeichnet werden, denn aus den abgeschnittenen Zellen geht das eine Keimblatt hervor, während durch ganz gleiche, aber etwas später erfolgende Theilungen in dem jüngsten Segmente der Grund für das zweite Keimblatt gelegt wird. (In Fig. 12 auf Taf. **2** sind nur in dem älteren, in Fig. 1 und 2 auf Taf. **3** in beiden Segmenten die Blattwände gebildet). Jede der beiden Blattzellen wird durch eine die Seitenwand der Scheitelzelle und die Blattwand schneidende Wand getheilt (**3**, 1b und 2d in S^2) und jetzt oder nachdem die Anzahl der vier serial angeordneten Zellen auf fünf oder sechs vermehrt ist, tritt eine zu den letzten Theilungen senkrechte Wand auf. Die Ansatzlinie dieser an der freien Aussenfläche ist der Seitenwand der Scheitelzelle des Embryos genähert und mehr oder weniger parallel, nach Innen zu aber verläuft die fragliche Wand convex gegen die Scheitelzelle gekrümmt, und endet auf der Blattwand (**3**, 3a und c bei Bl., ebenso 4—7). Auf diese Theilung, welche früher in den mittleren Zellen der Blattanlage als in den seitlichen eintritt (**3**, 3c und 4, 5 und 7), folgt eine entgegengesetzt geneigte Wand (**3**, 3a und c in S^2; **3**, 6). Durch die wechselnd nach zwei Richtungen geneigten Wände und Theilungen senkrecht zu diesen, durch welche die Anzahl der Scheitelzellen der marginalen Reihe vermehrt wird, wachsen die Keimblätter in gleicher Weise wie die Stengelblätter weiter [1]) (**2**, 6 und 7; **3**, 1 und 2a). Wie bei diesen entsteht am Grunde der Innenseite der Kotyledonen eine Ligula, an deren Bildung ich immer nur eine einfache, zu beiden Seiten der Blattmediane liegende, und der Scheitelzelle unmittelbar angrenzende Reihe von vier bis sechs Zellen Theil nehmen sah. Diese Zellen wölben sich, nachdem die Kotyledonen bereits den Scheitel überragen, hervor und arbeiten dann einige Zeit mit wechselnd gegen einander geneigten Wänden (**4**, 2a und 6; **5**, 1 bei L.). Wie an der Ligula der Stengel-

---

1) Hofmeister, Vgl. Unters. S. 113.

blätter treten in den Segmenten longitudinale und quere Theilungen, wenn auch minder zahlreich, auf und endlich wird, wie bei jener, die marginale Scheitelzellreihe wiederholte Male durch zur Wachsthumsrichtung des Organes senkrechte Querwände getheilt, so dass die Ligula mit einer einzelligen Schicht endet.[1]) Mit ihren Seitenrändern stossen die Keimblätter, wie sich aus dem Verlauf der Blattwände ergiebt, zu keiner Zeit aneinander (**3**, 1—7).

Wie schon gesagt, erfolgt die Anlage des Kotyledon zuerst in dem älteren Segmente, und auch die beiden ersten schief zu einander geneigten Wände, welche in den 4 bis 6 aneinander gereihten Zellen der Blattanlage auftreten, werden meist früher an dem älteren, selten gleichzeitig in beiden Keimblättern gebildet (**3**, 3 a). Weiterhin aber ist ein Altersunterschied der beiden Keimblätter nicht mehr zu bemerken und Grössenunterschiede, welche man in seltnern Fällen zwischen den beiden schon weiter entwickelten Kotyledonen findet, müssen Folge einer gehemmten Entwicklung sein, da auch der aus dem jüngeren Segment hervorgegangene Kotyledon der grössere sein kann.

Kehren wir nun zu den unteren grösseren Theilen der beiden Segmente der Keimmutterzelle zurück, welche zunächst gleiche Theilungen erfahren, die aber in dem älteren Segmente immer früher, als in dem jüngeren auftreten. Wie wir schon wissen, ist der fragliche Segmenttheil scheitelwärts von den Blattwänden begrenzt, und durch eine auf diesen und der basiskopen Hauptwand senkrecht stehende Wand halbirt. (**2**, 12 b und c; **3**, 2 e Wand 1.) Jede der beiden Segmenthälften zerfällt nun in zwei Zellen durch eine die beiden eben genannten scheitelsichtigen und grundsichtigen Begrenzungswände gleichfalls schneidende Wand, welche die freie Aussenfläche annähernd halbirt, und die Halbirungswand des Segmentes gewöhnlich ein wenig innerhalb von deren Mitte trifft (**2**, 12 b; **3**, 2 e Wand 3). An diese nach innen sanft convex gebogene Wand setzt dann eine zweite an, welche die Innenwand des Segmentes rechtwinkelig trifft und parallel mit der Halbirungswand des Segmentes verläuft (**3**, 2 e Wand 4). Sind die bis jetzt beschriebenen Theilungsschritte in beiden Segmenten vollbracht, so wird ein Querschnitt acht peripherische Zellen zeigen, welche vier innere quadratische Zellen umgeben. Diese sind die Urmutter-

1) Siehe die Darstellung Hofmeister's in Vergl. Unters. S. 113.

zellen des Procambiums, jene produciren im jüngsten Segmente nur Rindengewebe des hypokotylen Gliedes, in dem älteren ausserdem noch Fuss und Wurzel.

Die nächsten Theilungen sind aber noch in den beiden Segmenten gleichartig. Zuerst zerfällt eine jede der peripherischen Zellen durch eine Querwand in zwei über einander gestellte Zellen, welche dann durch zur Aussenfläche parallele Theilungen in eine innere und äussere Lage gespalten werden (3, 1a; 2a u. 6; 3a u. d; 6). Auch die vier Urmutterzellen des Procambiums erfahren zunächst je eine quere dann eine longitudinale Theilung (3, 3a u. 6 innerhalb Wand 3). Aus diesen 16 Zellen geht durch Streckung, in Verbindung mit einigen longitudinalen und wiederholten queren Theilungen das im weiter entwickelten Embryo in der Richtung des Durchmessers eines Querschnittes aus 5 bis 8 aneinandergereihten Zellen zusammengesetzte Procambium hervor (4, 6; 5, 1). Bald nach der ersten Longitudinaltheilung der Procambiumzellen werden von diesen an der Trennungswand des Aufhängefadens ziemlich isodiametrische Zellen abgeschnitten, aus deren Vermehrung die immer nur aus einigen Zelllagen bestehende Schicht hervorgeht, welche am weiter entwickelten Embryo zwischen Procambium und dem Aufhängefaden liegt (4, 1; 5, 1; 4, 6).

Nachdem bis zu dem vorher beschriebenen Stadium die Vermehrung der Zellen beider Segmenthälften gleichen Schritt gehalten hat, beginnt in dem älteren Segmente eine lebhaftere Quertheilung in den das Procambium umgebenden Zellen (4, 1). Erinnern wir uns jetzt, dass aus diesen Zellen im älteren Segmente, ausser der einen Hälfte des Rindengewebes des hypokotylen Gliedes Fuss und Wurzel entstehen, so folgt schon aus der gegenseitigen Lage dieser Organe am älteren Embryo, dass das hypokotyle Glied aus der Nachkommenschaft der nach der Blattwand zu liegenden Zellen hervorgeht, während die Wurzel aus den dem Aufhängefaden angrenzenden, und der Fuss aus den übrigen zwischenliegenden Zellen gebildet werden muss (Vrgl. 4, 1; 5, 1 u. 4; 6). Zunächst spalten sich die inneren der zum Fuss werdenden Zellen durch eine longitudinale, zur Aussenfläche parallele Theilung, welche sich indess bald auch auf die Zellen fortsetzt, welche Wurzel und hypokotyles Glied bilden (4, 1). Die Zellen des Fusses dehnen sich jetzt nach allen Dimensionen gewaltig aus, und durch die sehr beträchtliche Volumen-Zunahme dieses Gebildes wird das hypokotyle Glied, welches sich selbst nicht krümmt, zur Seite gedrängt, um die Kante, welche durch das Zusammentreffen des Embryoträgers mit dem aus dem jüngsten Segment hervorgegangenen Zell-Complex gebildet wird, gleichsam als Angelpunkt herumgeführt (vergl. **4**, 1; **5**, 1; **4**, 6). Halbirt man den Winkel des Dreieckes, als welches die Scheitelzelle des Embryos in dem Fig. 11 (Taf. **2**) dargestellten optischen Längsschnitt erscheint, so bildet die rückwärts verlängerte Halbirungslinie mit der Längsaxe des Aufhängefadens gewöhnlich einen sehr stumpfen Winkel. Die Scheitelzelle ist nämlich in Folge der Richtung der ersten Theilungen bei fast allen Embryonen etwas seitlich nach dem jüngsten, nie nach dem älteren Segment hin gerückt, welches in Folge dessen gewöhnlich auch merklich grösser als das jüngste Segment ausfällt (vergl. **2**, 11; 12a; **3**, 1a). Der namhaft gemachte, respective der von der Längsaxe des hypokotylen Gliedes und des Aufhängefadens gebildete stumpfe Winkel, nähert sich, während das hypokotyle Glied durch die Entwicklung des Fusses gegen den Aufhängefaden verschoben wird, immer mehr einem rechten, und wird bei der Mehrzahl der Embryonen endlich zu einem spitzen Winkel (vergl. **4**, 1; **5**, 1; **4**, 5 u. 6). Immer wird, wie aus dem Gesagten folgt, der fragliche stumpfe Winkel verkleinert, nie zu 180 Grad und mehr erweitert.

Die Verschiebung des hypokotylen Gliedes geschieht bei der überwiegenden Zahl der Embryonen in einer Ebene, welche zugleich einen Medianschnitt sämmtlicher Organe des Embryo's (auch der Wurzel) darstellt (**4**, 5 u. 6; **5**, 1). Findet aber die stärkste Entwicklung des Fusses nicht in der Richtung eines Medianschnittes des Embryo's statt, d. h. nicht aus Zellen des Rückens, sondern einer der Seitenflächen des älteren Segmentes der Keimmutterzelle, so kann natürlich kein Schnitt zugleich ein Medianschnitt sämmtlicher Organe sein. Die Medianebenen des Fusses und der Cotyledonen werden dann unter einem spitzen Winkel zu einander geneigt sein, und in den citirten Figuren würde man, bei sonst unveränderter Lage, die beiden Keimblätter an einem Seitenrande durchschnitten finden. Bei älteren Embryonen sieht man zuweilen sogar, bei einer Lage der übrigen Organe, wie sie durch die oben citirten Figuren dargestellt wird, auf die Fläche der Keimblätter; hier dürfte indess bestimmt das hypokotyle Glied während seiner bedeutenden Längsstreckung eine Drehung um die eigene Achse ausgeführt haben, da ich bei jungen Embryonen die Median-Ebenen des

Fusses und der Keimblätter höchstens einen Winkel von 45 Graden miteinander machen sah.

Die Wurzel wird erst dann gebildet, wenn alle Organe des Embryo's angelegt und bereits mehr oder weniger weit ausgebildet sind. Wie wir schon wissen, nimmt jene aus Zellen des zweiten Segmentes ihren Ursprung, welche zur Zeit der Entstehung der Wurzel zwischen Fuss und Embryoträger höchstens 3 bis 4 Lagen bilden, keineswegs aber von den Zellen des Fusses scharf abgegrenzt sind, und wenigstens in drei, zuweilen aber auch in vier Schichten das Procambium der embryonalen Axe umgeben (**4**, 1). Die Bildung der Wurzel ist nun namentlich dadurch bemerkenswerth, dass aus oberflächlichen Zellen die erste Kappe hervorgeht, während aus einer Zelle der nächst inneren Schicht die Scheitelzelle entsteht. Der Fibrovasal Strang, welcher aus den Segmenten dieser hervorgeht, tritt dadurch mit dem Fibrovasal-Strang der embryonalen Axe in Verbindung, dass einige Zellen der ein bis zwei Schichten, welche zwischen Wurzelscheitelzelle und dem Procambium des Embryo's liegen, durch longitudinale und auch vereinzelte quere Theilungen in ein procambiales Verbindungsstück verwandelt werden (vergl. **4**, 1; **5**, 1 u. 2). Es ist sehr auffallend, dass ein Theil der zum Verbindungs-Procambium führenden Theilungen vollendet ist, ehe man eine Scheitelzelle nachweisen kann, welche mittlerweile in einer zuvor durch nichts ausgezeichneten Zelle entsteht, indem in dieser, wahrscheinlich nach zuvoriger Vergrösserung, eine entsprechend schief geneigte Wand auftritt (**5**, 1 u. 2 bei Ws; ein weiteres Segment ist noch nicht abgetrennt). Es ist hier nur noch nöthig daran zu erinnern, dass die Wurzel mit den übrigen Organen des Embryo's (in der Regel) eine Medianebene gemein hat, um den Ursprungsort jener völlig genau zu bestimmen; die Zellen, aus welchen Verbindungs-Procambium und Wurzelscheitelzellen hervorgehen, liegen also in der Richtung der Median-Ebene des betreffenden Segmentes hinter einander.

Die erste Hervortreibung der Wurzel geschieht weniger durch die Thätigkeit der Wurzelscheitelzelle, als vielmehr durch das lebhafte Intercalar-Wachsthum und die Dehnung der übrigen an der Wurzelanlage betheiligten Zellen. Auch wenn die Wurzel schon als Hügel hervortrat, ist eine Wurzelkappe noch nicht abgegrenzt, vielmehr bilden die oberflächlichen Zellen eine continuirliche Schicht, welche auch unter ansehnlicher Grössenzunahme der Zellen über den Fuss sich fortsetzt (5, 1 u. 2; 4, 6). Freilich sind die an der Bildung der Wurzelkappe betheiligten Zellen zuweilen schon durch tangentiale Spaltung gekennzeichnet, noch ehe selbst das Verbindungs-Procambium zu bemerken ist (4, 1), in der Mehrzahl der Fälle aber werden die die Scheitelzelle bedeckenden Zellen gleichzeitig mit der Bildung dieser zweischichtig (5, 2), selten findet die Zweitheilung der fraglichen Zellen, welche nie zu unterbleiben scheint, während der Hervorwölbung der Wurzel statt. In der Regel findet man, im medianen Längsschnitt gesehen, nach dem Aufhängefaden zu alle Dermatogen-Zellen bis auf eine oder zwei diesem nächst angrenzende Zellen tangential gespalten (5, 2). Diese ungetheilten Zellen vermehren sich aber während des Hervortretens der Wurzel sehr lebhaft durch radial gestellte Wände, so dass die ganze ansehnliche Zellreihe, welche zwischen Ansatzpunkt des Aufhängefadens und Wurzelkappe späterhin liegt, zu ihrer Nachkommenschaft gehört (5, 6). Von dieser werden sogar einige Zellen in die Bildung der Wurzelkappe eintreten können, welche man meist einschichtig endend findet (5, 4). Eine solche Forderung stösst nun keineswegs auf Schwierigkeiten, da die Wurzelkappe erst nach dem Hervorwachsen der Wurzel sich von dem Dermatogen abgrenzt, indem entsprechende Querwände dieses in ähnlicher Weise, wie es bei den von einer Scheitelzelle abgeschnittenen Kappenzellen der Fall ist, schief und endlich parallel zur Längsachse werden (4, 6; 5, 3 u. 4). Nur an sehr wenigen Wurzeln von Keimpflänzchen wurden auch die auslaufenden Zellen der Wurzel nicht ein-, sondern zweischichtig gefunden (5, 3).

Die weitere Entwicklung der Wurzel, welche der Untersuchung beiläufig nicht geringere Schwierigkeiten als das Studium der ersten Entstehung bietet, habe ich nicht verfolgt. Dieses dürfte auch besser zunächst an erwachsenen Pflanzen geschehen, welche ungezähltes Material darbieten. Sicher ist, dass die Scheitelzelle durch schief zu einander geneigte Wände Segmente abschneidet, welche Form jene aber besitzt, kann ich nicht sagen. Nägeli und Leitgeb[1]) halten für die Wurzeln älterer Pflanzen eine zweischneidige Scheitelzelle für wahrscheinlich, indess konnte ich bei einer Anzahl von Scheitelansichten

1) Beiträge z. wiss. Bot., Heft IV, p. 129.

der Wurzeln von Keimpflänzchen nie eine zweischneidige, wohl aber wenige Male eine dreiseitige Zelle bemerken, von der ich indess nicht positiv behaupten will, dass sie die Scheitelzelle war. Ausser durch die Wurzelkappen wird besonders durch die Steilheit des Vegetationskegels und das ungemein starke intercalare Wachsthum der Segmente die Untersuchung erschwert, da man der letzteren beiden Faktoren halber die Segmente nicht mehr gleichzeitig mit der Scheitelzelle übersehen kann; indess ist bei eingehendem Studium ein endgültiger Entscheid gewiss zu erreichen.

Zweifellos ist es aber, dass die Scheitelzelle der Keimwurzel von *Selaginella* primäre Kappenzellen abschneidet (5, 3 u. 4 bei WK[2]), was indess nur seltener, und wie es scheint nach Bildung einer grösseren Anzahl von Segmenten geschehen dürfte. Dieses Faktum ist aber besonders desshalb interessant, weil damit an demselben Objecte, wenn auch zeitlich getrennt, zwei Bildungsarten der Wurzelkappen vereint sind, nämlich die durch Abgliederung primärer Kappenzellen von einer Scheitelzelle, wie sie den Gefässkryptogamen zukommt, und die aus dem Dermatogen, welche nach Hanstein's und Reinke's[1]) Untersuchungen wohl allen Angiospermen eigenthümlich ist.

Die Wurzeln der Keimpflänzchen von *Selaginella Martensii* dichotomirten immer erst, nachdem sie eine ansehnliche Länge erreicht hatten, ja an manchen, welche bereits bis zu 15 Mm. maassen, war eine Gabelung noch nicht eingetreten. Die Art und Weise der Dichotomirung habe ich, wie schon gesagt, nicht näher untersucht. — Beiläufig sei hier noch bemerkt, dass die Abstossung der nie sehr mächtig werdenden Wurzelkappen in ähnlicher Weise wie bei anderen Pflanzen geschieht und dass zahlreiche Dermatogenzellen der Wurzel zu Haaren auswachsen.

Die Keimwurzel von *Selaginella* ist also zweifellos eine am hypokotylen Glied seitlich entstehende Wurzel. Die Entwicklung derselben ist aber wesentlich verschieden von der der Keimwurzel von

1) Monatsb. d. niederrh. Gesell. 5. Juli 1869 u. Hanstein, Botan. Abhandlg. Heft I, die Entwicklung des Keimes der Monokotylen und Dikotylen. — Nach Nägeli's und Leitgeb's Darstellung (L. c., S. 137) könnte möglicherweise auch in den Wurzeln von *Isoetes* die Wurzelhaube aus dem Dermatogen entstehen. — Ueber die Coniferen fehlen noch bezügliche Untersuchungen.

Marsilia[1]) und den Farnkräutern[2]), bei welchen Pflanzen auch die erste Wurzelkappe aus einer von der schon constituirten Wurzelscheitelzelle abgeschnittenen primären Kappenzelle hervorgeht. Hingegen würde noch Hofmeister, wenn ich recht verstehe, auch bei *Isoetes*[3]) und *Equisetum*[4]) die Keimwurzel aus der Vermehrung einer unterhalb der oberflächlichen Zellschicht liegenden Zelle hervorgehen. Mit der Bildung der Seitenwurzeln an Wurzeln der Gefässkrystogamen, wie sie Nägeli und Leitgeb kennen lehrten, hat die Entstehung der Keimwurzel von *Selaginella* nur das gemein, dass ihre Scheitelzelle aus einer nicht oberflächlichen Zelle hervorgeht, welche aber nicht, wie bei jenen dem Cambium oder Pericambium unmittelbar angrenzt, vielmehr von ersterem durch ein oder zwei Zellen getrennt ist. Aus diesen Zellen geht, wie bei Entstehung von Seitenwurzeln an Wurzeln der Gefässkryptogamen aus dem Pericambium, wenn ein solches vorhanden, ein Verbindungs-Procambium hervor.

Während die Keimpflänzchen von *Selaginella Martensii* sogleich eine echte Wurzel produciren, entstehen an den Zweigen dieser Art, je auf der Ober- und Unterseite der Dichotomien-Winkel, die eben durch den Mangel einer Haube von den Wurzeln unterschiedenen Wurzelträger. Nach Nägeli und Leitgeb[5]) werden diese voraussichtlich gleichzeitig mit der Dichotomirung angelegt, und wachsen zunächst mit einer wahrscheinlich zweischneidigen Scheitelzelle, deren Thätigkeit indess beschränkt ist, und durch sehr starkes Intercalar-Wachsthum ersetzt wird. In dem kopfförmig anschwellenden Ende der Wurzelträger entstehen aber in noch nicht näher bekannter Weise echte Wurzeln, welche erst, wenn jenes mit dem Boden in Berührung kommt, hervorbrechen und sich weiter entwickeln.[6]) Uebrigens produciren manche *Selaginellen*, z. B. *cuspidata* und *laevigata*, wie es durch die genannten Autoren bekannt ist, an den Gabelungsstellen direkt wahre Wurzeln.

Die Scheitelzelle der embryonalen Achse liegt, wie wir wissen, zwischen den beiden Kotyledonen, deren Entstehung bereits verfolgt wurde

1) Hanstein, in Jahrb f. wiss. Bot. IV, S. 230.

2) Beiträge, in Abhdlg d. K. Sächs. Gesell. d. Wissenschft. 1857, S. 611.

3) Beiträge, in Abhdlg. d. K. Sächs. Gesell. d. Wissenschft. 1855, S. 136.

4) Ebenda, S. 175.

5) A. a. O. S. 124 ff.

6) Dass hiebei die dargebotene Feuchtigkeit und nicht etwa Contakt oder Verdunkelung den Anstoss gibt, zeigte ich in den »Arbeiten des botan. Inst. in Würzburg« Heft I. S. 97.

(Vergl. 3, 1 u. 2 bei St). Die Form jener ist die einer quer halbirten biconvexen Linse, deren Schnittfläche convex hervorgewölbt wurde. Die Seitenwände der zweischneidigen Scheitelzelle stehen, wie schon aus dem Bekannten hervorgeht, mit den Keimblättern parallel, ein diese median theilender Schnitt ist also auch Median-Schnitt jener. In einer zu diesem senkrechten Ebene entwickeln sich aber die beiden Dichotomie-Sprosse, ohne dass zuvor ein eigentliches Längenwachsthum der den Embryo abschliessenden Scheitelzelle stattfindet.

Etwa gleichzeitig mit der Anlage der Keimblätter werden von jeder Ecke der zweischneidigen Scheitelzelle, an der Aussenfläche dieser, dreieckig erscheinende Stücke durch zwei schnell aufeinander folgende Theilungen abgeschnitten (3, 2d; vergl. 4, 2b; Wand I u. II). Die beiden Linien, in welchen diese Wände die Aussenfläche der Scheitelzelle treffen, sind meist unter sich nicht vollkommen parallel und ebenso ist gewöhnlich eine jede derselben zu der gemeinsamen Median-Ebene der Kotyledonen und der Scheitelzelle mehr oder weniger schiefwinkelig geneigt (Vergl. 3, 1b, 2d, 3c, 4 u. 7). Indem beide Wände concav gegen einander gekrümmt sind, endet nach innen zu die jüngere auf der älteren und die Gestalt der eingeschlossenen Zelle ist die eines vierseitigen Keiles, dessen Schneide senkrecht zu den Seitenwänden der primären Scheitelzelle (der zweischneidigen Scheitelzelle, in welcher diese Theilungen auftraten) steht (3, 2c; vergl. 4, 2c, Wand I u. II). Nach diesen Theilungen folgen succedan zwei zu derselben mehr oder weniger rechtwinkelig gestellte, den Seitenwänden der primären Scheitelzelle (die Ansatzlinie an deren freien Aussenfläche betrachtet) genäherte und annähreud parallele Wände, die gleichfalls concav gegen einander gekrümmt sind (3, 1a u. b; 3c; 4; 7; 4, 2b Wand III u. IV), Die ältere dieser Wände erreicht in ihrem nach innen gerichteten Verlaufe die fernere Seitenwand der primären Scheitelzelle, während die jüngere Wand auf der älteren endet (3, 1a, 3a; — 4, 2a, Wand III u. IV). Die vierseitige Zelle hat also die Form eines Keiles bewahrt, die Schneide dieses ist aber um 90 Grad verlegt worden. Wir haben folglich hier eine vierseitige Scheitelzelle, welche durch decussirte, nicht spiralig folgende Wände Segmente abschnitt. Dass aber die vierseitige Zelle wirklich als Scheitelzelle angesprochen werden muss, folgt daraus, dass aus jedem der abgeschnittenen Segmente die verschiedenen Gewebeformen der Achse, Rinde und Fibrovasalstrang, hervorgehen.

An zahlreichen Präparaten wurden die bis dahin beschriebenen Theilungen der Hauptsache nach immer gleich gefunden, nur in einem Falle kam eine Abweichung vor (3, 5). Die zweite Theilung in der primären Scheitelzelle setzte nämlich nur auf einer Seitenwand dieser Scheitelzelle an, und schnitt auf der anderen Seite die vorausgegangene Theilungswand, so dass die Scheitelzelle jetzt von der freien Aussenfläche gesehen dreieckig erschien. An dem fraglichen Präparate war ausserdem noch ein Segment abgeschnitten, dessen grundsichtige Hauptwand von einem Stücke der Seitenwand der primären Scheitelzelle gebildet wurde.

Verfolgen wir nun die weiteren Theilungen in der vierseitigen Scheitelzelle, durch welche die Dichotomirung eingeleitet wird, an dem in Fig. 2 (Taf. 4) abgebildeten Präparate. Dieses ist in Scheitelansicht (b), ferner in einem mit der Medianebene parallelen (a) und einem zu dieser senkrechten (c) optischen Längsschnitt dargestellt; in den Schemata sind die in Betracht kommenden Wände mit gleichen Zahlen bezeichnet. Nachdem die Wand IV, bis zu welcher wir die Theilungen bereits verfolgten, gebildet war, lag eine vierseitige nach innen keilförmige Scheitelzelle vor. In dieser wurde jetzt durch die Wand V ein Segment abgetrennt, dessen grundsichtige Hauptwand durch die Wand II gebildet ist. In dem Segment schnitt zunächst die Wand 6 ein kleineres Stück ab, und dann trat in der grösseren Hälfte jenes die die grundsichtige Hauptwand schneidende und gegen dieselbe concav gekrümmte Wand 7 auf. Damit ist die Dichotomie vollbracht, und an dem zur Median-Ebene der Keimblätter senkrechten Längsschnitt erblicken wir die beiden Scheitelzellen der sich weiterhin entwickelnden Gabelsprosse (4, 2 c). An einer Anzahl von Präparaten wurde die eben beschriebene Reihenfolge von Theilungen beobachtet, indess ist es gewiss, dass Abweichungen vorkommen, wenn auch das Endziel, die Bildung einer zweiten Scheitelzelle aus einem Segmente, dasselbe bleibt. Bestimmt beobachtet habe ich, dass zunächst durch eine der Wand III parallele Theilung ein Segment abgetrennt wurde (3, 7) und es ist mir wahrscheinlich, dass selbst mehrere Segmente abgeschnitten werden können, ehe in dem letztgebildeten die zweite Scheitelzelle constituirt wird.

Wie es die Figuren 2b u. 2c (Taf. 4) zeigen, liegen beide Scheitelzellen gleich nach ihrer Bildung nach den Seiten des Vegetationspunktes des Embryos hingerückt, dessen Scheitel in der citirten Figur bereits ein wenig eingesenkt erscheint. Wir sehen also, dass zwei neue Wachsthums-Richtungen eingeschlagen wurden, während die ursprüngliche aufgegeben ist. Darin finde ich aber mit Sachs[1]) das einzige durchgreifende Kriterium für Dichotomie; eine Halbirung der Scheitelzelle durch eine verticale Wand, wie es bei Dictyota geschieht, ist eben nur ein specieller Fall der Gabelung[2]). In gleicher Weise wie bei *Selaginella* sehe ich aber auch die Auszweigung von *Metzgeria* als echte, nicht mit *Kny*[3]) als »falsche Dichotomie« an, denn bei dieser Pflanze entsteht die zweite Scheitelzelle in ähnlicher Weise wie bei *Selaginella*.

Das die beiden Scheitelzellen trennende Segmentstück (**4**, 2 b u. c) erleidet in rascher Aufeinderfolge eine Anzahl von Theilungen durch radial und tangential gestellte Wände (**4**, 3 a u. b). Dabei wächst es ansehnlich in die Quere, so dass die beiden Scheitelzellen schnell weiter auseinander rücken, während auch durch gleichzeitiges actives Hervorwölben dieser die Einsenkung zwischen ihnen noch mehr vertieft wird. Auch die vor der Gabelung abgeschnittenen Segmente erfahren zahlreiche intercalare Theilungen, welche indess, wie es aus den Figuren hervorgeht (**3**, 3 a, 4, 5, 7; **4**, 2 b) nicht immer in gleicher Weise stattfinden und desshalb eine nähere Betrachtung auch nicht erfordern; allgemeines Endziel dieser Theilungen ist die Bildung eines mehrschichtigen Rindengewebes und eines von diesem umhüllten Procambium-Stranges. Aus der gesammten Zellnachkommenschaft der vor der Dichotomirung gebildeten Segmente geht das sehr kurze Podium über der Insertion der Keimblätter hervor, auf welchem die beiden Gabelsprosse ruhen.

Die beiden Scheitelzellen, mit deren Bildung die Gabelung eingeleitet ist, haben gegen die Aussenfläche gesehen eine mehr oder weniger quadratische oder parallelogrammatische Gestalt (**4**, 2 b). Wei-

---

1) Sachs, Lehrbuch 2. Aufl., S. 154.

2) Bei keilförmig in das Gewebe ragenden Scheitelzellen ist es kaum mit den Wachsthums-Erscheinungen vereinbar, dass jene durch eine verticale Wand halbirt werden sollten (Vergl. Nägeli u. Leitgeb, Beiträge z. wiss. Bot., Heft IV, S. 121.

3) Jahrb. f. wiss. Bot. IV, S. 74.

terhin scheinen zunächst noch einige Segmente durch Wände, welche je einer der Seitenwände der Scheitelzelle parallel gerichtet sind, abgeschnitten zu werden (4, 3b). Wie oft dieses geschieht, vermag ich nicht zu sagen und ebenso wenig kann ich Bestimmtes darüber angeben, wie aus der vierseitigen Scheitelzelle eine zweischneidige wird, wenn ich nicht Vermuthungen für Thatsachen gelten lassen will. Sicher nur ist, dass schon an ziemlich jugendlichen Gabelsprossen eine zweischneidige Scheitelzelle vorhanden ist, deren Seitenwände im Anfang wenigstens parallel mit den Seitenwänden der zweischneidigen Scheitelzelle stehen, mit welcher einst der jugendliche Embryo abschloss. Die weitere Entwicklung der Gabelsprosse geschieht in gleicher Weise wie an älteren Zweigen, welche wir gleich betrachten werden. Zunächst erfordern aber noch einige Verhältnisse des Embryo's eine Erörterung.

Am Embryo findet man alle Organe angelegt und auch die Dichotomirung vollbracht, ehe derselbe aus der Spore hervorbricht; selbst das Ergrünen der Kotyledonen findet noch vor diesem Acte statt. An einem solchen Embryo (4, 6; 5, 1) wird die Rinde des hypokotylen Gliedes aus 3 bis 6 Lagen cubischer oder auch tafelförmiger Zellen gebildet, deren äusserste Schicht kaum von den übrigen verschieden ist. Das Cambium, respective Gefässbündel des hypocotylen Gliedes, geht zwar continuirlich in das der Wurzel über, doch trifft man zu dieser Zeit wohl immer noch Andeutung der getrennten Bildung beider, indem dieselben unterhalb des Aufhängefadens in einem Knie zusammenstossen (5, 1 u. 2; 4, 6), welches erst weiterhin verwischt wird. Zwischen Cambium und Aufhängefaden liegen jetzt zwei bis drei Lagen ziemlich isodiametrischer Zellen, die aus der Vermehrung jener einen Zellschicht hervorgingen, welche, wie schon erwähnt, von dem Procambium des hypokotylen Gliedes hier abgetrennt wurde (4, 1; 5, 1 u. 2; 4, 6). Die sehr grossen Zellen des Fusses sind jetzt, wie auch später, mit einem sehr trüben, ungemein oelreichen Inhalt erfüllt, während die Zellen der übrigen Organe des Embryo's ein hyalines, aber fettreiches Protoplasma enthalten. Durch den Fuss nehmen offenbar die in der Spore aufgespeicherten Reservestoffe ihren Weg in den Embryo; das Oel scheint dabei als solches zu wandern, sicher wird wenigstens keine Stärke gebildet. Jetzt, wie zu allen Zeiten liegt aber der Embryo völlig lose in dem die Spore erfüllenden Gewebe und nicht selten gelingt es denselben schon durch leichten Druck auf die Spore herauszusprengen.

Einige Zeit nach der Gabelung bricht der Embryo aus der Spore hervor und zwar zuerst das hypokotyle Glied, indem dessen Zellen sich bis auf das sechs- bis zehnfache ihrer bisherigen Länge strecken, dabei aber auch öfters einige Theilungen erleiden. Nicht lange nachher tritt die Wurzel gleichfalls durch Dehnung ihrer Zellen auf der entgegengesetzten Seite des Prothalliums hervor (4, 5)[1]). Die sich ein bis zwei Tage nach dem Hervorbrechen entfaltenden Kotyledonen sind zwei fast kreisförmige, mit herzförmiger Basis sitzende Blätter, deren Gestalt von der der Stengelblätter abweicht, den Unterblättern übrigens näher steht als den Oberblättern. Wie alle Blätter von *Selaginella* erzeugen aber, wie schon gesagt, auch die Keim-Blätter eine Ligula, auch sind dieselben mit einem von Dörnchen besetzten Saum umzogen. Beiläufig sei hier bemerkt, dass ich einmal einen trikotylen Embryo fand, an welchem dem Anschein nach zwei Blätter an Stelle eines Keim-Blattes standen.

Die Entwicklung des Embryos von *Selaginella*, namentlich auch die ersten Theilungen in der Keim-Mutterzelle, erinnern vielfach an *Salvinia* und *Marsilia*, durch die beiden Keimblätter und den Aufhängefaden nimmt aber unsere Pflanze eine unter den Gefäss-Kryptogamen isolirte Stellung ein. Namentlich durch den Embryoträger und die rein endogene Bildung des Prothalliums schon in den in Verbindung mit der Mutterpflanze reifenden Sporen ist *Selaginella* unzweifelhaft die den Phanerogamen am meisten genäherte Gattung aller kryptogamischen Gewächse.

Die Bildung des Keimes macht die Annahme einer primären Axe im Sinne Hofmeisters bei *Selaginella* noch mehr, als bei *Salvinia* und *Marsilia* unmöglich; was Hofmeister an etwas älteren Embryonen als eine solche anspricht, ist der Fuss, der aber, wie gezeigt wurde, durch einfache Volumenzunahme von Zellen entsteht, die zu der Nachkommenschaft des Segmentes gehören, aus welchem auch ein Keim-Blatt, die eine Hälfte des hypokotylen Gliedes und die Wurzel

---

1) Die Orientirung des Embryo's in der Spore wird durch die Lage dieser in keiner Weise beeinflusst, ist vielmehr dieselbe, gleichviel ob die Längsaxe der Spore senkrecht zum oder parallel mit dem Erd-Radius gerichtet war.

ihren Ursprung nehmen. Es ist wichtig, dass bei *Selaginella* die Axe des jugendlichen Embryo's, nicht wie bei *Salvinia*, *Marsilia* und anderen Gefäss-Kryptogamen schief, sondern fast parallel der Axe des Archegoniums steht. Denn mit diesem Nachweis fällt einer der Gründe hinweg, welche Hofmeister für seine primäre Axe anführt: »Bei Vergleich der Theile von Embryonen der Gefässkryptogamen mit den Organen phanerogamer Embryonen muss nothwendig die Lage der ersteren im Archegonium als gleichbedeutend mit der Richtung der letzteren im Embryosack, zur Richtschnur genommen werden: es ist vorauszusetzen, dass die Längsaxe des Embryo mit der des Archegonium zusammenfalle. . . . . Dies zugegeben ist die Deutung der Anlagen zum beblätterten Stamm und zur Wurzel als in Bezug auf die Längsaxe des Embryo seitliche Sprossungen die einzig mögliche«[1]. Die spätere Lagenveränderung des Embryos von *Selaginella* kommt natürlich hier nicht in Betracht.

Bemerkenswerth ist auch die Stellung der Seitenwurzel des Embryos, denn diese kommt in einem, nach einer Scheitelansicht aufgenommenen Grundriss der Organe des Embryo's in die gleiche Lage zu den beiden ersten Gabelsprossen, wie die Wurzelträger an den Dichotomien der Zweige unserer Pflanze. Wird nun auch die Wurzel der Keim-Pflänzchen durch die ansehnliche Entwicklung des hypokotylen Gliedes weit von den Dichotomie-Sprossen entfernt, so bietet doch deren relative Stellung eine gewisse Annäherung an die bei älteren Pflanzen zum Vorschein kommenden Verhältnisse. Eine solche Annäherung liegt aber auch in der Theilung der Eizelle, der Urscheitelzelle des Embryo's, durch wechselnd geneigte Wände. Gegen die Auffassung der beiden in der Keim-Mutterzelle abgeschnittenen Stücke als Segmente kann gewiss kein Einwand erhoben werden; denn diese werden nicht nur durch schiefe, nach entgegengesetzter Richtung geneigte Wände abgeschnitten, sondern eine Reihe von Theilungen ist auch in beiden ganz übereinstimmend und findet, der Altersfolge entsprechend, später in dem jüngeren Segmente statt. Endlich entspringt aus jedem Segmente ein Keim-Blatt und eine Hälfte des hypokotylen Gliedes; der Fuss entsteht nur durch Grössenzunahme gewisser aus dem älteren Segment hervorge-

1) Hofmeister, Beiträge etc. in den Abhandl. der K. Sächsischen Ges. d. Wiss. V, 1857, S. 613.

gangener Zellen, von welchen andere auch der Wurzel als Bildungsstätte dienen. Sind aber die in der Keim-Mutterzelle abgeschnittenen Stücke Segmente, so ergibt sich als natürliche Consequenz, dass der Embryoträger aus dem ersten Segment der Eizelle hervorgeht. Pringsheim deutete bereits in seiner meisterhaften Arbeit über *Salvinia* die Eizelle als erste Scheitelzelle des Embryos, eine Auffassung, welche durch die Entwicklung des Keimpflänzchens von *Selaginella*, man kann wohl sagen, zwingend wird. Dieser Anschauung schliessen sich die übrigen Gefäss-Kryptogamen, soweit deren Entwicklung genügend bekannt ist, ungezwungen an. Bei *Marsilia* entspringt dann z. B. die Wurzel und der grössere Theil des Fusses aus dem ersten Segmente; von den vier Wänden, durch welche die Eizelle zunächst getheilt erscheint, ist folglich eine durch intercalare Theilung im ersten Segmente entstanden. Der Viertheilung der Eizelle der *Rhizokarpeen*, der *Equisetaceen* und von *Isoetes* kann ich ein so hohes Gewicht, wie es Hofmeister[1]) thut, nicht beilegen, da eine gleiche Viertheilung wenigstens bei *Selaginella* nicht stattfindet.

Während bei den Gefäss-Kryptogamen das schon in der Eizelle mit den ersten Theilungen begonnene Wachsthum mittelst Scheitelzelle an dem Scheitel der Axe fortdauert, gestalten sich die Verhältnisse wesentlich anders bei den Phanerogamen. Dem Keimlingsanfang dieser kommt zwar auch ein, wenn auch nur sehr beschränktes Wachsthum mit Scheitelzelle zu, welches namentlich bei manchen Monokotylen in die Augen springt, bei welchen von der Endzelle des sich weiter entwickelnden Keimbläschens einige Gliederzellen in gleicher Weise, wie von einem beliebigen Algenfaden abgeschnitten werden[2]). Bei anderen Pflanzen wird der Keimlingsanfang aber auch durch schief gegen einander geneigte Wände getheilt[3]) und dann ist eine gewisse Aehnlichkeit mit den ersten Theilungen in der Eizelle der *Rhizokarpeen* und namentlich der *Selaginellen* nicht zu verkennen. Die Verwandtschaft dieser mit phanerogamen Embryonen ist aber allein auf die

---

1) Hofmeister, Beiträge etc. in Abhandl. d. K. S. Akad. VI, 1857, S. 608.

2) Hanstein, die Entwicklung des Keimes der Monokotylen und Dikotylen 1870, z. B. bei *Nicotiana, Alisma* und *Brachypodium* auf Taf. 5, 8 und 15.

3) Z. B. nach Sachs bei *Allium, Viola, Funkia* in dessen Lehrb. I. Aufl., Fig. 14, 319, 321; nach Hanstein bei *Oenothera*, l. c. Taf. 4, Fig. 14, nach eigenen Beobachtungen bei *Digitalis ferruginea* und *Anemone sylvestris*.

allerersten Entwicklungsstadien beschränkt und wird mit der allseitigen Abscheidung des Dermatogens bei letzteren aufgehoben. In dieser Dermatogen-Bildung und der Art, wie sich die Organe des Embryos differenziren, liegt aber, wie Hanstein in jüngster Zeit gezeigt, der unumstössliche Beweis gegen die Existenz einer oberflächlichen Scheitelzelle und für die eigenmächtige Fortbildung der einzelnen Gewebe-Formen der Phanerogamen, welche der genannte Autor schon früher kennen lehrte[1]). Während bei diesen Dermatogen, Periblem und Plerom allseitig in sich abgeschlossen sind, differenziren sich diese Gewebe-Formen bei den Gefäss-Kryptogamen sowohl am Embryo, als am wachsenden Stamme erst durch entsprechende Theilungen in den Segmenten.

Das Wachsthum der Zweige von Selaginella Martensii.

Bereits im vorigen Abschnitt wurde eine Orientirung über den Vegetationspunkt von *Selaginella* vorausgeschickt. Wir erfuhren dort, dass die Blätter in decussirten Paaren am *punctum vegetationis* entstehen, welches mit einer zweischneidigen Scheitelzelle wächst, deren Segmente abwechselnd einer der schmalen Seiten des elliptischen Querschnittes zugewandt sind (vergl. Taf **6**, 5 u. 2 a). Es war nun keineswegs meine Absicht, das Wachsthum des Vegetations-Punktes in alle Details zu verfolgen, ich beschränkte mich vielmehr darauf, die ersten Theilungen in den Segmenten und die Art der Verzweigung kennen zu lernen.

Die freie Aussenfläche der zweischneidigen Scheitelzelle hat die Gestalt eines Kugelzweieckes (**6**, 2 a); die beiden Schneiden der Scheitelzelle verlaufen nach Innen zu nur wenig convex gegeneinander gekrümmt und treffen fast rechtwinkelig aufeinander. Man sieht folglich die Scheitelzelle sowohl in einem mit den Seitenwänden parallelen, als in einem zu diesen senkrechten Längsschnitt (**6**, 1) von dreiseitiger Form, in ersterem Falle aber sind die Schenkel des Dreieckes beinahe rechtwinkelig, in letzterem ziemlich spitzwinkelig

---

1) Hanstein, Die Scheitel-Zellgruppe im Vegetationspunkt der Phanerogamen 1868.

zu einander geneigt. Durch abwechselnd einer der Seitenflächen parallele Wände werden Segmente als kegelmantelförmige Stücke abgeschnitten (**6**, 1 u. 2a), deren fünf Begrenzungs-Wände ich in gleicher Weise wie Nägeli und Leitgeb bezeichne[1]). Die durch das Wachsthum hervorgebrachten Veränderungen sind die gleichen, wie an den von dreiseitigen Scheitelzellen abgeschnittenen Segmenten, an welchen die bezüglichen Verhältnisse durch die eben genannten Autoren auf das Sorgfältigste erörtert wurden. Die Hauptwände der spitzwinkelig zur Achse geneigten Segmente sind zuerst unter einander parallel, dann divergiren sie nach aussen, um weiterhin senkrecht zur Axe und wieder parallel zu werden (**6**, 1 u. 3a)[2]). Die anfangs zickzackförmig in einander greifenden Seitenwände der Segmente, welche selbst Stücke der scheitelsichtigen Hauptwand des nächst älteren Segmentes sind, werden, wie von Nägeli und Leitgeb ausführlich gezeigt wurde, im Verlaufe des Wachsthums parallel mit der Stammaxe gestellt (**6**, 1).

Die erste im Segment auftretende Wand hat einen ähnlichen Verlauf, wie die von Nägeli und Leitgeb Sextanten-Wand genannte Theilung in den von dreiseitigen Scheitelzellen der Wurzeln der Gefäss-Kryptogamen abgeschnittenen Segmenten, und kann desshalb Quadranten-Wand genannt werden (**6**, 2a u. b, Wand 1). Diese schneidet also beide Hauptwände, ist aber immer, an der Aussenwand des Segmentes betrachtet, einer der Seitenwände genähert, und trifft die fernere Seitenwand, gegen welche sie concav gekrümmt ist, oberhalb der durch das Zusammentreffen beider Seitenwände gebildeten Kante. Die Quadrantenwand kann nach der gleichen, oder auch nach der entgegengesetzten Seite, wie im gegenüberliegenden Segmente gekrümmt sein. Diese Wand trifft man nur selten als einzige Theilungswand im Segmente, denn bald darauf folgt eine zweite, der anderen Seitenwand (an der Aussenwand) genäherte, und nach innen zu die erste Theilung schneidende Wand (**6**, 2a in S^2; 2b, Wand 2)[1]). Nun werden durch

---

1) Nägeli u. Leitgeb Entstehung und Wachsthum der Wurzeln in Beiträgen zur wiss. Bot., Hft. IV, S. 77.

2) Vergl. auch Leitgeb, Wachsthum des Stämmchens von *Fontinalis antipyretica*, Separtabzg. aus d. LVII. Bd. d. Sitzb. d. K. K. Akad. d. Wiss. 1868. S. 4.

1) Hofmeister gibt die Wandfolge in den Segmenten abweichend an. In

zwei, je eine der beschriebenen Theilungen und eine Seitenwand schneidende, der Aussenfläche des Segmentes parallele Theilungen die Mutterzellen des Cambiums abgeschnitten (**6**, 1 u. 2b, Wände 3); ein Segment besteht also jetzt aus zwei inneren und drei äusseren Zellen. Die auf dem Rücken des Segmentes liegende äussere Zelle zerfällt dann durch eine den Hauptwänden parallele Theilung in zwei Zellen (**6**, 2a in S^2), und in gleicher Weise werden bald nachher auch die seitlichen Zellen des Segmentes getheilt. Jetzt, oder nachdem die Anzahl der Zellen noch durch zwei bis drei radiale Längstheilungen vermehrt wurde, wird eine jede der äusseren Zellen durch eine tangentiale Längswand gespalten (**6**, 1 in S^4). Diese Längswände trennen aber noch nicht die Epidermis ab, da die der Aussenfläche angrenzenden Zellen noch einmal, wohl auch mehrmals durch tangentiale Wände getheilt werden (vergl. **6**, 1), und kein Grund vorliegt, eine mehrschichtige Epidermis anzunehmen. Demnächst werden alle das Cambium umgebenden Zellen einmal quer getheilt (**6**, 1 in S^3). Die Mutterzellen des Cambiums werden zuerst durch eine oder zwei Längswände, dann durch je eine Querwand getheilt (**6**, 1 in S^4 und S^3). Weiter die Gewebebildung zu verfolgen lag nicht in meiner Absicht.

---

den Zusätzen und Berichtigungen (Jahrb. f. wiss. Bot. III, S. 291) heisst es wörtlich: »Die Zelle zweiten Grades, welche von der den Gipfel der Knospe einnehmenden Zelle ersten Grades durch Auftreten einer den Seitenflächen dieser keilförmigen Zelle parallelen Schrägwand abgeschieden wurde, theilt sich, wie bereits angegeben (vergl. Unters. S. 112) durch eine gegen eine der breiten Seiten des Stengels geneigte Wand in zwei ungleiche Hälften. Jede derselben wird durch eine Längswand, welche gegen die letztentstandene Wand concav ist, und die Gränzwand der aus Vermehrung der nächstjüngeren Zelle zweiten Grades hervorgegangenen Nachbarzelle schneidet, in eine der schmalen und eine der breiten Seiten der Stengels zugewendete Zelle getheilt. Die erstere ist ein vierseitiges, die zweite ein dreiseitiges Prisma mit gekrümmten Seitenflächen: jene, die vierseitige Tochterzelle, theilt sich darauf durch eine der Längsaxe parallele Wand in eine innere und äussere Zelle. In der äusseren Zelle tritt eine die Aussenfläche schneidende Längswand auf. So kommt die Anordnung der Zellen des Stengelendes in vier axile, und einen Kranz von zwölf peripherischen Zellen zu Stande, welche man auf Querschnitten dicht unter dem Knospenende bemerkt.«

Etwa in der Höhe des vierten und fünften Segmentes, von der Scheitelzelle abwärts gezählt, entspringen gleichzeitig die beiden Blätter eines Paares an den bereits früher näher bezeichneten Partien des elliptischen Querschnittes des Vegetations-Punctes. Zwei opponirte Zonen von Zellen, deren jede fast ein Viertel des Stengelumfanges einnimmt, wölben sich gleichzeitig nach Aussen und werden dann durch eine schief geneigte Wand getheilt, welche übrigens nicht immer der Scheitelzelle abgewandt ist, wie es Hofmeister angibt, sondern auch derselben zugewandt sein kann. Die Scheitelzellreihe arbeitet nun mit abwechselnd schief zu einander geneigten Wänden (6, 1 bei Fl.), während durch zu diesen senkrechte Theilungen die Zahl der Wandscheitelzellen vermehrt wird. Uebrigens verweise ich in Betreff der weiteren Ausbildung des Blattes, wie auch der Entstehung der Ligula, des Nebenblattes Hofmeister's, auf die ausführliche Darstellung des eben genannten Forschers [1]).

Die auf gleicher Höhe entspringenden Blätter eines Paares müssen jedenfalls aus ungleich hohen Zonen zweier gegenüberliegender Segmente ihren Ursprung nehmen, denn eine Verschiebung der Segmente, wie sie Rees [2]) für *Equisetum* angibt, findet bei *Selaginella* nicht statt. Eine weitere Frage wäre es, ob aus jedem Segmente immer nur ein oder mehrere Blätter hervorgehen, in welchem letzteren Fall freilich sicher nicht mehr als zwei, d. h. ein Ober- und Unterblatt gebildet werden können, wenn wenigstens die Segmente bei der Blattbildung sich gleichartig verhalten. Nach directer Beobachtung vermag ich hier nun nichts zu entscheiden, da das Intercalar-Wachsthum der Seg-

---

1) Hofmeister, Vergl. Unters., S. 113. — Ich mache hier auf einen Unterschied in der Ausbildung der Blattseiten aufmerksam. Bei *Selaginellen* mit zweizeiliger Blattstellung wenden bekanntlich die Unterblätter ihre obere, die Oberblätter ihre untere Seite dem Lichte zu. Bei *Selaginella Martensii* und ebenso *lepidophylla* und *cuspidata* sind am Unterblatt die Zellen der Unterseite lang gestreckt und schmal, die der Oberseite quadratisch, während bei den Oberblättern gerade das Umgekehrte der Fall ist; bei *Selaginella Kraussiana* hingegen sind, namentlich am Oberblatt, die Zellen beider Blattflächen gleichgestaltet und langgestreckt. Bei allen genannten Arten finden sich Spaltöffnungen nur zu beiden Seiten der Mittelrippe auf der Unterseite der Blätter.

2) Rees, in Pringsheims Jahrb. f. wiss. Bot., VI, S. 216 ff.

mente, ehe Blätter entstehen, zu weit fortgeschritten ist, und die Grenzen der Segmente desshalb fast immer nicht mehr mit genügender Sicherheit festzustellen sind. Nach einer indirecten Methode ist es indess nicht unwahrscheinlich, dass aus jedem Segment zwei Blätter entstehen können.

An jedem Podium von *Selaginella Martensii*, wenigstens an den in meine Hände gekommenen Exemplaren, fanden sich fast ausnahmslos acht Blattpaare, und wenn es also gelang, an einem eben wieder dichotomirten Gabelspross die Anzahl der bereits gebildeten Blattpaare, wie auch die Zahl der Segmente über der jüngsten Blattanlage, welche vor der Gabelung abgeschnitten wurden, genau zu bestimmen, so war ein Urtheil über die oben angeregten Fragen unter Umständen möglich. Indess stiess ich doch auf mancherlei Schwierigkeiten, und so kann ich nur das bestimmt sagen, dass in den beobachteten Fällen aus den über den jüngsten Blattanlagen liegenden Segmenten jedenfalls mehr als eine gleiche Anzahl von Blättern hervorgehen musste, wenn das Podium späterhin acht Blattpaare tragen sollte.

Die Gabelung des Stammendes geschieht, indem in einem von der zweiseitigen Scheitelzelle abgeschnittenen Segmente durch eine gegen jene convexe, die grundsichtige Hauptwand des Segmentes schneidende Wand eine zweite Scheitelzelle gebildet wird (**6**, 3a u. 3b). Bei der raschen Grössenzunahme des Segmentes werden dessen Hauptwände nach Aussen stark divergent, der Vegetations-Punkt nimmt aber eine spatelförmige Gestalt an, und auch die primäre Scheitelzelle erscheint nun seitlich gerückt (**6**, 3a u. 4). Da nun keine der bisherigen Scheitelzellen die ursprüngliche Wachsthumsrichtung fortsetzt, so haben wir, ebenso wie am Embryo, einen Fall echter Gabelung vorliegen[1]). Das die beiden Scheitelzellen trennende, sich schnell vergrössernde Segmentstück, welches in rascher Aufeinanderfolge eine Anzahl von Theilungen durch radial und tangential gestellte Wände erleidet, erblickt man bald als eine Einbuchtung (**6**, 4). Die beiden Scheitelzellen wölben sich nämlich hervor, und schneiden, durch wechselnd nach zwei

1) Den mittlerweile von Rohrbach (Beitrg. z. Kenntniss einiger Hydrocharideen 1871, S. 15 ff.) ausgesprochenen Ansichten über Dichotomie kann ich mich nicht anschliessen. Uebrigens wird die Gabelung bei *Selaginella* nicht durch eine in der Scheitelzelle auftretende vertikale Wand eingeleitet und der auf diese gebauten Discussion fehlt somit der Boden.

Richtungen geneigte Wände Segmente ab, von welchen das erste immer von der anderen Scheitelzelle abgewandt war (**6**, 4). In dem in Fig. 3a (Taf. **6**) abgebildeten Präparate war von der primären Scheitelzelle bereits ein weiteres Segment abgetrennt, ehe in der secundären Scheitelzelle ein solches gebildet war; dieser Altersunterschied scheint indess zunächst immer schnell ausgeglichen zu werden, wenn auch bald wieder einer der Gabelsprosse in der Entwicklung vorauseilt.

Bei *Selaginella Martensii* habe ich die Gabelung immer in der beschriebenen Weise entstehen sehen, nie traf ich zu den Seitenwänden der Scheitelzelle senkrechte Theilungen, welche nach Hofmeister[1]) der Dichotomirung des Stammendes von *Selaginella* vorausgehen sollen. Eine solche Formänderung der Scheitelzelle war auch bei *Selaginella Kraussiana* nicht zu finden, bei welcher Art die Gabelung freilich auch in anderer Weise als bei *Selaginella Martensii* stattfinden dürfte. Nach meinen beiläufigen Beobachtungen wäre es nicht unmöglich, dass bei der zuerst genannten Art die primäre Scheitelzelle auch ihre Thätigkeit ganz einstellen kann, während in zwei rechts und links von derselben liegenden Segmenten Scheitelzellen gebildet werden, welche sich zu Gabelsprossen weiter entwickeln. Die Entscheidung hierüber, wie auch, ob nicht gar bei *Selaginella Kraussiana* noch andere Variationen in der Art der Gabelung vorkommen, muss ich ferneren Untersuchungen überlassen; jedenfalls wäre es von hohem Interesse, sicher zu stellen, ob bei verschiedenen Species der Gattung *Selaginella* die Art und Weise der Dichotomirung verschieden sein kann. Eine andere Variation, nämlich die abweichende Lagerung der Primordial-Zellen und der sterilen Zelle in der kleinen Spore von *Selaginella Kraussiana* einerseits und *Selaginella Martensii* und *caulescens* andererseits, wurde bereits früher beschrieben.

Der Dichotomirung der Zweige geht nicht, wie der des Embryos, eine Reihe die Form der Scheitelzelle verändernder Theilungen voraus, die Gabelung kommt aber bei beiden darin überein, dass in einem von der Scheitelzelle abgetrennten Segmente eine zweite Scheitelzelle durch eine von der primären abgewandte Wand gebildet wird, und keine der beiden neuen Scheitelzellen die ursprüngliche Wachsthumsrichtung fortsetzt (vergl. **4**, 2c mit **6**, 3a u. 4). Die Richtung aber, nach welcher

1) Hofmeister, Jahrb. für wiss. Bot. III, S. 292.

die Auszweigung erfolgt, ist an den Zweigen eine andere als am Embryo, denn bei jenen steht die Gabelungs-Ebene senkrecht auf den Seitenwänden der Scheitelzelle (6, 3 b), bei diesem ist sie parallel mit den Seitenwänden der ursprünglichen zweischneidigen Scheitelzelle (4, 2 u. 3 u. das Diagramm Fig. 7 auf Taf. 5 und die Figurenerklärung). Bei den Zweigen fällt folglich die Dichotomirungs-Ebene mit dem Medianschnitt beider Scheitelzellen zusammen, während sie am Embryo durch die Schneiden der zweiseitigen Scheitelzellen geht, sowohl derjenigen, mit welchen die beiden Gabelsprosse wachsen, als der, mit welcher der Embryo einst abschloss. Bei einer solchen relativen Lage dieser zweischneidigen Scheitelzellen und der angegebenen Richtung der Dichotomirungs-Ebene ist es nun geradezu unmöglich, dass eine Gabelung in der ursprünglichen zweischneidigen Scheitelzelle des Embryos ohne vorherige Formänderung stattfinden kann (vergl. die citirten Fig. und das Diagramm). Die bezüglichen Theilungen stehen desshalb in inniger Beziehung zu den Symmetrie-Verhältnissen, und sind nothwendig, um die Gabelung des Embryos in der fest bestimmten, zu dem Medianschnitt der Keimblätter senkrechten Ebene zu gestatten [1]).

Die angegebene relative Lage der zweischneidigen Scheitelzellen wird an den Dichotomie-Sprossen verändert. Indem diese weiter hervorwachsen, stellen sie sich zunächst in einen fast rechten Winkel auf die Längsachse des hypokotylen Gliedes, so zwar, dass Ober- und Unterseite derselben genau zenith-wärts und erdwärts gewandt sind (5, 6). Da nun die Orientirung dieser beiden Seiten und ebenso Lage und

---

1) Nach Hofmeister (Beiträge etc. 1857, S. 619) ist bei *Pteris* die zweischneidige Scheitelzelle an den heranwachsenden Pflänzchen mit der Lage der Scheitelzelle am Embryo gekreuzt; gleiches findet nach Pringsheim (Jahrb. f. wiss. Bot. III, S. 533) auch bei *Salvinia* statt. Beide Autoren nehmen eine Drehung der Axe an, indess sind schlagende Argumente nicht dafür beigebracht, und es wäre auch denkbar, dass die Lagenveränderung der Scheitelzelle durch zu den Hauptwänden dieser senkrechte Theilungen zu Stande käme. — Die jungen Pflänzchen von *Schistostega* und *Fissidens* wachsen nach Hofmeister mit einer dreischneidigen Scheitelzelle, während an älteren Pflänzchen die Scheitelzelle zweischneidig ist (Jahrb. f. wiss. Bot. III, S. 275 und Pflanzenzelle, S. 141; vgl. auch Lorentz in Moos-Studien, 1864, S. 4); bei *Polypodium vulgare* findet sich nach Hofmeister (Beiträge in d. Abhd. d. K. Sächs. Akad., 1857, S. 652) bald eine drei-, bald eine zweischneidige Scheitelzelle.

Fortbildung der Scheitelzellen an den Dichotomie-Sprossen eine ganz gleiche wie an den Zweigen ist, so werden zwar jetzt die beiden Schneiden der zweiseitigen Scheitelzelle, mit welcher einst der Embryo abschloss und mit welcher ein jeder Gabelspross weiter wächst, von derselben Ebene durchschnitten, die Median-Ebenen dieser Scheitelzellen treffen aber ungefähr rechtwinkelig aufeinander. Später richten sich die Gabelsprosse schräg aufwärts, und führen bei einseitiger Beleuchtung zugleich eine solche Drehung aus, dass die Ober- und Unterseite trennende Ebene annähernd senkrecht gegen das schief einfallende Licht zu stehen kommt, eine Drehung, welche, wie die gleichzeitige Lagenveränderung der Blätter zeigt, in den Internodien ausgeführt wird und selbst bis zu 90 Grad gesteigert werden kann. In diesem Falle werden also Ebenen, welche durch die Schneiden der zweiseitigen Scheitelzellen gelegt werden, mit welcher der Embryo einst abschloss und mit welcher ein jeder Gabelspross wächst, rechtwinkelig auf einander treffen.

Bekanntlich bildet *Selaginella Martensii*, wie viele Arten der Gattung, durch stärkere Entwicklung eines abwechselnd rechts und links gelegenen Gabelsprosses eine Scheinaxe aus. Es war nun eine naheliegende Frage, ob jedesmal der aus der primären Scheitelzelle hervorgegangene, oder ob bald der eine, bald der andere Dichotomie-Spross zum Aufbau der Scheinaxe verwandt werde. Wenn nun auch schon vor einer weiteren Gabelung der die Scheinaxe fortsetzende Spross durch seine vorausgeeilte Entwicklung erkannt werden kann, so ist es doch zu dieser Zeit längst unmöglich, die Gabelsprosse bis auf ihren Ursprung aus der primären oder secundären Scheitelzelle zurückzuführen. Dadurch aber, dass die Scheinaxe constant durch einen abwechselnd links und rechts gelegenen Gabelspross fortgesetzt, und dieser schon vor seiner Dichotomirung durch die vorausgeeilte Entwicklung kenntlich wird, ist die Möglichkeit gegeben, die eben gestellten Fragen auf indirectem Wege zu beantworten; denn es ist nur nöthig festzustellen, ob die neugebildete Scheitelzelle an dem stärkeren Gabelspross dem schwächeren Dichotomie-Spross immer zu oder abgewandt liegt. Es kommt nun aber beides, wie die Beobachtung lehrte, vor, und daraus folgt, dass bald die primäre, bald die secundäre Scheitelzelle das Podium der Scheinaxe bildet; eine echte Dichotomie liegt aber in beiden Fällen vor, da keine der beiden jugendlichen Gabelsprosse die bisherige Wachsthumsrichtung fortsetzt. Ich bemerke hier noch, dass ich auch die Möglichkeit ins Auge fasste, dass sich vielleicht eine in einem Segment gebildete Scheitelzelle nicht weiter entwickle, eine solche Annahme indess, wenigstens für *Selaginella Martensii*, nach meinen Beobachtungen negiren muss.

Wie schon gesagt, entspringen an jedem Podium von *Selaginella Martensii* acht Blattpaare, welche sämmtlich in der früher angegebenen Weise am Stengel inserirt sind. Die Unterblätter stehen nach zwei Seiten ab, nur das oberste eines jeden Fussstückes bildet mit der Längsaxe dieses einen sehr spitzen Winkel, und kommt hierdurch so zu liegen, dass die Längsaxe des Blattes den Winkel halbirt, welchen das nächst höhere Fussstück der Scheinaxe mit dem schwächer entwickelten Gabelspross bildet. Diese Richtung des Blattes dürfte wohl dem Bestreben entsprungen sein, sich möglichst günstig zum Lichte zu stellen, welchem Bestreben in der That durch die fragliche Stellung genügt wird.

An den beiden Gabelsprossen, welche der Embryo entwickelt, sind die drei oder vier ersten Blätter etwas abweichend gestellt und erscheinen viel näher unter der Scheitelzelle als an den Zweigen (4, 4 Fl.). Zuerst entsteht, übrigens in gleicher Weise wie an Zweigen, ein isolirtes Unterblatt (5, 6, Blatt 1), auf welches etwas später und an einem etwas höher gelegenen Querschnitt ein jenes zu einem Paare ergänzendes Oberblatt (Blatt 2) folgt. An den beiden Gabelsprossen, von welchen einer zuweilen verkümmert, sind diese Blätter nach entgegengesetzten Seiten gestellt (5, 6 und das Diagramm Fig. 7). Nach jenen beiden Blättern wird nun ein mit denselben decussirtes aber höher stehendes Unterblatt gebildet (Fig. 6 Blatt 3) und dann begann an der Mehrzahl der von mir erzogenen Keimpflänzchen die normale Blattstellung, und zwar stand das Unterblatt des ersten Paares über dem erstgebildeten Unterblatt der Dichotomie-Sprosse (die rechts gelegenen in Fig. 6 u. 7), an anderen Gabelzweigen aber wurde zuvor noch ein das zweite Unterblatt zu einem Paare ergänzendes, aber höher entspringendes Oberblatt gebildet (Fig. 6 u. 7 links, Blatt 4). Die weitere Entwicklung der Gabelsprosse des Embryos geschieht in gleicher Weise, wie die älterer Zweige, nur findet oft schon frühzeitiger Dichotomirung statt, so dass man nicht selten das erste und wohl auch die nächstfolgenden Fussstücke mit weniger als acht Blattpaaren besetzt findet.

Zum Schluss stelle ich die hauptsächlichsten Ergebnisse nochmals kurz zusammen.

Hauptsächliche Ergebnisse.

Die Mikrosporen von Selaginella caulescens und Martensii betreffend.

Die reifen Mikroporen enthalten eine kleine, durch Cellulosemembran abgegrenzte, steril bleibende Zelle, ein rudimentäres männliches Prothallium, der übrige Sporenraum aber ist das Aequivalent eines Antheridiums. In diesem finden sich meist 6 oder 8, als Minimum 4, als Maximum 11 Primordialzellen.

In sämmtlichen Primordial-Zellen entstehen, ohne dass diese zuvor resorbirt werden, durch succedane Zertheilung die Mutter-Zellen der Spermatozoiden.

Die Spermatozoid-Mutterzellen trennen sich von einander, und umkleiden sich mit einer festen Membran, nachdem der Zellkern verschwunden ist, und ein oder einige Stärkekörnchen gebildet sind. Mittlerweile hat auch die Trennung des Inhalts der Mutter-Zellen in eine centrale Vacuole und ein Wandprotoplasma begonnen, aus welchem letzteren, gleichsam durch ein Zerfallen, der Samenfaden gebildet wird.

Bei der Entleerung der Spore sind die Samenfäden meist noch in ihren Mutter-Zellen eingeschlossen, diese lösen sich aber bald, in Wasser liegend, auf, während das Spermatozoid schnell davon eilt.

Der schmal-cylindrische Körper der Samenfäden gabelt sich am vorderen Ende in zwei lange, sehr zarte Wimpern. Nicht selten haftet dem hinteren Ende des Samenfadens ein Bläschen an, die Vacuole um welche sich jener bildete; in einzelnen Fällen findet man auch dem hinteren Ende eine grössere Blase, die nicht resorbirte Mutter-Zelle, anhängend.

Ueber die Weiterentwicklung der grossen Sporen von Selaginella Martensii.

Unter dem Scheitel der reifen Sporen liegt das menisken-förmige, in der Mitte mehrschichtige Prothallium, dessen völlig endogene Bildung schon begann, während die Sporen in Verbindung mit der Mutterpflanze heranreiften.

Die Bildung der Archegonien beginnt schon vor dem Aufreissen des Exospors. Das erste Archegonium nimmt auf dem Scheitel seinen Ursprung, die Entstehungsfolge der übrigen ist eine rein centrifugale, die von den drei Klappen des Exospors bedeckten Partien des Prothalliums bleiben aber fast ausnahmslos frei von Archegonien. Durch die Befruchtung einer Eizelle wird weder Entwicklung und Neubildung, noch die Befruchtung anderer Archegonien gehemmt.

Die Archegonien nehmen aus oberflächlichen Zellen des Prothalliums ihren Ursprung, welche, wie übrigens auch die nicht Archegonien bildenden Zellen, in eine innere und äussere Zelle zerfallen. Letztere werden zu den acht, zu je zweien übereinandergestellten Hals-Zellen, der Inhalt der unteren Zelle, der Centralzelle, aber zerfällt in Kanalzelle und Befruchtungskugel.

Die Kanalzelle, welche sich in den durch das Auseinanderweichen der axilen Berührungskante der Halszellen gebildeten Intercellular-Raum drängt, entleert beim Aufreissen des Halskanales stossweise ihre Inhalts-Masse, welche das Eindringen der Spermatozoiden in der von Strasburger nachgewiesenen Weise veranlasst. Die Befruchtungs-Kugel füllt zu dieser Zeit die Centralzelle fast völlig aus, und lässt unterhalb des Hals-Kanales einen Empfängnissfleck oder Keimfleck erkennen.

Etwa gleichzeitig mit den ersten zu den Archegonien führenden Theilungsschritten beginnt unterhalb des das Prothallium gegen den Sporenraum abschliessenden Diaphragmas durch freie Zellbildung die Entstehung des Endosperms, welches endlich die Spore ganz erfüllen kann.

Die Entwicklung des Embryos von Selaginella Martensii.

Die Befruchtungskugel umkleidet sich nach der Befruchtung mit einer Cellulosemembran und wird weiterhin durch eine zur Archegoniumaxe senkrechte oder wenig geneigte Wand in zwei gleich grosse Hälften getheilt.

Aus der oberen Zelle geht durch ansehnliche Längsstreckung der Embryoträger hervor, welcher aber selten eine einfache Zelle bleibt, sondern meist im unteren Theil vereinzelte oder zahlreiche Theilungen erfährt; selten werden auch im oberen Theil des Aufhängefadens vereinzelte Querwände gefunden.

Der Embryoträger entsteht aus dem ersten in der Eizelle abgetrennten Segment, die untere Zelle, die Scheitelzelle, ist die Mutterzelle des eigentlichen Embryos.

Durch die Streckung des Aufhängefadens wird die Keim-Mutterzelle unter Compression und Resorption der betreffenden Zellen in das Endosperm geführt, in welchem sich der Embryo weiter entwickelt. Die ersten Theilungen treten aber in der Keim-Mutterzelle schon während der Streckung des Aufhängefadens auf.

In der Keim-Mutterzelle werden durch zwei zur Längsaxe und gegen einander schief geneigte Wände zwei Segmente abgeschnitten. Aus jedem Segmente geht ein Keimblatt und eine Hälfte des hypokotylen Gliedes hervor, aus dem älteren Segmente nehmen ausserdem Fuss und Wurzel ihren Ursprung. Zwischen beiden Segmenten liegt die zweischneidige Scheitelzelle des Embryos.

Die ersten Theilungen sind in beiden Segmenten der Keim-Mutterzelle die gleichen, finden aber früher in dem älteren Segmente statt. Das Segment zerfällt zuerst durch eine zu den Hauptwänden senkrechte Wand in zwei gleiche Hälften, in welchen dann durch gleichsinnige Theilungen ein zweizelliger der scheitelsichtigen Hauptwand (der Seitenwand der zweischneidigen Scheitelzelle) angrenzender Complex abgetrennt wird. Dieser, die Anlage je eines Keimblattes, wird durch zwei Theilungen zu vier serial angeordneten Zellen und jetzt oder nachdem die Anzahl der aneinander gereihten Zellen auf 5 oder 6 vermehrt ist, tritt in den mittleren Zellen eine schiefe, gegen die Scheitelzelle des Embryos convexe Wand auf. Durch wechselnd abwärts und aufwärts geneigte Wände und Theilungen senkrecht zu diesen, durch welche die Zahl der marginalen Scheitelzellen vermehrt wird, wächst das Keimblatt, wie ein Stengelblatt, weiter.

Der übrige Theil eines jeden Segmentes zerfällt zunächst in 4 äussere und 2 innere Zellen. Diese sind die Mutter-Zellen des Procambiums, jene werden in beiden Segmenten zunächst in obere und untere, dann in äussere und innere Zellen getheilt, worauf im älteren Segmente lebhaftere Quertheilung in diesen beiden Zellschichten anhebt.

Die Mutterzellen des Procambiums werden zuerst je durch eine quere, dann durch eine longitudinale Wand getheilt, worauf unterhalb des Aufhängefadens isodiametrische Zellen abgeschnitten werden, aus deren Vermehrung die wenigen Zelllagen hervorgehen, welche am weiter entwickelten Embryo Cambium, resp. Gefässbündel und Aufhängefaden von einander trennen.

Von der vermehrten Zahl der das Procambium umgebenden Zellen im älteren Segmente liefern die den Keimblättern nächsten die eine Hälfte vom Rindengewebe des hypokotylen Gliedes, die dem Aufhängefaden angrenzenden dienen der Seitenwurzel als Bildungsstätte, und die zwischenliegenden Zellen bilden den Fuss. — Aus den entsprechenden Zellen des jüngeren Segmentes entsteht nur das Rindengewebe der anderen Hälfte des hypokotylen Gliedes.

Die zum Fuss werdenden Zellen zerfallen durch tangentiale Theilung der inneren Zellen in drei oder vier Schichten, Theilungen, welche sich aber auch bald bis an den Aufhängefaden und das Keimblatt fortsetzen. Durch die allseitige gewaltige Ausdehnung der Zellen des Fusses wird das sich selbst nicht krümmende hypokotyle Glied zur Seite gedrängt, um die Kante, welche durch das Zusammentreffen des aus dem jüngsten Segment hervorgegangenen Zellcomplexes mit dem Aufhängefaden gebildet wird, gleichsam als Angelpunkt herumgeführt. Der stets nur wenig von einem gestreckten abweichende Winkel, welchen die Längsaxe des Aufhängefadens und der Keim-Mutterzelle miteinander bilden, wird hierbei immer kleiner, endlich ein rechter und bei den meisten Embryonen sogar ein spitzer Winkel. In den meisten Fällen ist die Verschiebung eine solche, dass alle Organe des Embryos (auch die Wurzel) eine gemeinschaftliche Median-Ebene besitzen.

Die Seitenwurzel entspringt aus den schon näher bezeichneten Zellen des älteren Segmentes der Keim-Mutterzelle. Aus oberflächlichen Zellen geht die erste Wurzelkappe hervor, aus einer der nächst inneren Schicht angehörigen, zuvor durch nichts ausgezeichneten Zelle entsteht die durch schief zu einander geneigte Wände Segmente abschneidende Scheitelzelle und aus einigen zwischen dieser und dem Cambium des hypokotylen Gliedes liegenden Zellen wird ein Verbindungs-Cambium gebildet.

Die ersten Theilungen für das Verbindungs-Cambium geschehen, noch ehe eine Wurzelscheitelzelle zu erkennen ist, noch früher aber werden zuweilen die mittleren der zur ersten Wurzelkappe werdenden Zellen tangential gespalten, meist freilich erfolgt eine solche Theilung in diesen unmittelbar nach Bildung der Wurzelscheitelzelle, seltener erst später.

Diese erste Wurzelkappe wird erst während des Hervorwachsens der Wurzel durch entsprechendes Schiefwerden einer Zone von Querwänden abgegrenzt. Die folgenden Wurzelkappen gehen aus primären, von der Scheitelzelle abgeschnittenen Kappenzellen hervor.

Die Scheitelzelle des Embryos wird gleich nach Anlage der beiden Keimblätter durch entsprechende schief zu einander geneigte Wände in eine vierseitige Scheitelzelle übergeführt, deren Segmente decussirt, nicht spiralig folgen. In dem fünften oder sechsten Segmente wird durch eine gegen die Scheitelzelle convexe Wand eine zweite vierseitige Scheitelzelle formirt. Eine die beiden Scheitelzellen durchschneidende Längsebene steht senkrecht auf der gemeinschaftlichen Medianebene der Keimblätter und der ursprünglichen zweischneidigen Scheitelzelle; keine der beiden Scheitelzellen setzt aber die ursprüngliche Wachsthumsrichtung fort.

Zunächst erfolgen in den beiden vierseitigen Scheitelzellen noch einige den Seitenwänden parallele Theilungen, an den heranwachsenden Gabelsprossen aber werden jene in nicht näher bekannter Weise in zweischneidige Scheitelzellen verwandelt. Die Seitenwände dieser sind den Seitenwänden der zweiseitigen Scheitelzelle parallel, mit welcher einst der Embryo abschloss; diese relative Lage wird aber späterhin in Folge einer in den Internodien der Gabelsprosse stattfindenden Drehung verändert.

Die ersten 3 oder 4 Blätter der Gabelsprosse entspringen an ungleich hohen Querschnitten. Das erste Blatt ist ein Unterblatt, das zweite ein dieses zu einem Paare ergänzendes Oberblatt; nun kommt ein Unterblatt, auf welches entweder direct, oder nachdem zuvor ein ergänzendes Oberblatt gebildet wurde, decussirte Blattpaare folgen, deren beide Blätter, wie an den Zweigen, simultan entspringen und an demselben Querschnitt inserirt sind. Alle Blätter sind übrigens so gestellt, dass die Medianebenen der Paare, resp. der Unterblätter rechtwinklig zu einander stehen und die Winkel halbiren, welche grosse und kleine Axe des elliptischen Querschnitts mit einander bilden.

Die Anlage aller Organe und die Dichotomirung findet immer vor dem Hervorbrechen des Embryos statt, welcher zu allen Zeiten lose in dem die Spore erfüllenden Gewebe liegt.

Das Hervorbrechen des Embryos wird vorherrschend durch Längsdehnung der Zellen des hypokotylen Gliedes und der Wurzel. veranlasst. Durch den immer eingeschlossen bleibenden Fuss werden dem Embryo die in der Spore aufgespeicherten Reservestoffe, namentlich aus Fett bestehend, zugeführt; Stärke wird dabei nicht gebildet.

Ueber das Wachsthum der Zweige.

Der Stammscheitel wächst mit einer zweischneidigen Scheitelzelle, von welcher durch abwechselnd einer der Seitenwände parallele Theilungen Segmente abgetrennt werden. Die Seitenwände der Scheitelzelle und Segmente sind den schmalen Seiten der Ellipse zugewandt, als welche ein Querschnitt des Vegetationspunktes erscheint.

Die erste Theilung in einem Segment geschieht durch eine Quadrantenwand, dann folgt eine diese schneidende Wand, worauf durch tangentiale Wände die beiden Mutterzellen des Cambiums abgeschieden werden. Die peripherischen Zellen werden meist zunächst durch eine den Hauptwänden parallele Theilung zerlegt; die erste Tangentialwand, welche in den peripherischen Zellen auftritt, trennt noch nicht Rinde und Epidermis von einander.

Die beiden Blätter eines Paares entspriugen in der schon bezeichneten Lage, gewöhnlich in der Höhe des vierten und fünften Segmentes, von der Scheitelzelle abwärts gezählt. Je eine fast ein Viertel des Stengelumfanges einnehmende Zone von Zellen wölbt sich hervor, worauf in diesen die Theilung durch schiefe, wechselnd auf- und abwärts geneigte Wände beginnt. Die Zahl der marginalen Scheitelzellen wird durch zu den Seitenwänden senkrechte Theilungen vermehrt.

Die Dichotomirung geschieht, indem in einem Segmente eine zweite zweischneidige Scheitelzelle durch eine die grundsichtige Hauptwand des Segmentes schneidende Wand gebildet wird. Von keiner der beiden Scheitelzellen wird die bisherige Wachsthumsrichtung fortgesetzt.

Die Fussstücke der Gabelsprosse können sowohl aus den durch die Thätigkeit der primären als der secundären Scheitelzelle hervorgehenden Gabelsprossen aufgebaut werden.

Ueber die Umwandlung von Wurzelträgern in beblätterte Sprosse.

An Zweigen von *Selaginella inaequalifolia*, welche ich aus dem botanischen Garten zu Bonn erhielt, fanden sich in manchen Dichotomie-Winkeln kleine beblätterte Sprosse, welche, wie es die Untersuchung ergab, die Stelle von Wurzelträgern einnahmen.[1] Einmal aufmerksam gemacht, traf ich bei Durchsicht der *Selaginellen* des Würzburger Gartens gleiche Sprosse bei *Selaginella Martensii*, und es ist wohl anzunehmen, dass sich dieselben bei Durchmusterung eines reicheren Materials, als es mir zu Gebote stand, noch häufiger finden werden.

Bei *Selaginella Martensii* und ebenso bei *S. inaequalifolia* wird auf der Ober- und Unterseite eines jeden Gabelungswinkels ein Wurzelträger angelegt. Nicht selten entwickelt sich indess nur eine oder keine dieser Anlagen weiter, welche man dann aber immer als kleine Höcker, in welche ein Gefässbündel ausbiegt, erkennen kann (**6**, 6 Wt.). Ein senkrecht zur Verzweigungsebene des Stengels durch einen Dichotomie-Winkel geführter Längsschnitt durchschneidet beide Wurzelträger, und man erblickt nun den Fibrovasalstrang eines jeden der beiden, sei es der entwickelten oder der Anlage nach vorhandenen Wurzelträger (**6**, 6).

Die beiden Gefässstränge wenden sich, wie Nägeli und Leitgeb[2]) zeigten, bogenförmig nach Innen, vereinigen sich in der Mitte des Stämmchens und verlaufen parallel mit der Längsachse dieses bis zum Gabelungswinkel des Gefässcylinders des Podiums, um sich dessen beiden in die Dichotomie-Sprosse abgehenden Aesten anzuschliessen (**6**, 6).

Ein ganz gleicher Verlauf der Gefässstränge fand sich aber auch, wenn an den Gabelungswinkeln beblätterte Sprosse standen, und die jüngsten Entwicklungsstufen, welche ich auffand, sind völlig be-

---

1) Beblätterte Sprosse (Adventivsprosse) entstehen nach Hofmeister (Vergleichende Untersuchungen S. 117) in den Winkeln, welche die in die Blätter sich abzweigenden Gefässbündel mit den Gefässbündeln des Stengels bilden, wenn Bruchstücke des Stengels von *Selaginellen* auf lockerem Boden feucht und warm gehalten werden.

2) Nägeli und Leitgeb, Beiträge zur wissenschaftlichen Botanik Heft IV, S. 127, Tafel 18, Figur 10.

weisend, dass hier in der That eine Metamorphose der Wurzelträger vorliegt. An dem in Fig. 7 (Taf. **6**) abgebildeten Präparate war nur der auf der Unterseite entspringende Wurzelträger in einen beblätterten Spross verwandelt, die Anlage des andern Wurzelträgers aber als ein kleiner Höcker vorhanden (Wt. o); die beiden Gefässbündel sieht man aber in gleicher Weise zusammenschliessen, wie es der Fall ist, wenn beide Wurzelträger vorhanden sind. Zwischen dem der Anlage nach vorhandenen und dem metamorphosirten Wurzelträger erblickt man als sanften Hügel das Stück des Gabelungswinkels, durch welches sonst die beiden Wurzelträger getrennt werden (**6**, 7 und 6 bei X). Die Mitte dieses Hügels fällt aber, wenn auch beide Wurzelträger normal entwickelt sind, nicht mit der Mitte des Gabelungswinkels zusammen, da der obere Wurzelträger immer etwas mehr entfernt von diesem als der untere entspringt (**6**, 6 bei Wt. u und Wt. o); in unserem Präparat musste aber das fragliche Trennungsstück völlig auf die Oberseite zu liegen kommen, da nicht nur ein Wurzelträger dünner als ein beblätterter Spross ist, sondern auch jener sich abwärts krümmt, dieser aber in der Verzweigungsebene des Stengels weiter wächst.

An dem Materiale, welches mir von *Selaginella inaequalifolia* zu Gebote stand, fand ich nur den unteren, bei *Selaginella Martensii* hingegen auch beide und auch den oberen Wurzelträger allein in beblätterte Sprosse verwandelt, immer aber war der nicht metamorphosirte Wurzelträger nur als Rudiment vorhanden, nie ausgewachsen (**6**, 7 u. 8 Wt. o). Die fraglichen Sprosse traf ich sowohl an jugendlichen, als auch an alten Gabelungen, ferner auch dann, wenn einer oder beide Gabelsprosse zu Sporangien-Ständen geworden waren. Da ich die metamorphosirten Wurzelträger an sehr alten Gabelungen auch noch in ganz jugendlichen Entwicklungs-Stadien traf, so muss ein rudimentär gebliebener Wurzelträger erst nachträglich zu einem beblätterten Sprosse auswachsen können. Dieses ist übrigens nicht auffallend, da lange rudimentär gebliebene Wurzelträger später sich weiter entwickeln können, was man z. B. beobachtet, wenn man in Wasser gestellte Zweigstücke in einem dampfgesättigten Raum verweilen lässt.

Bleiben wir nun zunächst bei *Selaginella inaequalifolia*, bei welcher ich, wie schon gesagt, nur den auf der Unterseite einer Gabelung entspringenden Wurzelträger in einen beblätterten Spross verwandelt traf.

Ein jugendlicheres Entwicklungsstadium als in Fig. 7 (Taf. 6) abgebildet ist, konnte an dem zu Gebote stehenden Materiale nicht gefunden werden. Auf dem Vegetationspunkt eines solchen Sprosses fand sich eine zweischneidige Scheitelzelle, welche in gleicher Weise wie an den Zweigen Segmente abschnitt, die, wie auch die Seitenwände der Scheitelzelle, den beiden Gabelsprossen zugewandt waren, aus deren Winkel der metamorphosirte Wurzelträger entsprang. Nach dieser Lage wäre es möglich, dass sich die wahrscheinlich zweischneidige Scheitelzelle des Wurzelträgers zu einem beblätterten Sprosse weiter entwickeln könnte, da die Seitenwände jener nach Nägeli und Leitgeb[1]) der Längsachse des Stengels parallel stehen. Freilich ist es noch zweifelhaft, ob diese Scheitelzelle an den rudimentär bleibenden Wurzelträgern persistirt, und so ist schon aus diesem Grunde ohne eine sorgfältig verfolgte Entwicklungsgeschichte nichts Bestimmtes zu sagen.

Das erste oder die ersten zwei bis vier an dem metamorphosirten Wurzelträger entspringenden Blätter hatten eine aussergewöhnliche Gestalt. Wenn zwei vorhanden, so waren diese ungleich hohen Querschnitten inserirt; ich muss es aber dahin gestellt sein lassen, ob der Ursprungsort derselben eine gleiche relative Lage zu der Achse, wie der der Blätter der Zweige einnimmt, da die abnormen Blätter späterhin vielmehr mehr oder weniger genau auf der Ober- und Unterseite standen, eine Stellung, welche auch einem isolirten ersten Blatte, wenn ein solches vorhanden, zukam. Diese Blätter erinnerten noch am meisten an die Keimblätter von *Selaginella Martensii,* doch war die Spitze nicht selten ausgefressen gekerbt und die Fläche wellig. Das Blattgefässbündel war meist wenig kräftig, der Randsaum unvollkommen und Spaltöffnungen fehlten ganz oder fanden sich nur spärlich; übrigens waren die Blätter grün, und eine, wenn auch nur kleine Ligula fehlte nie.

Nach ein oder zwei solcher abnormen Blätter wurden dann die Blätter denen der Zweige gleich, und standen wie diese in decussirten Paaren, oder es fanden sich auch noch ein bis zwei Blätter, welche sich der Form nach den Zweigblättern schon mehr näherten, aber in ungleicher Höhe inserirt werden; wohl aber ergänzten sich diese Blätter zu einem Paare, welches mit dem folgenden normalen Blattpaar gekreuzt war. Diese letzteren, der normalen Blattstellung vorhergehenden

---

1) Nägeli und Leitgeb a. a. O. S. 125.

Blätter bieten hier also ähnliche Verhältnisse, wie die an den Gabelsprossen des Embryos erstgebildeten Blätter.

An dem ältesten metamorphosirten Wurzelträger, welchen ich auffand, waren, die jüngsten mit eingerechnet, 12 bis 13 normale Blattpaare entstanden, eine Gabelung, welche auch bei *Selaginella inaequalifolia* gewöhnlich nach 8 Blattpaaren eintritt, hatte aber noch nicht stattgefunden. Nur einen einzigen Spross fand ich, welcher sich schon unterhalb des Ursprungsortes eines Blattes in zwei, von welchen einer schwächer entwickelt war, getheilt hatte (**6**, 9). Wie schon gesagt, wachsen die Sprosse geradeaus und kommen mit den Zweigen mehr oder minder vollkommen in eine Ebene zu liegen; auch Ober- und Unterseite sind ganz so wie an den Zweigen orientirt (**6**, 8).

Bei *Selaginella Martensii* konnte ich gleichfalls keine jugendlicheren Entwicklungsstufen als bei *Selaginella inaequalifolia* auffinden, doch waren die missbildeten Wurzelträger jener in anderer Beziehung abweichend. Dass bei *Selaginella Martensii* beide Wurzelträger, wie auch der obere allein, in beblätterte Sprosse verwandelt gefunden wurden, ist bereits gesagt. Stellung und Orientirung der aus der Unterseite eines Dichotomie-Winkels hervorgegangenen Sprosses war die gleiche, wie bei *Selaginella inaequalifolia;* der aus der Oberseite entspringende Spross hingegen kehrte zunächst seine Oberseite (Lichtseite) dem unteren Spross zu, schlug sich aber allmählich rückwärts um, so dass die Oberseite dem Lichte zugewandt wurde.

Eine Verzweigung, welche bei *Selaginella inaequalifolia* vermisst wurde, fand an den missbildeten Wurzelträgern immer früher statt, ehe 8 Blattpaare gebildet waren, welche in der Regel an einem Podium normaler Zweige einer Dichotomirung vorausgehen. An der Mehrzahl der Exemplare war die Auszweigung die gleiche wie an Zweigen, auch wurde die wiederholte Dichotomirung eines jeden Gabelsprosses beobachtet. Das älteste oder die vier ältesten Blätter am ersten Podium waren in ähnlicher Weise wie bei *Selaginella inaequalifolia* abnorm ausgebildet, dann aber folgte die normale Blattstellung; in einzelnen Fällen war das erste Fussstück sehr kurz und trug gar keine Blätter.

An anderen missbildeten Wurzelträgern erschien das sehr kurz gebliebene erste Fussstück in vier Sprosse getheilt, welche nach vier Seiten abstehend einen geöffneten Trichter bildeten, nach dessen

Inneren die Oberseite sämmtlicher Sprosse gerichtet war. Dass diese vier Sprosse durch Viertheilung des Vegetationspunktes entstanden, ist nicht wahrscheinlich, denn an manchen Exemplaren hatte bestimmt zuerst Dichotomirung stattgefunden, die Gabelsprosse hatten sich aber nach nur sehr kurzer Längenentwicklung und ehe sie ein Blatt bildeten von Neuem gegabelt und zwar in einer zu der vorigen Auszweigung senkrechten Ebene. Während wir also in den zuerst beschriebenen Fällen die missbildeten Wurzelträger nur in einer Ebene, wie Zweige, dichotomirt fanden, treffen wir hier eine kreuzweise Gabelung, wie sie den Wurzeln von *Selaginella* zukommt. Eine solche Dichotomirung fand aber nur einmal statt und ohne dass an den sehr kurz bleibenden ersten Gabelsprossen Blätter entstanden (wohl aber an dem ersten Fussstück, welches aus dem Dichotomie-Winkel entspringt), dann aber dichotomirte jeder einzelne Spross nur in der gleichen, seine Ober- und Unterseite trennenden Ebene und zwar immer schon, nachdem vier bis sechs Blattpaare gebildet waren. Bemerkenswerth ist, dass bei der eben dargelegten Auszweigung die sehr kurzen, von den ersten Gabelsprossen gebildeten Fussstücke nie Blätter trugen; denn in allen Fällen, wo sich an denselben Blätter entwickelt hatten, fielen auch die Ebenen der ersten und aller folgenden Gabelungen zusammen. Hiermit stimmt auch ein nur einmal beobachteter Fall überein. Von den beiden ersten Gabelsprossen hatte nämlich der eine sofort wieder, der andere aber nach zuvoriger Bildung einiger Blattpaare dichotomirt, die Ebene dieser letztern Auszweigung stand aber senkrecht auf der der beiden anderen Gabelsprosse, fiel also mit der Dichotomirungs-Ebene des ersten Podiums des metamorphosirten Wurzelträgers zusammen. Die grösste Länge, welche ich an einem metamorphosirten Wurzelträger beobachtete, betrug 15 Millimeter.

Einzelne der missbildeten Wurzelträger schlossen ohne zuvorige Verzweigung mit Sporangienständen ab, an manchen anderen, sowohl den in einer, als in kreuzweise gestellten Ebenen dichotomirten, waren einzelne oder alle Sprosse fertil. An den untersuchten fertilen Sprossen waren nur Mikrosporangien gebildet, in welchen in einigen Fällen ganz normal aussehende, noch nicht ganz reife Sporen lagen, während die Sporen in anderen collabirt waren.

An den immer in der gleichen Ebene ausgezweigten missbildeten Wurzelträgern war sowohl auf der Ober- als Unterseite ein Wurzelträger angelegt und nicht selten fand man einen, zuweilen aber auch beide weiter entwickelt. Wo aber die zweite Gabelung kreuzweise zur ersten stand, schienen, so weit ich beobachten konnte, immer nur aus dem Winkel der zweiten Gabelung Wurzelträger zu entspringen.

Bemerkenswerth ist die Veränderung der Wachsthumsrichtung an den missbildeten Wurzelträgern, denn während diese normaler Weise sich abwärts wenden, um den Boden zu erreichen, wachsen die aus einem unteren Wurzelträger hervorgehenden Sprosse direct in der Verzweigungsebene des Stengels weiter, während die durch Missbildung eines oberen Wurzelträgers entstandenen beblätterten Sprosse sich rückwärts umschlagen, um ihre Oberseite (Lichtseite) dem Lichte zuzuwenden. Diese umgekehrte Orientirung von Ober- und Unterseite zeigt aber, dass die Ausbildung beider, wie es auch an den Zweigen der Fall ist[1]), nicht eine Folge von Aussen einwirkender Kräfte sein kann, sondern den Symmetrieverhältnissen der Pflanze entspringt.

Einen weiteren Fall von missbildeten Wurzelträgern entdeckte ich späterhin im Marburger botanischen Garten an *Selaginella laevigata Spr.* Jugendliche Umbildungsstadien gleichen den von *Selaginella inaequalifolia* beschriebenen missbildeten Wurzelträgern; wie bei dieser Pflanze kommen am ersten Podium gewöhnlich ein bis drei abnorm geformte Blätter zum Vorschein, dann folgen Blattpaare in gewöhnlicher Weise. Nach einer variabeln Anzahl von Blattpaaren gabeln sich aber die metamorphosirten Wurzelträger und zwar immer in derselben Ebene, und wachsen dann überhaupt ganz so wie normale Zweige derselben Species weiter und zwar konnte ich so entstandene Verzweigungssysteme bis zu einem Fuss Länge beobachten.

Alle beobachteten missbildeten Wurzelträger entsprangen hoch über dem Boden stehenden Dichotomie-Winkeln, was desshalb hervorzuheben ist, weil *Selaginella laevigata* nach Nägeli und Leitgeb[2]) aus den unmittelbar über dem Boden stehenden Gabelungswinkeln ächte Wurzeln entwickelt, während an den höher gelegenen Wurzelträgern, und zwar wie bei *Selaginella Martensii* und *inaequalifolia* je einer auf der Ober- und Unterseite der Dichotomie-Winkel producirt

---

1) Siehe meine Studien über Symmetrie und specifische Wachsthums-Ursachen im I. Heft der Arbeiten d. bot. Instituts in Würzburg, S. 94.

2) Nägeli und Leitgeb, Beiträge z. wiss. Bot. Heft IV, S. 130.

wird. Es fanden sich nun sowohl beide, als auch nur einer dieser Wurzelträger in beblätterte Sprosse verwandelt, und in letzterem Falle war der andere Wurzelträger entweder rudimentär geblieben, oder auch in normaler Weise ausgewachsen.

Die Mehrzahl der missbildeten Wurzelträger fand ich bei *Selaginella laevigata* in Dichomotie-Winkeln, über denen die beiden Gabelsprosse weggebrochen waren, und es lag der Gedanke nahe, dass die Entfernung dieser eine Verwandlung der Wurzelträger in beblätterte Zweige wenigstens begünstigen möchte; dass dieser Metamorphose übrigens ausserdem andere Ursachen unbekannter Art zu Grunde liegen können, dieses zeigen die auch an unserer Species beobachteten Fälle missbildeter Wurzelträger, wo an dem tragenden Verzweigungssystem eine Verletzung überhaupt nicht stattgefunden hatte. Die erwähnte Vermuthung suchte ich durch Experimente zu prüfen, die ich jedoch des spärlichen Materials halber nicht zahlreich genug anstellen konnte, um zu einem sicheren Ergebniss zu gelangen. Es wurden an noch jugendlichen Zweigen die Gabelsprosse über vier Dichotomie-Winkeln weggeschnitten, und an zweien von diesen fand sich dann nach einigen Wochen je ein zuvor nur rudimentär vorhandener Wurzelträger als ein kleiner beblätterter Spross im Auswachsen begriffen. Indess kommt es vor, wie ich auch schon bei den zuerst behandelten beiden Arten von *Selaginella* erwähnte, dass rudimentär gebliebene Wurzelträger noch als beblätterte Sprosse auswachsen, wenn die den Dichotomie-Winkel bildenden Sprosse, ihr Längenwachsthum wenigstens, längst vollendeten, ohne dass eine Verletzung an dem Verzweigungssystem vorliegt, und so lässt sich nach dem erhaltenen Resultat nicht sagen, ob hier das Entfernen der Gabelsprosse zu der Metamorphose der Wurzelträger Veranlassung gab, oder das Zusammentreffen ein zufälliges war. Entscheidender dürften Experimente, wenn sie in grosser Zahl angestellt werden, mit sehr alten Aesten sein, denn an diesen scheinen die Wurzelträger-Anlagen auch normal nur dann heranzuwachsen, wenn veränderte äussere Verhältnisse, wie das Einsetzen in Erde oder in Wasser, einwirken, während an jüngeren Aesten Wurzelträger auch aus einige Zeit lang rudimentär gebliebenen Anlagen hervorwachsen, ohne dass die Vegetationsbedingungen geändert werden. Ich konnte nur über drei Dichotomie-Winkeln die schon sehr alten Gabelsprosse entfernen, und fand dann nach mehreren Wochen beide Wurzelträger-

Anlagen an einer dieser Gabelungsstellen als kleine beblätterte Sprosse hervorgewachsen. Wenn es also auch scheint, dass das Wegnehmen von Gabelsprossen die Verwandlung der der fraglichen Dichotomie angehörigen Wurzelträger-Anlagen in beblätterte Sprosse bei *Selaginella laevigata* begünstigt, so sind meine Experimente doch zu spärlich, um mit einiger Gewissheit hierüber urtheilen zu können.

Wurzeln und blattbildende Sprosse sind zwar gewöhnlich scharf von einander geschieden, doch wird durch einige bekannte Fälle eine bestimmte Grenze zwischen beiden verwischt und ein allmählicher Uebergang vermittelt[1]). Das schönste Beispiel bietet *Neottia nidus avis*[2]), bei welcher Pflanze die Spitze der Seiten-Wurzeln normal, unter Abstossung der Wurzelhaube, als ein weiterhin mit einem Blüthenschaft abschliessendes Rhizom weiter wächst. Die blattlosen, unter der Erde fortwachsenden Sprosse mancher *Hymenophyllaceen* haben das Aussehen von Wurzeln, ob sie freilich auch echte Wurzeln sein können, d. h. ob ihnen einen Wurzelhaube zukommt, ist leider der Darstellung von Mettenius[3]) nicht zu entnehmen. Für *Psilotum* hingegen haben Naegeli und Leitgeb[4]) gezeigt, dass die scheinbaren Wurzeln unterirdische Sprosse sind, denen eine Wurzelhaube fehlt und welche, wenn auch oft im höchsten Grade rudimentäre Blatt-Anlagen erkennen lassen. Ueber Umwandlung von Wurzelspitzen in blatttragende Axen — ich sehe natürlich von seitlicher Bildung solcher Axen an Wurzeln ab — sind mir nur noch zwei Angaben von Karsten bekannt, welcher Autor angibt, dass er aus einer Wurzelspitze von *Dioscorea*[5]) einen beblätterten Spross und aus der Spitze einer Seitenwurzel einer Balsamine eine gefüllte Blüthe[6]) hervorgegangen fand. Da die Wurzelträ-

---

1) Vergl. Hofmeister, Allg. Morphologie S. 427 u. Sachs, Lehrb. 2. Aufl., S. 144.

2) Nach Reichenbach (de poll. Orchid. genes. 1850, S. 10), Irmisch (Biol. d. Orchid. 1853, S. 26) und Prillieux (Annal. d. sc. natur. IV. Ser., T. V (1856), S. 279), bei letzterem auch Abbildungen.

3) Mettenius, Ueber die Hymenophyllaceae in Abhd. d. K. Sächs. Akad. d. Wiss. 1864, S. 407 ff.

4) Nägeli und Leitgeb, Beiträge z. wiss. Bot. Heft IV, S. 147.

5) Karsten, Vegetationsorgane d. Palmen, S. 113.

6) Karsten, Flora 1861, S. 232.

ger von *Selaginella* selbst zwischen Wurzel und Stengel neutral stehende Gebilde sind, so bieten die beschriebenen Missbildungen kein schlagendes Beispiel für Umwandlung von Wurzeln in beblätterte Sprosse, wenn auch bei der kreuzweisen Dichotomirung die beblätterten Sprosse eine gleiche Stellung einnahmen, wie sie den aus einem normalen Wurzelträger entwickelten Wurzeln zugekommen sein würde. Sollte sich indess eine gleiche Missbildung an *Selaginellen* finden, welche aus den Gabelungswinkeln direct echte Wurzeln produciren, so würde ein ganz schlagender Fall der Umwandlung von Wurzeln in beblätterte Sprosse vorliegen; auch *Selaginella laevigata* bietet einen solchen nicht, da an den höher über dem Boden stehenden Dichotomien nur Wurzelträger stehen.

Eine angenehme Pflicht ist es mir hier noch meinen hochverehrten Lehrern, den Herren Professoren Pringsheim und Sachs für die mir bei der Ausführung dieser Arbeit gewährte zuvorkommende Unterstützung meinen tiefgefühlten Dank auszusprechen und ebenso Herrn Dr. Magnus in Berlin, der mich wiederholt mit Untersuchungsmaterial versorgte.

Erklärung der Abbildungen.

Die folgenden Bezeichnungen werden bei allen Figuren mit gleicher Bedeutung angewandt:

Ex.: Exosporium.
Et.: Embryoträger.
St.: Scheitel der embryonalen Achse.
H.G.: Hypokotyles Glied.
Bl.: Keimblatt.
Fl.: Stengelblatt.
L.: Ligula.
F.: Fuss.
W.: Wurzel des Embryos.
Wk^1: Die aus dem Dermatogen entstandene Wurzelkappe.
Wk^2: Die Wurzelkappe, welche aus der ersten von der Scheitelzelle abgeschnittenen primären Kappenzelle hervorgeht.
Ws: Wurzelscheitelzelle.

S^1, S^2, S^3 u. s. w., erstes, zweites, drittes u. s. w. Segment.

Auf Tafel **2**, **3** und **4** sind an den Embryonen die Segmente abtrennenden Wände der Reihenfolge nach mit römischen, die Theilungen in den Segmenten mit der Altersfolge entsprechenden arabischen Zahlen bezeichnet. Letzteres gilt auch für Fig. 1 und 2 auf Tafel **6**.

Die eingeklammerten Zahlen geben die Vergrösserung an.

Tafel I.

Fig. 1—14 beziehen sich auf Mikrosporen.

Fig. 1a. Eine sechs Primordialzellen enthaltende Mikrospore, deren Exospor durch Chromsäure aufquoll, in Scheitelansicht. Eine gleiche Spore ist in Fig. 1b so gedreht, dass die Wand d, in Fig. 1c aber die Wand c in der Gesichtsfeldebene liegt (650:1).

Fig. 2. Eine Mikrospore mit 8 Primordialzellen, deren Exospor mit Chromsäure entfernt ist; in a die Scheitelansicht im optischen Schnitt, in b liegt die Wand c in der Gesichtsfeldebene (650 : 1).

Fig. 3. Mikrospore mit 9 Primordialzellen in zur Hauptachse senkrechtem Querschnitt (650:1).

Fig. 4. Eine Mikrospore mit 4 Primordialzellen (650:1).

Fig. 5 u. 6. Mikrosporen in zur Hauptachse senkrechtem Querschnitt, in welchen die Zertheilung der Primordialzellen begann (650 :1).

Fig. 7. Die Vollzahl der Mutterzellen der Spermatozoiden eben gebildet; man erkennt noch die Trennungswände der 6 Primordialzellen (650:1).

Fig. 8. Einige Mutterzellen aus einer Spore wie Fig. 7 (1400:1).

Fig. 9. Mutterzellen, welche sich isolirt hatten und deren Inhalt in centrale Vacuole und dichtes Wandprotoplasma gesondert ist (1400:1).

Fig. 10. Das Exospor ist, wie auch in Fig. 11 mit Chromsäure entfernt, die Mutterzellen haben sich isolirt, die Bildung der Samenfäden ist aber noch nicht vollendet (650:1).

Fig. 11. Wie vorige Figur, nur ist hier nicht allein in der immer steril bleibenden Zelle, sondern auch in der an diese angrenzenden und abnormer Weise mit Cellulosemembran umgebenen Primordialzelle, die Bildung von Spermatozoidmutterzellen unterblieben (650:1).

Fig. 12. Eine Spore, deren Exospor nach theilweise vollendeter Bildung der Samenfäden aufsprang (650:1).

Fig. 13. Eine ihren Inhalt entleerende Mikrospore (650:1).

Fig. 14. Spermatozoiden; a noch in der Mutterzelle; b völlig frei; bei c hängt dem hinteren Ende die Vacuole, bei d die Mutterzelle an (1400:1).

Fig. 15. Axiler Längsschnitt aus einer grossen Spore 6 Wochen nach der Aussaat, aber vor dem Aufspringen, nach einem direct in Olivenöl gebrachten Präparate gezeichnet. In dem Prothallium sind bereits Archegonien entstanden, unterhalb des Diaphragmas ist die Bildung des Endosperms schon ziemlich fortgeschritten (165:1).

Fig. 16. Eine aufgesprungene Makrospore, welche bereits einen jungen Embryo einschloss (70:1).

Tafel 2.

Fig. 1—7 betreffen Entstehung und Ausbildung der Archegonien.

Fig. 1. Die Halszelle war durch zwei gekreuzte Längswände getheilt (von denen eine sichtbar). Zur linken Seite des Archegoniums ist die der freien Aussenfläche angrenzende Zelle noch nicht tangential getheilt (510:1).

Fig. 2. Die Halszellen sind vollzählig gebildet; die Centralzelle zerfiel in Befruchtungskugel und Kanalzelle (510:1).

Fig. 3. Die Halszellen weichen in ihrer axilen Berührungskante auseinander (510:1).

Fig. 4. In dem durch den Schnitt verletzten Archegonium hat sich der Inhalt der Kanalzelle auf Wassereinwirkung in zwei Partieen gesondert (510:1).

Fig. 5. Unterhalb des geöffneten Halskanals zeigt die Befruchtungskugel den Empfängnissfleck oder Keimfleck (510:1).

Fig. 6. Scheitelansicht eines Prothalliums, die centrifugal fortschreitende Entwicklung der Archegonien zeigend (165:1).

Fig. 7. Ein geöffnetes Archegonium von oben gesehen (510:1).

Die folgenden Figuren beziehen sich auf die Entwicklung des Embryos.

In Fig. 8 ist die Eizelle durch eine senkrechte, in Fig. 9 durch eine etwas schiefe Wand getheilt (510:1).

Fig. 10. Während der Streckung des ersten Segmentes der Eizelle zum Embryoträger wurde in der Keimmutterzelle das erste Segment abgeschnitten. — Oberflächenansicht (510:1).

Fig. 11. Optischer Längsschnitt. In der Keimmutterzelle wurde das zweite Segment abgeschnitten; im Embryoträger traten einige intercalere Theilungen auf (510:1).

Fig. 12 stellt einen Embryo dar, an welchem in dem älteren Segmente der Keimmutterzelle das eine Keimblatt angelegt wurde. a ist ein medianer Längsschnitt, b und c sind Oberflächenansichten und zwar blickt man bei b auf das ältere, bei c auf das jüngere Segment der Keimmutterzelle (510 : 1).

Tafel 3.

Die Vergrösserung aller Figuren ist 510:1.

Fig. 1. In diesem Embryo wurden beide Keimblätter angelegt und die zweischneidige Scheitelzelle ist bereits durch entsprechende Theilungen vierseitig geworden. — a ist ein medianer Längsschnitt; b Scheitelansicht.

Fig. 2. Ein nur sehr wenig jüngerer Embryo wie in Fig. 1. In b ist ein medianer Längsschnitt, in a eine Oberflächenansicht bei gleicher Lage des Embryos abgebildet. Einen Längsschnitt, nachdem der Embryo gegen die erstgenannten Figuren 90° um seine Achse gedreht wurde, stellt Fig. 2c dar. Fig. 2d ist eine Scheitelansicht und 2e ein bei tiefer Einstellung genommener Querschnitt.

Fig. 3. Ein weiter entwickelter Embryo ist in a in einem medianen, in b in einem hierzu senkrechten Längsschnitt, in c in Scheitelansicht und in d in einem durch tiefe Einstellung gewonnenen Querschnitt dargestellt.

Fig. 4. Scheitelansicht eines nur sehr wenig jüngeren Embryos wie in Fig. 3.

Fig. 5. Scheitelansicht eines Embryos, bei welchem durch die Theilungen in der zweischneidigen Scheitelzelle nicht eine vierseitige, sondern dreiseitige Scheitelzelle entstand.

Fig. 6. Medianer Längsschnitt eines weiter entwickelten Embryos.

Fig. 7. Scheitelansicht eines Embryos unmittelbar vor der Dichotomirung.

Tafel 4.

Fig. 1. Aelterer Embryo im medianen Längsschnitt. In dem das Procambium umgebenden Gewebe des älteres Segmentes der Keimmutterzelle ist die Sonderung in hypokotyles Glied und Fuss bereits zu erkennen. Die zur ersten Wurzelkappe werdenden Zellen sind schon tangential gespalten. Vom Procambium sind unterhalb des Embryoträgers isodiametrische Zellen abgetrennt (510:1).

Fig. 2. Ein gerade dichotomirter Embryo. Fig. 2b ist eine Scheitelansicht, 2a ein mit der Medianebene der Kotyledonen und der ursprünglichen zweischneidigen Scheitelzelle paralleler, 2c ein zu dieser Medianebene senkrechter Längsschnitt; für 2b und c ist die Zellfolge ausserdem schematisch dargestellt. Die mit römischen Zahlen bezeichneten Wände (bis V) trennen Segmente ab; 6 und 7 sind Theilungen im jüngsten Segmente, nach welchen eine zweite Scheitelzelle gebildet ist (510:1).

Fig. 3. Scheitelansicht (b) und zur Medianebene der Keimblätter senkrechter Längsschnitt (a) desselben Objectes. Das die beiden Scheitelzellen trennende Segmentstück hat zahlreiche intercalare Theilungen erfahren (510:1).

Fig. 4. Längsschnitt durch die beiden Gabelsprosse des Embryos, an welchen eben die ersten Blätter entstehen. Auf dem pct. veget. fand sich schon eine zweischneidige Scheitelzelle, deren Seitenwände in dem dargestellten Längsschnitt in der Papierebene liegen (510:1).

Fig. 5. Ein Embryo welcher aus der Spore hervorbrach; letztere ist in Längsschnitt dargestellt (45:1).

Fig. 6. Ein noch nicht aus der Spore hervorgebrochener Embryo im medianen Längsschnitt (165:1).

Tafel 5.

Fig. 1. Medianer Längsschnitt eines Embryos, dessen Wurzelscheitelzelle eben gebildet wurde. Das zur ersten Haube werdende Dermatogen ist noch nicht tangential gespalten (310:1).

Fig. 2. Theil eines Längsschnittes von einem ähnlichen Embryo wie Fig. 1. Die tangentialen Theilungen in den die erste Wurzelkappe liefernden Zellen des Dermatogens sind bereits vorhanden (310:1).

Fig. 3 u. 4. Längsschnitte aus weiter entwickelten Keimwurzeln. Bei 4 endet die aus dem Dermatogen gebildete Wurzelkappe einschichtig, bei 3 aber zweischichtig; an beiden Präparaten war von der Scheitelzelle eine primäre Kappenzelle abgeschnitten (310:1).

Fig. 5. Längsschnitt aus einer Spore, in welcher zwei ungleichalterige Embryonen in Ausbildung begriffen sind (165:1).

Fig. 6. Die beiden Gabelsprosse des Embryos in einem weit entwickelten Zustande. Am rechten Dichotomie-Spross wurden succedan und an ungleich hohen Querschnitten drei, mit fortlaufenden Zahlen bezeichnete Blätter gebildet, ehe die normale Blattstellung (mit 4—4) begann; am linken Gabel-Spross gingen dieser aber vier Blätter voraus. (Vergrössert.)

Fig. 7. Schematische Darstellung der Gabelung des Embryos und der Dichotomie-Sprosse. Das Schema zeigt, dass an jenem die Gabelung in einer durch die kleine Achse des elliptischen Querschnittes gelegten Längs-Ebene stattfindet, während umgekehrt an den Gabelsprossen die Auszweigungs-Ebene eine durch die grösste Achse des elliptischen Querschnitts gelegte Längs-Ebene ist. Eine durch die ursprüngliche Scheitelzelle des Embryos und die Scheitelzelle eines jeden der beiden Gabel-Sprosse gelegte Ebene durchschneidet also die Schneiden der zweiseitigen Scheitelzelle, während bei allen folgenden Auszweigungen eine durch die Scheitelzelle des Mutter-Sprosses und der beiden Gabel-Sprosse gelegte Ebene Median-Ebene der zweischneidigen Scheitelzellen ist. Die abweichende Stellung der ersten an den beiden Dichotomie-Sprossen des Embryos auftretenden Blätter ist an den im Schema rechts und links vom Embryo liegenden Sprossen dieselbe, wie an den gleichgerichteten Gabel-Sprossen der Fig. 6. — E. Embryo; G^1 dessen beide Gabel-Sprosse, welche die Mutter-Sprosse der Dichotomie-Sprosse G^2 sind.

Tafel 6.

Fig. 1. Axiler Längsschnitt durch den Vegetations-Punkt eines Zweiges. Die grosse Achse des elliptischen Querschnittes liegt in der Papier-Ebene (310 : 1).

Fig. 2a. Scheitel-Ansicht des Vegetations-Punktes eines Zweiges. — 2b ist ein unmittelbar unter dem Scheitel genommener Querschnitt von einem anderen Zweigende (310 : 1).

Fig. 3. Der eben dichotomirtende Vegetations-Punkt eines Zweiges; bei a. ein axiler Längsschnitt, bei b. in Scheitel-Ansicht (310: 1).

Fig. 4. Weitere Ausbildung der Dichotomie (310:1).

Fig. 5. Ein Vegetations-Punct von Oben gesehen, um die Blattstellung zu zeigen. Die vier letztenstandenen Paare sind mit fortlaufenden Zahlen bezeichnet (200:1).

Fig. 6—9 betreffen die Wurzelträger von *Selaginella inaequifolia.*

Fig. 6. Ein gegen die Auszweigungs-Ebene senkrechter, durch einen Gabelungs-Winkel geführter Längsschnitt. Wt. o. der der Oberseite; Wt. u. der der Unterseite entspringende Wurzelträger, welche hier beide nur als Höcker vorhanden sind; X ist das beide Wurzelträger trennende Gewebestück (50 : 1).

Fig. 7. Der der Unterseite entspringende Wurzelträger ist zu einem Spross geworden, welcher bereits einige Blätter bildete. Wt. o. und x wie in voriger Figur (50:1).

Fig. 8. Ein wie in Fig. 7 missbildeter Wurzelträger in einem älteren Entwicklungs-Stadium (circa 10:1).

Fig. 9. Ein missbildeter Wurzelträger, welcher sich, noch ehe ein Blatt gebildet war, verzweigte (circa 10:1).

Bonn, Druck von Carl Georgi.

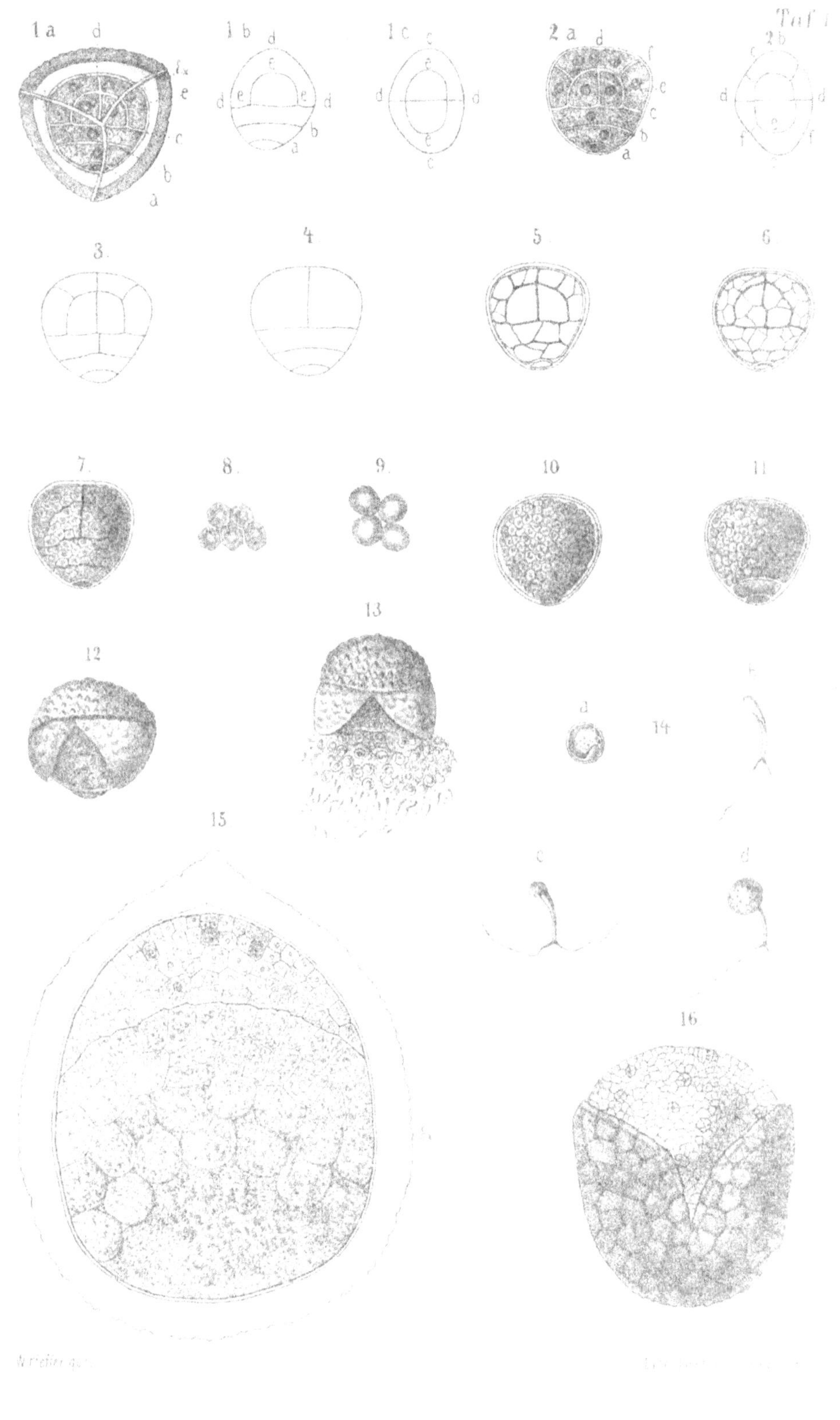
Taf. I
1a
1b
1c
2a
2b
3.
4.
5.
6.
7.
8.
9.
10
11
12
13
14
15
16.

Taf. 2.

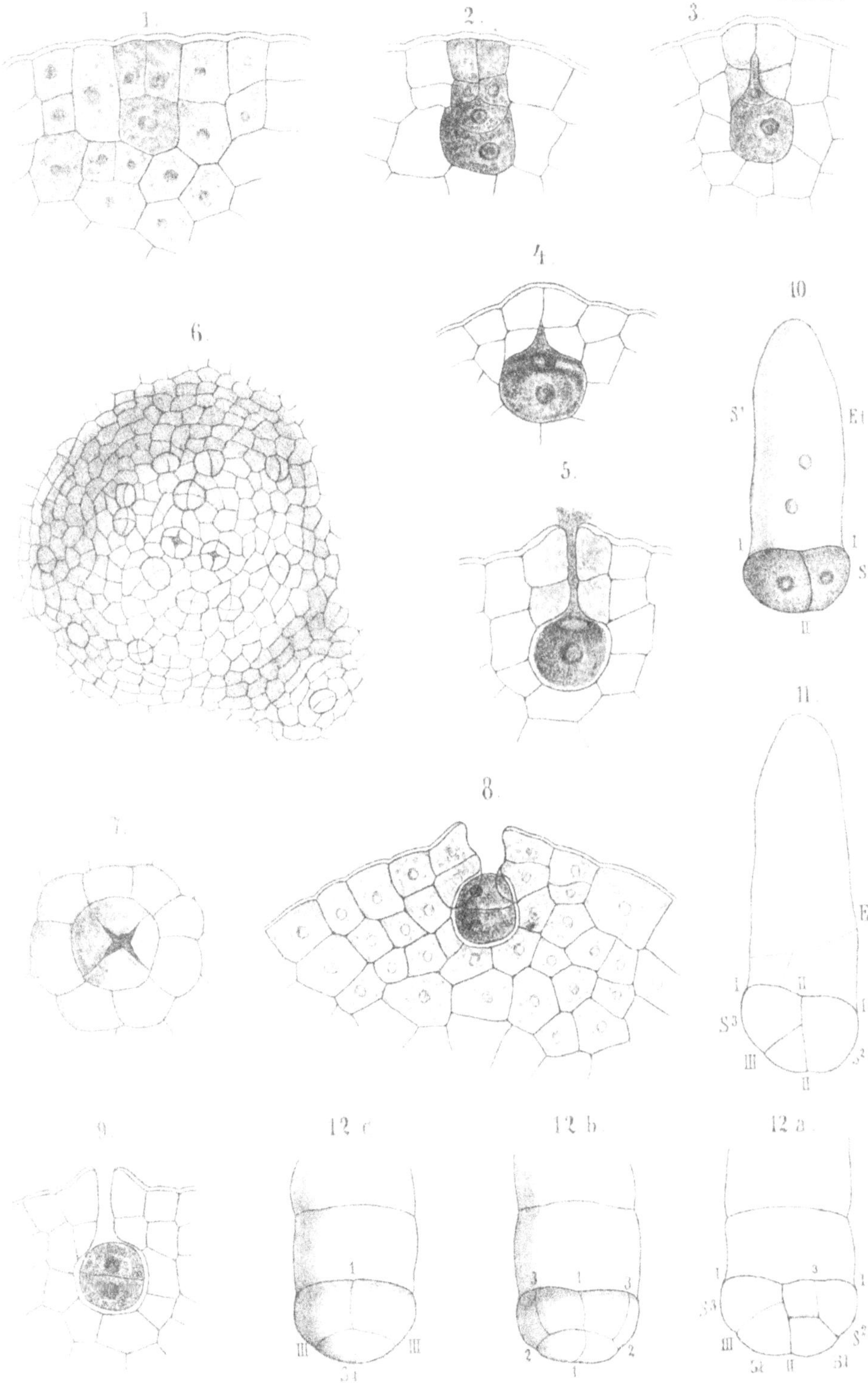

Lith. Inst. v. A. Henry in Bonn

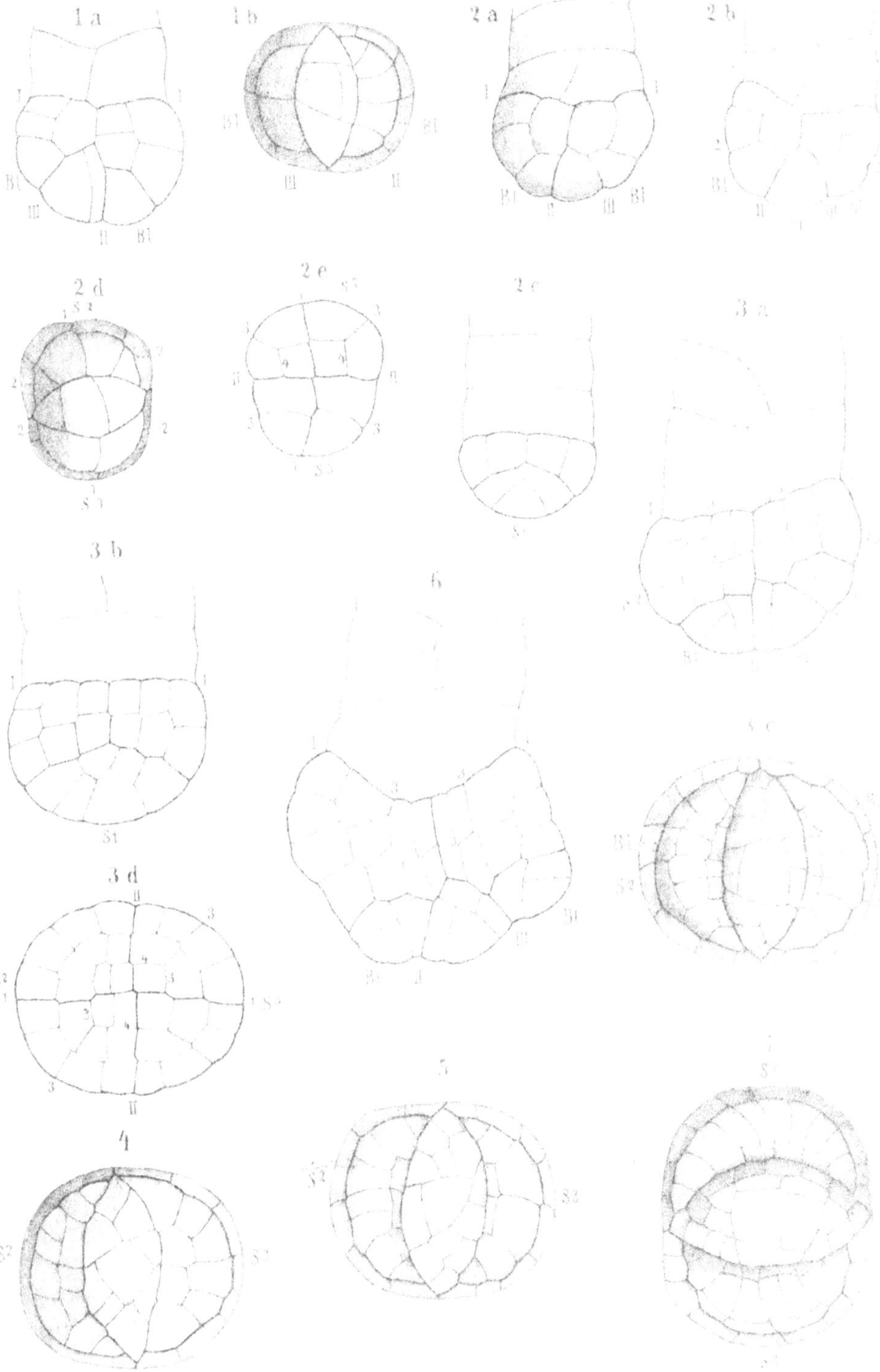

W Pfeffer ad.

Taf. 4

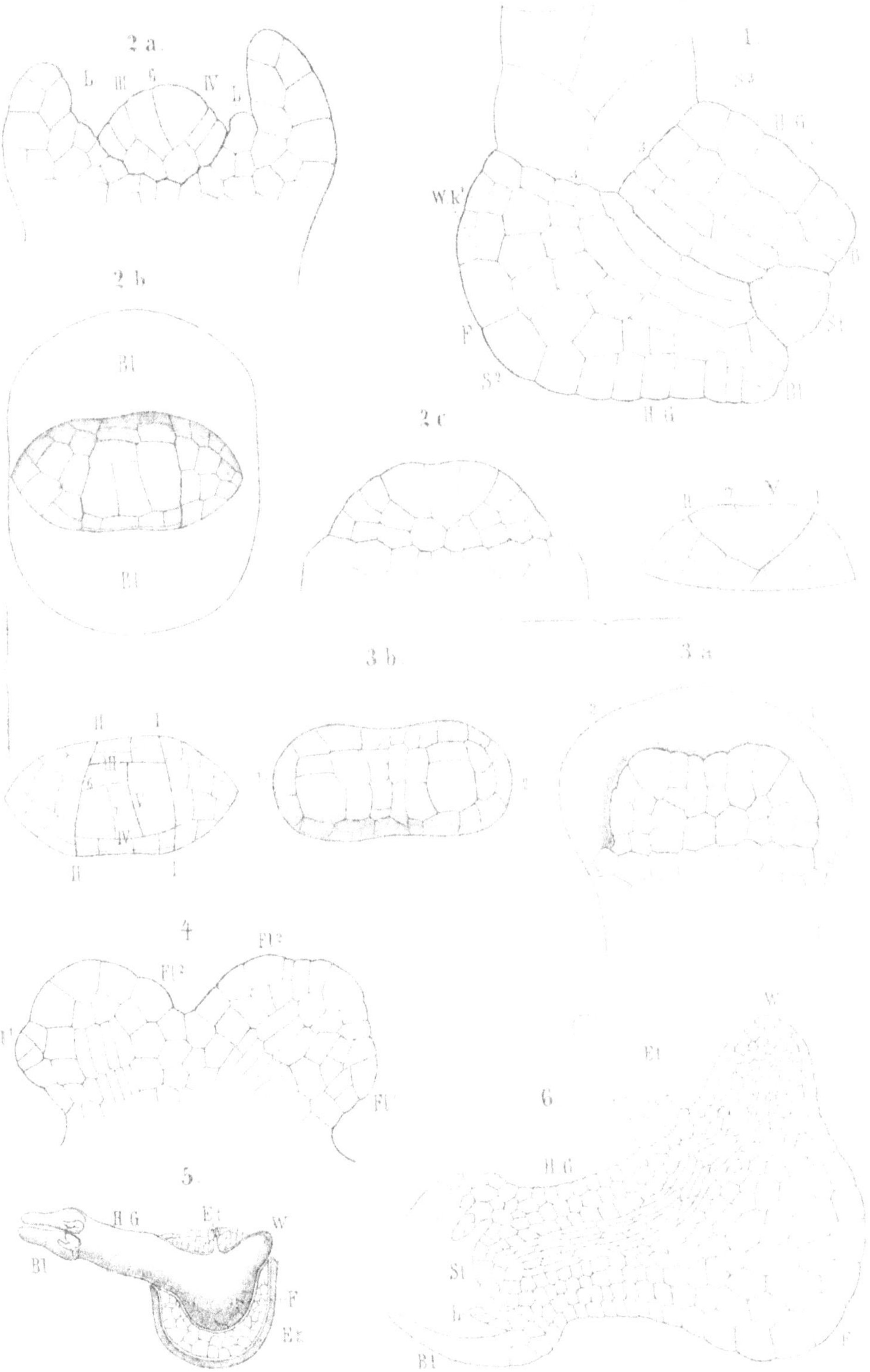

W. Pfeffer ad nat.

Taf. 5.

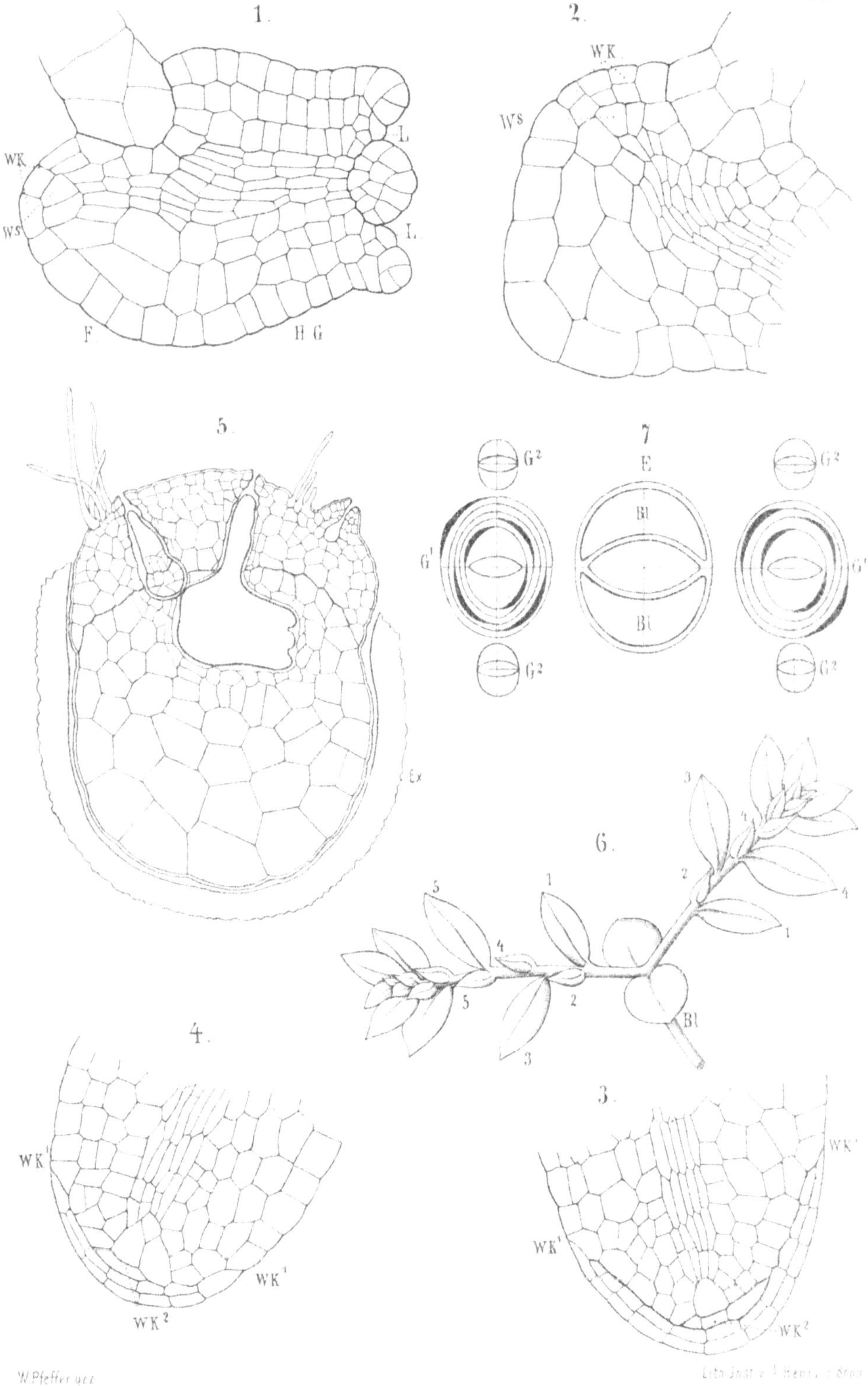

W. Pfeffer gez.

Taf. 6

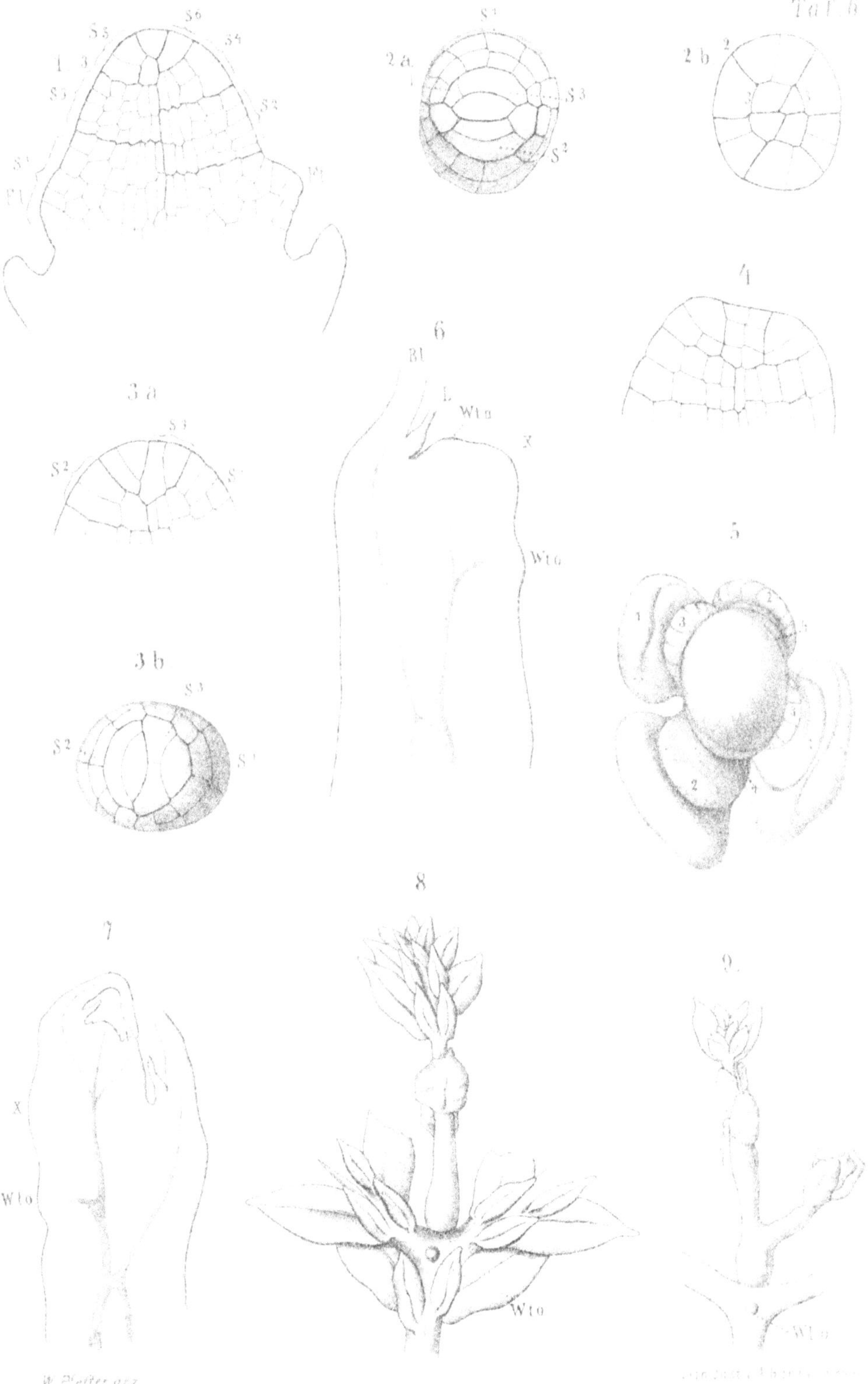

W. Pfeffer del.

FSC
www.fsc.org
MIX
Papier | Fördert
gute Waldnutzung
FSC® C083411

Kolibri 360 GmbH
Ferdinand-Jühlke-Straße 7
99095 Erfurt, Deutschland
produktsicherheit@kolibri360.de